EUROPA LEHRMITTEL

Biblic… …technischen Wissens

Bach · Bierwerth · Herr · Wieneke

Formeln der Technik

Elektrotechnik
Maschinenbautechnik
Chemietechnik
Mathematik/Physik

5. Auflage

Mit etwa 4200 Stichwörtern,
870 Bildern und 160 Tabellen

VERLAG EUROPA-LEHRMITTEL · Nourney, Vollmer GmbH & Co. KG
Düsselberger Straße 23 · 42781 Haan-Gruiten

Europa-Nr.: 53219

Bearbeiter:

Ewald Bach	Oberstudienrat	Elektrizitätslehre, Elektrotechnik, Elektronik, IT- und Automatisierungstechnik
Walter Bierwerth	Dipl.-Ing., Studiendirektor	Allgemeine Grundlagen, Mathematik, Chemietechnik
Horst Herr †	Dipl.-Ing., Fachoberlehrer	Allgemeine Grundlagen, Geometrie, Technische Physik, Technische Mechanik
Falko Wieneke	Dipl.-Ing., Studiendirektor	Fertigungstechnik und CNC-Technik, Mathematik

Lektorat und Leitung des Arbeitskreises:
Walter Bierwerth

Lektorat und Leitung des Arbeitskreises bis 2016:
Horst Herr †

Bildbearbeitung:
Zeichenbüro des Verlag Europa-Lehrmittel, Ostfildern

5. Auflage 2023
Druck 5 4 3 2 1

Alle Drucke derselben Auflage sind parallel einsetzbar, da sie bis auf die Korrektur von Druckfehlern und kleinen Normänderungen identisch sind. Allerdings wurden einige Formelzeichen entsprechend der neuen DIN EN ISO 80 000 geändert.

ISBN 978-3-8085-5324-4

Diesem Buch wurden die neuesten Ausgaben der DIN-Normen und der sonstigen Regelwerke zugrunde gelegt. Es wird jedoch darauf hingewiesen, dass nur die DIN-Normen selbst verbindlich sind. Diese können in den öffentlichen Normen-Infopoints, die über ganz Deutschland verteilt sind (z. B. in Universitätsbibliotheken) eingesehen oder durch die Beuth Verlag GmbH, Burggrafenstraße 6, 10787 Berlin, bezogen werden.

Alle Bilder im Buch ohne Bildquellenangabe wurden vom Zeichenbüro des Verlags Europa-Lehrmittel, Ostfildern, bearbeitet und erstellt.

Satz: Punkt für Punkt GmbH · Mediendesign, 40549 Düsseldorf
Umschlaggestaltung: braunwerbeagentur, 42477 Radevormwald
Druck: mediaprint solutions GmbH, 33100 Paderborn

Vorwort

Die Zusammenhänge zwischen den messbaren und berechenbaren Größen in der Technik und in den Naturwissenschaften werden beinahe immer in ihrer kürzesten Ausdrucksweise, durch **Formeln** repräsentiert. Ganz davon abgesehen, dass die Vielfalt und der Umfang dieser Zusammenhänge beinahe unermesslich sind, kommen täglich neue Erkenntnisse hinzu, die dann auch meist in die „Formelsprache" umgesetzt werden. Somit liegt es auf der Hand, diese Formeln in Formelsammlungen zusammenzustellen, denn wegen der großen Anzahl der in der Berechnungsarbeit eines Technikers erforderlichen Informationen ist es unmöglich, jede Formel abrufbereit im Kopf zu haben.

Um die technisch-naturwissenschaftlichen Gesetze in die oben erwähnte Formelsprache umsetzen zu können, bedarf es – wenn das Verstehen bei allen Anwendern vorausgesetzt werden soll – anerkannter technischer Regeln, die eine verbindliche Aussage über die Formelzeichen machen. Diese Regeln liegen in Form von Normen vor. Die wichtigste Norm hierfür ist die

DIN EN ISO 80 000-1 ... 12

Außerdem gibt es aber noch eine Vielzahl von „Fachnormen", so z. B. die DIN 1314 „Druck", die DIN 1341 „Wärmeübertragung", die DIN 1345 „Thermodynamik", die DIN 8941 „Formelzeichen, Einheiten und Indizes für die Kältetechnik" oder die DIN 25404 „Formelzeichen der Kerntechnik". An dieser Stelle soll erwähnt werden, dass es auch vorkommen kann, dass bestimmte Größen in den verschiedenen Normen unterschiedlich bezeichnet werden. Daraus ist zu schließen, dass die in den Normen festgelegten Formelzeichen nur einen empfehlenden Charakter haben und z. T. auch verschiedene Formelzeichen in der Norm gestattet sind.

● ⟶ **Hinweis 1**, Seite 18

Wegen der bereits angesprochenen Formelvielfalt muss sich jede Formelsammlung auf bestimmte Gebiete beschränken. Hier sind es

A Allgemeine Grundlagen,
B Mathematik,
C Technische Physik,
D Technische Mechanik,
E Chemietechnik,
F Elektrizitätslehre/Elektrotechnik,
G Elektronik/Automatisierungstechnik/IT,
H Fertigungstechnik und CNC-Technik.

● ⟶ **Hinweis 2**, Seite 18

Zu dieser **5. Auflage** wurden neben kleineren Korrekturen vor allem Normen aktualisiert.

Es soll nicht unerwähnt bleiben, dass sicheres Arbeiten ohne ein fundiertes Verständnis der Sachzusammenhänge – auch mit der besten Formelsammlung – nicht möglich ist.

Wenn Sie mithelfen möchten, dieses Buch für die kommenden Auflagen zu verbessern, schreiben Sie uns unter lektorat@europa-lehrmittel.de. Ihre Hinweise und Verbesserungsvorschläge nehmen wir gern auf.

Frühjahr 2023 — Autoren und Verlag

Inhaltsverzeichnis

• Hinweis 1

Im Vorwort wurde bereits darauf hingewiesen, dass zwischen **grundlegenden Normen** und **speziellen Fachnormen** unterschieden wird. Da die Formelzeichen nur einen empfehlenden Charakter haben, kommt es vor, dass gleiche physikalische Größen in den verschiedenen Normen und Richtlinien mit unterschiedlichen Formelzeichen belegt sind.

Beispiele:

Wärmedurchgangszahl K bzw. U
Länge l bzw. L
Dicke, Schichtdicke δ bzw. d (häufig auch s)

• Hinweis 2

Diese Formelsammlung behandelt verschiedene Wisssensgebiete aus technischen Grundlagen- und Anwendungsbereichen. Dadurch kommt es an verschiedenen Stellen zu geringfügigen **Überschneidungen**, was auch bereits aus Hinweis 1 hervorgeht. Diese Überschneidungen sind an den verschiedenen Stellen im Buch gekennzeichnet, so z. B.:

C 2.12 → E 3.4
C 3.4, C 3.5, C 3.17 → E 2.1
C 3.21 → E 3.7
D 9.1 → H 15.2

A Allgemeine Grundlagen

A 1 Griechisches Alphabet

Groß-buchstabe	Klein-buchstabe	Bedeu-tung	Name	Groß-buchstabe	Klein-buchstabe	Bedeu-tung	Name
A	α	a	Alpha	N	ν	n	Ny
B	β	b	Beta	Ξ	ξ	x	Xi
Γ	γ	g	Gamma	O	o	o	Omikron
Δ	δ	d	Delta	Π	π	p	Pi
E	ε	e	Epsilon	P	ϱ	rh	Rho
Z	ζ	z	Zeta	Σ	σ	s	Sigma
H	η	e	Eta	T	τ	t	Tau
Θ	ϑ	th	Theta	Y	υ	y	Ypsilon
I	ι	i	Jota	Φ	φ	ph	Phi
K	$\varkappa$	k	Kappa	X	χ	ch	Chi
Λ	λ	l	Lambda	Ψ	ψ	ps	Psi
M	μ	m	My	Ω	ω	o	Omega

A 2 Römische Ziffern

Römische Ziffern	Arabische Ziffern	Römische Ziffern	Arabische Ziffern	Römische Ziffern	Arabische Ziffern
I	1	XX	20	CC	200
II	2	XXX	30	CCC	300
III	3	XL	40	CD	400
IV	4	L	50	D	500
V	5	LX	60	DC	600
VI	6	LXX	70	DCC	700
VII	7	LXXX	80	DCCC	800
VIII	8	XC	90	CM	900
IX	9	C	100	M	1000
X	10				

B 84 = LXXXIV 99 = XCIX 691 = DCXCI 2016 = MMXVI

Um Verwechslungen zu vermeiden, darf vor einem Zahlzeichen immer nur **ein** kleineres stehen (z.B. für die Zahl 48: XLVIII und nicht IIL).

A

A 3 Basisgrößen und Basiseinheiten (SI-Einheiten)

Basisgrößen und Basiseinheiten (nach DIN 1301-1:2010-02)			
Basisgrößen		Basiseinheiten	
Name	Häufigste(s) Zeichen	Name	Zeichen
Länge	l, s, d	Meter	m
Masse	m	Kilogramm	kg
Zeit	t	Sekunde	s
Elektrische Stromstärke	I	Ampere	A
Thermodynamische Temperatur	T	Kelvin	K
Stoffmenge	n	Mol	mol
Lichtstärke	I, I_v	Candela	cd

[1] SI ist die Abkürzung für Systeme International d'Unitès (Internationales Einheitensystem)

A 4 Vorsätze vor Einheiten

(nach DIN 1301-1:2010-02)

Vorsatzzeichen	Vorsatz	Bedeutung	Vorsatzzeichen	Vorsatz	Bedeutung
Y	Yotta	10^{24}	d	Dezi	10^{-1}
Z	Zetta	10^{21}	c	Zenti	10^{-2}
E	Exa	10^{18}	m	Milli	10^{-3}
P	Peta	10^{15}	µ	Mikro	10^{-6}
T	Tera	10^{12}	n	Nano	10^{-9}
G	Giga	10^{9}	p	Pico	10^{-12}
M	Mega	10^{6}	f	Femto	10^{-15}
k	Kilo	10^{3}	a	Atto	10^{-18}
h	Hekto	10^{2}	z	Zepto	10^{-21}
da	Deca	10^{1}	y	Yokto	10^{-24}

Der Vorsatz gibt den Faktor an, mit dem die Einheit zu multiplizieren ist.

A 5 Formelzeichen und Einheiten

(nach DIN 1304-1:1994-03 und DIN 1301-1:2010-02)

Name/Bedeutung	Formelzeichen	SI-Einheit Zeichen	SI-Einheit Name	Bemerkung/wichtige Beziehungen
A 5.1 Raumgrößen und Zeitgrößen				
Abklingkoeffizient	δ	1/s		
Ausbreitungsgeschwindigkeit einer Welle	c	m/s		Im leeren Raum: c_0
Beschleunigung	a	m/s²		$a = v/t$ bzw. $a = \Delta v/\Delta t$; für örtliche Fallbeschleunigung: g Örtliche Normalfallbeschleunigung: $g_n = 9{,}806\,65$ m/s²

Name/Bedeutung	Formelzeichen	SI-Einheit Zeichen	SI-Einheit Name	Bemerkung/wichtige Beziehungen
Breite	b	m		
Dehnung (relative Längenänderung)	ε	1		$\varepsilon = \Delta l/l$ bzw. ε (in %) $= \Delta l \cdot 100/l$
Dicke, Schichtdicke	δ, d	m		
Drehzahl	n, f_r	1/s		Kehrwert der Umdrehungsdauer T: $n = 1/T$
Durchbiegung, Durchhang	f	m		
Durchmesser	d, D	m		
Ebener Winkel, Drehwinkel (bei Drehbewegungen)	α, β, γ	rad	Radiant	1 rad ≈ 57,3°
Flächeninhalt, Fläche, Oberfläche	A, S	m^2		
Frequenz, Periodenfrequenz	f, ν	Hz	Hertz	$f = 1/T$; T = Schwingungsdauer
Geschwindigkeit	v, u, w, c	m/s		$v = s/t$ (auch für Strömungsgeschwindigkeit) Lichtgeschwindigkeit: c Lichtgeschwindigkeit im leeren Raum: c_0
Höhe, Tiefe	h, H	m		H: Höhe über Meeresspiegel bzw. über Normal-Null
Kreisfrequenz, Pulsatanz (Winkelfrequenz)	ω	1/s		$\omega = 2 \cdot \pi \cdot f$
Länge	l	m		
Periodendauer, Schwingungsdauer	T	s		
Phasenverschiebungswinkel	φ	rad	Radiant	
Phasenwinkel	φ(t)	rad	Radiant	
Querschnittsfläche, Querschnitt	S, q	m^2		
Radius, Halbmesser, Abstand	r	m		
Repetenz (Wellenzahl)	σ	1/m		$\sigma = 1/\lambda$
Ruck	r, h	m/s^3		
Volumen, Rauminhalt	V, τ	m^3		
Volumenstrom, Volumendurchfluss	$q_v, \dot{V}$	m^3/s		$q_v = V/t$ bzw. $q_v = A \cdot v$
Weglänge, Kurvenlänge	s	m		
Wellenlänge	λ	m		
Winkelbeschleunigung, Drehbeschleunigung	α	rad/s^2		$\alpha = \omega/t$ bzw. $\alpha = \Delta\omega/\Delta t$
Winkelgeschwindigkeit, Drehgeschwindigkeit	ω	rad/s		$\omega = 2 \cdot \pi \cdot n$
Zeit, Zeitspanne, Dauer	t	s		Auch Abklingzeit
Zeitkonstante	τ, T	s		
A 5.2 Mechanische Größen				
Absoluter Druck	p_{abs}	Pa	Pascal	
Arbeit	W, A	J	Joule	$W = F \cdot s$
Arbeitsgrad, Nutzungsgrad	ζ	1		Arbeitsverhältnis, Energieverhältnis

A

Name/Bedeutung	Formelzeichen	SI-Einheit Zeichen	SI-Einheit Name	Bemerkung/wichtige Beziehungen
Atmosphärische Druckdifferenz, Überdruck	p_e	Pa	Pascal	$p_e = p_{abs} - p_{amb}$
Bewegungsgröße, Impuls	p	kg · m/s		
Biegemoment	M_b	N · m		
Dehnung, relative Längenänderung	ε	1		$\varepsilon = \Delta l / l$
Dichte, Massendichte, volumenbezogene Masse	ϱ, ϱ_m	kg/m³		$\varrho = m/V$
Direktionsmoment, winkelbezogenes Rückstellmoment	D	N · m/rad		$D = M_T/\varphi$ (φ = Torsionswinkel)
Drall, Drehimpuls	L	kg · m²/s		
Drehstoß	H	N · m · s		
Drillung, Verwindung	Θ, $\varkappa$	rad/m		
Druck	p	Pa	Pascal	
Dynamische Viskosität	η	Pa · s		$\eta = \tau/D$ τ = Schubspannung D = Schergeschwindigkeit
Elastizitätsmodul	E	N/m²		$E = \sigma/\varepsilon$
Energie	E, W	J	Joule	
Energiedichte, volumenbezogene Energie	w	J/m³		
Flächenbezogene Masse, Flächenbedeckung	m''	kg/m²		$m'' = m/A$
Flächenmoment 1. Grades	H	m³		
Flächenmoment 2. Grades	I	m⁴		Früher: Flächenträgheitsmoment
Gewichtskraft	F_g, F_G, G	N	Newton	
Gravitationskonstante	G, f	N · m²/kg		$F = G \cdot m_1 \cdot m_2/r^2$ $G = 6{,}67259 \cdot 10^{-11}$ m³/(kg · s²)
Grenzflächenspannung, Oberflächenspannung	σ, γ	N/m		
Isentropische Kompressibilität	χ_S, $\varkappa$	1/Pa		
Isothermische Kompressibilität	χ_T, $\varkappa$	1/Pa		
Kinematische Viskosität	ν	m²/s		$\nu = \eta/\varrho$
Kinetische Energie	E_k, W_k	J	Joule	$E_k = {}^1\!/_2 \cdot m \cdot v^2$
Kompressionsmodul	K	N/m²		$K = -p/\vartheta$ (ϑ = relative Volumenänderung)
Kraft	F	N	Newton	$F = m \cdot a$
Kraftmoment, Drehmoment	M	N · m		$M = F \cdot r$ F = Tangentialkraft r = senkrechter Abstand zwischen Drehpunkt und Wirkungslinie der Kraft
Kraftstoß	I	N · s		
Längenbezogene Masse	m'	kg/m		$m' = m/l$

Name/Bedeutung	Formelzeichen	SI-Einheit Zeichen	SI-Einheit Name	Bemerkung/wichtige Beziehungen
Leistung	P	W	Watt	$P = W/t$
Leistungsdichte, volumenbezogene Leistung	φ	W/m^3		$\varphi = w/t$ w = Energiedichte
Masse, Gewicht als Wägeergebnis	m	kg		
Massenstrom, Massendurchsatz	q_m, $\dot{m}$	kg/s		$q_m = m/t$
Massenstromdichte	I	$kg/(m^2 \cdot s)$		$I = q_m/S = \varrho \cdot v$
Normalspannung, Zug- oder Druckspannung	σ	N/m^2		
Poisson-Zahl	μ, ν	1		$\mu = -\varepsilon_q/\varepsilon$
Potenzielle Energie	E_p, W_p	J	Joule	$E_p = m \cdot g \cdot h$
Querdehnung	ε_q	1		$\varepsilon_q = \Delta d/d$ (bei kreisförmigem Querschnitt)
Reibungszahl	μ, f	1		$\mu = F_R/F_N$ F_R = Reibungskraft F_N = Normalkraft
Relative Dichte	d	1		
Relative Volumenänderung, Volumendilatation	ϑ, η	1		$\vartheta = \Delta V/V$ bzw. ϑ (in %) $= \Delta V \cdot 100\ \%/V$
Rohrwiderstandszahl	λ	1		$\lambda = (p_1 - p_2) \cdot 2 \cdot d / (\varrho \cdot l \cdot v^2)$ (bei geradem Rohr mit kreisförmigem Querschnitt)
Schiebung, Scherung	γ	1		
Schubmodul	G	N/m^2		$G = \tau/\gamma$ (γ = Schiebung)
Schubspannung	τ	N/m^2		
Spezifische Arbeit, massenbezogene Arbeit	Y	J/kg		$Y = W/m$
Spezifisches Volumen, massenbezogenes Volumen	v	m^3/kg		$v = V/m$
Torsionsmoment, Drillmoment	M_t, T	$N \cdot m$		
Trägheitsmoment, Massenmoment 2. Grades	J	$kg \cdot m^2$		Früher: Massenträgheitsmoment
Trägheitsradius	i, r_i	m		
Umfang	U	m		
Umgebender Atmosphärendruck	p_{amb}	Pa	Pascal	
Volumenstrom, Volumendurchfluss	q_v, $\dot{V}$	m^3/s		
Widerstandskraft	F_w	N	Newton	
Widerstandsmoment	W	m^3		
Wirkungsgrad	η	1		Leistungsverhältnis

A

Name/Bedeutung	Formelzeichen	SI-Einheit Zeichen	SI-Einheit Name	Bemerkung/wichtige Beziehungen
A 5.3 Größen der Thermodynamik, Wärmeübertragung und physikalischen Chemie				
Anzahl Teilchen, Teilchenzahl	N	1		
Affinität einer chemischen Reaktion	A	J/mol		
Avogadro-Konstante	N_A, L	1/mol		$N_A = N/n$ (n = Stoffmenge) $N_A = 6{,}022\,1367 \cdot 10^{23}$ mol^{-1}
Boltzmann-Konstante	k	J/K		$k = R/N_A = 1{,}380\,658 \cdot 10^{-23}$ J/K (R = universelle Gaskonstante)
Celsius-Temperatur	t, ϑ	°C		$t = T - T_0$ $T_0 = 273{,}15$ K
Chemisches Potenzial eines Stoffes B	μ_B	J/mol		
Diffusionskoeffizient	D	m²/s		
Dissoziationsgrad	α	1		$\alpha = N_{diss}/N_{ges}$ (Anzahl der dissoziierten Moleküle zur Gesamtzahl der Moleküle)
Enthalpie	H	J	Joule	
Entropie	S	J/K		
Faraday-Konstante	F	C/mol		$F = N_A \cdot e$ (e = Elementarladung) $F = 96\,485{,}303$ C/mol
Individuelle (spezielle) Gaskonstante des Stoffes B	R_B	J/(kg · K)		$R_B = R/M_B$ (R = universelle Gaskonstante)
Innere Energie	U	J	Joule	
Isentropenexponent	$\varkappa$	1		Für ideale Gase: $\varkappa = c_p/c_V$
Ladungszahl eines Ions, Wertigkeit eines Stoffes B	z_B	1		
Molalität einer Komponente B	b_B, m_B	mol/kg		
Relative Atommasse eines Nuklids oder eines Elementes	A_r	1		Zahlenwert gleich dem Zahlenwert für die Atommasse in der atomaren Masseneinheit u und gleich dem Zahlenwert der stoffmengenbezogenen Masse M in g/mol
Relative Molekülmasse eines Stoffes	M_r	1		Zahlenwert gleich dem Zahlenwert für die Atommasse in der atomaren Masseneinheit u und gleich dem Zahlenwert der stoffmengenbezogenen Masse M in g/mol
Spezifische Enthalpie, massenbezogene Enthalpie	h	J/kg		
Spezifische Entropie, massenbezogene Entropie	s	J/(kg · K)		
Spezifische innere Energie, massenbezogene innere Energie	u	J/kg		
Spezifischer Brennwert, massenbezogener Brennwert	H_o	J/kg		Früher: oberer Heizwert

A

Name/Bedeutung	Formelzeichen	SI-Einheit Zeichen	SI-Einheit Name	Bemerkung/wichtige Beziehungen
Spezifischer Heizwert, massenbezogener Heizwert	H_u	J/kg		Früher: unterer Heizwert
Spezifische Wärmekapazität, massenbezogene Wärmekapazität	c	J/(kg · K)		$c = C_{th}/m$
Spezifische Wärmekapazität bei konstantem Druck	c_p	J/(kg · K)		
Spezifische Wärmekapazität bei konstantem Volumen	c_V	J/(kg · K)		
Spezifischer Wärmewiderstand	ϱ_{th}	K · m/W		$\varrho_{th} = 1/\lambda$ (λ = Wärmeleitfähigkeit)
Stöchiometrische Zahl eines Stoffes B in einer chemischen Reaktion	ν_B	1		
Stoffmenge	n, ν	mol		$n_B = m_B/M_B$ (m_B = Masse des Stoffes B, M_B = stoffmengenbezogene Masse des Stoffes B)
Stoffmengenbezogene (molare) Masse eines Stoffes B	M_B	kg/mol		$M_B = m_B/n_B$ (m_B = Masse des Stoffes B, n_B = Stoffmenge des Stoffes B)
Stoffmengenkonzentration eines Stoffes B	c_B	mol/m³		$c_B = n_B/V$ (V = Volumen der Mischphase)
Stoffmengenstrom	$\dot{n}$	mol/s		
Temperatur, thermodynamische Temperatur	T, ϑ	K	Kelvin	
Temperaturdifferenz	ΔT, Δt, $\Delta\vartheta$	K	Kelvin	
Temperaturleitfähigkeit	a	m²/s		
(Thermischer) Längenausdehnungskoeffizient	α_l	1/K		$\alpha_l = \Delta l/(l \cdot \Delta T)$
Thermischer Leitwert	G_{th}	W/K		$G_{th} = 1/R_{th}$
(Thermischer) Spannungskoeffizient	α_p	1/K		$\alpha_p = \Delta p/(p \cdot \Delta T)$
(Thermischer) Volumenausdehnungskoeffizient	α_V, γ	1/K		$\alpha_V = \Delta V/(V \cdot \Delta T)$
Thermischer Widerstand, Wärmewiderstand	R_{th}	K/W		$R_{th} = \Delta T/\dot{Q}_{th}$ ($\dot{Q}_{th}$ = Wärmestrom)
(Universelle) Gaskonstante	R	J/(mol · K)		R = 8,314 510 J/(mol · K)
Verhältnis der spezifischen Wärmekapazitäten	γ	1		$\gamma = c_p/c_V$ vität
Wärme, Wärmemenge	Q	J	Joule	
Wärmedichte, volumenbezogene Wärme	w_{th}	J/m³		
Wärmedurchgangskoeffizient	K, U, k	W/(m² · K)		
Wärmestrom	$\dot{Q}$, Φ_{th}, Φ	W	Watt	

Name/Bedeutung	Formelzeichen	SI-Einheit Zeichen	SI-Einheit Name	Bemerkung/wichtige Beziehungen
A 5.4 Elektrische und magnetische Größen				
Elektrische Durchflutung	Θ	A	Ampere	
Elektrische Feldkonstante	ε_0	F/m		ε_0 = 8,854 187 817 pF/m
Elektrische Feldstärke	E	V/m		
Elektrische Flussdichte	D	C/m²		
Elektrische Kapazität	C	F	Faraday	$C = Q/U$
Elektrische Ladung	Q	C	Coulomb	
Elektrische Leitfähigkeit, Konduktivität	$\gamma, \sigma, \varkappa$	S/m		$\gamma = 1/\varrho$ (ϱ = spezifischer elektrischer Widerstand)
Elektrische Spannung, elektrische Potenzialdifferenz	U	V	Volt	
Elektrische Stromdichte	J	A/m²		$J = I/S$ (S = Leiterquerschnitt)
Elektrische Stromstärke	I	A	Ampere	
Elektrischer Fluss	Ψ, Ψ_e	C	Coulomb	
Elektrischer Leitwert	G	S	Siemens	
Elektrischer Widerstand, Wirkwiderstand, Resistanz	R	Ω	Ohm	
Elektrisches Dipolmoment	p, p_e	C · m		
Elektrisches Potenzial	φ, φ_e	V	Volt	
Elementarladung	e	C	Coulomb	Ladung eines Protons, $e = 1{,}602\,177\,33 \cdot 10^{-19}$ C
Energie, Arbeit	W	J	Joule	
Flächenladungsdichte, Ladungsbedeckung	σ	C/m²		
Induktivität, Selbstinduktivität	L	H	Henry	
Magnetische Feldkonstante	μ_0	H/m		μ_0 = 1,256 637 061 4... μH/m
Magnetische Feldstärke	H	A/m		
Magnetische Flussdichte	B	T	Tesla	$B = \varphi/S$
Magnetische Spannung	V, V_m	A		
Magnetischer Fluss	Φ	Wb	Weber	
Permeabilität	μ	H/m		
Permeabilitätszahl, relative Permeabilität	μ_r	1		$\mu_r = \mu/\mu_0$
Permittivität	ε	F/m		$\varepsilon = D/E$
Permittivitätszahl, relative Permitti[redacted]	ε_r	1		$\varepsilon_r = \varepsilon/\varepsilon_0$
Raumladungsdichte, Ladungsdichte, volumenbezogene Ladung	ϱ, ϱ_e, η	C/m³		
Spezifischer elektrischer Widerstand, Resistivität	ϱ	Ω · m		1 Ω · m = 100 Ω · cm 1 Ω · m = 10^6 Ω · mm²/m
Windungszahl	N	1		
Wirkleistung	P, P_p	W	Watt	

Name/Bedeutung	Formelzeichen	SI-Einheit Zeichen	SI-Einheit Name	Bemerkung/wichtige Beziehungen
A 5.5 Größen elektromagnetischer Strahlungen				
Absorptionsgrad	α	1		
Beleuchtungsstärke	E_v	lx	Lux	
Brechwert von Linsen	D	1/m		$D = n/f$
Brechzahl	n	1		$n = c_0/c$
Brennweite	f	m		
Emissionsgrad	ε	1		
Leuchtdichte	L_v	cd/m²		
Lichtgeschwindigkeit im leeren Raum	c_0	m/s		$c_0 = 2{,}997\,924\,58 \cdot 10^8$ m/s
Lichtmenge	Q_v	lm · s		
Lichtstärke	I_v	cd	Candela	
Lichtstrom	Φ_v	lm	Lumen	
Reflexionsgrad	ϱ	1		
Stefan-Boltzmann-Konstante	σ	W/(m² · K⁴)		$\sigma = 5{,}67051 \cdot 10^{-8}$ W/(m² · K⁴)
Strahlungsenergie, Strahlungsmenge	Q_e, W	J	Joule	
Strahlungsenergiedichte, volumenbezogene Strahlungsenergie	w, u	J/m³		
Strahlungsleistung, Strahlungsfluss	Φ_e, P	W	Watt	
Transmissionsgrad	τ	1		
A 5.6 Größen der Atom- und Kernphysik				
Äquivalentdosis	H	Sv	Sievert	
Aktivität einer radioaktiven Substanz	A	Bq	Bequerel	
Atommasse	m_a	kg		
Bohr-Radius	a_0	m		$a_0 = 0{,}529\,177\,249 \cdot 10^{-10}$ m
Energiedosis	D	Gy	Gray	
Gyromagnetischer Koeffizient	γ	A · m²/(J · s)		
Halbwertszeit	$T_{1/2}$	s		$T_{1/2} = \tau \cdot \ln 2$
Ionendosis	J	C/kg		
Kerma	K	Gy	Gray	
Magnetisches (Flächen-) Moment eines Teilchens	μ	A · m²		
Mittlere Lebensdauer	τ	s		
Neutronenzahl	N	1		
Nukleonenzahl, Massenzahl	A	1		$A = Z + N$
Planck-Konstante, Plancksches Wirkungsquantum	h	J · s		$h = 6{,}6260755 \cdot 10^{-34}$ J · s
Protonenzahl	Z	1		
Reaktionsenergie	Q	J	Joule	

Name/Bedeutung	Formelzeichen	SI-Einheit Zeichen	SI-Einheit Name	Bemerkung/wichtige Beziehungen
Ruhemasse des Elektrons	m_e	kg		$m_e = 9{,}1093897 \cdot 10^{-31}$ kg
Rydberg-Konstante	R_∞	1/m		$R = 10973731{,}534$ m^{-1}
Sommerfeld-Feinstruktur-Konstante	α	1		$\alpha = 7{,}29735308 \cdot 10^{-3}$
Teilchenstrom	I	1/s		
Zerfallskonstante	λ	1/s		$\lambda = 1/\tau$
A 5.7 Größen der Akustik				
Schalldruck	p	Pa	Pascal	
Schallgeschwindigkeit	c, c_0	m/s		
Schallintensität	I, J	W/m^2		
Schallleistung	P, P_a	W	Watt	

A 6 Formelzeichen und Einheiten außerhalb des SI

(nach DIN 1301-1:2010-02)

Name/Bedeutung	Formelzeichen	Einheitenzeichen	Einheitenname	Bemerkung
Ebener Winkel	α, β, γ	Bisher kein genormtes Zeichen	Vollwinkel	1 Vollwinkel = $2 \cdot \pi \cdot$ rad
		gon	Gon	1 gon = $(\pi/200)$ rad
		°	Grad	$1° = (\pi/180)$ rad
		′	Minute	$1' = (\pi/60)°$
		″	Sekunde	$1'' = (\pi/60)'$
Volumen	V	l, L	Liter	Die beiden Einheitenzeichen sind gleichberechtigt 1 l = 1 dm^3 = 1 L
Zeit	t	min h d	Minute Stunde Tag	1 min = 60 s 1 h = 60 min 1 d = 24 h
Masse	m	t g	Tonne Gramm	1 t = 1000 kg = 1 Mg 1 g = 10^{-3} kg
Druck	p	bar	Bar	1 bar = 10^5 Pa

A 7 Einheiten außerhalb des SI, mit beschränktem Anwendungsbereich

(nach DIN 1301-1:2010-02)

Größe	Einheitenname	Einheitenzeichen	Definition, Beziehung
Brechwert von optischen Systemen	Dioptrie	dpt (nicht international genormt)	1 Dioptrie ist gleich dem Brechwert eines optischen Systems mit der Brennweite 1 m in einem Medium der Brechzahl 1; 1 dpt = 1/m
Fläche von Grund- und Flurstücken	Ar Hektar	a ha	1 a = 10^2 m^2 1 ha = 10^4 m^2

Größe	Einheitenname	Einheitenzeichen	Definition, Beziehung
Wirkungsquerschnitt (Atomphysik)	Barn	b	1 b = 10^{-28} m^2
Masse in der Atomphysik	Atomare Masseneinheit	u	1 atomare Masseneinheit ist der 12te Teil der Masse eines Atoms des Nuklids ^{12}C. 1 u = 1,6605402 · 10^{-27} kg Standardabweichung: s = 1,0 · 10^{-33} kg
Masse von Edelsteinen	Metrisches Karat	Kt (nicht international genormt)	1 metrisches Karat = 0,2 g
Längenbezogene Masse von textilen Fasern und Garnen	Tex	tex	1 tex = 1 g/km
Blutdruck und Druck anderer Körperflüssigkeiten (Medizin)	Millimeter Quecksilbersäule	mmHg (keine Vorsätze erlaubt)	1 mmHg = 133,322 Pa
Energie (Atomphysik)	Elektronvolt	eV	1 Elektronvolt ist die Energie, die ein Elektron beim Durchlaufen einer Potenzialdifferenz von 1 Volt im leeren Raum gewinnt. 1 eV = 1,60217733 · 10^{-19} J Standardabweichung: s = 4,9 · 10^{-26} J
Blindleistung (elektrische Energietechnik)	Var	var	1 var = 1 W

A

A 8 Umrechnung von britischen und US-Einheiten in SI-Einheiten

Britische bzw. US-Einheit	Name/Bedeutung	Land	SI-Einheit
Länge			
1 mil			0,0254 mm
1 in bzw. 1″	inch (Zoll)		25,40 mm
1 ft bzw. 1′	foot (Mehrzahl: feet)		0,3048 m
1 yd	yard		0,9144 m
1 statute mile	Landmeile		1,609 km
1 nautical mile	Seemeile		1,852 km
Fläche			
1 sq in	square inch		6,452 cm^2
1 sq ft	square foot		0,0929 m^2
1 ft^2	square foot		0,0929 m^2
1 sq yd	square yard		0,8361 m^2
1 A	acre		4047 m^2
Volumen			
1 cu in	cubic inch		16,39 cm^3

A

Britische bzw. US-Einheit	Name/Bedeutung	Land	SI-Einheit
1 cu ft	cubic foot		0,028317 m^3
1 ft^3	cubic foot		0,028317 m^3
1 cu yd	cubic yard		0,7646 m^3
1 RT	register ton		2,832 m^3
1 Imp. pt	Imperial-pint	GB	0,5683 dm^3
1 U.S. pt	U.S.-pint	USA	0,4732 dm^3
1 Imp. qt	Imperial-quart	GB	1,1365 dm^3
1 U.S. qt	U.S.-quart	USA	0,9464 dm^3
1 Imp. gal	Imperial-gallon	GB	4,546 dm^3
1 U.S. gal	U.S.-gallon	USA	3,785 dm^3
1 U.S. oil-barrel		USA	0,159 m^3
Masse			
1 gr	grain		64,80 mg
1 dwt	pennyweight (t für Karatgewicht)		1,555 g
1 dm bzw. dm.av	dram (av für Handelsgewicht)		1,772 g
1 oz bzw. oz.av	ounce (av für Handelsgewicht)		28,35 g
1 oz.t	ounce (t für Karatgewicht)		31,10 g
1 lb.t	pount (t für Karatgewicht)		0,3732 kg
1 lb bzw. lb.av	pound (av für Handelsgewicht)		0,4536 kg
1 quarter		GB	12,70 kg
1 quarter		USA	11,34 kg
1 cwt	hundredweight	GB	50,80 kg
1 cwt	hundredweight	USA	45,36 kg
1 shtn	short ton	USA	907,2 kg
1 ton		GB	1016 kg
1 ltn	long ton	USA	1016 kg
Dichte			
1 oz/cu ft	ounce per cubic-foot		1,001 kg/m^3
1 lb/cu ft	pound per cubic-foot		16,02 kg/m^3
1 lb/ft^2	pound per cubic-foot		16,02 kg/m^3
1 shtn/cu yd	short ton per cubic-yard	USA	1187 kg/m^3
1 ltn/cu yd	long ton per cubic-yard	USA	1329 kg/m^3
1 oz/cu in	ounce per cubic-inch		1730 kg/m^3
1 lb/cu in	pound per cubic-inch		27 680 kg/m^3
1 lb/gal	pound per gallon	GB	99,76 kg/m^3
1 lb/gal	pound per gallon	USA	119,8 kg/m^3
Geschwindigkeit			
1 ft/min	foot per minute		$5{,}080 \cdot 10^{-3}$ m/s

Britische bzw. US-Einheit	Name/Bedeutung	Land	SI-Einheit
1 yd/min	yard per minute		0,01524 m/s
1 ft/s	foot per second		0,3048 m/s
1 yd/s	yard per second		0,9144 m/s
Beschleunigung			
1 ft/s^2			0,3048 m/s^2
Volumenstrom, Volumendurchfluss			
1 gpm	gallon per minute	GB	0,07577 L/s[1)]
1 gpm	gallon per minute	USA	0,06309 L/s[1)]
1 gps	gallon per second	GB	4,546 L/s[1)]
1 gps	gallon per second	USA	3,785 L/s[1)]
1 cu sec bzw. cu ft/s	cubic foot per second		28,32 L/s[1)]
1 cu yd/s	cubic yard per second		0,7646 m^3/s
Massenstrom, Massendurchfluss			
1 oz/min	ounce per minute		0,4725 g/s
1 oz/s	ounce per second		28,35 g/s
1 lb/min	pound per minute		0,00756 kg/s
1 lb/s	pound per second		0,4536 kg/s
1 shtn/h	short ton per hour	USA	0,2520 kg/s
1 ltn/h	long ton per hour	USA	0,2822 kg/s
1 ton/h	ton per hour	GB	0,2822 kg/s
[1)] L (Liter): anwendbare Einheit außerhalb des SI (DIN 1301-1:2010-02)			
Kraft, Gewichtskraft			
1 oz bzw. ozf	ounce force		0,2780 N
1 lb bzw. lbf	pound force		4,448 N
1 shtn	short ton fource	USA	8,896 N
1 ltn	long ton force	USA	9,964 N
1 pdl	poundel		0,1383 N
Kraftmoment, Drehmoment			
1 in-lb	inch-pound		0,113 N · m
1 ft-lb	foot-pound		1,356 N · m
Druck			
1 lb/ft^2			47,88 N/m^2
1 lb/in^2			6894,76 N/m^2
1 atm	atmosphere		$1{,}013 \cdot 10^5$ Pa
1 lb.av/(sq ft)			0,4788 hPa
1 in H_2O	inch water		2,491 hPa (bei 4 °C)
1 ft H_2O	foot water		29,89 hPa (bei 4 °C)

A

A

Britische bzw. US-Einheit	Name/Bedeutung	Land	SI-Einheit
1 in Hg	inch mercury		33,87 hPa (bei 0 °C)
1 psi bzw. 1 lb.av/(sq in)			68,95 hPa
Arbeit, Energie, Wärme			
1 ft lb bzw. ft lbf	foot pound		1,356 J
1 yd lb bzw. yd lbf	yard pound		4,067 J
1 btu bzw. Btu	British thermal unit		1,056 kJ
1 ctu	centigrad thermal unit		1,899 kJ
1 hph bzw. Hph	horse power hour		2684,5 kJ
Leistung, Energiestrom, Wärmestrom			
1 hp bzw. Hp	horse power		0,7457 kW
1 btu/s bzw. Btu/s	British thermal unit per second		1,055 kW
1 ctu/s bzw. Ctu/s	centigrad thermal unit per second		1,8987 kW
1 ft lb/s	foot pound per second		1,353 kW
Spezifische Wärmekapazität			
1 btu/(lb deg F)			4,1886 kJ/(kg · K)
1 btu/(lb · °F)			4,1886 kJ/(kg · K)
1 ctu/(lb · °C)			4,1886 kJ/(kg · K)
Wärmeleitfähigkeit			
1 btu/(ft h deg F)			1,7306 W/(m · K)
1 btu/(ft h · °F)			1,7306 W/(m · K)
1 ctu/(ft h · °C)			1,7306 W/(m · K)
Wärmeübergangskoeffizient, Wärmedurchgangskoeffizient			
1 btu/(sq ft h °F)			5,68 W/(m^2 · K)
1 btu/(ft^2 h · °F)			5,68 W/(m^2 · K)
1 ctu/(sq ft h · °C)			5,68 W/(m^2 · K)
1 ctu/(ft^2 h · °C)			5,68 W/(m^2 · K)
Temperatur			
1 deg F bzw. °F	degree Fahrenheit Umrechnungsformel: $\vartheta = (5/9) \cdot (t_F - 32)$ mit ϑ in °C und t_F in °F 32 °F: Gefrierpunkt des Wassers 212 °F: Siedepunkt des Wassers		0,5556 °C
Dynamische Viskosität			
1 lb/(ft s) bzw. 1 lb (mass)/(ft s)	pound per foot and second bzw. pound (mass) per foot and second		1,488 Pa · s
1 lb (force) s/(sq ft)	pound (force) second per square foot		47,89 Pa · s

A

Britische bzw. US-Einheit	Name/Bedeutung	Land	SI-Einheit
Kinematische Viskosität			
1 ft^2/s bzw. 1 sq ft/s	square foot per second		0,09290 m^2/s

Umwandlungstabelle englische (britische) Zoll in mm

1 englischer Zoll = 25,400 mm

Engl. Zoll	mm	Engl. Zoll	mm	Engl. Zoll	mm	Engl. Zoll	mm
1/32	0,7938	17/32	13,4938	1	25,4000	17	431,8000
1/16	1,5875	9/16	14,2875	2	50,8000	18	457,2000
3/32	2,3812	19/32	15,0812	3	76,2000	19	482,6000
1/8	3,1750	5/8	15,8750	4	101,6000	20	508,0000
5/32	3,9688	21/32	16,6688	5	127,0000	25	635,0000
3/16	4,7625	11/16	17,4625	6	152,4000	30	762,0000
7/32	5,5562	23/32	18,2562	7	177,8000	35	889,0000
1/4	6,3500	3/4	19,0500	8	203,2000	40	1016,0000
9/32	7,1438	25/32	19,8438	9	228,6000	45	1143,0000
5/16	7,9375	13/16	20,6375	10	254,0000	50	1270,0000
11/32	8,7312	27/32	21,3412	11	279,4000		
3/8	9,5250	7/8	22,2250	12	304,8000		
13/32	10,3188	29/32	23,0188	13	330,2000		
7/16	11,1125	15/16	23,8125	14	355,6000		
15/32	11,9062	31/32	24,6062	15	381,0000		
1/2	12,700			16	406,4000		

A 9 Mathematische Zeichen

Zeichen	Anwendungsbeispiel	Sprechweise/Bedeutung
$+$	$2 + 3 = 5$, $x = a + b$	Plus, Summe von (z. B. 2 plus 3 gleich 5, Additionszeichen)
$-$	$5 - 4 = 1$, $x = a - b$	Minus, Differenz von (z. B. 5 minus 4 gleich 1, Subtraktionszeichen)
$\cdot$	$2 \cdot 3 = 6$, $a \cdot b = ab$	Mal, Produkt von (z. B. 2 mal 3 gleich 6, Multiplikationszeichen. Das Multiplikationszeichen kann bei Buchstaben entfallen, wenn keine Verwechslungsmöglichkeit besteht, z. B. *ab* alternativ zu $a \cdot b$)
–, /	$\frac{18}{9}$, 18/9	Durch, Quotient von (z. B. 18 durch 9 gleich 2)
$=$	$8/4 = 2$, $a = v/t$	Gleich (z. B. *a* gleich *v* durch *t*)
$\neq$	$4 \neq 3$, $a \neq b$	Ungleich, nicht gleich (z. B. 4 ungleich 3)
$\equiv$	$a \equiv b$	Identisch gleich (z. B. *a* identisch gleich *b*, d. h. *a* und *b* bezeichnen den gleichen Gegenstand)

Zeichen	Anwendungsbeispiel	Sprechweise/Bedeutung
$\not\equiv$	$a \not\equiv b$	Nicht identisch gleich (z. B. a nicht identisch gleich b)
$\approx$	$\mathrm{e} \approx 2{,}718$	Ungefähr gleich (z. B. e ungefähr gleich 2,718)
$\sim$	$U \sim I$	Proportional (z. B. U proportional I, d. h. der Quotient der Variablen U und I ist immer konstant)
$\triangleq$	1 cm $\triangleq$ 10 kN	Entspricht (z. B. ein Kraftpfeil der Länge 1 cm entspricht 10 kN)
$\doteq$	$\pi \doteq 3{,}14$	Gerundet gleich
$<$	$4 < 5$, $a < b$	Kleiner (z. B. a kleiner b)
$>$	$4 > 3$, $b > a$	Größer (z. B. b größer a)
$\leq$	$a, b, c \leq 10$, $y \leq 10$	Kleiner gleich (z. B. der Wert y ist kleiner gleich 10)
$\geq$	$a, b, c \geq 10$, $y \geq 10$	Größer gleich (z. B. der Wert y ist größer gleich 10)
$\ll$	$\alpha_i \ll \alpha_a$	Wesentlich kleiner (z. B. der Wärmeübergangskoeffizient α_i ist wesentlich kleiner als α_a)
$\gg$	$\alpha_a \gg \alpha_i$	Wesentlich größer (z. B. der Wärmeübergangskoeffizient α_i ist wesentlich größer als α_a)
$\stackrel{\text{def}}{=}$	$x \stackrel{\text{def}}{=} 1$	Definitionsgemäß gleich (z. B. x definitionsgemäß gleich 1)
$\simeq$	$f \simeq g$	Ist asymptotisch gleich (z. B. f ist asymptotisch gleich g)
%	$\Delta x = 5\,\%$	Prozent, Hundertstel (z. B. der Fehler Δx beträgt 5 Prozent)
‰	$w = 12{,}5$ ‰	Promille, Tausendstel (z. B. der Massenanteil beträgt 12,5 Promille)
( ), [ ], { }, ⟨ ⟩	$Q = C \cdot A \cdot \left[(T_1/100)^4 - (T_2/100)^4\right]$	Runde, eckige, geschweifte, spitze Klammer auf und zu
…	$n = 1, 2, 3, \ldots$	Und so weiter (unbegrenzt), Punkt, Punkt, Punkt
	$i = 1, 2, 3, \ldots, n$	Und so weiter bis (z. B. i gleich 1, 2, 3 und so weiter bis n)
$\parallel$	$A_1 \parallel A_2$	Parallel zu (z. B. Fläche A_1 parallel zu Fläche A_2)
$\nparallel$	$A_1 \nparallel A_2$	Nicht parallel (z. B. Fläche A_1 nicht parallel zu Fläche A_2)
$\uparrow\uparrow$	$F_1 \uparrow\uparrow F_2$	Gleichsinnig parallel (z. B. die Kraft F_1 ist gleichsinnig parallel zur Kraft F_2)
$\uparrow\downarrow$	$F_1 \uparrow\downarrow F_2$	Gegensinnig parallel (z. B. die Kraft F_1 ist gegensinnig parallel zur Kraft F_2)
$\perp$	$A_1 \perp A_2$	Orthogonal zu, rechtwinklig auf (z. B. Fläche A_1 orthogonal zur Fläche A_2)
$\triangle$	$\triangle\,(ABC)$	Dreieck (z. B. das Dreieck mit den Eckpunkten A, B, C)
$\sphericalangle$	$\sphericalangle\,(ABC)$	Winkel (z. B. Winkel zwischen den Strecken BA und BC)
$\overline{AB}$	$\overline{P_1P_2}$	Strecke AB (z. B. Strecke zwischen den Punkten P_1 und P_2)
$\cong$	$\triangle(A_1B_1C_1) \cong \triangle(A_2B_2C_2)$	Kongruent zu (z. B. das Dreieck $A_1B_1C_1$ ist kongruent zu dem Dreieck $A_2B_2C_2$, d. h. beide Dreiecke sind deckungsgleich)
d	$d\,(P, Q)$	Abstand, Distanz (z. B. Abstand von P und Q)
$\odot$	$\odot\,(P, r)$	Kreis um (z. B. Kreis um P mit Abstand r)
Δ	Δt	Delta, Differenz zweier Werte (z. B. Zeitdifferenz)
$\lvert z \rvert$	$\lvert -4\,°\mathrm{C} \rvert$	z Betrag (z. B. der Betrag von −4 °C ist 4, also der reine Zahlenwert ohne Vorzeichen und ohne Einheit)
$[z]$	$[\pi] = 3$	Größte ganze Zahl kleiner oder gleich z (auch Bezeichnung ent z)
$\sqrt{\ }$	$\sqrt{4} = 2$	Wurzel (Quadratwurzel) aus (z. B. Wurzel aus 4 gleich 2)

Zeichen	Anwendungsbeispiel	Sprechweise/Bedeutung
$\sqrt[n]{\ }$	$\sqrt[3]{27} = 3$	*n*-te Wurzel aus (z. B. 3. Wurzel aus 27 gleich 3)
π	$\pi = 3{,}14159\ldots$	Pi (Verhältnis von Kreisumfang zum Kreisdurchmesser, Konstante)
e	$e = 2{,}71828\ldots$	Basis des natürlichen Logarithmus, $e = \lim_{n\to\infty}\left(1 + \frac{1}{n}\right)^n$
∞	$n = 1, 2, 3, \ldots, \infty$	Unendlich (z. B. die Folge 1, 2, 3 und so weiter bis unendlich)
a^x	$y = 3^x$	*a* hoch *x*, x-te Potenz von *a* (z. B. *y* gleich 3 hoch *x*)
exp	$y = \exp x$ oder $y = e^x$	Exponentialfunktion von *x* mit e = 2,71828..., e hoch *x*
ln	$\ln 2 = 0{,}6391$	Natürlicher Logarithmus von *x* (z. B. natürlicher Logarithmus von 2 gleich 0,6931, es gilt $\ln x = \log_e x$ mit e = 2,71828...)
lg	$\lg 2 = 0{,}30103$	Dekadischer Logarithmus, Zehnerlogarithmus (z. B. dekadischer Logarithmus von 2 gleich 0,30103, es gilt $\lg x = \log_{10} x$)
lb	$\mathrm{lb}\, 5 = 2{,}32193$	Binärer Logarithmus, Zweierlogarithmus (z. B. binärer Logarithmus von 5 gleich 2,32193)
log		Logarithmus
$\log_a$	$\log_{10} 2 = 0{,}30103$	Logarithmus zur Basis *a* (z. B. Logarithmus von 2 zur Basis 10 gleich 0,30103)
$\rightarrow$	$x \rightarrow +\infty$	Gegen, nähert sich, strebt nach (z. B. *x* strebt nach plus unendlich)
	$x \xrightarrow{f} y$	*x* geht durch *f* in *y* über
i, j		Imaginäre Einheit. Es gilt $i^2 = -1$ (in der Mathematik ist i üblich, in der Elektrotechnik j)
Re	$\mathrm{Re}\, z$	Realteil (z. B. Realteil *z*)
Im	$\mathrm{Im}\, z$	Imaginärteil (z. B. Imaginärteil *z*)
sin	$\sin 30° = 0{,}5$	Sinus
cos	$\cos 30° = 0{,}866$	Cosinus
tan	$\tan 30° = 0{,}577$	Tangens
cot	$\cot 30° = 1{,}732$	Cotangens (cot 30° = 1/tan 30°)
Arcsin	$\sin\alpha = x \Rightarrow \mathrm{Arcsin}\, x = \alpha$	Arcussinus (Arcsin-Funktion = Umkehrung der Sinus-Funktion)
Arccos	$\cos\alpha = x \Rightarrow \mathrm{Arccos}\, x = \alpha$	Arcuscosinus (Arccos-Funktion = Umkehrung der Cosinusfunktion)
Arctan	$\tan\alpha = x \Rightarrow \mathrm{Arctan}\, x = \alpha$	Arcustangens (Arctan-Funktion = Umkehrung der Tangensfunktion)
Arccot	$\cot\alpha = x \Rightarrow \mathrm{Arccot}\, x = \alpha$	Arcuscotangens (Arccot-Funktion = Umkehrung der Cotangensfunktion)
sinh	$\sinh x = (e^x - e^{-x})/2$	Hyperbelsinus (Hyperbelfunktion)
cosh	$\cosh x = (e^x + e^{-x})/2$	Hyperbelcosinus (Hyperbelfunktion)
tanh	$\tanh x = \sinh x - \cosh x$	Hyperbeltangens (Hyperbelfunktion)
coth	$\coth x = 1/\tanh x$	Hyperbelcotangens (Hyperbelfunktion)
Arsinh	$y = \mathrm{Arsinh}\, x \Rightarrow x = \sinh y$	Areahyperbelsinus (Areafunktion = Umkehrung der Hyperbelfunktion)
Arcosh	$y = \mathrm{Arcosh}\, x \Rightarrow x = \cosh y$	Areahyperbelcosinus (Areafunktion = Umkehrung der Hyperbelfunktion)

A

A

Zeichen	Anwendungsbeispiel	Sprechweise/Bedeutung
Artanh	$y = \text{Artanh}\ x \Rightarrow x = \tanh y$	Areahyperbeltangens (Areafunktion = Umkehrung der Hyperbelfunktion)
Arcoth	$y = \text{Arcoth}\ x \Rightarrow x = \coth y$	Areahyperbelcotangens (Areafunktion = Umkehrung der Hyperbelfunktion)
$\sum\limits_{i=m}^{n} x_i$	$\sum\limits_{i=1}^{3} F_i = F_1 + F_2 + F_3$	Summe x_i für i von m bis n (z. B. Summe der Kräfte F_i für i von 1 bis 3 gleich F_1 plus F_2 plus F_3)
$\prod\limits_{i=m}^{n} x_i$	$\prod\limits_{i=1}^{3} \eta_i = \eta_1 \cdot \eta_2 \cdot \eta_3$	Produkt x_i für i von m bis n (z. B. Produkt der Wirkungsgrade η_i für i von 1 bis 3 gleich η_1 mal η_2 mal η_3)
lim	$\lim\limits_{x \to \pm\infty} \frac{1}{x} = 0$	Limes (z. B. Limes von $1/x$ für x gegen $\pm\infty$ ist 0, d. h. die Funktion $y = 1/x$ besitzt für $x \to \pm\infty$ den Grenzwert 0)
$f(x)$	$W = f(s)$	f von x, Funktion der Variablen x (z. B. die Arbeit W ist eine Funktion des Weges s)
$\mathrm{d}y/\mathrm{d}x$	$y' = \mathrm{d}y/\mathrm{d}x$	dy nach dx (erster Differentialquotient)
$y', y'', \dots$	$y' = 2x$ wenn $y = x^2$	y Strich, y zwei Strich und so weiter (erste, zweite usw. Ableitung von y, z. B. erste Ableitung von y gleich $2x$, wenn y gleich x^2)
$f'(x)$	$f'(x) = 3x^2$ für $f(x) = x^3$	f Strich von x (Ableitung der Funktion $f(x)$)
$f''(x)$	$f''(x) = 6x$ für $f'(x) = 3x^2$	f zwei Strich von x (zweite Ableitung der Funktion $f(x)$)
$f'''(x)$	$f'''(x) = 6$ für $f'' = 6x$	f drei Strich von x (dritte Ableitung der Funktion $f(x)$)
d	$\mathrm{d}t$	Differentialzeichen (z. B. Differential von der Zeit t)
∂	$\partial f(x)$	d partiell (z. B. d partiell f von x)
$\int$	$\int f(x)\,\mathrm{d}x$	Integral (z. B. Integral über f von x dx)
$\int\limits_a^b f(x)\,\mathrm{d}x$	$W = \int\limits_{s_1}^{s_2} F(s)\,\mathrm{d}s$	Integral von f von x dx von a bis b (z. B. Arbeit W gleich Wegintegral der Kraft F von s_1 bis s_2, s_1 und s_2 sind die Grenzen des hier vorliegenden bestimmten Integrals)
F	$F(x)$	Stammfunktion von f (z. B. groß F von x)
$F(x)\Big\|_{x_1}^{x_2}$	$F(s)\Big\|_{s_1}^{s_2} = F(s_2) - F(s_1)$	Groß F von x an den Grenzen x_1 und x_2 (z. B. groß F von s zwischen den Grenzen s_1 und s_2)
!	$5! = 120$	Fakultät (z. B. 5 Fakultät gleich 120, $5! = 1 \cdot 2 \cdot 3 \cdot 4 \cdot 5 = 120$)
$\binom{n}{p}$	$\binom{6}{3} = \frac{6 \cdot 5 \cdot 4}{1 \cdot 2 \cdot 3}$	n über p (z. B. 6 über 3), allgemein: $\binom{n}{p} = n \cdot (n-1) \cdot (n-2) \cdot \dots \cdot [n-(p-1)]/(1 \cdot 2 \cdot \dots \cdot p)$
sgn	sgn x	Signum (z. B. Signum von x), sgn $x \overset{\text{def}}{=} 1$ wenn $x > 0$, 0 wenn $x = 0$ und -1 wenn $x < 1$

A 10 Zeichen der Logik und Mengenlehre

Zeichen	Anwendungsbeispiel	Sprechweise/Bedeutung
$\mathbb{N}$ oder **N**	**N** = {0, 1, 2, ...}	Doppelstrich-**N** (Menge der nicht negativen ganzen Zahlen, Menge der natürlichen Zahlen, einschließlich der Zahl 0) **N*** ist die gleiche Menge ohne die Zahl 0
$\mathbb{Z}$ oder **Z**	**Z** = {..., – 2, – 1, 0, 1, 2, ...}	Doppelstrich-**Z** (Menge der ganzen Zahlen, d. h. der natürlichen Zahlen, der negativen ganzen Zahlen und der Zahl 0)

Zeichen	Anwendungsbeispiel	Sprechweise/Bedeutung
		Z* ist die gleiche Menge ohne die Zahl 0, **Z+** begrenzt die Menge auf die positiven Zahlen
$\mathbb{Q}$ oder **Q**	**Q** = {2, – 4, 1/2, 0, – 3/2, ...}	Doppelstrich-**Q** (Menge der rationalen Zahlen, d.h. der Zahl 0, der positiven und negativen ganzen Zahlen und der Brüche derartiger Zahlen)
		Q* ist die gleiche Menge ohne die Zahl 0, **Q+** begrenzt die Menge auf die positiven Zahlen
$\mathbb{R}$ oder **R**	**R** = {π, $\sqrt{2}$, 1/2, lg 2, 5, – 3, ...}	Doppelstrich-**R** (Menge der reellen Zahlen, d.h. **Q** ergänzt durch die Menge der irrationalen Zahlen, also der periodischen und nicht abbrechenden Dezimalzahlen, z.B. $\sqrt{2}$ = 1,4142...)
		R* ist die gleiche Menge ohne die Zahl 0, **R+** begrenzt die Menge auf die positiven Zahlen
$\mathbb{C}$ oder **C**	**C** = {$\sqrt{-1}$, $\sqrt{-1/2}$, $\sqrt{-4}$, ...}	Doppelstrich-**C** (Menge der komplexen Zahlen)
		C* ist die gleiche Menge ohne die Zahl 0
Ø		Leere Menge (die Menge enthält keine Elemente)
$\{a_1, ..., a_n\}$	{1, 2, 3, 4, 5}	Menge mit den Elementen a_1, ... a_n (z.B. Menge mit den Elementen 1, 2, 3, 4 und 5)
$a \in A$	$4 \in M$ wenn $M = \{1, 2, 3, 4, 5\}$	*a* ist Element von *A* (z.B. 4 ist Element von *M*)
$a \notin A$	$7 \notin M$ wenn $M = \{1, 2, 3, 4, 5\}$	*a* ist nicht Element von *A* (z.B. 7 ist nicht Element von *M*)
$\{x \mid \varphi(x)\}$		Klasse (Menge) aller *x* mit $\varphi(x)$
$\{x \in M \mid \varphi(x)\}$		Klasse (Menge) aller *x* aus *M* mit $\varphi(x)$
$\subseteq, \subset$	$M_1 \subseteq M_2$ wenn $M_1 = \{1, 2\}$ und $M_2 = \{1, 2, 3, 4\}$	Teilklasse (Teilmenge) von, sub (z.B. M_1 ist Teilklasse von M_2 oder M_1 sub M_2), das Zeichen hat die eigentliche Bedeutung von *enthalten **oder** gleich*
$\subsetneqq$	$M_1 \subsetneqq M_2$	Echte Teilklasse (Teilmenge) von, echt sub (z.B. M_1 ist echte Teilklasse von M_2, d.h. M_1 ist Teilklasse von M_2 und gleichzeitig gilt $M_1 \neq M_2$), das Zeichen hat die eigentliche Bedeutung von *enthalten **und** ungleich*)
$\cap$	$M_1 \cap M_2$	Geschnitten mit, Durchschnitt von (z.B. M_1 geschnitten mit M_2)
$\cup$	$M_1 \cup M_2$	Vereinigt mit, Vereinigung von (z.B. M_1 vereinigt mit M_2)
/	M_1/M_2	Ohne (z.B. M_1 ohne M_2)
$\neg$	$\neg\ a$	Nicht, Negation von (z.B. nicht *a*)
$\wedge$	$a \wedge b$	Und, Konjunktion von (z.B. *a* und *b*)
$\vee$	$a \vee b$	Oder, Disjunktion von (z.B. *a* oder *b*)
$\bigcup$	$\bigcup M$	Vereinigung (z.B. Vereinigung über *M*)
$\bigcap$	$\bigcap M$	Durchschnitt (z.B. Durchschnitt über *M*)
$\forall$	$\forall x\, \varphi(x)$	Für alle ... (gilt), Allquantor (z.B. für alle *x* (gilt) $\varphi(x)$)
$\exists$	$\exists x\, \varphi(x)$	Es gibt (wenigstens) ein ... mit, Existenzquantor (z.B. es gibt (wenigstens) ein *x* mit $\varphi(x)$)

B Mathematik

B 1 Mathematische Grundlagen

B 1.1 Runden von Zahlen

Die folgenden Regeln gelten für die Angabe von Mess- und Rechenergebnissen in Wissenschaft und Technik, nicht jedoch für Geldwert- und Kostenangaben.

Verfahren:

1. Addition des halben Stellenwertes der Rundestelle zur zu rundenden Zahl.
2. Streichung der in der entstandenen Summe hinter der Rundestelle stehenden Ziffer.

Vereinfachtes Verfahren mit gleichem Ergebnis:

Abrunden:
d.h. die Ziffer nach der Runestelle weglassen, wenn nach der Rundestelle eine der Ziffern 0 bis 4 folgt:

Aufrunden:
d.h. der gesamte Stellenwert der Rundestelle wird zu der zu rundenden Zahl addiert (also die Ziffer auf der Rundestelle um „1" erhöht und dann die Ziffernfolge nach der Rundestelle gestrichen, wenn nach der Rundestelle eine der Ziffern 5 bis 9 folgt.

Rundefehler:
Gerundete Zahl minus zu rundende Zahl
Ist aus technischen (z.B. sicherheitstechnischen) Gründen ein positiver Rundefehler unzulässig, wird in jedem Fall abgerundet. Muss ein negativer Rundefehler vermieden werden, wird in jedem Fall aufgerundet (Runden nach der sicheren Seite).

Rundestelle ist die Dezimalstelle, an der nach dem Runden die letzte Ziffer steht.

Beispiel:
Zu rundende Zahl: 16,94365
Rundestelle: ──→ (3. Nachkommastelle)
Halber Wert der Rundestelle: 0,0005
Summe: 16,94415
Gerundete Zahl: 16,944

Beispiel:
Zu rundende Zahl: 9,4328
Rundestelle: ──→ (2. Nachkommastelle)
Gerundete Zahl: 9,43

Beispiel:
Zu rundende Zahl: 24,3472
Rundestelle: ──→ (2. Nachkommastelle)
Gerundete Zahl: 24,35

B 1.2 Rechenarten

Stufe	Rechenart	Beispiel	Bezeichnungen für		
			a	*b*	*c*
1	Addieren	$a + b = c$	Summanden		Summe
	Subtrahieren	$c - a = b$	Subtrahend	Differenz	Minuend
2	Multiplizieren	$a \cdot b = c$	Multiplikant, Faktor	Multiplikator, Faktor	Produkt
	Dividieren	$c : b = a$	Quotient	Divisor	Dividend
3	Potenzieren	$a^b = c$	Basis, Grundzahl	Exponent, Hochzahl	Potenzwert
	Radizieren	$\sqrt[b]{c} = a$	Wurzel, Wurzelwert	Wurzelexponent	Radikand
	Logarithmieren	$\log_a c = b$	Basis	Logartihmus	Numerus

Bei Aufgaben ohne Klammern sind die Rechenoperationen der höheren Stufe stets vor denen der niedrigeren auszuführen. Die Klammern heben die Vorrangstellung der höheren Rechenart auf.

B

Multiplizieren von Summen (binomische Formeln):

$a \cdot (b + c + d) = ab + ac + ad$
$(a + b) \cdot (a + b) = (a + b)^2 = a^2 + 2ab + b^2$
$(a - b) \cdot (a - b) = (a - b)^2 = a^2 - 2ab + b^2$
$(a + b) \cdot (a - b) = a^2 - b^2$

$(a + b) \cdot (c + d) = a \cdot (c + d) + b \cdot (c + d) = ac + ad + bc + bd$
$(a - b) \cdot (c + d) = a \cdot (c + d) - b \cdot (c + d) = ac + ad - bc - bd$

Multiplizieren mit Null

$a \cdot 0 = 0$

Aus $a \cdot b = 0$ folgt $a = 0$ und/oder $b = 0$

Ist das Produkt einer Multiplikation Null, so ist mindestens ein Faktor Null.

Multiplizieren von Potenzen mit gleicher Basis

$a^m \cdot a^n = a^{m+n}$

Multiplizieren von Potenzen mit gleichem Exponenten

$a^m \cdot b^m = (a \cdot b)^m$

Multiplizieren von Wurzeln mit gleichem Radikanden

$\sqrt[n]{a} \cdot \sqrt[n]{b} = \sqrt[n]{a \cdot b}$

Pascal-Dreieck der Binominalkoeffizienten

$(a \pm b)^0$	1
$(a \pm b)^1$	1 1
$(a \pm b)^2$	1 2 1
$(a \pm b)^3$	1 3 3 1
$(a \pm b)^4$	1 4 6 4 1
$(a \pm b)^5$	1 5 10 10 5 1
$(a \pm b)^6$	1 6 15 20 15 6 1
$(a \pm b)^7$	1 7 21 35 35 21 7 1

Die Summe zweier benachbarter Koeffizienten einer Zeile ergibt den zwischen ihnen stehenden Koeffizienten der nächsten Zeile.

Beispiel:
$(a + b)^7 = a^7 + 7a^6b + 21a^5b^2 + 35a^4b^3 + 35a^3b^4 + 21a^2b^5 + 7ab^6 + b^7$
$(a - b)^7 = a^7 - 7a^6b + 21a^5b^2 - 35a^4b^3 + 35a^3b^4 - 21a^2b^5 + 7ab^6 - b^7$

Dividieren (Teilen)

$a : b = \frac{a}{b} = a/b = c$

a Dividend
b Divisor
c Quotient

Die Division durch Null ist ausgeschlossen.

B

B 1.3 Grundrechenarten

Addieren:

$a + b = c$	$a + 0 = a$	$a - a = 0$

a Summand
b Summand
c Summe

Für reelle Zahlen gelten:
Kommutativgesetz (Gesetz der Vertauschung)

$$a + b = b + a$$

Distributivgesetz (Gesetz der Verteilung)

$$a \cdot (b + c) = a \cdot b + a \cdot c$$

Assoziativgesetz (Gesetz der Zusammenfassung)

$$(a + b) + c = a + (b + c)$$

Monotoniegesetz (Gesetz der Gleichförmigkeit)

$$a < b \Rightarrow a + c < b + c$$

Multiplizieren

$$a \cdot b = c$$

a Faktor, Multiplikand
b Fakor, Multiplikator
c Produkt

Kommutativgesetz (Gesetz der Vertauschung)

$$a \cdot b = b \cdot a$$

Vorzeichenregeln:

$(+a) \cdot (+b) = ab$
$(-a) \cdot (+b) = -ab$
$(+a) \cdot (-b) = -ab$
$(-a) \cdot (-b) = ab$

Distributivgesetz (Gesetz der Verteilung)

$$a \cdot (b + c) = a \cdot b + a \cdot c$$

Assoziativgesetz (Gesetz der Zusammenfassung)

$$a \cdot b \cdot c = (a \cdot b) \cdot c = a \cdot (b \cdot c)$$

Monotoniegesetz (Gesetz der Gleichförmigkeit)

$$a < b \text{ und } c > 0 \Rightarrow a \cdot c < b \cdot c$$

Distributivgesetz (Gesetz der Verteilung)

$$\frac{a+b}{c} = \frac{a}{c} + \frac{b}{c}$$

Setzen von Klammern (Ausklammern von Faktoren)

$$ab + ac = a(b + c)$$
$$-ab - ac = -a(b + c)$$
$$ab - ac = a(b - c) = -a(c - b)$$
$$-ab + ac = -a(b - c) = a(c - b)$$
$$ab + ac - ad = a(b + c - d)$$

Mehrere Klammern:

$$\begin{aligned} a - \{b + [c - (d + e)]\} &= a - \{b + [c - d - e] - f\} \\ &= a - \{b + c - d - e - f\} \\ &= a - b - c + d + e + f \end{aligned}$$

Auflösen von Klammern

Steht vor einer Klammer ein Pluszeichen, so bleiben nach Weglassen der Klammer die Vorzeichen unverändert, z.B.

$$a + (b - c + d) = a + b - c + d$$

Steht vor einer Klammer ein Minuszeichen, so erhalten die in der Klammer stehenden Glieder beim Weglassen der Klammer das entgegengesetzte Vorzeichen, z.B.

$$a - (b - c + d) = a - b + c - d$$

Addition und Subtraktion

$$(+a) + (+b) = +(a + b) = +a + b$$
$$(+a) - (-b) = +(a + b) = +a + b$$
$$(-a) + (-b) = -(a + b) = -a - b$$
$$(-a) - (+b) = -(a + b) = -a - b$$

$$(+a) + (-b) = +(a - b) = +a - b$$
$$(+a) - (+b) = +(a - b) = +a - b$$
$$(-a) + (+b) = -(a - b) = -a + b$$
$$(-a) - (-b) = -(a - b) = -a + b$$

Multiplikation

$+ \cdot + = +$	$(+a) \cdot (+b) = +ab$
$- \cdot - = +$	$(-a) \cdot (-b) = +ab$
$+ \cdot - = -$	$(+a) \cdot (-b) = -ab$
$- \cdot + = -$	$(-a) \cdot (+b) = -ab$

Division

$+ : + = +$	$(+a) : (+b) = +\frac{a}{b}$
$- : - = +$	$(-a) \cdot (-b) = +\frac{a}{b}$
$+ : - = -$	$(+a) \cdot (-b) = -\frac{a}{b}$
$- : + = -$	$(-a) : (+b) = -\frac{a}{b}$

B 1.4 Vorzeichenregeln

Treffen eine Anzahl von Vorzeichen, die sich verknüpfen lassen, multitativ zusammen, so ist das Resultat positiv, wenn die Minuszeichen in gerader Anzahl vorkommen, sonst negativ.

$(+a) \cdot (+b) \cdot (+c) \cdot (-d) \cdot (-e) = +abcde$
$(+a) \cdot (+b) \cdot (-c) \cdot (-d) \cdot (-e) = -abcde$

Multiplikation und Division haben Vorrang vor Addition und Subtraktion (Punktrechnung geht vor Strichrechnung)

$$5 \cdot 8 + 6 : 2 - 3 \cdot 7 + \frac{16}{4} = 40 + 3 - 21 + 4 = 26$$

$$a(b + c) - \frac{abc + ac^2}{c} + \frac{d + e}{f} =$$

$$ab + ac - (ab + ac) + \frac{d}{f} + \frac{e}{f} = \frac{d}{f} + \frac{e}{f}$$

B

B 1.5 Null und unendlich

Rechnen mit Null

Addieren

$a + 0 = a$
$0 + a = a$
$0 + 0 = 0$

Subtrahieren

$a - 0 = a$
$0 - a = -a$
$0 - 0 = 0$

Multiplizieren

$a \cdot 0 = 0$
$0 \cdot a = 0$
$0 \cdot 0 = 0$

Dividieren
Durch die Zahl Null darf nicht dividiert werden

$a : 0 = \frac{a}{0}$ ist unbestimmt

$0 : a = \frac{0}{a} = 0$

$0 : 0 = \frac{0}{0}$ ist unbestimmt

Potenzieren

$a^0 = 1$

$0^n = 0$

$0^0 = 0$

Radizieren

$0^{\frac{1}{n}} = \sqrt[n]{0} = 0 \qquad n \neq 0$

$\sqrt{0} = 0$

$\sqrt[0]{a}$ ist unbestimmt

Logarithmieren

$\log 0 = -\infty$
$\log 1 = 0$

Rechnen mit unendlich

Für eine Größe, die größer ist als jede noch so große angebbare Zahl, verwendet man das Zeichen ∞ (unendlich).

Addieren

$a + \infty = \infty$
$\infty + a = \infty$

Subtrahieren

$\infty - a = \infty$
$a - \infty = -\infty$

Multiplizieren

$a \cdot \infty = \infty$
$\infty \cdot a = \infty$
$0 \cdot \infty =$ ist unbestimmt

Dividieren

$\frac{\infty}{a} = \infty$

$\frac{\infty}{\infty} =$ ist unbestimmt

Potenzieren

Für $a < 1$ gilt $a^\infty = 0$
Für $a = 1$ gilt $a^\infty = 1$
Für $a > 1$ gilt $a^\infty = \infty$

B

B 1.6 Bruchrechnen

Dezimalbrüche

Dezimalbrüche sind Brüche mit dem Nenner 10, 100, 1000, ... Sie können verkürzt geschrieben werden, indem man zunächst die ganze Zahl schreibt, danach ein Komma und dann die Zehntel, Hundertstel, Tausendstel usw.

Beispiele:

$\frac{216}{100} = 2{,}16$

$\frac{5231}{1000} = 5{,}231$

Handelt es sich um einen *echten* Dezimalbruch, so steht links vom Komma eine Null.

Beispiel:

$\frac{38}{100} = 0{,}38$

Umwandlung eines Dezimalbruchs in einen gewöhnlichen Bruch

$0{,}8 = \frac{8}{10} = \frac{4}{5}$

$0{,}625 = \frac{625}{1000} = \frac{5}{8}$

Umwandlung eines gewöhnlichen Bruchs in einen Dezimalbruch

$\frac{1}{5} = 1 : 5 = 0{,}2$

$\frac{1}{4} = 1 : 4 = 0{,}25$

Ein Dezimalbruch, bei dem regelmäßig (periodisch) nach dem Komma die gleichen Ziffern oder Zifferngruppen wiederkehren, heißt *periodischer Dezimalbruch.*

Stehen zwischen Komma und Periode noch Ziffern, die sich nicht wiederholen, so nennt man diese Vorziffern oder vorperiodische Stellen, z.B.:

$\frac{7}{22} = 7 : 22 = 0{,}3\overline{18}$

Die letzte vollständig geschriebene Periode wird durch einen darüber gesetzten Querstrich deutlich gemacht.

Ist die Periode nicht vollständig ausgeschrieben, werden die weggelassenen Ziffern durch drei Punkte ersetzt.

$\frac{15}{7} = 15 : 7 = 2{,}142857\overline{142857} = 2{,}\overline{14\ldots}$

Reziproke Werte (Kehrwerte)

Wert	Reziproker Wert
x	$\frac{1}{x}$
$\frac{a}{b}$	$\frac{b}{a}$
$\frac{3}{4}$	$\frac{4}{3}$

Allgemein heißt für jede reelle Zahl $a \neq 0$ die Zahl $1/a$ Reziprokwert von a.

Bruchrechnung bei rationalen Zahlen

Addieren

$$\frac{a}{b} + \frac{c}{b} = \frac{a+c}{b} = (a+c)/b$$

$$\frac{a}{b} + \frac{c}{d} = \frac{ad+bc}{bd} = (ad+bc)/bd$$

$$\frac{a+b}{a} = \frac{a}{a} + \frac{b}{a} = 1 + \frac{b}{a}$$

Multiplizieren

$$\frac{a}{b} \cdot c = \frac{ac}{b} = ac/b$$

$$\frac{a}{b} \cdot \frac{c}{d} = \frac{ac}{bd} = ac/(bd)$$

Subtrahieren

$$\frac{a}{b} - \frac{c}{b} = \frac{a-c}{b} = (a-c)/b$$

$$\frac{a}{b} - \frac{c}{d} = \frac{ad-bc}{bd} = (ad-bc)/bd$$

$$\frac{a-b}{a} = \frac{a}{a} - \frac{b}{a} = 1 - \frac{b}{a}$$

Dividieren

$$\frac{a}{b} : c = \frac{\frac{a}{b}}{c} = \frac{a}{bc} = a/(bc)$$

$$\frac{a}{b} : \frac{c}{d} = \frac{\frac{a}{b}}{\frac{c}{d}} = \frac{a}{b} \cdot \frac{d}{c} = \frac{ad}{bc} = ad/(bc)$$

$$a : \frac{b}{c} = \frac{a}{\frac{b}{c}} = a \cdot \frac{c}{b} = \frac{ac}{b} = ac/b$$

Erweitern eines Bruches mit dem Faktor *n*

$$\frac{a}{b} = \frac{a \cdot n}{b \cdot n} = \frac{an}{bn}$$

Kehrwert bzw. reziproker Wert

$\frac{a}{b}$ Kehrwert: $\frac{b}{a}$

a Kehrwert: $\frac{1}{a}$

Kürzen eines gemeinsamen Faktors *n* im Zähler und Nenner

$$\frac{a \cdot n}{b \cdot n} = \frac{a}{b}$$

Beseitigung von Wurzeln im Nenner durch Erweitern des Bruchs

$$\frac{1}{\sqrt{a}} = \frac{1 \cdot \sqrt{a}}{\sqrt{a} \cdot \sqrt{a}} = \frac{\sqrt{a}}{a}$$

$$\frac{a}{\sqrt{b} - \sqrt{c}} = \frac{a \cdot (\sqrt{b} + \sqrt{c})}{(\sqrt{b} - \sqrt{c}) \cdot (\sqrt{b} + \sqrt{c})} = \frac{a \cdot (\sqrt{b} + \sqrt{c})}{b - c}$$

$$\frac{m}{a \cdot \sqrt{b}} = \frac{m \cdot (a - \sqrt{b})}{(a + \sqrt{b}) \cdot (a - \sqrt{b})} = \frac{m \cdot (a - \sqrt{b})}{a^2 - b}$$

$$\frac{x}{\sqrt[4]{x^3}} = \frac{x \cdot \sqrt[4]{x}}{\sqrt[4]{x^3} \cdot \sqrt[4]{x}} = \frac{x \cdot \sqrt[4]{x}}{\sqrt[4]{x^3 \cdot x}} = \frac{x \cdot \sqrt[4]{x}}{\sqrt[4]{x^4}}$$

$$= \frac{x \cdot \sqrt[4]{x}}{x} = \sqrt[4]{x}$$

Voraussetzung für die Bruchrechnung ist, dass die den Nenner bildende Größe stets ungleich Null ist.

B

B 1.7 Proportionen

Arithmetische Proportion

In jeder arithmetischen Proportion ist die Summe der Außenglieder gleich der Summe der Innenglieder.

Aus $a - b = c - d$ folgt $a + d = b + c$

a, d Außenglieder
b, c Innenglieder

Geometrische Proportion

Mit geometrischer Proportion meint man die Gleichheit zweier Brüche

$\frac{a}{b} = \frac{c}{d}$ bzw. $a : b = c : d$

Außen- und Innenglieder können vertauscht werden.

$a : b = c : d$ oder
$a : c = b : d$ oder
$b : a = d : c$ oder
$b : d = a : c$ oder
$c : a = d : b$ oder
$c : d = a : b$ oder
$d : b = c : a$ oder
$d : c = b : a$

Das Produkt der Innenglieder ist gleich dem Produkt der Außenglieder

$a \cdot d = b \cdot c$

Auflösen der Proportion (4. Proportionale)

$a = \frac{b \cdot c}{d}$ $b = \frac{a \cdot d}{c}$

$c = \frac{a \cdot d}{b}$ $d = \frac{b \cdot c}{a}$

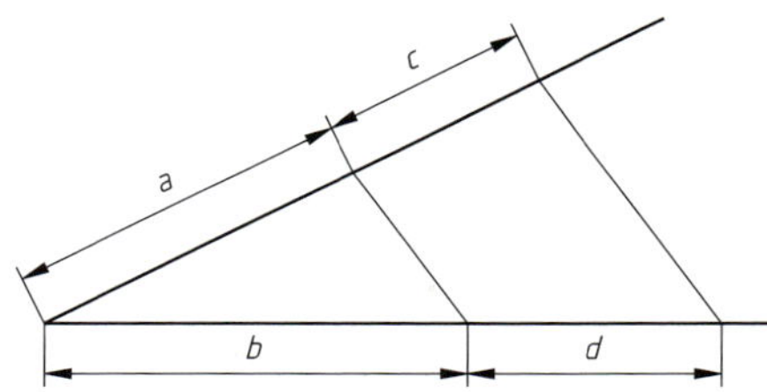

Mittlere Proportionale oder geometrisches Mittel

$a : x = x : b$
$x^2 = a \cdot b$
$x = \sqrt{a \cdot b}$

x ist die mittlere Proportionale zu a und b.

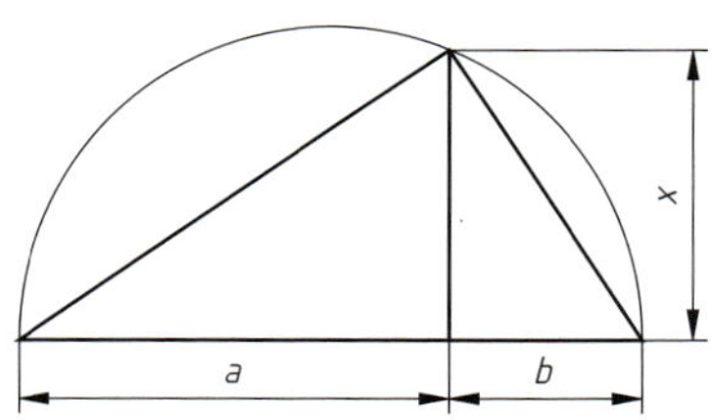

Korrespondierende Addition und Subtraktion

$\frac{a + b}{b} = \frac{c + d}{d}$

$\frac{a + b}{a} = \frac{c + d}{c}$

$\frac{a + b}{a - b} = \frac{c + d}{c - d}$

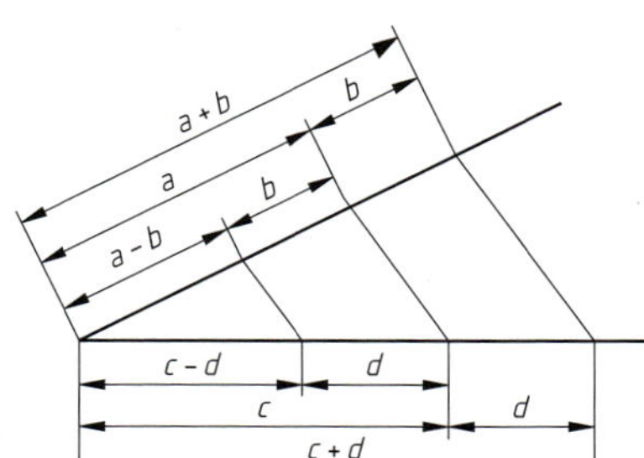

Fortlaufende Proportion

Aus $a : b : c : d = a_1 : b_1 : c_1 : d_1$ können folgende Einzelproportionen gebildet werden:

$a : b = a_1 : b_1$ $c : c_1 = d : d_1$
$d : b = d_1 : b_1$ $a_1 : a = c_1 : c$

B 1.8 Potenzen

Rechengesetze ($m, n \geq 1$)**, ganzzahlig**

Rechenoperation	Potenzen mit gleicher Basis	Potenzen mit gleichem Exponenten	Potenzen mit gleicher Basis und gleichem Exponenten
Addieren	nicht möglich	nicht möglich	$a^m + a^m = 2 \cdot a^m$
Subtrahieren	nicht möglich	nicht möglich	$2 \cdot a^m - a^m = a^m$
Multiplizieren	$a^m \cdot a^n = a^{m+n}$ $a^m \cdot a^{-n} = a^{m-n}$ $a^{-m} \cdot a^{-n} = a^{-(m+n)}$	$a^m \cdot b^m = (a \cdot b)^m$ $a^{-m} \cdot b^{-m} = (a \cdot b)^{-m}$	$a^m \cdot a^m = a^{m+m} = a^{2 \cdot m}$ $a^m \cdot a^{-m} = a^0 = 1$
Dividieren	für $m > n$ gilt $\frac{a^m}{a^n} = a^{m-n}$ für $m < n$ gilt $\frac{a^m}{a^n} = \frac{1}{a^{n-m}}$ $\frac{a^m}{a^{-n}} = a^{m+n}$	$\frac{a^m}{b^m} = \left(\frac{a}{b}\right)^m$ $\frac{a^{-m}}{b^{-m}} = \left(\frac{a}{b}\right)^{-m} = \frac{b^m}{a^m}$	$\frac{a^m}{b^m} = a^{m-m} = a^0 = 1$ $\frac{a^m}{a^{-m}} = a^{2 \cdot m}$
Potenzieren	$\left(a^m\right)^n = a^{m \cdot n} = \left(a^n\right)^m$ $\left(a^{-m}\right)^{-n} = a^{m \cdot n} = \left(a^{-n}\right)^{-m}$ $\left[\left(a^m\right)^n\right]^p = a^{m \cdot n \cdot p}$ $\left(a^m\right)^{-n} = a^{-m \cdot n}$		
Radizieren	$\sqrt[n]{a^m} = \left(\sqrt[n]{a}\right)^m = a^{\frac{m}{n}} = \left(a^m\right)^{\frac{1}{n}}$		

Vorzeichenregeln ($n \notin \mathbb{N}$)

$$\left(\pm a\right)^{2 \cdot n} = +a^{2 \cdot n}$$

$$\left(\pm a\right)^{2 \cdot n+1} = \pm a^{2 \cdot n+1}$$

Null als Exponent

$$a^0 = 1$$

Potenzen mit negativem Exponenten

$$a^{-n} = \frac{1}{a^n}$$

$$\frac{1}{a^{-n}} = a^n$$

Potenzen mit gebrochenem Exponenten

$$a^{\frac{1}{n}} = \sqrt[n]{a}$$

$$a^{\frac{m}{n}} = \sqrt[n]{a^m} = \left(\sqrt[n]{a}\right)^m$$

$$\left(a^{\frac{1}{n}}\right)^n = a^{\frac{1}{n} \cdot n} = a^1 = a$$

$$a^{-\frac{m}{n}} = \frac{1}{\sqrt[n]{a^m}}$$

$$\frac{a^{\frac{m}{p}}}{a^{\frac{n}{p}}} = a^{\frac{m-n}{p}} = \sqrt[p]{a^{m-n}}$$

$$\frac{a^{\frac{1}{n}}}{b^{\frac{1}{n}}} = \left(\frac{a}{b}\right)^{\frac{1}{n}} = \sqrt[n]{\frac{a}{b}} = \frac{\sqrt[n]{a}}{\sqrt[n]{b}}$$

Potenzen von Binomen, Polynome, binomische Formeln

$(a+b)^2 = (a+b)\cdot(a+b) = a^2 + 2ab + b^2$

$(a-b)^2 = (a-b)\cdot(a-b) = a^2 - 2ab + b^2$

$(a+b)\cdot(a-b) = a^2 - b^2$

$(a+b+c)^2 = a^2 + 2ab + 2ac + b^2 + 2bc + c^2$

$(a+b+c+d)^2 = a^2 + b^2 + c^2 + d^2 +$

$+2\cdot(ab + ac + ad + bc + bd + cd)$

B

B 1.9 Wurzeln

$\sqrt[n]{x} = x^{\frac{1}{n}}$ $\quad x \in \mathbb{R},\ x \geq 0,\ n > 0$

$\sqrt[n]{x^m} = x^{\frac{m}{n}}$ $\quad x \in \mathbb{R},\ x \geq 0,\ n > 0$

$\sqrt[2]{x} = \sqrt{x}$

Für Wurzeln mit geradem Wurzelexponenten n, Radikant x positiv:

$\sqrt[n]{+x} = \pm y$ (doppeldeutig)

Radikant x negativ:

$\sqrt[n]{-x} = i\cdot\sqrt[2n]{x} = \pm i\cdot y$ (imaginär)

Für Wurzeln mit ungeradem Wurzelexponenten n, Radikant x positiv:

$\sqrt[n]{+x} = +y$ (eindeutig)

Radikant x negativ:

$\sqrt[n]{-x} = -\sqrt[n]{x} = -y$ (eindeutig)

Rechenoperation	Wurzeln mit gleichen Wurzelexponenten	Wurzeln mit gleichen Radikanden	Wurzeln mit gleichen Wurzelexponenten und gleichen Radikanden
Addieren	nicht möglich	nicht möglich	$a \cdot \sqrt[n]{c} + b \cdot \sqrt[n]{c} = (a+b) \cdot \sqrt[n]{c}$
Subtrahieren	nicht möglich	nicht möglich	$a \cdot \sqrt[n]{c} - b \cdot \sqrt[n]{c} = (a-b) \cdot \sqrt[n]{c}$
Multiplizieren	$\sqrt[n]{a} \cdot \sqrt[n]{b} = \sqrt[n]{a \cdot b}$	$\sqrt[n]{a} \cdot \sqrt[m]{a} = \sqrt[n \cdot m]{a^{n+m}}$	$\sqrt[n]{a} \cdot \sqrt[n]{a} = \sqrt[n]{a^2}$
Dividieren	$\sqrt[n]{a} : \sqrt[n]{b} = \frac{\sqrt[n]{a}}{\sqrt[n]{b}} = \sqrt[n]{\frac{a}{b}}$	$\sqrt[n]{a} : \sqrt[m]{a} = \frac{\sqrt[n]{a}}{\sqrt[m]{a}} = \sqrt[n \cdot m]{a^{m-n}}$	$\sqrt[n]{a} : \sqrt[n]{a} = \frac{\sqrt[n]{a}}{\sqrt[n]{a}} = 1$
Potenzieren	$(\sqrt[n]{a})^m = \sqrt[n]{a^m} = a^{\frac{m}{n}}$, $(\sqrt[n \cdot x]{a})^{m \cdot x} = (\sqrt[n/x]{a})^{n/x} = \sqrt[n]{a^m}$, $(\sqrt[n]{a})^n = \sqrt[n]{a^n} = a$		
Radizieren	$\sqrt[n]{\sqrt[m]{a}} = \sqrt[n \cdot m]{a}$, $\sqrt[n]{a \cdot \sqrt[m]{b}} = \sqrt[n]{\sqrt[m]{a^m \cdot b}} = \sqrt[n \cdot m]{a^m \cdot b}$		

Sonderfälle

$\sqrt{0} = 0$ $\sqrt[n]{0} = 0$ für alle $n > 0$

$\sqrt{1} = 1$ $\sqrt[n]{1} = 1$

$\sqrt[-n]{x} = x^{-(1/n)} = \frac{1}{\sqrt[n]{x}} = \sqrt[n]{\frac{1}{x}} = \sqrt[n]{x^{-1}}$

$\sqrt[1]{x} = x$ $\sqrt[0]{x} = 0$ für $x < 1$

$\sqrt[0]{x} = \infty$ für $x > 1$

$\sqrt[0]{1}$ unbestimmt

Vereinbarungsgemäß wird aus negativen Zahlen keine Wurzel gezogen, auch wenn der Wurzelexponent negativ ist. Andernfalls wäre z.B. folgende Aussage möglich:

$-2 = \sqrt[3]{-8} = \sqrt[6]{(-8)^2} = \sqrt[6]{8^2} = +2$

B 2 Zahlenbereiche und Zahlensysteme

B 2.1 Übersicht der Zahlenbereiche

Die **natürlichen Zahlen** sind geschichtlich als erster Zahlenbereich festgelegt worden. Die natürlichen Zahlen begannen ursprünglich mit der Zahl Eins. Die Null als Ausdruck dafür, dass kein Gegenstand vorhanden ist, kam erst wesentlich später hinzu. Entstanden sind die natürlichen Zahlen aus der praktischen Aufgabe des Abzählens von Dingen.

Natürliche Zahlen beginnen mit der Zahl Null und beinhalten alle positiven ganzen Zahlen. Addition, Multiplikation und Potenzieren mit natürlichen Zahlen ergeben immer als Ergebnis eine natürliche Zahl. Diese Operationen führen also nicht aus dem Bereich der natürlichen Zahlen. Wird z.B. die Subtraktion angewendet, so kann das Ergebnis eine negative und damit nicht mehr natürliche Zahl ergeben.

Um die Rechenoperationen Subtraktion, Division, Radizieren oder Logarithmieren auszuführen, wurde der Bereich durch die Festlegung neuer Zahlenarten erweitert.

Der Bereich der **ganzen Zahlen** ermöglicht das Subtrahieren von natürlichen Zahlen. Dieser Bereich beinhaltet die natürlichen Zahlen und wird durch die negativen Zahlen erweitert.

Der Bereich der **absolut rationale Zahlen** ermöglicht die Division von natürlichen Zahlen. Er schließt somit den Bereich der natürlichen Zahlen und die positiven Brüche ein.

Soll die Divison im Bereich der ganzen Zahlen uneingeschränkt ausführbar sein, so muss der erweiterte Bereich der **rationalen Zahlen** verwendet werden. Dieser Bereich schließt also die absolut rationalen Zahlen und die ganzen Zahlen und somit auch die natürlichen Zahlen ein. Er erweitert sich um die negativen Brüche. Im Dezimalzahlensystem sind rationale Zahlen stets endliche oder periodische Zahlen.

Der Bereich der **irrationalen Zahlen** ermöglicht das Wurzeln, Logarithmieren oder Potenzieren von absolut-rationalen Zahlen. Im Dezimalzahlensystem sind irrationale Zahlen unendliche, nichtperiodische Zahlen. In Dezimalschreibweise kann eine irrationale Zahl nie genau angegeben werden.

Rationale Zahlen und irrationale Zahlen zusammengefasst ergeben den Bereich der **reellen Zahlen**. In diesem Bereich sind alle voher genannten Zahlenbereiche enthalten.

Der Bereich der imaginären Zahlen ermöglicht das Wurzeln und Logarithmieren von negativen reellen Zahlen.

Reelle Zahlen und **imaginäre Zahlen** zusammengefasst ergeben den Bereich der **komplexen Zahlen**. Dieser Bereich erweist sich als abgeschlossen. Alle Rechenoperationen sind in ihm ohne Einschränkung ausführbar.

Zahlenbereiche

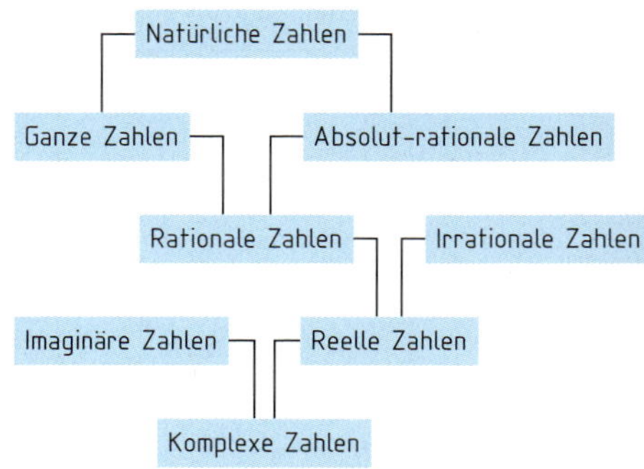

Beispiel für natürliche Zahlen

0; +1; +2; +3; +4; +13; +20; +21; +56; +146

Beispiel für ganze Zahlen

–31; –26; –14; –4; –3; –1; 0; +1; +2; +3; +21

Beispiel für absolut rationale Zahlen

$0;\ +\frac{1}{4};\ +\frac{1}{2};\ +\frac{3}{4};\ +1;\ +\frac{9}{7}\ +2;\ +5;\ +3;\ +\frac{20}{3}$

Beispiel für rationale Zahlen

$-3;\ -\frac{12}{5};\ -\frac{5}{8};\ -\frac{1}{3};\ 0;\ +\frac{1}{4};\ +\frac{3}{4}\ +1;\ +3;\ +\frac{20}{3}$

Beispiel für reelle Zahlen

$-3;\ -\frac{14}{5};\ 0;\ +0{,}2;\ +\frac{1}{4};\ +\sqrt{3};\ \sqrt[4]{9};\ +\log_6 12$

Beispiel für komplexe Zahlen

$3+4i;\ -\frac{3}{4}+i\sqrt{3};\ 3{,}5+8i$

B 2.2 Übersicht der Zahlensysteme

Zahlensysteme bestehen aus einer größeren Anzahl von Ziffern, die sich nach bestimmten Gesetzen aus Grundelementen (Grundziffern) zusammensetzen. Es wird zwischen Positions- und Additionssystemen unterschieden.

Positionssysteme

Beim Positionssystem werden die Zahlen durch die Addition der mit der Basis mulitplizierten Werte der Grundziffern gebildet. Es gelten folgende allgemeine Formeln:

Nichtnegative, ganze Zahl

$$x_B = \sum_{i=0}^{n-1} (b_i \cdot B^i)$$

mit

$$0 \leq b_i < B$$

Gebrochene Zahl

$$x_B = \sum_{i=1}^{m} (b_i \cdot B^i)$$

Additionssysteme

Beim Additionssystem werden die Zahlen durch die Addition oder Subtraktion der Werte der hintereinandergestellten Grundziffern gebildet.

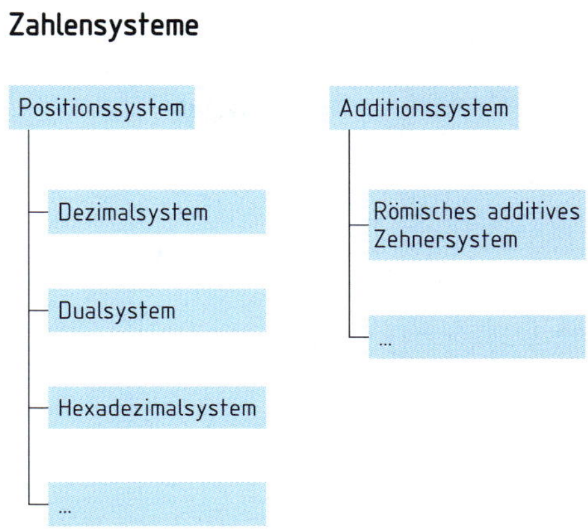

x_B	Zahl des Zahlensystems auf der Basis B
b_i	Grundziffer des Zahlensystems
n	Anzahl der Stellen von x_B
m	Anzahl der Nachkommastellen
B	Basis des Zahlensystems

B 2.3 Dezimalsystem

Das Dezimalsystem kommt vermutlich ursprünglich durch das Abzählen von Dingen unter Zuhilfenahme der zehn Finger und ist daher weit verbreitet.

Grundziffern $b_i = 0, 1, 2, 3, 4, 5, 6, 7, 8, 9$
Basis $B = 10$
Nichtnegative, ganze Zahl

$$x_{10} = b_{n-1} \cdot 10^{n-1} + b_{n-i} \cdot 10^{n-2} + \ldots + b_1 \cdot 10^1 + b_0 \cdot 10^0$$

Beispiel:
$x_{10} = 40987$ $n = 5$

$$40987_{10} = 4 \cdot 10^4 + 0 \cdot 10^3 + 9 \cdot 10^2 + 8 \cdot 10^1 + 7 \cdot 10^0$$

Die deutschen Zahlwörter sind sprachlich deren Zahlensymbolen angeglichen. Die Silbe -zig entspricht hierbei dem Stellenwertfaktor 10.

x_{10}	Zahl des Zahlensystems auf der Basis 10
b_i	Grundziffer des Zahlensystems
n	Anzahl der Stellen von x_{10}
B	Basis des Zahlensystems

10^0	(Einer)
10^1	(Zehner) -zig
10^2	Hundert
$10^3 \ldots 10^5$	Tausend
$10^6 \ldots 10^8$	Millionen
$10^9 \ldots 10^{11}$	Milliarden oder Tausend Millionen
$10^{12} \ldots 10^{14}$	Billionen
$10^{15} \ldots 10^{17}$	Billiarden oder Tausend Billionen
$10^{18} \ldots 10^{20}$	Trillionen
$10^{21} \ldots 10^{23}$	Trilliarden oder Tausend Trillionen
$10^{24} \ldots 10^{26}$	Quadrillionen
$10^{27} \ldots 10^{29}$	Quadrilliarden oder Tausend Quadrillionen

B 2.4 Dualsystem

Das Dualsystem mit seinen zwei Grundziffern wird hauptsächlich in der Informationstechnik angewendet.

Grundziffern $b_i = 0, 1$
Basis $B = 2$
Nichtnegative, ganze Zahl

$$x_2 = b_{n-1} \cdot 2^{n-1} + b_{n-2} \cdot 2^{n-2} + \ldots + b_0 \cdot 2^0$$

Beispiel:

$x_2 = 11011 \qquad n = 5$

$$11011_2 = 1 \cdot 2^4 + 1 \cdot 2^3 + 0 \cdot 2^2 + 1 \cdot 2^1 + 1 \cdot 2^0 = 27_{10}$$

Mit dieser Darstellung erfolgt gleichzeitig die Umwandlung der ganzzahligen Dualzahl in eine Dezimalzahl.

Gebrochene Zahl

$$x_2 = b_1 \cdot 2^{-1} + b_2 \cdot 2^{-2} + \ldots + b_m \cdot 2^m$$

Beispiel:

$x_2 = 0{,}1101 \qquad n = 4$

$$0{,}1101_2 = 1 \cdot 2^{-1} + 1 \cdot 2^{-2} + 0 \cdot 2^{-3} + 1 \cdot 2^{-4} = 0{,}8125_{10}$$

Mit dieser Darstellung erfolgt gleichzeitig die Umwandlung der gebrochenen Dualzahl in eine Dezimalzahl.

Rechnen mit Dualzahlen

Die Grundrechenarten im Dualsystem gestalten sich besonders einfach und übersichtlich.

Additionsregeln

$0 + 0 = 0$
$1 + 0 = 1$
$0 + 1 = 1$
$1 + 1 = 10$

Beispiel:

$$\begin{array}{rr} 1110{,}11_2 & (14{,}75_{10}) \\ +\ 11110{,}01_2 & (30{,}25_{10}) \\ \scriptstyle 111\ \ 11 & \\ \hline 101101{,}00_2 & (45{,}00_{10}) \end{array}$$

Die Addition erfolgt stellenweise von rechts. Werden zwei Einer addiert, so wird der Übertrag der nach links folgenden Stelle aufgeschlagen.

x_2	Zahl des Zahlensystems auf der Basis 2
x_{10}	Zahl des Zahlensystems auf der Basis 10
b_i	Grundziffer des Zahlensystems
n	Anzahl der Stellen von x_2
B	Basis des Zahlensystems
m	Anzahl der Nachkommastellen

Umwandlung einer ganzzahligen Dezimalzahl in eine Dualzahl

Die ganzzahlige Dezimalzahl wird durch die Basis 2 dividiert. Der Rest wird als Dualziffer notiert. Der ganzzahlige Anteil des Quotienten wird wiederum durch die Basis 2 dividiert usw., bis auf 0.

Beispiel:

$x_{10} = 27$

$27 : 2 = 13$ Rest 1
$13 : 2 = 6$ Rest 1
$6 : 2 = 3$ Rest 0
$3 : 2 = 1$ Rest 1
$1 : 2 = 0$ Rest 1

Dualzahl x_2: 1 1 0 1 1

Umwandlung einer gebrochenen Dezimalzahl in eine Dualzahl

Die Umwandlung der Nachkommastellen von Dezimalzahlen erfolgt über das Multiplikationsverfahren. Die Nachkommazahl wird mit der Basis 2 multipliziert. Die Vorkommastelle des Ergebnisses ergibt die Dualzahl. Die Nachkommastelle wird wiederumg mit der Basis 2 multipliziert usw. bis auf 0.

Beispiel:

$x_{10} = 0{,}8125$

$0{,}8125 \cdot 2 = 1{,}625 = 0{,}625 + 1$
$0{,}625 \cdot 2 = 1{,}25 = 0{,}25 + 1$
$0{,}25 \cdot 2 = 0{,}5 = 0{,}5 + 0$
$0{,}5 \cdot 2 = 1{,}0 = 0 + 1$

Dualzahl x_2: 0, 1 1 0 1

Subtraktionsregeln

0 – 0 = 0
1 – 0 = 1
1 – 1 = 0
10 – 1 = 1

Beispiel:

$$
\begin{array}{rl}
 110000{,}11_2 & (48{,}75_{10}) \\
- \;\; 11110{,}01_2 & (22{,}25_{10}) \\
\scriptsize{1\,1\,1\,1} & \\
\hline
11010{,}10_2 & (26{,}50_{10})
\end{array}
$$

Die Subtraktion erfolgt stellenweise von rechts. Bei der Subtraktion 0 – 1 wird der nach links folgenden Stelle eine 1 entliehen und entsprechend dieser Stelle übertragen. Für diese Rechnung gilt somit die Subtraktionsregel 10 – 1 = 1.

B

Multiplikationsregeln

0 · 0 = 0
0 · 1 = 0
1 · 0 = 0
1 · 1 = 1

Beispiel:

$(9_{10} \cdot 5{,}5_{10} = 49{,}5_{10})$

$$
\begin{array}{l}
1001_2 \cdot 101{,}1_2 \\
\hline
1001 \\
\;\;0000 \\
\;\;\;\;1001 \\
\;\;\;\;\;\;1001 \\
\scriptsize{1\,1} \\
\hline
110001{,}1_2 \quad (49{,}5_{10})
\end{array}
$$

Bei der Multiplikation von Dualzahlen wird die erste Dualzahl mit jeder Stelle der zweiten Dualzahl separat multipliziert. Die Ergebnisse werden versetzt untereinander geschrieben. Anschließend erfolgt die Addition der einzelnen Ergebnisse unter Berücksichtigung der Additionsregeln.

Divisionsregeln

0 : 1 = 0
1 : 1 = 0
0 : 0 und 1 : 0 nicht definiert

Beispiel 1:

$(22_{10} : 8_{10} = 2{,}75_{10})$

$$
\begin{array}{l}
10110_2 : 1000_2 = 10{,}11_2 \\
-1000 \\
\hline
\;\;\;1100 \\
\;\;-1000 \\
\hline
\;\;\;\;\;1000 \\
\;\;\;\;-1000 \\
\hline
\;\;\;\;\;0000
\end{array}
$$

Beispiel 2:

$(138_{10} : 12_{10} = 11{,}5_{10})$

$$
\begin{array}{l}
10001010_2 : 1100_2 = 1011{,}1_2 \\
-1100 \\
\scriptsize{1\,1} \\
\hline
\;\;10101 \\
\;\;-1100 \\
\;\;\scriptsize{1} \\
\hline
\;\;\;\;10010 \\
\;\;\;\;-1100 \\
\;\;\;\;\scriptsize{1\,1} \\
\hline
\;\;\;\;\;\;1100 \\
\;\;\;\;\;-1100 \\
\hline
\;\;\;\;\;\;0000
\end{array}
$$

Bei der Division von Dualzahlen wird der Divisior vom Zähler abgezogen. Hierzu muss der Zähler immer größer als der Divisior (Beispiel 1: Divisor = 1 0 0 0) sein. Die Stellen des Divisors werden unter die benötigten Stellen des Zählers geschrieben. Die erste Ziffer des Ergebnisses ist entsprechend eine „1".

Beim zweiten Subtrahieren des Divisiors wird die subtrahierte Zahl mit der nächsten Stelle des Zählers erweitert. Anschließend wird die erweiterte Dualzahl mit dem Divisor verglichen. Ist der Divisor größer als die erweiterte Dualzahl, so wird die „0" als zweite Ziffer als Ergebnis festgehalten, ansonsten wird wieder eine „1" aufgeschrieben.

Ist die erweiterte Dualzahl kleiner als der Divisor, so wird mit der nächsten Stelle des Zählers erweitert. Die fortgesetzte erweiterte Dualzahl wird wiederum mit dem Divisor verglichen. Als Ergebnis wird entsprechend als dritte Ziffer eine „1" oder eine „0" festgehalten.

Sind alle Stellen des Zählers für die Erweiterung der subtrahierten Zahl verwendent, so wird mit „0" erweitert. Die nächsten Ziffern des Ergebnisses werden nun als Nachkommastellen festgehalten.

Die Division wird solange durchgeführt, bis der erweiterte Zähler und der Divisor gleich groß sind.

B 2.5 Hexadezimalsystem

Im Hexadezimalsystem (Sedezimalsystem) werden neben den Zahlen von 0 bis 9 die ersten sechs Buchstaben des Alphabets verwendet.

Grundziffern $b_i = 0, 1, 2, 3, 4, 5, 6, 7, 8, 9,$ A, B, C, D, E, F

Basis $B = 16$

x_{16} Zahl des Zahlensystems auf der Basis 16
x_{10} Zahl des Zahlensystems auf der Basis 10
b_i Grundziffer des Zahlensystems
n Anzahl der Stellen von x_{16}
B Basis des Zahlensystems
m Anzahl der Nachkommastellen

Dezimalwert der Hexadezimalzahlen

b_{16}	0	1	2	3	4	5	6	7
b_{10}	0	1	2	3	4	5	6	7
b_{16}	8	9	A	B	C	D	E	F
b_{10}	8	9	10	11	12	13	14	15

Nichtnegative, ganze Zahl

$$x_{16} = b_{n-1} \cdot 16^{n-1} + b_{n-2} \cdot 16^{n-2} + \ldots + b_1 \cdot 16^1 + b_0 \cdot 16^0$$

Beispiel:

$x_{16} = \text{FB8A7}$ $n = 5$

$$\text{FB8A7}_2 = 15 \cdot 16^4 + 11 \cdot 16^3 + 8 \cdot 16^2 + 10 \cdot 16^1 + 7 \cdot 16^0 = 1030311_{10}$$

Mit dieser Darstellung erfolgt gleichzeitig die Umwandlung der ganzzahligen Hexadezimalzahl in eine Dezimalzahl. Für die Berechnung wird hierbei der jeweilige Dezimalwert der hexadezimalen Grundziffer eingesetzt.

Gebrochene Zahl

$$x_{16} = b_1 \cdot 16^{-1} + b_2 \cdot 16^{-2} + \ldots + b_m \cdot 16^m$$

Beispiel:

$x_2 = 0{,}\text{B7E}$ $n = 3$

$$0{,}\text{B7E}_{16} = 11 \cdot 16^{-1} + 7 \cdot 16^{-2} + 14 \cdot 2^{-3} = 0{,}71826171875_{10}$$

Mit dieser Darstellung erfolgt gleichzeitig die Umwandlung der gebrochenen Hexadezimalzahl in eine Dezimalzahl. Für die Berechnung wird entsprechend der jeweilige Dezimalwert der hexadezimalen Grundziffer eingesetzt.

Umwandlung einer ganzzahligen Dezimalzahl in eine Hexadezimalzahl

Die ganzzahlige Dezimalzahl wird durch die Basis 16 dividiert. Der Rest wird als Hexadezimalziffer notiert. Der ganzzahlige Anteil des Quotienten wird wiederum durch die Basis 16 dividiert usw., bis auf 0.

Beispiel:

$x_{10} = 1030311$

1030311 : 16 = 64394 Rest 7
64394 : 16 = 4 024 Rest 10
4024 : 16 = 251 Rest 8
251 : 16 = 15 Rest 11
15 : 16 = 0 Rest 15

Hexadezimalzahl x_{16}: F B 8 A 7

Umwandlung einer gebrochenen Dezimalzahl in eine Hexadezimalzahl

Die Umwandlung der Nachkommastellen von Dezimalzahlen erfolgt über das Multiplikationsverfahren. Die Nachkommazahl wird mit der Basis 16 multipliziert. Die Vorkommastelle des Ergebnisses ergibt die Hexadezimalzahl. Die Nachkommastelle wird wiederum mit der Basis 16 multipliziert usw. bis auf 0.

Beispiel:

$x_{10} = 0{,}71826171875$

$0{,}71826171875 \cdot 16 = 11{,}9421875 = 0{,}9421875 + 11$

$0{,}9421875 \cdot 16 = 7{,}875 = 0{,}875 + 7$

$0{,}875 \cdot 16 = 14$

Hexadezimalzahl x_{16}: 0, B 7 E

B 2.6 Römisches additives Zehnersystem

→ A 2

Das römische Zahlzeichensystem besteht aus 7 Grundziffern. Hintereinandergesetzt sind die Grundziffern zu addieren oder zu subtrahieren.

Grundziffern I, V, X, L, C, D, M

Dezimalwert der römischen Grundziffern

I	V	X	L	C	D	M
1	5	10	50	100	500	1000

Das Zahlzeichen beginnt immer links mit den größten Grundziffern. Die Ziffern I, X oder C können auch als kleinere Ziffern links von der Grundziffer stehen. In diesem Fall wird die kleine Ziffer von der größeren Ziffer subtrahiert.

IV	IX	XL	XC	CD	CM
4	9	40	90	400	900

Der Dezimalwert der römischen Ziffern wird bis auf die oben beschrieben Ausnahme von links nach rechts addiert. Hierbei stehen die Grundziffern I, X und C höchstens dreimal für die Addition hintereinander. Die Grundziffern V, L und D dürfen nur einmal hintereinander geschrieben werden. Lediglich die Grundziffer M darf beliebig oft hintereinander geschrieben werden.

Beispiele:

DCCCXC = 800 + 90 = **890**

mit: DCCC = 800
XC = 90

XLVIII = 40 + 8 = **48**

mit: XL = 40
VIII = 5 + 3 =8

MCMLXXI = 1000 + 900 + 71 = **1971**

mit M = 1000
CM = 900
LXXI = 50 + 10 + 10 + 1 = 71

MMMMCMLXXXIV = 4000 + 900 + 80 + 4 = **4984**

mit MMMM = 1000 + 1000 + 1000 + 1000 = 4000
CM = 900
LXXX = 50 + 10 + 10 + 10 = 80
IV = 4

B 2.7 Komplexe Zahlen

→ F 7

Der Bereich der reellen Zahlen stößt bei der Berechnung mit Potenzen auf eine Grenze. Selbst eine so einfache Aufgabe wie $x^2 + 4 = 0$ ist im Bereich der reellen Zahlen nicht lösbar, da die Quadratwurzel aus einer negativen Zahl in diesem Bereich nicht existiert.

Solche Aufgaben werden dadurch lösbar, dass die imaginäre Einheit i hinzugenommen wird. Ein Vielfaches von i wird als imaginäre Zahl bezeichnet.

Imaginäre Einheit

$$\mathrm{i}^2 = -1 \qquad \mathrm{i} = \pm\sqrt{-1}$$

Bei der Erweiterung der reellen Zahl um eine imaginäre Zahl wird von einer komplexen Zahl gesprochen. Die komplexe Zahl kann in der allgemeinen oder polaren Form aufgeführt werden.

Allgemeine Form der komplexen Zahl

$$z = x + \mathrm{i} \cdot y$$

Polare Form der komplexen Zahl

$$z = r \cdot (\cos\varphi + \mathrm{i} \cdot \sin\varphi)$$

- z komplexe Zahl
- x reelle Zahl, Realteil von z (Re z)
- y reelle Zahl, Imaginärteil von z (Im z)
- i imaginäre Einheit (auch j)
- $\mathrm{i} \cdot y$ imaginäre Zahl

Für die Potenzen i^n der imaginären Einheit i ergibt sich bei einem ganzzahligen Exponenten n eine Wiederholung im Viererrhythmus.

$$\mathrm{i}^{4k} = +1$$
$$\mathrm{i}^{4k+1} = +\mathrm{i}$$
$$\mathrm{i}^{4k+2} = -1$$
$$\mathrm{i}^{4k+3} = -\mathrm{i}$$

mit

$k = 0; \pm1; \pm2; \pm3; \pm4 \ldots$

n ganzzahliger Exponent
k ganze Zahl

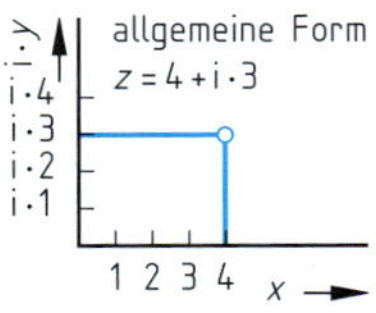

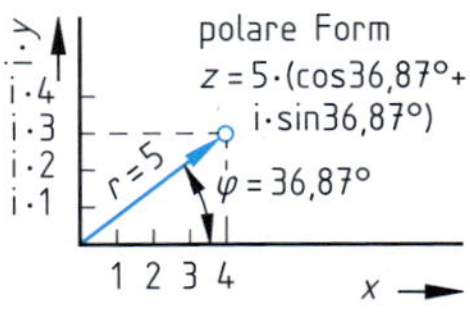

B

Betrag der komplexen Zahl

$$|z_1| = |x_1 + i \cdot y_1| = \sqrt{x_1^2 + y_1^2}$$

Betrag der konjungiert komplexen Zahl

$$|z_2| = |x_1 - i \cdot y_1| = \sqrt{x_1^2 + y_1^2}$$

Betrag der entgegengesetzt komplexen Zahl

$$|z_3| = |-x_1 - i \cdot y_1| = \sqrt{x_1^2 + y_1^2}$$

Radius der polaren Form der komplexen Zahl

$$r = \sqrt{x^2 + y^2}$$

Realteil der komplexen Zahl

$$x = r \cdot \cos\varphi = \sqrt{x^2 + y^2} \cdot \cos\varphi$$

Imaginärteil der komplexen Zahl

$$y = r \cdot \sin\varphi = \sqrt{x^2 + y^2} \cdot \sin\varphi$$

z_1, z_2, z_3	komplexe Zahl
x_1	reelle Zahl, Realteil von z (Re z)
y_2	reelle Zahl, Imaginärteil von z (Im z)
i	imaginäre Einheit (auch j)
$i \cdot y_1$	imaginäre Zahl
r	Radius der komplexen Zahl
φ_1, φ_2	Steigungswinkel vom Radius der komplexen Zahl
$z_1 = x_1 + i \cdot y_1$	komplexe Zahl
$z_2 = x_1 - i \cdot y_1$	konjungiert komplexe Zahl
$z_3 = -x_1 - i \cdot y_1$	entgegengesetzt komplexe Zahl

$$\tan\varphi = \frac{y}{x}$$

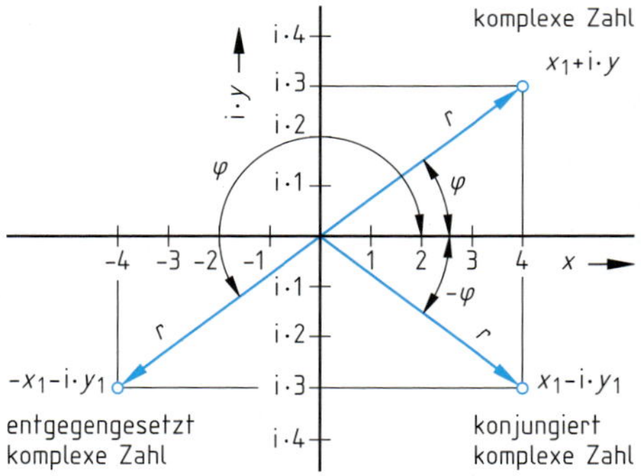

z_1, z_2	komplexe Zahl
x_1, x_2	reelle Zahl, Realteil von z (Re z)
y_1, y_2	reelle Zahl, Imaginärteil von z (Im z)
i	imaginäre Einheit (auch j)

Rechnen mit komplexen Zahlen

Bei der Anwendung der Grundrechenarten werden komplexe Zahlen als ein Binom aufgefasst. Alle Rechengesetze für das Rechnen mit reellen Zahlen behalten somit ihre Gültigkeit beim Rechnen mit komplexen Zahlen.

Addition

$$z_1 + z_2 = (x_1 + x_2) + i \cdot (y_1 + y_2)$$

Die Summe zweier konjungiert komplexer Zahlen ist reell:

$$z_1 + z_2 = (x_1 + i \cdot y_1) + (x_1 - i \cdot y_1) = 2 \cdot x_1$$

Die Summe zweier entgegengesetzt komplexer Zahlen ist Null:

$$z_1 + z_2 = (x_1 + i \cdot y_1) + (-x_1 - i \cdot y_1) = 0$$

Subtraktion

$$z_1 - z_2 = (x_1 - x_2) + i \cdot (y_1 - y_2)$$

Die Differenz zweier konjungiert komplexer Zahlen ist imaginär:

$$z_1 - z_2 = (x_1 + i \cdot y_1) - (x_1 - i \cdot y_1) = 2 \cdot i \cdot y_1$$

Die Differenz zweier entgegengesetzt komplexer Zahlen entspricht der doppelten komplexen Zahl:

$$z_1 - z_2 = (x_1 + i \cdot y_1) - (-x_1 - i \cdot y_1) = 2 \cdot (x_1 + i \cdot y_1)$$

Multiplikation

$$z_1 \cdot z_2 = (x_1 + i \cdot y_1) \cdot (x_2 + i \cdot y_2)$$
$$= (x_1 \cdot x_2 - y_1 \cdot y_2) + i \cdot (x_2 \cdot y_1 + x_1 \cdot y_2)$$

In polarer Form:

$$z_1 \cdot z_2 = r_1 \cdot (\cos\varphi_1 + i \cdot \sin\varphi_1).$$
$$r_2 \cdot (\cos\varphi_2 + i \cdot \sin\varphi_2).$$
$$= r_1 \cdot r_2 \cdot [\cos(\varphi_1 + \varphi_2) + i \cdot \sin(\varphi_1 + \varphi_2)].$$

Division

$$\frac{z_1}{z_2} = \frac{x_1 + i \cdot y_1}{x_2 + i \cdot y_2}$$
$$= \frac{x_1 \cdot x_2 + y_1 \cdot y_2}{x_2^2 + y_2^2} + i \cdot \frac{y_1 \cdot x_2 - x_1 \cdot y_2}{x_2^2 + y_2^2}$$

In polarer Form

$$\frac{z_1}{z_2} = \frac{r_1 \cdot (\cos\varphi_1 + i \cdot \sin\varphi_1)}{r_2 \cdot (\cos\varphi_2 + i \cdot \sin\varphi_2)}$$
$$= \frac{r_1}{r_2} \cdot [\cos(\varphi_1 - \varphi_2) + i \cdot \sin(\varphi_1 - \varphi_2)]$$

Potenzieren

$$(x + i \cdot y)^2 = x^2 + i \cdot 2 \cdot x \cdot y - y^2$$
$$(x + i \cdot y)^3 = x^3 + i \cdot 3 \cdot x^2 \cdot y - i \cdot 3 \cdot x \cdot y^2 - i \cdot y^3$$
$$(x + i \cdot y)^4 = x^4 + i \cdot 4 \cdot x^3 \cdot y - i \cdot 6 \cdot x^2 \cdot y^2$$
$$- 4 \cdot i \cdot x \cdot y^3 - y^4$$

In polarer Form

$$z^n = r^n \cdot (\cos n \cdot \varphi + i \cdot \sin n \cdot \varphi)$$

Radizieren

Das Wurzeln erfolgt immer in polarer Form.

$$\sqrt[n]{z} = \sqrt[n]{x + i \cdot y}$$
$$= \sqrt[n]{r \cdot (\cos(\varphi + \nu \cdot 2 \cdot \pi) + i \cdot \sin(\varphi + \nu \cdot 2 \cdot \pi))}$$
$$= r^{\frac{1}{n}} \cdot \left(\cos \frac{\varphi + \nu \cdot 2 \cdot \pi}{n} + i \cdot \sin \frac{\varphi + \nu \cdot 2 \cdot \pi}{n}\right)$$

Die Multiplikation zweier konjungiert komplexer Zahlen ist reel:

$$z_1 \cdot z_2 = (x_1 + i \cdot y_1) \cdot (x_1 - i \cdot y_1)$$
$$= x_1^2 + y_1^2$$

z_1, z_2	komplexe Zahl
x_1, x_2	reelle Zahl, Realteil von z (Re z)
y_1, y_2	reelle Zahl, Imaginärteil von z (Im z)
i	imaginäre Einheit (auch j)
r_1, r_2	Radius der komplexen Zahl
φ_1, φ_2	Steigungswinkel vom Radius der komplexen Zahl
n	ganze Zahl
v	ganze Zahl

Beispiel zur Addition:

$$z_1 + z_2 = (4{,}5 + i \cdot 8) + (3 + i \cdot 5)$$
$$= (4{,}5 + 3) + i \cdot (8 + 5)$$
$$= 7{,}5 + i \cdot 13$$

Beispiel zur Multiplikation:

$$z_1 \cdot z_2 = (4 + i \cdot 3) \cdot (2 + i \cdot 6)$$
$$= (8 - 18) + i \cdot (6 + 24)$$
$$= 10 + i \cdot 30$$

Beispiel zur Division:

$$\frac{z_1}{z_2} = \frac{6 \cdot (\cos 60° + i \cdot \sin 60°)}{3 \cdot (\cos 30° + i \cdot \sin 30°)}$$
$$= \frac{6}{3} \cdot [\cos(60° - 30°) + i \cdot \sin(60° - 30°)]$$
$$= 2 \cdot [\cos 30° + i \cdot \sin 30°]$$

Beispiel zum Radizieren:

$$\sqrt[4]{-4} = \sqrt[4]{-4 + i \cdot 0}$$
$$= \sqrt[4]{4 \cdot (\cos(180° + \nu \cdot 2 \cdot \pi) + i \cdot \sin(180° + \nu \cdot 2 \cdot \pi))}$$
$$= r^{\frac{1}{4}} \cdot \left(\cos \frac{180° + \nu \cdot 360°}{4} + i \cdot \sin \frac{180° + \nu \cdot 360°}{4}\right)$$

mit $\nu = 0, 1, 2, 3$

$$\sqrt[4]{-4} = 1 + i = -1 + i = -1 - i = 1 - i$$

B

B

B 3 Folgen und Reihen

B 3.1 Arithmetische Folgen und Reihen

Arithmetische Folge

Zahlenfolge, bei der die Differenz zweier aufeinander folgender Glieder stets konstant ist.

$$\underbrace{a_1}_{1.},\ \underbrace{a_1 + d}_{2.},\ \underbrace{a_1 + 2d}_{3.},\ \underbrace{a_1 + 3d}_{4.},\ \ldots,\ \underbrace{a_1 + (n-1)d}_{n.\ \text{Glied}}$$

a_1 Anfangsglied
d Differenz zwischen zwei aufeinander folgenden Gliedern
n Anzahl der Glieder
a_n n-tes Glied

***n*-tes Glied der arithmetischen Folge**

$$a_n = a_1 + (n-1) \cdot d$$

Arithmetische Reihe

Aus einer arithmetischen Zahlenfolge entsteht eine arithmetische Zahlenreihe, wenn die Summe ihrer Glieder gebildet wird, also ihre Glieder durch das Additionszeichen verbunden werden.

$$\underbrace{a_1}_{1.} + \underbrace{(a_1 + d)}_{2.} + \underbrace{(a_1 + 2d)}_{3.} + \underbrace{(a_1 + 3d)}_{4.} + \ldots + \underbrace{[a_1 + (n-1)d]}_{n.\ \text{Glied}}$$

a_1 Anfangsglied
d Differenz zwischen zwei aufeinander folgenden Gliedern
n Anzahl der Glieder
a_n n-tes Glied

Summe der arithmetischen Reihe aus *n* Gliedern

$$S_n = \frac{n}{2} \cdot (a_1 + a_n) = \frac{n}{2} \cdot [2 \cdot a_1 + (n-1) \cdot d]$$

***n*-tes Glied einer arithmetischen Reihe**

$$a_n = a_1 + (n-1) \cdot d$$

Arithmetisches Mittel (arithmetischer Mittelwert)

$$\overline{x} = \frac{x_1 + x_2 + x_3 + \ldots + x_n}{n} \quad \text{bzw.}$$

$$\overline{x} = \frac{1}{n} \cdot \sum_{i=1}^{n} x_i$$

$\overline{x}$ arithmetisches Mittel, arithmetischer Mittelwert
$x_1, x_2, \ldots, x_n$ Wert 1, Wert 2, … , Wert n
x_i Einzelwert i
n Anzahl der Werte, die gemittelt werden sollen

B 3.2 Geometrische Folgen und Reihen

Geometrische Folge

Zahlenfolge, bei der der Quotient zweier aufeinander folgender Glieder stets konstant ist.

$$\underbrace{a_1}_{1.},\ \underbrace{a_1 \cdot q^1}_{2.},\ \underbrace{a_1 \cdot q^2}_{3.},\ \underbrace{a_1 \cdot q^3}_{4.},\ \ldots,\ \underbrace{a_1 \cdot q^{n-1}}_{n.\ \text{Glied}}$$

n-tes Glied der geometrischen Folge

$$a_n = a_1 \cdot q^{n-1}$$

a_1 Anfangsglied
q Quotient zweier aufeinander folgender Glieder
n Anzahl der Glieder
a_n n-tes Glied

Jedes Glied einer geometrischen Folge ist geometrisches Mittel seiner Nachbarglieder.

Geometrisches Mittel (geometrischer Mittelwert)

$$\bar{x}_G = \sqrt[n]{x_1 \cdot x_2 \cdot x_3 \cdot \ldots \cdot x_n}$$

$\bar{x}_G$ geometisches Mittel, geometischer Mittelwert
$x_1, x_2, \ldots, x_n$ Wert 1, Wert 2, … , Wert n
n Anzahl der Werte, die gemittelt werden sollen

Beispiel: geometrisches Mittel der Zahlen 9, 5 und 3

$$x_G = \sqrt[3]{9 \cdot 5 \cdot 3} = \sqrt[3]{135} = 5{,}13$$

Geometrische Reihe

Auf einer geometrischen Folge entsteht eine geometrische Reihe, wenn ihre Summe gebildet wird, also ihre Glieder durch das Additionszeichen verbunden werden.

$$\underbrace{a_1}_{1.} + \underbrace{a_1 \cdot q^1}_{2.} + \underbrace{a_1 \cdot q^2}_{3.} + \underbrace{a_1 \cdot q^3}_{4.} + \ldots + \underbrace{a_1 \cdot q^{n-1}}_{n.\ \text{Glied}}$$

a_1 Anfangsglied
q Quotient zweier aufeinander folgeder Glieder
n Anzahl der Glieder
a_n n-tes Glied einer geometrischen Reihe (Endglied)
S_n Summe der geometrischen Reihe aus n Gliedern

Summe der geometrischen Reihe aus n Gliedern

$$S_n = a_1 \cdot \frac{q^n - 1}{q - 1} \quad \text{für} \quad q > 1, \text{ steigend}$$

$$S_n = a_1 \cdot \frac{1 - q^n}{1 - q} \quad \text{für} \quad q < 1, \text{ fallend}$$

Endglied der geometrischen Reihe

$$a_n = a_1 \cdot q^{n-1}$$

$a_1, a_2, \ldots, a_n$ 1. Glied, 2. Glied, … , n. Glied

Konstanter Quotient der geometrischen Reihe

$$q = \frac{a_2}{a_1} = \frac{a_3}{a_2} = \ldots = \frac{a_n}{a_{n-1}}$$

B

B

B 3.3 Harmonische Reihe

In einer harmonischen Reihe ist jedes Glied das harmonische Mittel seiner beiden Nachbarglieder.

Summe der harmonischen Reihe

$$S_n = \sum_{k=1}^{n} \frac{1}{k} = 1 + \frac{1}{2} + \frac{1}{3} + \ldots + \frac{1}{n}$$

S_n Summe der harmonischen Reihe aus n Gliedern

k natürliche Zahl (nicht 0)

Harmonisches Mittel (harmonischer Mittelwert)

$$\overline{x}_H = \frac{n}{\sum\limits_{i=1}^{n} \frac{1}{x_i}}$$

$$\overline{x}_H = \frac{n}{\frac{1}{x_1} + \frac{1}{x_2} + \frac{1}{x_3} + \ldots + \frac{1}{x_n}}$$

$\overline{x}_H$ harmonisches Mittel, harmonischer Mittelwert

$x_1, x_2, \ldots, x_n$ Wert 1, Wert 2, … , Wert n

x_i Einzelwert i

n Anzahl der Werte, die gemittelt werden sollen

z.B. harmonisches Mittel aus den Zahlen $x_1 = 12$, $x_2 = 20$ und $x_3 = 30$

$$\overline{x}_H = \frac{3}{\frac{1}{12} + \frac{1}{20} + \frac{1}{30}} = \frac{3}{\frac{5}{60} + \frac{3}{60} + \frac{2}{60}}$$

$$\overline{x}_H = \frac{3 \cdot 60}{10} = 18$$

B 3.4 Exponentialreihen

*Euler'*sche Zahl

$$e = \sum_{n=0}^{\infty} \frac{1}{n!} = 2{,}71828\ldots$$

$$e = \lim_{n \to \infty} \left(1 + \frac{1}{n}\right)^n = 2{,}718281828459\ldots$$

e ist eine transzendente Zahl (ein unendlicher, nicht periodischer Dezimalbruch)

e *Euler'*sche Zahl

n Anzahl der Glieder

Die Zahl e ist die Basis der natürlichen Logarithmen und der Exponentialfunktion $y = e^x$

Exponentialreihen

$$e^x = \exp x = 1 + \frac{x}{1!} + \frac{x^2}{2!} + \frac{x^3}{3!} + \ldots \quad |x| < \infty$$

$$e = 1 + \frac{1}{1!} + \frac{1}{2!} + \frac{1}{3!} + \ldots = 2{,}1718281828459\ldots$$

$$\frac{1}{e} = 1 - \frac{1}{1!} + \frac{1}{2!} + \frac{1}{3!} + \ldots = 0{,}3678794412$$

$$a^x = 1 + \frac{\ln a}{1!} \cdot x + \frac{(\ln a)^2}{2!} \cdot x^2 + \frac{(\ln a)^3}{3!} \cdot x^3 + \ldots$$

mit $|x| < \infty \quad a > 0$

e *Euler'*sche Zahl

B 4 Gleichungen

Algebraische Gleichung *n*-ten Grades

$$a_n x^n + a_{n-1} x^{n-1} + \ldots + a_1 x + a_0 = 0$$

Diese Gleichung besitzt genau *n* Lösungen.

B 4.1 Lineare Gleichungen

Lineare Gleichungen mit einer Unbekannten (Gleichungen 1. Grades)

a_n, a_{n-1}, … Koeffizienten der Gleichung

Gleichung	Lösung	Probe
$x + b = a$	$x = a - b$	$(a - b) + b = a$
$x - b = a$	$x = a + b$	$(a + b) - b = a$
$x \cdot b = a$	$x = \frac{a}{b}$	$\frac{a}{b} \cdot b = a$
$\frac{x}{b} = a$	$x = a \cdot b$	$\frac{a \cdot b}{b} = a$
$\frac{b}{x} = a$	$x = \frac{b}{a}$	$\frac{b}{\frac{b}{a}} = a$
$\frac{a}{x} = \frac{c}{b}$	$x = \frac{a \cdot b}{c}$	$\frac{a}{\frac{a \cdot b}{c}} = \frac{c}{b}$

B

Lineare Gleichungen mit 2 oder mehr Unbekannten (Gleichungen 1. Grades)

Zur Lösung benötigt man genau so viele (voneinander unabhängige und sich nicht widersprechende) Gleichungen, wie Unbekannte vorhanden sind.

Beispiel:

Gleichung I: $3x + 4y = 36$

Gleichung II: $6x - y = 45$

Einsetzungsverfahren (Substitutionsmethode)

$$\text{II.}\quad y = 6x - 45$$

Eine der Gleichungen nach einer Unbekannten auflösen (hier Gleichung II nach y).

$$\begin{aligned}\text{I.}\quad 3x + 4 \cdot (6x - 45) &= 36\\ 3x + 24x - 180 &= 36\\ 27x &= 216\\ x &= 8\end{aligned}$$

Rechte Seite der Gleichung an Stelle der gleichwertigen Unbekannten in die andere Gleichung einsetzen (hier in Gleichung I) und diese lösen.

$$\begin{aligned}\text{I.}\quad 3 \cdot 8 + 4y &= 36\\ 4y &= 12\\ y &= 3\end{aligned}$$

Den gefundenen Wert in eine der Ausgangsgleichungen einsetzen (hier in Gleichung I).

Probe:

Gleichung I: $3 \cdot 8 + 4 \cdot 3 = 36$; $36 = 36$

Gleichung II: $6 \cdot 8 - 3 = 45$; $45 = 45$

Gleichsetzungsverfahren

$$\text{I.}\quad y = 9 - \frac{3}{4}x \qquad \text{II.}\quad y = 6x - 45$$

Beide Ausgangsgleichungen nach der gleichen Unbekannten auflösen (hier beide nach y).

$$9 - \frac{3}{4}x = 6x - 45$$

Gleichsetzen der rechten Seiten.

$$\begin{aligned}6x + \frac{3}{4}x &= 54\\ \frac{24}{4}x + \frac{3}{4}x &= 54\\ \frac{27}{4}x &= 54\\ x &= 8\end{aligned}$$

Den gefundenen Wert für x in die Ausgangsgleichung I einsetzen und dann weiter wie beim Einsetzungsverfahren (siehe oben).

Additionsverfahren (Verfahren der gleichen Koeffizienten)

$$\text{I.}\quad 3x + 4y = 36 \;|\cdot 2 \qquad \text{II.}\quad 6x - y = 45 \;|\cdot(-1)$$
$$6x + 8y = 72 \qquad -6x + y = -45$$

Gleichungen so erweitern, dass bei einer Unbekannten in beiden Gleichungen der gleiche Koeffizient mit unterschiedlichem Vorzeichen auftritt (Gleichung I hier mit 2, Gleichung II mit (–1) multipliziert).

$$\begin{aligned}\text{I.}\quad 6x + 8y &= 72\\ \text{II.}\quad -6x + y &= -45\\ \hline \text{Summe:}\quad 9y &= 27\\ y &= 3\end{aligned}$$

Gleichungen so untereinander anordnen, dass beim Addieren ein Glied wegfällt.

$$\begin{aligned}\text{I.}\quad 3x + 4 \cdot 3 &= 36\\ 3x &= 24\\ x &= 8\end{aligned}$$

Gefundenen Wert (hier für y) in eine der Ausgangsgleichungen (hier Gleichung I) einsetzen.

Probe wie beim Einsetzungsverfahren oben.

Grafische Lösung

I. $y = -\frac{3}{4}x + 9$ II. $y = 6x - 45$

Beide Gleichungen nach y auflösen.

Wertetabelle erstellen.

x	*y*
0	9
2	7,5
4	6
6	4,5
8	3
10	1,5

x	*y*
0	–45
2	–33
4	–21
6	–9
8	3
10	15

Graphen in das Koordinatensystem einzeichnen. Der gemeinsame Punkt S (Schnittpunkt) hat die Koordinaten $x = 8$ und $y = 3$.

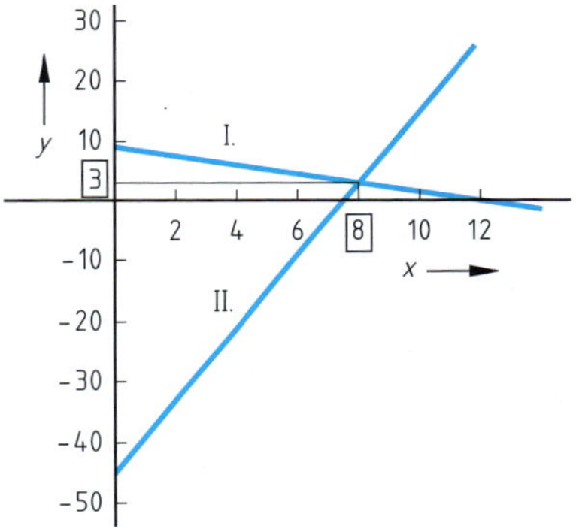

Lineare Gleichungen mit 3 und mehr Unbekannten

Gleichungen mit 3 oder mehr Unbekannten lassen sich nicht grafisch lösen.

Beispiel:

Gleichung I: $x + y + z = 12$

Gleichung II: $2x + 3y + 4z = 31$

Gleichung III: $3x + y + 5z = 34$

Durch geeignetes Erweitern und Addieren aus Gleichung I und II die Unbekannte x, y oder z beseitigen (hier z).

I. $x + y + z = 12 \quad | \cdot (-4)$

$-4x - 4y - 4z = -48$

I. $-4x - 4y - 4z = -48$

II. $2x + 3y + 4z = 31$

$-2x - y = -17 \quad | \cdot (-1)$

Summe A: $2x + y = 17$

I. $x + y + z = 12 \quad | \cdot (-5)$

$-5x - 5y - 5z = -60$

I. $-5x - 5y - 5z = -60$

III. $3x + y + 5z = 34$

$-2x - 4y = -26 \quad | \cdot (-1)$

Summe B: $2x + 4y = 26$

A: $2x + y = 17 \quad \| \cdot (-4)$ $-8x - 4y = -68$	Aus beiden Summen A und B wird durch erneute Anwendung des Additionsverfahrens die nächste Unbekannte (hier y) beseitigt.
A: $-8x - 4y = -68$ B: $2x + 4y = 26$ $-6x = -42$ $x = 7$	Diesen Wert in Summe A einsetzen.
A: $2 \cdot 7 + y = 17$ $y = 3$	Diesen Wert und den Wert für x in Gleichung I einsetzen.
I. $7 + 3 + z = 12$ $z = 2$	Probe durch Einsetzen der Werte für x, y und z in die Ausgangsgleichungen.
Zur Lösung von linearen Gleichungen mit 3 und mehr Unbekannten können auch Determinaten angewendet werden (siehe unten).	

B

B 4.2 Quadratische Gleichungen

Quadratische Gleichungen (Gleichungen 2. Grades)

Reinquadratische Gleichung

$$x^2 + q = 0$$

(q reell)

Lösung:

$$x_1 = \sqrt{-q} \qquad x_2 = -\sqrt{-q}$$

Gemischtquadratische Gleichung

$$x^2 + px + q = 0$$

(Normalform, p und q reell)

Lösung:

$$x_1 = -\frac{p}{2} + \sqrt{\frac{p^2}{4} - q} \qquad x_2 = -\frac{p}{2} - \sqrt{\frac{p^2}{4} - q}$$

***Vieta*-Wurzelsatz**

$$x_1 + x_2 = -p$$
$$x_1 \cdot x_2 = q$$

Der Wurzelsatz von Vieta kann zur Kontrolle der Lösung herangezogen werden.

$$a_2x^2 + a_1x + a_0 = 0$$

(allgemeine Form, $a_2 \neq 0$)

Lösung:

$$x_1 = \frac{-a_1 + \sqrt{a_1^2 - 4a_0a_2}}{2a_2} \qquad x_2 = \frac{-a_1 - \sqrt{a_1^2 - 4a_0a_2}}{2a_2}$$

Die quadratische Gleichung der Normalform hat

2 verschiedene reelle Lösungen wenn	$q < \frac{p^2}{4}$	Die Parabel schneidet die x-Achse.
2 gleiche reelle Lösungen wenn	$q = \frac{p^2}{4}$	Die Parabel berührt die x-Achse.
Keine reelle Lösungen wenn	$q > \frac{p^2}{4}$	Die Parabel schneidet die x-Achse nicht.

Grafische Lösung einer quadratische Gleichung (mit fester Normalparabel) in der Normalform

$x^2 + px + q = 0$

Beispiel:

$x^2 - 2x - 3 = 0$

$x^2 = 2x + 3$

1. $y = x^2$ 2. $y = 2x + 3$

Konstruktion der Graphen $y = x^2$ und $y = -px - q$ im Diagramm.

Die Abszissen der Schnittpunkte der beiden Graphen ergeben die Lösungen (Wurzeln) der Gleichung.

$x_1 = 3$ $x_2 = -1$

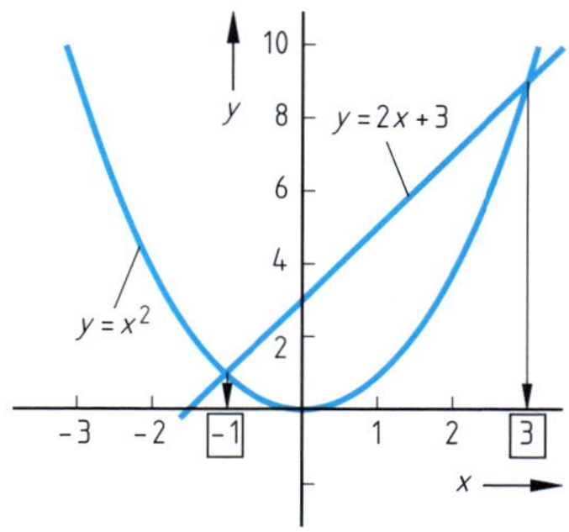

B 4.3 Gleichungen 3. Grades

Grafische Lösung einer kubischen Gleichung (Gleichung 3. Grades) in der reduzierten Form

$x^3 + px + q = 0$

Beispiel:

$x^3 - 7x + 6 = 0$

$x^3 = 7x - 6$

1. $y = x^3$ 2. $y = 7x - 6$

Konstruktion der Graphen $y = x^3$ und $y = -px - q$ im Diagramm.

Die Abszissen der Schnittpunkte der beiden Graphen ergeben die Lösungen (Wurzeln) der kubischen Gleichung.

$x_1 = 1$ $x_2 = 2$ $x_3 = -3$

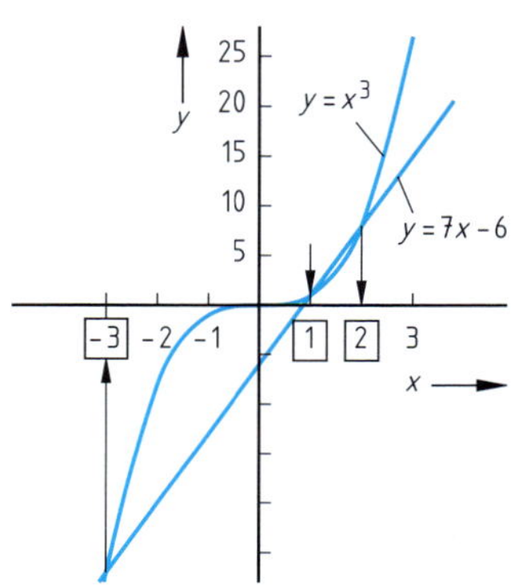

B

B 4.4 Exponentialfunktionen und Exponentialgleichungen

Allgemeine Form der Exponentialfunktion

$y = a^x$ $x \in \mathbb{R}$

Mathematisches Zeichen	Sprechweise	Anmerkung
a^x	a hoch x	Allgemeine Exponentialfunktion (x = Variable)
exp z. B. exp x	Exponentialfunktion von x	$\exp x \equiv e^x$ e = 2,71828…

Erweiterte Form der Exponentialfunktion

$y = c \cdot a^{k \cdot x}$ $x, c, k \in \mathbb{R}$ $a > 0$

Natürliche Exponentialfunktion

$y = c \cdot e^{k \cdot x}$

Grundform der Exponentialgleichung

$a^x = b$

y	Funktionswert
c, a, k	reelle Zahl, Imaginärteil von z (Im z)
x	Variable
e	*Euler*'sche Zahl e = 2.718281828459…

Form	Lösungsweg	Ergebnis
$a^x = b$	Logarithmieren führt zu $x \cdot \log a = \log b$	$x = \frac{\log b}{\log a}$
$a^x = b^x$	Exponentenvergleich, da gleiche Basis	$x = c$
$a^x = b^c$	$x \cdot \log a = c \cdot \log b$	$x = \frac{c \cdot \log b}{\log a}$
$\left(\frac{a}{b}\right)^x = \frac{c}{d}$	$x \cdot \log \frac{a}{b} = \log \frac{c}{d}$ $x \cdot (\log a - \log b) = \log c - \log d$	$x = \frac{\log c - \log d}{\log a - \log b}$
$\sqrt[n]{\left(\frac{a}{b}\right)^x} = c^{d-x}$ bzw. $\left(\frac{a}{b}\right)^{\frac{1}{n}} = c^{d-x}$	$\frac{x}{n} \cdot \log \frac{a}{b} = (d-x) \cdot \log c$ $\frac{x}{n} \cdot (\log a - \log b) = (d-x) \cdot \log c$ $x \cdot (\log a - \log b) = n \cdot d \cdot \log c - n \cdot x \cdot \log c$	$x = \frac{n \cdot d \cdot \log c}{\log a - \log b + n \cdot \log c}$
$a^x = \sqrt[x]{b}$	$x \cdot \log a = \frac{1}{x} \cdot \log b$ $x^2 \cdot \log a = \log b$	$x = \sqrt{\frac{\log b}{\log a}}$
$\sqrt[x]{a} = b$	$\frac{1}{x} \cdot \log a = \log b$	$x = \frac{\log a}{\log b}$
$a \cdot b^x = c \cdot d$	$\log a + x \cdot \log b = \log c + \log d$	$x = \frac{\log c + \log d - \log a}{\log b}$

log steht für $\log_a$, z. B. lg, ln

B 4.5 Logarithmusfunktion und Logarithmengesetze

Logarithmusfunktion

Die Logarithmusfunktion ist die Umkehrfunktion zur Exponentialfunktion.

Die Logarithmusfunktion ist nur für positive Werte von x definiert.

$y = \log_a x$ ist die Umkehrfunktion von $y = a^x$

Mathematisches Zeichen	Sprechweise
$y = \log_a x$	Logarithmus von x zur Basis a

y Funktionswert

a Basis des Logarithmus

x Variable

B

Logarithmen

Schreibweise für den Logarithmus eines beliebigen Systems:

$\log_a x$

a Basis des Logarithmus

x Numerus

Logarithmus zur Basis 10 (dekadischer Logarithmus)

$\lg x = \log_{10} x$

Logarithmus zur Basis e (natürlicher Logarithmus)

$\ln x = \log_e x \qquad e = 2{,}71828\ldots$

Logarithmus zur Basis 2 (binärer Logarithmus)

$\mathrm{lb}\, x = \log_2 x$

$\log_a 1 = 0$ (der Logarithmus von 1 ist für jede beliebige zulässige Basis 0)

$\log_a a = 1$

Beispiele:

$\lg 10 = 1$

$\ln e = 1$

$\mathrm{lb}\, 2 = 1$

Umrechnung von Logarithmen

$$\lg x = \frac{\ln x}{\ln 10} = \ln x \cdot \lg e$$

$$\ln x = \frac{\lg x}{\lg e} = \lg x \cdot \ln 10$$

$$\mathrm{lb}\, x = \frac{\lg x}{\lg 2} = \ln x \cdot \lg e$$

Logarithmengesetze

$$\log(a \cdot b) = \log a + \log b$$

$$\log \frac{a}{b} = \log a - \log b \qquad b \neq 0$$

$$\log a^n = n \cdot \log a \qquad a^n > 0$$

$$\log \sqrt[n]{a} = \log a^{\frac{1}{n}} = \frac{1}{n} \cdot \log a$$

$$\log \sqrt[n]{a^m} = \log a^{\frac{m}{n}} = \frac{m}{n} \cdot \log a$$

$$\log \frac{1}{a} = -\log a$$

B

B 4.6 Determinanten

Eine n-reihige Determinante det$A$ ist ein mathematischer Ausdruck, der sich aus n^2 Zahlen (Elementen) zusammensetzt, die quadratisch in n Zeilen und n Spalten angeordnet werden.

$$\det A = \begin{vmatrix} a_{11} & a_{12} & \cdots & a_{1n} \\ a_{21} & a_{22} & \cdots & a_{2n} \\ \vdots & \vdots & \ddots & \vdots \\ a_{n1} & a_{n2} & \cdots & a_{nn} \end{vmatrix}$$

– 1. Zeile

1. Spalte

In der allgemeinen Schreibweise wird an Stelle der Zahl ein Platzhalter a_{ik} gesetzt.
Systematik:

a i k
- k: Spalte (senkrecht)
- i: Zeile (waagrecht)
- a: Zahl (Element)

z. B. a_{32} ist der Platzhalter für die Zahl in der 3. Zeile und in der 2. Spalte.

Wert der zweireihigen Determinante:

$$\det A = \begin{vmatrix} a_{11} & a_{12} \\ a_{21} & a_{22} \end{vmatrix} = a_{11} \cdot a_{22} - a_{12} \cdot a_{21}$$

Produkt aus den Elementen der *Hauptdiagonalen* (von links oben nach rechts unten minus Produkt aus den Elementen der *Nebendiagonalen* (von rechts oben nach links unten), z. B.

$$\det A = \begin{vmatrix} 6 & 4 \\ 0 & 2 \end{vmatrix} = 6 \cdot 2 - 4 \cdot 0$$

Wert der dreireihigen Determinante:

$$\det A = \begin{vmatrix} a_{11} & a_{12} & a_{13} \\ a_{21} & a_{22} & a_{23} \\ a_{31} & a_{32} & a_{33} \end{vmatrix}$$

$$= a_{11} \cdot \det A_{11} - a_{21} \cdot \det A_{21} + a_{31} \cdot \det A_{31}$$

$$= a_{11} \cdot \begin{vmatrix} a_{22} & a_{23} \\ a_{32} & a_{33} \end{vmatrix} - a_{21} \cdot \begin{vmatrix} a_{12} & a_{13} \\ a_{32} & a_{33} \end{vmatrix} + a_{31} \cdot \begin{vmatrix} a_{12} & a_{13} \\ a_{22} & a_{23} \end{vmatrix}$$

$$= a_{11} \cdot (a_{22} \cdot a_{33} - a_{23} \cdot a_{32}) - a_{21} \cdot (a_{12} \cdot a_{33} - a_{13} \cdot a_{32}) + a_{31} \cdot (a_{12} \cdot a_{23} - a_{13} \cdot a_{22})$$

$$= a_{11} \cdot a_{22} \cdot a_{33} - a_{11} \cdot a_{23} \cdot a_{32} - a_{21} \cdot a_{12} \cdot a_{33} + a_{21} \cdot a_{13} \cdot a_{32} + a_{31} \cdot a_{12} \cdot a_{23} - a_{31} \cdot a_{13} \cdot a_{22}$$

detA_{ik} ist die *Unterdeterminante* zum Element a_{ik}, d. h. die Determinante aus den verbleibenden Elementen, wenn die Zeile und die Spalte durch a_{ik} gestrichen werden.

So ist z. B. die Unterdeterminante det A_{11} einer dreireihigen Determinante:

$$\det A_{11} = \begin{vmatrix} \not{a_{11}} & \not{a_{12}} & \not{a_{13}} \\ \not{a_{21}} & a_{22} & a_{23} \\ \not{a_{31}} & a_{32} & a_{33} \end{vmatrix} = \begin{vmatrix} a_{22} & a_{23} \\ a_{32} & a_{33} \end{vmatrix}$$

Regel von *Sarrus* für dreireihige Determinanten

$$\begin{vmatrix} a_{11} & a_{12} & a_{13} \\ a_{21} & a_{22} & a_{23} \\ a_{31} & a_{32} & a_{33} \end{vmatrix} \begin{matrix} \\ \\ \\ a_{11} & a_{12} & a_{13} \\ a_{21} & a_{22} & a_{23} \end{matrix} = a_{11} \cdot a_{22} \cdot a_{33} + a_{21} \cdot a_{32} \cdot a_{13} + a_{31} \cdot a_{12} \cdot a_{23} - a_{31} \cdot a_{22} \cdot a_{13} - a_{11} \cdot a_{32} \cdot a_{23} - a_{21} \cdot a_{12} \cdot a_{33}$$

(+ + + für die Hauptdiagonalen, – – – für die Nebendiagonalen)

Man verlängert die Determinante um die ersten zwei Zeilen, addiert die Produkte der Elemente der Hauptdiagonalen und subtrahiert die Produkte der Nebendiagonalen.

Wert der n-reihigen Determinante

$$\det A = \begin{vmatrix} a_{11} & a_{12} & \cdots & a_{1n} \\ a_{21} & a_{22} & \cdots & a_{2n} \\ \vdots & \vdots & \ddots & \vdots \\ a_{n1} & a_{n2} & \cdots & a_{nn} \end{vmatrix}$$

$$= a_{11} \cdot \det A_{11} - a_{12} \cdot \det A_{12} + - \ldots + (-1)^{n+1} \cdot a_{1n} \cdot \det A_{1n}$$

Anwendung der n-reihigen Determinanten zum Lösen von Gleichungssystemen mit n Unbekannten (*Cramer'*sche Regel)

Gleichungssystem:

$$\begin{matrix} a_{11} \cdot x_1 + a_{12} \cdot x_2 + a_{13} \cdot x_3 + \ldots + a_{1n} \cdot x_n = b_1 \\ a_{21} \cdot x_1 + a_{22} \cdot x_2 + a_{23} \cdot x_3 + \ldots + a_{2n} \cdot x_n = b_2 \\ \vdots \\ a_{n1} \cdot x_1 + a_{n2} \cdot x_2 + a_{n3} \cdot x_3 + \ldots + a_{nn} \cdot x_n = b_n \end{matrix}$$

Lösung:

$$x_1 = \frac{\det A_1}{\det A} \quad x_2 = \frac{\det A_2}{\det A} \quad \ldots \quad x_n = \frac{\det A_n}{\det A}$$

mit

$$\det A = \begin{vmatrix} a_{11} & a_{12} & \cdots & a_{1n} \\ a_{21} & a_{22} & \cdots & a_{2n} \\ \vdots & \vdots & \ddots & \vdots \\ a_{n1} & a_{n2} & \cdots & a_{nn} \end{vmatrix}$$

und

$$\det A_1 = \begin{vmatrix} b_{11} & a_{12} & \cdots & a_{1n} \\ b_{21} & a_{22} & \cdots & a_{2n} \\ \vdots & \vdots & \ddots & \vdots \\ b_{n1} & a_{n2} & \cdots & a_{nn} \end{vmatrix}$$

$$\det A_2 = \begin{vmatrix} a_{11} & b_{12} & \cdots & a_{1n} \\ a_{21} & b_{22} & \cdots & a_{2n} \\ \vdots & \vdots & \ddots & \vdots \\ a_{n1} & b_{n2} & \cdots & a_{nn} \end{vmatrix}$$

$$\det A_n = \begin{vmatrix} a_{11} & a_{12} & \cdots & b_{1n} \\ a_{21} & a_{22} & \cdots & b_{2n} \\ \vdots & \vdots & \ddots & \vdots \\ a_{n1} & a_{n2} & \cdots & b_{nn} \end{vmatrix}$$

Bedingung: $\det A \neq 0$ und mindestens eine der Zahlen $b_1, b_2 \ldots b_n \neq 0$

Beispiel:

$$\begin{aligned} 2 \cdot x_1 + 5 \cdot x_2 - \quad x_3 &= 10 \\ x_1 \quad\quad + 2 \cdot x_3 &= 15 \\ 4 \cdot x_1 - 8 \cdot x_2 \quad\quad &= -4 \end{aligned}$$

$$\det A = \begin{vmatrix} 2 & 5 & -1 \\ 1 & 0 & 2 \\ 4 & -8 & 0 \end{vmatrix}$$

$= 2 \cdot 0 \cdot 0 - 2 \cdot 2 \cdot (-8)$
$-1 \cdot 5 \cdot 0 + 1 \cdot (-1) \cdot (-8)$
$+ 4 \cdot 5 \cdot 2 - 4 \cdot (-1) \cdot 0$
$= 80$ (Auflösung nach obriger Regel für dreireihige Determinanten)

$$\det A_1 = \begin{vmatrix} 10 & 5 & -1 \\ 15 & 0 & 2 \\ -4 & -8 & 0 \end{vmatrix} = 240$$

$$\det A_2 = \begin{vmatrix} 2 & 10 & -1 \\ 1 & 15 & 2 \\ 4 & -4 & 0 \end{vmatrix} = 160$$

$$\det A_3 = \begin{vmatrix} 2 & 5 & 10 \\ 1 & 0 & 15 \\ 4 & -8 & -4 \end{vmatrix} = 480$$

$$x_1 = \frac{\det A_1}{\det A} = \frac{240}{80} = 3$$

$$x_2 = \frac{\det A_2}{\det A} = \frac{160}{80} = 2$$

$$x_3 = \frac{\det A_3}{\det A} = \frac{480}{80} = 6$$

B 5 Funktionen

B 5.1 Funktionen allgemein

Soll dargelegt werden, dass jedem Wert einer veränderlichen Größe (Variable) x in einem bestimmten Bereich (Definitionsbereich, Definitionsmenge) durch eine Rechenvorschrift eindeutig ein bestimmter Wert einer anderen Veränderlichen (abhängige Variable) y zugeordnet ist, wird dies durch folgende Schreibweise gekennzeichnet:

Funktion

$$y = f(x)$$

Die Gesamtheit der Werte, die y annehmen kann, heißt Wertebereich oder Wertemenge.

Die Kennzeichnung legt im Allgemeinen fest, dass x auf der (waagerechten) Abszisse und y auf der (senkrechten) Ordinate eines rechtwinkligen Koordinatensystems aufgetragen wird.

Man unterscheidet im Wesentlichen

- lineare Funktionen
- Potenzfunktionen
- Exponentialfunktionen
- logarithmische Funktionen

Beispiel für die Darstellung einer Funktion:

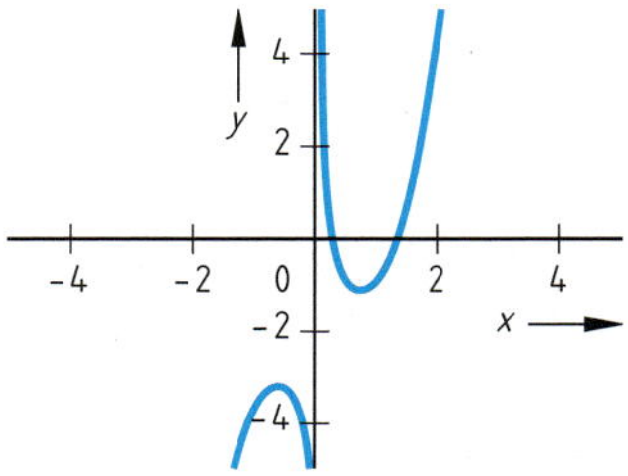

B 5.2 Lineare Funktionen (ganze rationale Funktionen 1. Grades)

Allgemeine Form der Funktionsgleichung

$$a \cdot x + b \cdot y + c = 0 \quad \text{mit} \quad b \neq 0$$

Normalform der linearen Funktion (Funktion ersten Grades)

$$y = m \cdot x + b$$

Das Bild jeder Funktion ersten Grades ist eine Gerade.

Funktionsgleichung für alle Geraden durch den Nullpunkt

$$y = m \cdot x$$

x	unabhängige Variable (unabhängige Veränderliche)
y	abhängige Variable (abhängige Veränderliche, Funktionswert)
a, b, c	Konstanten
m	Steigung der Geraden (Steigungsfaktor) m ist eine Konstante
b	Schnittpunkt der Geraden mit der Ordinate b ist eine Konstante

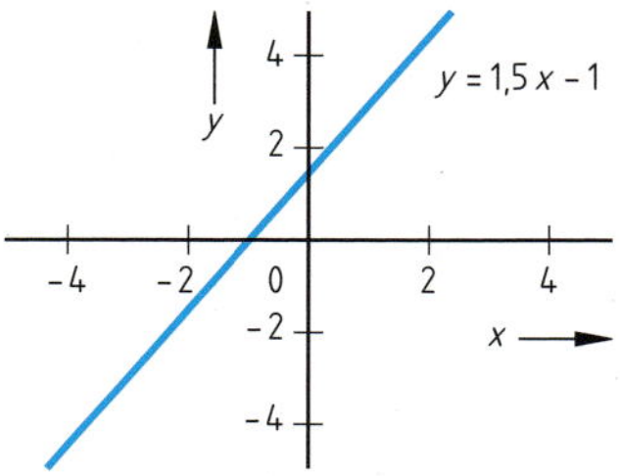

Steigung der Geraden

$$m = \frac{\Delta y}{\Delta x} = \frac{y_2 - y_1}{x_2 - x_1}$$

$$m = \tan\alpha$$

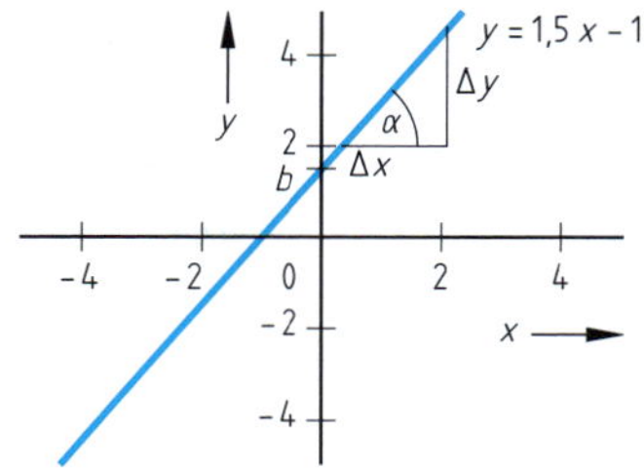

Schnittpunkt mit der Ordinaten ($x = 0$)

$$y = b$$

Schnittpunkt mit der Abszisse ($y = 0$)

$$y = \frac{-b}{m}$$

m	Steigung der Geraden (Steigungsfaktor) m ist eine Konstante
Δx	Differenz zweier x-Werte (Zuwachs der x-Werte in einem Intervall)
Δy	Differenz zweier y-Werte (Zuwachs der y-Werte bei einem Zuwachs von Δx)
b	Schnittpunkt der Geraden mit der Ordinate b ist eine Konstante
α	Winkel, den die Gerade mit der positiven Richtung der Abszisse bildet

B 5.3 Potenzfunktionen (ganze rationale Funktionen *n*-ten Grades)

Grundform der Potenzfunktion

$$y = x^n$$

x	unabhängige Variable (unabhängige Veränderliche)
y	abhängige Variable (abhängige Veränderliche, Funktionswert)
n	Exponent, Ordnung der Potenzfunktion (Veränderliche)
a	Konstante

Allgemeine Form der Potenzfunktion

$$y = a_n x^n + a_{n-1} + x^{n-1} + a_{n-2} x^{n-2} + \ldots + a_2 x^2 + a_1 x + a_0$$

Die rechte Seite dieser Gleichung wird als Polynom bezeichnet.

Ist $a_n \neq 0$, so heißt n der Grad der Funktion bzw. des Polynoms.

B 5.3.1 Quadratische Funktionen

Allgemeine Form der quadratischen Funktion (ganze rationale Funktion 2. Grades)

$$y = a_2 x^2 + a_1 x + a_0$$

Der Graph der quadratischen Funktion ist eine Parabel.

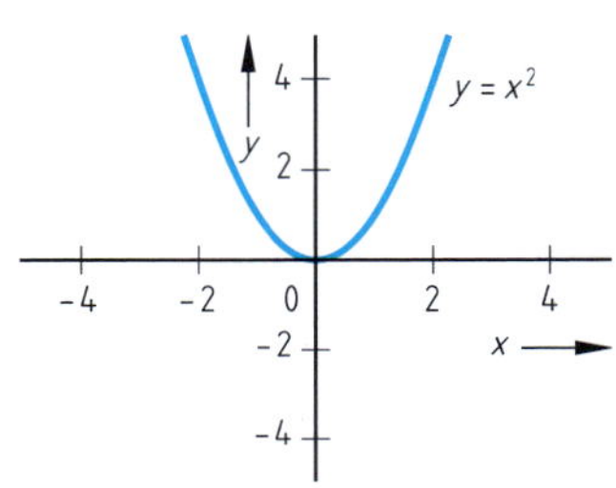

Gleichung der Normalparabel

$$y = x^2$$

B

Koordinaten des Scheitelpunktes

$$S = \left(\frac{-a_1}{2 \cdot a_2} ; -\frac{a_1^2}{4 \cdot a_2} + a_0 \right)$$

x	unabhängige Variable (unabhängige Veränderliche)
y	abhängige Variable (abhängige Veränderliche, Funktionswert)
a_0, a_1, a_2	Konstanten
$\mathbb{N}$	Menge der natürlichen Zahlen (Menge der nicht negativen ganzen Zahlen)

Potenzfunktion mit ganzzahligem, geradem und positivem Exponenten

$y = x^{2n}$ $\qquad n \in \mathbb{N}$

z.B. $y = x^4$

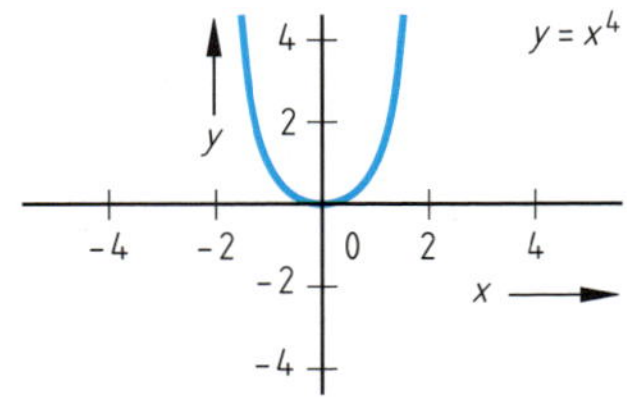

Potenzfunktion mit ganzzahligem ungeradem und positivem Exponenten

$y = x^{2n+1}$ $\qquad n \in \mathbb{N}$

z.B. $y = x^3$

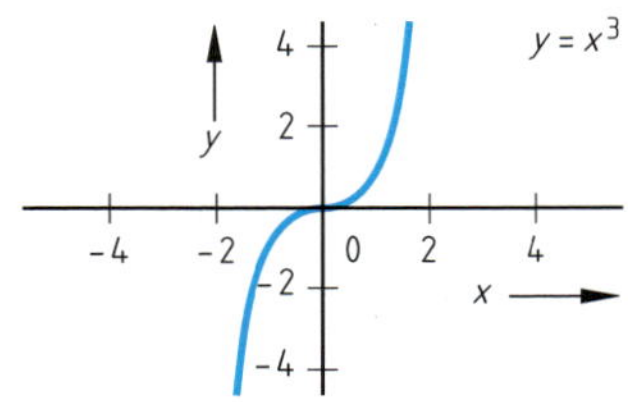

Potenzfunktion mit ganzzahligem geradem und negativem Exponenten

$y = x^{-2n} = \frac{1}{x^{2n}}$ $\qquad n \in \mathbb{N}$

z.B. $y = x^{-2} = \frac{1}{x^2}$

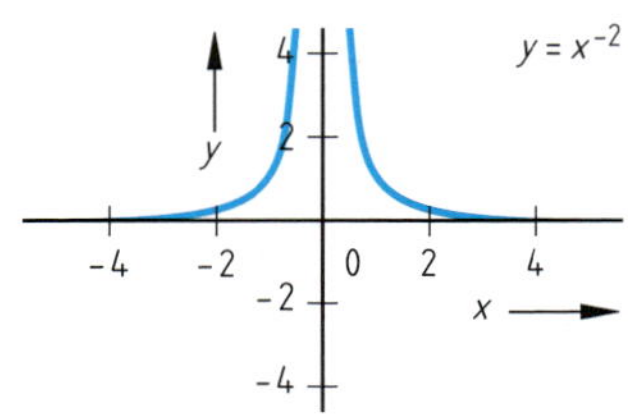

Potenzfunktion mit ganzzahligem ungeradem und negativem Exponenten

$y = x^{-(2n+1)} = \frac{1}{x^{2n+1}}$ $\qquad n \in \mathbb{N}$

z.B. $y = x^{-3} = \frac{1}{x^3}$

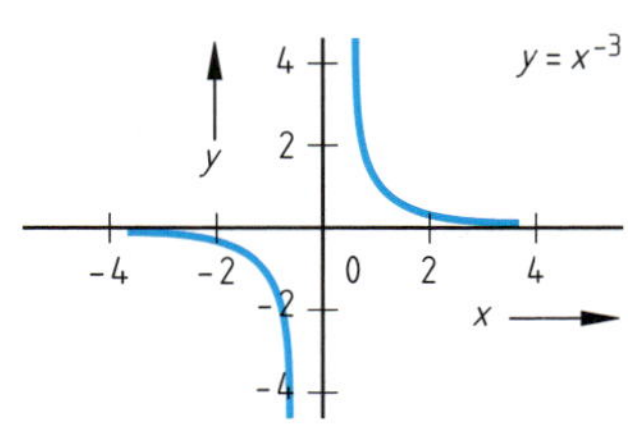

Potenzfunktion mit gebrochenem ganzzahligem und positivem Exponenten (Wurzelfunktion)

$y = x^{\frac{1}{n}} = \sqrt[n]{x}$ $\qquad n \in \mathbb{N} / \{0; 1\}$

Die Wurzelfunktionen existieren nur für nichtnegative Werte von x. Somit gilt:

Definitionsbereich $0 \leq x < \infty$

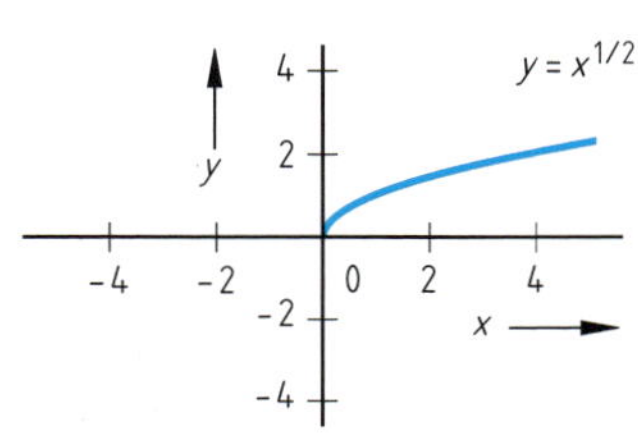

B 5.4 Exponentialfunktionen

Bei einer Exponentialfunktion steht die unabhängige Variable x im Exponenten einer Basis a. Die Exponentialfunktionen sind die Umkehrfunktionen zu den Logarithmenfunktionen.

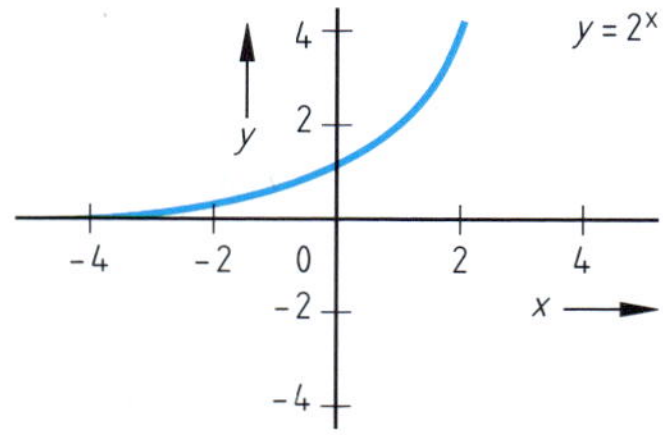

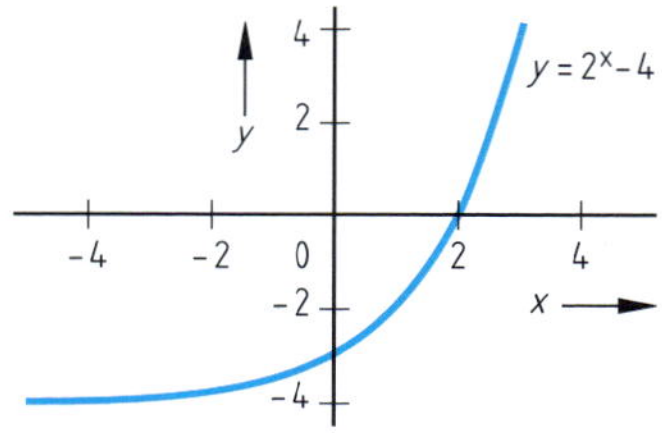

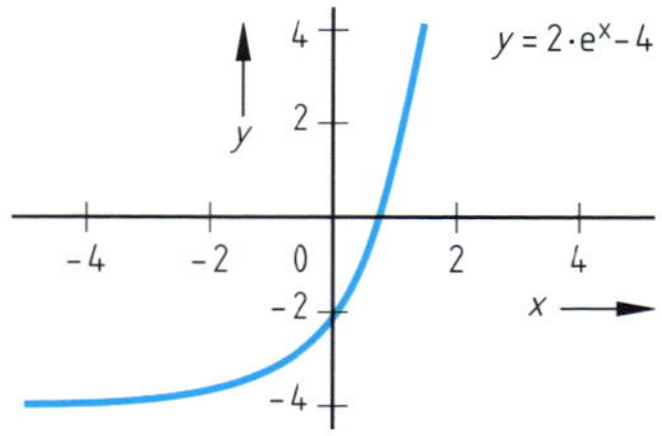

Grundformen der Exponentialfunktion

$y = a^x \quad a > 0$

$y = a^{-x} = \left(\frac{1}{a}\right)^x \quad a > 0$

Definitionsbereich: $-\infty < x < +\infty$

Für negative Basen a ist die Exponentialfunktion nicht definiert.

$y = a^0 = 1$

$y = a^{-0} = 1$

D.h. jede Funktion $y = a^x$ und $y = a^{-0}$ schneidet die Ordinate im Punkt P(0;1).

Natürliche Exponentialfunktion

$y = e^x$

Euler'sche Zahl

$$e = \lim_{n \to \infty} \left(1 + \frac{1}{n}\right)^n = 2{,}718\ldots$$

Allgemeine Form der Exponentialfunktion

$y = c \cdot a^{d \cdot x} + b$

Wirkung der Konstanten:

- a Je größer a, umso steiler ist der Anstieg der Funktion
- d Je größer d, umso steiler ist der Anstieg der Funktion
- c Je größer c, umso steiler ist der Anstieg, außerdem wird der Schnittpunkt mit der Ordinate nach oben verschoben
- b Je gößer b, umso höher liegt der Ordinatenschnittpunkt

x	unabhängige Variable (unabhängige Veränderliche)
y	abhängige Variable (abhängige Veränderliche, Funktionswert)
a, b, c, d	Konstanten
e	*Euler*'sche Zahl (e = 2,718...)

B

B

B 5.5 Logarithmenfunktionen

Logarithmenfunktionen sind die Umkehrfunktionen zu den Exponentialfunktionen.

Grundform der Logarithmenfunktion

$$y = \log_a x$$

Umkehrfunktion zur Grundform der Logarithmenfunktion:

$y = a^x$

$y = \log_a 1 = 0 \qquad (a > 0)$

$y = \log_a a = 1 \qquad (a > 0)$

Jede Funktion $y = \log_a x$ schneidet die Ordinate im Punkt P(1;0).

Ist die Basis $a = 10$, spricht man von dekadischen oder *Brigg'*schen Logarithmen.

Ist die Basis $a = \mathrm{e}$ (also gleich der *Euler'*schen Zahl 2,718...), spricht man von natürlichen Logarithmen. Es gilt:

$y = \log_e x = \log_e 2{,}718\ldots = \ln x$

$\ln e = 1$

$\ln 1 = 0$

Die Logarithmenfunktion verlaufen nur im 1. und 4. Quadranten.

- x unabhängige Variable (unabhängige Veränderliche)
- y abhängige Variable (abhängige Veränderliche, Funktionswert)
- a Konstanten (Basis des Logarithmus)
- e *Euler'*sche Zahl (e = 2,718...)

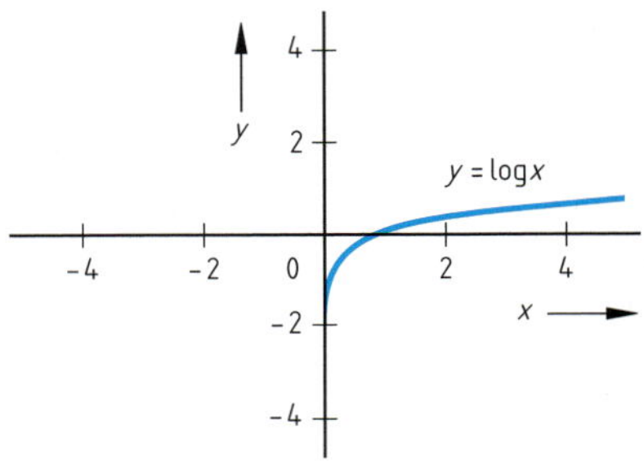

B 5.6 Lineare Interpolation

Interpolation, lineare
Es wird vorausgesetzt, dass der Zuwachs der Funktionswerte y proportional zum Zuwachs der Argumente x erfolgt.

Gesuchter Funktionswert

$$y = y_0 + \frac{(y_1 - y_0) \cdot (x - x_0)}{x_1 - x_0}$$

Für Tabellen mit gegenläufiger Tendenz von Argument und Funktionswert gilt

$$y = y_1 + \frac{(y_0 - y_1) \cdot (x_1 - x)}{x_1 - x_0}$$

- y gesuchter Funktionswert zu x, zwischen den gegebenen Werten y_0 und y_1
- y_0 Funktionswert zu x_0 (dem Argument x_0 zugeordneter Wert in der Tabelle)
- y_1 Funktionswert zu x_1 (dem Argument x_1 zugeordneter Wert in der Tabelle)
- x Bezugsargument zum gesuchten Wert y
- x_0 Bezugsargument zu y_0 (x_0 ist gegenüber x_1 immer der kleinere Wert)
- x_1 Bezugsargument zu y_1

Beispiel 1:

Einer Tabelle können die folgenden Zuordnungen entnommen werden:

Bezugsargument ϑ **in °C**	**Funktionswert** λ **in W/(m · K)**
.	.
.	.
.	.
20 (x_0)	$26{,}03 \cdot 10^{-3}$ (y_0)
80 (x_1)	$30{,}38 \cdot 10^{-3}$ (y_1)
.	.
.	.

Gesucht ist die Wärmeleitfähigkeit λ (y) bei ϑ = 60 °C (x)

$$y = 26{,}03 + \frac{(30{,}38 - 26{,}03) \cdot (60 - 20)}{80 - 20}$$

$$y = 28{,}93$$

$$\lambda = 28{,}93 \cdot 10^{-3} \frac{\mathrm{W}}{\mathrm{m} \cdot \mathrm{K}}$$

Beispiel 2:

Tabelle mit gegenläufiger Tendenz:

Bezugsargument ϑ **in °C**	**Funktionswert** ϱ **in kg/m³**
.	.
.	.
.	.
100 (x_0)	0,9329 (y_0)
160 (x_1)	0,8036 (y_1)
.	.
.	.

Gesucht ist die Dichte ϱ (y) bei 140 °C (x)

$$y = 0{,}8036 + \frac{(0{,}9329 - 0{,}8036) \cdot (160 - 140)}{160 - 100}$$

$$y = 0{,}8467$$

$$\varrho = 0{,}8467 \frac{\mathrm{kg}}{\mathrm{m}^3}$$

B 5.7 Lineare Regression

Durch das Verfahren der linearen Regression wird die Ausgleichsgerade durch eine Schar streuender Messwerte in einem Diagramm bestimmt. Hierbei handelt es sich um eine Gerade, bei der die Summe der Abweichungen der Einzelpunkte im Quadrat ein Minimum ergibt.

Ausgleichsgerade

$$y = m \cdot x + b$$

Steigung der Regressionsgeraden

$$m = \frac{\overline{x \cdot y} - \overline{x} \cdot \overline{y}}{s_x^2}$$

$$s_x^2 = \frac{1}{n-1} \cdot \sum_{i=1}^{n} (x_i - \overline{x})^2$$

Ordinatenschnittpunkt der Regressionsgeraden

$$b = \overline{y} - m \cdot \overline{x}$$

m	Steigung der Regressionsgeraden
b	Ordinatenschnittpunkt der Regressionsgeraden
$\overline{x}$	arithmetischer Mittelwert aller Einzelwerte x_i
$\overline{y}$	arithmetischer Mittelwert aller Einzelwerte y_i
$\overline{x \cdot y}$	arithmetischer Mittelwert aller Produkte $x_i \cdot y_i$
s_x^2	Varianz der x-Werte
n	Anzahl der Messwerte

B 6 Differenzialrechnung

B 6.1 Ableitung einer Funktion

In der Technik, der Wirtschaft oder in der Naturwissenschaft lassen sich Gesetzmäßigkeiten häufig nur anschaulich in Kurven darstellen. Lässt sich der Verlauf der Kurve in einer Gleichung angeben, so können markante Punkte (wie z. B. der Höchststand oder die Stelle mit der größten Steigung) ermittelt werden.

Beispiel: Eine Kugel rollt eine geneigte Ebene herunter und erfährt dabei eine Beschleunigung von $a = 0{,}4\ \text{m/s}^2$. Nach $t = 5$ s kommt die Kugel unten an. Die Kurve folgt der Gleichung:

$$s = \frac{1}{2} \cdot a \cdot t^2 = 0{,}2\ \text{m/s}^2 \cdot t^2$$

Die Steigung der Kurve zum Zeitpunkt $t = 5$ s entspricht der Endgeschwindigkeit der Kugel. Die Geschwindigkeit berechnet sich aus der Ableitung des Weges nach der Zeit:

$$v = \frac{ds}{dt} = a \cdot t = 0{,}4\ \text{m/s}^2 \cdot 5\ \text{s} = 2\ \text{m/s}$$

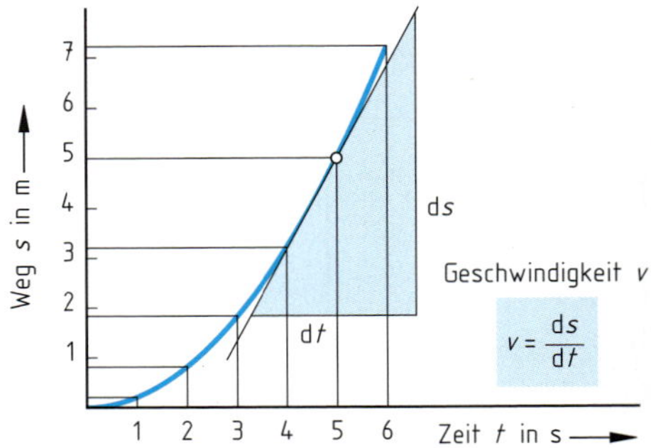

B

B 6.1.1 Begriffe zur Differenzialrechnung

Differenzenquotient (mittlere Änderungsrate)

Der Differenzenquotient entspricht der Steigung der Verbindungsstrecke zwischen den Punkten $P_1\,(x_1, f(x_1))$ und $P_2\,(x_2, f(x_2))$

$$\frac{\Delta y}{\Delta x} = \frac{f(x_2) - f(x_1)}{x_2 - x_1}$$

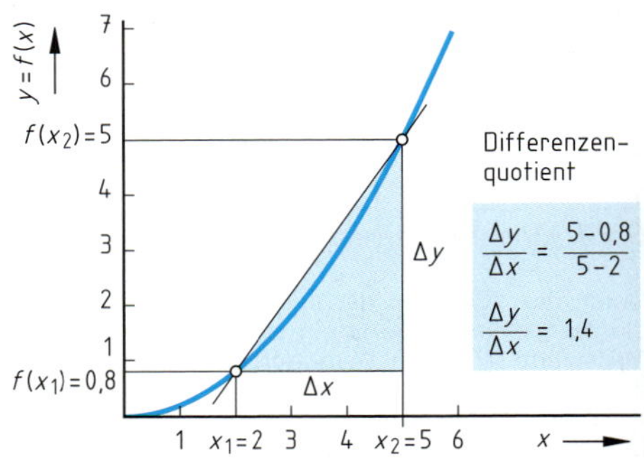

Differenzialquotient

Der Differenzialquotient gibt die Steigung der Kurve an einem einzigen Punkt $P_0\,(x_0, f(x_0))$ an. Die Steigung der Kurve in diesem Punkt entspricht der Steigung der Tangente an diesem Punkt.

$$\frac{dy}{dx} = f'(x_0) = \lim_{\Delta x \to 0} \frac{f(x_0 + \Delta x) - f(x_0)}{\Delta x}$$

Falls die Ableitung $f'(x_0)$ existiert und eine Umgebung am Punkt x_0 vorhanden ist, so heißt die Funktion *differenzierbar an der Stelle* x_0.

- Wenn die Funktion an der Stelle x_0 *differenzierbar* ist, so ist sie auch an dieser Stelle *stetig*. Eine stetige Funktion ist aber nicht immer differenzierbar.
- Wenn die Funktion an der Stelle x_0 *nicht stetig* ist, dann ist die Funktion an dieser Stelle auch nicht *differenzierbar*.

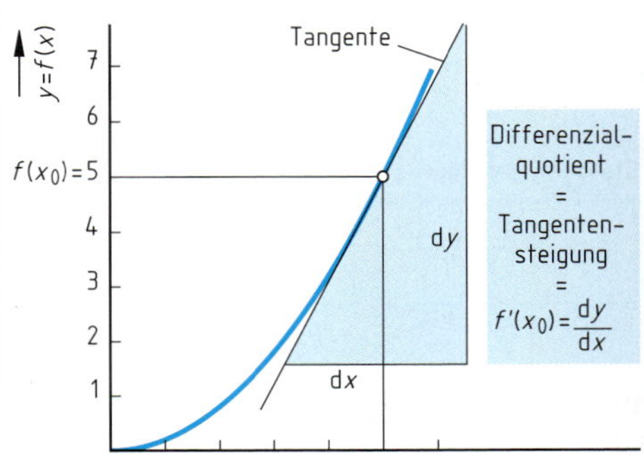

$f(x) = 0{,}2 \cdot x^2$

$$f'(5) = \lim_{\Delta x \to 0} \frac{0{,}2 \cdot (5 + \Delta x)^2 - 0{,}2 \cdot 5^2}{\Delta x} = \lim_{\Delta x \to 0} \frac{5 + 2 \cdot \Delta x + 0{,}2 \cdot \Delta x^2 - 5}{\Delta x}$$

$$f'(5) = \lim_{\Delta x \to 0} \frac{\Delta x \cdot (2 + 0{,}2 \cdot \Delta x)}{\Delta x} \Leftrightarrow f'(5) = 2$$

Ableitungsfunktionen

Die Funktion f', die einer Zahl $x \in D(f)$ den Ableitungswert $f'(x)$ zuordnet, wird als *Ableitungsfunktion f' zur Funktion f* bezeichnet.

$D(f') \subseteq D(f)$

$D(f')$ ist Teilmenge von $D(f)$

Höhere Ableitung

Zweite Ableitung $f'' = (f')'$

Dritte Ableitung $f''' = (f'')'$

n-te Ableitung $f^{(n)} = (f^{(n-1)})'$ $\quad n \in \mathbb{N}$

$\mathbb{N}$	Menge der Natürlichen Zahlen
$\mathbb{Z}$	Menge der ganzen Zahlen
$\mathbb{Q}$	Menge der rationalen Zahlen
$\mathbb{R}$	Menge der reellen Zahlen
a	Basis der Exponentialfunktion
c, r	Konstanten

B

B 6.1.2 Wichtige Ableitungsfunktionen

$f(x)$	$f'(x)$
$c \in \mathbb{R}$	0
x	1
x^2	$2 \cdot x$
$\frac{1}{x}$ $\quad x \neq 0$	$-\frac{1}{x^2}$
$c \cdot x$ $\quad c \in \mathbb{R}$	c
$\sqrt{x}$ $\quad (x > 0)$	$\frac{1}{2 \cdot \sqrt{x}}$
x^r $\quad (r \in \mathbb{R}, x > 0)$	$r \cdot x^{r-1}$
e^x	e^x
a^x $\quad (a \in 0, a \neq 1)$	$a^x \cdot \ln a$

$f(x)$	$f'(x)$
$\ln x$ $\quad (x > 0)$	$\frac{1}{x}$
$\log_a x$ $(x > 0, a > 0, a \neq 1)$	$\frac{1}{x \cdot \ln a}$
$\sin x$	$\cos x$
$\cos x$	$-\sin x$
$\tan x$	$\frac{1}{\cos^2 x} = 1 + \tan^2 x$
$\cot x$	$-(1 + \cot^2 x)$
$\text{arc}\sin x$ $\quad (\lvert x \rvert < 1)$	$\frac{1}{\sqrt{1 - x^2}}$
$\text{arc}\cos x$ $\quad (\lvert x \rvert < 1)$	$-\frac{1}{\sqrt{1 - x^2}}$
$\text{arc}\tan x$	$\frac{1}{1 + x^2}$

B 6.1.3 Regeln der Differenzialrechnung

Voraussetzung: Die nachfolgend angegebenen Funktionen f, u, und v sind an der Stelle x differenzierbar.

Potenzregel

$f(x) = x^n$
$\Rightarrow f'(x) = n \cdot x^{n-1}$ $\quad n \in \mathbb{Q}$

Die Potenzregel gilt nicht nur für positive, sondern auch für negative Exponenten.

Beispiel:

$f(x) = x^3$

$\Rightarrow f'(x) = 3x^2$

Beispiel:

$f(x) = \sqrt{x} = x^{\frac{1}{2}}$

$\Rightarrow f'(x) = \frac{1}{2} \cdot x^{-\frac{1}{2}}$

$f'(x) = \frac{1}{2 \cdot \sqrt{x}}$

B

Faktorregel

$f(x) = c \cdot u(x)$
$\Rightarrow f'(x) = c \cdot u'(x) \qquad c \in \mathbb{R}$

Beispiel

$f(x) = 4x^5$

$\Rightarrow f'(x) = 4 \cdot 5x^4 = 20x^4$

Summenregel

$f(x) = u(x) \pm v(x)$
$\Rightarrow f'(x) = u'(x) \pm v'(x)$

Beispiel:

$f(x) = x^3 + x^6$

$\Rightarrow f'(x) = 3x^2 + 6x^5$

Produktregel

$f(x) = u(x) \cdot v(x)$
$\Rightarrow f'(x) = u'(x) \cdot v(x) + u(x) \cdot v'(x)$

Beispiel:

$f(x) = 4x^2 \cdot (x^6 - x^2)$

$\rightarrow u(x) = 4x^2 \quad \Rightarrow u'(x) = 8x$

$\rightarrow v(x) = (x^6 - x^2) \Rightarrow v'(x) = 6x^5 - 2x$

$\Rightarrow f'(x) = 8x \cdot (x^6 - x^2) + 4x^2 \cdot (6x^5 - 2x)$

Quotientenregel

$f(x) = \frac{u(x)}{v(x)} \qquad v(x) \neq 0$

$\Rightarrow f'(x) = \frac{u'(x) \cdot v(x) - u(x) \cdot v'(x)}{(v(x))^2}$

Sonderfall der Quotientenregel:

$f(x) = \frac{1}{v(x)} \qquad v(x) \neq 0$

$\Rightarrow f'(x) = \frac{v'(x)}{(v(x))^2}$

Beispiel:

$f(x) = \frac{3x^4}{8x - 1}$

$\rightarrow u(x) = 3x^4 \quad \Rightarrow u'(x) = 12x^3$

$\rightarrow v(x) = 8x - 1 \Rightarrow v'(x) = 8$

$\Rightarrow f'(x) = \frac{12x^3 \cdot (8x - 1) - 3x^4 \cdot 8}{(8x - 1)^2}$

$f'(x) = \frac{96x^4 - 12x^3 - 24x^4}{(8x - 1)^2}$

$f'(x) = \frac{72x^4 - 12x^3}{(8x - 1)^2}$

Kettenregel

Ist eine Funktion $v(x)$ an der Stelle x differenzierbar und eine Funktion u differenzierbar an der Stelle $z = v(x)$, dann ist auch die Funktion $f(x) = u(v(x))$ differenzierbar an der Stelle x.

Um solch eine verkette Funktion abzuleiten, wird zuerst die Ableitung der äußeren Funktion unter Beibehaltung der inneren Funktion gebildet. Anschließend wird die Ableitung der inneren Funktion dazu multipliziert.

$f(x) = u(v(x))$
$\Rightarrow f'(x) = u'(v(x)) \cdot v'(x)$

Beispiel:

$f(x) = 6 \cdot \sqrt{x^3 - 3x^2}$

$\rightarrow u(v(x)) = 6 \cdot (v(x))^{\frac{1}{2}} \Rightarrow u' = 3 \cdot (v(x))^{-\frac{1}{2}}$

$\rightarrow v(x) = x^3 - 3x^2 \quad \Rightarrow v'(x) = 3x^2 - 6x$

$\Rightarrow f'(x) = 3 \cdot (x^3 - 3x^2)^{-\frac{1}{2}} \cdot (3x^2 - 6x)$

$f'(x) = \frac{3 \cdot (3x^2 - 6x)}{\sqrt{x^3 - 3x^2}}$

B 6.2 Kurvendiskussion

Von jeder Funktion kann über eine genügend ausführliche Wertetabelle der Graph gezeichnet werden. In der Regel müssen zum Skizzieren aber nur einige charakteristische Eigenschaften des Graphen bekannt sein. Die Untersuchung dieser Eigenschaften wird als Kurvendiskussion bezeichnet.

B 6.2.1 Monotonieverhalten eines Graphen

Betrachtet wird der Graph einer Funktion $f(x)$ in einem offenen Intervall mit den Punkten $x_1 < x_2$

Graph $f(x)$ ist monoton steigend

$$f'(x) > 0$$
$$\Rightarrow f(x_1) < f(x_2)$$

Graph $f(x)$ ist monoton fallend

$$f'(x) < 0$$
$$\Rightarrow f(x_1) > f(x_2)$$

B 6.2.2 Extremstellen eines Graphen

Ist ein Graph auf seinem gesamten Verlauf sowohl monoton steigend als auch monoton fallend, so besitzt dieser Graph einen Tief- oder Hochpunkt. Dieser Punkt wird als Extremstelle bezeichnet.

Relative Extremstelle

Der Graph $f(x_0)$ hat an der Stelle x_0 eine relative Extremstelle, wenn gilt:

$$f'(x) = 0$$

Lokaler Hochpunkt eines Graphen

Befindet sich an der Extremstelle ein lokales Maximum, so muss gelten:

$$f'(x_0) = 0 \quad \wedge \quad f''(x_0) < 0$$
$$\Rightarrow f(x_0) > f(x_1)$$
$$\wedge\ f(x_0) > f(x_2)$$
für $x_1 > x_0 > x_2$

Lokaler Tiefpunkt eines Graphen

Befindet sich an der Extremstelle ein lokales Minimum, so muss gelten:

$$f'(x_0) = 0 \quad \wedge \quad f''(x_0) > 0$$
$$\Rightarrow f(x_0) < f(x_1)$$
$$\wedge\ f(x_0) < f(x_2)$$
für $x_1 > x_0 > x_2$

Beispiel:

$$f(x) = -\frac{1}{3}x^3 + x^2$$

$$\Rightarrow f'(x) = -x^2 + 2x$$

Der Graph ist **monoton steigend**, wenn $f'(x) > 0$

$$-x^2 + 2x > 0$$
$$\Rightarrow x > 0 \quad \wedge \quad x < 2$$

Der Graph ist **monoton fallend**, wenn $f'(x) < 0$

$$-x^2 + 2x < 0$$
$$\Rightarrow x < 0 \quad \wedge \quad x > 2$$

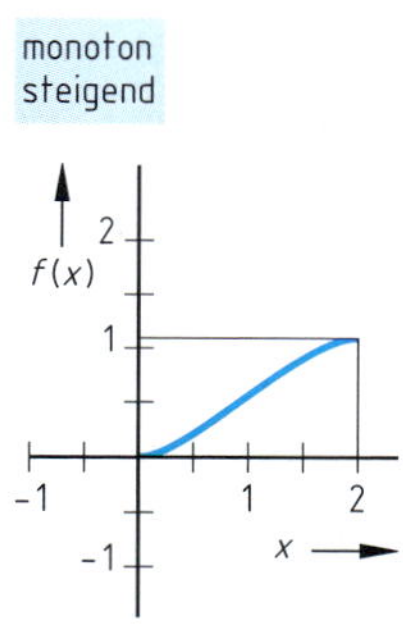

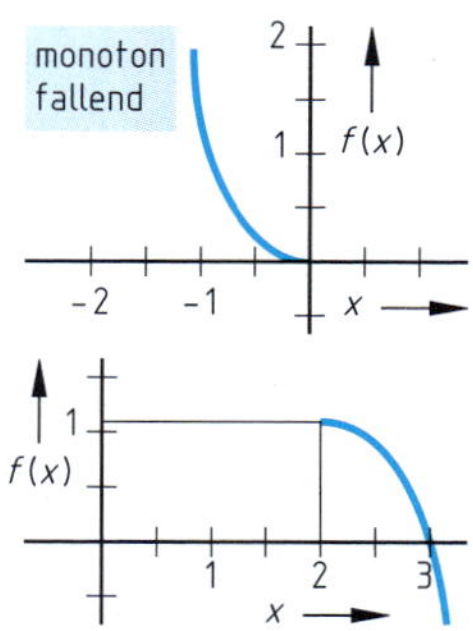

Der Graph hat **relative Extremstellen**, wenn $f'(x) = 0$

$$-x^2 + 2x = 0$$
$$\Rightarrow x_1 = 0 \quad \wedge \quad x_2 = 2$$

Der **Hochpunkt** des Graphen befindet sich an der Extremstelle für die gilt: $f''(x) < 0$

$$f''(x) = -2x + 2$$
$$x_2 = 2 \quad \Rightarrow \quad f''(x_2) < 0$$

Der **Tiefpunkt** des Graphen befindet sich an der Extremstelle für die gilt: $f''(x) > 0$

$$f''(x) = -2x + 2$$
$$x_1 = 0 \quad \Rightarrow \quad f''(x_1) > 0$$

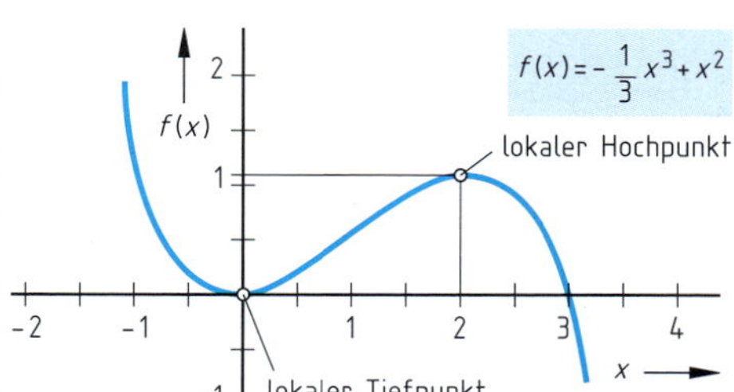

B

B 6.2.3 Wendepunkte eines Graphen

Der Punkt, an dem der Graph einer Funktion $f(x)$ sein Krümmungsverhalten ändert, wird als Wendepunkt bezeichnet. Befindet sich an der Stelle x_W ein Wendepunkt, so muss die Funktion $f(x)$ mindestens dreimal differenzierbar sein. Hierbei gilt:

$$f''(x_W) = 0 \ \wedge \ f'''(x_W) \neq 0$$
$$\Rightarrow \text{Wendepunkt } (x_W, f(x_W))$$

Zu der einen Seite vom Wendepunkt x_W ist der Graph der Funktion $f(x)$ rechtgekrümmt, zu der anderen Seite linksgekrümmt.

Wendepunkt x_W mit Links-Rechtskrümmung

$$f''(x_W) = 0 \ \wedge \ f'''(x_W) < 0$$

Wendepunkt x_W mit Rechts-Linkskrümmung

$$f''(x_W) = 0 \ \wedge \ f'''(x_W) > 0$$

Ist beim Wendepunkt die erste Ableitung $f'(x_W) = 0$, so spricht man von einem Terrassenpunkt. Dieser Punkt ist sowohl ein Extrempunkt, als auch ein Wendepunkt.

B 6.2.4 Vorgehensweise bei der Kurvendiskussion

Zur Bestimmung der charakteristischen Punkte und des Verhaltens eines Graphen sollte die nachfolgend aufgeführte Vorgehensweise durchgeführt werden.

1. Bestimmung des Symmetrieverhaltens

   Punktsymmetrie: Im Funktionsterm befinden sich nur ungerade Hochzahlen (z.B. $f(x) = 3x^5 + 2x^3 + 5$).

   Achsensymmetrie: Im Funktionsterm befinden sich nur gerade Hochzahlen (z.B. $f(x) = 2x^6 + 6x^2 - 9$).
2. Berechnung der Schnittpunkte mit den Achsen.
3. Bestimmung des Verhaltens der Funktion an Lücken oder nicht definierten Stellen.
4. Bestimmung von eventuell vorhandenen Asymptoten.
5. Berechnung der ersten und zweiten Ableitung.
6. Berechnung der Nullstellen der ersten und zweiten Ableitung.
7. Berechnung der Lage und der Art der Extremstellen.
8. Bestimmung des Monotonieverhaltens der Funktion.
9. Berechnung der Wendepunkte.
10. Bestimmung des Krümmungsverhaltens der Funktion an Wendepunkten.

Beispiel:

$$f(x) = -\frac{1}{3}x^3 + x^2$$

$$\Rightarrow f'(x) = -x^2 + 2x$$

$$\Rightarrow f''(x) = -2x + 2$$

$$\Rightarrow f'''(x) = -2$$

Der **Wendepunkt** ergibt sich an der Stelle x_W mit:

$$f''(x_W) = -2x_W + 2 = 0$$

$$\Leftrightarrow x_W = 1$$

An dem Wendepunkt x_W befindet sich eine **Links-Rechtskrümmung**, da für die dritte Ableitung gilt:

$$f'''(x_W) = -2$$

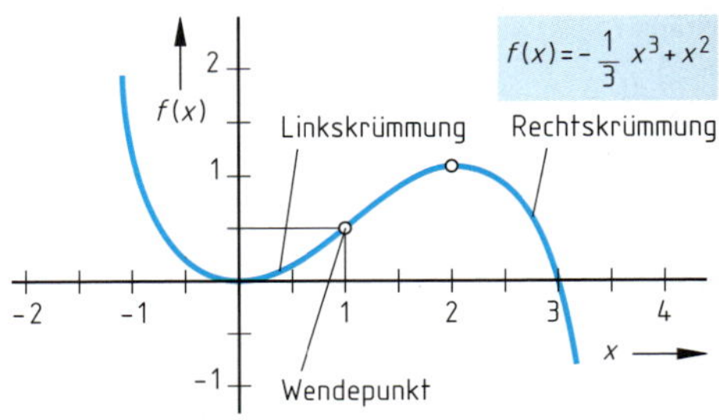

Übersicht zur Kurvendiskussion

Eigenschaften des Graphen der Funktion $f(x)$		Hinreichende Bedingung
Steigung der Tangente	monoton steigend	$f'(x) > 0$
	monoton fallend	$f'(x) < 0$
Extremstellen	Hochpunkt	$f'(x_0) = 0$ und $f''(x_0) < 0$
	Tiefpunkt	$f'(x_0) = 0$ und $f''(x_0) > 0$
Krümmung	Rechtskrümmung	$f''(x_0) < 0$
	Linkskrümmung	$f''(x_0) > 0$
Wendepunkte	Links-Rechtskrümmung	$f''(x_W) = 0$ und $f'''(x_W) < 0$
	Rechts-Linkskrümmung	$f''(x_W) = 0$ und $f'''(x_W) > 0$

B 7 Integralrechnung

B 7.1 Grundintegral

Die Bildung von Stammfunktionen stellt die Umkehrung der Ableitung einer Funktion dar. Stammfunktionen werden mit großen Buchstaben bezeichnet. Symbolisch wird die Stammfunktion mit dem Integralzeichen dargestellt. Das Aufstellen von Stammfunktionen nennt man integrieren. Die Stammfunktion bestimmter Grundfunktionen wird als **Grundintegral** bezeichnet.

Darstellung der Stammfunktion

$$F(x) = \int f(x)\, dx$$

Die **Ableitung der Stammfunktion $F'(x)$** führt zur Funktion $f(x)$.

$$F'(x) = f(x)$$

Ebenso führt die **Ableitung der Stammfunktion $F_c'(x)$** mit einer Integrationskonstante zur Funktion $f(x)$.

$$F_c(x) = F(x) + c$$
$$\Rightarrow F_c'(x) = f(x)$$

Für jede Funktion ist es nicht immer möglich, die Stammfunktionen zu finden. Bei manchen Funktionen muss der Integrand zunächst umgeformt werden, um zu einer Stammfunktion zu gelangen.

$f(x)$	Integrand, Funktion von x
$F(x)$	Stammfunktion der Funktion $f(x)$
$F'(x)$	erste Ableitung der Stammfunktion
c	Integrationskonstante
$F_c(x)$	Stammfunktion mit Integrationskonstante
$F_c'(x)$	erste Ableitung der Stammfunktion mit Integrationskonstante
a, b	Konstanten

Beispiel:

$f(x) = x^2$

$\Rightarrow F(x) = \frac{1}{3} \cdot x^3$

Die Ableitung der Stammfunktion $F(x)$ ergibt $f(x)$

$F'(x) = x^2$

Die Ableitung der Stammfunktion $F_c(x)$ mit einer Integrationskonstante c führt aber ebenso zur Funktion $f(x)$, da die Ableitung der Konstante c immer Null wird.

$F_c(x) = \frac{1}{3} \cdot x^3 + c$

$\Rightarrow F_c'(x) = x^2$

Grundintegrale

$f(x)$	$F_c(x)$
a mit $a \in \mathbb{R}$	$a \cdot x + c$
x	$\frac{x^2}{2} + c$
x^2	$\frac{x^3}{3} + c$
x^3	$\frac{x^4}{4} + c$
$\frac{1}{x}$ $x > 0$	$\ln x + c$
$\frac{1}{x^2}$ $x \neq 0$	$-\frac{1}{x} + c$
$\frac{1}{\sqrt{x}}$ $x > 0$	$2 \cdot \sqrt{x} + c$

$f(x)$	$F_c(x)$
e^x	$e^x + c$
$\ln x$ $x > 0$	$x \cdot \ln x - x + c$
a^x $x > 0, x \neq 1$	$\frac{a^x}{\ln a} + c$
$\log_a x$ $a > 0, a \neq 1, x > 0$	$\frac{1}{\ln a} \cdot (x \cdot \ln x - x) + c$
$\frac{1}{(x-a) \cdot (x-b)}$	$\frac{1}{a-b} \cdot \ln \left\| \frac{x-a}{x-b} \right\| + c$
$\frac{1}{x^2 - a^2}$ $a \neq 0$	$\frac{1}{2 \cdot a} \cdot \ln \frac{a-x}{a+x}$
$\frac{1}{x^2 + a^2}$ $a \neq 0$	$\frac{1}{a} \cdot \arctan \frac{x}{a} + c$

B

$f(x)$	$F_c(x)$
$\frac{1}{\sqrt{x^2-a^2}}$ $(\lvert x\rvert > \lvert a\rvert)$	$\ln\left\lvert x+\sqrt{x^2-a^2}\right\rvert + c$
$\frac{1}{\sqrt{a^2-x^2}}$ $(\lvert x\rvert < \lvert a\rvert)$	$\arcsin\frac{x}{a} + c$
$\sin x$	$-\cos x + c$
$\cos x$	$\sin x + c$
$\tan x$	$-\ln\lvert\cos x\rvert + c$
$\sin^2 x$	$\frac{1}{2}\cdot(x - \sin x\cdot\cos x) + c$
$\cos^2 x$	$\frac{1}{2}\cdot(x + \sin x\cdot\cos x) + c$
$\tan^2 x$	$\tan x - x + c$

$f(x)$	$F_c(x)$
$\frac{1}{\sin x}$	$\ln\left\lvert\tan\frac{x}{2}\right\rvert + c$
$\frac{1}{\cos x}$	$\ln\left\lvert\tan\left(\frac{x}{2}+\frac{\pi}{4}\right)\right\rvert + c$
$\frac{1}{\tan x}$	$\ln\lvert\sin x\rvert + c$
$\frac{1}{\sin^2 x}$	$-\frac{1}{\tan x} + c$
$\frac{1}{\cos^2 x}$	$\tan x + c$
$\frac{1}{\tan^2 x}$	$-\frac{1}{\tan x} - x + c$
$\arcsin x$	$x\cdot\arcsin x + \sqrt{1-x^2} + c$
$\arccos x$	$x\cdot\arccos x - \sqrt{1-x^2} + c$

Regeln zur Bildung unbestimmter Integrale

Das Bilden von Stammfunktionen ist die umgekehrte Operation zum Ableiten der Funktion $f(x)$. Für die Bezeichnung der Stammfunktionen werden große Buchstaben verwendet, wie z.B. F, G, U, oder V.

$f(x)$	Integrand, Funktion von x
u, v	Integrand, Funktion von x
n	Exponent der Funktion $f(x)$
c	Integrationskonstante
$F_c(x)$	Stammfunktion mit Integrationskonstante
U, V	Stammfunktion
a	Konstante

Potenzregel

$$f(x) = x^n \qquad n \neq -1$$
$$\Rightarrow F_c(x) = \frac{1}{n+1}\cdot x^{n+1} + c$$

Die Potenzregel gilt nicht nur für positive, sondern auch für negative Exponenten.

Beispiel:

$$f(x) = \frac{1}{4}x^2$$
$$F_c(x) = \frac{1}{12}x^3 + c$$

Summenregel

$$f(x) = u(x) + v(x)$$
$$\Rightarrow F(x) = U(x) + V(x)$$

Beispiel:

$$f(x) = 5x^4 - \frac{1}{3}x^2 + 6$$
$$U(x) = \frac{5}{5}x^5 \qquad V(x) = -\frac{1}{9}x^3 \qquad G(x) = 6x$$
$$F_c(x) = x^5 - \frac{1}{9}x^3 + 6x + c$$

Faktorregel

$$f(x) = a\cdot u(x)$$
$$\Rightarrow F(x) = a\cdot U(x)$$

B 7.2 Bestimmtes Integral

Ist $f(x)$ eine integrierbare Funktion und $F(x)$ die jeweilige Stammfunktion in einem geschlossenen Intervall mit den Grenzen a und b, so wird die Differenz der Werte der Stammfunktionen als bestimmtes Integral bezeichnet.

Das bestimmte Integral im Intervall $[a; b]$ ist somit die Maßzahl für den Inhalt der Fläche, die sich zwischen dem Graphen der Funktion $f(x)$ und der x-Achse in den Grenzen der Punkte a und b befindet. Bestimmte Integrale sind also Zahlen, im Gegensatz zu unbestimmte Integralen, die Funktionen sind.

Bestimmtes Integral

$$\int_a^b f(x)\,dx = [F(x)]_a^b = F(b) - F(a)$$

Eigenschaften bestimmter Integrale

$$\int_a^a f(x)\,dx = 0$$

$$\int_a^b f(x)\,dx = -\int_b^a f(x)\,dx$$

$$\int_a^b [f(x) + g(x)]dx = \int_a^b f(x)\,dx + \int_a^b g(x)\,dx$$

$$\int_a^b k \cdot f(x)\,dx = k \cdot \int_a^b f(x)\,dx$$

$$\int_a^c f(x)\,dx = \int_a^b f(x)\,dx + \int_b^c f(x)\,dx$$

$$\int_a^b f(x)\,dx = \int_a^c f(x)\,dx - \int_b^c f(x)\,dx$$

$$\int_b^c f(x)\,dx = \int_a^c f(x)\,dx - \int_a^b f(x)\,dx$$

$f(x)$	Integrand, Funktion von x
$F(x)$	Stammfunktion der Funktion $f(x)$
$F(a)$	Wert der Stammfunktion an dem Grenzwert a
$F(b)$	Wert der Stammfunktion an dem Grenzwert b
a, b, c	Grenzwerte des geschlossenen Intervalls ($a < b < c$)
k	Konstante

Beispiel:

Gesucht ist die Fläche zwischen dem gegebenen Graphen der Funktion $f(x)$ und der x-Achse in den Grenzen $a = -1$ und $b = 4$.

$$f(x) = \frac{1}{4}x^2 + 2$$

Die Fläche A berechnet sich aus dem bestimmten Integral der Funktion $f(x)$ in den Grenzen a und b:

$$A = \int_{-1}^{4} \left(\frac{1}{4}x^2 + 2\right) dx = \left[\frac{1}{12}x^3 + 2x\right]_{-1}^{4}$$

$$A = \left[\frac{64}{12} + 8\right] - \left[-\frac{1}{12} - 2\right]$$

$$A = \frac{64}{12} + 8 + \frac{1}{12} + 2$$

$$A = \frac{185}{12} = 15\frac{5}{12}$$

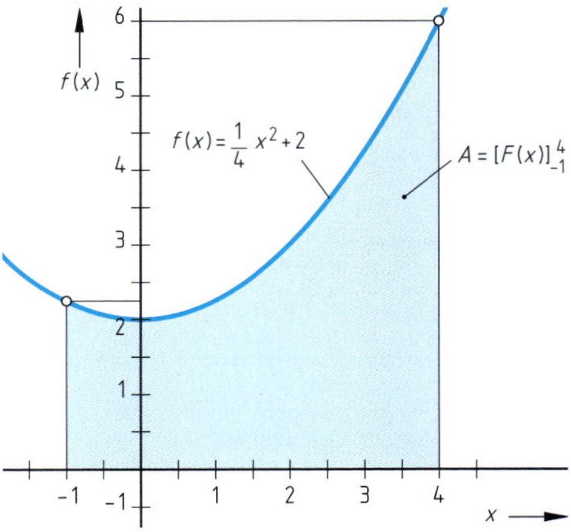

B 7.3 Integrationsmethoden

Für viele Funktionen sind im Kapitel 7.1 die wichtigsten Grundfunktionen aufgeführt. Nachfolgend werden den Methoden zur Bildung von Stammfunktionen beschrieben, falls die Grundfunktion nicht erkennbar ist.

B 7.3.1 Aufspalten des Integranden

Besteht die zu integrierende Funktion aus einem Integrand, bei dem die Stammfunktion nicht erkennbar ist, so wäre die erste Herangehensweise die Aufspaltung des Integranden in Funktionen bei denen die Bildung von Grundfunktionen möglich ist. Die Aufspaltung erfolgt in erster Linie über das Ausklammern oder die Anwendung der binomischen Formel.

$$\int_a^b f(x)\,\mathrm{d}x = \int_a^b (g(x) + h(x))\,\mathrm{d}x$$

$$[F(x)]_a^b = [G(x) + H(x)]_a^b$$

B 7.3.2 Substitution

Ziel der Substitution ist die Umwandlung des Integranden in eine Funktion, für die eine Grundfunktion gebildet werden kann. Hierzu wird eine neue Variable eingeführt. Mit dieser Variablen wird ein Teil der Funktion substituiert, sodass nun die Stammfunktion gebildet werden kann. Substituiert wird aber auch das Differential sowie die obere und untere Grenze, in dessen Bereich die Integration erfolgt.

1. Substitutionsregel

$$\int_{x_1}^{x_2} f(x)\,\mathrm{d}x = \int_{t_1}^{t_2} f(h(t)) \cdot h'(t)\,\mathrm{d}t$$

2. Substitutionsregel

$$\int_{x_1}^{x_2} f(h(x)) \cdot h'(x)\,\mathrm{d}x = \int_{t_1}^{t_2} f(t))\,\mathrm{d}t$$

Welche der beiden Regeln angewendet werden kann, hängt vom Integranden ab.

Beispiel für das Aufspalten des Integranden:

Die Funktion $f(x)$ soll in den Grenzen $a = -1$ und $b = 1$ integriert werden.

$$\int_{-1}^{1} f(x)\,\mathrm{d}x = \int_{-1}^{1} \frac{x^3 + x + 2}{x^2 + 1}\,\mathrm{d}x$$

Die Funktion $f(x)$ wird durch Ausklammern in zwei Funktionen aufgespalten.

$$f(x) = \frac{x \cdot (x^2 + 1) + 2}{x^2 + 1}$$

$$\Rightarrow g(x) = x \qquad h(x) = 2 \cdot \frac{1}{x^2 + 1}$$

$$[F(x)]_{-1}^{1} = \left[\frac{1}{2}x^2 + 2 \cdot \text{arc}\tan x\right]_{-1}^{1}$$

Beispiel für die 1. Substitutionsregel des Integranden:

Die Funktion $f(x)$ soll in den Grenzen $x_1 = 0$ und $x_2 = 3$ integriert werden.

$$\int_0^3 f(x)\,\mathrm{d}x = \int_0^3 x \cdot \sqrt{1 + x}\,\mathrm{d}x$$

Substituiert wird die Wurzel der Funktion $f(x)$ mit der neuen Variablen t.

$$\sqrt{1 + x} = t$$

$$\Rightarrow 1 + x = t^2$$

$$\Rightarrow x = t^2 - 1 = h(t)$$

$$\Rightarrow h'(t) = \frac{\mathrm{d}x}{\mathrm{d}t} = 2 \cdot t \qquad \Leftrightarrow \qquad \mathrm{d}x = 2 \cdot t\,\mathrm{d}t$$

Die neuen Grenzen t_1 und t_2 für die substituierte Funktion ergeben sich durch das Einsetzen der alten Grenzen in die Funktion $h(x)$.

$$x_1 = 0 \quad \Rightarrow \quad t_1 = 1$$

$$x_2 = 3 \quad \Rightarrow \quad t_2 = 2$$

Wird die Funktion $f(x)$ substituiert, so ergibt sich folgendes Ergebnis:

$$\int_0^3 f(x)\,\mathrm{d}x = \int_1^2 (t^2 - 1) \cdot t \cdot 2 \cdot t\,\mathrm{d}t = \int_1^2 2 \cdot (t^4 - t^2)\mathrm{d}t$$

$$\left[2 \cdot \left(\frac{1}{5}t^5 \cdot \frac{1}{3}t^3\right)\right]_1^2 = \frac{116}{15} = 7\frac{11}{15}$$

B 7.3.3 Partielle Integration

Die partielle Integration ermöglicht die Bildung der Stammfunktion von zwei miteinander multiplizierten Funktionen. Sie wird daher auch als Produktintegration bezeichnet.

$$\int_a^b u(x) \cdot v'(x)\,dx =$$
$$[u(x) \cdot v(x)]_a^b - \int_a^b v(x) \cdot u'(x)\,dx$$

Der Einsatz der partiellen Integration ist dann sinnvoll, wenn sich keine Stammfunktion von $u(x) \cdot v'(x)$ bilden lässt. Dafür lässt sich aber eine Stammfunktion von dem im Ergebnis stehenden Integranden $v(x) \cdot u'(x)$ angeben.

Die partielle Integration erfolgt daher in zwei Stufen.

Beispiel für die partielle Integration

Die Funktion $f(x)$ soll in den Grenzen $a = 0$ und $b = \pi/2$ integriert werden.

$$\int_0^{\frac{\pi}{2}} f(x)\,dx = \int_0^{\frac{\pi}{2}} x^2 \cdot \sin x\,dx$$

1. Stufe der partiellen Integration:

$$u(x) = x^2 \quad \Rightarrow \quad u'(x) = 2x$$
$$v'(x) = \sin x \quad \Rightarrow \quad v(x) = -\cos x$$
$$\int_0^{\frac{\pi}{2}} f(x)\,dx = [-x^2 \cdot \cos x]_0^{\frac{\pi}{2}} + 2 \cdot \int_0^{\frac{\pi}{2}} x \cdot \cos x\,dx$$

2. Stufe der partiellen Integration:

$$u(x) = x \quad \Rightarrow \quad u'(x) = 1$$
$$v'(x) = \cos x \quad \Rightarrow \quad v(x) = \sin x$$
$$\int_0^{\frac{\pi}{2}} x \cdot \cos x\,dx = [x \cdot \sin x]_0^{\frac{\pi}{2}} - \int_0^{\frac{\pi}{2}} \sin x\,dx$$
$$= [x \cdot \sin x]_0^{\frac{\pi}{2}} - [\cos x]_0^{\frac{\pi}{2}}$$

Damit ergibt sich für die Integration der Funktion $f(x)$:

$$\int_0^{\frac{\pi}{2}} f(x)\,dx =$$
$$[-x^2 \cdot \cos x]_0^{\frac{\pi}{2}} + 2 \cdot \left([x \cdot \sin x]_0^{\frac{\pi}{2}} - [\cos x]_0^{\frac{\pi}{2}}\right) = 1{,}14$$

B 7.3.4 Uneigentliches Integral

Für das uneigentliche Integral werden zwei Definitionen aufgeführt:

1. Definition des uneigentlichen Integrals

Hat das Integral der Funktion $f(x)$ eine Grenze die gegen unendlich geht und ergibt sich hieraus ein bestimmter Wert der gebildeten Stammfunktion, so wird der Grenzwert des Integrals als uneigentliches Integral bezeichnet.

$$\int_a^b f(x)\,dx \qquad b \to \infty$$

2. Definition des uneigentlichen Integrals

Der Integrand der Funktion $f(x)$ ist an der Grenze a nicht definiert. Wird die Stammfunktion gebildet und ist an der Grenze a und b der Grenzwert der Stammfunktion definiert, so wird der Grenzwert des Integrals als uneigentliches Integral bezeichnet.

$$\int_a^b f(x)\,dx \qquad f(a) \text{ ist nicht definiert}$$
$$[F(x)]_a^b \quad \text{ist definiert}$$

Beispiel für die 1. Definition des uneigentlichen Integrals

$$\int_3^{\infty} f(x)\,dx = \int_3^{\infty} \frac{1}{x^4}\,dx = \lim_{b \to \infty} \int_3^b x^{-4}\,dx$$
$$\int_3^{\infty} f(x)\,dx = \lim_{b \to \infty} \left[-\frac{1}{3x^3}\right]_3^b = \lim_{b \to \infty} \left(-\frac{1}{3b} + \frac{1}{81}\right)$$
$$\int_3^{\infty} f(x)\,dx = \frac{1}{81}$$

B

B 8 Statistik, Wahrscheinlichkeitsrechnung, Kombinatorik

B 8.1 Statistik

B 8.1.1 Stichprobenauswahl und Stichprobengröße

Möglichkeiten:

1. Nach **Gutdünken**. Dabei werden *typische* Fälle erfasst, also z.B. Werkstücke, die an einer fehlerbehafteten Maschine gefertigt wurden. In diesem Fall ist die Stichprobe in der Regel *nicht repräsentativ*.
2. Nach dem **Zufallsprinzip**. Dieses Verfahren wird auch **Wahrscheinlichkeitsauswahl** genannt und zeichnet sich dadurch aus, dass *jede Beobachtungseinheit* (z.B. jede gefertigte Welle) *die gleiche Chance hat*, untersucht zu werden. Hierfür verwendet man z.B. den Zufallsgenerator eines Computers.

Man unterscheidet im Allgemeinen:

Kleine Stichprobe: $n \leq 30$ Elemente

Große Stichprobe: $n > 30$ Elemente

B 8.1.2 Klassenbildung

Bei mehr als 10 Merkmalswerten in einer statistischen Untersuchung ist meist eine **Klasseneinteilung** sinnvoll (mehrere beieinander liegende Merkmalswerte werden jeweils zu einer Klasse zusammengefasst und dieser die **Häufigkeit** zugeordnet, mit der Merkmalswerte in diese Klasse fallen).

Die *Anzahl der zu bildenden Klassen* ist nicht festgelegt und muss von Fall zu Fall entschieden werden. Oft orientiert man sich an vorgegebenen Strukturen (z.B. Klasse 1: brauchbares Produkt, Klasse 2: nachbearbeitbares Produkt, Klasse 3: nicht nachbearbeitbares, völlig unbrauchbares Produkt). Die Klassenbildung geschieht dann also nach **Gutdünken**. Gibt es keine sinnvolle Einteilung, kann man die **Klassenzahl *k*** nach den folgenden Faustregeln bestimmen:

Ungefähre Klassenzahl

$$k \approx \sqrt{n}$$

$$k \approx 1 + 3{,}32 \cdot \lg n$$

Bei $n > 400$: $k = 20$

Spannweite

$$R_n = x_{max} - x_{min}$$

Begriffe

Beobachtungseinheit, Erhebungsobjekt	Objekte, Vorgänge oder Individuen, die bei der statistischen Untersuchung betrachtet werden (z.B. Produkte eines Fertigungsprozesses – im nebenstehenden Beispiel die gedrehten Wellen)
Grundgesamtheit N	Gesamtheit aller Beobachtungseinheiten (z.B. die Anzahl aller gefertigten Pumpenwellen einer Produktion)
Stichprobenumfang n	Anzahl der untersuchten Beobachtungseinheiten bzw. Anzahl der Einzelmesswerte (z.B. die Anzahl der ausgewählten und geprüften fertigen Pumpenwellen)
Merkmal	Eigenschaft, die untersucht werden soll (z.B. der Pumpenwellendurchmesser)
Merkmalswert	Wert, den das untersuchte Merkmal angenommen hat (im Beispiel der Durchmesser*wert* in der entsprechenden Einheit)

k Klassenzahl
n Stichprobenumfang (Anzahl untersuchter Beobachtungseinheiten)
N Grundgesamtheit (Anzahl aller Beobachtungseinheiten aus der z.B. eine Stichprobe gezogen wurde)
R_n Spannweite
x_{max} größter Merkmalswert
x_{min} kleinster Merkmalswert
w Klassenweite (Klassenbreite)

B 8.1.3 Arithmetischer Mittelwert

Arithmetischer Mittelwert (arithmetisches Mittel)

$$\bar{x} = \frac{1}{n} \cdot \sum_{i=1}^{n} x_i$$

$$\bar{x} = \frac{x_1 + x_2 + x_3 + \ldots + x_n}{n}$$

Bei klassierten Werten:

$$\bar{x} = \frac{1}{n} \cdot \sum_{i=1}^{k} (x_i \cdot n_i)$$

$$\bar{x} = \frac{x_1 \cdot n_1 + x_2 \cdot n_2 + x_3 \cdot n_3 + \ldots + x_k \cdot n_k}{n}$$

$\bar{x}$	arithmetischer Mittelwert (wurde der Mittelwert aus der Grundgesamtheit gebildet, wird er mit μ bezeichnet)
$\tilde{x}$	Median (Zentralwert)
n	Stichprobenumfang (Anzahl untersuchter Beobachtungseinheiten)
n_i	Häufigkeit des Merkmalswertes x_i
$n_1, n_2, \ldots$	Häufigkeiten der Merkmalswerte $x_1, x_2, \ldots$
$x_1, x_2, \ldots$	Merkmalswerte (z.B. Messwerte)
k	Klassenzahl

B

B 8.1.4 Median

Wert in der Mitte einer Rangfolge, wenn n ungerade bzw. arithmetisches Mittel der Werte in der Mitte der Rangfolge, wenn n gerade (oder 50%-Wert in der grafischen Summenlinie).

Median (Zentralwert)

$$\tilde{x} = x_{(n+1)/2}$$ (n ungerade)

$$\tilde{x}_g = \frac{1}{2} \cdot (x_{(n/2} + x_{n/2+1})$$ (n gerade)

Summenlinie bzw. Häufigkeitssummenverteilung:

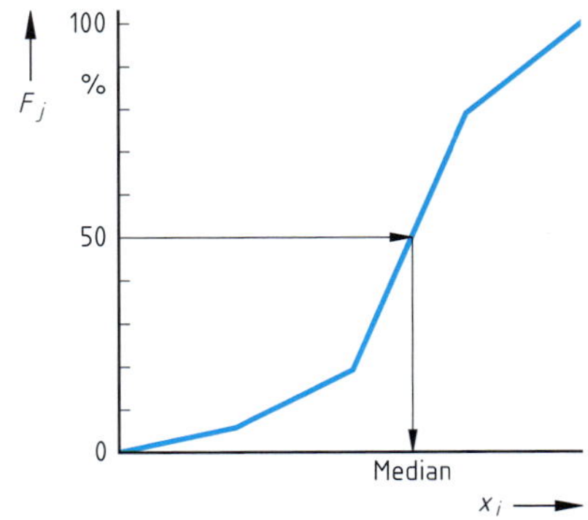

B 8.1.5 Geometrischer Mittelwert

(zur Mittelung bei Wachstumsfaktoren)

Geometrischer Mittelwert (geometrisches Mittel)

$$\bar{x}_g = \sqrt[n]{x_1 \cdot x_2 \cdot x_3 \cdot \ldots \cdot x_n}$$

$\bar{x}_g$	Geometrischer Mittelwert
$x_1, x_2, \ldots$	Merkmalswerte (z.B. Messwerte)
n	Stichprobenumfang (Anzahl untersuchter Beobachtungseinheiten)

B 8.1.6 Varianz und Standardabweichung

Varianz

$$s^2 = \frac{1}{n-1} \cdot \sum_{i=1}^{n} (x_i - \overline{x})^2$$

$$s^2 = \frac{(x_1 - \overline{x})^2 + (x_2 - \overline{x})^2 + \ldots + (x_n - \overline{x})^2}{n-1}$$

s^2	Varianz
s	Standardabweichung
n	Stichprobenumfang (Anzahl untersuchter Beobachtungseinheiten)
n_i	Häufigkeit des Merkmalwertes x_i
$n_1, n_2, \ldots$	Häufigkeiten der Merkmalwerte $x_1, x_2, \ldots$
x_i	Merkmalwert des Elementes i
$x_1, x_2, \ldots$	Merkmalwerte (z.B. Messwerte)
k	Klassenzahl
v	Variationskoeffizient
σ	Standardabweichung der Grundgesamtheit
μ	arithmetischer Mittelwert der Grundgesamtheit

Standardabweichung

$$s = \left| \sqrt{s^2} \right|$$

$$s = \sqrt{\frac{1}{n-1} \cdot \sum_{i=1}^{n} (x_i - \overline{x})^2}$$

$$s = \sqrt{\frac{(x_1 - \overline{x})^2 + (x_2 - \overline{x})^2 + \ldots + (x_n - \overline{x})^2}{n-1}}$$

Standardabweichung bei Klassenbildung

$$s = \sqrt{\frac{1}{n-1} \cdot \sum_{i=1}^{k} \left[(x_i - \overline{x})^2 \cdot n_i \right]}$$

$$s = \sqrt{\frac{(x_1 - \overline{x})^2 \cdot n_1 + (x_2 - \overline{x})^2 \cdot n_2 + \ldots + (x_n - \overline{x})^2 \cdot n_k}{n-1}}$$

Wurde der arithmetische Mittelwert aus der Grundgesamtheit gebildet, wird die Standardabweichung mit σ bezeichnet und unter der Wurzel heißt der Quotient nicht $n-1$ sondern n.

Standardabweichung der Grundgesamtheit

$$\sigma = \sqrt{\frac{(x_1 - \mu)^2 \cdot n_1 + (x_2 - \mu)^2 \cdot n_2 + \ldots + (x_n - \mu)^2 \cdot n_k}{n-1}}$$

Normalverteilung nach *Gauß*

$$y = \frac{1}{\sigma \cdot \sqrt{2 \cdot \pi}} \cdot e^{-\frac{(x-\mu)^2}{2 \cdot \sigma^2}}$$

y	Häufigkeit des Merkmalwertes
x	Merkmalwert
σ	Standardabweichung der Grundgesamtheit
μ	arithmetischer Mittelwert der Grundgesamtheit
e	*Euler*'sche Zahl (e = 2,718…)

Bei der Normalverteilung nach Gauß liegen 68% aller Messwerte im Bereich $\mu \pm \sigma$, 95,5% der Werte im Bereich $\mu \pm 2 \cdot \sigma$ und 99,7% der Werte im Bereich $\mu \pm 3 \cdot \sigma$.

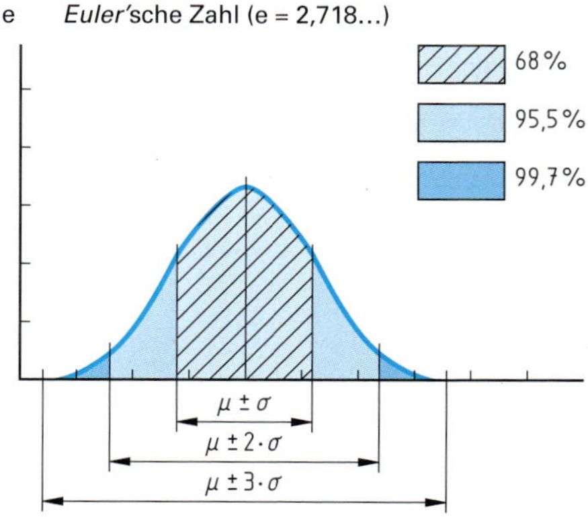

B 8.1.7 Statistische Sicherheit und Vertrauensbereich

Der Vertrauensbereich für den aus einer Stichprobe gefundenen arithmetischen Mittelwert gibt den Bereich an, in dem der wahre Mittelwert μ mit der gewählten Wahrscheinlichkeit liegt.

Der Korrekturfaktor t ist vom Vertrauensniveau abhängig, also von der gewünschten statistischen Sicherheit P. Gebräuchlich sind vor allem die Werte $P = 95\%$ und $P = 99\%$.

Vertrauensbereich (*Student*-Verteilung, *t*-Verteilung) nach *Gosset*

$$W = \pm \frac{t \cdot s}{\sqrt{n}}$$

Wahrer arithmetischer Mittelwert auf der Basis einer Stichprobe

$$\mu = \bar{x} \pm W \qquad \mu = \bar{x} \pm \frac{t \cdot s}{\sqrt{n}}$$

Bereich, in dem mit der Wahrscheinlichkeit *P* der wahre Mittelwert zu finden ist

$$\bar{x} - W \leq \mu \leq \bar{x} + W$$

Vertrauensbereich für die Standardabweichung

$$\varkappa_u \cdot s \leq \sigma \leq \varkappa_o \cdot s$$

W Vertrauensbereich

t Korrekturfaktor der Studentverteilung

s Standardabweichung der Stichprobe

n Stichprobenumfang (Anzahl untersuchter Beobachtungseinheiten)

$\bar{x}$ arithmetischer Mittelwert der Stichprobe

μ wahrer arithmetischer Mittelwert

σ wahre Standardabweichung

$\varkappa$ Faktor für den Vertrauensbereich der Standardabweichung

Korrekturfaktoren nach *Gosset* (Student-Verteilung)

n	***t*** (95%)	***t*** (99%)	***n***	***t*** (95%)	***t*** (99%)
2	12,70	63,70	22	2,08	2,83
4	3,18	5,84	24	2,07	2,81
6	2,57	4,03	26	2,06	2,79
8	2,36	3,50	28	2,05	2,77
10	2,26	3,25	30	2,05	2,76
12	2,20	3,11	50	2,01	2,68
14	2,16	3,01	100	1,98	2,63
16	2,13	2,95	200	1,97	2,60
18	2,11	2,90	>200	1,96	2,58
20	2,09	2,86			

$\varkappa$-Faktoren für *P* = 95 %

n	$\varkappa_u$	$\varkappa_o$	***n***	$\varkappa_u$	$\varkappa_o$
3	0,52	6,28	20	0,76	1,46
4	0,57	3,73	30	0,80	1,34
5	0,60	2,87	50	0,84	1,25
6	0,62	2,45	100	0,88	1,16
8	0,66	2,04	200	0,91	1,11
10	0,69	1,83	500	0,94	1,07
12	0,71	1,70	1000	0,96	1,05
15	0,73	1,58			

B

B 8.2 Wahrscheinlichkeitsrechnung

Wahrscheinlichkeit für das Eintreten eines Ereignisses E (bei gleichwahrscheinlichen Elemtarereignissen)

Wahrscheinlichkeit P(E)

$$P(\mathrm{E}) = \frac{g}{m}$$

mit
$0 \leq g \leq m$

P(E) Wahrscheinlichkeit für das Ereignis E
g Anzahl der günstigen Fälle
m Anzahl der möglichen Fälle

Beispiel:

Mit einem Würfel soll in einem Wurf eine 2 gewürfelt werden. Die Wahrscheinlichkeit für dieses Ereignis beträgt:

Anzahl der günstigen Fälle $g = 1$

Anzahl der mögliche Fälle $m = 6$

$$P(\mathrm{E}) = \frac{g}{m} = \frac{1}{6}$$

Additionsgesetz der Wahrscheinlichkeit bei zwei Ereignissen, die miteinder vereinbar sind

$$P(\mathrm{E}_1 \cup \mathrm{E}_2) = P(\mathrm{E}_1) + P(\mathrm{E}_2) - P(\mathrm{E}_1 \cap \mathrm{E}_2)$$

$P(\mathrm{E}_1 \cup \mathrm{E}_2)$ Wahrscheinlichkeit für das Ereignis E_1 oder das Ereignis E_2

$P(\mathrm{E}_1 \cap \mathrm{E}_2)$ Wahrscheinlichkeit für das Ereignis E_1 und das Ereignis E_2

Beispiel:

Aus einem Skatspiel mit 32 Spielkarten soll eine Herzkarte von 8 möglichen Karten oder ein „As" von 4 möglichen Karten gezogen werden. Die Wahrscheinlichkeit hierfür beträgt:

Anzahl der günstigen Fälle bei der Herzkarte $g_1 = 8$

Anzahl der günstigen Fälle beim As $g_2 = 4$

Anzahl der günstigen Fälle für beide Ereignisse $g = 1$

Anzahl der möglichen Fälle $m = 32$

$$P(\mathrm{E}_1 \cup \mathrm{E}_2) = \frac{g_1}{m} + \frac{g_2}{m} - \frac{g}{m} = \frac{8}{32} + \frac{4}{32} - \frac{1}{32} = \frac{11}{32}$$

Additionsgesetz der Wahrscheinlichkeit bei *k* Ereignissen, die unvereinbar sind

$$\begin{aligned} P(\mathrm{E}_1 \cup \mathrm{E}_2 \cup \ldots \cup \mathrm{E}_k) &= P(\mathrm{E}_1) + P(\mathrm{E}_2) + \\ &= \ldots + P(\mathrm{E}_k) \\ &= \frac{g_1}{m_1} + \frac{g_2}{m_2} + \ldots + \frac{g_k}{m_k} \end{aligned}$$

$P(\mathrm{E}_1 \cup \mathrm{E}_2)$ Wahrscheinlichkeit für das Ereignis E_1 oder das Ereignis E_2

Beispiel:

Mit einem Würfel soll bei einem Wurf eine 3 oder eine 6 gewürfelt werden. Die Wahrscheinlichkeit hierfür beträgt:

Anzahl der günstigen Fälle für die 3 $g_1 = 1$

Anzahl der günstigen Fälle für die 6 $g_2 = 1$

Anzahl der möglichen Fälle $m = 6$

$$P(\mathrm{E}_1 \cup \mathrm{E}_2) = \frac{g_1}{m} + \frac{g_2}{m} = \frac{1}{6} + \frac{1}{6} = \frac{1}{3}$$

Multiplikationsgesetz der Wahrscheinlichkeit für das Eintreten zweier unabhängiger Ereignisse

$$P(\mathrm{E}_1 \cap \mathrm{E}_2) = P(\mathrm{E}_1) \cdot P(\mathrm{E}_2)$$

$P(\mathrm{E}_1 \cap \mathrm{E}_2)$ Wahrscheinlichkeit für das Ereignis E_1 und das Ereignis E_2

Beispiel:

Mit zwei Würfeln soll jeweils eine 6 gewürfelt werden. Die Wahrscheinlichkeit für dieses Ereignis ist:

Anzahl der günstigen Fälle $g_1 = g_2 = 1$

Anzahl der möglichen Fälle $m = 6$

$$P(\mathrm{E}_1 \cap \mathrm{E}_2) = \frac{g_1}{m} \cdot \frac{g_2}{m} = \frac{1}{6} \cdot \frac{1}{6} = \frac{1}{36}$$

Multiplikationsgesetz der Wahrscheinlichkeit für das gleichzeitige Eintreffen zweier Ereignisse

$$P(E_1 \cap E_2) = P(E_1) \cdot P\left(\frac{E_2}{E_1}\right)$$

$P(E_1 \cap E_2)$ Wahrscheinlichkeit für das Ereignis E_1 und das Ereignis E_2

Beispiel:

Aus einem Skatspiel mit 32 Spielkarten soll eine „Dame" von 4 möglichen Karten gezogen werden. Die Wahrscheinlichkeit hierfür beträgt:

Anzahl der günstigen Fälle $g_1 = 4$

Anzahl der möglichen Fälle $m_1 = 32$

$$P(E) = \frac{g_1}{m_1} = \frac{4}{32} = \frac{1}{8}$$

Nachfolgend soll nun noch eine „Dame" der 3 übrig gebliebenen möglichen Karten gezogen werden. Die Wahrscheinlichkeit für dieses Ereignis beträgt:

Anzahl der günstigen Fälle $g_2 = 3$

Anzahl der möglichen Fälle $m_2 = 31$

$$P\left(\frac{E_2}{E_1}\right) = \frac{g_2}{m_2} = \frac{3}{31}$$

Die Wahrscheinlichkeit beim Ziehen von 2 Karten 2 „Damen" zu erhalten beträgt somit:

$$P(E) = \frac{g_1}{m_1} \cdot \frac{g_2}{m_2} = \frac{1}{8} \cdot \frac{3}{31} = \frac{3}{248}$$

B

B 8.3 Kombinatorik

Permutationen

Anzahl der Permutationen von n verschiedenen Elementen (ohne Wiederholungen):

$$P(n) = n! = 1 \cdot 2 \cdot 3 \cdot \ldots \cdot n$$

$P(n)$ Anzahl der Permutationen von n Elementen

n Anzahl der Elemente

$n!$ Fakultät von n

k Anzahl der Häufigkeit eines Elementes

Permutationen von n Elementen sind die Anordnungen aller n Elemente in jeder Reihenfolge, die möglich ist.

Beispiel:

Die Buchstaben a, b und c sollen miteinander kombiniert werden. Es ergeben sich folgende Anordnungen:

Anzahl der Elemente $n = 3$

$P(3) = 3! = 1 \cdot 2 \cdot 3 = 6$

Das Ergebnis der Kombinationen ist somit:

abc, acb, bac, bca, cab, cba

Anzahl der Permutationen von n verschiedenen Elementen, wobei einzelne Elemente mehrfach vorkommen, z.B. das i-te Element k_i mal:

$$P(n) = \frac{n!}{k_1! \cdot k_2! \cdot \ldots \cdot k_m!}$$

Beispiel:

Es sollen die möglichen Kombinationen der folgenden Buchstaben bestimmt werden:

a a a a   b b b   c c

Anzahl der Elemente $n = 9$

Anzahl der Häufigkeit von a: $k_1 = 4$

Anzahl der Häufigkeit von b: $k_2 = 3$

Anzahl der Häufigkeit von c: $k_3 = 2$

$$P(9) = \frac{9!}{4! \cdot 3! \cdot 2!} = 1260$$

B

Variationen

Anzahl der möglichen Variationen ohne Wiederholung eines Elementes in einer Variation:

$$V_r(n) = \binom{n}{r} \cdot r! = \frac{n!}{(n-r)!}$$

Variationen aus n Elementen der r-ten Klasse sind Anordnungen, die sich aus je r der n Elemente bilden lassen. Berücksichtigt wird hierbei die Reihenfolge, d.h. die gleichen r Elemente in unterschiedlicher Reihenfolge ergeben mit jeder Reihenfolge eine neue Variation.

$V(n)$ Anzahl der Variationen aus n Elementen
$K(n)$ Anzahl der Kombinationen aus n Elementen
n Anzahl der Elemente
$n!$ Fakultät von n
r Anzahl der zu variierenden bzw. kombinierenden Elementen

Beispiel:

Es soll bestimmt werden, wieviel Variationen beim Werfen von 3 Würfeln mit jeweils verschiedenen Augenzahlen möglich sind.

Anzahl der Elemente $n = 6$

Anzahl der zu variierenden Elemente $r = 3$

$$V_3(6) = \frac{6!}{(6-3)!} = \frac{6!}{3!} = 120$$

Werden beim Werfen der Würfel beliebige Augenzahlen zugelassen, so ergeben sich bei 3 Würfeln die folgende Anzahl an Variationen:

$$V_3(6) = 6^3 = 216$$

Anzahl der möglichen Variationen, wenn ein Element in einer Variation mehrfach vorkommen darf:

$$V_r(n) = n^r$$

Beispiel:

Beim Fußballtoto sind pro Spiel drei Möglichkeiten zu entscheiden: gewonnen, verloren oder unentschieden. Zu variieren sind 11 Spiele mit diesen 3 Elementen. Gefragt ist die Anzahl der möglichen Variationen.

Anzahl der Elemente $n = 3$

Anzahl der zu variierenden Elemente $r = 11$

$$V_{11}(3) = 3^{11} = 177147$$

Kombinationen

Anzahl der möglichen Kombinationen, wenn jedes Element in einer Kombination nur einmal vorkommen darf:

$$K_r(n) = \binom{n}{r} = \frac{n!}{r! \cdot (n-r)!}$$

mit $1 \leq r \leq n$

Kombinationen der r-ten Klasse sind Anordnungen von je r Elementen aus n gegebenen Elementen. Die Reihenfolge wird hierbei nicht berücksichtigt, d.h. die gleichen r Elemente in anderer Reihenfolge ergeben keine neue Kombination.

Beispiel:

Beim Lotto 6 aus 49 soll die mögliche Anzahl an Kombinationen bestimmt werden:

Anzahl der Elemente $n = 49$

Anzahl der zu kombinierenden Elemente $r = 6$

$$K_6(49) = \frac{49!}{6! \cdot (49-6)!} = 13983816$$

Anzahl der möglichen Kombinationen, wenn ein Element in einer Kombination mehrfach vorkommen darf:

$$K_r(n) = \binom{n+r-1}{r} = \frac{(n+r-1)!}{r! \cdot (n-r)!}$$

$$= \frac{n \cdot (n+1) \cdot (n+2) \cdot \ldots \cdot (n+r-1)}{1 \cdot 2 \cdot \ldots \cdot r}$$

Beispiel:

Aus 8 verschiedenen Kugeln sollen jeweils 3 Kugeln kombiniert werden. Zu bestimmen ist die Anzahl der möglichen Kombinationen:

Anzahl der Elemente $n = 8$

Anzahl der zu kombinierenden Elemente $r = 3$

$$K_3(8) = \frac{(8+3-1)!}{3! \cdot (8-1)!} = \frac{10!}{3! \cdot 7!} = 120$$

B 9 Zinsrechnung/Rentenrechnung

B 9.1 Einfache Verzinsung bei einmaliger Einzahlung

Kapital (einschließlich Zinsen) nach *n* Jahren

$$k_n = k_0 \cdot \left(1 + \frac{p \cdot n}{100}\right) = k_0 \cdot z_n$$

Zinsen nach *n* Jahren

$$z_n = \frac{k_0 \cdot p \cdot n}{100}$$

Zinsen nach *m* Monaten

$$z_m = \frac{k_0 \cdot p \cdot m}{100 \cdot 12}$$

Zinsen nach *t* Tagen

$$z_t = \frac{k_0 \cdot p \cdot t}{100 \cdot 360}$$

k_n	Kapital nach *n* Jahren
k_0	Anfangskapital (vor der Verzinsung) bzw. aufgenommene Kreditsumme bzw. Barwert
p	Zinssatz (Zinsfuß)
n	Anzahl der Jahre bzw. Anzahl der Zinsabschnitte (Halbjahre, Vierteljahre usw.)
m	Anzahl der Monate
t	Anzahl der Tage
z_n	Zinsen nach *n* Jahren oder Verzinsungen
z_m	Zinsen nach *m* Monaten
z_t	Zinsen nach *t* Tagen

B

B 9.2 Zinseszinsrechnung

Kapital (einschließlich Zinsen) nach *n* Jahren

1 Zinszuschlag pro Jahr

$$k_n = k_0 \cdot \left(1 + \frac{p}{100}\right)^n = k_0 \cdot q^n$$

2 Zinszuschläge je Jahr

$$k_n = k_0 \cdot \left(1 + \frac{p}{200}\right)^{2n}$$

m Zinszuschläge pro Jahr

$$k_n = k_0 \cdot \left(1 + \frac{p}{100 \cdot m}\right)^{m \cdot n}$$

Stetige Verzinsung

$$k_n = k_0 \cdot e^{\delta \cdot n} \quad \text{mit} \quad \delta = \ln\left(1 + \frac{p}{100}\right)$$

k_n	Kapital nach *n* Jahren
k_0	Anfangskapital (vor der Verzinsung) bzw. aufgenommene Kreditsumme bzw. Barwert
p	Zinssatz (Zinsfuß)
n	Anzahl der Jahre
q	Aufzinsfaktor
e	Basis der natürlichen Logarithmen (*Euler*'sche Zahl), e = 2,71828182...
δ	Wachstumsintensität

B

Anfangskapital

$$k_0 = \frac{k_n}{q^n}$$

Aufzinsfaktor

$$q = 1 + \frac{p}{100}$$

Anzahl der Jahre oder Zinsabschnitte bis zum Erreichen des Kapitals k_n

$$n = \frac{\lg k_n - \lg k_0}{\lg q}$$

B 9.3 Diskontrechnung und Einlagenrechnung

Diskontrechnung

Barwertformel für jährliche Verzinsung

$$k_0 = \frac{k_n}{q^n} = k_n \cdot v^n$$

Diskontierungsfaktor

$$v^n = \frac{1}{q^n} = \left(\frac{1}{1 + \frac{p}{100}} \right)^n$$

Einlagenrechnung

Regelmäßige Einzahlung eines Betrages r (Sparerformel)

Vorschüssig (am Anfang jeden Jahres)

$$k_n = k_0 \cdot q^n + r_a \cdot q \cdot \frac{q^n - 1}{q - 1} \quad \text{bzw.}$$

$$k_n = r_a \cdot q \cdot \frac{q^n - 1}{q - 1} \quad \text{wenn} \quad k_0 = 0$$

Nachschüssig (am Ende jeden Jahres)

$$k_n = k_0 \cdot q^n + r_e \cdot \frac{q^n - 1}{q - 1} \quad \text{bzw.}$$

$$k_n = r_e \cdot \frac{q^n - 1}{q - 1} \quad \text{wenn} \quad k_0 = 0$$

k_n	Kapital nach n Jahren
k_0	Anfangskapital (vor der Verzinsung) bzw. aufgenommene Kreditsumme bzw. Barwert
p	Zinssatz (Zinsfuß)
n	Anzahl der Jahre bzw. Anzahl der Zinsabschnitte (Halbjahre, Vierteljahre usw.)
q	Aufzinsfaktor
v^n	Diskontierungsfaktor
r_a	vorschüssige Einzahlung oder Rentenauszahlung (am Anfang jeden Jahres) bzw. konstante Jahresannuität (Zinsen + Tilgung)
r_e	nachschüssige Einzahlung oder Rentenauszahlung (am Ende jeden Jahres) bzw. konstante Jahresannuität (Zinsen + Tilgung)

B 9.4 Rentenrechnung

Regelmäßige Entnahme eines Betrages (Berechnung nach der Rentenformel)

Vorschüssig (am Anfang jeden Jahres oder Zeitabschnitts)

$$k_n = k_0 \cdot q^n - r_a \cdot q \cdot \frac{q^n - 1}{q - 1}$$

Nachschüssig (am Ende jeden Jahres oder Zeitabschnitts)

$$k_n = k_0 \cdot q^n - r_e \cdot q \cdot \frac{q^n - 1}{q - 1}$$

Barwert (erforderliches Ablösungskapital) bei Ablösung der Rente durch eine sofortige *n*-malige Zahlung

Vorschüssig (am Anfang jeden Jahres oder Zeitabschnitts)

$$k_0 = r_a \cdot \frac{q^n - 1}{q^{n-1} \cdot (q - 1)}$$

Nachschüssig (am Ende jeden Jahres oder Zeitabschnitts)

$$k_0 = r_e \cdot \frac{q^n - 1}{q^n \cdot (q - 1)}$$

Aufzehrung eines Anfangskapitals k_0 in n Jahren

$$0 = k_0 \cdot q^n \cdot (q - 1) - r_e \cdot (q^n - 1)$$

$$q^n = \frac{r_e}{r_e - k_0 \cdot (q - 1)}$$

Amortisierung eines Anfangskapitals k_0 in n Jahren

$$0 = k_0 \cdot q^n - r_e \cdot \frac{q^n - 1}{q - 1}$$

Zahlung je Jahr, zur Tilgung einer Schuld k_0

$$r_e = k_0 \cdot q^n \cdot \frac{q - 1}{q^n - 1}$$

k_n Kapital nach n Jahren

k_0 Anfangskapital (vor der Verzinsung) bzw. aufgenommene Kreditsumme bzw. Barwert

p Zinssatz (Zinsfuß)

n Anzahl der Jahre bzw. Anzahl der Zinsabschnitte (Halbjahre, Vierteljahre usw.)

q Aufzinsfaktor

r_a vorschüssige Einzahlung oder Rentenauszahlung (am Anfang jeden Jahres) bzw. konstante Jahresannuität (Zinsen + Tilgung)

r_e nachschüssige Einzahlung oder Rentenauszahlung (am Ende jeden Jahres) bzw. konstante Jahresannuität (Zinsen + Tilgung)

B

Barwert der dauernden Rente ($n \to \infty$)

Vorschüssig (am Anfang jeden Jahres oder Zeitabschnitts)

$$k_0 = r_a \cdot \frac{q}{q-1}$$

Nachschüssig (am Ende jeden Jahres oder Zeitabschnitts)

$$k_0 = \frac{r_e}{q-1} = r_e \cdot \frac{100}{p}$$

Höhe der Rente r_e (nachschüssig)

$$r_e = k_0 \cdot q^n \cdot \frac{q-1}{q^n-1}$$

Höhe der Rente r_a (vorschüssig)

$$r_a = k_0 \cdot q^{n-1} \cdot \frac{q-1}{q^n-1}$$

Annuitätenkredite (Rückzahlung in konstanten Jahresannuitäten r (r = anfallende Zinsen + Tilgung))

Laufzeit bei vorschüssiger Zahlung

$$n = \frac{-\lg\left(1 - \frac{k_0 \cdot (q-1)}{r_a \cdot q}\right)}{\lg q}$$

Laufzeit bei nachschüssiger Zahlung

$$n = \frac{-\lg\left(1 - \frac{k_0 \cdot (q-1)}{r_e}\right)}{\lg q}$$

B 10 Winkel und Dreieck

B

B 10.1 Winkelarten

Spitzer Winkel

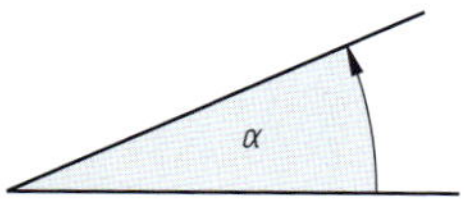

α liegt zwischen 0° und 90°

Rechter Winkel (R)

α ist 90° (1R)

Stumpfer Winkel

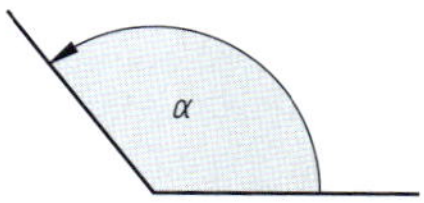

α liegt zwischen 90° und 180°

Gestreckter Winkel (2 R)

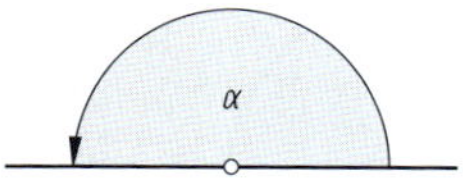

α ist 180°

Überstumpfer Winkel

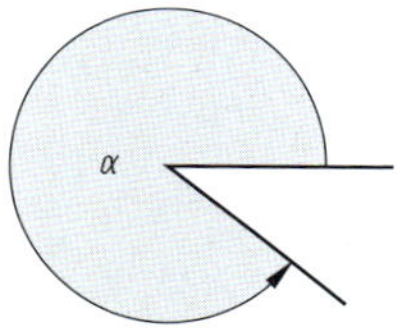

α liegt zwischen 180° und 360°

Vollwinkel (4 R)

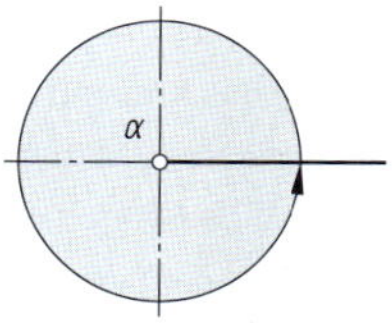

α ist 360°

B 10.2 Winkel an geschnittenen Parallelen

Stufenwinkel (Gegenwinkel) sind gleich groß.

$$\alpha = \beta$$

Wechselwinkel sind gleich groß.

$$\alpha = \delta$$

Scheitelwinkel sind gleich groß.

$$\beta = \delta$$

Nebenwinkel ergänzen sich zu 180°.

$$\alpha + \gamma = 180°$$

Geschnittene Parallelen: zwei Parallelen g_1 und g_2 werden von einer Geraden geschnitten.

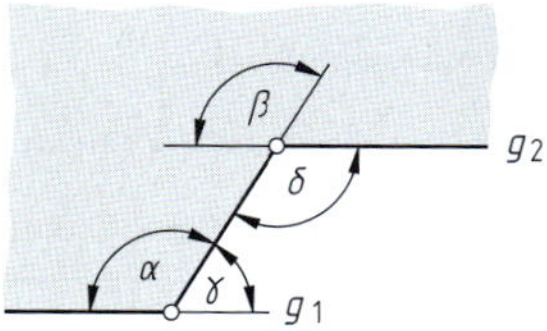

Komplementwinkel ergänzt einen vorgegebenen Winkel zu 90°.

Supplementwinkel ergänzt einen vorgegebenen Winkel zu 180°.

B 10.3 Winkelsumme im Dreieck und Seiten im rechtwinkligen Dreieck

$$\alpha + \beta + \gamma = 180°$$

$$\alpha + \beta = 90°$$

Im rechtwinkligen Dreieck ist $\gamma = 90°$;
Der Winkel α ist Komplementwinkel zum Winkel β.

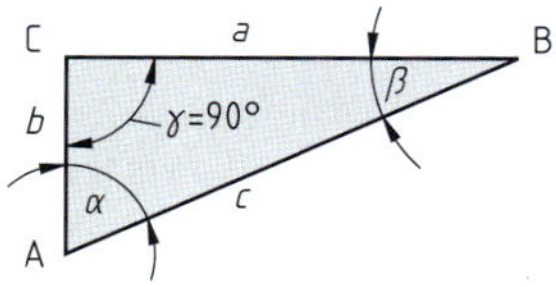

Die Summe der Innenwinkel ist in jedem Dreieck 180°.

Katheten sind die den rechten Winkel bildenden Seiten *a* und *b*.

Ankathete heißt die am betrachteten spitzen Winkel anliegende Kathete, d.h. *b* für α und *a* für β.

Gegenkathete heißt die dem betrachteten spitzen Winkel gegenüberliegende Kathete, d.h. *a* für α und *b* für β.

Hypotenuse heißt die dem rechten Winkel gegenüberliegende Seite *c*. Diese Seite ist die längste Dreiecksseite.

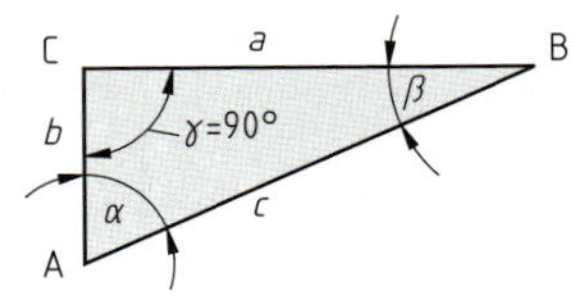

B 11 Grundkonstruktionen

Bestimmung des Kreismittelpunktes

gegeben: Kreis ohne Mittelpunkt

a) Zwei beliebige Sehnen a und b einzeichnen

b) Auf den Sehnen Mittelsenkrechte errichten

c) Der Kreismittelpunkt ergibt sich aus dem Schnittpunkt der beiden Mittelsenkrechten

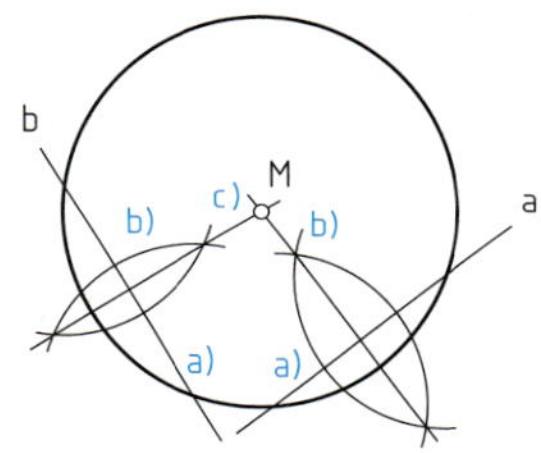

Regelmäßiges Sechseck bzw. Zwölfeck

gegeben: Kreis mit Durchmesser *d*

a) Kreisbögen mit $r = \frac{d}{2}$ um A

b) Kreisbögen mit $r = \frac{d}{2}$ um B

c) Benachbarte Schnittpunkte verbinden (Sechseckseiten).
Bei Zwölfeck außerdem in C und D einstechen.

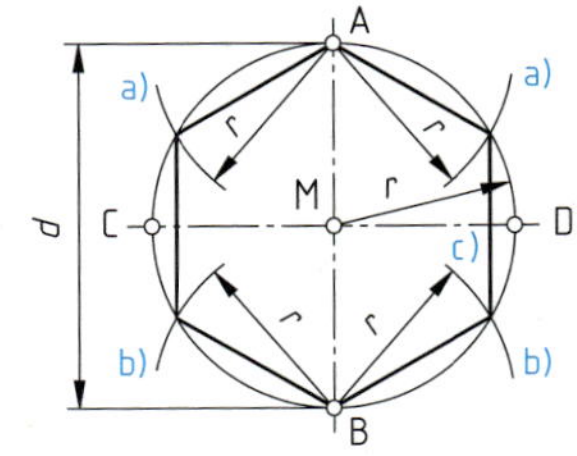

Tangente durch Kreispunkt P

gegeben: Kreis und Punkt P

a) Linie $\overline{MP}$ verlängern

b) Kreisbogen (beliebig) ergibt Schnittpunkte A und B

c) Kreisbögen um A und B mit gleichem Radius ergeben zwei Tangentenpunkte C und D

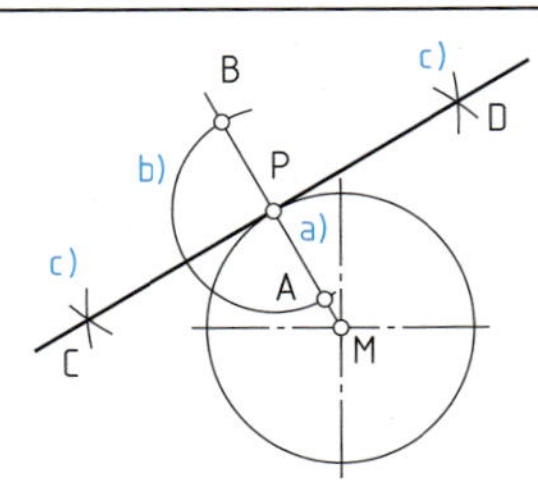

Tangente an den Kreis von einem Punkt P

gegeben: Kreis und Punkt P

a) Mittelpunkt A zwischen M und P konstruieren

b) Kreis um A mit $r = \overline{AM}$ ergibt Tangentenpunkt T

c) T mit P verbinden

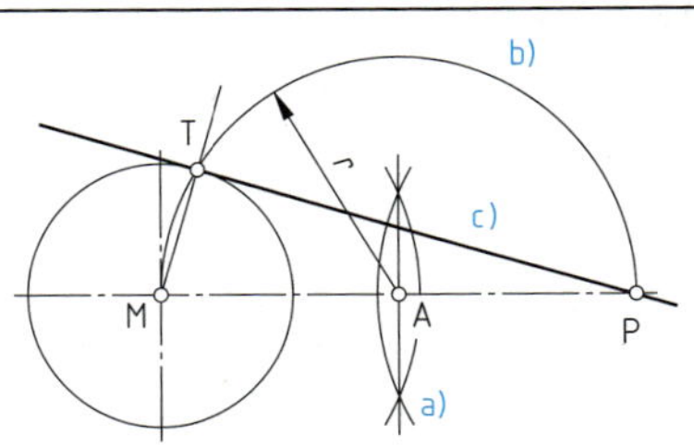

Radius an Winkel anschließen

gegeben: Winkel ASB (α) und Radius r

a) Im Abstand r werden Parallelen zu $\overline{AS}$ und $\overline{BS}$ gezeichnet. Schnittpunkt M ist Mittelpunkt des Kreisbogens

b) Die Übergangspunkte C und D ergeben sich durch die Lote von M auf die Geraden $\overline{AS}$ und $\overline{BS}$

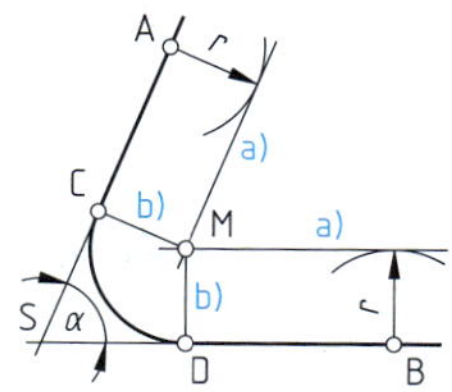

Schwerpunkt eines beliebigen Dreiecks

gegeben: Dreieck mit den Seiten a, b, c

a) Seitenhalbierende (Schwerlinien) s_a, s_b und s_c zeichnen

b) Schwerpunkt ist der Schnittpunkt S der Seitenhalbierenden.
Der Schwerpunkt teilt alle Seitenhalbierenden im Verhältnis 2:1.

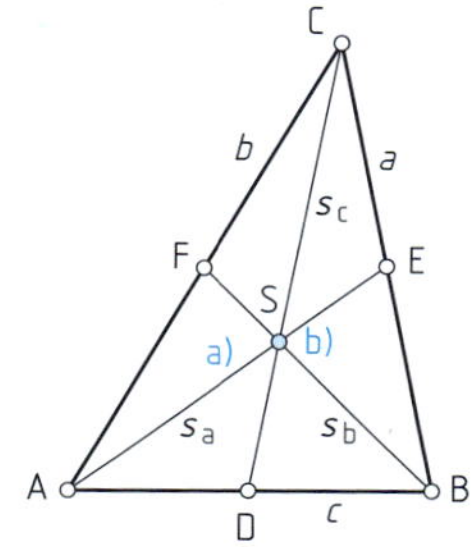

Halbieren einer Strecke

gegeben: Strecke $\overline{AB}$

a) Kreisbogen mit $r > \frac{1}{2}\overline{AB}$ um A

b) Gleicher Radius r um B

c) Verbindungslinie der Kreisschnittpunkte halbiert $\overline{AB}$.
Diese Linie heißt auch **Mittelsenkrechte**.

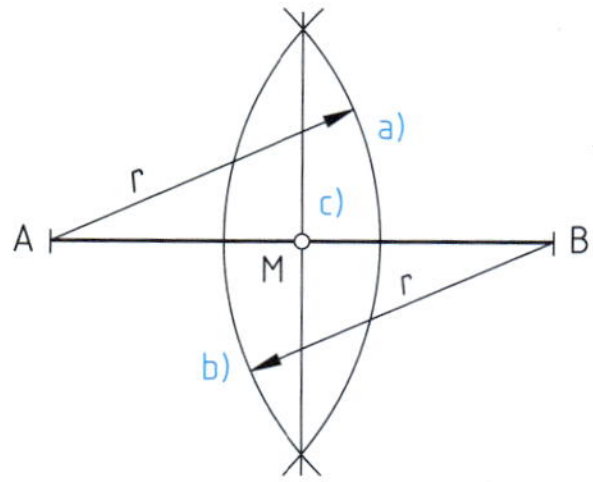

Fällen eines Lotes

gegeben: Gerade g und Punkt P

a) Kreisbogen (beliebig) um P ergibt Schnittpunkte A und B

b) Kreisbogen mit $r > \frac{1}{2}\overline{AB}$ um A

c) Kreisbogen mit gleichem Radius um B ergibt Schnittpunkt C

d) **Lot:** Verbindungslinie von P nach C

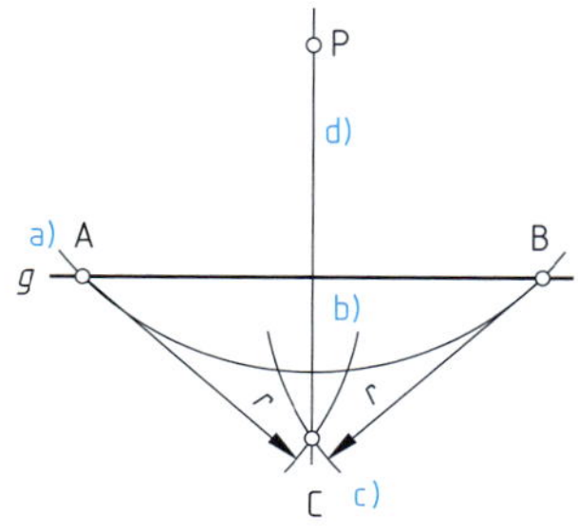

Halbieren eines Winkels

gegeben: Winkel α

a) Kreisbogen um S (beliebig) ergibt Schnittpunkte A und B

b) Kreisbogen mit $r > \frac{1}{2}\overline{AB}$ um A

c) Kreisbogen mit gleichem Radius r ergibt Schnittpunkt C

d) **Winkelhalbierende:** Verbindungslinie von C nach S

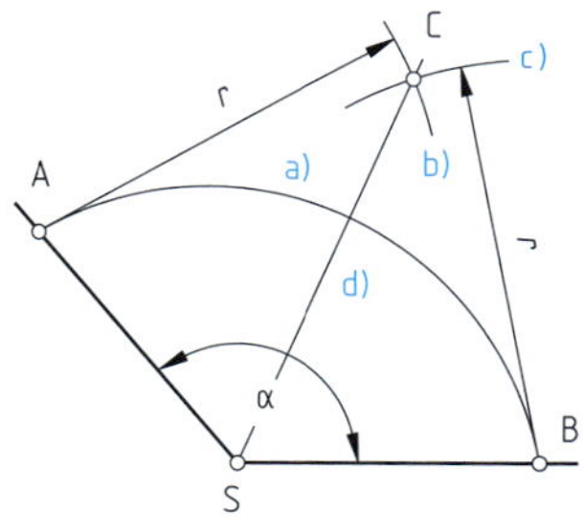

Errichten einer Senkrechten im Punkt P

gegeben: Gerade g und Punkt P

a) Beliebiger Kreisbogen um P ergibt Schnittpunkt A

b) Kreisbogen um A mit $r = \overline{AP}$ ergibt Schnittpunkt B

c) Kreisbogen mit gleichem Radius r um B

d) Verbindung A mit B ergibt C ⊥ P

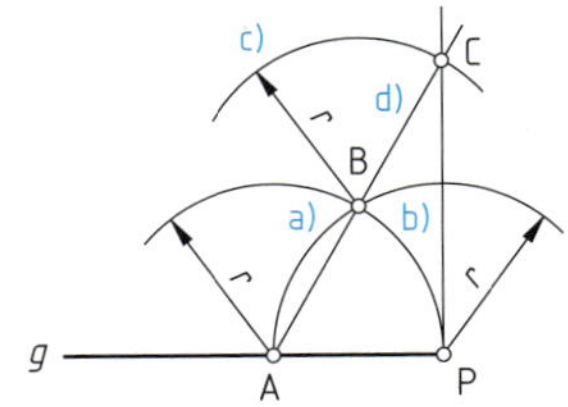

B

Teilen einer Strecke in *n* Teile (z. B. $n = 5$)

gegeben: Strecke $\overline{AB}$

a) Teilen eines beliebigen Strahls von A in n gleiche Teile

b) Parallelen zur Verbindung $\overline{BC}$ teilen die Strecke $\overline{AB}$

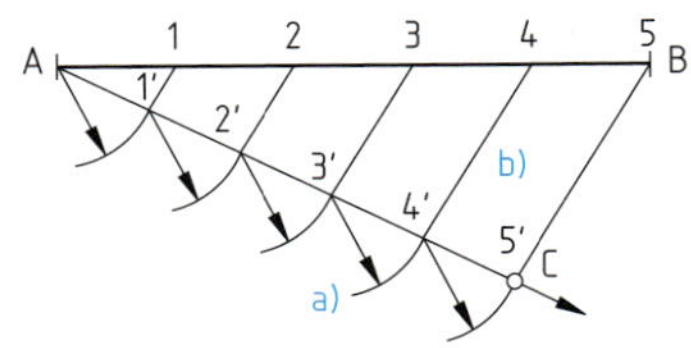

Konstruktion einer Ellipse

gegeben: große Achse $\overline{AB}$ und kleine Achse $\overline{DC}$

a) Kreise mit Durchmesser $\overline{AB}$ und $\overline{DC}$ um M zeichnen

b) Strahlen durch M schneiden beide Kreise (z. B. E und F)

c) Parallelen zu Mittelachsen ergeben Ellipsenpunkte

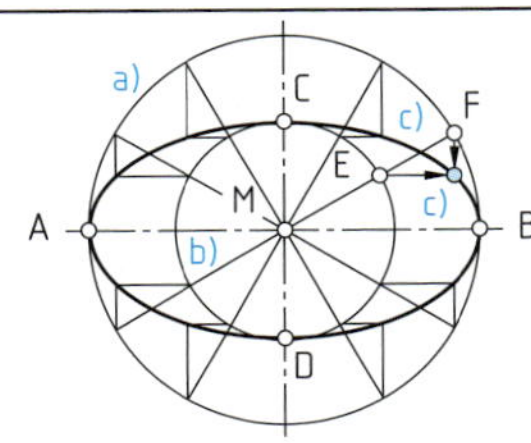

B 12 Flächeninhalte geradliniger Figuren

B 12.1 Flächenberechnung

A Fläche U Umfang l Länge l_b Bogenlänge l_m mittlere Länge b Breite h Höhe e Eckenmaß
D, d Durchmesser d_m mittlerer Durchmesser r Radius s Dicke α Mittelpunktswinkel

Quadrat

$l = b$
$A = l^2$
$U = 4 \cdot l$
$e = l \cdot \sqrt{2}$

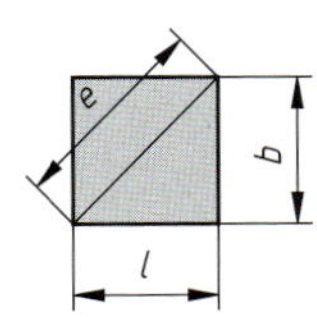

Rechteck

$A = l \cdot b$
$U = 2 \cdot (l + b)$
$e = \sqrt{l^2 + b^2}$

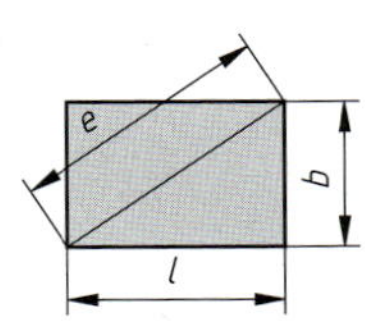

Rhombus (Raute)

$A = l \cdot h$
$U = 4 \cdot l$

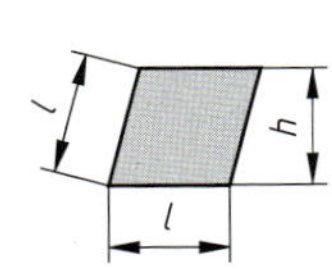

Rhomboid (Parallelogramm)

$A = l_1 \cdot h$

$U = 2 \cdot (l_1 + l_2)$

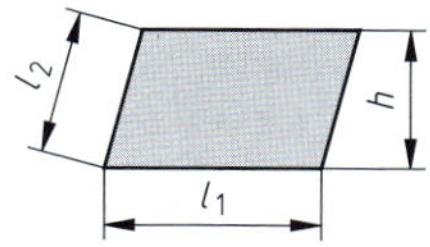

Dreieck

$A = \frac{l \cdot h}{2}$

U = Summe aller Seitenlängen

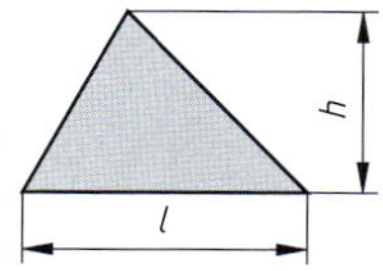

Trapez

$A = \frac{l_1 + l_2}{2} \cdot h$

$A = l_m \cdot h$

U = Summe aller Seitenlängen

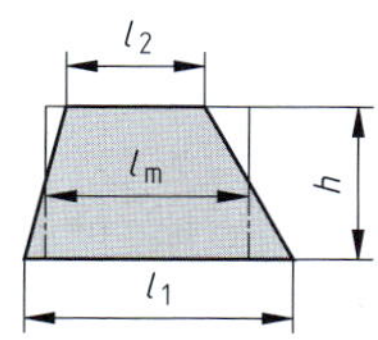

Kreis

$A = \frac{d^2 \cdot \pi}{4}$

$A = r^2 \cdot \pi$

$U = d \cdot \pi$

$U = 2 \cdot r \cdot \pi$

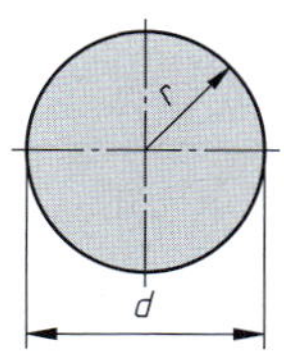

Kreisring

$A = \frac{\pi}{4} \cdot (D^2 - d^2)$

$d = D - 2 \cdot s$

$d_m = \frac{D + d}{2}$

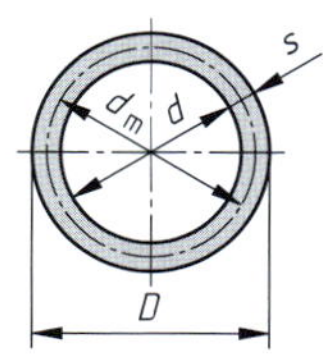

Regelmäßiges Vieleck

$A = n \cdot \frac{l^2}{2} \cdot \cot\frac{\alpha}{2}$ | $\alpha = \frac{360}{n}$

$A = \frac{l \cdot b}{2} \cdot n$

$U = n \cdot l$

n = Anzahl der Ecken

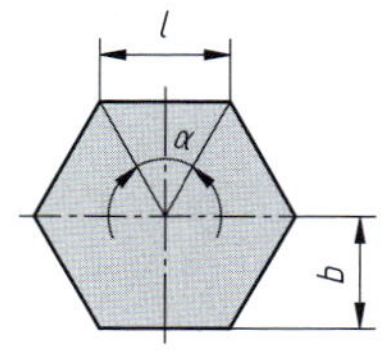

Ellipse

$A = \frac{D \cdot d \cdot \pi}{4}$

$U \approx \frac{\pi}{4} \cdot [3 \cdot (D + d) - 2 \cdot \sqrt{D \cdot d}]$

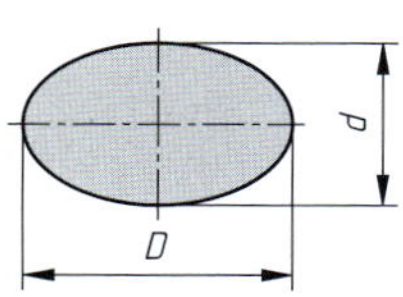

B

Kreisausschnitt (Sektor)

$$A = \frac{l_B \cdot d}{4}$$

$$U = l_B + 2 \cdot r$$

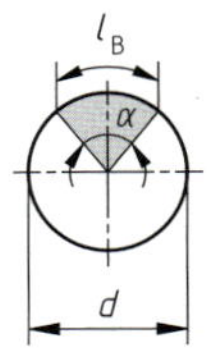

Kreisabschnitt (Segment)

$$A = \frac{l_B \cdot d - l \cdot (d - 2 \cdot b)}{4}$$

$$U = l_B + l$$

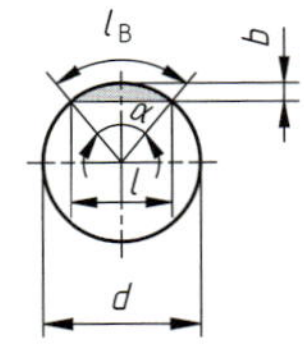

B 12.2 Lehrsatz des Pythagoras und Lehrsatz des Euklid

→ B 10.3

Pythagoras

Im rechtwinkligen Dreieck ist die Summe der Kathetenquadrate flächengleich dem Hypotenusenquadrat.

$$c^2 = a^2 + b^2$$

$$c = \sqrt{a^2 + b^2}$$

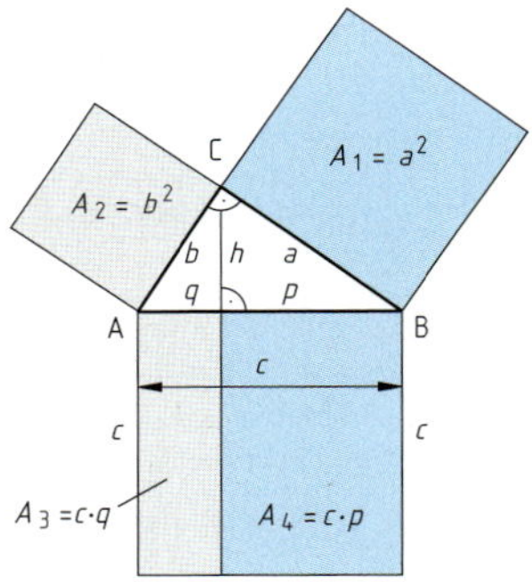

Euklid

Im rechtwinkligen Dreieck ist das Quadrat über einer Kathete flächengleich dem Rechteck, gebildet aus der Hypotenuse und dem anliegenden Hypotenusenabschnitt (p oder q).

$$b^2 = c \cdot q$$

$$a^2 = c \cdot p$$

B 12.3 Höhensatz

Im rechtwinkligen Dreieck ist das Quadrat über der Höhe flächengleich dem Rechteck, gebildet aus den beiden Hypotenusenabschnitten.

$$h^2 = p \cdot q$$

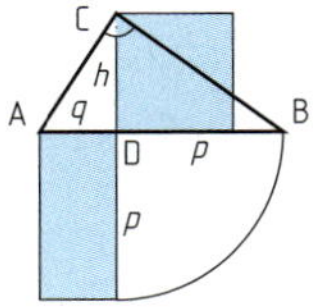

Die Lehrsätze des Pythagoras und des Euklid sowie der Höhensatz haben nur für das **rechtwinklige Dreieck** Gültigkeit.

B 12.4 Satz des Heron

Der Fächeninhalt eines jeden Dreiecks errechnet sich aus der Quadratwurzel des Produkts der halben Seitensumme und allen Differenzen aus halber Seitensumme und jeweiliger Seite.

$$A = \sqrt{s \cdot (s-a) \cdot (s-b) \cdot (s-c)}$$

dabei ist

$$s = \frac{a+b+c}{2}$$

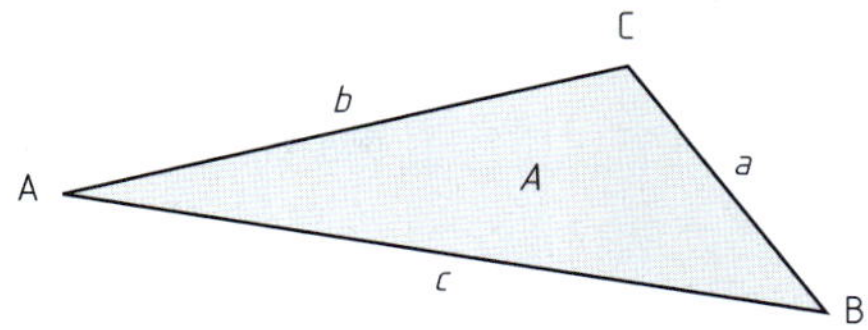

B

B 12.5 Strahlensatz

Werden zwei von einem Punkt S ausgehende Strahlen von zwei Parallelen (c und d) geschnitten, bilden die Abschnitte der Parallelen und die zugehörigen Strahlenabschnitte gleiche Verhältnisse.

$$\frac{c}{d} = \frac{a}{a_1} = \frac{b}{b_1}$$

$$\frac{c}{a} = \frac{d}{a_1}$$

$$\frac{a}{b} = \frac{a_1}{b_1}$$

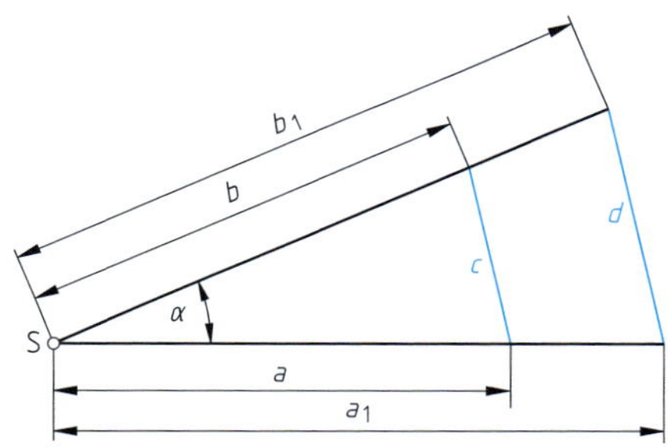

B 13 Körperberechnung

B 13.1 Größe des Volumens und der Oberfläche

V Volumen A_O Oberfläche A_M Mantelfläche h Höhe l Länge b Breite D, d Durchmesser R, r Radius e Eckenmaß bzw. Flächendiagonale f Raumdiagonale S Schwerpunkt

Gerade Körper

$$V = A \cdot h$$

A_O = Summe aller Einzelflächen

A Grundfläche

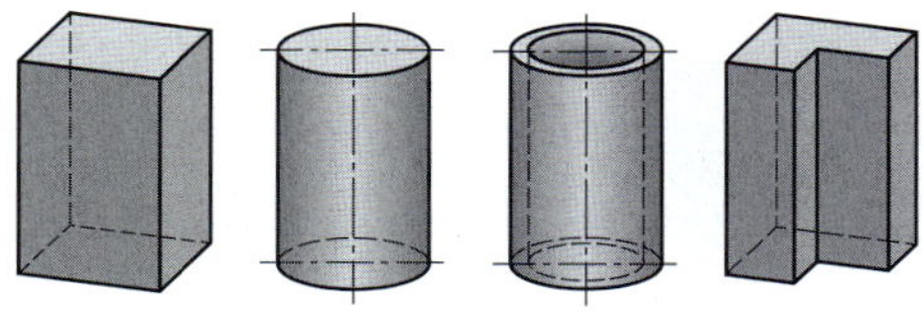

Spitze Körper

$$V = \frac{A \cdot h}{3}$$

$$A_O = A + A_M$$

A Grundfläche

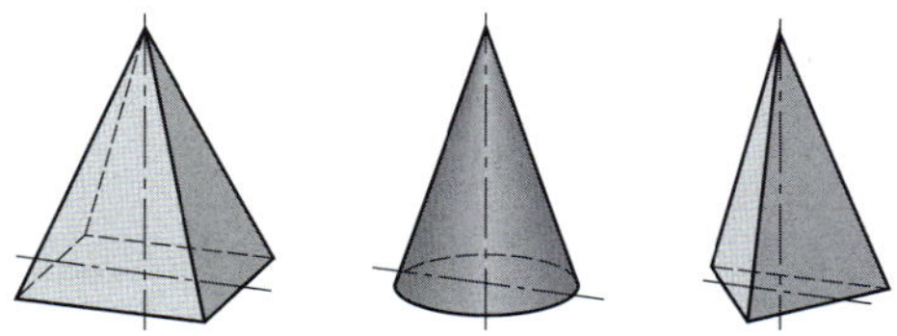

Würfel

$$V = l^3 \qquad l = b = h$$

$$A_O = 6 \cdot l^2$$

$$f = l \cdot \sqrt{3}$$

$$e = l \cdot \sqrt{2}$$

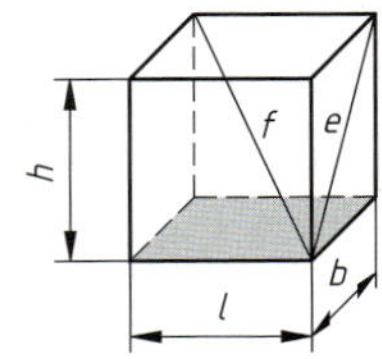

Quader

$$V = l \cdot b \cdot h$$

$$A_O = 2 \cdot (l \cdot b + h \cdot b + h \cdot l)$$

$$f = \sqrt{l^2 + b^2 + h^2}$$

$$e = \sqrt{b^2 + h^2}$$

oder entsprechend für die anderen Seiten

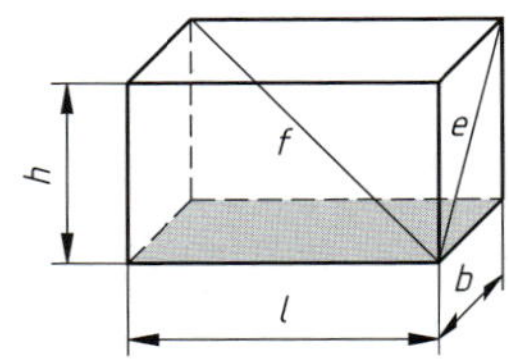

Zylinder

$$V = \frac{d^2 \cdot \pi}{4} \cdot h$$

$$A_O = 2 \cdot \frac{d^2 \cdot \pi}{4} + d \cdot \pi \cdot h$$

$$A_M = d \cdot \pi \cdot h$$

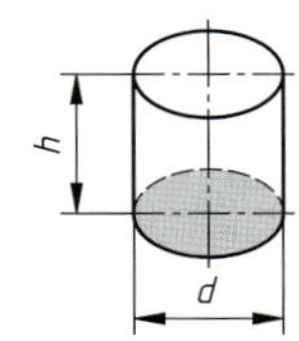

Pyramide

$$V = \frac{l \cdot b \cdot h}{3}$$

$$A_O = l \cdot b + l \cdot h_l + b \cdot h_b$$

$$A_M = l \cdot h_l + b \cdot h_b$$

$$h_b = \sqrt{h^2 + l^2/4}$$

$$h_l = \sqrt{h^2 + b^2/4}$$

$$l_s = \sqrt{h_b^2 + b^2/4}$$

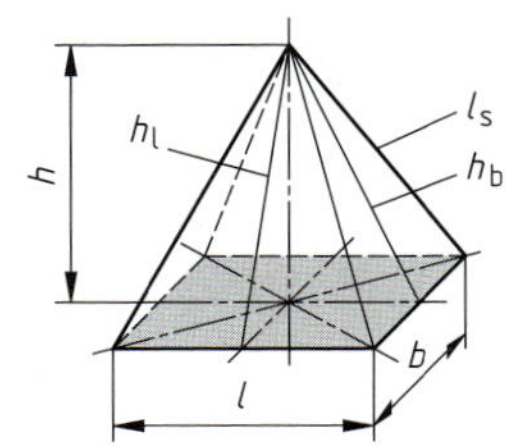

Hohlzylinder

$$V = \frac{\pi \cdot h}{4} \cdot (D^2 - d^2)$$

$$A_O = 2 \cdot \frac{\pi}{4} \cdot (D^2 - d^2) + \pi \cdot h \cdot (D + d)$$

$$A_M = \pi \cdot h \cdot (D + d)$$

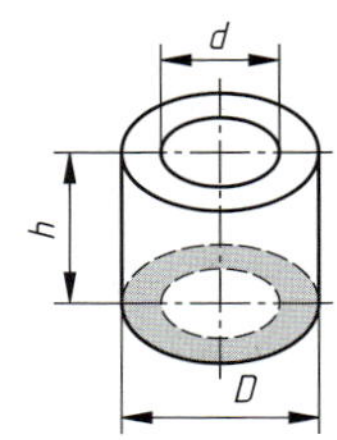

Pyramidenstumpf

$$V = \frac{h}{3} \cdot (A_1 + A_2 + \sqrt{A_1 \cdot A_2})$$

$$A_O = A_1 + A_2 + A_M$$

$$A_M = (l_1 + l_2) \cdot \sqrt{h^2 + \frac{(b_1 - b_2)^2}{4}} + (b_1 + b_2) \cdot \sqrt{h^2 + \frac{(l_1 - l_2)^2}{4}}$$

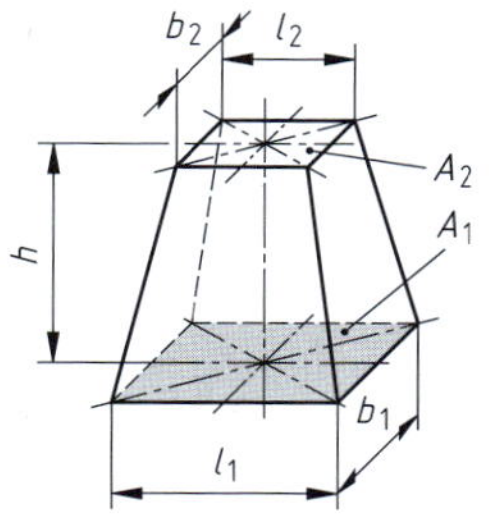

B

Kegel

$$V = \frac{d^2 \cdot \pi \cdot h}{12}$$

$$A_O = \frac{d^2 \cdot \pi}{4} + \frac{d \cdot \pi \cdot l_s}{2}$$

$$A_M = \frac{d \cdot \pi \cdot l_s}{2}$$

$$l_s = \sqrt{h^2 + d^2/4}$$

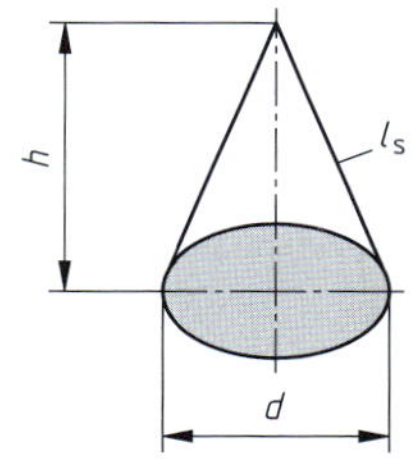

Kegelstumpf

$$V = \frac{\pi \cdot h}{12} \cdot (D^2 + d^2 + D \cdot d)$$

$$A_O = \pi \cdot \left[\frac{D^2 + d^2}{4} + l_s \cdot \left(\frac{D + d}{2}\right)\right]$$

$$A_M = \frac{D + d}{2} \cdot \pi \cdot l_s$$

$$l_s = \sqrt{\frac{(D - d)^2}{4} + h^2}$$

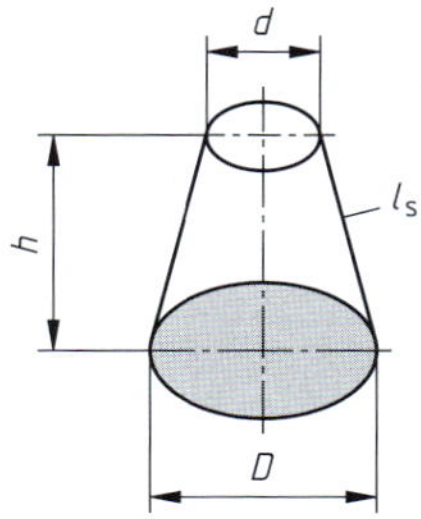

Kugel

$$V = \frac{d^3 \cdot \pi}{6}$$

$$A_O = d^2 \cdot \pi$$

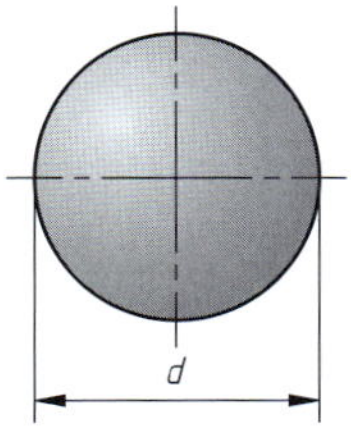

Kugelabschnitt (Kugelsegment)

$V = \frac{\pi \cdot h^2}{6} \cdot (3 \cdot D - 2 \cdot h)$
$V = \frac{\pi \cdot h}{2} \cdot \left(\frac{d^2}{4} + \frac{h^2}{3}\right)$
$A_O = \pi \cdot h \cdot (2 \cdot d - h)$
$A_M = D \cdot \pi \cdot h$
$A_M = \pi \cdot \left(\frac{d^2}{4} + h^2\right)$
$A_M = 0{,}5 \cdot D \cdot \pi \cdot (D - \sqrt{D^2 - d^2})$

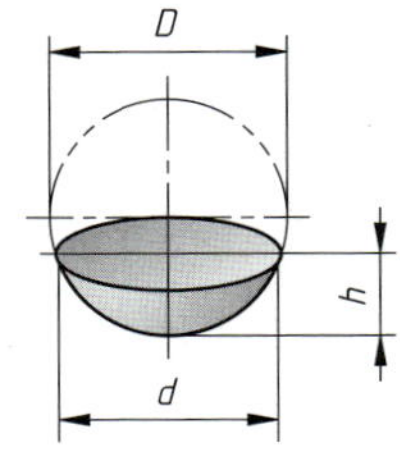

Kugelschicht (Kugelzone)

$V = \frac{\pi \cdot h}{24} \cdot (3 \cdot d_1^2 + 3 \cdot d_2^2 + 4 \cdot h^2)$
$A_O = \frac{\pi}{4} \cdot (4 \cdot D \cdot h + d_1^2 + d_2^2)$
$A_M = \pi \cdot D \cdot h$

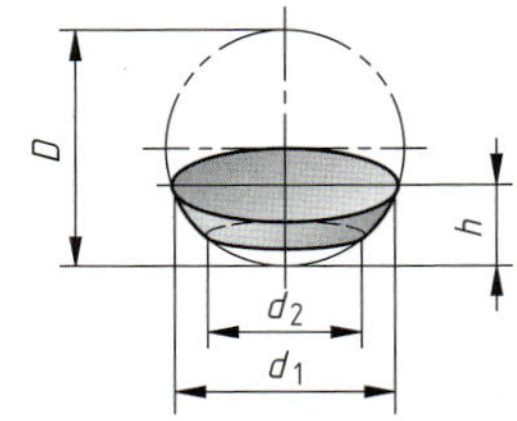

Kugelausschnitt (Kugelsektor)

$V = \frac{\pi \cdot D^2 \cdot h}{6}$
$A_O = \pi \cdot D \cdot h + \pi \cdot \frac{D \cdot d}{4}$

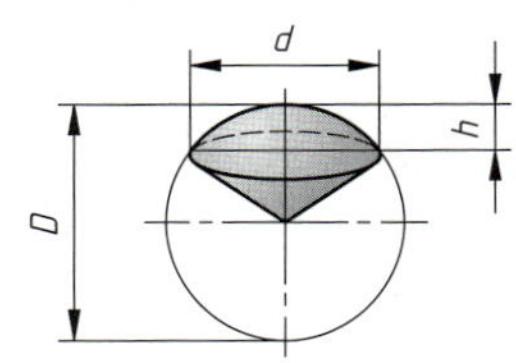

Keil

$V = \frac{(2 \cdot l_1 + l_2) \cdot b \cdot h}{6}$
$A_O = l_1 \cdot b + (l_1 + l_2) \cdot h_l + b \cdot h_b$
$h_l = \sqrt{h^2 + b^2 / 4}$
$h_b = \sqrt{h^2 + (l_1 - l_2)^2 / 4}$
$A_M = (l_1 + l_2) \cdot h_l + b \cdot h_b$

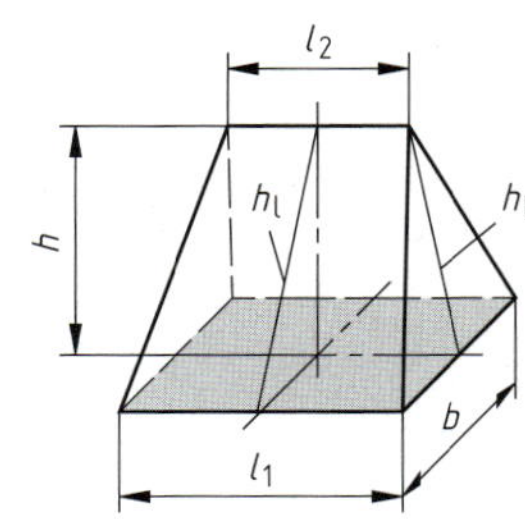

Obelisk (abgeschnittener Keil)

$V = \frac{h}{6} \cdot [l_1 \cdot b_1 + (l_1 + l_2) \cdot (b_1 + b_2) + l_2 \cdot b_2]$
$A_O = l_1 \cdot b_1 + l_2 \cdot b_2 + (l_1 + l_2) \cdot \sqrt{h^2 + \frac{(b_1 - b_2)^2}{4}} + (b_1 + b_2) \cdot \sqrt{h^2 + \frac{(l_1 - l_2)^2}{4}}$

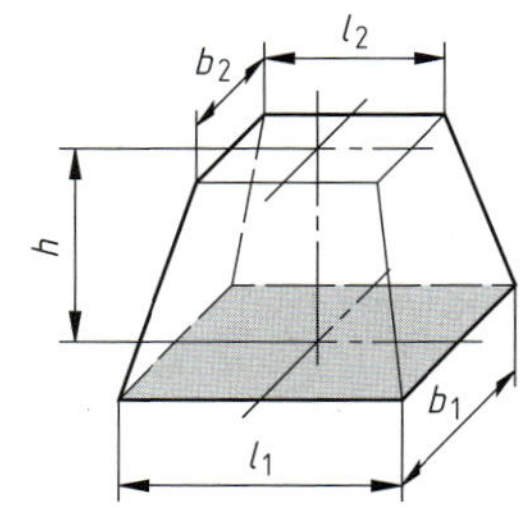

Schief abgeschnittener Kreiszylinder

$V = \dfrac{\pi \cdot d^2 \cdot (h_1 + h_2)}{8}$
$A_O = \dfrac{\pi \cdot d}{2} \cdot \left(h_1 + h_2 + \dfrac{d}{2} + \sqrt{\dfrac{d^2 + (h_1 - h_2)^2}{4}} \right)$
$A_M = \dfrac{\pi \cdot d}{2} \cdot (h_1 + h_2)$

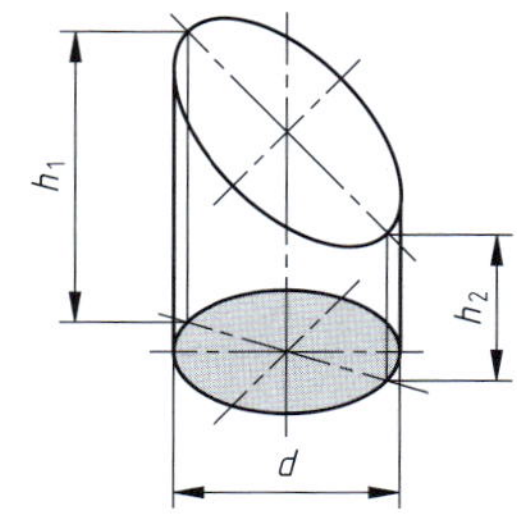

90°-Bogen

$V = \dfrac{R \cdot \pi^2 \cdot (d_1^2 - d_2^2)}{8}$
$A_O = \dfrac{\pi}{2} \cdot (d_1^2 - d_2^2) + \dfrac{R \cdot \pi^2}{2} \cdot (d_1 + d_2)$
$A_M = \dfrac{R \cdot \pi^2}{2} \cdot (d_1 + d_2)$
Innenvolumen (Füllvolumen): $V_i = \dfrac{d_2^2 \cdot R \cdot \pi^2}{8}$

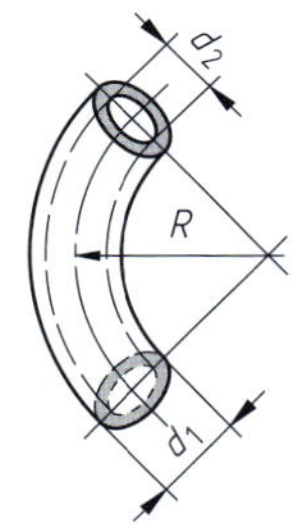

B 13.2 *Guldin*'sche Regeln

1. *Guldin*'sche Regel:

Die Oberfläche eines Umdrehungskörpers ist gleich dem Produkt aus der erzeugenden (die Fläche umschließenden) Länge *l* und dem Weg ihres Schwerpunktes *S*.

$$A_O = (d \cdot \pi) \cdot (D \cdot \pi) = d \cdot D \cdot \pi^2$$

2. *Guldin*'sche Regel:

Das Volumen eines Umdrehungskörpers ist gleich dem Produkt aus erzeugender Fläche *A* und dem Weg ihres Schwerpunktes *S*.

$$V = \frac{d^2 \cdot \pi}{4} \cdot (D \cdot \pi) = \frac{d^2 \cdot D \cdot \pi^2}{4}$$

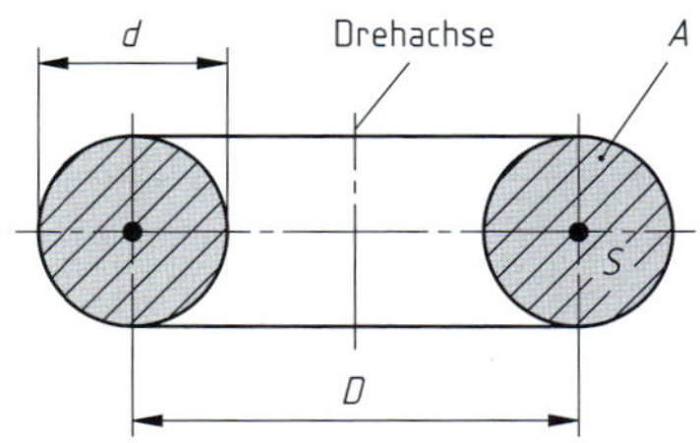

B 14 Berechnung des rechtwinkligen Dreiecks

B 14.1 Winkelmaße

Winkelangabe in Grad

1 Grad (1°) = 60 Minuten (60′)

1 Minute (1′) = 60 Sekunden (60″)

Winkelangabe in rad (Radiant)

$$\alpha^\circ = \frac{180^\circ}{\pi} \cdot \widehat{\alpha}$$

$$\alpha^\circ = \frac{180^\circ}{\pi} \cdot \frac{b}{r}$$

$$\widehat{\alpha} = \alpha^\circ \cdot \frac{\pi}{180^\circ}$$

$$\frac{2\pi r}{b} = \frac{360^\circ}{\alpha^\circ}$$

1 rad = 57,2957° ≈ 57,3°
1° = 0,017453 rad

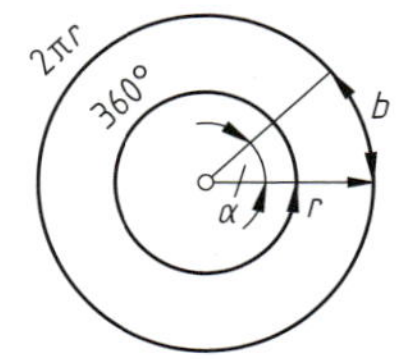

Der Quotient $\frac{b}{r}$ heißt **Bogenmaß** $\widehat{\alpha}$.

Einheit ist der Radiant (rad)

α° Winkel in Grad

$\widehat{\alpha}$ Winkel in rad (im Bogenmaß)

Gradmaß	30°	45°	60°	90°	180°	360°	57,3°
Bogenmaß	$\frac{\pi}{6}$ rad	$\frac{\pi}{4}$ rad	$\frac{\pi}{3}$ rad	$\frac{\pi}{2}$ rad	π rad	2π rad	≈1 rad

B 14.2 Die Winkelfunktionen

→ 10.3; 12.2

Definition der Winkelfunktion	**Formel** für sin α und sin β	**Beispiele** für $a = 3$ cm, $b = 4$ cm, $c = 5$ cm
$\text{Sinus} = \frac{\text{Gegenkathete}}{\text{Hypotenuse}}$	$\sin\alpha = \frac{a}{c}$; $\sin\beta = \frac{b}{c}$	$\sin\alpha = \frac{3\text{ cm}}{5\text{ cm}} = 0{,}600$; $\sin\beta = \frac{4\text{ cm}}{5\text{ cm}} = 0{,}800$
$\text{Cosinus} = \frac{\text{Ankathete}}{\text{Hypotenuse}}$	$\cos\alpha = \frac{b}{c}$; $\cos\beta = \frac{a}{c}$	$\cos\alpha = \frac{4\text{ cm}}{5\text{ cm}} = 0{,}800$; $\cos\beta = \frac{3\text{ cm}}{5\text{ cm}} = 0{,}600$
$\text{Tangens} = \frac{\text{Gegenkathete}}{\text{Ankathete}}$	$\tan\alpha = \frac{a}{b}$; $\tan\beta = \frac{b}{a}$	$\tan\alpha = \frac{3\text{ cm}}{4\text{ cm}} = 0{,}750$; $\tan\beta = \frac{4\text{ cm}}{3\text{ cm}} = 1{,}333$
$\text{Cotangens} = \frac{\text{Ankathete}}{\text{Gegenkathete}}$	$\cot\alpha = \frac{b}{a}$; $\cot\beta = \frac{a}{b}$	$\cot\alpha = \frac{4\text{ cm}}{3\text{ cm}} = 1{,}333$; $\cot\beta = \frac{3\text{ cm}}{4\text{ cm}} = 0{,}750$

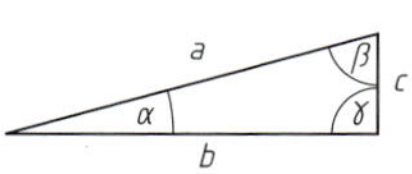

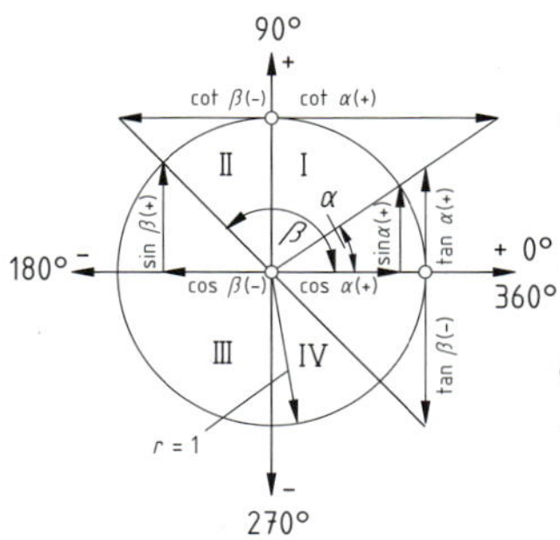

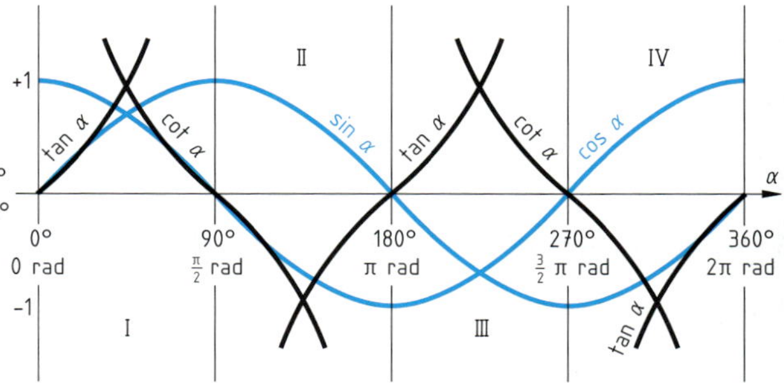

$\sin\alpha = \cos\beta = \cos(90° - \alpha)$

$\cos\alpha = \sin\beta = \sin(90° - \alpha)$

Der Cosinus eines Winkels ist gleich dem Sinus seines Ergänzungswinkels (Komplementwinkel) und umgekehrt.

$\tan\alpha = \cot\beta = \cot(90° - \alpha)$

$\cot\alpha = \tan\beta = \tan(90° - \alpha)$

Der Tangens eines Winkels ist gleich dem Cotangens seines Ergänzungswinkels (Komplementwinkel) und umgekehrt.

Beziehungen zwischen den Funktionswerten der Winkelfunktionen

$(\sin\alpha)^2 = \sin^2\alpha$

gegeben →	$\sin\alpha$	$\cos\alpha$	$\tan\alpha$	$\cot\alpha$
$\sin\alpha$	–	$\sqrt{1-\cos^2\alpha}$	$\frac{\tan\alpha}{\sqrt{1+\tan^2\alpha}}$	$\frac{1}{\sqrt{1+\cot^2\alpha}}$
$\cos\alpha$	$\sqrt{1-\sin^2\alpha}$	–	$\frac{1}{\sqrt{1+\tan^2\alpha}}$	$\frac{\cot\alpha}{\sqrt{1+\cot^2\alpha}}$
$\tan\alpha$	$\frac{\sin\alpha}{\sqrt{1-\sin^2\alpha}}$	$\frac{\sqrt{1-\cos^2\alpha}}{\cos\alpha}$	–	$\frac{1}{\cot\alpha}$
$\cot\alpha$	$\frac{\sqrt{1-\sin^2\alpha}}{\sin\alpha}$	$\frac{\cos\alpha}{\sqrt{1-\cos^2\alpha}}$	$\frac{1}{\tan\alpha}$	–

$\sin^2\alpha + \cos^2\alpha = 1$

(trigonometrischer Pythagoras)

$\tan\alpha \cdot \cot\alpha = 1$

$\tan\alpha = \frac{\sin\alpha}{\cos\alpha}$

$\cot\alpha = \frac{\cos\alpha}{\sin\alpha}$

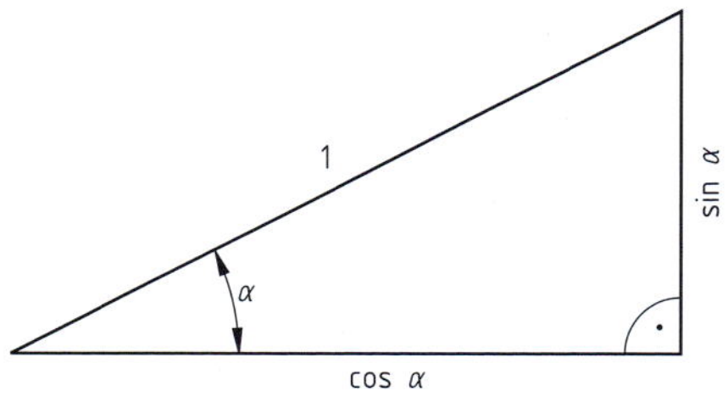

B 15 Berechnung des schiefwinkligen Dreiecks

B 15.1 Sinussatz und Kosinussatz

Sinussatz

$a : b : c = \sin\alpha : \sin\beta : \sin\gamma$

$$\frac{\sin\alpha}{a} = \frac{\sin\beta}{b} = \frac{\sin\gamma}{c}$$

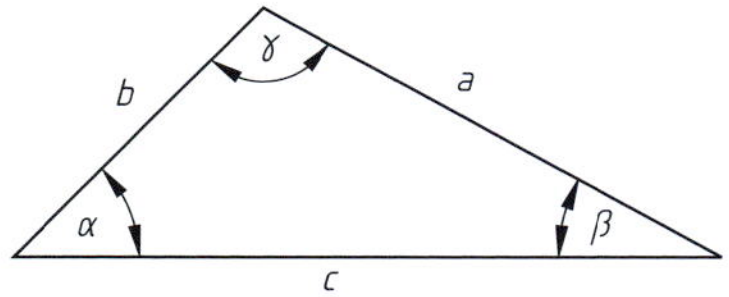

Kosinussatz

$a^2 = b^2 + c^2 - 2 \cdot b \cdot c \cdot \cos\alpha$

$b^2 = a^2 + c^2 - 2 \cdot a \cdot c \cdot \cos\beta$

$c^2 = a^2 + b^2 - 2 \cdot a \cdot b \cdot \cos\gamma$

C Technische Physik

C 1 Mechanik der festen Körper

C 1.1 Die Teilgebiete der Mechanik

Statik	→	Lehre vom **Kräftegleichgewicht** an ruhenden Körpern.
Kinematik	→	Lehre von den Bewegungen ohne Beachtung der wirkenden **Kräfte**.
Kinetik	→	Einfluss der die Bewegung verursachenden Kräfte wird berücksichtigt.
Dynamik	→	Wie Kinetik. Außerdem werden die Beziehungen zwischen den **Beschleunigungen** und den sie verursachenden **Kräften** einbezogen.

C 1.2 Grundlegende mechanische Größen

Messgröße	gebräuchliche SI-Einheiten und SI-fremde Einheiten	Hinweise, wichtige Zusammenhänge
Länge	µm, mm, cm, dm, km sm = **Seemeile** in = **inch** = **Zoll**	1 m = 10^6 µm, 1 km = 1000 m 1 sm = 1852 m = 1,852 km 1 Zoll = 1″ = 1 inch = 1 in = 25,4 mm
Fläche	mm^2, cm^2, dm^2, m^2, km^2 **Ar** (a), **Hektar** (ha)	1 m^2 = 100 dm^2 = 10000 cm^2 = 1000000 mm^2 1 km^2 = 1000000 m^2 1 a = 100 m^2, 1 ha = 100 a = 10000 m^2
Volumen	mm^3, cm^3, dm^3, m^3, km^3 **Liter** (l)	1 l = 10^{-3} m^3 = 1 dm^3 = 10^3 cm^3
Zeit	**Jahr** (a), **Tag** (d), **Stunde** (h), **Minute** (min), **Sekunde** (s)	1 d = 24 h = 1440 min = 86400 s 1 h = 60 min = 3600 s 1 min = 60 s
Winkel	**Grad** (°), **Minute** (′), **Sekunde** (″), **Radiant** (rad)	1° = 60′ = 3600″, 1 rad ≈ 57,3°

Winkel im Bogenmaß

$$\widehat{\alpha} = \frac{\pi}{180°} \cdot \alpha°$$

Winkel im Gradmaß

$$\alpha° = \frac{180°}{\pi} \cdot \widehat{\alpha} = \frac{180°}{\pi} \cdot \frac{b}{r}$$

Bogenlänge

$$b = \frac{\pi}{180°} \cdot \alpha° \cdot r$$

$\alpha°$	Winkel in Gradmaß	°, ′, ″
$\widehat{\alpha}$	Winkel im Bogenmaß	rad
b	Bogenlänge des Kreisausschnitts	m, mm
r	Radius des Kreises	m, mm

Messgröße	gebräuchliche SI-Einheiten und SI-fremde Einheiten	Hinweise, wichtige Zusammenhänge
Masse	**Kilogramm** (kg), **Tonne** (t) **metrisches Karat** (Kt) **atomare Masseneinheit** u	1 t = 10^3 kg = 1 Mg; 1 kg = 1000 g 1 Kt = 0,2 g 1 u = 1,66053886 · 10^{-27} kg

C 1.3 Bewegungs-Kriterien

Bewegungszustand:

Zeitliche Kriterien

Beispiele:

Geschwindigkeit ist konstant; Körper wird beschleunigt.

Räumliche Kriterien

Beispiele:

Bewegungsrichtung ist konstant; Körper ändert seine Bewegungsrichtung (z.B. Flugbahn einer Rakete).

C 1.4 Gleichförmige geradlinige Bewegung

→ E 3.4

C

Bei einer **gleichförmigen geradlinigen Bewegung** bewegt sich ein Körper mit **konstanter Geschwindigkeit** v auf geradliniger Bahn.

Geschwindigkeit in $\frac{\text{m}}{\text{s}}, \frac{\text{km}}{\text{h}}, \ldots$

$$v = \frac{\Delta s}{\Delta t}$$

$$v = \frac{s}{t} \qquad s = v \cdot t \qquad t = \frac{s}{v} \qquad 1\frac{\text{m}}{\text{s}} = 3{,}6\frac{\text{km}}{\text{h}}$$

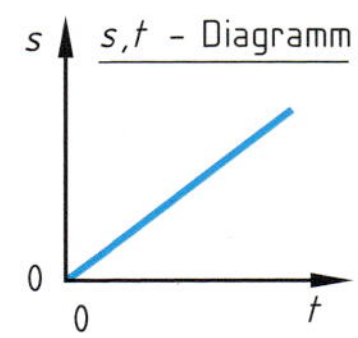

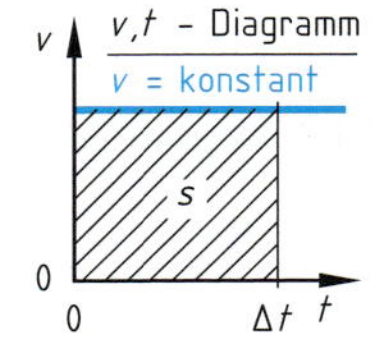

v	Geschwindigkeit	m/s
$\Delta s = s$	zurückgelegter Weg (Strecke)	m
$\Delta t = t$	Zeitspanne	s

Im ***v,t*-Diagramm** stellt sich der Weg s als Rechteckfläche dar. (s ist der Rechteckfläche proportional)

C 1.5 Ungleichförmige geradlinige Bewegung

Merkmale einer ungleichförmigen Bewegung

Bei einer **ungleichförmigen Bewegung** ändert sich die Geschwindigkeit, der Körper wird beschleunigt oder verzögert.

Beschleunigung

$$a = \frac{\Delta v}{\Delta t}$$

a	Beschleunigung (Verzögerung)	m/s^2
Δv	Geschwindigkeitsveränderung	m/s
Δt	Zeitspanne	s

a positiv: **Beschleunigung** — Geschwindigkeitszunahme

a negativ: **Verzögerung** — Geschwindigkeitsabnahme

***a* = konstant:**

gleichmäßig beschleunigte bzw. verzögerte Bewegung

***a* = variabel:**

ungleichmäßig beschleunigte bzw. verzögerte Bewegung

Gleichmäßig beschleunigte geradlinige Bewegung mit $v_0 = 0$ und $v_0 > 0$

s. nächste Seite

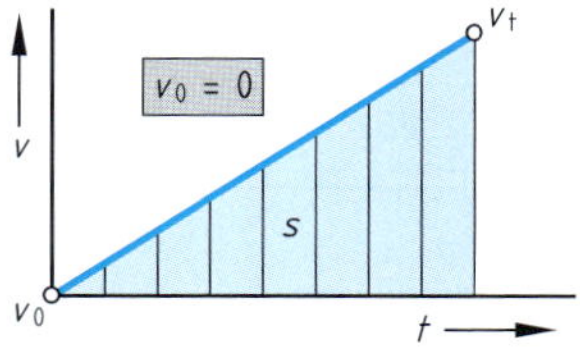

***v,t*-Diagramme**
a = konst. und positiv

$t = \Delta t$

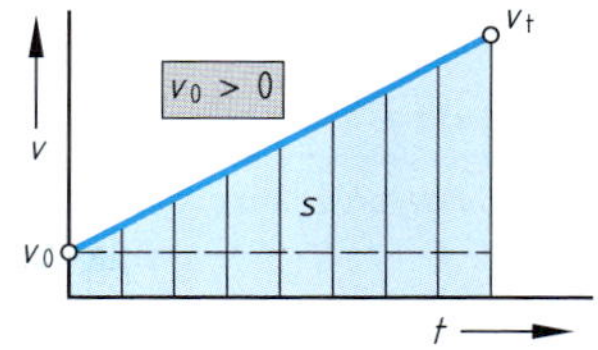

v_0 = Anfangsgeschwindigkeit

v_t = Endgeschwindigkeit

a	Beschleunigung	m/s²
s	Weg	m
t	Zeit	s
v	Geschwindigkeit	m/s

Anfangsgeschwindigkeit	$v_0 = 0$	$v_0 > 0$	m/s
Beschleunigung a	$a = \frac{v_t}{t}$	$a = \frac{v_t - v_0}{t}$	m/s²
	$a = \frac{2 \cdot s}{t^2}$	$a = \frac{2 \cdot s}{t^2} - \frac{2 \cdot v_0}{t}$	m/s²
	$a = \frac{v_t^2}{2 \cdot s}$	$a = \frac{v_t^2 - v_0^2}{2 \cdot s}$	m/s²
Endgeschwindigkeit v_t	$v_t = a \cdot t$	$v_t = v_0 + a \cdot t$	m/s
	$v_t = \sqrt{2 \cdot a \cdot s}$	$v_t = \sqrt{2 \cdot a \cdot s + v_0^2}$	m/s
	$v_t = \frac{2 \cdot s}{t}$	$v_t = \frac{2 \cdot s}{t} - v_0$	m/s
Weg s	$s = \frac{v_t}{2} \cdot t$	$s = \frac{v_0 + v_t}{2} \cdot t$	m
	$s = \frac{v_t^2}{2 \cdot a}$	$s = \frac{v_t^2 - v_0^2}{2 \cdot a}$	m
	$s = \frac{a}{2} \cdot t^2$	$s = v_0 \cdot t + \frac{a}{2} \cdot t^2$	m
Zeit t (Zeitspanne Δt)	$t = \frac{v_t}{a}$	$t = \frac{v_t - v_0}{a}$	s
	$t = \frac{2 \cdot s}{v_t}$	$t = \frac{2 \cdot s}{v_0 + v_t}$	s
	$t = \sqrt{\frac{2 \cdot s}{a}}$	$t = \frac{\sqrt{2 \cdot a \cdot s + v_0^2} - v_0}{a}$	s

Gleichmäßig verzögerte geradlinige Bewegung mit $_t = 0$ und $v_t > 0$

Formeln s. nächste Seite

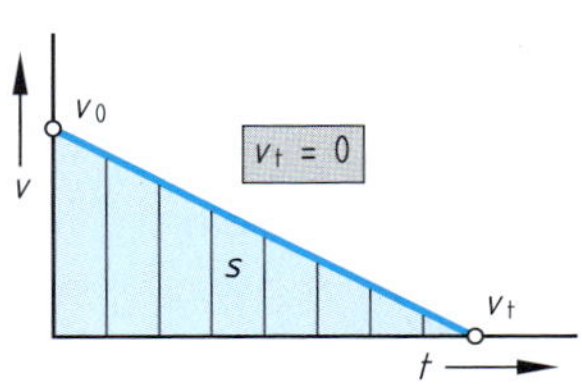

***v,t*-Diagramme**
a = konst. und negativ

$t = \Delta t$

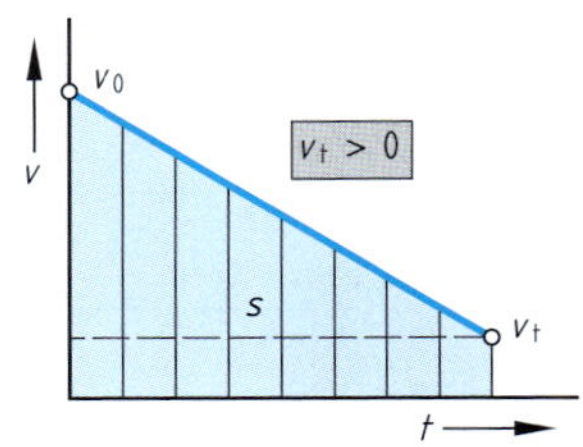

C

Endgeschwindigkeit	$v_t = 0$	$v_t > 0$	m/s
Verzögerung *a* (Bei diesen Gleichungen ist der positive Wert von *a* einzusetzen)	$a = \frac{v_0}{t}$	$a = \frac{v_0 - v_t}{t}$	m/s²
	$a = \frac{2 \cdot s}{t^2}$	$a = \frac{2 \cdot v_0}{t} - \frac{2 \cdot s}{t^2}$	m/s²
	$a = \frac{v_0^2}{2 \cdot s}$	$a = \frac{v_0^2 - v_t^2}{2 \cdot s}$	m/s²
Anfangsgeschwindigkeit v_0	$v_0 = a \cdot t$	$v_0 = v_t + a \cdot t$	m/s
	$v_0 = \sqrt{2 \cdot a \cdot s}$	$v_0 = \sqrt{v_t^2 + 2 \cdot a \cdot s}$	m/s
	$v_0 = \frac{2 \cdot s}{t}$	$v_0 = \frac{2 \cdot s}{t} - v_t$	m/s
Weg *s*	$s = \frac{v_0}{2} \cdot t$	$s = \frac{v_0 + v_t}{2} \cdot t$	m
	$s = \frac{v_0^2}{2 \cdot a}$	$s = \frac{v_0^2 - v_t^2}{2 \cdot a}$	m
	$s = \frac{a}{2} \cdot t^2$	$s = v_0 \cdot t - \frac{a}{2} \cdot t^2$	m
Zeit *t* (Zeitspanne Δt)	$t = \frac{v_0}{a}$	$t = \frac{v_0 - v_t}{a}$	s
	$t = \frac{2 \cdot s}{v_0}$	$t = \frac{2 \cdot s}{v_0 + v_t}$	s
	$t = \sqrt{\frac{2 \cdot s}{a}}$	$t = \frac{v_0 - \sqrt{v_0^2 - 2 \cdot a \cdot s}}{a}$	s

Freier Fall und senkrechter Wurf nach oben

Fallhöhe

$$h = \frac{1}{2} \cdot g \cdot t^2$$

Fallzeit = Steigzeit

$$t = \sqrt{\frac{2 \cdot h}{g}}$$

Fallgeschwindigkeit

$$v_t = g \cdot t = \sqrt{2 \cdot g \cdot h}$$

Wurfhöhe zur Zeit *t*

$$h = v_0 \cdot t - \frac{1}{2} \cdot g \cdot t^2$$

Gipfelhöhe

$$h_{max} = \frac{v_0^2}{2 \cdot g}$$

Freier Fall → gleichmäßige Beschleunigung

Senkrechter Wurf nach oben → gleichmäßige Verzögerung

Die **Fallgesetze** gelten streng genommen nur im **Vakuum**.

$s \triangleq h$ = Fallhöhe bzw. Steighöhe

$a \triangleq g$ = **Fallbeschleunigung**

g_n = **Normfallbeschleunigung** = 9,80665 m/s²

h	Fallhöhe, Steighöhe	m
t	Fallzeit, Steigzeit	s
v_t	Geschwindigkeit zur Zeit *t*	m/s
v_0	Abwurfgeschwindigkeit	m/s
h'	Abstand von der Erdoberfläche	m
r	**mittlerer Erdradius** (6,371 · 10⁶ m)	m

C

Fallbeschleunigung in der Höhe *h'*

$$g_h = g \cdot \left(\frac{r}{r + h'}\right)^2$$

$g_{max} \approx$ **9,83 m/s²** an den Erdpolen

$g_{min} \approx$ **9,78 m/s²** am Äquator

Durchschnittswert: $g \approx 9{,}81 \frac{m}{s^2}$

Himmelskörper	Fallbeschleunigung in m/s²
Sonne	275
Mond	1,62
Merkur	3,6
Venus	8,3
Erde	9,81
Mars	3,6
Jupiter	24
Saturn	10
Uranus	8
Neptun	11
Pluto	0,2 (?)

C 1.6 Zusammensetzen von Geschwindigkeiten

C

Skalare und Vektoren

Skalar → **ungerichtete physikalische Größe** z.B. Temperatur, Volumen, Zeit, Energie ...

Vektor → **gerichtete physikalische Größe** z.B. Kraft, elektrischer Strom, Geschwindigkeit ...

Vektoren werden addiert, indem man sie unter Beachtung ihrer **Größe** und **Richtung** aneinanderreiht. **Summenvektor** bzw. **Resultierende**: Strecke zwischen dem Anfangspunkt des ersten Vektors und dem Endpunkt des letzten Vektors.

Bei zwei Vektoren: Parallelogrammkonstruktion z.B. **Kräfteparallelogramm** oder mit einer Dreieckskonstruktion, z.B. **Geschwindigkeitsdreieck** oder **Kräftedreieck**.

Bei mehr als zwei Vektoren: Vektorvieleck bzw. **Vektorpolygon**, z.B. **Kräftepolygon** bzw. **Krafteck**.

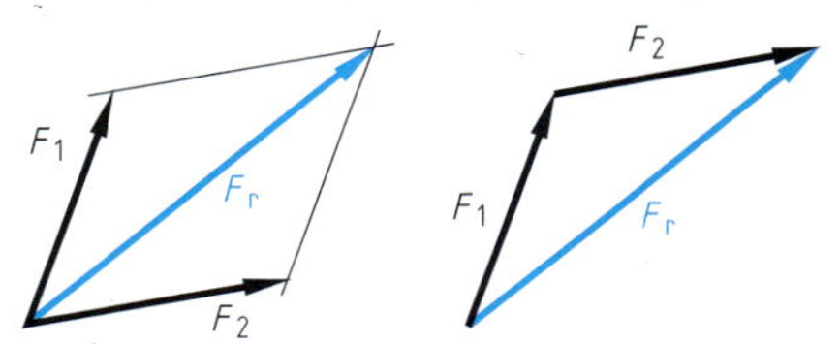

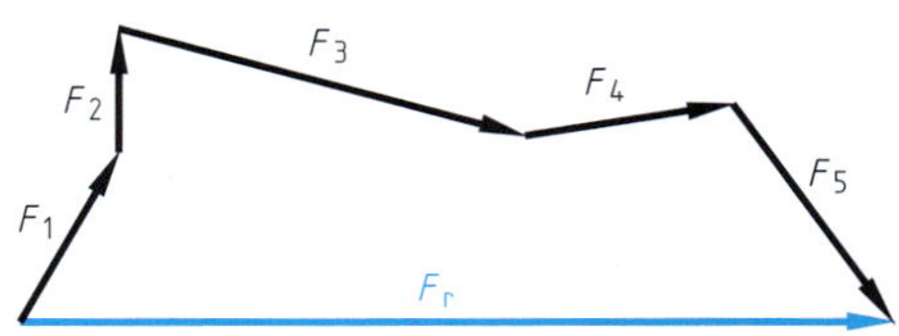

Geschwindigkeit als Vektor

Beispiel für Einzelgeschwindigkeiten	Geschwindigkeitsparallelogramm	Mögliche Geschwindigkeitsdreiecke
Laufkran mit Laufkatze	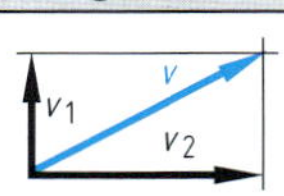	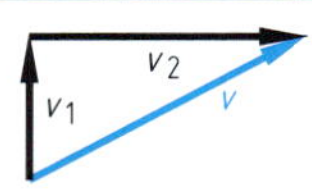 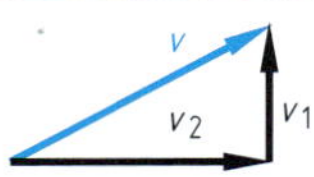
Flugzeug mit Seitenwind	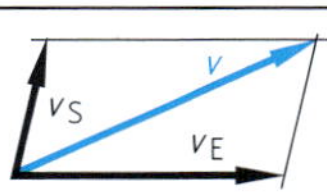	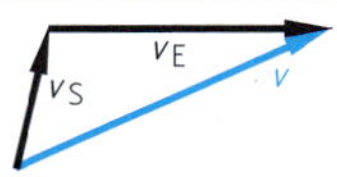 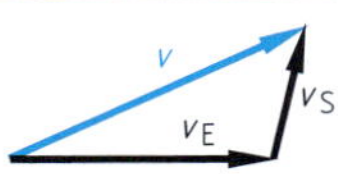

C 1.7 Freie Bewegungsbahnen

Der Grundsatz der Unabhängigkeit

Unabhängig davon, ob ein Körper mehrere **Einzelbewegungen** gleichzeitig oder zeitgleich nacheinander ausführt, gelangt er immer an den gleichen Ort.

Die kürzeste Zeit zur Realisierung der **Ortsveränderung** eines Körpers ergibt sich, wenn alle Einzelbewegungen gleichzeitig ablaufen.

C

Der schiefe Wurf (ohne Luftwiderstand)

Geschwindigkeit in *x*-Richtung

$$v_x = v_0 \cdot \cos\alpha$$

Geschwindigkeit in *y*-Richtung

$$v_y = v_0 \cdot \sin\alpha - g \cdot t$$

Weg in *x*-Richtung

$$s_x = v_0 \cdot \cos\alpha \cdot t$$

Weg in *y*-Richtung

$$s_y = v_0 \cdot \sin\alpha \cdot t - \frac{g}{2} \cdot t^2$$

Wurfzeit

$$t_w = \frac{2 \cdot v_0 \cdot \sin\alpha}{g}$$

Wurfweite

$$x_w = \frac{v_0^2 \cdot \sin 2\alpha}{g}$$

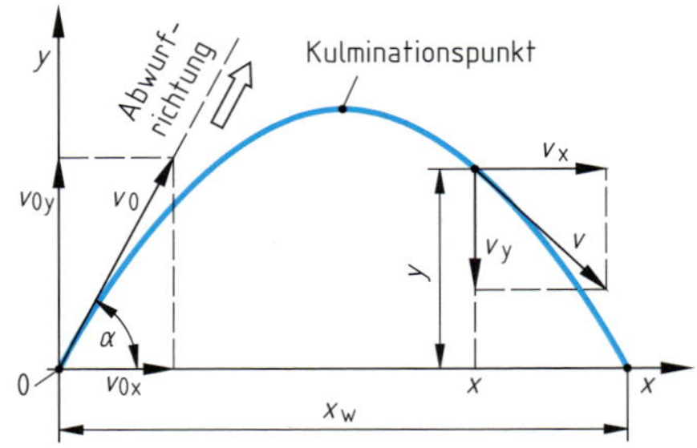

α	Abwurfwinkel	Grad
v_0	Abwurfgeschwindigkeit	m/s
g	Fallbeschleunigung	m/s²
t	Zeit (Δt)	s
s	Weg	m
h	Höhe	m

Der **schiefe Wurf (schräger Wurf)** setzt sich in jedem Augenblick aus einer waagerechten gleichförmigen Bewegung (x-Richtung) und einer senkrechten beschleunigten Bewegung (y-Richtung) zusammen.

Beim **schiefen Wurf** wird die größte Wurfweite $\boldsymbol{x_{w\,max}}$ bei einem **Abwurfwinkel** von $\boldsymbol{\alpha = 45°}$ – wegen $\sin 2\alpha = \sin 90° = 1$ – erreicht.

Der waagrechte Wurf (ohne Luftwiderstand)

Weg in *y*-Richtung (Fallhöhe)

$$s_y = h = \frac{g}{2} \cdot \frac{s_x^2}{v_0^2}$$

Weg in *x*-Richtung (Wurfweite)

$$s_x = v_0 \cdot t = v_0 \cdot \sqrt{\frac{2 \cdot h}{g}}$$

Geschwindigkeit in *y*-Richtung

$$v_y = \sqrt{2 \cdot g \cdot h}$$

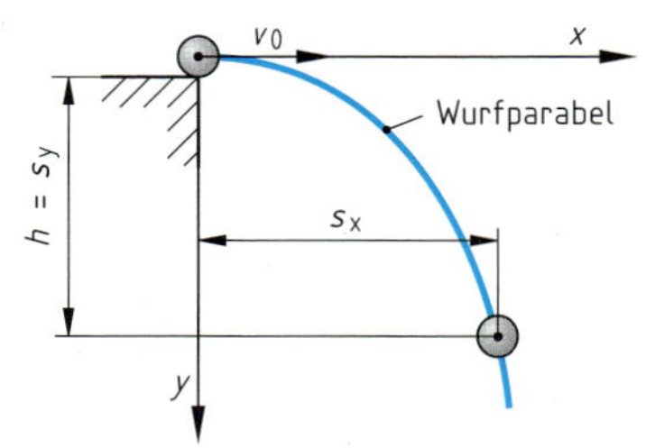

Beim **waagrechten Wurf (horizontaler Wurf)** gelten die Gesetze des schiefen Wurfs, und zwar mit dem Abwurfwinkel $\alpha = 0°$ (y positiv nach unten).

C 1.8 Beschleunigende Wirkung einer Kraft

Das erste *Newton'*sche Axiom bzw. **Trägheitsgesetz** bzw. **Beharrungsgesetz**

Der Zustand der Ruhe oder der gleichförmigen Bewegung wird von einem Körper so lange beibehalten, wie keine äußere Kraft auf ihn wirkt.

Das zweite *Newton'*sche Axiom bzw. **Dynamisches Grundgesetz**

Massenträgheitskraft

$$F = m \cdot a$$

Gewichtskraft

$$F_g = m \cdot g$$

Die Krafteinheit

$$1\ \frac{kgm}{s^2} = 1\ \text{Newton} = 1\ \text{N}$$

F	Kraft	N
m	Masse	kg
a	Beschleunigung	m/s²
g	Fallbeschleunigung	m/s²

Ein **Newton** ist gleich der Kraft, die einem Körper mit der Masse $m = 1$ kg die Beschleunigung $a = 1$ m/s² erteilt.

1 daN = 1 Dekanewton = 10 N
1 kN = 1 Kilonewton = 10^3 N
1 MN = 1 Meganewton = 10^6 N
} je nach Größenordnung der Kraft

$$[\mathbf{F}] = [m] \cdot [a] = \text{kg} \cdot \frac{\text{m}}{s^2} = \frac{\mathbf{kgm}}{\mathbf{s^2}}$$

Das dritte *Newton'*sche Axiom bzw. **Wechselwirkungsgesetz**

Wirkende Kraft = zurückwirkende Kraft bzw.
Aktionskraft = Reaktionskraft (aktio = reaktio)

C

C 1.9 Verformende Wirkung einer Kraft

***Hooke'*sches Gesetz** (siehe D 10.1)

Nur **im eleastischen Verformungsbereich** gültig.

$$F = c \cdot s$$

Federkonstante

$$c = \frac{F}{s} = \frac{\Delta F}{\Delta s}$$

Die **Federkonstante** wird auch als **Federrate** oder **Federsteifigkeit** bezeichnet. Sie gibt an, welche Kraft F in N für einen **Federweg** s in mm oder in m erforderlich ist.

Obige Gleichungen gelten nur bei Federn mit **linearer Federkennlinie**, nicht bei progressivem oder degressivem Verhalten.

Längenänderung, Dehnung, Querkontraktion

s. Technische Mechanik (D 10)

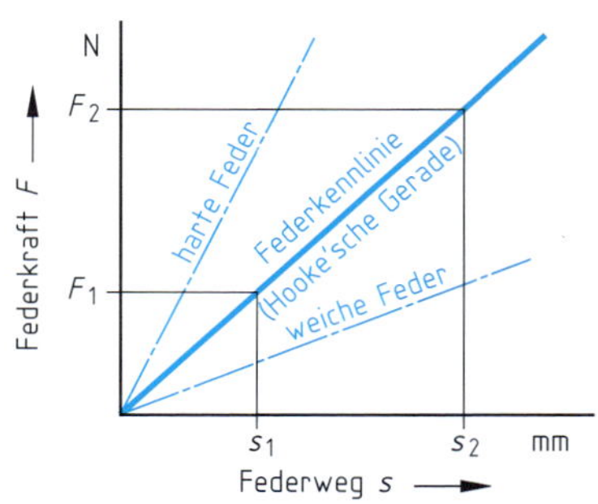

$$1\ \frac{\text{N}}{\text{mm}} = 10^3\ \frac{\text{N}}{\text{m}}$$

F	Federkraft	N
c	Federkonstante	N/m, N/mm
s	Federweg	m, mm

C 1.10 Die Kraft als Vektor

→ D 1.1; D 2.2

C 1.11 Das Kraftmoment und seine Wirkungen

→ D 1.1; D 4.1

Hebelarten und Hebelgesetz

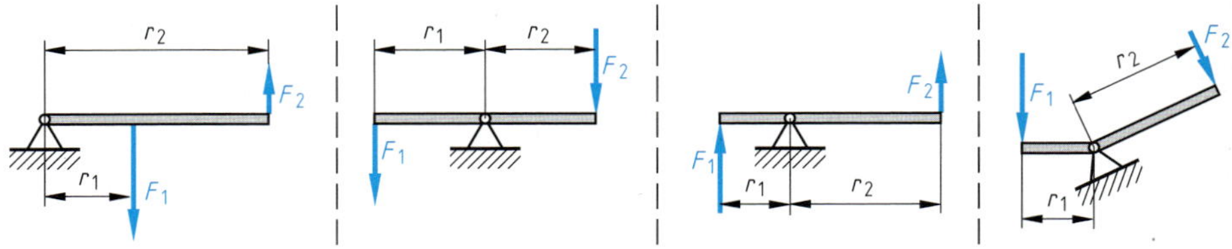

einseitiger Hebel | zweiseitig gleicharmiger Hebel | zweiseitig ungleicharmiger Hebel | Winkelhebel

Hebelgesetz (siehe D 4)

$$F_1 \cdot r_1 = F_2 \cdot r_2$$

Momentengleichgewicht

$$\sum M_d = 0$$

F_1, F_2	Kräfte	N
r_1, r_2	Hebelarme	m
M_d	Drehmoment	Nm

Unabhängig von der **Hebelart** werden die **Hebelarme** vom Angriffspunkt der Kraft bis zum Drehpunkt, d.h. bis zum Hebellager gemessen ($F \perp r$).

Kraftübersetzung an der geneigten (schiefen) Ebene

Hangabtriebskraft in N

$$F_H = F_g \cdot \sin\alpha$$

Normalkraft in N

$$F_N = F_g \cdot \cos\alpha$$

Kraftübersetzungsverhältnis

$$i = \frac{F_H}{F_g}$$

Mit $i = \frac{F_H}{F_g} = \frac{F_g \cdot \sin\alpha}{F_g}$ wird

$$i = \sin\alpha$$

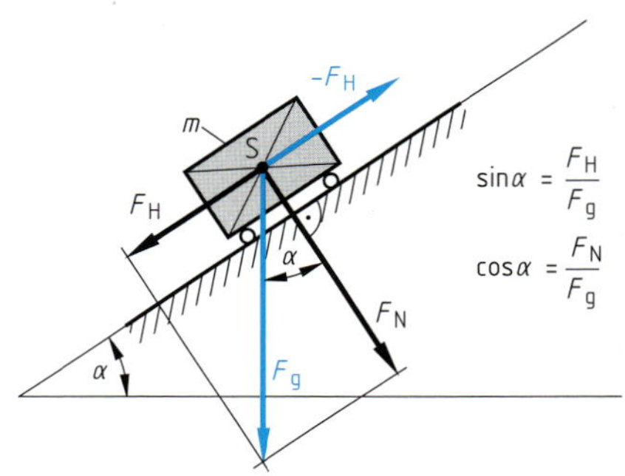

$$\sin\alpha = \frac{F_H}{F_g}$$

$$\cos\alpha = \frac{F_N}{F_g}$$

F_g	Gewichtskraft	N
α	Neigungswinkel	Grad

Kraftübersetzungsverhältnis an der **schiefen Ebene** = Sinus des Neigungswinkels α.

Kraftübersetzungsverhältnis am Wellrad

Kraftübersetzungsverhältnis

$$i = \frac{F_g}{F} = \frac{d_1}{d_2}$$

Das Kraftübersetzungsverhältnis beim **Wellrad** ergibt sich mithilfe des Hebelgesetzes aus dem Quotienten von Wellendurchmesser und Raddurchmesser.

Als **Kraftübersetzungsverhältnis** ergibt sich ein **Zahlenwert ohne Einheit.**

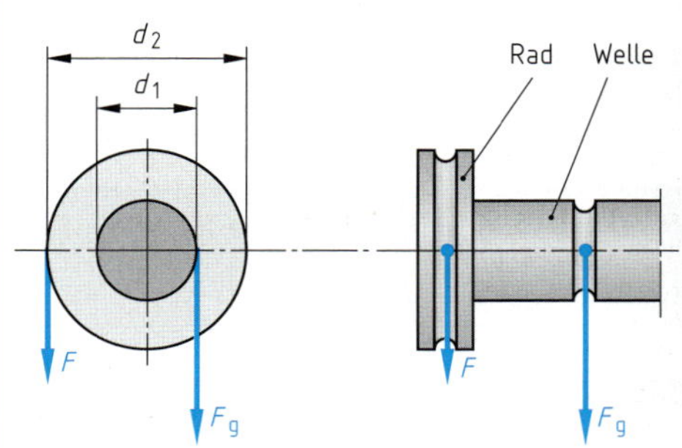

d	Durchmesser	m

C 1.12 Kurzzeitig wirkende Kräfte

Bewegungsgröße (Impuls)

$$p = m \cdot v$$

→ $\Delta p = 0$: **Impulserhaltung**

$$m \cdot v_t = m \cdot v_0$$

Kraftstoß

$$I = F \cdot \Delta t = m \cdot v_t - m \cdot v_0$$

Der Kraftstoß ist gleich der Änderung des Impulses eines bewegten Körpers.

p	Bewegungsgröße (Impuls)	kgm/s
m	Masse des Körpers	kg
v	Geschwindigkeit des Körpers	m/s
v_t	Endgeschwindigkeit	m/s
v_0	Anfangsgeschwindigkeit	m/s
I	Kraftstoß (Impulsänderung)	kgm/s
F	kurzzeitig wirkende Kraft	N
Δt	Wirkzeit	s

Impulssatz: Bei $\sum F = 0$ (äußere Kräfte) ändert sich der Impuls nicht, d.h. $\Delta p = 0$.

Der unelastische Stoß

Geschwindigkeit von m_1 und m_2 **nach dem Stoß**

$$v = \frac{m_1 \cdot v_1 + m_2 \cdot v_2}{m_1 + m_2}$$

Der elastische Stoß

Endgeschwindigkeit der Masse m_1 in m/s

$$v_{1e} = 2 \cdot \frac{m_1 \cdot v_1 + m_2 \cdot v_2}{m_1 + m_2} - v_1$$

Endgeschwindigkeit der Masse m_2 in m/s

$$v_{2e} = 2 \cdot \frac{m_1 \cdot v_1 + m_2 \cdot v_2}{m_1 + m_2} - v_2$$

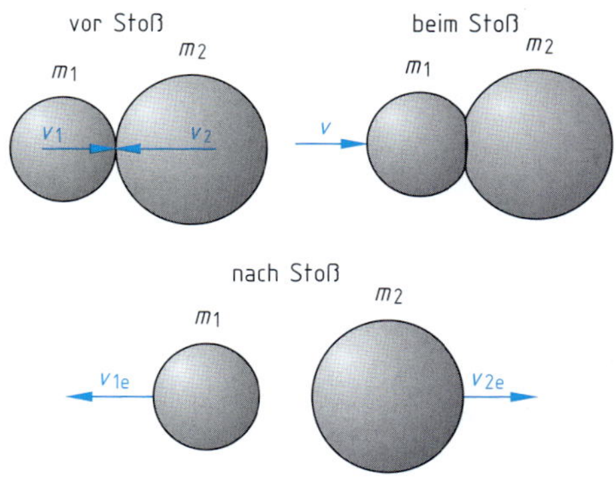

Bewegen sich vor dem Stoß die beiden Massen aufeinander zu, so haben v_1 und v_2 unterschiedliche Vorzeichen. Bei gleicher Bewegungsrichtung haben v_1 und v_2 gleiche Vorzeichen. Dies gilt auch für v_{1e} und v_{2e}.

C 1.13 Reibung

s. Technische Mechanik (D 7)

C 1.14 Das Prinzip von d'Alembert

Alle auf einen Körper wirkenden Kräfte in und entgegen der Bewegungsrichtung, einschließlich der **Massenträgheitskraft**, m · a, haben zusammengenommen den Wert Null.

Beschleunigte Masse auf horizontaler Bahn

$\boldsymbol{F_R + m \cdot a - F = 0}$

Beschleunigungskraft

$$F = F_R + m \cdot a$$

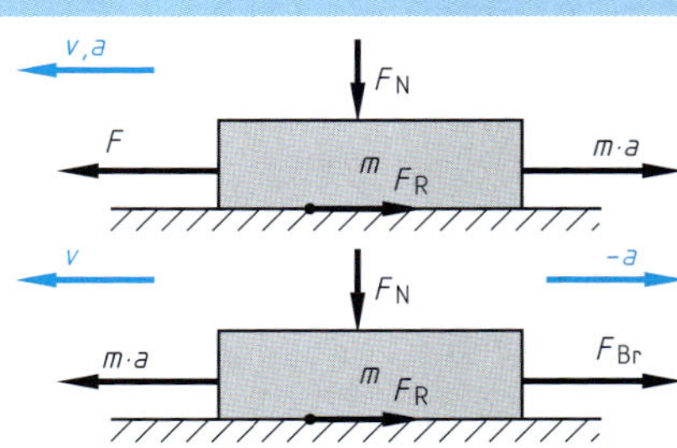

Verzögerte Masse auf horizontaler Bahn

$\boldsymbol{F_R + F_{Br} - m \cdot a = 0}$

Bremskraft

$$F_{Br} = m \cdot a - F_R$$

Bewegung auf vertikaler Bahn

Seilzugkraft einer nach oben beschleunigten Masse (z. B. Aufzug) in N

$$F = m \cdot a + F_g + F_R$$

Bewegung auf der geneigten (schiefen) Ebene

Hangabtriebskraft

$$F_H = F_g \cdot \sin\alpha$$

Normalkraft

$$F_N = F_g \cdot \cos\alpha$$

Steigung der geneigten (schiefen) Ebene

$$S = \frac{h}{b} = \tan\alpha$$

Steigung in Prozent

$$S_{\%} = \tan\alpha \cdot 100\%$$

Bei $h = b$ ist $\boldsymbol{\alpha = 45°}$ → $\tan\alpha = 1$ → $\boldsymbol{S = 100\%}$

Kräfte bei beschleunigter Aufwärtsbewegung

Zugkraft in N

$$F = F_g \cdot \sin\alpha + \mu \cdot F_g \cdot \cos\alpha + m \cdot a$$

Kräfte bei beschleunigter Abwärtsbewegung

Zugkraft in N

$$F = \mu \cdot F_g \cdot \cos\alpha + m \cdot a - F_g \cdot \sin\alpha$$

Beschleunigung

$$a = \frac{F}{m} + g \cdot (\sin\alpha - \mu \cdot \cos\alpha)$$

Bei gleichförmiger Bewegung ist $a = 0$ und damit ist auch $\boldsymbol{m \cdot a = 0}$. Dies bedeutet, dass in den obigen Gleichungen der Summand $m \cdot a$ entfällt.

F	Beschleunigungskraft	N
F_{Br}	Bremskraft	N
F_R	Reibungskraft	N
m	Masse	kg
a	Beschleunigung	m/s²

Unabhängig vom Bewegungsfall gilt:

$m \cdot a$ → wirkt entgegen Beschleunigung

F_g → wirkt senkrecht nach unten

F_R → wirkt entgegen Bewegung

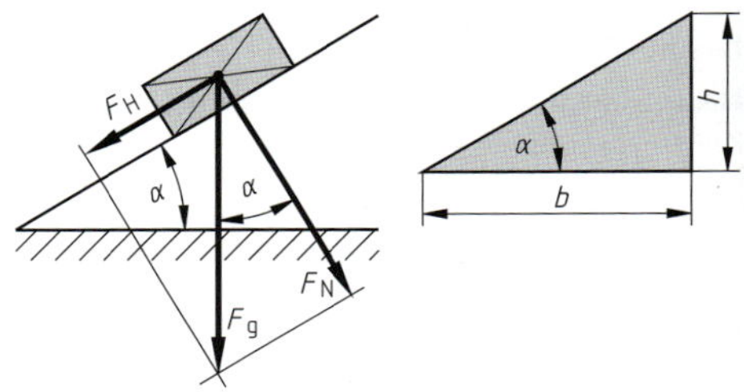

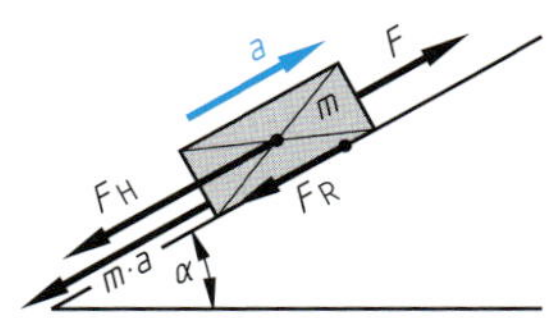

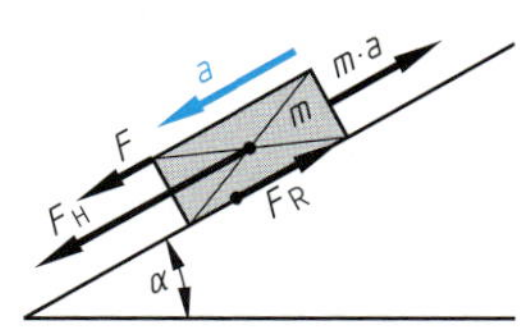

S	Steigung	1, %
F_g	Gewichtskraft	N
α	Steigungswinkel	Grad
μ	Reibungszahl	1
a	Beschleunigung	m/s²
m	Masse	kg

C 1.15 Arbeit und Energie

Mechanische Arbeit

$$W = F \cdot s$$

Arbeits- und Energieeinheiten

Energieäquivalenz

$$1\ \text{J} = 1\ \text{Nm} = 1\ \text{Ws}$$

J = **Joule** → bevorzugt in Wärmelehre

Nm = **Newtonmeter** → bevorzugt in Mechanik

Ws = **Wattsekunde** → bevorzugt in Elektrotechnik

Die Arbeitskomponente der Kraft

Als Arbeitskomponente wird die Kraftkomponente in Wegrichtung bezeichnet.

Arbeitskomponente

$$F_x = F \cdot \cos\alpha$$

Mechanische Arbeit

$$W = F \cdot \cos\alpha \cdot s$$

Hubarbeit in Nm

$$W_h = F_g \cdot h = F \cdot h$$

Potenzielle Energie = Energie der Lage

$$E_p = F_g \cdot h = m \cdot g \cdot h$$

Bei Vernachlässigung der **Zapfen- und Seilreibung** ist $F = F_g$. Dann ist bei gleichem Weg $W_h = E_p$.

In DIN EN ISO 80 000-4 auch V für potentielle Energie.

Arbeit auf der geneigten (schiefen) Ebene in Nm

$$W = F_H \cdot s = F_g \cdot h$$

Aus dieser Gleichung folgt die **Goldene Regel der Mechanik:**

$$\frac{F_H}{F_g} = \frac{h}{s}$$

Was bei Maschinen an Kraft weniger aufgewendet wird, muss im gleichen Verhältnis mehr an Weg zurückgelegt werden.

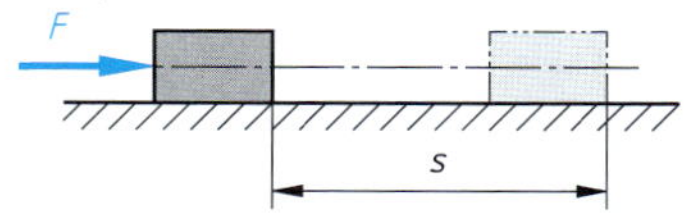

W	mechanische Arbeit	Nm
F	Kraft	N
s	Kraft in Wegrichtung	m

$[\boldsymbol{W}] = [F] \cdot [s] = \text{N} \cdot \text{m} = \textbf{Nm}$

(F und s gleichgerichtet)

Die abgeleitete SI-Einheit für die mechanische Arbeit ist das **Joule** (Einheitenzeichen: J). 1 J ist gleich der Arbeit, die verrichtet wird, wenn der Angriffspunkt der Kraft $F = 1$ N in Richtung der Kraft um $s = 1$ m verschoben wird.

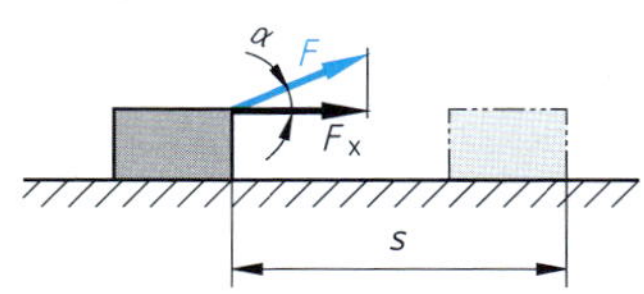

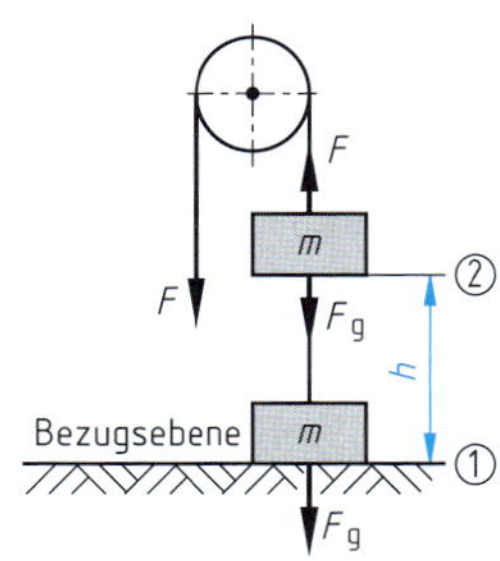

Die zugeführte Hubarbeit W_h entspricht der Zunahme an potenzieller Energie E_p.

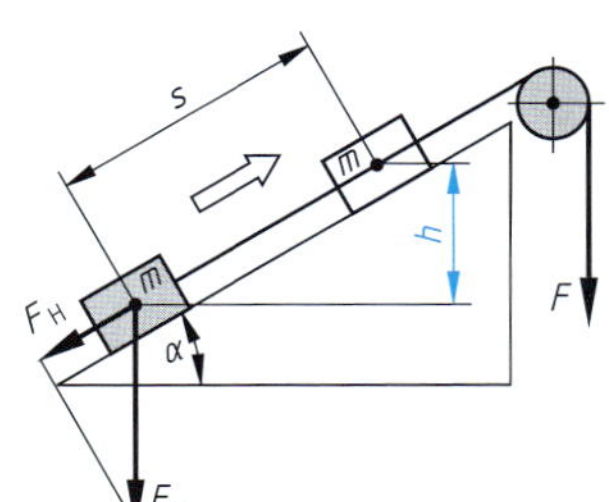

E_p	potenzielle Energie	Nm
h	Höhenunterschied	m
α	Neigungswinkel	Grad

C

C

Beschleunigungsarbeit aus der Ruhe in Nm

$$W_a = m \cdot a \cdot s = \frac{m}{2} \cdot v_t^2$$

Kinetische Energie = Bewegungsenergie in Nm

$$E_k = \frac{m}{2} \cdot v^2$$

Änderung der kinetischen Energie in Nm

$$\Delta E_k = \frac{m}{2} \cdot (v_t^2 - v_0^2)$$

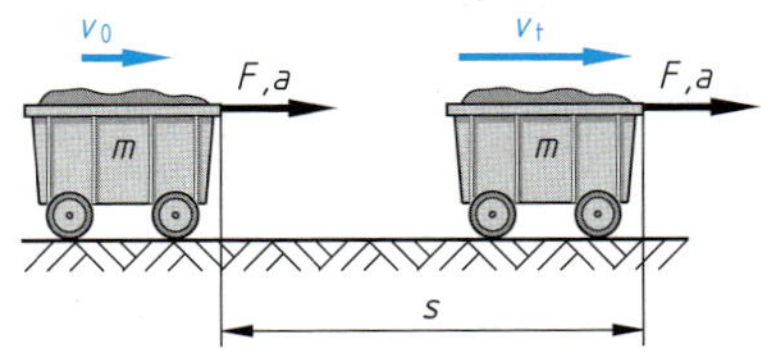

a	Beschleunigung	m/s²
m	Masse	kg
v_0	Anfangsgeschwindigkeit	m/s
v_t	Endgeschwindigkeit	m/s

Zugeführte Beschleunigungsarbeit W_a = Zunahme der kinetischen Energie ΔE_k.

Energieumwandlung beim freien Fall

$$E_{k2②} = \frac{m}{2} \cdot v_t^2 = m \cdot g \cdot h = E_{p1①}$$

Sieht man von **Reibungsverlusten** ab, dann lässt sich die potenzielle Energie in eine äquivalente (gleichwertige) kinetische Energie umwandeln.

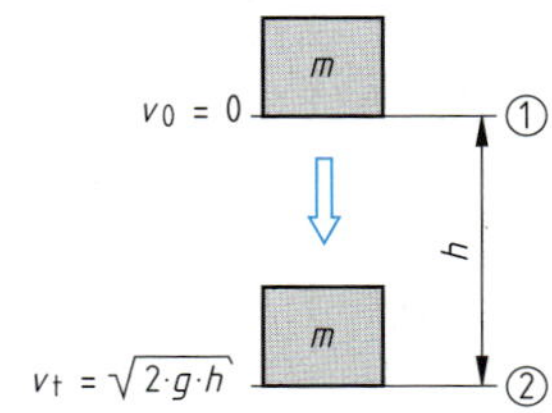

h	Höhenunterschied	m

Energieerhaltungssatz

$$E_{Ende} = E_{Anfang} + E_{zu} - E_{ab}$$

Die Summe aller Energieformen am Ende eines technischen Vorgangs ist genauso groß wie die Summe aller Energieformen am Anfang und der während des technischen Vorgangs zu- und abgeführten Energie.

Endgeschwindigkeiten beim realen Stoß in m/s

$$v_{1e} = \frac{m_1 \cdot v_1 + m_2 \cdot v_2 - m_2 \cdot (v_1 - v_2) \cdot k}{m_1 + m_2}$$

$$v_{2e} = \frac{m_1 \cdot v_1 + m_2 \cdot v_2 - m_1 \cdot (v_1 - v_2) \cdot k}{m_1 + m_2}$$

Stoßrealität (Stoßpartner völlig elastisch)	**Stoßzahl *k***
unelastischer Stoß	0
elastischer Stoß	1
Stahl bei 20 °C	ca. 0,7
Kupfer bei 200 °C	ca. 0,3
Elfenbein bei 20 °C	ca. 0,9
Glas bei 20 °C	ca. 0,95

k	Stoßzahl	1

Federspannarbeit aus ungespanntem Zustand in Nm

$$W_f = \frac{F}{2} \cdot s$$

Federspannarbeit aus gespanntem Zustand in Nm

$$W_f = \frac{F_1 + F_2}{2} \cdot (s_2 - s_1)$$

$$W_f = \frac{c}{2} \cdot (s_2^2 - s_1^2)$$

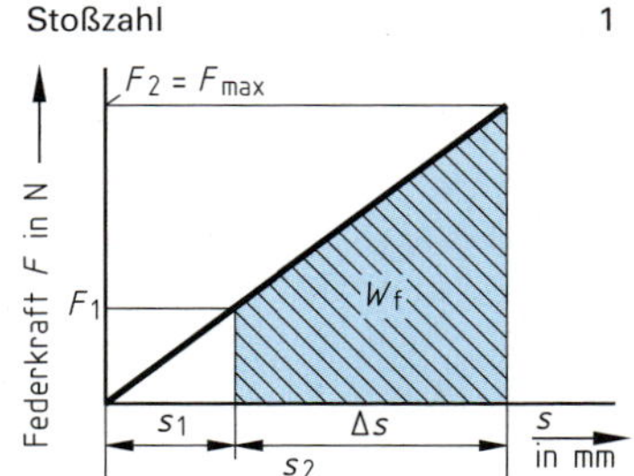

F	Spannkraft	N
s	Federweg (Spannweg)	m
c	Federkonstante	N/m

Federkonstante (Federate) in $\frac{N}{m}$

$$c = \frac{F}{s}$$

Die Gleichungen gelten nur bei **Federn mit linearer Federkennlinie**, nicht bei Federn mit progressivem oder degressivem Federverhalten.

C 1.16 Mechanische Leistung

→ E 3.4

Mittlere Leistung

$$P = \frac{F \cdot s}{t} = \frac{W}{t}$$

Momentanleistung

$$P = F \cdot v$$

$$[P] = \frac{[F] \cdot [s]}{[t]} = \frac{N \cdot m}{s} = \frac{Nm}{s} = \frac{J}{s} = \frac{Ws}{s} = W = \textbf{Watt}$$

Pferdestärke (keine SI-Einheit)

1 kW ≈ 1,36 PS

F	Verschiebekraft	N
s	zurückgelegter Weg	m
t	Zeit (Δt)	s
W	mechanische Arbeit	Nm
v	Verschiebegeschwindigkeit	m/s

1 Watt ist gleich der Leistung, bei der während der Zeit 1 Sekunde die Energie 1 Joule umgesetzt wird.

1 kW = 10^3 W

1 MW = 10^6 W

C 1.17 Reibungsarbeit, Reibleistung und Wirkungsgrad

→ E 3.4

Gleitreibungsarbeit

$$W_R = \mu \cdot F_n \cdot s$$

Reibleistung in Watt

$$P_R = \frac{W_R}{t} = F_R \cdot v$$

μ_0	Haftreibungskoeffizient	1
μ	Gleitreibungskoeffizient	1
F_n	Normalkraft	N
s	zurückgelegter Weg	m
W_R	Reibungsarbeit	Nm
t	Zeit (Δt)	s
F_R	Reibungskraft	N
v	Verschiebegeschwindigkeit	m/s

Haftreibungsarbeit ist real so gut wie nicht machbar, da nach kurzem Weg aus μ_0 μ wird.

Wirkungsgrad (· 100 in %)

$$\eta = \frac{W_n}{W_a} = \frac{P_n}{P_a}$$

Gesamtwirkungsgrad

$$\eta_{ges} = \eta_1 \cdot \eta_2 \cdot \eta_3 \cdot \ldots \cdot \eta_n$$

W_n	Nutzarbeit	Nm
W_a	aufgewendete Arbeit	Nm
P_n	Nutzleistung	W, kW
P_a	aufgewendete Leistung	W, kW
$\eta_1 \ldots \eta_2$	Einzelwirkungsgrade	1

C

Wirkungsgrad wichtiger Maschinenelemente und Baugruppen

Flachführung

$$\eta = 1 - \mu \cdot \frac{F_n}{F_1} < 1$$

μ	Reibungskoeffizient	1
F_n	Normalkraft	N
F_1	Verschiebekraft	N

Symmetrische Prismenführung

$$\eta = 1 - \frac{\mu}{\sin\alpha} \cdot \frac{F}{F_1} < 1$$

μ	Reibungskoeffizient	1
α	halber Prismenwinkel	Grad
F	Anpresskraft	N
F_1	Verschiebekraft	N

Unsymmetrische Prismenführung

$$\eta = 1 - \mu \cdot \frac{F_{n1} + F_{n2}}{F_1} < 1$$

μ	Reibungskoeffizient	1
F_{n1}, F_{n2}	Normalkräfte	N
F_1	Verschiebekraft	N

Zylindrische Säulenführung

$$\eta = 1 - \frac{F_R}{F} < 1$$

F_R	Reibungskraft	N
F	axiale Belastung	N

Schraubenwirkungsgrad η beim Heben bzw. **beim Anziehen**

$$\eta_H = \frac{\tan\alpha}{\tan(\alpha + \varrho')} < 1$$

Schraubenwirkungsgrad η beim Senken bzw. **beim Lösen**

$$\eta_S = \frac{\tan(\alpha - \varrho')}{\tan\alpha} < 1$$

Gewindereibungszahl

$$\mu' = \tan\varrho' = \frac{\mu}{\cos\frac{\beta}{2}} < 1$$

α	Steigungswinkel	Grad
ϱ'	Gewindereibungswinkel	Grad
μ'	Gewindereibungszahl = $\tan\varrho'$	1
μ	Gleitreibungszahl	1
β	Flankenwinkel	Grad
η	Wirkungsgrad (S beim Senken, H beim Heben)	1

C 1.18 Drehleistung

Umfangsgeschwindigkeit

$$v_u = \pi \cdot d \cdot n$$

$$v_u = \frac{\pi \cdot d \cdot n}{1000}$$

v_u	d	n
m/min	mm	min^{-1}

$$v_u = \frac{\pi \cdot d \cdot n}{1000 \cdot 60}$$

v_u	d	n
m/s	mm	min^{-1}

v_u	Umfangsgeschwindigkeit	m/s
d	Durchmesser des Drehkörpers	m
n	Drehzahl	s^{-1}

Insbesondere in der **Fertigungstechnik** wird zwischen m/min und m/s unterschieden, und zwar bei der Angabe der **Schnittgewindigkeit v_c.**

Drehmoment in Nm

$$M = F_u \cdot \frac{d}{2}$$

Umfangskraft in N

$$F_u = \frac{2 \cdot M}{d}$$

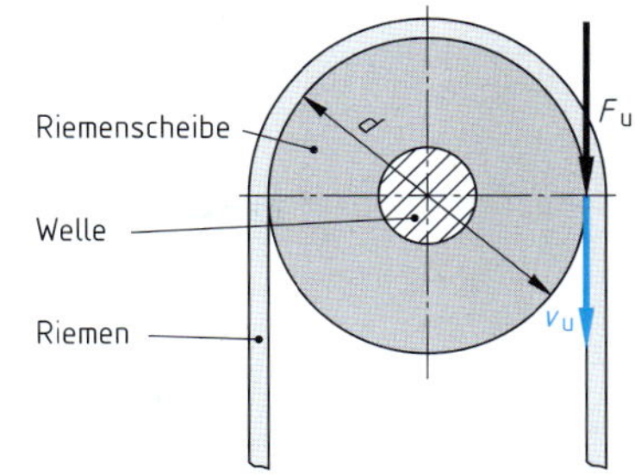

Drehleistung

$$P = \frac{2 \cdot M \cdot v_u}{d}$$

$$P = F_u \cdot v_u$$

P	M	v_u	d
W	Nm	m/s	m

Drehleistung

$$P = \frac{M \cdot n}{9550}$$

Drehmoment

$$M = 9550 \cdot \frac{P}{n}$$

P	M	n
kW	Nm	min^{-1}

→ Zahlenwertgleichungen

C

C 1.19 Rotationskinematik

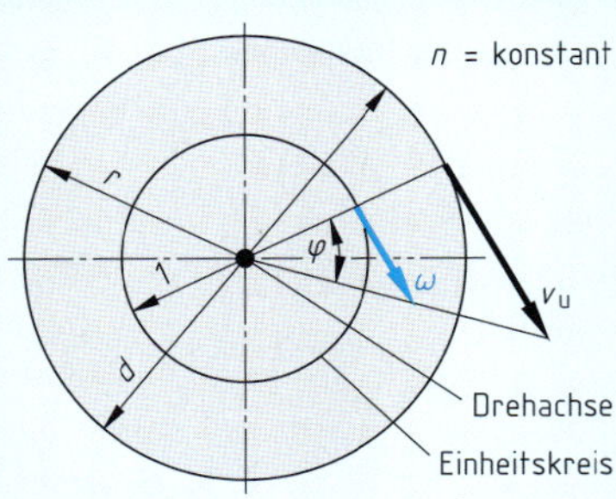

M	Drehmoment	Nm
F_u	Umfangskraft	N
d	Durchmesser	m, mm
v_u	Umfangsgeschwindigkeit	m/s
n	Drehzahl	min^{-1}
P	Drehleistung	W, kW
ω	Winkelgeschwindigkeit	s^{-1}

Winkelgeschwindigkeit

$$\omega = 2 \cdot \pi \cdot n$$

ω	n
s^{-1} = rad/s	s^{-1}

Winkelgeschwindigkeit (Zahlenwertgleichung)

$$\omega = \frac{\pi \cdot n}{30}$$

ω	n
s^{-1} = rad/s	min^{-1}

Umfangsgeschwindigkeit

$$v_u = \omega \cdot r$$

v_u	ω	r
m/s	s^{-1}	m

Drehleistung in W

$$P = M \cdot \omega$$

M	Drehmoment	Nm
ω	Winkelgeschwindigkeit	s^{-1}
t	Zeit	s

Drehleistung (Zahlenwertgleichung)

$$P = M \cdot \frac{\pi \cdot n}{30}$$

P	M	n
W	Nm	min^{-1}

Drehwinkel in rad

$$\varphi = \omega \cdot t$$

C

Gleichmäßig beschleunigte oder verzögerte Drehbewegung

Tangentialbeschleunigung

$$a_t = \frac{\Delta v_u}{\Delta t}$$

a_t	Tangentialbeschleunigung	m/s^2
v_u	Umfangsgeschwindigkeit = $a_t \cdot t$	m/s
t	Zeit (Δt)	s

Winkelbeschleunigung

$$\alpha = \frac{a_t}{r}$$

Winkelgeschwindigkeit

$$\omega = \alpha \cdot t$$

$$\omega = \frac{a_t}{r} \cdot t$$

α	Winkelbeschleunigung	rad/s^2
r	Radius des Drehkörpers	m

Änderung der Winkelgeschwindigkeit

$$\Delta\omega = \alpha \cdot \Delta t$$

Weitere Gleichungen zur gleichmäßig beschleunigten oder verzögerten Bewegung sind der **folgenden Tabelle** zu entnehmen

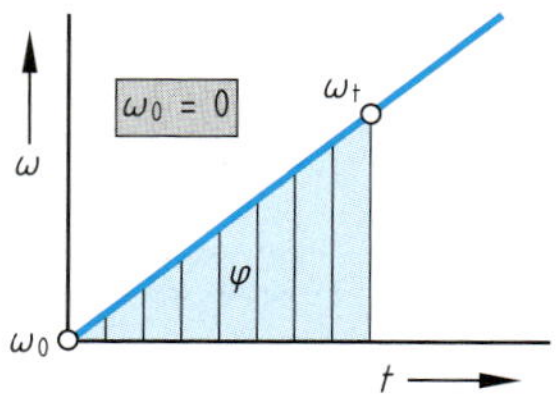

$t = \Delta t$

ω, t-Diagramme

a = konst. und positiv

Bei verzögerter Bewegung ist die **Winkelbeschleunigung** α **negativ** in die folgenden Formeln einzusetzen!

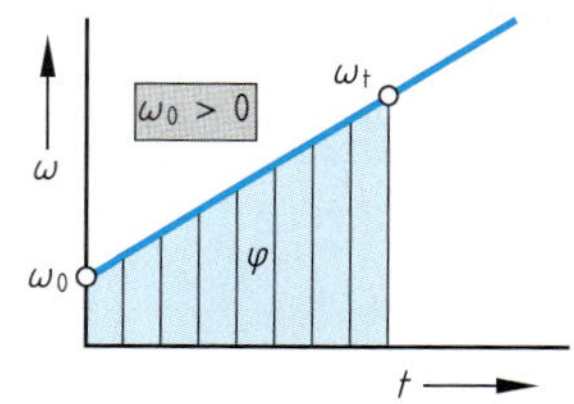

$\alpha, \varphi, \omega, t$ → wie vorher; ω_0 = **Anfangswinkelgeschwindigkeit**
ω_t = **Endwinkelgeschwindigkeit**

Winkelgeschwindigkeit am Anfang ω_0	$\omega_0 = 0$	$\omega_0 > 0$	rad/s
Drehwinkel φ nach der Zeit t (Δt)	$\varphi = \cdot \frac{\omega_t \cdot t}{2}$	$\varphi = (\omega_0 + \omega_t) \cdot \frac{t}{2}$	rad
	$\varphi = \frac{\alpha}{2} \cdot t^2$	$\varphi = \omega_0 \cdot t + \frac{\alpha}{2} \cdot t^2$	rad
	$\varphi = \frac{\omega_t^2}{2 \cdot \alpha}$	$\varphi = \frac{\omega_t^2 - \omega_0^2}{2 \cdot \alpha}$	rad
Winkelbeschleunigung α	$\alpha = \frac{\omega_t}{t}$	$\alpha = \frac{\omega_t - \omega_0}{t}$	rad/s²
	$\alpha = \frac{2 \cdot \varphi}{t^2}$	$\alpha = \frac{2 \cdot (\varphi - \omega_0 \cdot t)}{t^2}$	rad/s²
	$\alpha = \frac{\omega_t^2}{2 \cdot \varphi}$	$\alpha = \frac{\omega_t^2 - \omega_0^2}{2 \cdot \varphi}$	rad/s²
Winkelgeschwindigkeit ω_0 (am Anfang)	$\omega_0 = 0$	$\omega_0 = \omega_t - \alpha \cdot t$	rad/s
		$\omega_0 = \frac{2 \cdot \varphi}{t} - \omega_t$	rad/s
		$\omega_0 = \sqrt{\omega_t^2 - 2 \cdot \alpha \cdot \varphi}$	rad/s
Winkelgeschwindigkeit ω_t (nach der Zeit t)	$\omega_t = \alpha \cdot t$	$\omega_t = \omega_0 + \alpha \cdot t$	rad/s
	$\omega_t = \frac{2 \cdot \varphi}{t}$	$\omega_t = \omega_0 + \frac{2 \cdot \varphi}{t}$	rad/s
	$\omega_t = \sqrt{2 \cdot \alpha \cdot \varphi}$	$\omega_t = \sqrt{\omega_0^2 + 2 \cdot \alpha \cdot \varphi}$	rad/s
Zeit t (Zeitspanne Δt)	$t = \frac{\omega_t}{\alpha}$	$t = \frac{\omega_t - \omega_0}{\alpha}$	s
	$t = \frac{2 \cdot \varphi}{\omega_t}$	$t = \frac{2 \cdot \varphi}{\omega_0 + \omega_t}$	s
	$t = \sqrt{\frac{2 \cdot \varphi}{\alpha}}$	$t = \frac{\sqrt{\omega_0^2 + 2 \cdot \alpha \cdot \varphi} - \omega_0}{\alpha}$	s

Übersetzungen beim Riementrieb

Einfacher Riementrieb

Beim **Riementrieb** ist es üblich, die Größen der treibenden Scheibe mit ungeraden Indizes (z.B. d_1, n_1, ω_1) und die Größen der getriebenen Scheibe mit geraden Indizes (z.B. d_2, n_2, ω_2) zu bezeichnen.

Drehzahlen und **Winkelgeschwindigkeiten** verhalten sich umgekehrt wie die Durchmesser der Scheiben.

Grundgleichung

$$\frac{n_1}{n_2} = \frac{d_2}{d_1}$$

Übersetzungsverhältnis

$$i = \frac{n_1}{n_2} = \frac{\omega_1}{\omega_2} = \frac{d_2}{d_1}$$

Legende auf nächster Seite

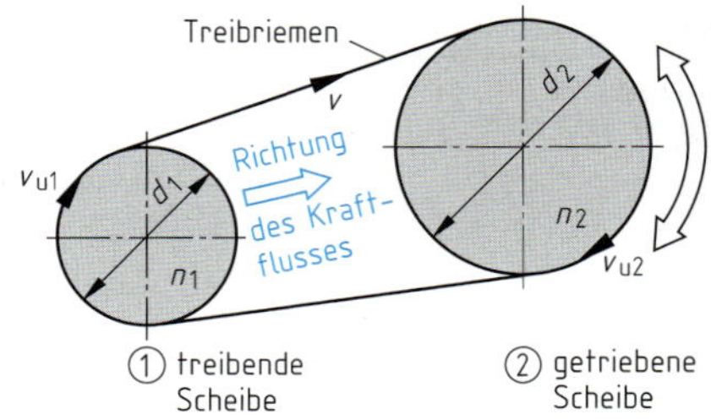

d	Durchmesser	mm
ω	Winkelgeschwindigkeit	s^{-1}
n	Drehzahl	min^{-1}

Mehrfachriementrieb

Grundgleichung

$$n_a \cdot d_1 \cdot d_3 \cdot d_5 \cdot \ldots = n_e \cdot d_2 \cdot d_4 \cdot d_6 \cdot \ldots$$

n_a = Anfangsdrehzahl; n_e = Enddrehzahl

Gesamtübersetzungsverhältnis

$$i_{ges} = i_1 \cdot i_2 \cdot i_3 \cdot \ldots$$

$$i_{ges} = \frac{n_a}{n_e} = \frac{\omega_a}{\omega_e}$$

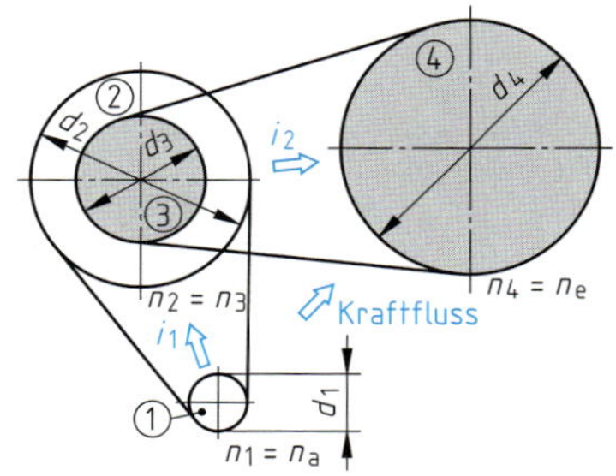

Beim **Mehrfachriementrieb** errechnet sich das Gesamtübersetzungsverhältnis aus dem Produkt aller Einzelübersetzungsverhältnisse.

Übersetzung beim Zahntrieb

Teilkreisumfang in mm

$$U = p \cdot z$$

Teilkreisdurchmesser in mm

$$d = m \cdot z$$

Modul im mm

$$m = \frac{p}{\pi}$$

Übersetzungsverhältnis

$$i = \frac{n_1}{n_2} = \frac{\omega_1}{\omega_2} = \frac{d_2}{d_1}$$

$$i = \frac{z_2}{z_1}$$

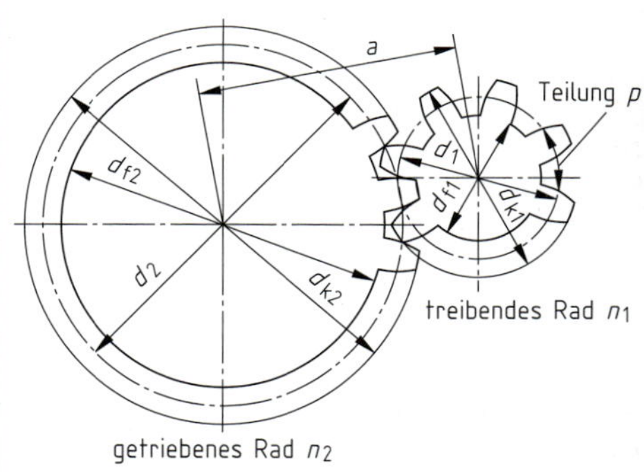

m	Modul	1
d_f	Fußkreisdurchmesser	mm
d_k	Kopfkreisdurchmesser	mm
d	Teilkreisdurchmesser	mm
p	Teilung (Abstand der Zähne auf dem Teilkreisdurchmesser)	mm
a	Achsabstand	mm
z	Anzahl der Zähne (Zähnezahl)	1

Grundgleichungen des Mehrfachzahntriebes

$$n_a \cdot d_1 \cdot d_3 \cdot d_5 \ldots = n_e \cdot d_2 \cdot d_4 \cdot d_6 \ldots$$

$$n_a \cdot z_1 \cdot z_3 \cdot z_5 \ldots = n_e \cdot z_2 \cdot z_4 \cdot z_6 \ldots$$

Gesamtübersetzungsverhältnis

$$i_{ges} = i_1 \cdot i_2 \cdot i_3 \ldots = \frac{d_2 \cdot d_4 \cdot d_6 \ldots}{d_1 \cdot d_3 \cdot d_5 \ldots} = \frac{z_2 \cdot z_4 \cdot z_6 \ldots}{z_1 \cdot z_3 \cdot z_5 \ldots} = \frac{n_a}{n_e}$$

i	Übersetzungsverhältnis	1
m	Modul	mm
U	Teilkreisumfang	mm
n	Drehzahl	min^{-1}
ω	Winkelgeschwindigkeit	s^{-1}

C 1.20 Rotationsdynamik

Zentrifugalkraft F_z → vom Drehmittelpunkt weggerichtet.

Zentripetalkraft F'_z → zum Drehmittelpunkt hingerichtet.

Zentrifugalkraft Zentripetalkraft in N

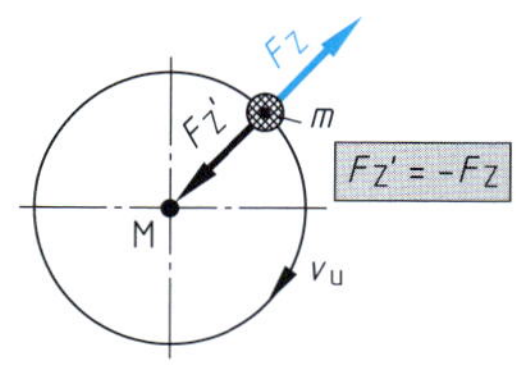

$$F_z = -F'_z = m \cdot \frac{v_u^2}{r} = m \cdot r \cdot \omega^2$$

Zentripetalbeschleunigung in m/s²

$$a_z = \frac{v_u^2}{r}$$

Coriolisbeschleunigung in m/s²

$$a_c = 2 \cdot \omega \cdot v \cdot \sin\alpha$$

Corioliskraft in N

$$F_c = m \cdot a_c = m \cdot 2 \cdot \omega \cdot v \cdot \sin\alpha$$

m	Masse	kg
v_u	Umfangsgeschwindigkeit	m/s
r	Bahnradius	m
ω	Winkelgeschwindigkeit	s^{-1}
F	Kraft	N
a	Beschleunigung	m/s^2
ω	Winkelgeschwindigkeit	s^{-1}
v	Bewegungsgeschwindigkeit eines Körpers auf dem Drehkörper	m/s
m	Masse des bewegten Körpers	kg
α	Winkel zwischen Drehachse und Geschwindigkeitsvektor	Grad

C 1.21 Kinetische Energie rotierender Massen

Drehenergie eines Massenpunktes in Nm

$$E_{rot} = m \cdot r^2 \cdot \frac{\omega^2}{2}$$

Drehenergie (allgemein)

$$E_{rot} = \frac{J}{2} \cdot \omega^2$$

Masse des Drehkörpers in kg

$$m = V \cdot \varrho$$

E_{rot}	Rotations- bzw. Drehenergie	Nm
r	Abstand des Massenpunktes vom Drehmittelpunkt	m
ω	Winkelgeschwindikeit	s^{-1}
J	Massenträgheitsmoment des Drehkörpers	kgm^2
	↓ **Trägheitsmomente einfacher Drehkörper auf der folgenden Seite!**	
m	Masse des Drehkörpers	kg
V	Volumen des Drehkörpers	m^3
ϱ	Dichte des Drehkörpers	kg/m^3

Gesamtträgheitsmoment in kgm²

$$J = J_1 + J_2 + \ldots + J_n$$

Die Schwerpunkte der Einzelkörper liegen nicht alle auf der Drehachse. Für diesen Fall gilt:

***Steiner*'scher Verschiebungssatz**

$$J = J_s + m \cdot r^2$$

In dieser Gleichung bedeuten:

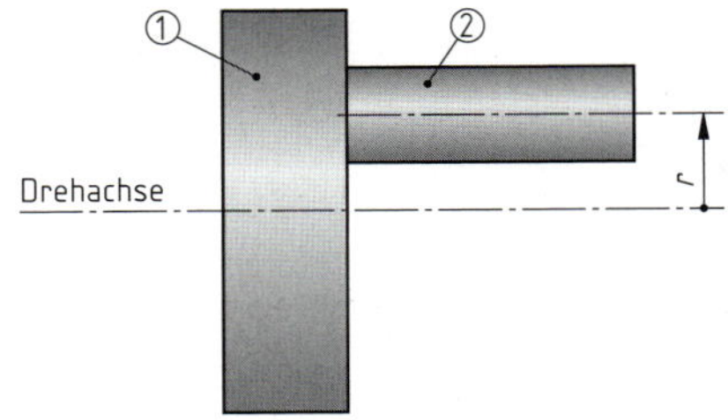

- J → das auf die Drehachse bezogene Trägheitsmoment des Einzelkörpers (z. B. Körper ②).
- J_s → das Trägheitsmoment des Einzelkörpers (z. B.) Körper ②). Dies ist das **Eigenträgheitsmoment** (→ Tabelle unten).
- m → Masse des Körpers, dessen Schwerpunkt nicht auf der Drehachse liegt.
- r → Abstand der Schwerachse dieses Körpers von der Drehachse.

C

Trägheitsmomente einfacher Körper (Massenträgheitsmomente)

Kreiszylinder

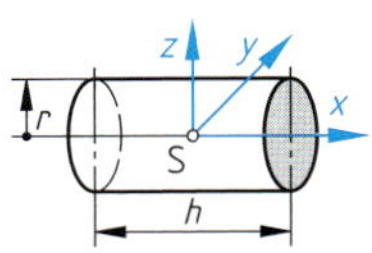

$$m = \varrho \cdot \pi \cdot r^2 \cdot h$$

$$J_x = \frac{m \cdot r^2}{2}$$

$$J_y = J_z = \frac{m \cdot (3 \cdot r^2 + h^2)}{12}$$

Hohlzylinder

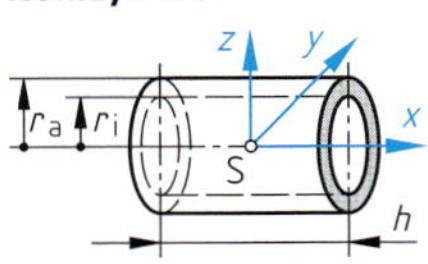

$$m = \varrho \cdot \pi \cdot (r_a^2 - r_i^2) \cdot h$$

$$J_x = \frac{m \cdot (r_a^2 + r_i^2)}{2}$$

$$J_y = J_z = \frac{m \cdot \left(r_a^2 + r_i^2 + \frac{h^2}{3}\right)}{4}$$

Kugel

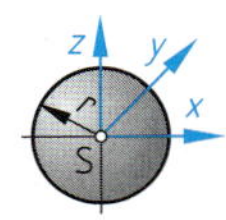

$$m = \varrho \cdot \frac{4}{3} \cdot \pi \cdot r^3$$

$$J_x = J_y = J_z = \frac{2}{5} \cdot m \cdot r^2$$

Kreiskegel

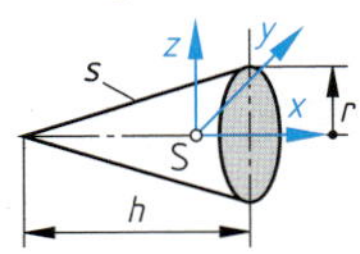

$$m = \varrho \cdot \pi \cdot r^2 \cdot \frac{h}{3}$$

$$J_x = \frac{3}{10} \cdot m \cdot r^2$$

$$J_y = J_z = \frac{3 \cdot m \cdot (4 \cdot r^2 + h^2)}{80}$$

Quader

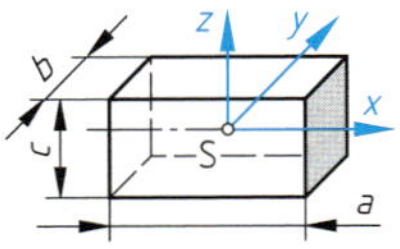

$$m = \varrho \cdot a \cdot b \cdot c$$

$$J_x = \frac{m \cdot (b^2 + c^2)}{12}$$

$$J_y = \frac{m \cdot (a^2 + c^2)}{12}$$

$$J_z = \frac{m \cdot (a^2 + b^2)}{12}$$

Dünner Stab

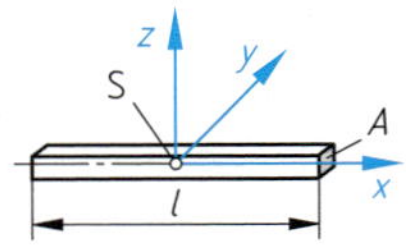

$$m = \varrho \cdot A \cdot l$$

$$J_y = J_z = \frac{m \cdot l^2}{12}$$

Hohlkugel

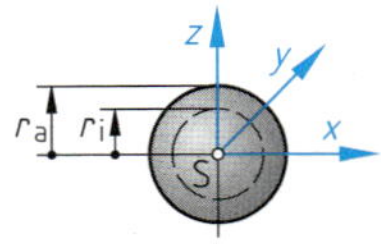

$$m = \varrho \cdot \frac{4}{3} \cdot \pi \cdot (r_a^3 - r_i^3)$$

$$J_x = J_y = J_z = \frac{2}{5} \cdot m \cdot \frac{r_a^5 - r_i^5}{r_a^3 - r_i^3}$$

Kreiskegelstumpf

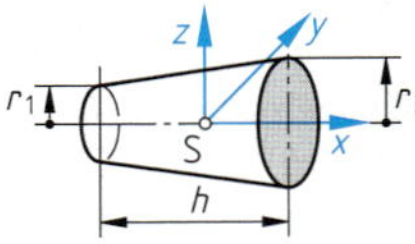

$$m = \varrho \cdot \frac{1}{3} \cdot \pi \cdot h \cdot (r_2^2 + r_1 \cdot r_2 + r_1^2)$$

$$J_x = \frac{3}{10} \cdot m \cdot \frac{r_2^5 - r_1^5}{r_2^3 - r_1^3}$$

Trägheitsmomente einfacher Körper (Massenträgheitsmomente)

Rechteckpyramide	**Kreistorus**	**Halbkugel**	**Beliebiger Rotationskörper**
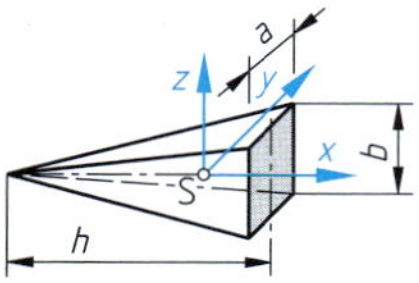	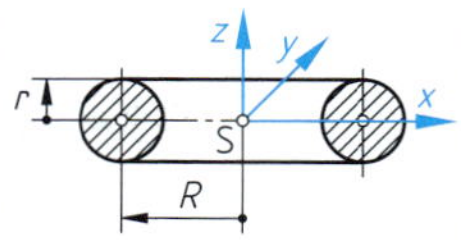	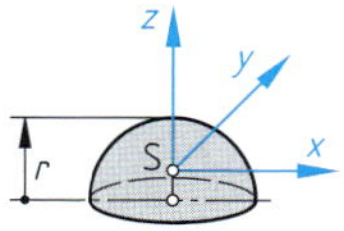	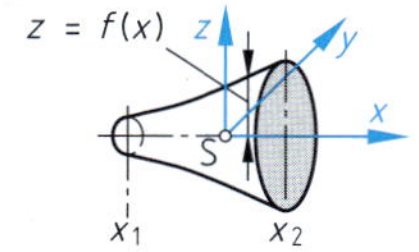
$m = \frac{\varrho \cdot a \cdot b \cdot h}{3}$	$m = \varrho \cdot 2 \cdot \pi^2 \cdot r^2 \cdot R$	$m = \varrho \cdot \frac{2}{3} \cdot \pi \cdot r^3$	$m = \varrho \cdot \pi \cdot \int_{x_1}^{x_2} f^2(x)\,dx$
$J_x = \frac{m \cdot (a^2 + b^2)}{20}$	$J_x = J_y = \frac{m \cdot (4 \cdot R^2 + 5 \cdot r^2)}{8}$	$J_x = J_y = \frac{83}{320} \cdot m \cdot r^2$	$J_x = \frac{1}{2} \cdot \varrho \cdot \pi \cdot \int_{x_1}^{x_2} f^4(x)\,dx$
$J_y = \frac{m \cdot \left(b^2 + \frac{3}{4} \cdot h^2\right)}{20}$	$J_z = \frac{m \cdot (4 \cdot R^2 + 3 \cdot r^2)}{4}$	$J_z = \frac{2}{5} \cdot m \cdot r^2$	
$J_z = \frac{m \cdot \left(a^2 + \frac{3}{4} \cdot h^2\right)}{20}$			

Reduzierte Masse in kg

$$m_{red} = \frac{J}{(r')^2}$$

Die reduzierte Masse ist eine punktförmig angenommene Masse an beliebig angenommenem Radius mit gleichem Trägheitsmoment wie es der Körper hat.

Trägheitsradius in m

$$i = \sqrt{\frac{J}{m}}$$

Drehmoment in Nm bei der **Rotationsbeschleunigung**

$$M = J \cdot \alpha$$

Dreharbeit in Nm

$$W_{rot} \cdot M \cdot \varphi$$

Drehstoß (Momentenstoß) in Nms

$$H = M \cdot \Delta t$$

Drehimpuls (Drall) in $\frac{\text{kg m}^2}{\text{s}}$

$$L = J \cdot \omega$$

Drehimpulserhaltung (Drallerhaltung)

$$J_0 \cdot \omega_0 = J_t \cdot \omega_t$$

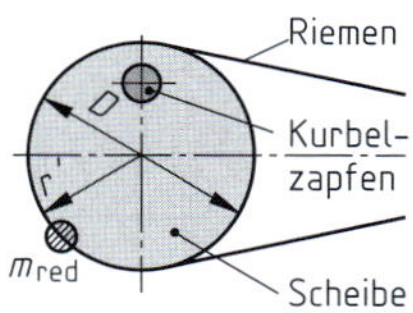

J	Massenträgheitsmoment	kg m²
r'	beliebig (aber sinnvoll) angenommener Radius	m
m	Masse des Drehkörpers	kg
α	Winkelbeschleunigung	1/s²
φ	Drehwinkel	rad
M	Drehmoment	Nm
t	Zeit (Δt)	s
ω	Winkelgeschwindigkeit	s^{-1}
ω_0	ω am Anfang der Drehbeschleunigung	s^{-1}
ω_t	ω am Ende der Drehbeschleunigung	s^{-1}

Verkleinert sich das **Massenträgheitsmoment** J, dann vergrößert sich – ohne Energiezufuhr von außen – die **Winkelgeschwindigkeit** ω und damit die **Drehzahl** n.

C

C

Vergleich der Translationsgrößen mit den Rotationsgrößen

Translationsgröße	Formelzeichen	Einheit	Rotationsgröße	Formelzeichen	Einheit
Weg	Δs	m	Drehwinkel	$\Delta\varphi$	rad
Zeit	Δt	s	Zeit	Δt	s
Geschwindigkeit	$v = \frac{\Delta s}{\Delta t}$	m/s	Winkelgeschwindigkeit	$\omega = \frac{\Delta\varphi}{\Delta t}$	$\frac{\text{rad}}{\text{s}} = \text{s}^{-1}$
Beschleunigung	$a = \frac{\Delta v}{\Delta t}$	m/s^2	Winkelbeschleunigung	$\alpha = \frac{\Delta\omega}{\Delta t}$	$\frac{\text{rad}}{\text{s}^2} = \text{s}^{-2}$
Leistung	$P = F \cdot v = \frac{W}{t}$	W	Drehleistung	$P = M \cdot \omega = \frac{E_{rot}}{t}$	W
Weg	$s = v \cdot t$	m	Drehwinkel	$\varphi = \omega \cdot t$	rad
Beschleunigung	$a = \frac{\Delta v}{\Delta t}$	m/s^2	Tangentialbeschleunigung	$a_t = \frac{\Delta v_u}{\Delta t}$	m/s^2
Geschwindigkeit	$v = a \cdot t$	m/s	Umfangsgeschwindigkeit	$v_u = a_t \cdot t$	m/s
kinetische Energie	$E_k = \frac{m}{2} \cdot v^2$	Nm	Rotationsenergie	$E_{rot} = \frac{J}{2} \cdot \omega^2$	Nm
Kraft	F	N	Drehmoment	M	Nm
Masse	m	kg	Trägheitsmoment	J	kg m^2
Arbeit	$W = F \cdot s$	Nm	Rotationsarbeit	$E_{rot} = M \cdot \varphi$	Nm
Impuls	$p = m \cdot v$	$\frac{\text{kg m}}{\text{s}}$	Drehimpuls	$L = J \cdot \omega$	$\frac{\text{kg m}^2}{\text{s}}$
Kraftstoß	$I = F \cdot \Delta t$	N · s	Drehstoß	$H = M \cdot \Delta t$	Nms

C 1.22 Gravitation

Das Gravitationsgesetz

Gravitationskonstante

$$G = 6{,}674 \cdot 10^{-11}\ \frac{\text{m}^3}{\text{kg} \cdot \text{s}^2}$$

Gravitationskraft

$$F = G \cdot \frac{m_1 \cdot m_2}{r^2}$$

$$[F] = [G] \cdot \frac{[m_1] \cdot [m_2]}{[r^2]} = \frac{\text{m}^3}{\text{kg} \cdot \text{s}^2} \cdot \frac{\text{kg} \cdot \text{kg}}{\text{m}^2} = \frac{\text{kgm}}{\text{s}^2} = \textbf{N}$$

Die Gravitationskraft ist proportional dem Produkt der beiden Massen und umgekehrt proportional zum Quadrat des Abstandes der beiden Massenschwerpunkte.

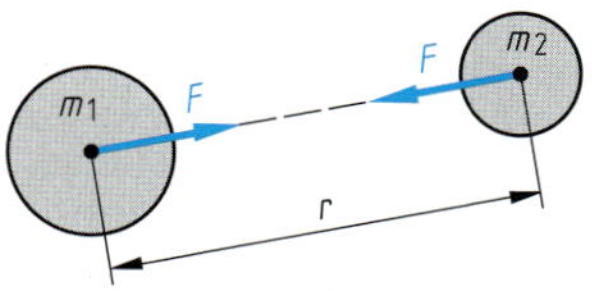

F	Gravitationskraft	N
G	Gravitationskonstante	$\text{m}^3/(\text{kg s}^2)$
m_1, m_2	sich anziehende Massen	kg
r	Abstand der Massenschwerpunkte	m

Die **Gewichtskraft** F_g ist eine Gravitationskraft.

Himmelsmechanik

1. *Kepler*'sches Gesetz:

Die **Planetenbahnen** sind **Ellipsen** mit einem gemeinsamen Brennpunk, in dem die **Sonne** steht.

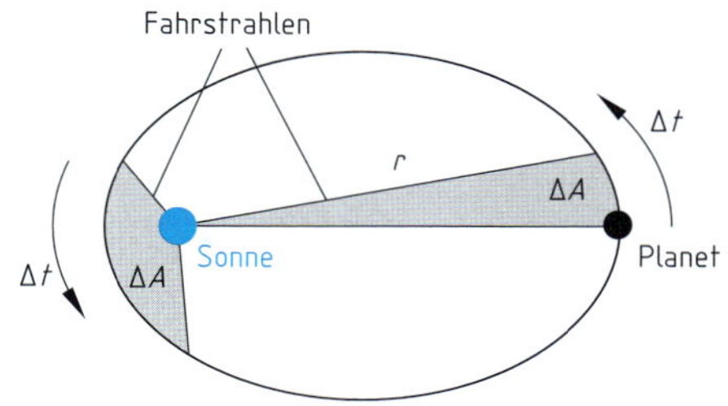

2. *Kepler*'sches Gesetz:

Der Fahrstrahl Sonne – Planet überstreicht in gleichen Zeiten gleiche Flächen.

$$\frac{\Delta A}{\Delta t} = \text{konst.}$$ (mathematische Form)

3. *Kepler*'sches Gesetz:

Die Quadrate der **Umlaufzeiten** aller Planeten verhalten sich wie die dritten Potenzen ihrer **mittleren Entfernungen** von der Sonne.

$$\frac{a^3}{T^2} = \text{konst.}$$

$$\frac{T_1^2}{T_2^2} = \frac{a_1^3}{a_2^3}$$

ΔA	vom Fahrstrahl überstrichene Fläche	m^2
Δt	Zeitspanne zum Überstreichen der Fläche ΔA	s
T_1, T_2	Umlaufzeiten zweier Planeten	s
a_1, a_2	mittlere Abstände zweier Planeten von der Sonne	m

C

Wirkungen der Gravitation

Zentripetalbeschleunigung

$$a_z = r \cdot \frac{4\,\pi^2}{T^2}$$

Fallbeschleunigung

$$g = g_n \cdot \frac{r_0^2}{r^2}$$

Stabile Umlaufgeschwindigkeit

$$v_u = \sqrt{g_n \cdot \frac{r_0^2}{r}}$$

Fluchtgeschwindigkeit

$$v_f = \sqrt{2 \cdot g_n \cdot r_0}$$

a_z	Zentripetalbeschleunigung	m/s^2
r	momentaner Umlaufradius	m
T	Umlaufzeit	s
g	Fallbeschleunigung im Abstand r vom Erdmittelpunkt	m/s^2
g_n	Normfallbeschleunigung (siehe C 1.5)	m/s^2
r_0	Erdradius (6370 km)	m
r	Abstand vom Erdmittelpunkt	m
v_u	Umlaufgeschwindigkeit eines Satelliten	m/s
v_f	Geschwindigkeit, die erforderlich ist, das **Gravitationsfeld** der Erde zu verlassen. Man nennt diese die Fluchtgeschwindigkeit oder die zweite kosmische Geschwindigkeit.	

C 2 Mechanik der Fluide

C

C 2.1 Wirkungen der Molekularkräfte

Oberflächenspannung (Grenzflächenspannung)

Durch **Kohäsionskräfte** in der Flüssigkeit und **Adhäsionskräfte** zwischen der Flüssigkeit und dem an der Oberfläche der Flüssigkeit angrenzenden Gas bzw. Dampf wird das **Oberflächenverhalten des flüssigen Körpers** hervorgerufen.

Oberflächenspannung (Definition)

$$\sigma = \frac{\Delta W}{\Delta A}$$

Ermittlung der Oberflächenspannung im Versuch

$$\sigma = \frac{F}{2 \cdot d \cdot \pi}$$

σ	Oberflächenspannung	N/m
ΔW	Änderung der Oberflächenenergie	N · m = J
ΔA	Änderung der Oberflächengröße	m²
F	Kraft	N
d	Ringdurchmesser	m

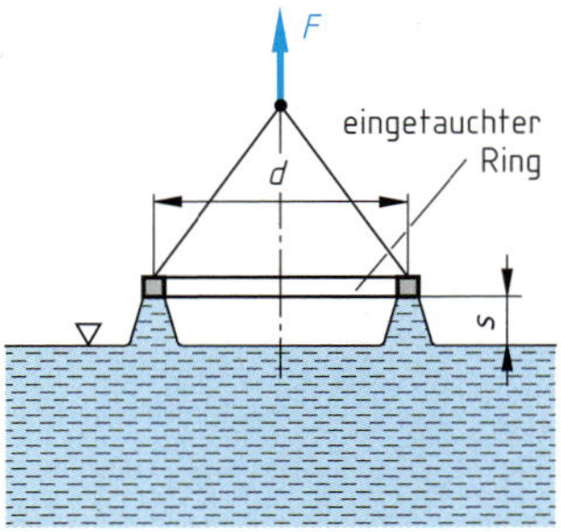

Steighöhe in einer Kapillare

Bei der **Kapillarwirkung** und der **Randausbildung** unterscheiden sich:

benetzende Flüssigkeit

nicht benetzende Flüssigkeit

Steighöhe bei völliger Benetzung

$$h = \frac{2 \cdot \sigma}{g \cdot r \cdot \varrho}$$

σ	Oberflächenspannung	N/m
g	Fallbeschleunigung	m/s²
r	Radius der Kapillare	m
ϱ	Dichte der Flüssigkeit	kg/m³
h	Steighöhe	m

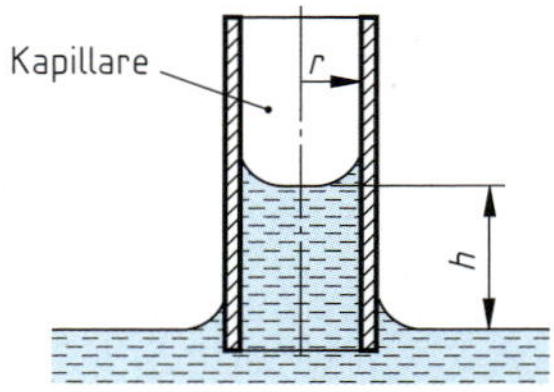

C 2.2 Hydrostatischer Druck

Druckberechnung, Druckeinheiten

Pressdruck in N/m²

$$p = \frac{F}{A}$$

Schweredruck in N/m²

$$p = h \cdot \varrho \cdot g$$

Die SI-Einheit für den Druck ist das **Pascal**. Einheitenzeichen: **Pa**.

1 Pa = 1 N/m²

10⁵ Pa = 1 bar

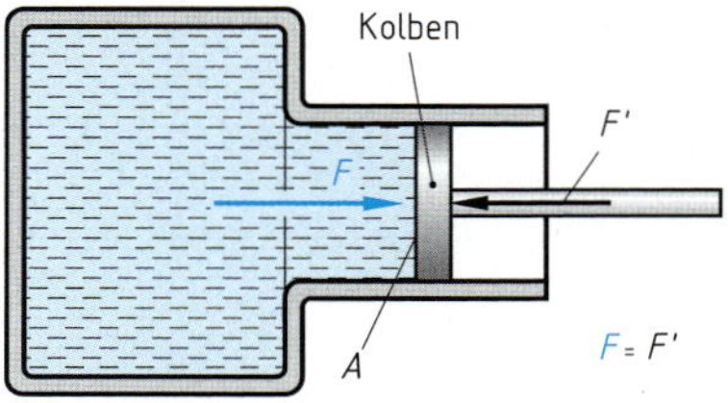

p	Druck	N/m², Pa
F	senkrecht zur Fläche wirkende Kraft	N
A	gedrückte Fläche	m²
h	Höhe einer Flüssigkeitssäule	m
ϱ	Dichte der Flüssigkeit	kg/m³
g	Fallbeschleunigung	m/s²

Gebräuchliche dezimale Teile und dezimale Vielfache der Druckeinheit

1 Mikropascal	= 1 µPa	= 0,000001 Pa	= 10^{-6} Pa
1 Hektopascal	= 1 hPa	= 100 Pa	= 10^{2} Pa
1 Kilopascal	= 1 kPa	= 1000 Pa	= 10^{3} Pa
1 Megapascal	= 1 MPa	= 1000000 Pa	= 10^{6} Pa

1 Hektopascal = 1 Millibar
1 hPa = 1 mbar

Umrechnung alter Druckeinheiten in Pascal

Frühere Einheiten	Umrechnung in		
	N/m^2 = Pa	hPA = mbar	bar = 10^5 Pa
$1 = \frac{kp}{cm^2} = 1$ at	98066,5	980,665	0,980665
1 mWS	9806,65	98,0665	0,0980665
1 Torr = 1 mm QS	133,322	1,33322	0,00133322
1 atm	101325	1013,25	1,01325

at: **technische Atmosphäre**, atm: **physikalische Atmosphäre**, mWS: **Meter Wassersäule**, mm QS: **Millimeter Quecksilbersäule** (jetzt mm Hg)

Kompressibilität infolge Druckänderung

Kompressibilität

$$\varkappa = \frac{\Delta V}{V} \cdot \frac{1}{\Delta p}$$

Kompressionsmodul

$$K = \frac{1}{\varkappa}$$

$\varkappa$	Kompressibilität	bar^{-1}
ΔV	Volumenänderung infolge Druckänderung	m^3
V	Ausgangsvolumen	m^3
Δp	Druckänderung	bar
K	Kompressionsmodul	bar

C 2.3 Aerostatischer Druck

→ C 2.4; C 2.5; C 3.4; E 1.3

Der absolute Druck p_{abs} ist der Druck gegenüber dem Druck Null im leeren Raum.

Die Differenz zwischen einem absoluten Druck p_{abs} und dem jeweiligen (absoluten) Atmosphärendruck p_{amb} ist die atmosphärische Druckdifferenz p_e. Diese wird auch Überdruck p_e genannt.

Überdruck

$$p_e = p_{abs} - p_{amb}$$

Überdrücke können sowohl positiv als auch negativ sein.

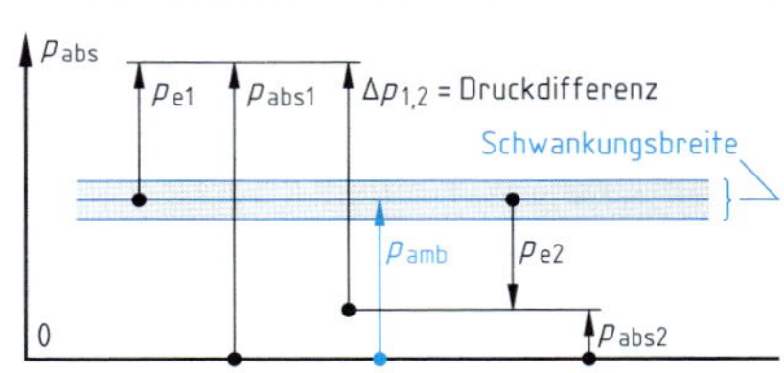

p_e	Überdruck	N/m^2, bar
p_{abs}	absoluter Druck	N/m^2, bar
p_{amb}	Atmosphärendruck	N/m^2, bar

negativer Überdruck = **Unterdruck**

Barometrische Höhenformel

$$p_{amb} = p_0 \cdot 10^{(-h/h')}$$

$$h = h' \cdot \lg \frac{p_0}{p_{amb}}$$

p_{amb}	Atmosphärendruck in der Höhe h	hPa
p_0	Druck in Meereshöhe = 1013 hPa	hPa
h	Höhe in der der Druck p_{amb} vorhanden ist	m

Formeln nur unter Annahme konstanter Temperatur gültig. $\boldsymbol{h' = 18400}$ **m.**

C

Gesetz von Boyle-Mariotte

$$\frac{p_1}{p_2} = \frac{V_2}{V_1}$$

$$p_1 \cdot V_1 = p_2 \cdot V_2 = \ldots = \text{konst.}$$

p	absoluter Druck	N/m^2, bar
V	Gasvolumen	m^3

Das Gesetz von Boyle-Mariotte beschreibt die Zustandsänderung eines **idealen Gases** bei **konstanter Temperatur**, d.h. einer isothermen **Zustandsänderung**

Index 1: Zustand 1 **Index 2:** Zustand 2

Normzustand

$$p_n = 101325 \text{ Pa} = 1{,}01325 \text{ bar}$$
$$\vartheta_n = 0\ °C$$

Die **Normdichte** ϱ_n eines Gases oder Dampfes ist seine Dichte im Normzustand.

ϑ_n	Normtemperatur	°C
p_n	Normdruck	N/m^2, bar

Gas- bzw. Dampfdichte bei konstanter Temperatur

$$\frac{\varrho_1}{\varrho_2} = \frac{p_1}{p_2} = \frac{V_2}{V_1}$$

Dichte im Zustand *i*

$$\varrho_i = \varrho_n \cdot \frac{p_i}{p_n}$$

ϱ	Gas- bzw. Dampfdichte	kg/m^3
p	absoluter Druck	N/m^2, bar
V	Volumen	m^3
ϱ_n	Normdichte	kg/m^3
T	absolute Temperatur	K

C 2.4 Druckkraft

Druckausbreitung

In einer **Flüssigkeit** bzw. einem **Gas** oder einem **Dampf** pflanzt sich der Druck nach allen Seiten in gleicher Größe fort. Die **Druckkraft** wirkt stets in senkrechter Richtung auf die gedrückte Fläche.

↓

Druckfortpflanzungsgesetz von Pascal

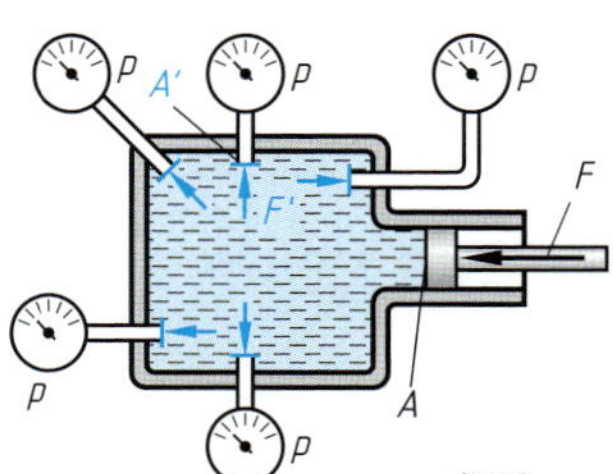

Druckkraft auf Flächen

Druckkraft auf ebene Fläche

$$F = p \cdot A$$

Druckkraft auf kreisförmig gewölbte Fläche

$$F = p \cdot A_{proj} = p \cdot \frac{\pi}{4} \cdot d^2$$

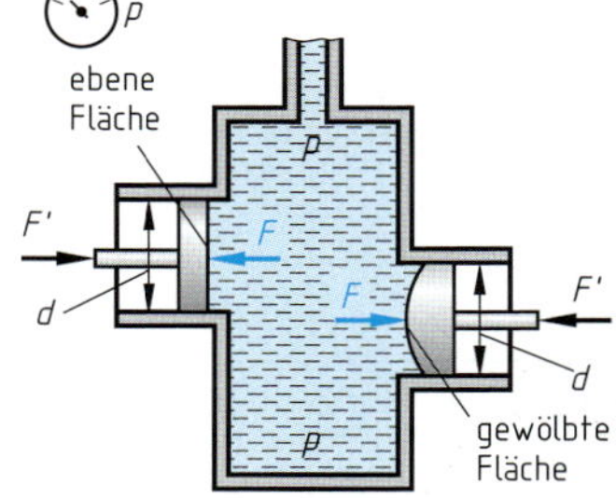

Die Druckkraft auf eine **gewölbte Fläche** ist gleich dem Produkt aus dem Flüssigkeits- oder Gasdruck und der senkrechten Projektion dieser Fläche. Dies gilt auch für eine **geneigte Fläche**.

p	Gas- oder Flüssigkeitsdruck	N/m^2, bar
A	gedrückte Fläche	m^2
A_{proj}	senkrechte Projektion der gewölbten oder geneigten Fläche	m^2
d	Kolbendurchmesser	m
F	Kraft	N

Hydraulische Kraftübersetzung

Erzeugte Kolbenkraft in N

$$F_1 = F_2 \cdot \frac{D^2}{d^2}$$

Verdrängtes Flüssigkeitsvolumen in m³

$$V_2 = \frac{\pi}{4} \cdot d^2 \cdot s_2$$

Freigegebenes Flüssigkeitsvolumen in m³

$$V_1 = \frac{\pi}{4} \cdot D^2 \cdot s_1$$

Aufgewendete Arbeit in Nm

$$W_a = F_2 \cdot s_2$$

Nutzarbeit in Nm (ohne Verluste)

$$W_n = F_1 \cdot s_1$$

Nutzarbeit in Nm (mit Verlusten)

$$W'_n = F'_1 \cdot s_1$$

Wirkungsgrad

$$\eta = \frac{W'_n}{W_a} = \frac{F'_1 \cdot s_1}{F_2 \cdot s_2} < 1$$

Verhältnis der Kolbenwege

$$\frac{s_1}{s_2} = \frac{d^2}{D^2} = \frac{1}{i}$$

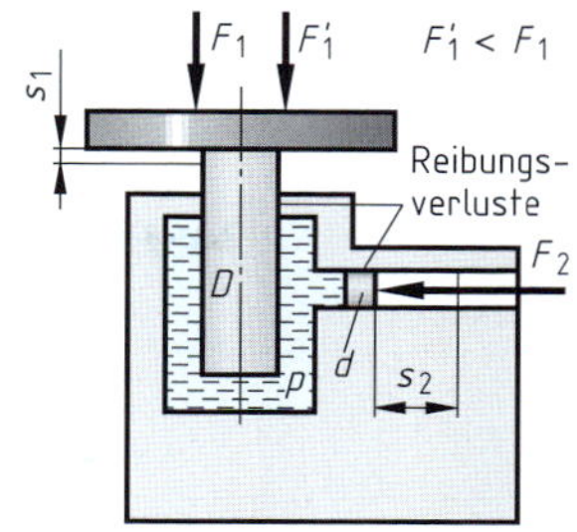

F_1	erzeugte Kolbenkraft	N
F'_1	erzeugte Kolbenkraft unter Einbeziehung von η	N
F_2	aufgewendete Kolbenkraft	N
d	kleiner Kolbendurchmesser	m
D	großer Kolbendurchmesser	m
s_1	Nutzweg	m
s_2	aufgewendeter Weg	m
i	hydraulisches Kraftübersetzungsverhältnis	1
W	Arbeit	Nm
V	Volumen	m³
η	Wirkungsgrad	1

Die Kräfte verhalten sich wie die Quadrate der Druchmesser.

Die Kolbenwege verhalten sich umgekehrt proportional zu den Quadraten der den Kolben zugehörigen Durchmessern.

Hydraulische Druckübersetzung

Druckübersetzungsverhältnis

$$\frac{p_2}{p_1} = \frac{D^2}{d^2} = i$$

Erzeugter Druck (ohne Verluste)

$$p_2 = p_1 \cdot \frac{D^2}{d^2}$$

Erzeugter Druck (mit Verlusten)

$$p_2 = \eta \cdot p_1 \cdot \frac{D^2}{d^2}$$

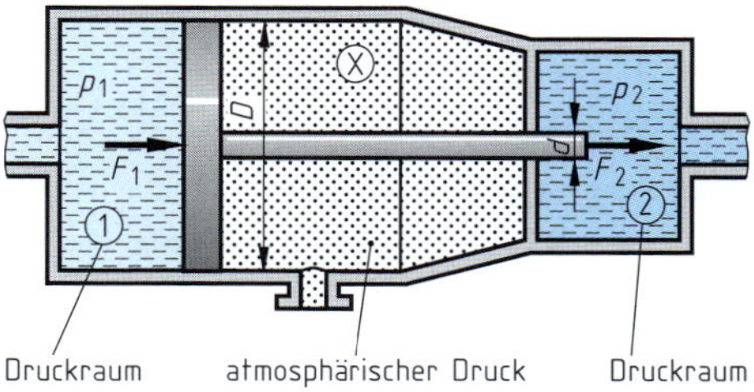

Bei der hydraulischen Druckübersetzung liegen zwei durch den Raum ⊗ getrennte Druckräume ① und ② vor.

p_1	kleiner Druck	N/m², bar
p_2	großer Druck	N/m², bar
d	kleiner Kolbendruchmesser	m
D	großer Kolbenduchmesser	m
i	Übersetzungsverhältnis	1
η	Wirkungsgrad	1

Die Drücke verhalten sich umgekehrt wie die Quadrate der zugehörigen Kolbendurchmesser.

C

C 2.5 Flüssigkeitsgewicht und hydrostatischer Druck

→ E 3.4; H 1.2

Schweredruck

$$p_s = h \cdot \varrho \cdot g$$

Statische Druckhöhe

$$h_{st} = \frac{p}{\varrho \cdot g}$$

Der Schweredruck in einer Flüssigkeit steigt proportional mit der Flüssigkeitstiefe h, d.h. mit der Höhe der **Flüssigkeitssäule**.

p_s	statischer Druck (Schweredruck)	N/m^2, bar
h_{st}	statische Druckhöhe	m
ϱ	Dichte der Flüssigkeit	kg/m^3
g	Fallbeschleunigung	m/s^2

Druckverteilungsdiagramm

Gesamtdruck

$$p_{ges} = \Sigma p$$

In einer **waagrechten Flüssigkeitsebene** ist der Gesamtdruck an jeder Stelle gleich groß.

Bei nicht mischbaren Flüssigkeiten unterschiedlicher Dichte ϱ ergeben sich deshalb **Trennflächen**.

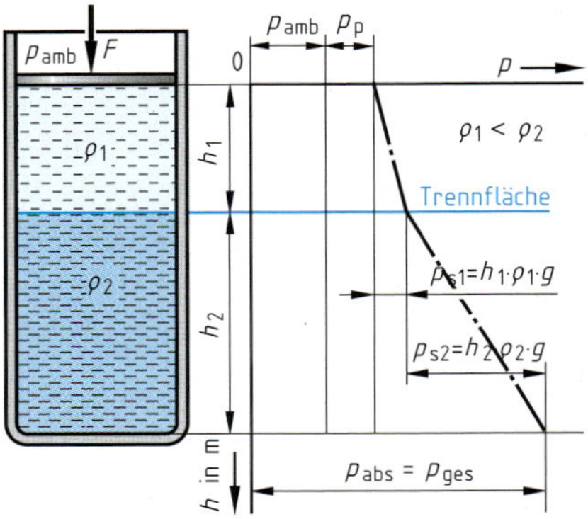

p_{ges}	Gesamtdruck	N/m^2, bar
A	am Gefäßboden gedrückte Fläche	m^2

Bodendruckkraft in N

$$F_b = p_{ges} \cdot A$$

$$F_b = h \cdot \varrho \cdot g \cdot A$$

Hydrostatisches Paradoxon

Die Bodendruckkraft ist nicht von der Form des die Flüssigkeit aufbewahrenden Gefäßes abhängig.

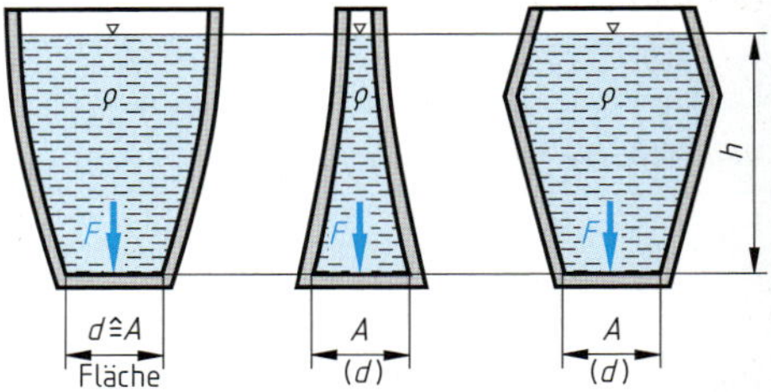

Die Seitendruckkraft

Senkrechte Seitenwand

Abstand des Druckmittelpunktes D vom Schwerpunkt S der Fläche

$$e = \frac{I}{A \cdot h_s}$$

Seitendruckkraft in N

$$F_s = h_s \cdot \varrho \cdot g \cdot A$$

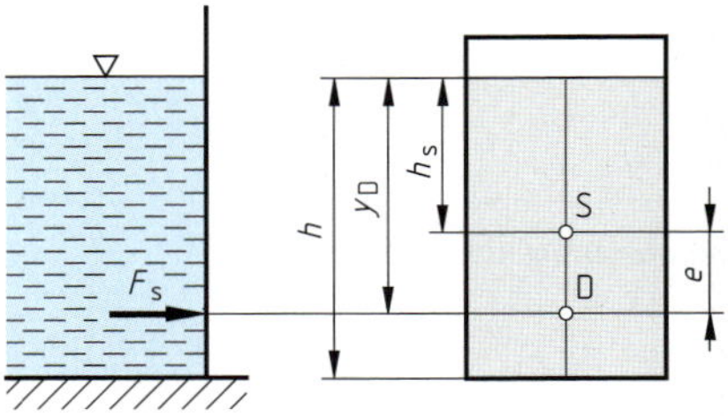

F	Kraft	N
h	Höhe der Flüsigkeitssäule	m
p	Druck	N/m^2, bar
e	Abstand $\overline{DS}$	m
p_{amb}	Luftdruck	N/m^2, bar

Formelzeichen teilweise auf nächster Seite

Symmetrische schräge Wand

Abstand des Druckmittelpunktes vom Flächenschwerpunkt

$$e = \frac{I_s}{A \cdot y_s}$$

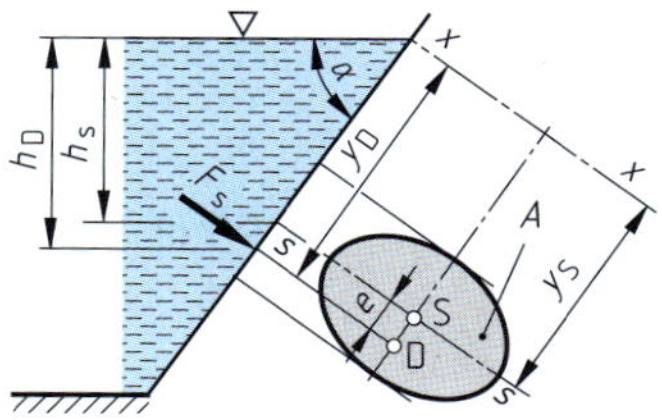

Seitendruckkraft in N

$$F_s = \varrho \cdot g \cdot y_s \cdot \sin\alpha \cdot A$$

Die **Größe der Seitendruckkraft** F_s ist gleich dem Produkt aus dem hydrostatischen Druck am Flächenschwerpunkt und der gedrückten Fläche.

Angriffpunkt der Seitendruckkraft ist der **Druckmittelpunkt** D.

I, I_s	Flächenmoment 2. Grades	m^4
A	gedrückte Fläche	m^2
h_s	Abstand des Schwerpunktes vom Flüssigkeitsspiegel	m
ϱ	Flüssigkeitsdichte	kg/m^3
g	Fallbeschleunigung	m/s^2
α	Neigungswinkel der Fläche	Grad

C

Verbundene Gefäße (kommunizierende Gefäße)

$$\frac{h_1}{h_2} = \frac{\varrho_2}{\varrho_1}$$

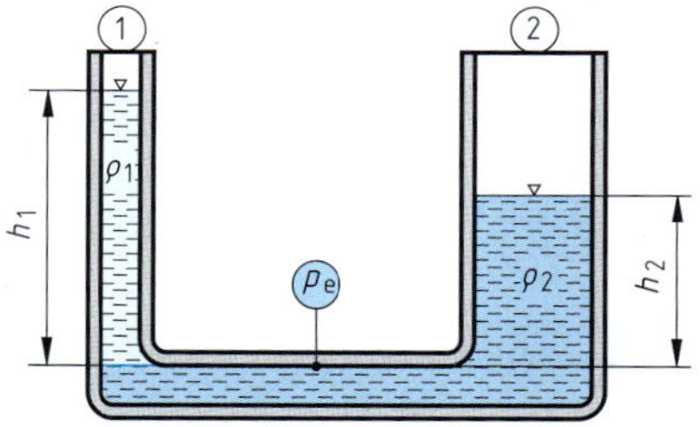

Bei unterschiedlichen Dichten verhalten sich die Flüssigkeitshöhen über den Trennungsflächen umgekehrt wie die zugehörigen Flüssigkeitsdichten.

Bei $\varrho_1 = \varrho_2$ bzw. bei homogener Füllung ist $h_1 = h_2$.

Die Saugwirkung

Saughöhe in m

$$h_0 = \frac{p_{amb} - p_{abs}}{\varrho \cdot g}$$

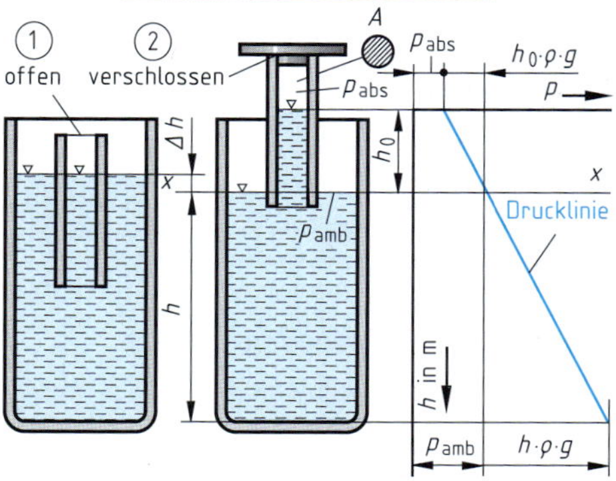

Ist $p_{abs} = 0$ (vollständiges Vakuum), so erreicht die Saughöhe ihren Größtwert.

Je kleiner die Dichte des geförderten Mediums ist, desto größer ist die Saughöhe h_0.

p_{amb}	Atmosphärendruck	N/m^2, bar
p_{abs}	absoluter Druck im Saugraum	N/m^2, bar
ϱ	Dichte der Flüssigkeit	kg/m^3
g	Fallbeschleunigung	m/s^2

C 2.6 Auftrieb in Flüssigkeiten und Gasen

Prinzip von Archimedes

Der Betrag der nach oben gerichteten **Auftriebskraft** F_A ist gleich der **Gewichtskraft** F_g der verdrängten Flüssigkeit.

Statische Auftriebskraft in N

$$F_A = V \cdot \varrho_F \cdot g$$

Tauchgewichtskraft in N

$$F'_g = F_g - F_A$$

Verdrängtes Flüssigkeitsvolumen = Körpervolumen = Fluidvolumen

$$V = V_K = V_F$$

Die Größe der Auftriebskraft hängt bei vollständig eingetauchtem Körper nicht von der **Eintauchtiefe** ab.

Dichte eines in ein Fluid eingetauchten Körpers

$$\varrho_K = \varrho_F + \frac{F'_g}{V \cdot g}$$

Das Prinzip von Archimedes ist bei allen Fluidformen (Flüssigkeit, Gas, Dampf) anwendbar.

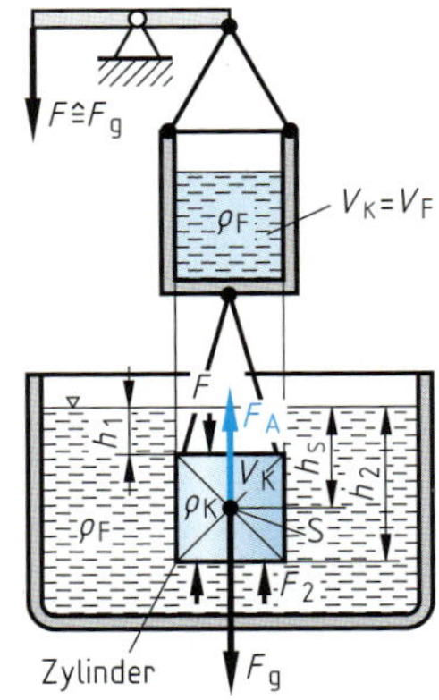

F_A	statische Aufriebskraft	N
V	verdrängtes Volumen	m^3
ϱ_F	Fluiddichte	kg/m^3
g	Fallbeschleunigung	m/s^2
F_g	Gewichtskraft des Körpers	N
F'_g	Tauchgewichtskraft	N
ϱ_K	Dichte des eingetauchten Körpers	kg/m^3

C

C 2.7 Ausbildung von Flüssigkeitsoberflächen

Allgemeine Eigenschaften der Flüssigkeiten

Flüssigkeiten sind **leicht verformbar**, haben ein **beinahe unveränderliches Volumen** und stellen ihre **Oberfläche stets senkrecht zur Resultierenden aller auf sie wirkenden Kräfte** ein.

In **ruhenden und gleichförmig bewegten Gefäßen** ist die Flüssigkeitsoberfläche eine horizontale Ebene.

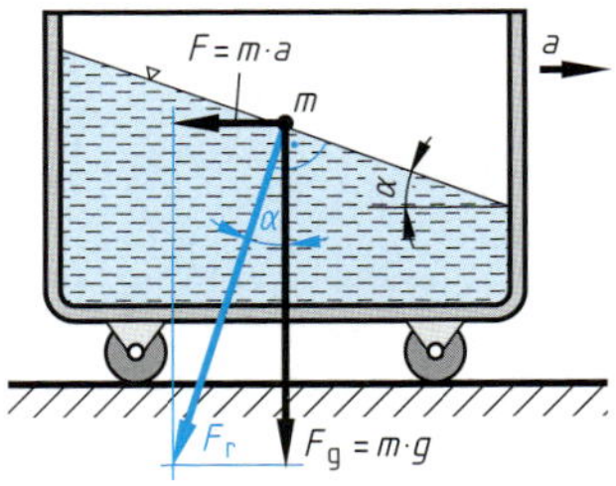

Gleichmäßig beschleunigtes Gefäß

Berechnung des Neigungswinkels

$$\tan \alpha = \frac{a}{g}$$

m	Masse	kg
a	Beschleunigung	m/s^2
g	Fallbeschleunigung	m/s^2

Rotierendes Gefäß

Die Oberfläche einer rotierenden Flüssigkeit hat die Form eines Paraboloids.

Dies gilt jedoch nur für den Fall, dass die **Flüssigkeitsreibung** nicht berücksichtigt wird.

Höhe eines Parabelpunktes

$$h = \frac{r^2 \cdot \omega^2}{2 \cdot g}$$

r	Abstand eines Parabelpunktes	m
ω	Winkelgeschwindigkeit	s^{-1}
h	Höhe eines Parabelpunktes	m
g	Fallbeschleunigung	m/s^2
D	größter Parabeldurchmesser	m
H_p	Parabelhöhe	m

Berechnung des Neigungswinkels

$$\tan \alpha = \frac{r \cdot \omega^2}{g}$$

$$\tan \alpha = \frac{2 \cdot h}{r}$$

Gesamthöhe der Parabel

$$H_p = \frac{D^2 \cdot \omega^2}{8 \cdot g}$$

Steighöhe = Sinkhöhe

$$h_1 = h_2$$

Bezogen auf den ursprünglichen **Wasserspiegel** ist die Erhebung am Rande h_2 gleich der Einsenkung der Parabel in der Mitte h_1.

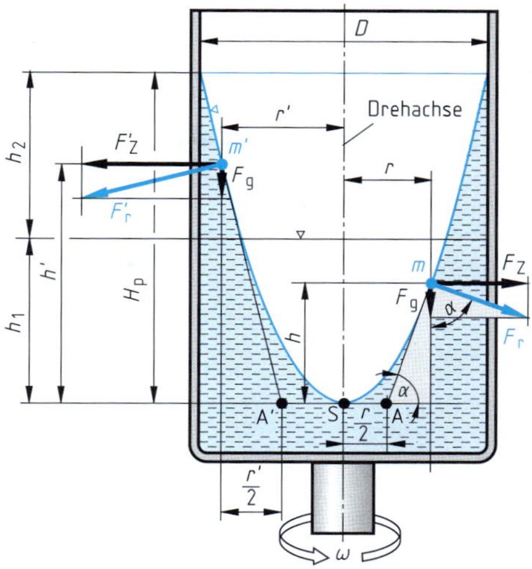

F_Z	Fliehkraft	N

C

C 2.8 Geschwindigkeitsänderungen inkompressibler Fluide

→ E 3.4

Definition des inkompressiblen Fluids

Für die technische Praxis gilt:

Inkompressibilität bei Gasen und Dämpfen

$$v \leq 100 \ \frac{\text{m}}{\text{s}}$$

Flüssigkeiten werden in der Strömungslehre grundsätzlich als **inkompressibel** behandelt. **Gase und Dämpfe** werden unter der Voraussetzung, dass ihre **Strömungsgeschwindigkeit** wesentlich kleiner ist als die **Schallgeschwindigkeit** im Medium, als inkompressibel behandelt.

Kontinuitätsgleichung für inkompressible Fluide (Durchflussgleichung)

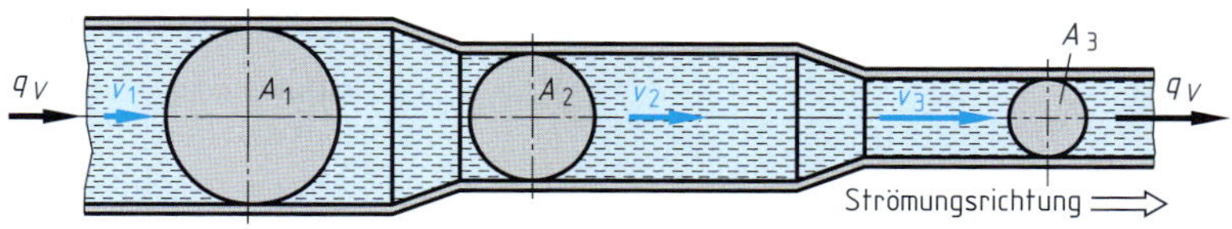

Volumenstrom (Durchfluss)

$$q_V = A \cdot v = \text{konst.}$$

$$q_V = A_1 \cdot v_1 = A_2 \cdot v_2 = \ldots = \text{konst.}$$

Massenstrom

$$q_m = q_V \cdot \varrho = A \cdot v \cdot \varrho = \text{konst.}$$

$$\frac{v_1}{v_2} = \frac{d_2^2}{d_1^2}$$

$$v_2 = v_1 \cdot \frac{d_1^2}{d_2^2}$$

q_V	Volumenstrom (Durchfluss)	m^3/s
A	Strömungsquerschnitt	m^2
v	Strömungsgeschwindigkeit	m/s
q_m	Massenstrom	kg/s
ϱ	Fluiddichte	kg/m^3
d	Rohrdurchmesser	m

Die **Strömungsgeschwindigkeiten** inkompressibler Fluide verhalten sich **bei kreisförmigen Querschnitte** umgekehrt wie die Quadrate der Durchmesser.

C 2.9 Energieerhaltung inkompressibler Fluide

→ E 3.4

Strömungsenergie

Potentielle Energie

$$E_p = m \cdot g \cdot h$$

Kinetische Energie

$$E_k = \frac{m}{2} \cdot v^2$$

Druckenergie

$$E_d = p \cdot V$$

Strömungsenergie

$$E = E_d + E_p + E_k$$

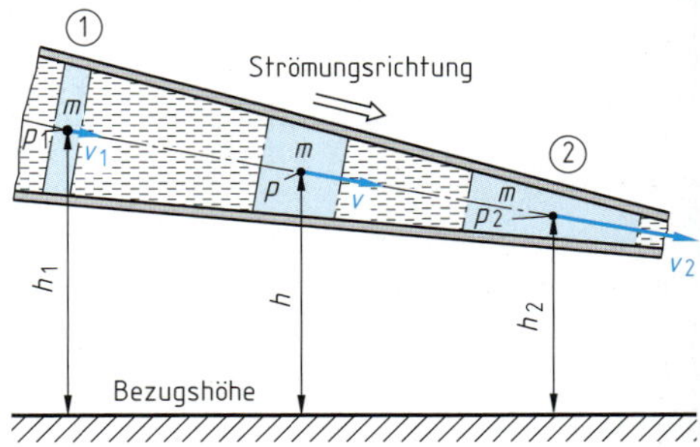

Die Energie in einem strömenden Fluid **(Strömungsenergie)** setzt sich aus potenzieller Energie, kinetischer Energie und Druckenergie zusammen.

C

Die *Bernoulli*'sche Gleichung

Energiegleichung in Nm

$$E = E_d + E_p + E_k = \text{konst.}$$

$$E = p \cdot V + V \cdot \varrho \cdot g \cdot h + \frac{V \cdot \varrho}{2} \cdot v^2 = \text{konst.}$$

Druckgleichung in $\frac{\text{N}}{\text{m}^2}$

$$p_1 + \varrho \cdot g \cdot h_1 + \frac{\varrho}{2} \cdot v_1^2 = p_2 + \varrho \cdot g \cdot h_2 + \frac{\varrho}{2} \cdot v_2^2$$

Druckhöhengleichung in m

$$\frac{p_1}{\varrho \cdot g} + h_1 + \frac{v_1^2}{2 \cdot g} = \frac{p_2}{\varrho \cdot g} + h_2 + \frac{v_2^2}{2 \cdot g}$$

Energiegleichung bei horizontaler Leitung

$$p_1 \cdot V + \frac{V \cdot \varrho}{2} \cdot v_1^2 = p_2 \cdot V + \frac{V \cdot \varrho}{2} \cdot v_2^2$$

Druckgleichung bei horizontaler Leitung

$$p_1 + \frac{\varrho}{2} \cdot v_1^2 = p_2 + \frac{\varrho}{2} \cdot v_2^2$$

Druckhöhengleichung bei horizontaler Leitung

$$\frac{p_1}{\varrho \cdot g} + \frac{v_1^2}{2 \cdot g} = \frac{p_2}{\varrho \cdot g} + \frac{v_2^2}{2 \cdot g}$$

E	Strömungsenergie	Nm
E_d	Druckenergie = $p \cdot V$	Nm
E_p	potenzielle Energie = $V \cdot \varrho \cdot g \cdot h$	Nm
E_k	kinetische Energie = $(V \cdot \varrho/2) \cdot v^2$	Nm
p	statischer Druck	N/m^2, bar
V	Volumen	m^3
ϱ	Fluiddichte	kg/m^3
g	Fallbeschleunigung	m/s^2
h	geodatische Höhe	m
v	Strömungsgeschwindigkeit	m/s

p	→	**statischer Druck** in N/m^2
$\varrho \cdot g \cdot h$	→	**geodätischer Druck** in N/m^2
$\frac{\varrho}{2} \cdot v^2$	→	**Geschwindigkeitsdruck** in N/m^2

$\frac{p}{\varrho \cdot g}$	→	**statische Höhe** in m
h	→	**geodätische Höhe** in m
$\frac{v^2}{2 \cdot g}$	→	**Geschwindigkeitshöhe** in m

Index 1: Stelle 1, **Index 2:** Stelle 2

Bei **horizontaler Leitung** ist der geodätische Höhenunterschied null, so dass jeweils das mittlere Summenglied entfällt.

Anwendungen zur Gleichung von Bernoulli

Venturi-Prinzip (Saugwirkung)

Druck an der Stelle 2

$$p_2 = p_1 + \frac{\varrho}{2} \cdot (v_1^2 - v_2^2)$$

Saugwirkung bei $p_2 < p_{amb}$

Formelzeichen entsprechend der Gleichungen von Bernoulli.

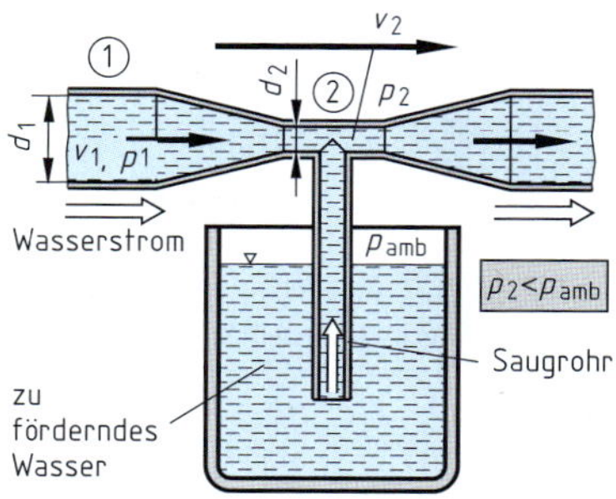

Messung der Strömungsgeschwindigkeit

Strömungsgeschwindigkeit an der Stelle 1

$$v_1 = \sqrt{2 \cdot g \cdot \left(\frac{p_2}{\varrho \cdot g} - \frac{p_1}{\varrho \cdot g}\right)}$$

$$v_1 = \sqrt{\frac{2}{\varrho} \cdot (p_2 - p_1)}$$

$$v_1 = \sqrt{2 \cdot g \cdot (h_2 - h_1)} = \sqrt{2 \cdot g \cdot \Delta h}$$

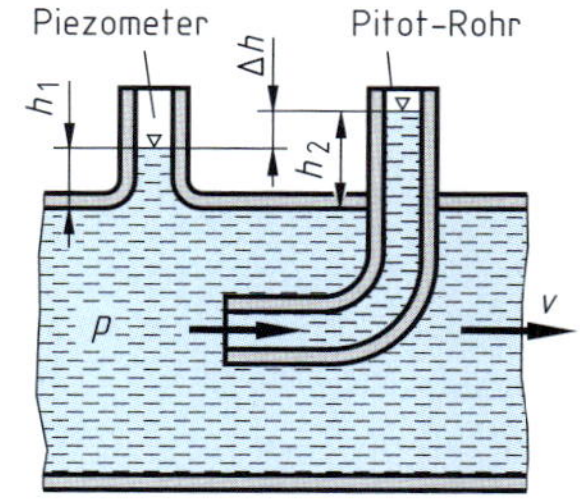

Im **Piezometer** (Steigrohr) wird die statische Druckhöhe gemessen, im **Pitot-Rohr** (Hakenrohr) wird die statische Druckhöhe **und** die dynamische Druckhöhe gemessen.

Ausfluss von Flüssigkeiten bei konstanter Spiegelhöhe

Beschaffenheit einer kreisrunden Ausflussöffnung	**Ausflusszahl** μ
scharfkantig und rau	0,62 … 0,64
gut gerundet und glatt	0,97 … 0,99

Ausflusszahl < 1

$$\mu = \alpha \cdot \varphi$$

Formeln auf den beiden nächsten Seiten

q_V	Volumenstrom	m^3/s
A	Strömungsquerschnitt	m^2
v	Strömungsgeschwindigkeit	m/s
μ	Ausflusszahl	1
α	Einschnürungszahl (Kontraktionszahl)	1
φ	Geschwindigkeitszahl	1
g	Fallbeschleunigung	m/s^2
h	Füllstandshöhe	m
b	Breite des Überfalls bzw. der Seitenöffnung	m
h'	senkrechter Abstand vom Flüssigkeitsspiegel zur Oberkante des Überfalls	m
h_u	Abstand der Unterkante vom Flüssigkeitsspiegel	m
h_o	Abstand der Oberkante vom Flüssigkeitsspiegel	m
h_a	Höhe der Seitenöffnung	m
Δh	senkrechter Abstand der beiden Flüssigkeitsspiegel	m
t	Zeit	s
V	Behältervolumen	m^3

C

C

Volumenstrom aus Bodenöffnung

$$q_V = A \cdot v = A \cdot \mu \cdot \sqrt{2 \cdot g \cdot h}$$

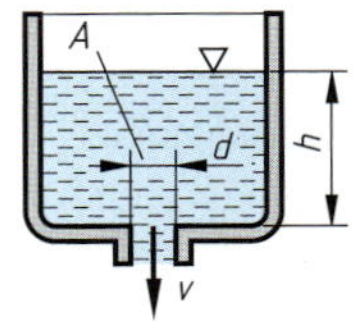

Volumenstrom durch Überfall (Wehr)

$$q_V = \frac{2}{3} \cdot b \cdot h' \cdot \mu \cdot \sqrt{2 \cdot g \cdot h'}$$

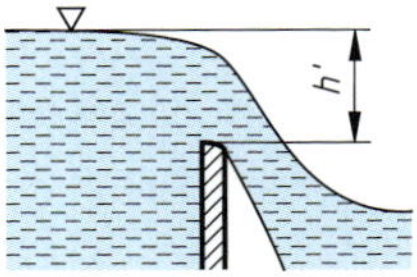

Volumenstrom aus hoher Seitenöffnung

$$q_V = \frac{2}{3} \cdot \mu \cdot b \cdot (h_u \cdot \sqrt{2 \cdot g \cdot h_u} - h_o \cdot \sqrt{2 \cdot g \cdot h_o})$$

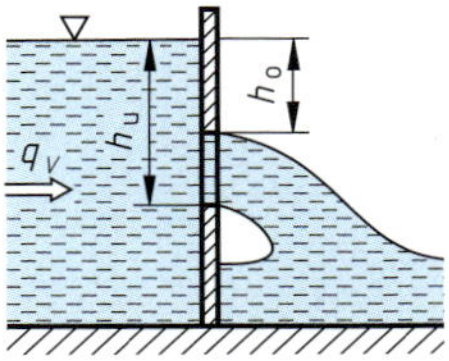

Volumenstrom ins Unterwasser

$$q_V = h_a \cdot b \cdot \mu \cdot \sqrt{2 \cdot g \cdot \Delta h}$$

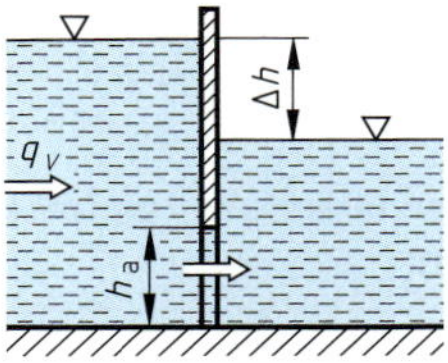

Ausflusszeit in s

$$t = \frac{V}{q_V}$$

Ausfluss bei sinkendem Flüssigkeitsspiegel

Entleerungszeit für einen senkrecht stehenden prismatischen Behälter

$$t = \frac{2 \cdot V}{\mu \cdot A \cdot \sqrt{2 \cdot g \cdot h}}$$

Zeit für die teilweise Entleerung eines senkrecht stehenden prismatischen Behälters

$$t = \frac{2 \cdot A_0}{\mu \cdot A \cdot \sqrt{2 \cdot g}} \cdot (\sqrt{h_1} - \sqrt{h_2})$$

Gleichungen für den **seitlichen Ausfluss** und solche für **nicht prismatische Körper** können spezieller Literatur, z. B. aus dem Wasserbau, entnommen werden.

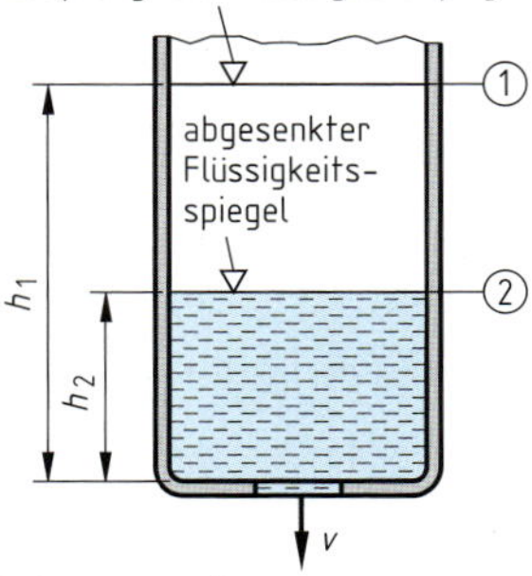

t	Entleerungszeit	s
V	Behälter-Innenvolumen	m^3
μ	Ausflusszahl	1
A	Ausflussquerschnitt	m^2
g	Fallbeschleunigung	m/s^2
h	Füllstand	m
A_0	Behälterquerschnitt	m^2

Die Ausflusszahl μ kann sich im Laufe der Zeit, z.B. durch Ablagerungen oder Erosionsschäden, verändern.

Ausfluss aus Gefäßen mit Überdruck

Gesamthöhe

$$h_{ges} = h + \frac{p_e}{\varrho \cdot g}$$

Ausflussgeschwindigkeit

$$v = \mu \cdot \sqrt{2 \cdot g \cdot \left(h + \frac{p_e}{\varrho \cdot g}\right)}$$

Volumenstrom

$$q_V = \mu \cdot A \cdot \sqrt{2 \cdot g \cdot \left(h + \frac{p_e}{\varrho \cdot g}\right)}$$

Ausflusszeit

$$t = \frac{V}{q_V}$$

Der **Überdruck** wird in der Regel mit Druckgas (Druckluft) erzeugt. Man spricht auch von **Windkesseln**.

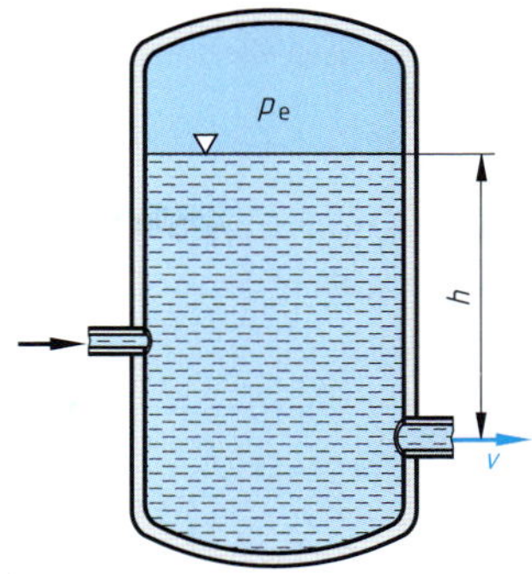

h_{ges}	Gesamthöhe	m
h	Füllstandshöhe	m
p_e	Überdruck	N/m², bar
ϱ	Fluiddichte	kg/m³
g	Fallbeschleunigung	m/s²
v	Ausflussgeschwindigkeit	m/s
μ	Ausflusszahl	1
q_V	Volumenstrom	m³/s
V	mittleres Ausflussvolumen	m³
A	Ausflussquerschnitt	m²
t	Ausflusszeit	s

C

C 2.10 Fluidreibung

→ E 3.4

Dynamische Viskosität und Fluidität

Dynamische Viskosität

$$\eta = \frac{F \cdot s}{v \cdot A}$$

$$[\eta] = \frac{[F] \cdot [s]}{[v] \cdot [A]} = \frac{\text{N} \cdot \text{m}}{\frac{\text{m}}{\text{s}} \cdot \text{m}^2} = \frac{\text{N} \cdot \text{s}}{\text{m}^2} = \textbf{Pa} \cdot \textbf{s}$$

Die Einheit der dynamischen Viskosität **(dynamische Zähigkeit)** ist die **Pascalsekunde**.

Fluidität

$$\varphi = \frac{1}{\eta}$$

Der Kehrwert der dynamischen Viskosität heißt Fluidität.

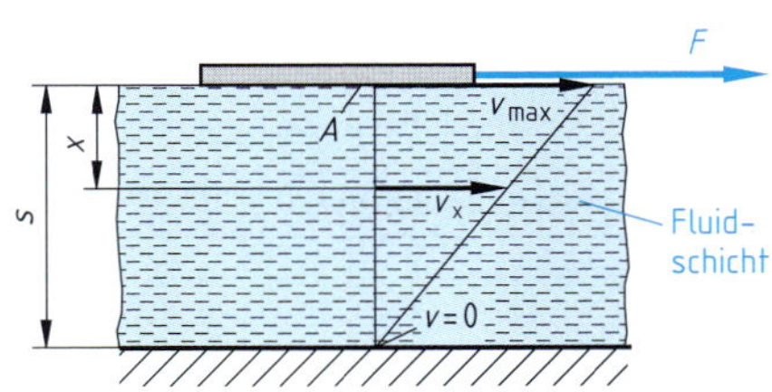

η	dynamische Viskosität	Pa · s
F	Verschiebekraft	N
s	Schichtdicke	m
v	Verschiebegeschwindigkeit	m/s
A	Gleitfläche	m²
φ	Fluidität	m²/(N · s)

Kinematische Viskosität bzw. kinematische Zähigkeit

Kinematische Viskosität

$$\nu = \frac{\eta}{\varrho}$$

Viskositätswerte beziehen sich stets auf einen bestimmten Druck und eine bestimmte Temperatur des Fluids.

ν	kinematische Viskosität	m²/s
η	dynamische Viskosität	Pa · s
ϱ	Fluiddichte	kg/m³

Das Verhältnis der dynamischen Viskosität zur Fluiddichte heißt kinematische Viskosität.

Gebräuchlich, jedoch nicht SI-Einheit:

1 Stokes = 1 St = $10^{-4}\ \frac{m^2}{s}$

1 cSt = 0,01 St = $10^{-6}\ \frac{m^2}{s}$ → **1 Zentistokes**

Zähigkeit und Strömungsformen

Für kreisförmigen Strömungsquerschnitt ist

***Reynolds'*sche Zahl**

$$Re = \frac{v \cdot d}{\nu}$$

Kritische *Reynolds'*sche Zahl

$$Re_{krit} = 2320$$

Kritische Strömungsgeschwindigkeit

$$v_{krit} = \frac{2320 \cdot \nu}{d}$$

$Re \leq 2320$ → **laminare Strömung**

$Re > 2320$ → **turbulente Strömung**

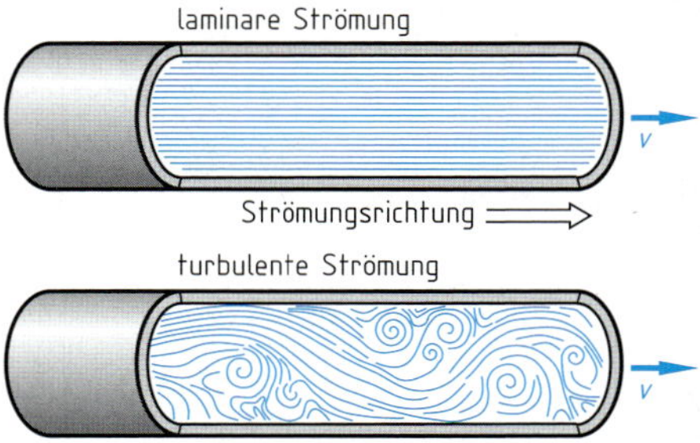

Re	*Reynolds'*sche Zahl	1
v	Strömungsgeschwindigkeit	m/s
d	Rohr-Innendurchmesser	m
ν	kinematische Zähigkeit	m²/s

C

C 2.11 Kräfte am umströmten Körper

→ E 3.2

Strömungswiderstand

$$F_w = C_w \cdot \frac{\varrho}{2} \cdot v^2 \cdot A$$

Der **C_w-Wert** wird im Versuch ermittelt. Je nach Form und Oberflächenqualiät hat er die folgenden Werte:

von Luft umströmter Körper	C_w-Wert
Stromlinienkörper	0,055
Kugel	0,20 bis 0,50
Pkw	0,25 bis 0,50
ebene Kreisplatte	1,00 bis 1,40
halbe Hohlkugel	
nach hinten geöffnet	0,30 bis 0,50
nach vorne geöffnet	1,30 bis 1,50

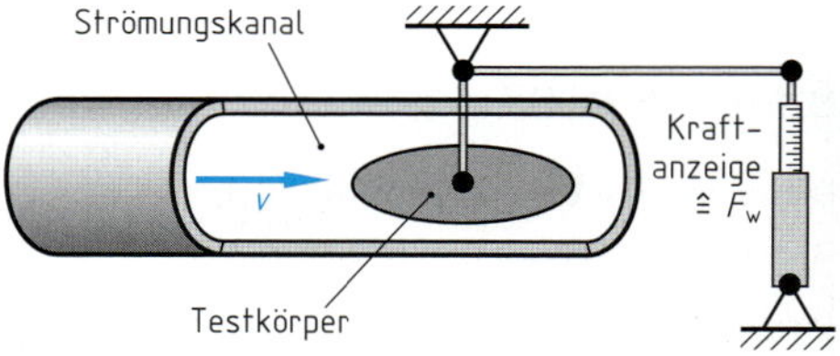

F_w	Srömungswiderstand	N
C_w	Widerstandsbeiwert (C_w-Wert)	1
ϱ	Fluiddichte	kg/m³
v	Strömungsgeschwindigkeit	m/s
A	senkrechte Projektion der angeströmten Fläche	m²
F_A	dynamische Auftriebskraft	N
C_A	Auftriebsbeiwert	1

Dynamische Auftriebskraft

$$F_A = C_A \cdot \frac{\varrho}{2} \cdot v^2 \cdot A$$

Der **C_A-Wert** wird ebenfalls im Versuch, d.h. in einem Strömungskanal **in Abhängigkeit von Strömungsgeschwindigkeit und Form des Tragflügels** ermittelt.

Formelzeichen (und Einheiten) entsprechend der Formelzeichen beim Strömungswiderstand.

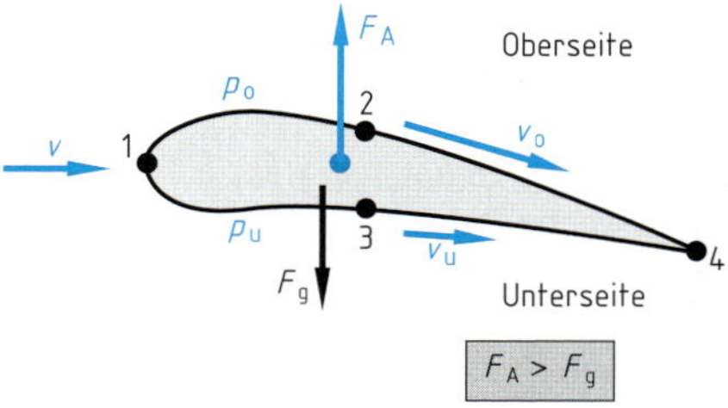

Dynamische Querkraft

$$F_A = 2 \cdot \pi \cdot r \cdot v_u \cdot \varrho \cdot v \cdot l$$

Der **Magnus-Effekt** spielt auch bei „angeschnittenen Bällen" oder beim Drall von Geschossen eine Rolle. Begründet durch die Gleichung von **Bernoulli** ist

$F_u > F_o$ und damit $F_A = F_u - F_o$

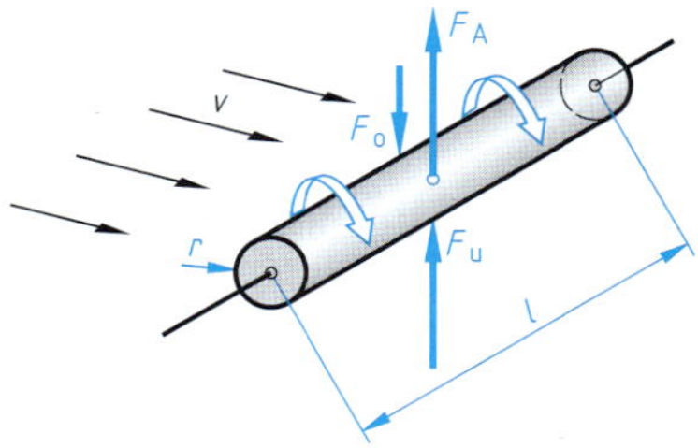

F_A	dynamische Querkraft	N
r	Radius des Zylinders	m
l	Länge des Zylinders	m
v_u	Umfangsgeschwindigkeit des Zylinders	m/s
v	Windgeschwindigkeit	m/s
ϱ	Fluiddichte	kg/m³

C

C 2.12 Kräfte am durchströmten Körper

→ E 3.4

Druckverluste in Rohrleitungen

Statischer Druckverlust

$$\Delta p_{st} = \lambda \cdot \frac{l}{d} \cdot \frac{\varrho}{2} \cdot v^2$$

Geodätischer Druckverlust

$$\Delta p_h = \Delta h \cdot \varrho \cdot g$$

Δp_{st}	statischer Druckverlust	N/m², bar
λ	Rohrreibungszahl	1
l	Länge eines zylindrischen Rohres	m
d	Rohrinnendurchmessser	m
ϱ	Fluiddichte	kg/m³
v	Strömungsgeschwindigkeit	m/s
Δp_h	geodätischer Druckverlust	N/m², bar
Δh	geodätischer Höhenunterschied	m

Rohrreibungs-Diagramm

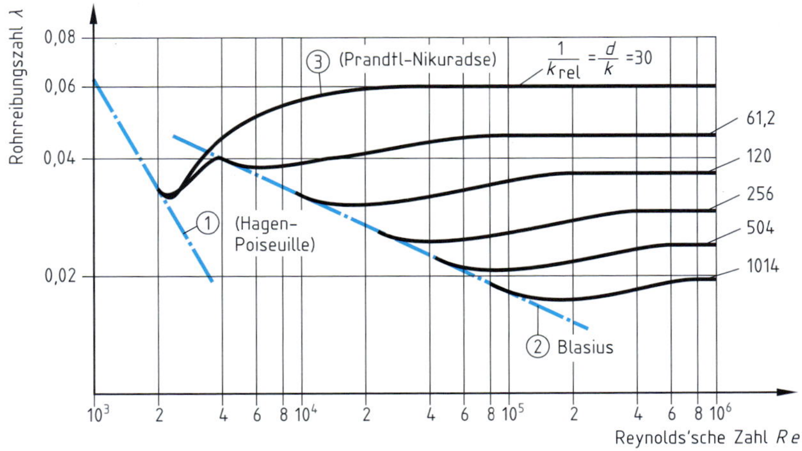

Rohrreibungszahl

$$\lambda = f\,(Re,\ k_{rel})$$

Relative Rauheit

$$k_{rel} = \frac{k}{d}$$

Re	*Reynolds'*sche Zahl	1
k	mittlere Rauheitshöhe (Tabelle)	mm
d	Rohrinnenduchmessser	mm

Rohrart	mitt. Rauheitshöhe in mm	Rohrart	mitt. Rauheitshöhe in mm
blankgezogene Metallrohre aus Cu, Ms, Al und anderen Leichtmetallen	0,01 bis 0,03	Gusseisen-Rohre	0,1 bis 0,6
PVC- und PE-Rohre	0,007	gefalzte Blechkanäle	0,15
Stahlrohre DIN EN 10220-2003-03	0,045	flexible Schläuche	0,0016 bis 2,0
angerostete Stahlrohre	0,15 bis 4,0	gemauerte Kanäle	3,0 bis 5,0
		rohe Betonkanäle	1,0 bis 3,0

Im Diagramm auf der Vorseite bedeutet:

① **Hagen-*Poiseuille'*scher λ-Bereich** → für die laminare Strömung → $\lambda = \frac{64}{Re}$

② ***Blasius'*scher λ-Bereich** → für glatte Rohre bei turbulenter Strömung

③ **Prantl-*Nikuradse'*scher λ-Bereich** → für raue Rohre bei turbulenter Strömung

C 2.13 Kontinuitätsgleichung des kompressiblen Massenstroms

→ E 3.4

Allgemeine Kontinuitätsgleichung

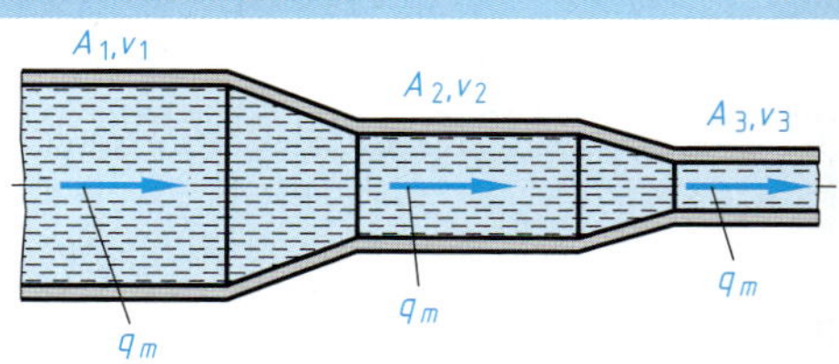

Massenstrom

$$q_m = \varrho \cdot v \cdot A = \text{konst.}$$

$$\varrho_1 \cdot v_1 \cdot A_1 = \varrho_2 \cdot v_2 \cdot A_2 = \varrho_3 \cdot v_3 \cdot A_3 = \ldots = \text{konst.}$$

q_m	Massenstrom	kg/s
ϱ	Fluiddichte	kg/m³
v	Strömungsgeschwindigkeit	m/s
A	Strömungsquerschnitt	m²

Massenerhaltungssatz

Der in der Zeiteinheit durch jede Querschnittsfläche einer Rohrleitung hindurchfließende Massenstrom q_m ist konstant.

Das Produkt $\boldsymbol{\varrho \cdot v}$ wird in der Strömungslehre als **Massenstromdichte** bezeichnet.

Ausströmen von Gasen

Massenstrom bei konstantem Druckunterschied

$$q_m = A \cdot \sqrt{\frac{2 \cdot \varkappa}{\varkappa - 1} \cdot p_1 \cdot \varrho_1 \cdot \left[\left(\frac{p_2}{p_1}\right)^{2/\varkappa} - \left(\frac{p_2}{p_1}\right)^{(\varkappa + 1)/\varkappa}\right]}$$

Geschwindigkeit bei konstantem Druckunterschied

$$v = \sqrt{\frac{2 \cdot \varkappa}{\varkappa - 1} \cdot \frac{p_1}{\varrho_1} \cdot \left[1 - \left(\frac{p_2}{p_1}\right)^{(\varkappa - 1)/\varkappa}\right]}$$

q_m	Massenstrom	kg/s
$\varkappa$	Isentropenexponent (Adiabatenexponent)	1
A	Strömungsquerschnitt der Düse	m²
p_1	Druck im Behälter 1 (vor Düse)	N/m², bar
p_2	Druck im Behälter 2 (nach Düse)	N/m², bar
ϱ_1	Dichte im Behälter 1 (vor Düse)	kg/m³
v	Strömungsgeschwindigkeit	m/s

C 3 Wärmelehre

C 3.1 Temperatur und Temperaturmessung

Temperatureinheiten und Temperaturskalen

Absolute Temperatur

$$T = \vartheta + 273{,}15$$

Celsiustemperatur

$$\vartheta = T - 273{,}15$$

Temperaturdifferenz

$$\Delta T = \Delta\vartheta$$

Absoluter Nullpunkt

$$\vartheta_0 = -273{,}15\,°\text{C} \triangleq T_0 = 0\,\text{K}$$

Celsius-Temperatur

$$\vartheta_C = (\vartheta_F - 32) \cdot \frac{5}{9} = \vartheta_R \cdot \frac{5}{4}$$

Fahrenheit-Temperatur

$$\vartheta_F = 32 + \vartheta_C \cdot \frac{9}{5} = 32 + \vartheta_R \cdot \frac{9}{4}$$

Réaumur-Temperatur

$$\vartheta_R = (\vartheta_F - 32) \cdot \frac{4}{9} = \vartheta_C \cdot \frac{4}{5}$$

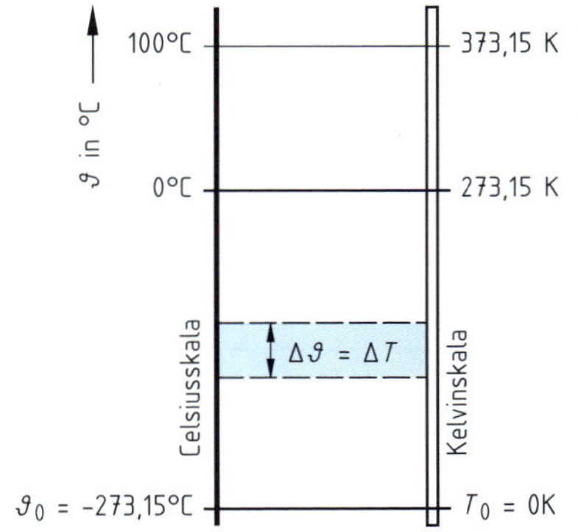

ϑ, ϑ_C	Celsius-Temperatur	°C
T	absolute Temperatur (Kelvin-Temperatur, **thermodynamische Temperatur**)	K
ϑ_F	Fahrenheit-Temperatur (noch in USA und England)	°F
ϑ_R	Réaumur-Temperatur	°R

Temperaturdifferenzen können bei gleichem Zahlenwert sowohl **in °C als auch in K** angegeben werden.

Die Temperatureinheiten K und °C sind international gültige SI-Einheiten.

Definition der Temperatureinheit Kelvin

Tripelpunktdruck

$$p_t = 6{,}1\,\text{mbar}$$

Tripelpunkttemperatur

$$\vartheta_t = 0{,}01\,°\text{C} = 273{,}16\,\text{K}$$

Die Tripelpunkttemperatur wird auch als **genauer Eispunkt** bezeichnet.

Eispunkt ϑ_{Sch} = 0 °C ≙ 273,15 K

Siedepunkt ϑ_S = 100 °C ≙ 373,15 K

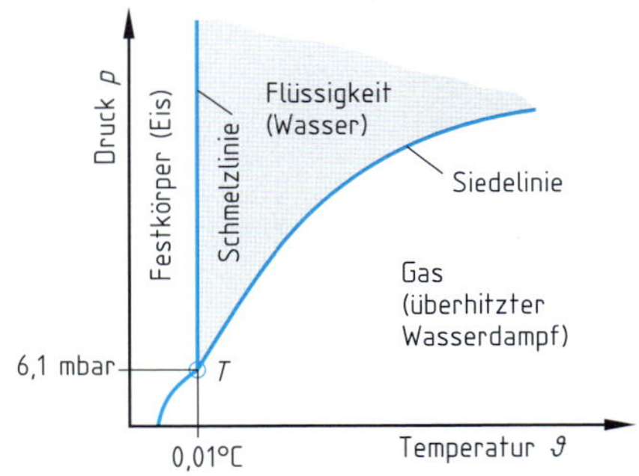

1 Kelvin ist der 273,16te Teil der absoluten Temperatur des **Tripelpunktes** T von Wasser.

C

C 3.2 Wärme als Energieform

→ C 3.7; E 3.7

sensible Wärme

ändert die Temperatur eines Körpers

latente Wärme

ändert die Temperatur eines Körpers nicht

Mechanisches Wärmeäquivalent

1 J = 1 Nm

Die **Einheit der Wärmeenergie** ist das **Joule** J.

Gleichbedeutend werden für **Wärmeenergie** auch die Begriffe **Wärmemenge** und **Wärme** verwendet.

Bei Zuführung von **Wärmeenergie** (Wärme) in einem Körper erhöht sich die **Bewegungsenergie der Elementarbausteine** (Atome, Ionen und Moleküle) dieses Körpers. Bei Abgabe von Wärmeenergie verringert sich die Bewegungsenergie der Elementarbausteine.

C 3.3 Wärmeausdehnung fester und flüssiger Stoffe

Längenänderung durch Wärme

$$\Delta l = l_1 \cdot \alpha \cdot \Delta\vartheta$$

$$l_2 = l_1 \pm \Delta l = l_1 \pm l_1 \cdot \alpha \cdot \Delta\vartheta = l_1 \cdot (1 \pm \alpha \cdot \Delta\vartheta)$$

Vorzeichen +: bei Erwärmung

Vorzeichen −: bei Abkühlung

Der **thermische Längenausdehnungskoeffizient** wird auch **Wärmedehnzahl** oder **linearer Ausdehnungskoeffizient** genannt. Er ist temperaturabhänig.

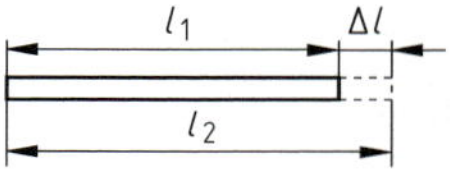

Δl	Längenänderung durch Temperaturänderung	m
l_1	Ausgangslänge	m
α	thermischer Längenausdehnungskoeffizient	m/(m · K) = 1/K
$\Delta\vartheta$	Temperaturänderung	K, °C
l_2	Endlänge	m

Volumenänderung durch Wärme

$$V_2 = V_1 \pm V_1 \cdot \gamma \cdot \Delta\vartheta = V_1 \cdot (1 \pm \gamma \cdot \Delta\vartheta)$$

$$\gamma \approx 3 \cdot \alpha$$

flüssiger Stoff (20 °C)	**γ in m³/(m³ · K) = 1/K**
Alkohol (Ethanol)	0,00110
Benzin	0,00100
Glyzerin	0,00050
Petroleum	0,00092
Quecksilber	0,00018
Terpentinöl	0,00100
Toluol	0,00108
Wasser	0,00018

Für ideale Gase und Dämpfe:

$$\gamma = \frac{1}{273{,}15} \cdot \frac{m^3}{m^3 \cdot K}$$

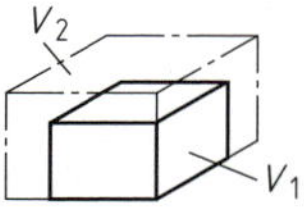

V_1	Ausgangsvolumen	m³
V_2	Endvolumen	m³
γ	thermischer Volumenausdehnungskoeffizient	m³/(m³ · K) = 1/K
$\Delta\vartheta$	Temperaturdifferenz	K, °C
α	thermischer Längenausdehnungskoeffizient	m/(m · K) = 1/K

Die **Volumenänderung durch Temperaturänderung** spielt bei kompakten festen Körpern und Hohlkörpern, insbesondere aber bei Flüssigkeiten (→ nebenstehende Tabelle) eine Rolle.

Wärmespannung

$$\sigma = E \cdot \alpha \cdot \Delta\vartheta$$

Zug- oder Druckkraft im Bauteil

$$F = E \cdot \alpha \cdot \Delta\vartheta \cdot S$$

σ	Wärmespannung	N/mm²
α	thermischer Längenausdehnungskoeffizient	m/(m · K) = 1/K
$\Delta\vartheta$	Temperaturdifferenz	K, °C
S	Bauteilquerschnitt	mm²
E	Elastizitätsmodul	N/mm²

C 3.4 Wärmeausdehnung von Gasen und Dämpfen

→ E 2.1; E 2.2

Die Zustandsgrößen als absolute Größen

Formelzeichen für absolute Temperatur und absoluter Druck.

T, p_{abs} bzw. p

Drücke und Temperaturen dürfen bei der Anwendung aller **Gasgesetze** nur als **absolute Größen** in die Rechnung eingesetzt werden.

Verhalten der Gase bei konstanter Temperatur

Gesetz von Boyle-Mariotte

$$p_1 \cdot V_1 = p_2 \cdot V_2$$

$$\frac{\varrho_1}{\varrho_2} = \frac{p_1}{p_2} = \frac{V_2}{V_1}$$

$$\varrho_i = \varrho_n \cdot \frac{p_i}{p_n}$$

T = konst. → **Isotherme**

ϱ	Dichte	kg/m³
p	absoluter Druck	N/m², bar
V	Volumen	m³
n	steht für Normalzustand	

Der **Druck** ist bei thermodynamischen Rechnungen stets als **absolute Größe** (p_{abs}) einzusetzen.

n steht für Normzustand

Verhalten der Gase bei konstantem Druck

1. Gesetz von Gay-Lussac

$$\frac{V_1}{T_1} = \frac{V_2}{T_2} = \text{konst.}$$

$$\frac{V_1}{V_2} = \frac{T_1}{T_2}$$

Index 1: Zustand 1 **Index 2:** Zustand 2

p = konst. → **Isobare**

V	Volumen	m³
T	absolute Temperatur	K

Bei gleichbleibendem Druck verhalten sich die Gasvolumina wie die absoluten Gastemperaturen.

Verhalten der Gase bei konstantem Volumen

2. Gesetz von Gay-Lussac

$$\frac{p_1}{p_2} = \frac{T_1}{T_2}$$

$$\frac{p_1}{T_1} = \frac{p_2}{T_2} = \text{konst.}$$

Index 1: Zustand 1 **Index 2:** Zustand 2

V = konst. → **Isochore**

p	absoluter Druck	N/m², bar
T	absolute Temperatur	K

Bei gleichbleibendem Volumen verhalten sich die Gasdrücke wie die absoluten Gastemperaturen.

Vereinigtes Gasgesetz

$$\frac{p_1 \cdot V_1}{T_1} = \frac{p_2 \cdot V_2}{T_2} = \text{konst.}$$

Bedingung

m **= konst.**

p	absoluter Druck	N/m², bar
V	Volumen	m³
T	absolute Temperatur	K

Im vereinigten Gasgesetz sind die Gesetze von *Boyle-Mariotte* und *Gay-Lussac* enthalten, d.h. vereinigt.

C

C 3.5 Allgemeine Zustandsgleichung der Gase

→ E 2.2

Normzustand und **Gasdichte**

Dichte

$$\varrho = \frac{m}{V}$$

ϱ	Dichte	kg/m³
v	spezifisches Volumen	m³/kg
V	Gas-(Dampf-)Volumen	m³
m	Gas-(Dampf-)Masse	kg

Spezifisches Volumen

$$v = \frac{V}{m}$$

$$v \cdot \varrho = 1$$

Das Produkt aus spezifischem Volumen und Dichte hat immer den Wert 1.

Gasdichte als Funktion von *p* und *T*

$$\varrho_i = \varrho_n \cdot \frac{p_i}{p_n} \cdot \frac{T_n}{T_i}$$

Index i: beliebiger Zustand

Index n: Normzustand

Spezifische Gaskonstante und **allgemeine Zustandsgleichung**

Anmerkung: Die **spezifische Gaskonstante** wird auch **spezielle Gaskonstante** oder **individuelle Gaskonstante** genannt.

Spezifische Gaskonstante

$$R_B = \frac{p \cdot v}{T} = \frac{p}{\varrho \cdot T}$$

Allgemeine Zustandsgleichung

$$p \cdot V = m \cdot R_B \cdot T$$

R_B hat für ein bestimmtes Gas (Dampf) für alle Zustände den gleichen Wert.

R_B	spezifische (spezielle bzw. individuelle) Gaskonstante	J/(kg · K)
p	absoluter Druck	N/m², bar
v	spezifisches Volumen	m³/kg
T	absolute Temperatur	K
ϱ	Dichte	kg/m³
V	Volumen	m³
m	Masse	kg

C 3.6 Molare (stoffmengenbezogene) Zustände und Größen

→ E 1.1; E 1.3

Stoffmenge

$$n = 1\ \text{kmol} = 1000\ \text{mol}$$

Eine Stoffmenge, die ebenso viele Teilchen enthält, wie 12,0 kg des Kohlenstoffnuklids ^{12}C, wird als **1 Kilomol** (kmol) bezeichnet.

Atomare Masseneinheit

$$1\ \text{u} = 1{,}66053886 \cdot 10^{-27}\ \text{kg}$$

m_a = Atommasse kg

m_u = vereinheitlichte Massenkonstante kg

Relative Atommasse (früher **Atomgewicht**)

$$A_r = \frac{m_a}{\frac{1}{12} m\,(^{12}C)} = m_a / m_u$$

Relative Molekülmasse (früher **Molekulargewicht**)

$$M_r = \Sigma A_r = \frac{\Sigma m_a}{\frac{1}{12} m\,(^{12}C)} = m_a / m_u$$

Molekülmasse

$$m_M = \Sigma m_a$$

Molare Masse

$$M = \frac{m}{n}$$

Molares Normvolumen

$$V_{mn} = \frac{M}{\varrho_n}$$

Anzahl der Teilchen pro kmol

$$N_A = \frac{M}{A_r \cdot m_u} \text{ bzw. } \frac{M}{M_r \cdot m_u} = N/n$$

Avogadro-Konstante

$$N_A = 6{,}022 \cdot 10^{26} \text{ kmol}^{-1}$$

A_r	relative Atommasse	1
m_a	Masse des Atoms	kg
M_r	relative Molekülmasse	1
m_M	Masse des Moleküls	kg
M	molare Masse	kg/kmol
m	Masse	kg
n	Stoffmenge	kmol
V_{mn}	molares Normvolumen	m^3/kmol
ϱ_n	Normdichte	kg/m^3
N	Teilchenzahl	1
N_A	Avogadro-Konstante	1/kmol

Stoffmengen verschiedener idealer Gase besitzen bei gleichen absoluten Drücken und gleichen absoluten Temperaturen gleiche Volumina.

Das molare Normvolumen V_{mn} beträgt im Normzustand für alle idealen Gase **22,4 m³/kmol**.

Molares Normvolumen nach DIN 1343:1990-01

$$V_{mn} = 22{,}414 \text{ m}^3\text{/kmol}$$

Universelle (molare, allgemeine) Gaskonstante

Universelle Gaskonstante

$$R = \frac{p \cdot V_m}{T} = M \cdot R_B$$

Spezielle (individuelle) Gaskonstante

$$R_B = \frac{R}{M}$$

R	universelle (molare) Gaskonstante	J/(kmol · K)
p	absoluter Druck	N/m^2, bar
V_m	molares Volumen	m^3/kmol
T	absolute Temperatur	K
M	molare Masse	kg/kmol
R_B	spezielle Gaskonstante	J/(kg · K)

$$R = 8{,}314472 \text{ J / (mol} \cdot \text{K)}$$

C 3.7 Mischung idealer Gase

→ E 1.4

Gesetz von Dalton

Volumen der Gasmischung

$$V_i = V_1 + V_2 + V_3 + \ldots + V_z$$

Masse der Gasmischung

$$m_i = m_1 + m_2 + m_3 + \ldots + m_z$$

Druck der Gasmischung

$$p = p_1 + p_2 + p_3 + \ldots + p_z$$

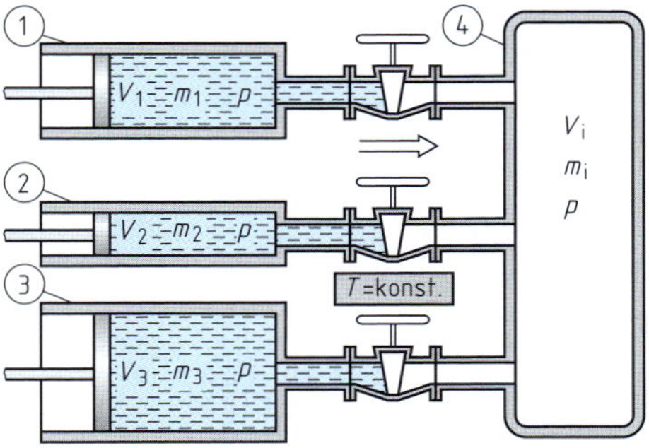

Spezielle Gaskonstante einer Gasmischung

$$R_B = \frac{m_1}{m} \cdot R_{B1} + \frac{m_2}{m} \cdot R_{B2} + \ldots + \frac{m_z}{m} \cdot R_{Bz}$$

Spezifisches Volumen der Mischung

$$v = \frac{R_B \cdot T}{p}$$

Dichte der Mischung

$$\varrho = \frac{p}{R_B \cdot T}$$

Indizes 1, 2 … z: Bezeichnung der einzelnen Bestandteile.

C

Der **Gesamtdruck** in einem Gasgemisch errechnet sich aus der **Summe aller Partialdrücke**, d.h. der Teildrücke (Gesetz von Dalton).

Unter dem **Partialdruck** (Teildruck) versteht man den Druck, den ein Gas (Dampf) ausüben würde, wenn es (er) im Raum der Gasmischung (V_i) alleine anwesend wäre.

R_B	spezielle Gaskonstane	J/(kg · K)
$m_1 \ldots m_z$	Teilmassen	kg
m	Gesamtmasse	kg
v	spezifisches Volumen	m^3/kg
ϱ	Dichte	kg/m^3
p	absoluter Druck	N/m^2, bar
T	absolute Temperatur	K

Ermittlung der Partialdrücke

$$p_z = p \cdot \frac{m_z}{m} \cdot \frac{R_{Bz}}{R_B} = p \cdot w_z \cdot \frac{R_{Bz}}{R_B}$$

$$p_z = p \cdot \frac{V_z}{V_i} = p \cdot \varphi_z$$

Index z: Bezeichnung des Bestandteils z

p_z	Partialdruck	N/m^2, bar
p	Gesamtdruck	N/m^2, bar
m	Masse	kg
R_B	spezielle Gaskonstante	J/(kg · K)
w	Massenanteil	1
φ	Volumenanteil	1

C 3.8 Diffusion

Definition des Begriffes Diffusion

Unter dem Begriff **Diffusion** werden alle Vorgänge zusammengefasst, bei denen Teilchen eines Stoffes infolge der **Molekularbewegung** (bzw. Teilchenbewegung) in einen anderen Stoff eindringen.

Freie Diffusion

Diffusionsstromdichte

$$i = D \cdot \frac{\varrho_0 - \varrho_1}{h_1 - h_0}$$

$$i = \frac{D}{R_B \cdot T} \cdot \frac{p_0 - p_1}{h_1 - h_0}$$

Stoffpaare	**Diffusionskoeffizient *D*** (bei ϑ_n, p_n) in m^2/h
Wasserdampf/Luft	0,08
Wasserstoff/Luft	0,228
Stickstoff/Sauerstoff	0,061
Sauerstoff/ Kohlenstoffdioxid	0,065
Glyzerin/Wasser	$0{,}28 \cdot 10^{-6}$
Kochsalz/Wasser	$0{,}46 \cdot 10^{-5}$
Rohrzucker/Wasser	$0{,}13 \cdot 10^{-5}$

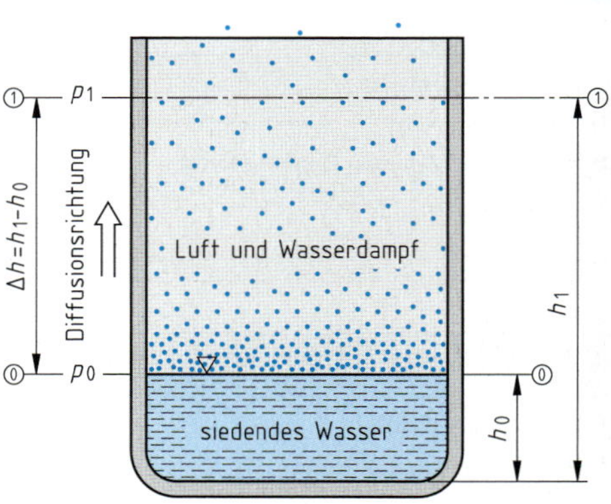

i	Diffusionsstromdichte	kg/(m^2 · h)
D	Diffusionskoeffizient → nebenstehende Tabelle	m^2/h
ϱ	Dichte	kg/m^3
h	Höhe (Schichtdicke, Diffusionsstrecke)	m
R_B	spezifische Gaskonstante	J/(kg · K)
T	absolute Temperatur	K
p	Partialdruck	N/m^2, bar

Schichtdicke

$$s = h_1 - h_0$$

Diffusion durch Wände

Diffusionsstromdichte durch eine einschichtige Wand

$$i = \frac{D}{R_B \cdot T \cdot \mu} \cdot \frac{p_0 - p_1}{s}$$

Diffusionsstromdichte durch eine mehrschichtige Wand

$$i = \frac{D}{R_B \cdot T} \cdot \frac{p_0 - p_1}{\Sigma (\mu \cdot s)}$$

poröse Schicht aus	**Wasserdampfdiffusionswiderstandsfaktor** μ
Al-Folie	300 000
PVC-Folie	100 000
Schaumglas	1 000 000
geschäumt:	
Polystyrol	20 bis 100
Polyurethan	30 bis 100
PVC	170 bis 320

Index 0: unteres Niveau **Index 1:** oberes Niveau

Die **Diffusionsrichtung** entspricht bei Gasen dem Druckgefälle und bei Dämpfen dem Partialdruckgefälle

i	Diffusionsstromdichte	kg/(m² · h)
D	Diffusionskoeffizient (Tabelle auf Vorseite)	m²/h
R_B	spezifische Gaskonstante	J/(kg · K)
T	absolute Temperatur	K
μ	Diffusionswiderstandsfaktor (→ nebenstehende Tabelle)	1
p	Partialdruck	N/m², bar
s	Schichtdicke der Wand	m

Der **Diffusionswiderstandsfaktor** μ ist nicht nur vom Stoff, durch den die Diffusion erfolgt, sondern auch vom hindurchdiffundierenden Stoff abhängig.

Nebenstehende Tabelle zeigt **μ-Werte** bezüglich der **Wasserdampfdiffusion**. In diesem Fall spricht man vom **Wasserdampfdiffusionswiderstandsfaktor**.

C

C 3.9 Wärmekapazität fester und flüssiger Stoffe

→ E 2.2

Die spezifische Wärmekapazität (spezifische Wärme)

Unter der spezifischen Wärmekapazität c versteht man diejenige Wärmemenge in kJ, die man benötigt, um 1 kg eines festen oder flüssigen Stoffes um die Temperaturdifferenz 1 K ≙ 1 °C zu erwärmen.

Die spezifische Wärmekapazität c ist (meist stark) von der Temperatur abhängig.

$$[c] = \frac{\text{kJ}}{\text{kg} \cdot \text{K}} = \frac{\text{kJ}}{\text{kg} \cdot \text{°C}}$$

Bei genauen Rechnungen innerhalb eines Temperaturbereiches muss mit der **mittleren spezifischen Wärmekapazität** c_m gerechnet werden.

Grundgesetz der Wärmelehre

Aufgenommene Wärmemenge

$$Q = m \cdot c \cdot \Delta\vartheta$$

Q	Wärmemenge	kJ
m	Masse	kg
c	spezifische Wärmekapazität	kJ/(kg · K)
$\Delta\vartheta$	Temperaturdifferenz	K, °C

C 3.10 Kalorimetrie

Unter **Kalorimetrie** versteht man das Teilgebiet der Wärmelehre, welches sich mit der **Messung von Wärmemengen** befasst.

Wärmekapazität des Kalorimeters

$$C = \Sigma (m \cdot c) = m_{\text{Rührer}} \cdot c_{\text{Rührer}} + m_{\text{Therm}} \cdot c_{\text{Therm}} + \dots$$

m	Masse	kg
c	spezifische Wärmekapazität	kJ/(kg · K)
Q	Wärmemenge	kJ
C	Wärmekapazität	kJ/K
$\Delta\vartheta$	Temperaturdifferenz	K, °C

(s. Abbildung auf nächster Seite)

In der Wärmekapazität eines Kalorimeters ist die Kalorimeterfüllung (meist Wasser) nicht berücksichtigt.

Vom Kalorimeter aufgenommene Wärme

$$Q_{\text{Kal}} = C \cdot \Delta\vartheta$$

$$[C] = \frac{\text{kJ}}{\text{K}}$$

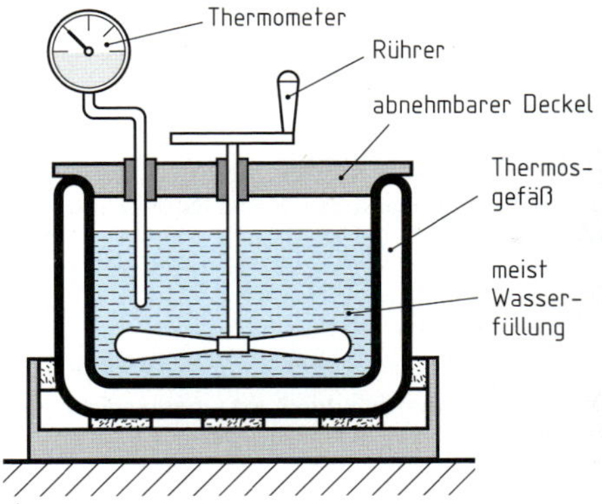

Mischungsregel

$$Q_{\text{ab}} = Q_{\text{auf}}$$

Mischungstemperatur

$$\vartheta_{\text{m}} = \frac{\Sigma\,(m_i \cdot c_i \cdot \vartheta_i)}{\Sigma\,(m_i \cdot c_i)}$$

ϑ_{m} für zwei Stoffe

$$\vartheta_{\text{m}} = \frac{m_1 \cdot c_1 \cdot \vartheta_1 + m_2 \cdot c_2 \cdot \vartheta_2}{m_1 \cdot c_1 + m_2 \cdot c_2}$$

Ermittelte spezifische Wärmekapazität

$$c_1 = \frac{(C + m_2 \cdot c_2) \cdot (\vartheta_{\text{m}} - \vartheta_2)}{m_1 \cdot (\vartheta_1 - \vartheta_{\text{m}})}$$

Q_{ab}	von einem Körper oder einem Körpersystem abgegebene Wärme	J, kJ
Q_{auf}	von einem Körper oder einem Körpersystem aufgenommene Wärme	J, kJ
ϑ_{m}	Mischungstemperatur	°C
m	Masse	kg
c	spezifische Wärmekapazität	kJ/(kg · K)
ϑ	Temperatur	°C
C	Wärmekapazität des Kalorimeters	kJ/K

Index 1: zu untersuchender, in das Kalorimetergefäß eingebrachter Stoff

Index 2: Wasserfüllung

Index i: Stoff i

C 3.11 Wärmequellen

Brennwert und Heizwert

Spezifischer Heizwert fester und flüssiger Brennstoffe

$$H_{\text{u}} = H_{\text{o}} - r \cdot w_{H_2O}$$

Spezifischer Heizwert gasförmiger Brennstoffe

$$H_{\text{u,n}} = H_{\text{o,n}} - r \cdot \varphi_{H_2O}$$

Nutzbare Wärmeenergie (Verbrennungswärme) fester und flüssiger bzw. gasförmiger Brennstoffe

$$Q = m \cdot H_{\text{u}}$$

H_{u}, $H_{\text{u,n}}$	spezifischer Heizwert	kJ/kg, kJ/m³
H_{o}, $H_{\text{o,n}}$	spezifischer Brennwert	kJ/kg, kJ/m³
r	Verdampfungswärme von Wasser	kJ/kg
Q	nutzbare Wärmeenergie	kJ
m	Masse	kg
V	Volumen	m³
w_{H_2O}	Massenanteil des Wassers	1
φ_{H_2O}	Volumenanteil des Wassers	1

heutige Bezeichnung (nach DIN)	**frühere Bezeichnung**
spezifischer Brennwert H_{o}	oberer Heizwert H_{o}
spezifischer Heizwert H_{u}	unterer Heizwert H_{u}

$Q = V \cdot H_{u,n}$

Der spezifische Heizwert H_u ist um den Betrag der spezifischen Verdampfungswärme r des Wasseranteils kleiner als der spezifische Brennwert H_o. Beim Verbrennen der Brennstoffe ist also nur der spe-zifische Heizwert H_u nutzbar.

C 3.12 Schmelzen und Erstarren

→ E 2.6

Schmelzen und Erstarren chemisch einheitlicher Stoffe

Chemisch reine Stoffe schmelzen bei konstanter Temperatur, dem **Schmelzpunkt**. Die während dem Schmelzen zugeführte Wärmemenge ist eine **latente Wärme**.

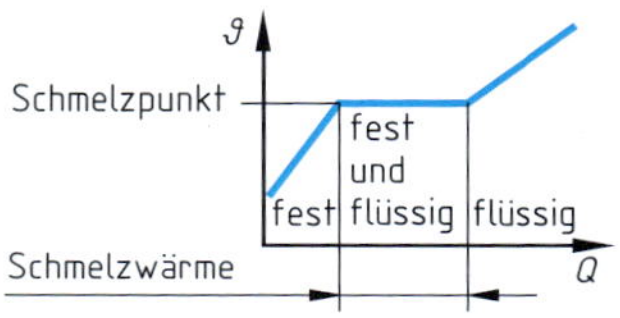

Stoff	Schmelzpunkt bei p_n in °C
Aluminium	658
Blei	327
Eisen, rein	1527
Gold	1063
Kupfer	1083
Nickel	1452
Quecksilber	– 39
Schwefel	115
Titan	1690
Wasser	0
Wolfram	3380
Zink	419
Zinn	232

Der Schmelzpunkt eines Stoffes (→ nebenstehende Tabelle) ist druckabhängig. Er bezieht sich auf den Normalluftdruck p_n.

Erstarrungstemperatur (Erstarrungspunkt) und **Schmelztemperatur** eines Stoffes sind gleich.

Schmelzwärme bzw. **Erstarrungswärme**

$Q = m \cdot q$

Q	Schmelzwärme bzw. Erstarrungswärme	kJ
m	Masse	kg
q	spezifische Schmelzwärme	kJ/kg

Die spezifische Schmelzwärme wird benötigt, um 1 kg eines bestimmten Stoffes bei Schmelztemperatur zu schmelzen.

Schmelzen und Erstarren von Stoffmischungen

Feste Lösungen

Das nebenstehende Bild zeigt am Beispiel einer Cu-Ni-Legierung:

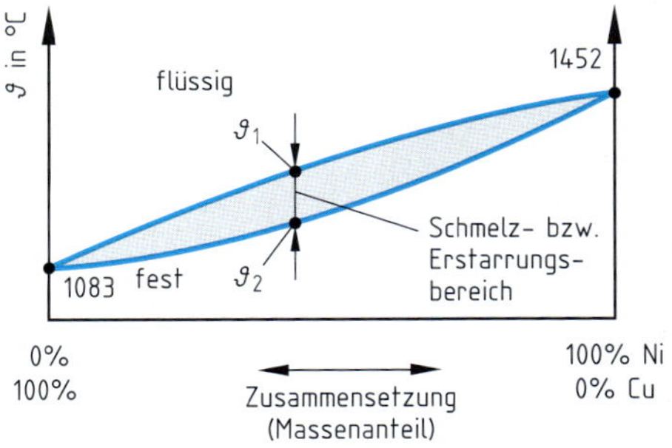

Stoffmischungen (z.B. Legierungen) erstarren bzw. schmelzen – abhängig von der Konzentration – in einem Temperaturbereich.

Eutektische Mischungen

Stoff	eutektische Zusammensetzung (Massenanteil in %)	Schmelz- bzw. Erstarrungs-temperatur	spezifische Schmelz-wärme q des Eutektikums in kJ/kg
Kaliumchlorid	19,7	– 11,1	303
Ammoniumchlorid	18,7	– 15,8	310
Natriumnitrat	36,9	– 18,5	244
Natriumchlorid	22,4	– 21,2	235

Bei den eutektischen Mischungen handelt es sich meist um **eutektische Legierungen** oder um **Lösungen** mit **Eutektikum**. Das Bild zeigt z.B. das **Lösungsdiagramm** einer Kochsalzlösung. Man erkennt:

Eutektische Mischungen schmelzen und erstarren ebenfalls – abhängig von der Konzentration – in einem Temperaturbereich. Nur im **eutektischen Punkt**, dem **Eutektikum**, liegt – wie bei chemisch reinen Stoffen – ein Schmelzpunkt vor (→ Tabelle auf Vorseite).

Schmelzwärme bzw. **Erstarrungswärme der eutektischen Masse**

$$Q = m \cdot q$$

$[Q] = [m] \cdot [q] = \text{kg} \cdot \frac{\text{kJ}}{\text{kg}} = \textbf{kJ}$

Eutektische Massen werden zur Kühlung verwendet, z.B. in Beuteln abgefüllt. Man spricht von **eutektischen Kältespeichern**.

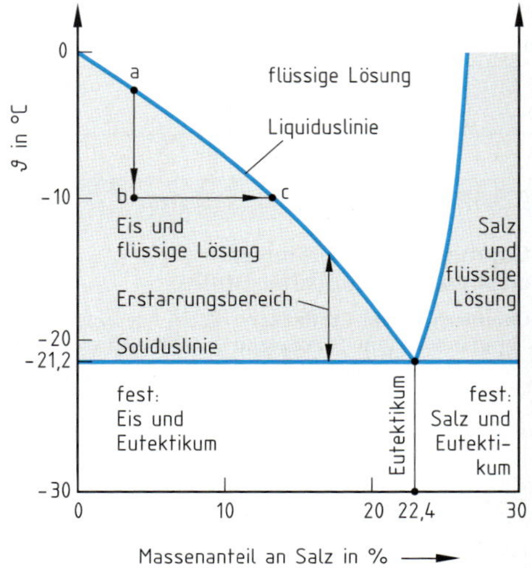

C

C 3.13 Verdampfen und Kondensieren, Sublimieren

→ E 3.7

Die **Dampfdruckkurven** (→ Bild):

Verdampfungstemperatur ϑ_s, d.h. der **Siedepunkt** und **Verdampfungsdruck** p_s sind voneinander abhänig.

Stoff	Siedepunkt bei 1,01325 bar in °C
Alkohol (Ethanol)	78,3
Aluminium	2270,0
Ammoniak NH_3	– 33,4
Benzol	80,1
Helium	– 268,9
Kupfer	2330,0
Luft	– 192,3
Quecksilber	357,0
Wasser	100,0
Wolfram	5530,0

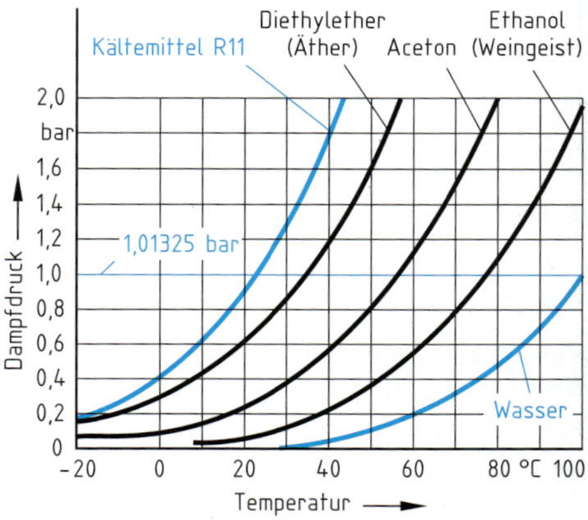

Nebenstehende Tabelle zeigt für einige Stoffe die **Siedepunkte bei Normalluftdruck** p_n

Verdampfungswärme, Kondensationswärme

$$Q = m \cdot r$$

Q	Verdampfungs- bzw. Kondensationswärme	kJ
m	Masse	kg
r	spezifische Verdampfungswärme	kJ/kg

Die **Kondensationswärme** wird beim Kondensieren von Dampf an die Umgebung abgegeben und entspricht in ihrem Betrag der **Verdampfungswärme**.

Siedepunkt = Kondensationspunkt

Die Wärmemenge, die man benötigt, um 1 kg eines bestimmten Stoffes ohne Temperaturerhöhung zu verdampfen, heißt **spezifische Verdampfungswärme** r.

Sublimation

Sublimationswärme

$$Q = m \cdot \sigma$$

Q	Sublimationswärme	kJ
m	Masse	kg
σ	spezifische Sublimationswärme	kJ/kg

Unter **Sublimation** versteht man den unmittelbaren Übergang eines Stoffes aus dem festen in den gasförmigen Zustand, und zwar bei konstanter Temperatur unter Aufnahme von Wärmeenergie aus der Umgebung.

Druck, Enthalpie-Diagramm

Unter der **Enthalpie** H versteht man die in einem Stoff gespeicherte Wärmeenergie, d.h. den **Wärmeinhalt.**

Unter der **spezifischen Enthalpie** h versteht man den Wärmeinhalt pro Kilogramm Stoffmasse.

Der **kritische Punkt** K unterteilt die das **Nassdampfgebiet** umgebende Linie in die **rechte Grenzkurve** und die **linke Grenzkurve.**

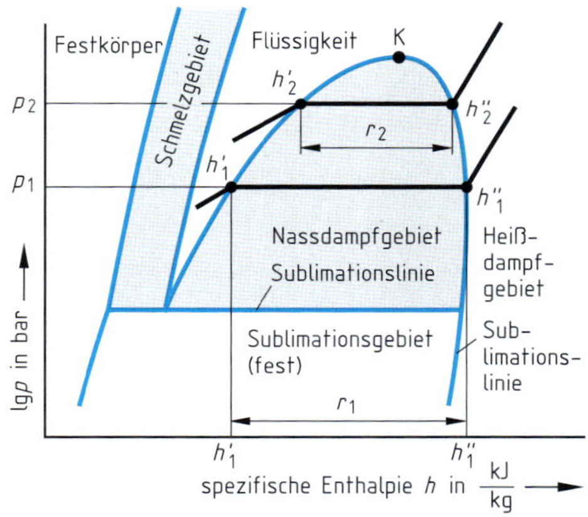

Spezifische Verdampfungswärme

$$r = h'' - h'$$

Die spezifische Verdampfungswärme ist druckabhängig und damit auch temperaturabhängig.

r	spezifische Verdampfungswärme	kJ/kg
h'	spezifische Enthalpie an der linken Grenzkurve	kJ/kg
h''	spezifische Enthalpie an der rechten Grenzkurve	kJ/kg

C 3.14 Feuchte Luft

→ E 3.1; E 3.4

Definiton der feuchten Luft

Feuchte Luft ist ein **Zweistoffgemisch**, bestehend aus **trockener Luft** und **Wasserdampf**.

Zustandsgrößen der feuchten Luft Enthalpie, Wassergehalt-Diagramm (*h,x*-Diagramm)

Atmosphärischer Druck

$$p_{amb} = p_L + p_D = p$$

Absolute Luftfeuchtigkeit
(Dampfdichte)

$$\varrho_D = \frac{m_D}{V_L} = \frac{p_D}{R_{BD} \cdot T}$$

C

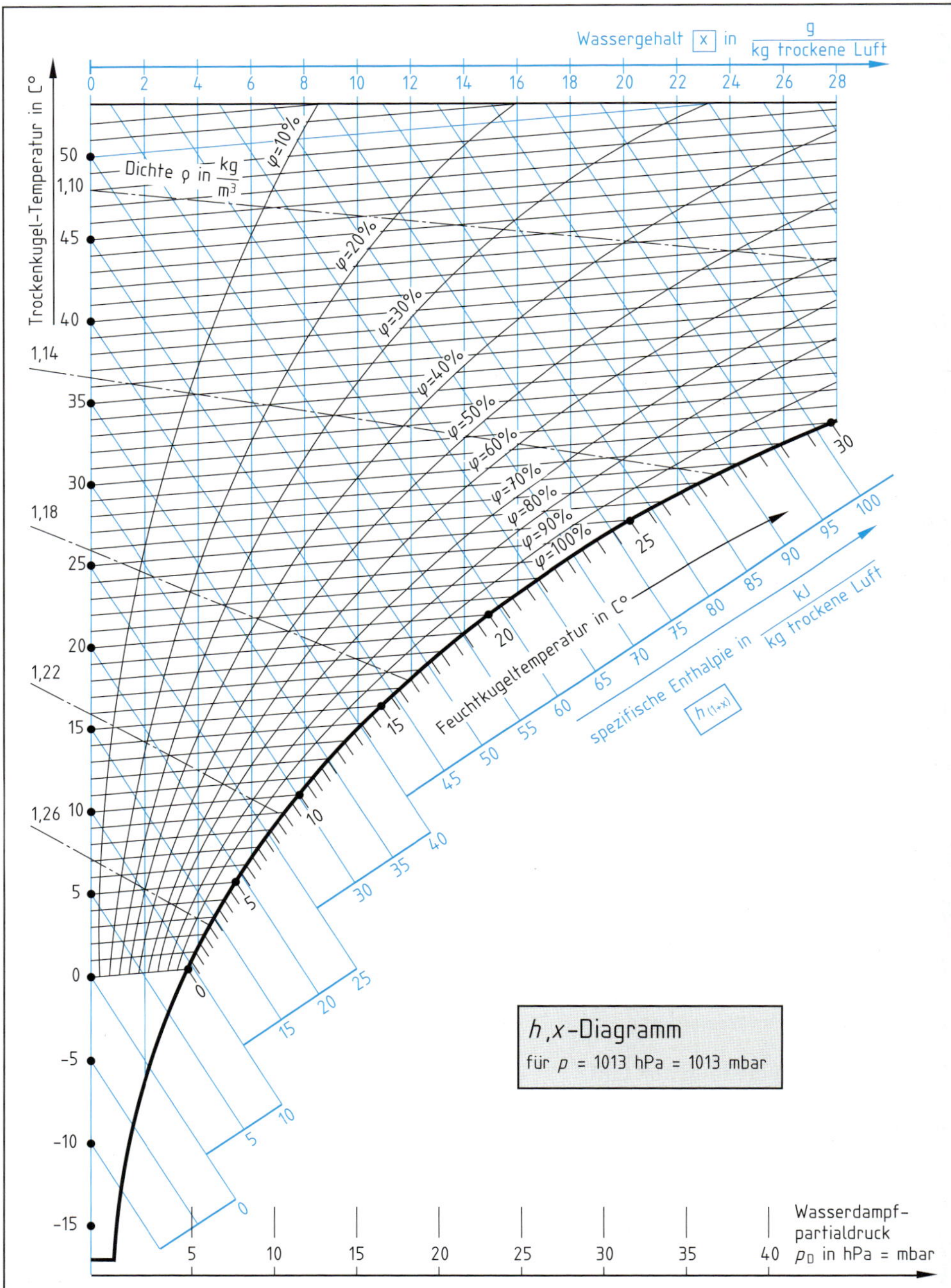

Für eine exakte Maßstäblichkeit dieses Diagrammes wird keine Gewähr übernommen. Genaue *h*,*x*-Diagramme sind klimatechnischen Handbüchern oder den Firmenunterlagen der Hersteller klimatechnischer Gerätschaften bzw. Anlagen zu entnehmen.

Maximale absolute Luftfeuchtigkeit

$$\varrho_{Dmax} = \frac{p_S}{R_{BD} \cdot T}$$

Relative Luftfeuchtigkeit

$$\varphi = \frac{p_D}{p_S} \cdot 100 \text{ in \%}$$

Wassergehalt feuchter Luft

$$x = \frac{m_D}{m_L} = \frac{\varrho_D}{\varrho_L}$$

Partialdruck trockener Luft

$$p_L = p \cdot \frac{0{,}622}{0{,}622 + x}$$

Wasserdampf-Partialdruck

$$p_D = p \cdot \frac{x}{0{,}622 + x}$$

Psychrometrische Differenz

$$\Delta\vartheta = \vartheta_{tr} - \vartheta_f$$

***Sprung*'sche Psychrometerformel**

$$p_D = p_f - k \cdot (\vartheta_{tr} - \vartheta_f) \cdot p$$

p_{amb}, p	Atmosphärischer Druck bzw. Gesamtdruck	N/m², bar
p_L	Partialdruck der Luft	N/m², bar
p_D	Partialdruck des Dampfes	N/m², bar
ϱ_D	absolute Luftfeuchte (Dampfdichte)	kg/m³
m_D	Dampfmasse	kg
V_L	Luftvolumen	m³
R_{BD}	spezielle Gaskonstante des Wasserdampfes	Nm/(kg · K)
T	absolute Temperatur	K
p_S	Sättigungsdruck (→ Tabelle unten)	N/m², bar
φ	relative Luftfeuchtigkeit	1, %
m_L	Masse der trockenen Luft	kg
ϱ_L	Dichte der trockenen Luft	kg/m³
x	Wassergehalt	kg/kg
$\Delta\vartheta$	psychrometrische Differenz	K, °C
ϑ_{tr}	Trockenkugeltemperatur	°C
ϑ_f	Feuchtkugeltemperatur	°C
p_f	Sättigungsdampfdruck bei Feuchtkugeltemperatur	N/m², bar
k	Konstante (s. unten)	$°C^{-1}$

- $k = 0{,}00061\ °C^{-1}$ bei Messung über 0 °C
  $k = 0{,}00057\ °C^{-1}$ bei Messung unter 0 °C

Sättigungsdruck siehe folgende Tabelle

Temperatur in °C	Sättigungsdruck über Wasser in mbar ≙ hPa	Sättigungsdruck über Eis in mbar ≙ hPa
100	1013,25	–
80	473,6	–
50	123,4	–
20	23,27	–
0	6,108	6,107
–10	2,863 (unterkühltes Wasser)	2,597
–20	1,254 (unterkühltes Wasser)	1,032
–40	0,189 (unterkühltes Wasser)	0,128
–80	–	0,000547
–100	–	0,000014

Der **Gesamtdruck** (Atmosphärendruck) errechnet sich aus der Summe des Partialdruckes der trockenen Luft und des Partialdruckes des Wasserdampfes.

Die **Sättigungstemperatur** ϑ_s, bei der der **Sättigungsdruck** p_S dem Wasserdampfpartialdruck p_D entspricht, heißt **Taupunkttemperatur**.

C

Der **höchstmögliche Wasserdampfpartialdruck** p_D entspricht dem **Sättigungsdruck** p_S.

Alle im *h,x*-Diagramm erfassten Zustandsgrößen ändern sich bei Änderung des Atmosphärendruckes p_{amb}.

Der **Dampfdruck** über Eis ist immer kleiner als der Dampfdruck über Wasser von gleicher Temperatur.

C 3.15 Umwandlung von Wärme in mechanische Arbeit

Forderungen an die Energieumwandlung

1. Physikalische Voraussetzung → Die Energieumwandlung muss physikalisch möglich sein.

2. Technische Voraussetzung → Die Energieumwandlung muss technisch durchführbar sein.

3. Wirtschaftliche Voraussetzung → Die Energieumwandlung muss kostengünstig sein.

4. Ökologische Voraussetzung → Die Energieumwandlung muss umweltfreundlich sein.

Unter einer **Wärmekraftmaschine** versteht man eine Kraftmaschine, die Wämeenergie in mechanische Energie umwandelt.

Berechnungsgleichungen und Formeln sowie **Tabellen und Diagramme** für die **Auslegung von Wärmekraftmaschinen** sind der speziellen und sehr umfangreichen Fachliteratur zu entnehmen.

C

C 3.16 Der erste Hauptsatz der Thermodynamik

Umwandlung von mechanischer Arbeit in Wärmeenergie

$$1\ \text{Nm} = 1\ \text{J}$$

Zur Erzeugung einer Wärmeenergie ist eine äquivalente (gleichwertige) mechanische Energie aufzuwenden.

Darstellung der Volumenänderungsarbeit in Diagrammen

Kraft, Weg-Diagramm

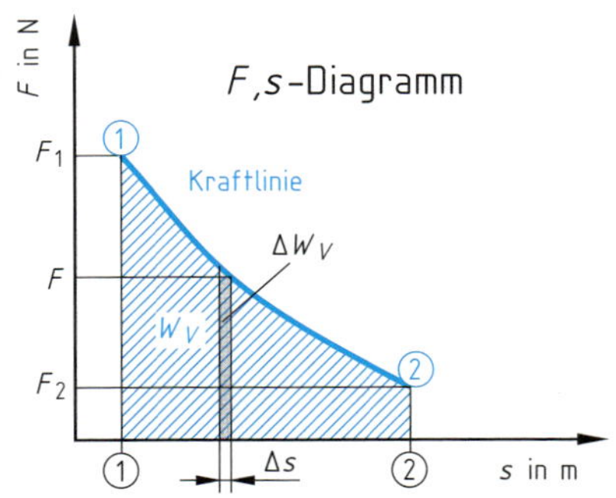

①: oberer Totpunkt OT
②: unterer Totpunkt UT

Druck, Volumen-Diagramm.

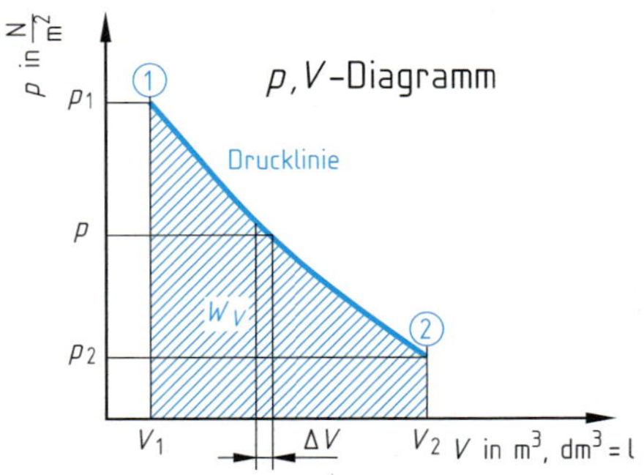

Volumenänderungsarbeit

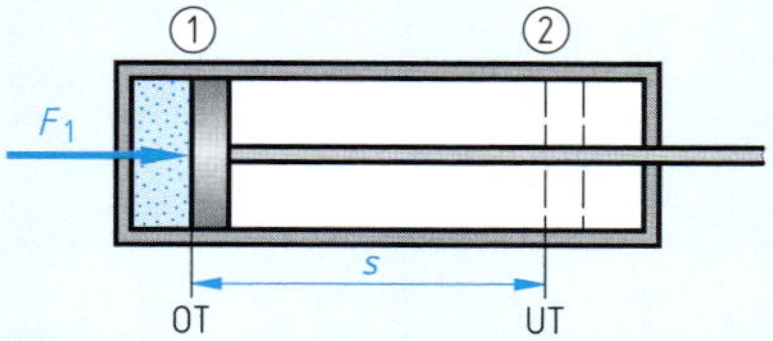

$W_V = \Sigma\,(F \cdot \Delta s)$

$W_V = \Sigma\,(p \cdot \Delta V)$

W_V	Volumenänderungsarbeit	Nm
F	Kolbenkraft	N
s	Kolbenweg	m
p	Druck auf Kolben	N/m^2, bar
V	Hubvolumen	m^3
Δs	kleiner Teil des Kolbenweges	m
ΔV	kleiner Teil des Hubvolumens	m^3

Innere Energie und Enthalpie

1. Hauptsatz

In einem **abgeschlossenen thermodynamischen System** entspricht die zugeführte Wärmeenergie Q der Summe aus Volumenänderungsarbeit W_v und der Änderung der inneren Energie ΔU.

$Q = W_V + \Delta U$

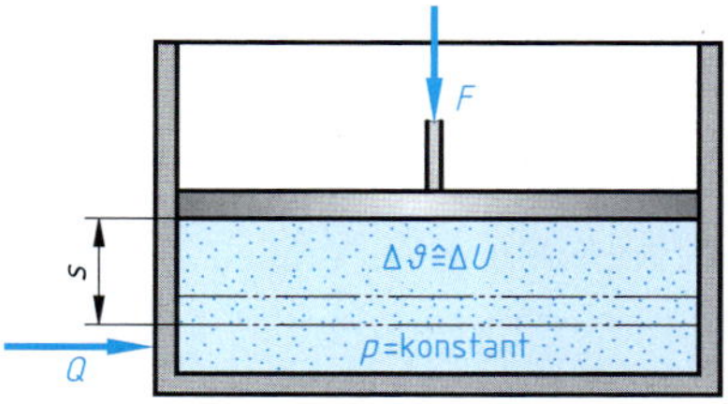

Änderung der Enthalpie

$\Delta H = Q = W_V + \Delta U$

Q	zugeführte Wärmeenergie	J, kJ
W_V	Volumenänderungsarbeit	Nm
ΔU	Änderung der inneren Energie	J
ΔH	Änderung der Enthalpie	J

Innere Energie: Bewegungsenergie der Elementarbausteine

Enthalpie: Wärmeinhalt

Die spezifische Wärme von Gasen

1. Grenzfall des 1. Hauptsatzes

$W_V = 0 \rightarrow Q = \Delta U$

p = konst.

Zugeführte Wärme bei konstantem Druck

$Q = m \cdot c_p \cdot \Delta\vartheta$

p = konst. $\rightarrow$ c_p

Die spezifische Wärmekapazität bei Erwärmung mit konstantem Druck wird mit c_p bezeichnet.

2. Grenzfall des 1. Hauptsatzes

$\Delta U = 0 \rightarrow Q = W_V$

V = konst.

Zugeführte Wärme bei konstantem Volumen

$Q = m \cdot c_V \cdot \Delta\vartheta$

V = konst. $\rightarrow$ c_V

Die spezifische Wärmekapazität bei Erwärmung mit konstantem Volumen wird mit c_V bezeichnet.

Isentropenexponent (Adiabatenexponent)

$\varkappa = \frac{c_p}{c_V}$

Unter dem **Isentropenexponenten** (Adiabatenexponent) versteht man den Quotienten aus c_p und c_V.

C

W_V	Volumenänderungsarbeit	Nm
Q	Wärmemenge	J, kJ
ΔU	Änderung der inneren Energie	J, kJ
m	Masse	kg
c_p	spezifische Wärme bei konstantem Druck	kJ/(kg · K)
c_V	spezifische Wärme bei konstantem Volumen	kJ/(kg · K)
$\Delta\vartheta$	Temperaturdifferenz	K, °C
$\varkappa$	Isentropenexponent (Adiabatenexponent	1

Anzahl der Atome im Gasmolekül	Beispiele typischer Gase mit dieser Atomzahl im Gasmolekül	Isentropenexponent $\varkappa$ bei 273 K
1	He	$5:3 \approx 1{,}667$
2	O_2, N_2, CO	$7:5 \approx 1{,}41$
–	Luft	1,4
3	CO_2, H_2O-Dampf	$8:6 \approx 1{,}33$

C

R_B als Funktion von c_p und c_V

Spezifische Gaskonstante

$$R_B = c_p - c_V$$

Spezifische Wärme bei konstantem Druck

$$c_p = \frac{\varkappa}{\varkappa - 1} \cdot R_B$$

Spezifische Wärme bei konstantem Volumen

$$c_V = \frac{R_B}{\varkappa - 1}$$

R_B	spezifische Gaskonstante	kJ/(kg · K)
c_p	spezifische Wärmekapazität bei konstantem Druck	kJ/(kg · K)
c_V	spezifische Wärmekapazität bei konstantem Volumen	kJ/(kg · K)
$\varkappa$	Isentropenexponent (Adiabatenexponent)	1

C 3.17 Thermodynamische Zustandsänderungen

→ E 2.1; E 2.2

Die Isobare

Gay-Lussac

$$\frac{V_1}{V_2} = \frac{T_1}{T_2}$$

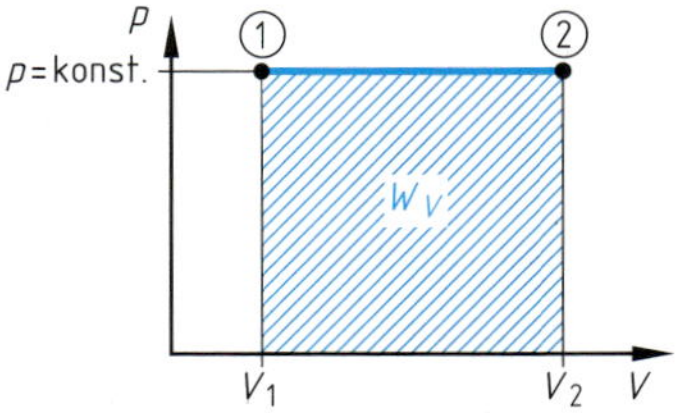

Volumenänderungsarbeit

$$W_V = p \cdot (V_2 - V_1)$$

$$W_V = m \cdot R_B \cdot (T_2 - T_1)$$

Zugeführte Wärmeenergie

$$Q = m \cdot c_p \cdot (T_2 - T_1)$$

W_V	Volumenänderungsarbeit	Nm
p	Druck	N/m^2, bar
V	Volumen	m^3
c_p, c_V	spezifische Wärmekapazität	kJ/(kg · K)
R_B	spezifische Gaskonstante	kJ/(kg · K)
m	Masse	kg
T	absolute Temperatur	K
ΔU	Änderung der inneren Energie	J, kJ

Änderung der inneren Energie

$$\Delta U = m \cdot (T_2 - T_1) \cdot (c_p - R_B)$$

$$\Delta U = m \cdot c_V \cdot (T_2 - T_1)$$

Die Isochore

Gay-Lussac

$$\frac{p_1}{p_2} = \frac{T_1}{T_2}$$

Volumenänderungsarbeit

$$W_V = 0$$

Änderung der inneren Energie

$$\Delta U = Q$$

Zugeführte Wärmeenergie

$$Q = m \cdot c_V \cdot (T_2 - T_1)$$

Bei Verlauf ① → ②: Temperaturzunahme

Bei Verlauf ② → ①: Temperaturabnahme

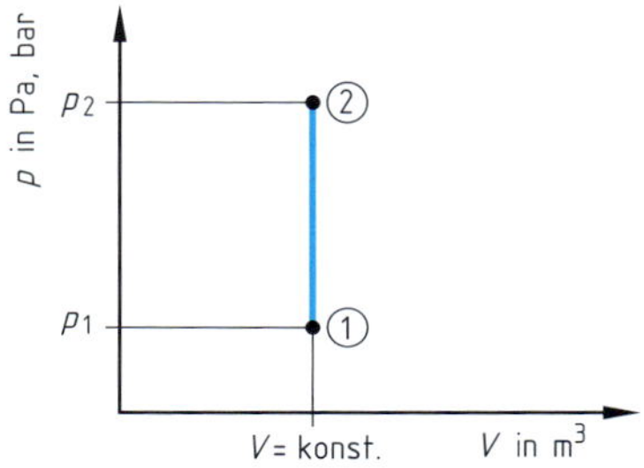

p	Druck	N/m², bar
T	absolute Temperatur	K
W_V	Volumenänderungsarbeit	Nm
ΔU	Änderung der inneren Energie	J, kJ
Q	Wärmemenge	J, kJ
c_V, c_p	spezifische Wärmekapazität	kJ/(kg · K)

Die Isotherme

Boyle-Mariotte

$$p \cdot V = \text{konst.}$$

Änderung der inneren Energie

$$\Delta U = 0$$

Zu- bzw. abgeführte Wärmeenergie

$$Q = W_V$$

Verrichtete (abgegebene) Volumenänderungsarbeit

Zustandsänderung ① → ②

$$W_V = p \cdot V \cdot \ln \frac{v_2}{v_1}$$

$$W_V = p \cdot V \cdot \ln \frac{V_2}{V_1}$$

$$W_V = p \cdot V \cdot \ln \frac{p_1}{p_2}$$

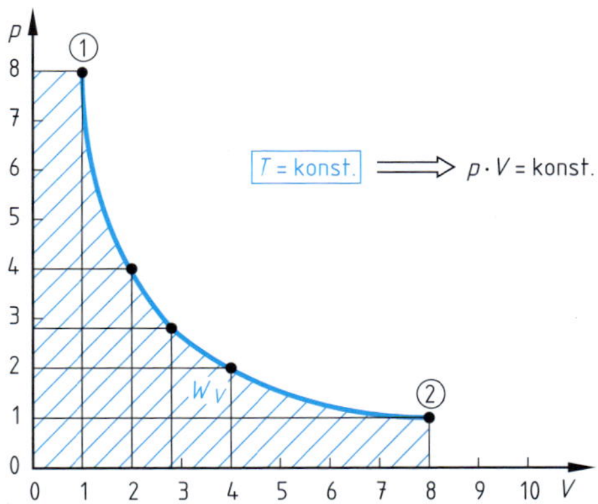

p	absoluter Druck	N/m², bar
V	Volumen	m³
v	spezifisches Volumen	m³/kg
W_V	Volumensänderungsarbeit	Nm
ΔU	Änderung der inneren Energie	J, kJ
Q	zu- bzw. abgeführte Wärmeenergie	J, kJ

C

Zugeführte Volumenänderungsarbeit

Zustandsänderung

② → ①

$$W_V = p_1 \cdot V_1 \cdot \ln \frac{v_1}{v_2}$$

$$W_V = p_2 \cdot V_2 \cdot \ln \frac{v_1}{v_2}$$

$$W_V = p_1 \cdot V_1 \cdot \ln \frac{V_1}{V_2}$$

$$W_V = p_2 \cdot V_2 \cdot \ln \frac{V_1}{V_2}$$

$$W_V = p_1 \cdot V_1 \cdot \ln \frac{p_2}{p_1}$$

$$W_V = p_2 \cdot V_2 \cdot \ln \frac{p_2}{p_1}$$

Index 1: Zustand 1
Index 2: Zustand 2

Bei einer **isothermen Zustandsänderung** entspricht die Volumenänderungsarbeit der zu- bzw. abgeführten Wärmeenergie.

Mit $p \cdot V =$ konst. $p \cdot V = p_1 \cdot V_1 = p_2 \cdot V_2$

C

Die Isentrope bzw. Adiabate

Wärmeenergie

$$Q = 0$$

Änderung der inneren Energie

$$\Delta U = -W_V = -m \cdot c_V \cdot (T_2 - T_1)$$

Volumenänderungsarbeit

$$W_V = m \cdot \frac{R_B}{\varkappa - 1} \cdot (T_1 - T_2)$$

$$W_V = \frac{1}{\varkappa - 1} \cdot (p_1 \cdot V_1 - p_2 \cdot V_2)$$

Isentropenfunktion

$$p \cdot V^{\varkappa} = \text{konst.}$$

$$p_1 \cdot V_1^{\varkappa} = p_2 \cdot V_2^{\varkappa}$$

Bei einer **isentropen Zustandsänderung**, die man auch als **adiabate Zustandsänderung** bezeichnet, wird keine Wärmeenergie mit der Umgebung ausgetauscht.

Die **adiabate Zustandsänderung** ist ein theoretischer Grenzfall, da wegen der immer vorhandenen Verluste von Wärmeenergie $Q \neq 0$ ist.

Q	Wärmeenergie	J, kJ
ΔU	Änderung der inneren Energie	J, kJ
W_V	Volumenänderungsarbeit	Nm
m	Masse	kg
c_V	spezifische Wärmekapazität bei konstantem Volumen	kJ/(kg · K)
T	absolute Temperatur	K
R_B	spezifische Gaskonstante	kJ/(kg · K)
$\varkappa$	Isentropenexponent (Adiabatenexponent)	1

Die isentrope (adiabate) Zustandsänderung ist dadurch gekennzeichnet, dass an jeder Stellle der Zustandsfunktion das Produkt aus Druck und „Volumen hoch Kappa“ konstant ist.

Die Polytrope

Die thermodynamische Handhabung der Polytrope entspricht völlig der thermodynamischen Handhabung der Isentrope (Adiabate).

Änderung von U

$$\Delta U = m \cdot c_V \cdot (T_2 - T_1)$$

Volumenänderungsarbeit

$$W_V = m \cdot \frac{R_B}{n-1} \cdot (T_1 - T_2)$$

$$W_V = \frac{1}{n-1} \cdot (p_1 \cdot V_1 - p_2 \cdot V_2)$$

Zu- bzw abgeführte Wärme

$$Q = m \cdot \frac{R_B}{n-1} \cdot (T_1 - T_2) + m \cdot c_V \cdot (T_2 - T_1)$$

Folgendes Bild zeigt den Zusammenhang zwischen den verschiedenen Zustandsänderungen. Man spricht auch von **speziellen Isentropen**:

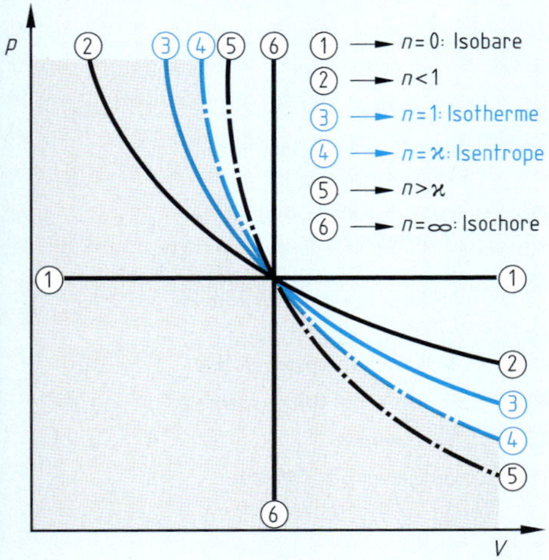

Eine Zustandsänderung, bei der sich gleichzeitig alle thermodynamischen Zustandsgrößen ändern, heißt **allgemeine Polytrope**.

Unterscheiden Sie:

Isentrope → Isentropenexponent $\varkappa$ ⎫ $n \neq 1$
Polytrope → Polytropenexponent n ⎭ $n \neq \varkappa$

ΔU	Änderung der inneren Energie	J, kJ
m	Masse	kg
c_V	spezifische Wärmekapazität bei konstantem Volumen	kJ/(kg · K)
T	absolute Temperatur	K
n	Polytropenexponent	1
R_B	spezifische Gaskonstante	kJ/(kg · K)
p	absoluter Druck	N/m², bar
V	Volumen	m³
Q	zu- bzw. abgeführte Wärme	J, kJ
W_V	Volumenänderungsarbeit	J, Nm

$n = 1$ → $p \cdot V = \text{konst.}$ → **Isotherme**
$n = \varkappa$ → $p \cdot V^{\varkappa} = \text{konst.}$ → **Isentrope**
$n = 0$ → $p = \text{konst.}$ → **Isobare**
$n = \pm\infty$ → $V = \text{konst.}$ → **Isochore**

C

C 3.18 Kreisprozesse im p,V-Diagramm und im T,s-Diagramm

Definition des Kreisprozesses

Wird bei einem thermodynamischen Prozess durch das Ablaufen **mehrerer Zustandsänderungen** wieder der Ausgangszustand erreicht, dann ist dies ein **geschlossener Prozess** oder **Kreisprozess**.

Nebenstehendes Bild zeigt einen solchen Kreisprozess im *p,V*-Diagramm. Man sieht:

Soll **Nutzarbeit** W_n gewonnen werden, dann muss der Vorlauf ① → ② einen anderen Verlauf haben als der Rücklauf ② → ①.

Somit ist:

$$W_{V12} > W_{V21}$$

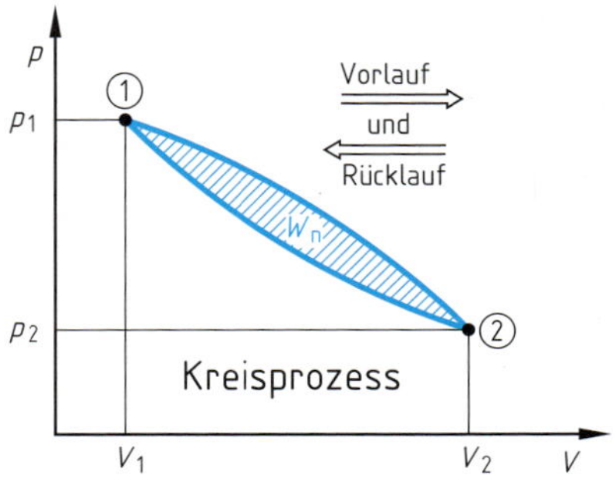

Der Betrag der Nutzarbeit und thermischer Wirkungsgrad

Wärmeenergie kann nur dann in mechanische Arbeit umgewandelt werden, wenn zwischen Vorlauf und Rücklauf des Kreisprozesses ein **Temperaturgefälle** vorhanden ist, d.h. im Bild ist $T_a > T_b$.

Dies führt zu dem Begriff des **rechtslaufenden Kreisprozesses.**

C

Nutzarbeit

$$W_n = Q_{12} - Q_{21} = W_{V12} - W_{V21}$$

Thermischer Wirkungsgrad

$$\eta_{th} = \frac{Q_n}{Q_a}$$

$$\eta_{th} = \frac{Q_{12} - Q_{21}}{Q_{12}} = 1 - \frac{Q_{21}}{Q_{12}}$$

$$\eta_{th} = \frac{W_n}{Q_a} = \frac{W_{V12} - W_{V21}}{Q_{12}}$$

Bei der Berechnung des thermischen Wirkungsgrades η_{th} wird die Nutzarbeit W_n aus der Differenz der Flächen unter den Zustandskurven im *p,V*-Diagramm ermittelt.

Mit $W_{V12} > W_{V21}$ ist $\eta_{th} < 1$

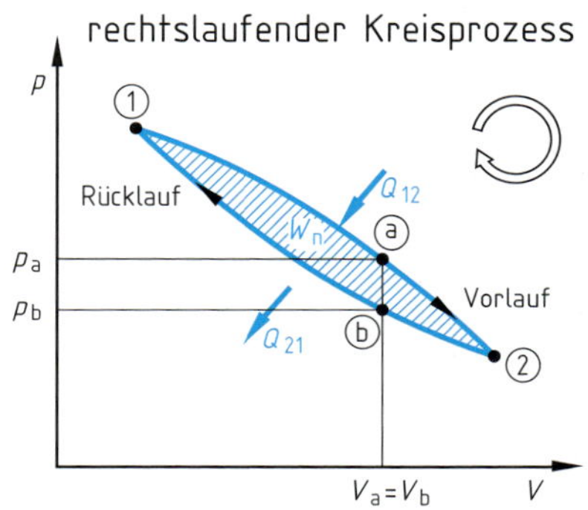

W_n	Nutzarbeit	Nm
Q_{12}	beim Vorlauf zugeführte Wärmeenergie	J, kJ
Q_{21}	beim Rücklauf abgeführte Wärmeenergie	J, kJ
W_{V12}	beim Vorlauf abgegebene Volumenänderungsarbeit	Nm
W_{V21}	beim Rücklauf zugeführte Volumenänderungsarbeit	Nm
η_{th}	thermischer Wirkungsgrad	1, %
Q_n	Nutzwärme	J, kJ
Q_a	aufgewendete Wärme	J, kJ

Kreisprozesse der Wärmekraftmaschinen

Diesel-Prozess (Gleichdruckprozess)
Thermischer Wirkungsgrad

$$\eta_{th} = 1 - \frac{T_4 - T_1}{\varkappa \cdot (T_3 - T_2)}$$

$$\eta_{th} = 1 - \frac{1}{\varepsilon^{\varkappa - 1}} \cdot \frac{\varphi^{\varkappa} - 1}{\varkappa \cdot (\varphi - 1)}$$

Verdichtungsverhältniss

$$\varepsilon = \frac{V_1}{V_2}$$

Einspritzverhältnis

$$\varphi = \frac{V_3}{V_2}$$

Das **Einspritzverhältniss** wird auch als **Volldruckverhältnis** bezeichnet.

Index 1, **Index 2**, **Index 3**, **Index 4** } „Eckpunkte des Kreisprozesses

Anmerkung 1: Weitergehende Informationen bezüglich der Thermodynamik sowie konstruktiver Regeln und Gesetze finden Sie in der Fachliteratur für Wärmekraftmaschinen.

Anmerkung 2: Die **Bezeichnungen der nun folgenden Kreisprozesse** sind denen des Diesel-Prozesses analog.

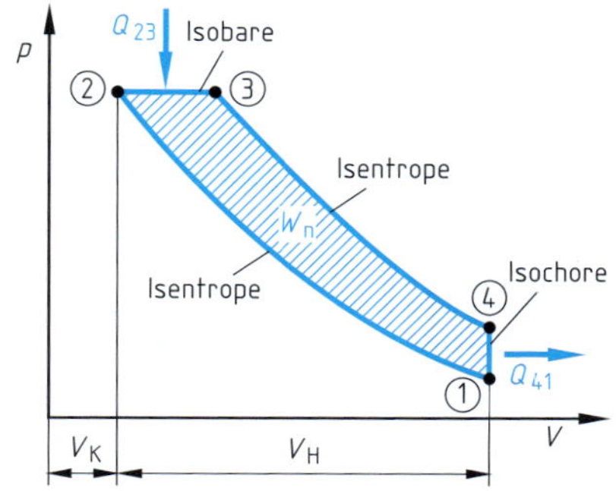

η_{th}	thermischer Wirkungsgrad	1
T	absolute Temperatur	K
$\varkappa$	Isentropenexponent (Adiabatenexponent)	1
ε	Verdichtungsverhältnis	1
φ	Einspritzverhältnis	1
V	Volumen	m^3
V_K	Kompressionsvolumen	m^3
V_H	Hubvolumen	m^3

Otto-Prozess (Gleichraumprozess)

Thermischer Wirkungsgrad

$$\eta_{th} = 1 - \frac{T_1}{T_2}$$

$$\eta_{th} = 1 - \frac{1}{\varepsilon^{\varkappa - 1}}$$

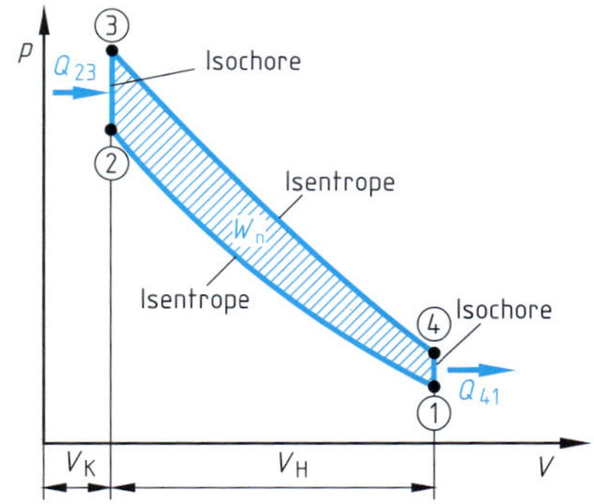

Seiliger-Prozess

Thermischer Wirkungsgrad

$$\eta_{th} = 1 - \frac{T_5 - T_1}{T_3 - T_2 + \varkappa \cdot (T_4 - T_3)}$$

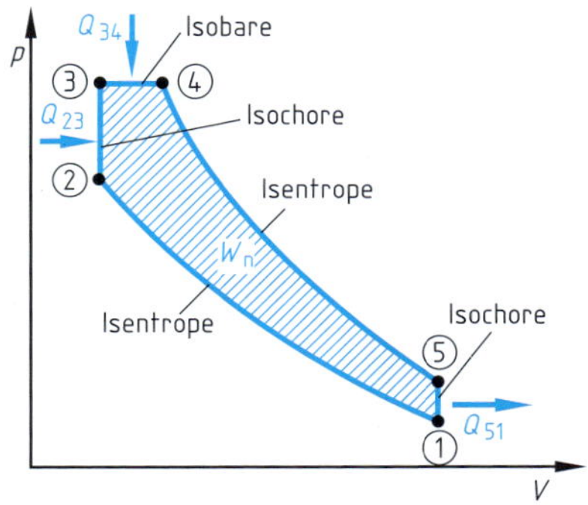

C

Joule-Prozess

Thermischer Wirkungsgrad

$$\eta_{th} = 1 - \frac{T_1}{T_2}$$

$$\eta_{th} = 1 - \left(\frac{p_1}{p_2}\right)^{\frac{\varkappa - 1}{\varkappa}}$$

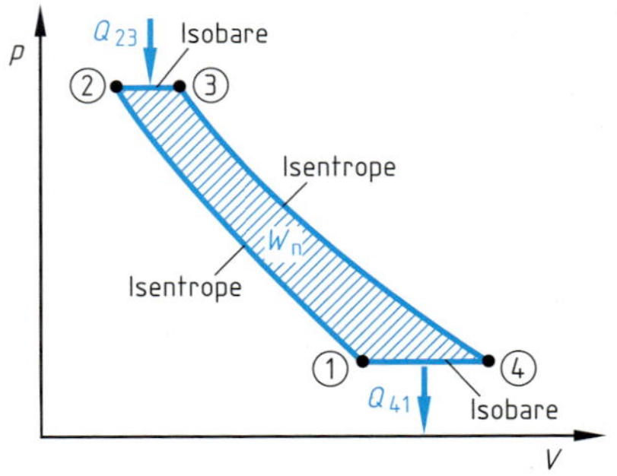

Ackeret-Keller-Prozess

Thermischer Wirkungsgrad

$$\eta_{th} = 1 - \frac{T_1}{T_3}$$

Der Ackeret-Keller-Prozess wird auch als **Ericsson-Prozess** bezeichnet.

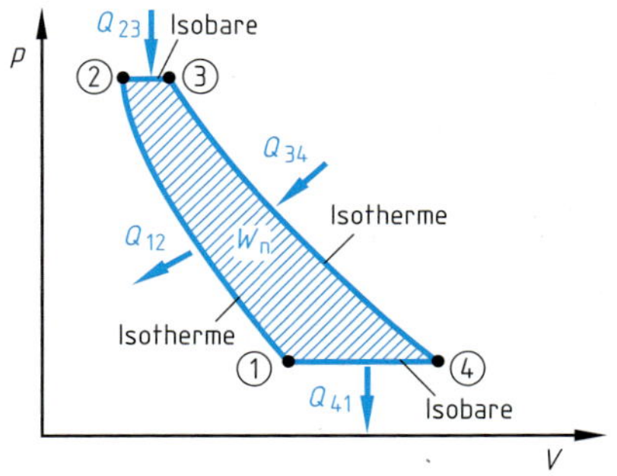

Stirling-Prozess

Thermischer Wirkungsgrad

$$\eta_{th} = 1 - \frac{T_1}{T_3}$$

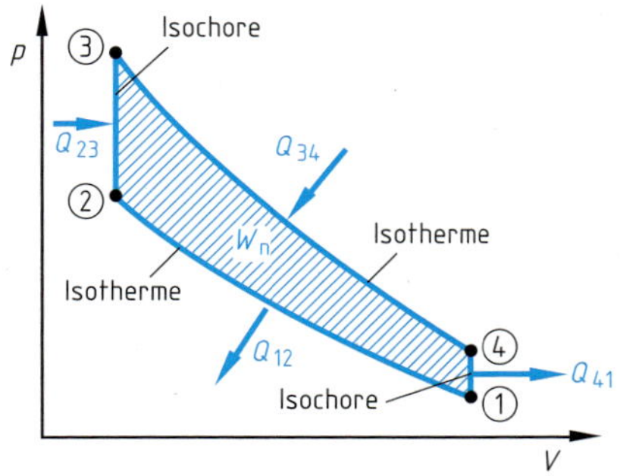

Carnot-Prozess

Thermischer Wirkungsgrad

$$\eta_{th} = 1 - \frac{T_4}{T_2}$$

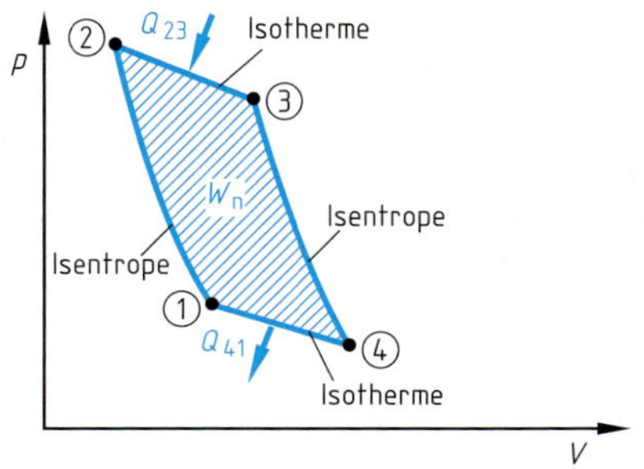

Entropie und *T,s*-Diagramm

Zu- oder abgeführte Wärmeenergie

$$Q = \Sigma\,(T \cdot \Delta S)$$

Änderung der Wärmeenergie

$$\Delta Q = T \cdot \Delta S$$

Änderung der Entropie

$$\Delta S = \pm\,\frac{\Delta Q}{T}$$

$$\Delta S = \pm\,\frac{p \cdot \Delta V + \Delta U}{T}$$

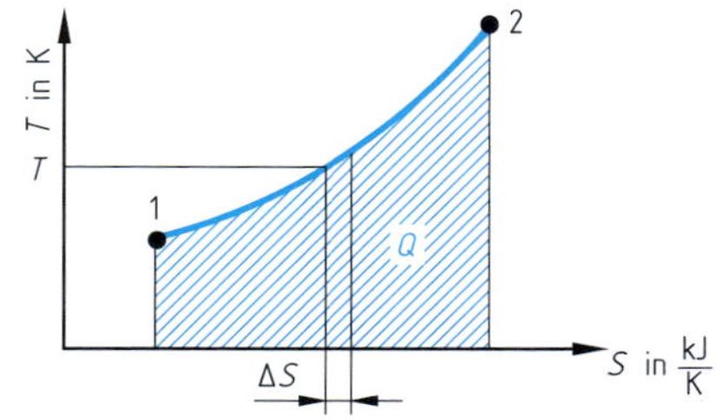

Q	zu- bzw. abgeführte Wärmeenergie	J, kJ
T	absolute Temperatur	K
ΔS	Änderung der Entropie	J/K
ΔQ	Änderung der Wärmeenergie	J, kJ
p	absoluter Druck	N/m², bar
ΔV	Änderung des Volumens	m³
s	spezifische Entropie	J/(kg · K)

Zustandsänderung	zu- oder abgeführte Wärmeenergie und Entropieänderung	*T, s*-Diagramm
Isobare	$Q = m \cdot c_{pm} \cdot (T_2 - T_1)$ $\Delta S = S_2 - S_1 = m \cdot c_{pm} \cdot \ln \frac{T_2}{T_1}$ (ln = natürlicher Logarithmus)	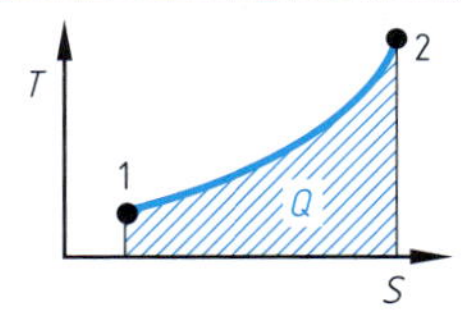
Isochore	$Q = m \cdot c_{Vm} \cdot (T_2 - T_1)$ $\Delta S = S_2 - S_1 = m \cdot c_{Vm} \cdot \ln \frac{T_2}{T_1}$	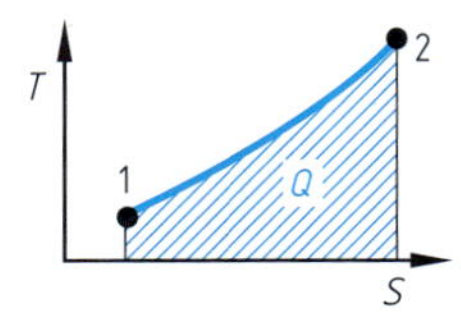
Isotherme	da $\Delta U = 0$ ist: $Q = W_V = p_1 \cdot V_1 \cdot \ln \frac{p_1}{p_2}$ $\Delta S = S_2 - S_1 = m \cdot R_B \cdot \ln \frac{p_1}{p_2}$	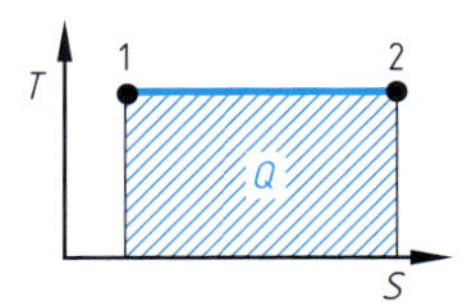
Isentrope (Adiabate)	da $\Delta U = W_V$ ist: $Q = 0$ $\Delta S = 0$	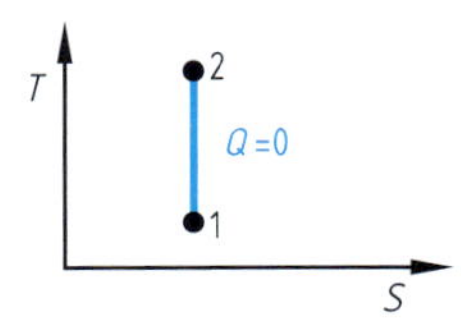
Polytrope	$Q = m \cdot \frac{R_B}{n-1} \cdot (T_2 - T_1) + m \cdot c_{Vm} \cdot (T_2 - T_1)$ $\Delta S = S_2 - S_1 = m \cdot c_{pm} \cdot \ln \frac{T_2}{T_1} - m \cdot R_B \cdot \ln \frac{p_2}{p_1}$ $\Delta S = S_2 - S_1 = m \cdot c_{Vm} \cdot \ln \frac{T_2}{T_1} + m \cdot R_B \cdot \ln \frac{V_2}{V_1}$	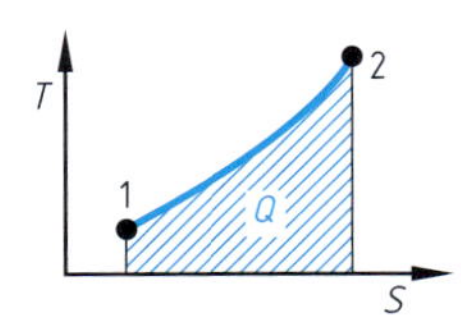

Im **Temperatur, Entropie-Diagramm (*T,s*-Diagramm)** bilden sich Wärmemengen als Flächen ab. Man bezeichnet deshalb ein solches Diagramm auch als **Wärmediagramm**.

+ bei Wärmezufuhr
– bei Wärmeabfuhr

Die **Entropieänderung** ΔS wird mit abnehmender thermodynamischer Temeratur (bei gleicher Wärmezu- oder -abfuhr) größer.

Linkslaufende Kreisprozesse

Beim **linkslaufenden Kreisprozess** wird Wärmeenergie entgegen einem Temperaturgefälle befördert. Nach dem 2. Hauptsatz gilt:

Ein **Transport von Wärmeenergie** entgegen dem Temperaturgefälle ist nur mit einem zusätzlichen Aufwand von mechanischer Energie W_a möglich.

Realisierung in der Praxis mit **Kältemaschinenprozess** bzw. mit **Wärmepumpenprozess**.

Linkslaufender Carnot-Prozess im *p,V*- und *T,s*-Diagramm.

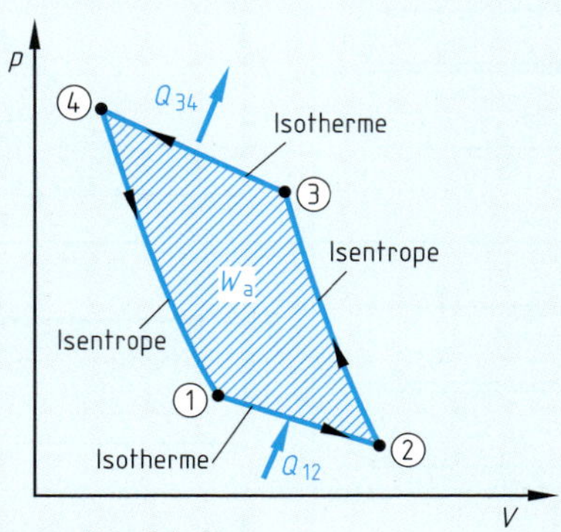

Aufgewendete Arbeit

$$W_a = Q_{21} - Q_{12}$$

Leistungszahl der Kältemaschine

$$\varepsilon_K = \frac{Q_{12}}{W_a}$$

$$\varepsilon_K = \frac{T_{min} \cdot \Delta S}{\Delta S \cdot (T_{max} - T_{min})} = \frac{T_{min}}{T_{max} - T_{min}}$$

Bei **reversiblen Zustandsänderungen** erreicht die Entropie nach abgeschlossener Umkehrung der Zustandsänderung den selben Wert wie zum Beginn der Zustandsänderung. Bei **irreversiblen Zustandsänderungen** nimmt die Entropie zu.

Die auf die Stoffmenge 1 kg bezogene Entropie heißt **spezifische Entropie** *s*.

Die **Entropiezunahme** ist ein Maß für die **Irreversibilität** einer Zustandsänderung.

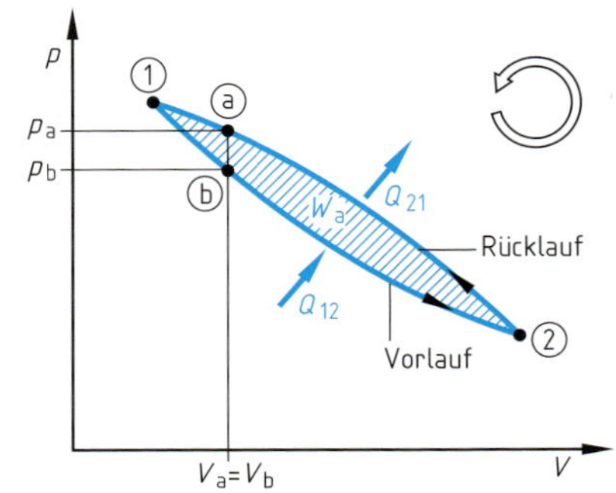

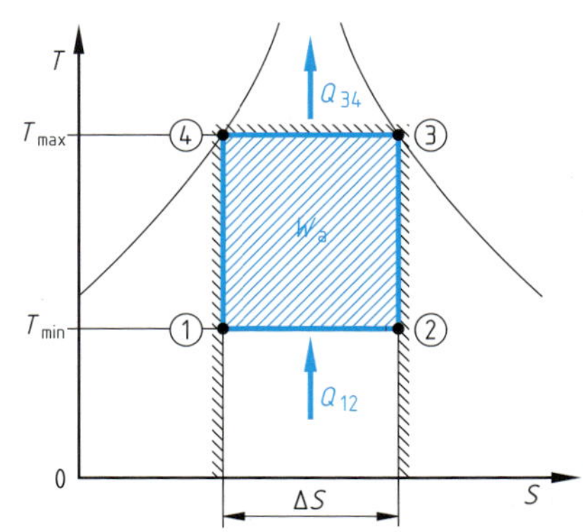

W_a	aufgewendete Arbeit	Nm
Q	Wärmeenergie	J, kJ
ε	Leistungszahl	1
T_{min}	absolute Verdampfungstemperatur des Kältemittels	K
T_{max}	absolute Kondensationstemperatur des Kältemittels	K
ΔS	Entropieänderung	J/K

Leistungszahl der Wärmepumpe

$$\varepsilon_W = \frac{Q_{34}}{W_a}$$

$$\varepsilon_W = \frac{T_{max} \cdot \Delta S}{\Delta S \cdot (T_{max} - T_{min})} = \frac{T_{max}}{T_{max} - T_{min}}$$

Index K: Kältemaschinenprozess
Index W: Wärmepumpenprozess

C 3.19 Umwandlung von Wärmeenergie in elektrische Energie

Seebeck-Effekt (Thermoelement) spielt nur in der Messtechnik und der Betriebstechnik eine Rolle.

Großtechnische Umwandlung → nachfolgende Grafik

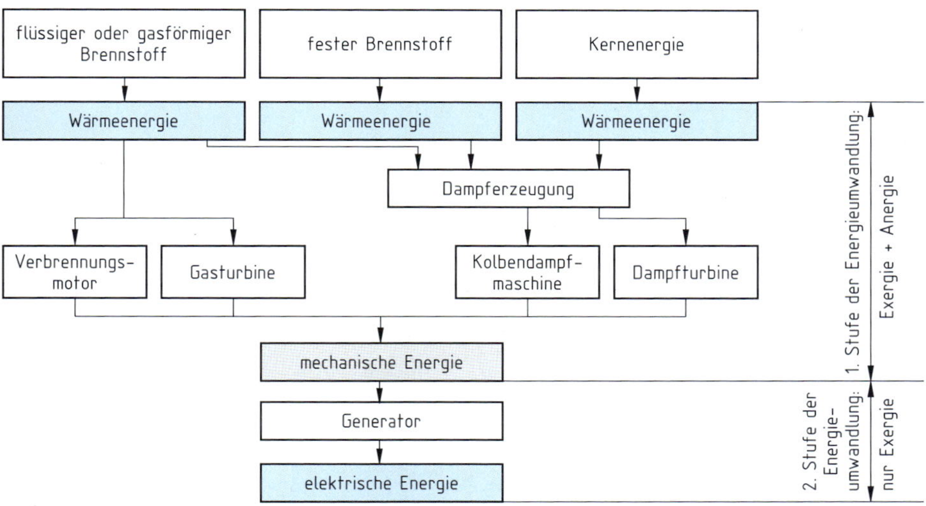

$$\text{Energie} = \text{Exergie} + \text{Anergie}$$

Exergie: umwandelbare Energie
Anergie: nicht umwandelbare Energie

C 3.20 Umwandlung von elektrischer Energie in Wärmeenergie

Peltier-Effekt

Peltier-Wärme

$$Q_p = \pi_{12} \cdot I \cdot t$$

Peltier-Elemente werden als **Heizelemente** und als **Kühlelemente** verwendet.

Der **Peltier-Koeffizient** ist ein von der Werkstoffkombination abhängiger Proportionalitätsfaktor. Er beträgt bei den verschiedenen Metallkombinationen zwischen $4 \cdot 10^{-3}$ bis $4 \cdot 10^{-4}$ J/As.

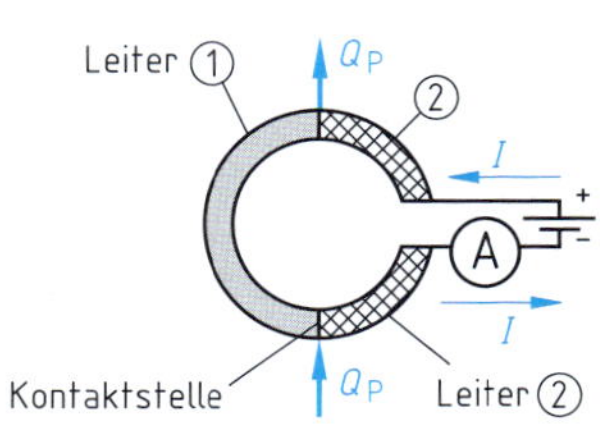

Q_p	Peltier-Wärme	J, kJ
π_{12}	Peltier-Koeffizient	J/As
I	elektrische Stromstärke	A
t	Zeit	s

Elektrische Arbeit und elektrische Leistung

Elektrische Leistung

$$P = \frac{W}{t}$$

Elektrische Arbeit

$$W = P \cdot t$$

Elektrisches Wärmeäquivalent

$$1\ \text{Ws} = 1\ \text{J}$$

Elektrischer Wirkungsgrad

$$\eta = \frac{Q_n}{W_a}$$

Elektrische Heizleistung

$$P = \frac{\Sigma\,(m \cdot c \cdot \Delta\vartheta)}{\eta \cdot t}$$

P	elektrische Leistung	W
W	elektrische Arbeit	Ws, kWh
t	Zeit	s
η	elektrischer Wirkungsgrad	1, %
Q_n	Nutzwärme (z. B. $m \cdot c \cdot \Delta\vartheta$)	J
W_a	aufgewendete elektrische Arbeit	Ws, kWh
m	Masse	kg
c	spezifische Wärmekapazitäz	kJ/(kg · K)
$\Delta\vartheta$	Temperaturdifferenz	K, °C

C

C 3.21 Wärmetransport

→ E 3.7

Möglichkeiten einer Wärmeübertragung

Der zweite Hauptsatz besagt:

Wärmeenergie kann ohne einen zusätzlichen Aufwand an Energie nur von einem Körper mit höherer Temperatur auf einen Körper mit niedrigerer Temperatur, d. h. nur in Richtung eines **Temperaturgefälles**, übertragen werden.

Übertragung von Wärmeenergie durch **Wärmeleitung, Wärmestrahlung** und **Wärmemitführung.**

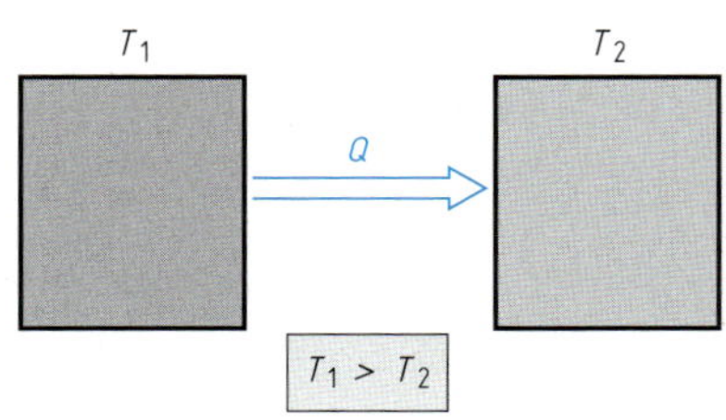

Wärmeleitung durch ebene und gekrümmte Wände

Wärmestrom

$$\dot{Q} = \frac{Q}{t}$$

Wärmestrom durch einschichtige Wand

$$\dot{Q} = \frac{\lambda}{\delta} \cdot A \cdot (\vartheta_1 - \vartheta_2)$$

Wärmeleitwiderstand

$$R_\lambda = \frac{\delta}{\lambda \cdot A}$$

$\dot{Q}$	Wärmestrom	W
Q	Wärmeenergie	J, kJ
t	Zeit	s
λ	Wärmeleitzahl	W/(m · K)
A	Wandquerschnitt	m²
ϑ	Temperatur	°C
δ	Wanddicke	m
R_λ	Wärmeleitwiderstand	K/W
T	absolute Temperatur	K

***Ohm*'sches Gesetz der Wärmeleitung**

$$\Delta\vartheta = R_\lambda \cdot \dot{Q}$$

Bei kleiner Wärmeleitfähigkeit λ ist der Wärmeleitwiderstand R_λ groß und damit ist auch die **Temperaturdifferenz** groß.

Bei **ebenen Wänden** liegt ein **lineares Temperaturgefälle** vor.

In **mehrfach geschichteten ebenen Wänden** fällt die Temperatur linear von Schicht zu Schicht in Richtung des Wärmestromes.

Wärmestromdichte

$$q = \frac{\dot{Q}}{A}$$

Wärmestrom durch eine mehrfach geschichtete ebene Wand

$$\dot{Q} = \frac{\lambda_1}{\delta_1} \cdot A \cdot \Delta\vartheta_1 = \frac{\lambda_2}{\delta_2} \cdot A \cdot \Delta\vartheta_2 = \frac{\lambda_3}{\delta_3} \cdot A \cdot \Delta\vartheta_3 = \ldots = \frac{\lambda_n}{\delta_n} \cdot A \cdot \Delta\vartheta_n$$

Gesamtwärmeleitwiderstand

$$R_{\lambda ges} = R_{\lambda 1} + R_{\lambda 2} + R_{\lambda 3} + \ldots + R_{\lambda n}$$

Wärmestrom

$$\dot{Q} = \frac{\Delta\vartheta_1}{R_{\lambda 1}} = \frac{\Delta\vartheta_2}{R_{\lambda 2}} = \ldots = \frac{\Delta\vartheta}{R_{\lambda ges}}$$

Die **Wärmeleitfähigkeit** λ ist stark **temperaturabhängig**!

Indices 1...n: Wandbezeichnungen

Wärmestrom durch einen Hohlzylinder

$$\dot{Q} = \frac{2 \cdot \pi \cdot l \cdot \lambda}{\ln \frac{d_a}{d_i}} \cdot (\vartheta_1 - \vartheta_2)$$

Wärmestrom durch mehrschichtige Zylinderwand

$$\dot{Q} = \frac{2 \cdot \pi \cdot l \cdot \Delta\vartheta_{ges}}{\frac{1}{\lambda_1} \cdot \ln \frac{d_2}{d_1} + \frac{1}{\lambda_2} \cdot \ln \frac{d_3}{d_2} + \ldots}$$

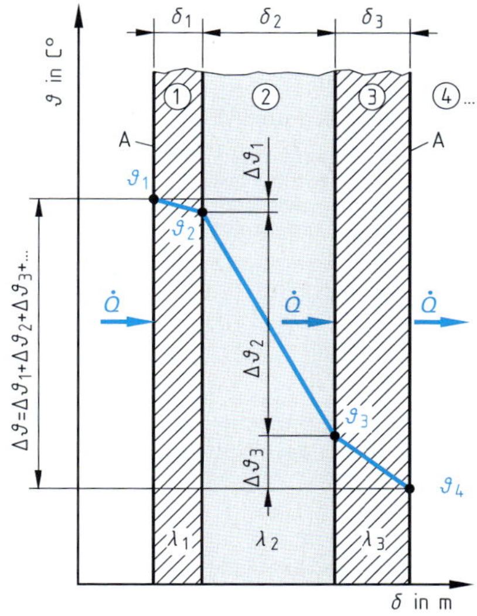

$\dot{Q}$	Wärmestrom	W
λ	Wärmeleitfähigkeit (Wärmeleitzahl)	W/(m · K)
A	Wandfläche	m²
ϑ	Wandgrenztemperatur	°C
$\Delta\vartheta$	Temperaturdifferenz	°C
R_λ	Wärmeleitwiderstand	K/W
$R_{\lambda ges}$	Gesamtwärmeleitwiderstand	K/W
δ	Wanddicke	m
q	Wärmestromdichte	W/m²
l	Länge eines Hohlzylinders (Rohr)	m
d_a	Außendurchmeser	m
d_i	Innendurchmesser	m

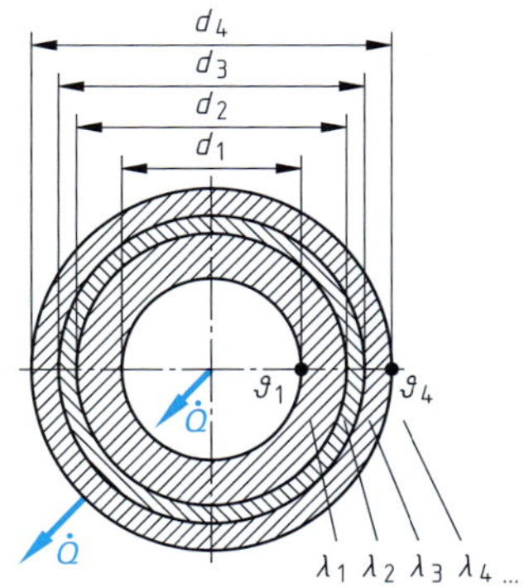

ln: natürlicher Logarithmus

C

Der **Temperaturverlauf** in zylindrischen Wänden ist nicht linear, sondern er erfolgt nach einer **logarithmischen Funktion.**

Wärmeübergang und Wärmedurchgang

Unter einem **Wärmeübergang** versteht man die Wärmeübertragung zwischen zwei direkt benachbarten Fluiden oder aber zwischen einem Fluid und einer festen Wand bzw. umgekehrt.

Dabei treten in umittelbarer Nähe der Wand **Temperaturdifferenzen** auf.

Wärmestrom

$$\dot{Q} = \alpha \cdot A \cdot \Delta\vartheta$$

***Ohm*'sches Gesetz des Wärmeübergangs**

$$\Delta\vartheta = R_\alpha \cdot \dot{Q}$$

Wärmeübergangswiderstand

$$R_\alpha = \frac{1}{\alpha \cdot A}$$

Wärmeübergangszahl

$$\alpha = Nu \cdot \frac{\lambda_F}{l}$$

Gleichungen zur **Berechnung der Nußelt-Zahl** sind wärmetechnischen Handbüchern, Kapitel E 3.7, oder dem **VDI-Wärmeatlas** zu entnehmen.

Wärmestrom

$$\dot{Q} = K \cdot A \cdot \Delta\vartheta$$

***Ohm*'sches Gesetz des Wärmedurchgangs**

$$\Delta\vartheta = R_k \cdot \dot{Q}$$

Wärmedurchgangswiderstand

$$R_k = \frac{1}{K \cdot A}$$

Wärmedurchgangskoeffizient, Wärmedurchgangszahl (*k*-Wert)

$$K = \frac{1}{\frac{1}{\alpha_1} + \sum \frac{\delta}{\lambda} + \frac{1}{\alpha_2}}$$

Die **Wandgrenztemperaturen** ϑ_1, ϑ_2, ϑ_3 ... werden mithilfe der Temperaturdifferenzen $\Delta\vartheta_1$, $\Delta\vartheta_2$, $\Delta\vartheta_3$ ... (→ nebenstehende Tabelle) berechnet.

Weitere Formeln für die Berechnung des Wärmestroms durch gekrümmte Wände (nicht zylindrisch) sind in technischen Handbüchern zu finden, z.B. für Klöpperböden.

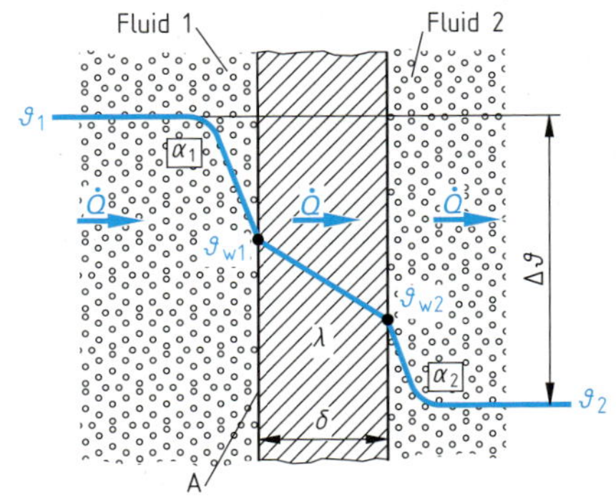

$\dot{Q}$	Wärmestrom	W
α	Wärmeübergangszahl	$W/(m^2 \cdot K)$
A	Wandfläche	m^2
$\Delta\vartheta$	Temperaturdifferenz	K, °C
R_α	Wärmeübergangswiderstand	K/W
Nu	Nußelt-Zahl	1
λ_F	Fluid-Wärmeleitfähigkeit	$W/(m \cdot K)$
l	charakteristische Baugröße eines Wärmeaustauschers	m
K	Wärmedurchgangskoeffizienten, Wärmedurchgangszahl (*K*-Wert, *k*-Wert)	$W/(m^2 \cdot K)$
R_k	Wärmedurchgangswiderstand	K/W
λ	Wärmeleitfähigkeit	$W/(m \cdot K)$
δ	Wanddicke	m

Temperaturverlauf an und in einer mehrfach geschichteten ebenen Wand:

$$\Delta\vartheta_1 = K \cdot \Delta\vartheta \cdot \frac{1}{\alpha_1} \qquad \Delta\vartheta_3 = K \cdot \Delta\vartheta \cdot \frac{\delta_2}{\lambda_2}$$

....

$$\Delta\vartheta_2 = K \cdot \Delta\vartheta \cdot \frac{\delta_1}{\lambda_1} \qquad \Delta\vartheta_n = K \cdot \Delta\vartheta \cdot \frac{1}{\alpha_2}$$

Hinweis: Für den Wärmedurchgangskoeffizienten werden in den gültigen Normen verschiedene Buchstaben verwendet, so z.B.:
DIN EN ISO 80000-5:2020-02 → *K* oder *k*,
DIN 1304-1:1994-03 → *k* für DIN 4108 (verschiedene Teile) und DIN EN ISO 7345:2018-07 → *U*

Wärmeaustauscher

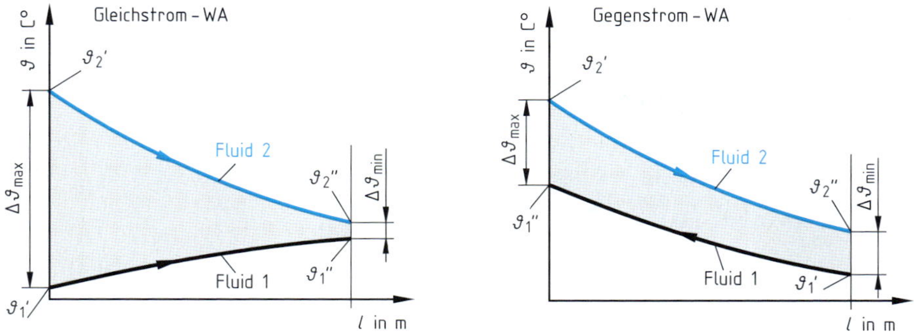

C

Wärmestrom

$$\dot{Q} = K \cdot A \cdot \Delta\vartheta_m$$

Mittlere logarithmische Temperaturdifferenz

$$\Delta\vartheta_m = \frac{\Delta\vartheta_{max} - \Delta\vartheta_{min}}{\ln \dfrac{\Delta\vartheta_{max}}{\Delta\vartheta_{min}}}$$

$\dot{Q}$	Wärmestrom	W
K	Wärmedurchgangszahl	W/(m² · K)
$\Delta\vartheta_m$	mittl. log. Temperaturdifferenz	K, °C
$\Delta\vartheta_{max}$	größte Temperaturdifferenz	K, °C
$\Delta\vartheta_{min}$	kleinste Temperaturdifferenz	K, °C
A	Wandfläche	m²
ϑ	Temperatur	°C

Überschlägige Wärmedurchgangskoeffizienten *K* in W/(m² · K) für verschiedene Wärmeaustauscher (WA)
→ Tabelle Seite 319

Wärmedurchgang durch gekrümmte Wände

Wärmestrom durch eine einschichtige Rohrwand

$$\dot{Q} = \frac{2 \cdot \pi \cdot l \cdot (\vartheta_{F1} - \vartheta_{F2})}{\dfrac{2}{\alpha_i \cdot d_i} + \dfrac{1}{\lambda} \cdot \ln \dfrac{d_a}{d_i} + \dfrac{2}{\alpha_a \cdot d_a}}$$

Weitere Formeln für gekrümmte Wände können technischen Handbüchern entnommen werden.

$\dot{Q}$	Wärmestrom	W
l	Rohrlänge	m
ϑ_F	Fluidtemperatur	K, °C
α	Wärmeübergangszahl	W/(m² · K)
d	Durchmesser	m
λ	Wärmeleitfähigkeit	W/(m · K)

Index i: innen **Index a:** außen

Wärmestrahlung

Energiestrom

$$\dot{E} = \varepsilon \cdot C_s \cdot A \cdot \left(\frac{T}{100}\right)^4$$

Emittierte Energie

$$E = \varepsilon \cdot C_s \cdot A \cdot \left(\frac{T}{100}\right)^4 \cdot t$$

Gesetz von Kirchhoff

$$\frac{\varepsilon}{a} = \frac{a}{\varepsilon} = \varepsilon_s = a_s = 1$$

$\dot{E}$	Energiestrom	W
ε	Emissionskoeffizient (→ Tabelle unten)	1
a	Absorptionskoeffizient	1
C_s	Strahlungskonstante des absolut schwarzen Körpers	W/(m² · K⁴)
T	absolute Temperatur	K
A	Körperoberfläche	m²
ε_s	Emissionskoeffizient des absolut schwarzen Körpers	1
a_s	Absorptionskoeffizient des absolut schwarzen Körpers	1

Strahlungszahl des absolut schwarzen Körpers

$$C_s \approx 5{,}67 \frac{W}{m^2 \cdot K^4}$$

Anmerkung:

C_s ist eigentlich $5{,}67 \cdot 10^{-8}$ W/(m² · K⁴). Deshalb wird in obigen Gleichungen durch $100^4 = 10^8$ dividiert. Der Umgang mit den Gleichungen wird dadurch erheblich vereinfacht.

Die **Energieübertragung durch Strahlung** ist nach dem zweiten Hauptsatz der Thermodynamik immer vom Ort der höheren Temperatur zum Ort mit niedrigerer Temperatur gerichtet (z.B. Sonne → Erde).

C

In spezieller Fachliteratur (z.B: **VDI-Wärmeatlas**) sind **Berechnungsformeln für die technischen Fälle der Wärmeübertragung durch Strahlung** angegeben.

Emissions- und Absorptionskoeffizienten

Oberfläche (senkrechte Strahlung)	$\varepsilon = a$
Dachpappe schwarz	0,91
Schamottesteine	0,75
Ziegelsteine	0,92
Wasseroberfläche	0,95
Eisoberfläche	0,96
Buchenholz	0,93
Aluminium poliert	0,04
Kupfer poliert	0,03
Stahl poliert	0,26
Stahl stark verrostet	0,85
Heizkörperlack	0,93
schwarzer Mattlack	0,97

C 4 Schwingungen und Wellen

C 4.1 Entstehung periodischer Bewegungen

Die Schubkurbel

Der Ablauf einer periodischen Bewegung kann z.B. mithilfe einer **Schubkurbel** oder mit einer **Kurbelschleife** realisiert werden.

Bei einer **periodischen Bewegung**, die in vielen Fällen eine **harmonische Bewegung** ist, befindet sich ein Körper in einer bestimmten zeitlichen Abfolge, d.h. periodisch, immer wieder am selben Ort.

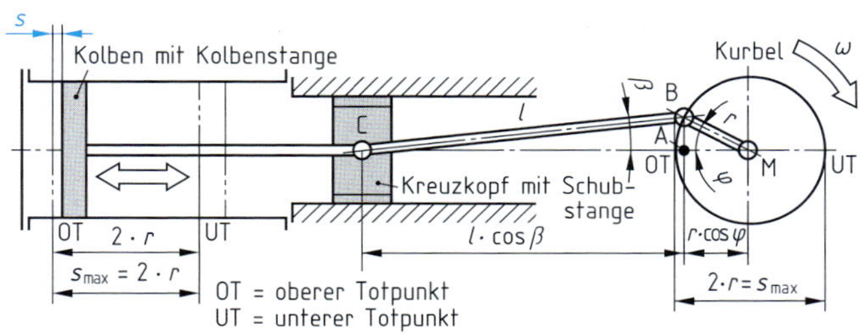

Kolbenweg

$$s = r \cdot \left\{1 - \cos(\omega \cdot t) + \frac{r}{4 \cdot l} \cdot [1 - \cos(2\,\omega \cdot t)]\right\}$$

Kolbengeschwindigkeit

$$v = r \cdot \omega \cdot \left[\sin(\omega \cdot t) + \frac{r}{2 \cdot l} \cdot \sin(2\,\omega \cdot t)\right]$$

Kolbenbeschleunigung

$$a = r \cdot \omega^2 \cdot \left[\cos(\omega \cdot t) + \frac{r}{l} \cdot \cos(2\,\omega \cdot t)\right]$$

Drehwinkel

$$\varphi = \omega \cdot t = 2 \cdot \pi \cdot n \cdot t$$

s	Kolbenweg	m
r	Kurbelradius	m
ω	Winkelgeschwindigkeit	rad/s = s^{-1}
t	Zeit	s
l	Länge der Schubstange	m
v	Kolbengeschwindigkeit	m/s
a	Kolbenbeschleunigung	m/s^2
φ	Drehwinkel	rad, Grad
n	Drehzahl	s^{-1}

Der Quotient r/l wird als **Stangenverhältnis** bezeichnet und ist in der Praxis normalerweise nicht größer als $^1/_5$.

Die Kurbelschleife

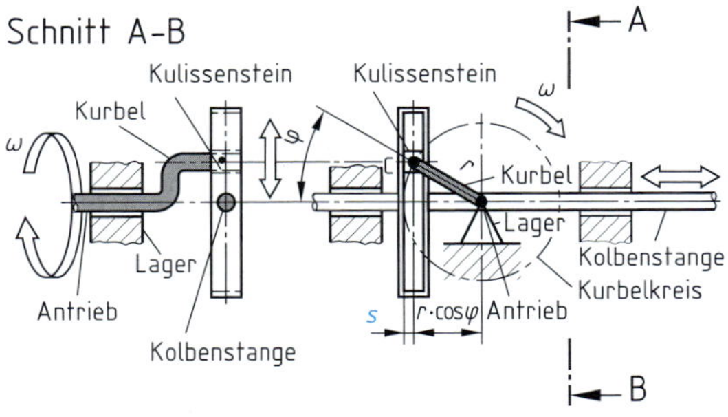

C

Kolbenstangenweg

$$s = r \cdot [1 - \cos(\omega \cdot t)]$$

Kolbenstangengeschwindigkeit

$$v = r \cdot \omega \cdot \sin(\omega \cdot t)$$

Kolbenstangenbeschleunigung

$$a = r \cdot \omega^2 \cdot \cos(\omega \cdot t)$$

Winkelgeschwindigkeit

$$\omega = 2 \cdot \pi \cdot n$$

Drehwinkel

$$\varphi = \omega \cdot t$$

s	Kolbenstangenweg	m
r	Kurbelradius	m
ω	Winkelgeschwindigkeit	rad/s = s^{-1}
t	Zeit	s
v	Kolbenstangengeschwindigkeit	m/s
a	Kolbenstangenbeschleunigung	m/s^2
n	Drehzahl	s^{-1}
φ	Drehwinkel	rad, Grad

C

C 4.2 Harmonische Schwingungen und harmonische Bewegungen

Auslenkungs, Zeit-Gesetz

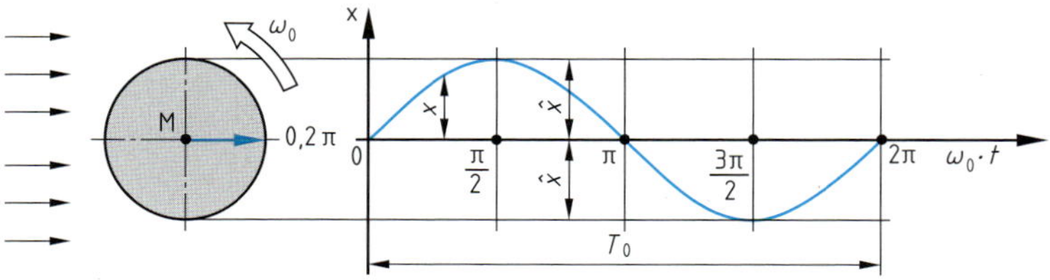

Phasenverschobene Schwingung

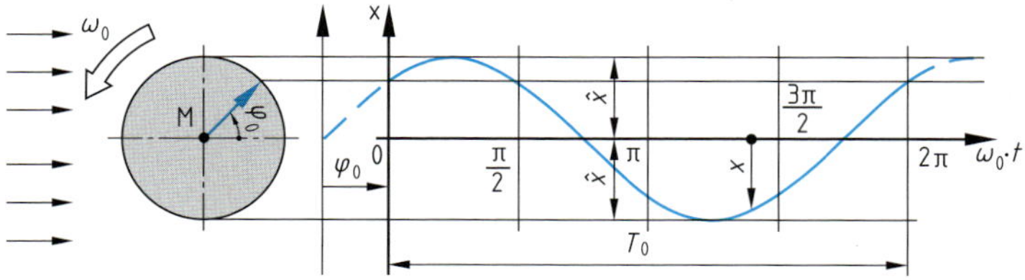

Kreisfrequenz

$$\omega_0 = 2 \cdot \pi \cdot f_0$$

Index 0: Nach DIN 1304-1:1994-03 handelt es sich um eine **ungedämpfte Schwingung**.

Frequenz

$$f_0 = \frac{\omega_0}{2 \cdot \pi} = \frac{1}{T_0}$$

Periodendauer (Schwingungsdauer)

$$T_0 = \frac{2 \cdot \pi}{\omega_0} = \frac{1}{f_0}$$

Auslenkung (Weg)

$$x = \hat{x} \cdot \sin(\omega_0 \cdot t)$$

$$x = \hat{x} \cdot \sin(\omega_0 \cdot t + \varphi_0)$$

ω_0	Kreisfrequenz ≙ Winkelgeschwindigkeit	rad/s = s^{-1}
f_0	Frequenz	s^{-1} = Hz
T_0	Schwingungsdauer bzw. Periodendauer	s
x	Auslenkung (Elongation)	m
$\hat{x}$	größte Auslenkung (Amplitude)	m

1 Hertz = 1 Hz = $\frac{1}{s}$ = s^{-1} ≙ eine Schwingung pro Sekunde

Lineares Kraftgesetz

Massenträgheitskraft

$$F_{Tr} = m \cdot a$$

Federrückstellkraft

$$F_R = c \cdot s$$

Rückstellkraft bei einer harmonischen Schwingung

$$F_R = D \cdot x$$

Richtgröße (Direktionsgröße)

$$D = \frac{F_R}{x}$$

Die **Richtgröße** (Direktionsgröße) D gibt die Abhängigkeit der Rückstellkraft F_R von der Auslenkung x an. Bei einer Feder entspricht diese der **Federkonstanten** c.

Folgendes Bild zeigt ein **schwingungsfähiges System**, welches auch **Oszillator** genannt wird.

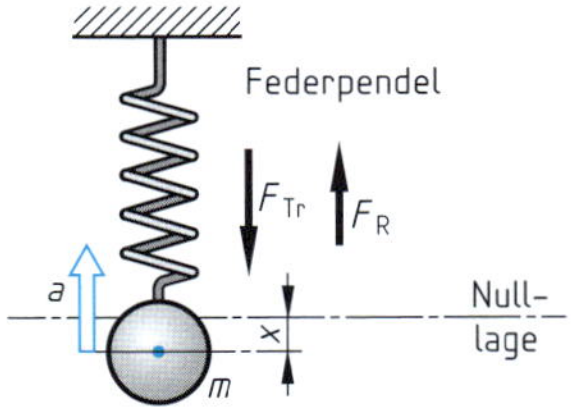

F_{Tr}	Massenträgheitskraft	N
m	Masse	kg
a	Beschleunigung	m/s^2
F_R	Rückstellkraft	N
c	Federkonstante	N/m
s	Federweg	m
D	Richtgröße (Direktionsgröße)	N/m
x	Auslenkung	m

Die **Rückstellkraft** F_R ist der **Auslenkung** x entgegengerichtet.

Energieverteilung während einer Schwingung

Kinetische Energie

$$E_k = \frac{1}{2} \cdot m \cdot v^2 = \frac{1}{2} \cdot m \cdot \hat{x}^2 \cdot \omega_0^2 \cdot \cos^2(\omega_0 \cdot t)$$

Maximale kinetische Energie

$$E_{k\,max} = \frac{1}{2} \cdot m \cdot \hat{v}^2 = \frac{1}{2} \cdot m \cdot \hat{x}^2 \cdot \omega_0^2$$

E_k	kinetische Energie	Nm
E_p	potenzielle Energie	Nm
m	Masse	kg
v	Geschwindigkeit	m/s
$\hat{x}$	Amplitude	m
ω_0	Kreisfrequenz	rad/s = s^{-1}
t	Zeit	s
D	Richtgröße (Direktionsgröße)	N/m

C

Potenzielle Energie

$$E_p = \frac{1}{2} \cdot D \cdot \hat{x}^2 \cdot \sin^2 (\omega_0 \cdot t)$$

Maximale potenzielle Energie (Spannungsenergie)

$$E_{p\,max} = \frac{1}{2} \cdot D \cdot \hat{x}^2$$

Schwingungsenergie

$$E_{sch} = E_p + E_k = \frac{1}{2} \cdot D \cdot \hat{x}^2$$

Die Summe von potenzieller und kinetischer Energie ist bei einer harmonischen Schwingung konstant und heißt **Schwingungsenergie**.

Bei einer **harmoischen Schwingung** findet eine periodische Umwandlung zwischen potenzieller und kinetischer Energie statt.

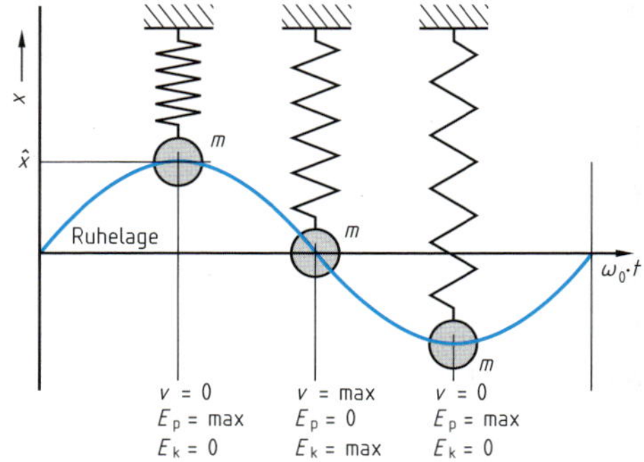

Bei nicht waaggerecht schwingenden Federpendeln kann die Vorspannung der Feder und die Änderung der Lageenergie unberücksichtigt bleiben.

C

C 4.3 Pendel- und Drehschwingungen

Mathematisches Pendel

Ein mathematisches Pendel besteht aus einer punktförmig angenommenen Masse m und einer als masselos angenommenen Aufhängung (Faden) mit einer für den jeweiligen Pendelvorgang konstanten Länge l.

Rückstellkraft bei kleiner Auslenkung

$$F_R = \frac{F_g}{l} \cdot x$$

Schwingungsdauer

$$T_0 = 2 \cdot \pi \cdot \sqrt{\frac{l}{g}}$$

Die **Schwingungsdauer** (Periodendauer) T_0 eines mathematischen Pendels ist (bei kleiner Auslenkung) von der Auslenkung und der Masse unabhängig. Sie hängt nur von der Fadenlänge l ab.

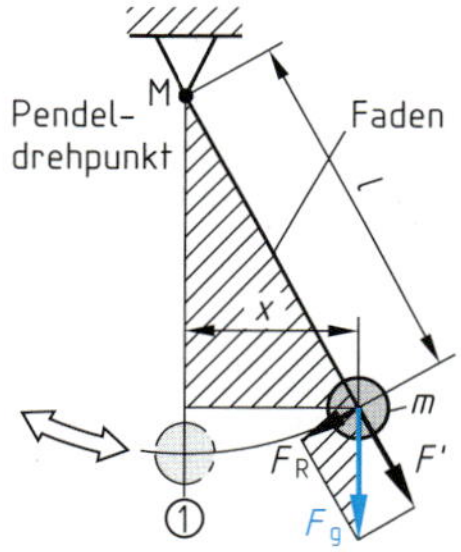

F_R	Rückstellkraft	N
F_g	Gewichtskraft	N
x	Auslenkung	m
l	Fadenlänge	m
T_0	Schwingungsdauer	s
g	Fallbeschleunigung	m/s²

Physisches Pendel (physikalisches Pendel)

Schwingungsdauer

$$T_0 = 2 \cdot \pi \cdot \sqrt{\frac{l_{red}}{g}}$$

Ein **physisches Pendel** ist jeder starre Körper, der um einen Aufhängepunkt (Gelenkpunkt) G schwingen kann. Für T_0 ist die **reduzierte Pendellänge** l_{red} maßgebend.

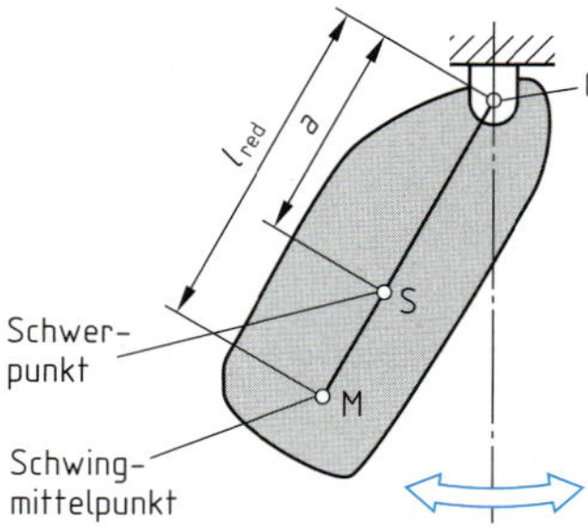

Reduzierte Pendellänge

$$l_{red} = \frac{J}{m \cdot a}$$

Die Stelle eines physischen Pendels, das die gleiche Schwingungsdauer hat, wie eine dort befindliche Masse eines mathematischen Pendels, heißt **Schwingmittelpunkt**. Ihr Abstand bis zum Gelenkpunkt ist die **reduzierte Länge**.

Schwingungsdauer

$$T_0 = 2 \cdot \pi \cdot \sqrt{\frac{J}{m \cdot a \cdot g}}$$

$$T_0 = 2 \cdot \pi \cdot \sqrt{\frac{J_s}{m \cdot g \cdot a} + \frac{a}{g}}$$

Aus der Gleichung für T_0 ergibt sich:

Beim **physischen Pendel** gibt es eine Pendellänge mit einer kleinsten Schwingungsdauer T_0. Vergrößert oder verkleinert man diese Pendellänge a, dann vergrößert sich die Schwingungsdauer (Periodendauer) T_0.

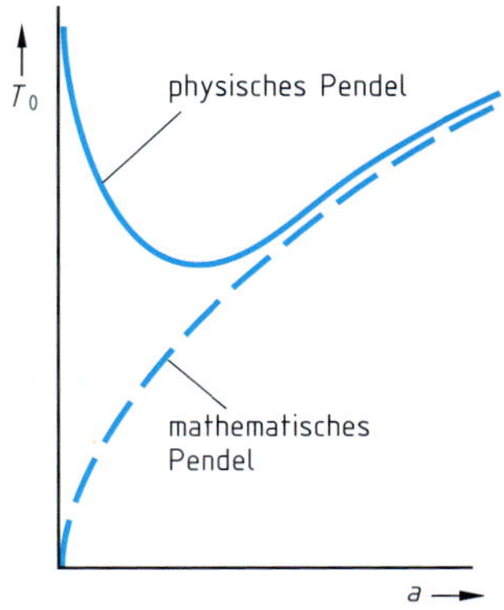

T_0	Schwingungsdauer	s
J	Massenträgheitsmoment	kgm^2
J_s	Eigenträgheitsmoment (bezogen auf Schwerpunkt)	kgm^2
m	Masse	kg
a	Abstand vom Drehpunkt zum Schwerpunkt	m
g	Fallbeschleunigung	m/s^2

Drehschwingungen

Rücktreibendes Drehmoment (lineares Kraftgesetz)

$$M_R = -M_t$$

$$M_R = D^* \cdot \varphi$$

Direktionsmoment

$$D^* = \frac{M_R}{\varphi} = \frac{M_t}{\varphi}$$

Das **Direktionsmoment** D^* ist der Quotient aus dem rücktreibenden **Drehmoment** M_R bzw. dem Torsionsmoment M_t und dem Drehwinkel (Torsionswinkel) φ.

Schwingungsdauer (Periodendauer)

$$T_0 = 2 \cdot \pi \cdot \sqrt{\frac{J}{D^*}}$$

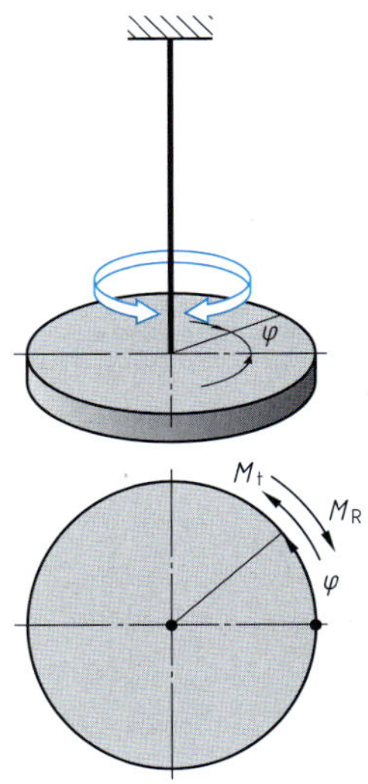

M_R	rücktreibendes Moment	Nm
M_t	Torsionsmoment	Nm
D^*	Direktionsmoment	Nm/rad
φ	Torsionswinkel	rad
T_0	Schwingungsdauer	s
J	Massenträgheitsmoment	kgm^2

C 4.4 Dämpfung von Schwingungen

Geschwindigkeitsunabhängige Dämpfung

Reibungskraft

$$F_R = \mu \cdot F_n$$

Amplitudendifferenz

$$\Delta x = 4 \cdot \frac{F_R}{D}$$

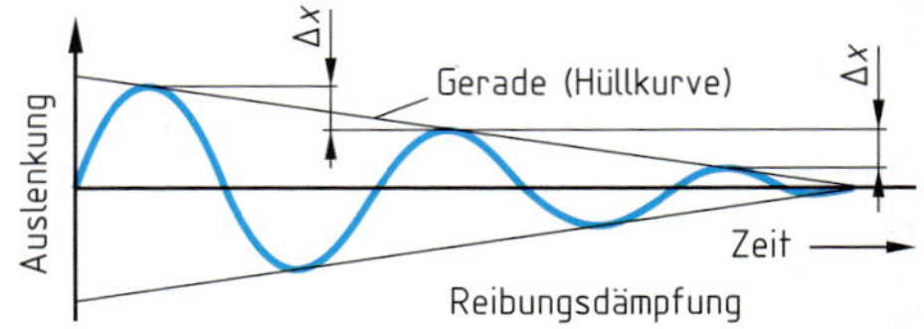

F_R	Reibungskraft	N
μ	Reibungskoeffizient	1
F_n	Normalkraft	N
Δx	Amplitudendifferenz	m
D	Richtgröße	N/m

Geschwindigkeitsproportionale Dämpfung (viskose Dämpfung)

Schwingfall	Kriechfall	aperiodischer Grenzfall
$\omega_0 > \delta \rightarrow \vartheta < 1$	$\omega_0 < \delta \rightarrow \vartheta > 1$	$\omega_0 = \delta \rightarrow \vartheta = 1$
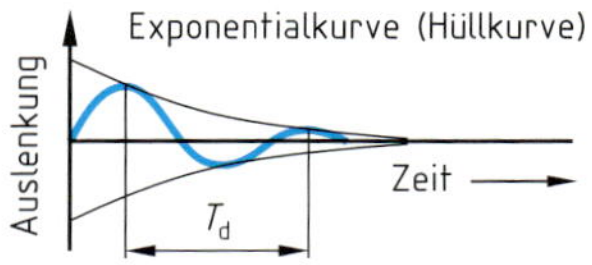	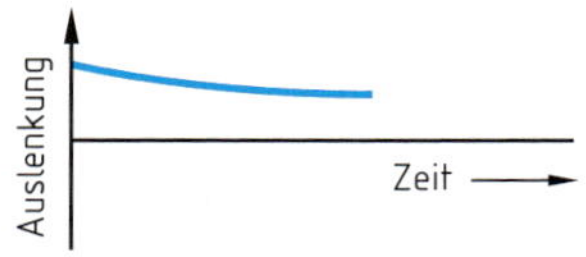	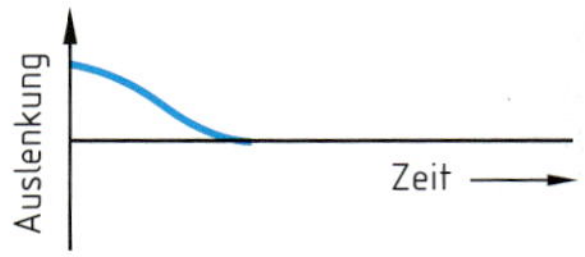
Hier ist die Kreisfrequenz ω_d kleiner und damit die Periodendauer T_d größer als bei der ungedämpften Schwingung.	Hier tritt keine Schwingung mehr auf, die Auslenkung nimmt ganz langsam exponentiell ab.	Es tritt gerade keine Schwingung mehr auf, d.h. Grenzfall zwischen Schwingfall und Kriechfall.

Index d: Nach DIN 1304-1:1994-03 handelt es sich um eine **gedämpfte Schwingung.**

Periodendauer (Schwingungsdauer)

$$T_d = \frac{2 \cdot \pi}{\omega_d}$$

Eigenfrequenz

$$f_d = \frac{1}{T_d} = \frac{\omega_d}{2 \cdot \pi}$$

Eigenkreisfrequenz

$$\omega_d = \sqrt{\frac{D}{m} - \frac{b^2}{4 \cdot m^2}}$$

$$\omega_d = \sqrt{\omega_0^2 - \delta^2}$$

$$\omega_d = \omega_0 \cdot \sqrt{1 - \vartheta^2}$$

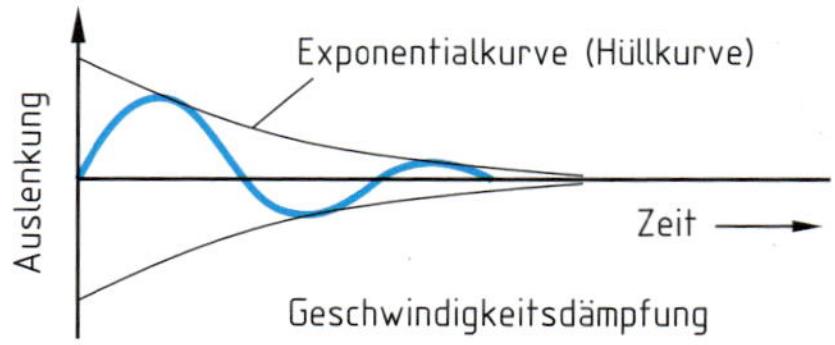

T_d	Periodendauer	s
f_d	Eigenfrequenz	$Hz = s^{-1}$
ω_d	Eigenkreisfrequenz	s^{-1}
D	Richtgröße	N/m
m	Masse	kg
b	Dämpfungsproportionale	kg/s
ω_0	Kennkreisfrequenz	s^{-1}
δ	Abklingkoeffizient	s^{-1}
ϑ	Dämpfungsgrad	1
F_R	Reibungskraft	N
k	Dämpfungsverhältnis	1
e	*Euler*'sche Zahl = 2,718 …	
v	Geschwindigkeit	m/s

Abklingkoeffizient

$$\delta = \frac{b}{2 \cdot m}$$

Dämpfungsverhältnis

$$k = e^{\delta \cdot T_d}$$

Dämpfungsgrad

$$\vartheta = \frac{\delta}{\omega_0}$$

Reibungskraft

$$F_R = b \cdot v$$

C

C 4.5 Anregung von Schwingungen und kritische Drehzahl

Größte Auslenkung und Resonanz

Größte Auslenkung einer ungedämpften Schwingung ($\vartheta = 0$)

$$\hat{x} = x \cdot \frac{c}{c - m \cdot \omega^2}$$

Eigenfrequenz (Mitschwinger)

$$f_0 = \frac{\omega_0}{2 \cdot \pi}$$

Erregerfrequenz (Schwinger)

$$f = \frac{\omega}{2 \cdot \pi}$$

Ist bei einer **Koppelung** die Eigenfrequenz f_0 geich der Erregerfrequenz f, tritt Resonanz auf.

Resonanzfrequenz

$$f = f_0 = \frac{\omega}{2 \cdot \pi} = \frac{\sqrt{\frac{c}{m}}}{2 \cdot \pi}$$

Anmerkung:

Für den allgemeinen Fall einer Schwingung ist die Federkonstante c durch die Richtgröße D zu ersetzen.

Bei ungedämpfter Schwingung → Frequenzresonanz → größte Amplitude bei $f = f_0$

Bei gedämpfter Schwingung → Amplitudenresonanz → größte Amplitude bei $f < f_0$.

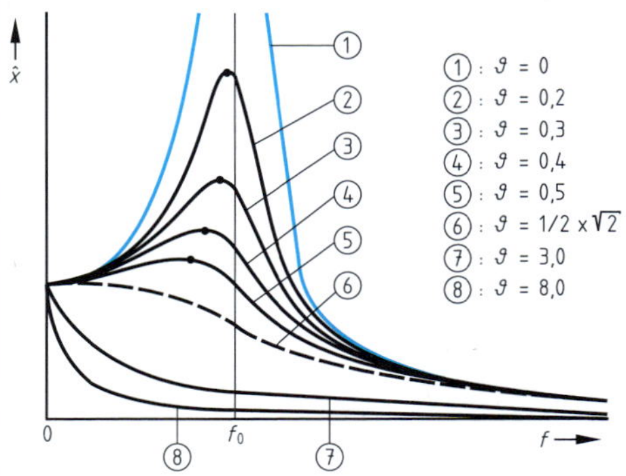

x	Auslenkung	m
$\hat{x}$	größte Auslenkung	m
c	Federkonstante (s. Anmerkung)	N/m
m	Masse	kg
ω_0	Kreisfrequenz des Mitschwingers	rad/s = s^{-1}
ω	Kreisfrequenz des Schwingers	rad/s = s^{-1}
f_0	Eigenfrequenz (Mitschwinger)	s^{-1} = Hz
f	Erregerfrequenz (Schwinger)	s^{-1} = Hz

C

Kritische Drehzahl (Resonanzdrehzahl) von Wellen

Biegeschwingungen

Biegekritische Winkelgeschwindigkeit

$$\omega_{cb} = \sqrt{\frac{c}{m}}$$

Biegekritische Drehzahl

$$n_{cb} = \frac{30}{\pi} \cdot \sqrt{\frac{c}{m}}$$

Durchbiegung

$$f = \frac{e}{\frac{c}{m \cdot \omega^2} - 1}$$

Die durch **Biegekräfte** hervorgerufene kritische Drehzahl heißt **biegekritsche Drehzahl** n_{cb}. Sie wird von der **Exzentrizität** e der rotierenden Masse m nicht beeinflusst.

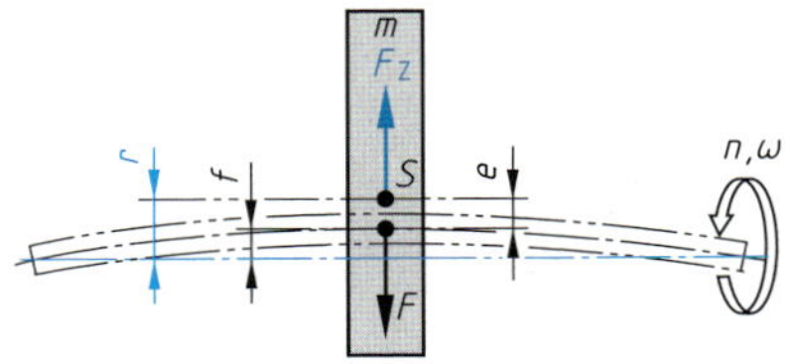

ω_{cb}	Biegekritische Winkelgeschwindigkeit	$rad/s = s^{-1}$
c	Federkonstante der Welle	N/m
m	Masse	kg
n_{cb}	Biegekritische Drehzahl	min^{-1}
f	Durchbiegung	mm
e	Exzentrizität	mm
ω_{cd}	Drehkritische Winkelgeschwindigkeit	$rad/s = s^{-1}$
D^*	Direktionsmoment	Nm
J	Massenträgheitsmoment	kgm^2
F_z	Zentrifugalkraft	N
F	Rückstellkraft	N
n_{cd}	Drehkritische Drehzahl	min^{-1}

Biegeschwingungen und Drehschwingungen können sich überlagern.

Drehschwingungen

Drehkritische Winkelgeschwindigkeit

$$\omega_{cd} = \sqrt{\frac{D^*}{J}}$$

Drehkritische Drehzahl

$$n_{cd} = \frac{30}{\pi} \cdot \sqrt{\frac{D^*}{J}}$$

Die durch **Torsionskräfte** hervorgerufene kritische Drehzahl heißt drehkritische Drehzahl n_{cd}.

C 4.6 Überlagerung von Schwingungen

Superpositionsprinzip

Zwei oder auch mehrere **lineare Einzelschwingungen** (z. B. ① und ②) können durch **Superposition**, d. h. durch die arithmetische Summe der Auslenkung zu jedem Zeitpunkt t zu einer **resultierenden Schwingung** zusammengesetzt werden.

$$x = x_1 + x_2$$

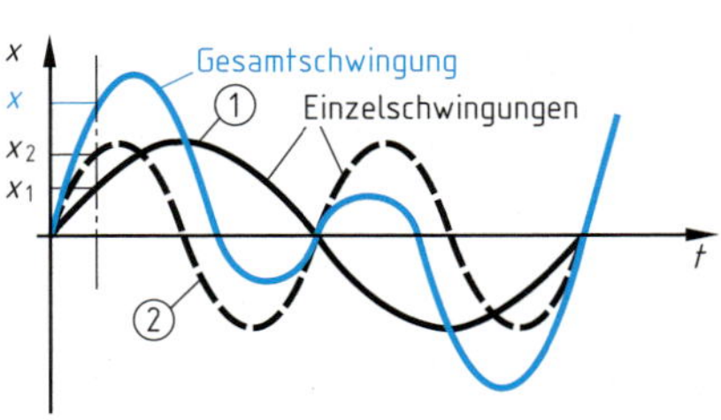

Überlagerung zweier Schwingungen gleicher Frequenz, mit unterschiedlichen Amplituden und unterschiedlichem Nullphasenwinkel.

Amplitude

$$\hat{x} = \sqrt{\hat{x}_1^2 + 2 \cdot \hat{x}_1 \cdot \hat{x}_2 \cdot \cos(\varphi_{01} - \varphi_{02}) + \hat{x}_2^2}$$

Nullphasenwinkel

$$\tan \varphi_0 = \frac{\hat{x}_1 \cdot \sin \varphi_{01} + \hat{x}_2 \cdot \sin \varphi_{02}}{\hat{x}_1 \cdot \cos \varphi_{01} + \hat{x}_2 \cdot \cos \varphi_{02}}$$

Index 1: Schwingung 1
Index 2: Schwingung 2
Ohne Index: Gesamtschwingung

Bei **mehr als zwei Schwingungen** werden zunächst zwei Schwingungen zu einer resultierenden Schwingung ①, ② zusammengesetzt. Diese wird mit ③ zusammengesetzt usw.

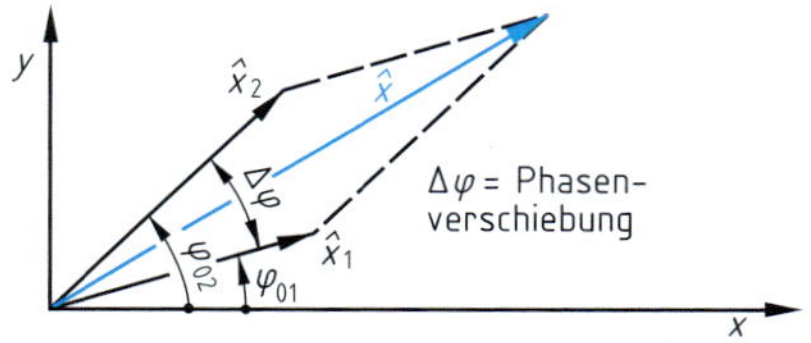

Maximale Verstärkung bei $\Delta\varphi = 0$

Auslöschung bei $\Delta\varphi = \pi$ rad, $3\,\pi$ rad, $5\,\pi$ rad …
und $\hat{x}_1 = \hat{x}_2$:

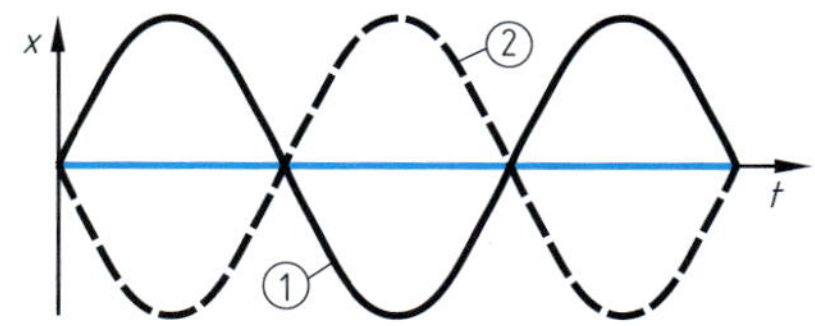

$\hat{x}$	Amplitude	m
φ	Nullphasenwinkel	rad, Grad
$\Delta\varphi$	Differenz der Nullphasenwinkel (Phasenverschiebung)	rad, Grad

Schwebung

Schwebung tritt ein, wenn sich zwei Schwingungen mit geringfügig unterschiedllichen Frequenzen überlagern.

Periodendauer der Schwebung

$$T_s = \frac{T_1 \cdot T_2}{T_1 - T_2} = \frac{1}{f_s}$$

Schwebungsfrequenz

$$f_s = f_2 - f_1$$

Periodendauer

$$T = \frac{2 \cdot T_1 \cdot T_2}{T_1 + T_2}$$

Maximalamplitude

$$\hat{x} = \hat{x}_1 + \hat{x}_2$$

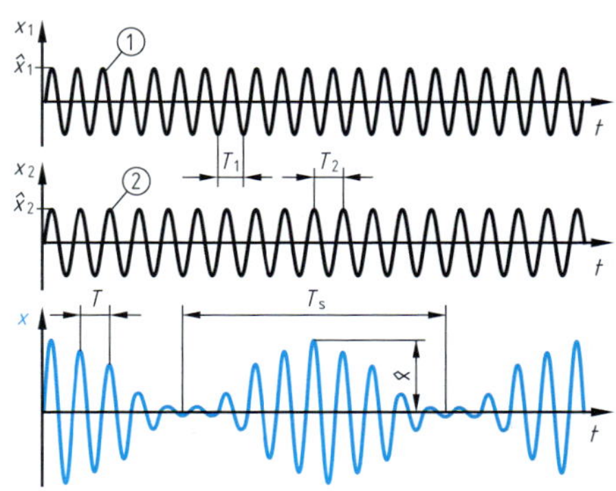

T	Periodendauer	s
f	Frequenz	Hz = s^{-1}
$\hat{x}$	Amplitude	m

Index 1: Schwingung 1
Index 2: Schwingung 2
Index s: Schwebung

Gekoppelte Schwingungen

Gleichphasige Schwingungen

Periodendauer

$$T_{01} = 2 \cdot \pi \cdot \sqrt{\frac{m}{D}}$$

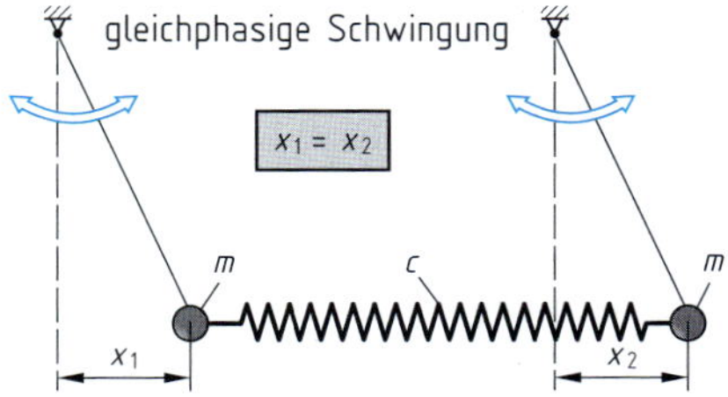

Frequenz

$$f_{01} = \frac{1}{2 \cdot \pi} \cdot \sqrt{\frac{D}{m}}$$

Richtgröße des Pendels (bei kleiner Auslenkung)

$$D = \frac{m \cdot g}{l}$$

Gegenphasige Schwingung

Frequenz

$$f_{02} = \frac{1}{2 \cdot \pi} \cdot \sqrt{\frac{D + 2 \cdot c}{m}}$$

C

Mischphasige Schwingung

Die **Mischphasenschwingung** ist eine Schwingung „zwischen" der gleichphasigen und gegenphasigen Schwingung. Bei ihr tritt immer eine **Schwebung** auf.

Schwebungsfrequenz

$$f_s = f_2 - f_1$$

Index 1: Schwingung 1
Index 2: Schwingung 2

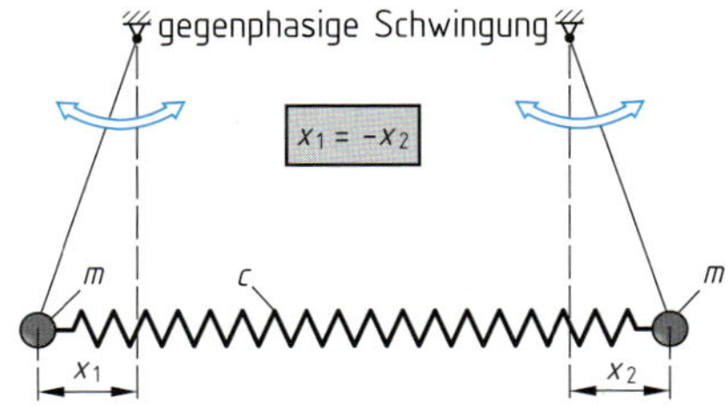

T_{01}	Periodendauer bei gleichphasiger Schwingung	s
m	Masse	kg
D	Richtgröße des Pendels	N/m
f_{01}	Frequenz bei gleichphasiger Schwingung (1. Fundamentalschwingung)	Hz = s^{-1}
f_{02}	Frequenz bei gegenphasiger Schwingung (2. Fundamentalschwingung)	Hz = s^{-1}
c	Federkonstante	N/m
f_s	Schwebungsfrequenz	Hz = s^{-1}
g	Fallbeschleunigung	m/s^2
l	Pendellänge	m

Kippschwingungen

Kippschwingungen werden auch als **Sägezahnschwingungen** bezeichnet.

Funktionsgleichung der Kippschwingung:

$$x = \hat{x} \cdot \left[\sin \omega \cdot t + \frac{\sin (2 \cdot \omega \cdot t)}{2} + \frac{\sin (3 \cdot \omega \cdot t)}{3} + \ldots\right]$$

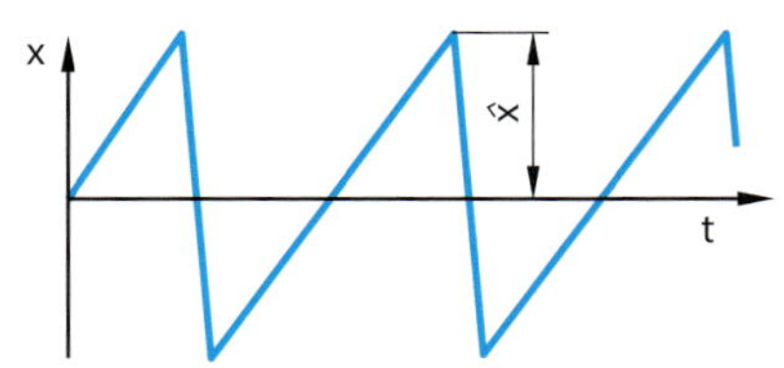

x	Auslenkung	m
$\hat{x}$	Amplitude	m
ω	Kreisfrequenz	rad/s = s^{-1}
t	Zeit	s

C 4.7 Physikalische Grundbegriffe der Wellenausbreitung

Entstehung einer Welle

Wellen entstehen bei der Ausbreitung einer Störung durch ein System gekoppelter schwingungsfähiger Teilchen. Durch die Koppelung kann sich die Schwingung eines Teilchens auf seine Nachbarn übertragen, was zu einer räumlichen Ausbreitung des Schwingungszustandes führt.

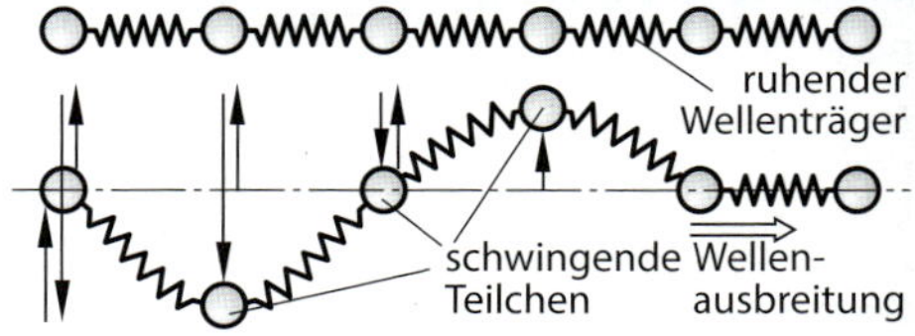

Prinzip von Huygens

Jeder Punkt, der von einer Welle erreicht wird, ist Ausgangspunkt einer Elementarwelle, die sich mit gleicher Geschwindigkeit und Wellenlänge wie die ursprüngliche Welle ausbreitet. Die Einhüllende aller Elementarwellen ist die neue Wellenfront.

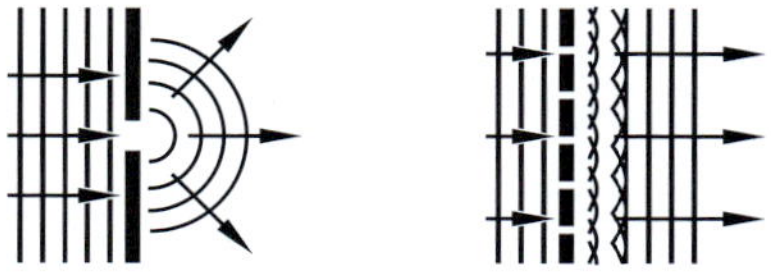

Wellenlänge und Ausbreitungsgeschwindigkeit

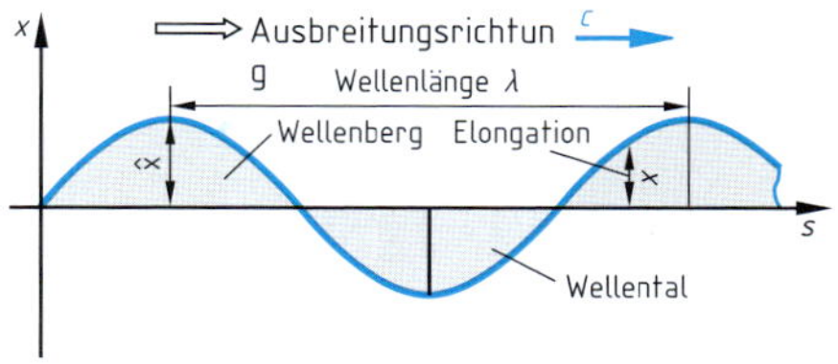

Ausbreitungsgeschwindigkeit

$$c = \frac{\lambda}{T}$$

Frequenz

$$f = \frac{1}{T}$$

Grundgleichung der Wellenlehre

$$c = \lambda \cdot f$$

Anmerkung:

Die Ausbreitungsgeschwindigkeit wird im speziellen Fall der Schallausbreitung als **Schallgeschwindigkeit** und im speziellen Fall der Lichtausbreitung als **Lichtgeschwindigkeit** bezeichnet.

c	Ausbreitunsgeschwindigkeit	m/s
λ	Wellenlänge	m
T	Periodendauer	s
f	Frequenz	$Hz = s^{-1}$

Querwelle oder Transversalwelle

Bei einer Querwelle oder Transversalwelle ist die **Teilchengeschwindigkeit** v senkrecht zur Ausbreitungsgeschwindigkeit c gerichtet. Die Teilchengeschwindigkeit wird auch als **Schnelle** v bezeichnet.

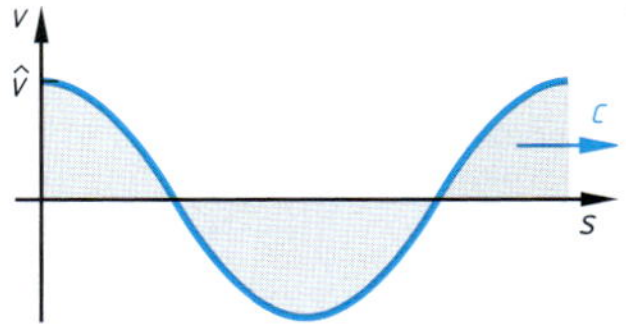

Elongation (Wellengleichung)

$$x = \hat{x} \cdot \sin\left[2 \cdot \pi \cdot \left(\frac{t}{T} \pm \frac{s}{\lambda}\right)\right]$$

Schnelle

$$v = \frac{2 \cdot \pi}{T} \cdot \hat{x} \cdot \cos\left[2 \cdot \pi \cdot \left(\frac{t}{T} \pm \frac{s}{\lambda}\right)\right]$$

Maximale Schnelle

$$\hat{v} = \frac{2 \cdot \pi}{T} \cdot \hat{x}$$

x	Elongation	m
$\hat{x}$	Amplitute	m
t	Zeit	s
T	Periodendauer	s
s	Entfernung vom Erregerzentrum	m
λ	Wellenlänge	m
v	Schnelle bzw. Teilchengeschwindigkeit	m/s

Elongation x ist die Auslenkung eines Teilchens an der Stelle s zur Zeit t.

Längswelle oder Longitudinalwelle

Bei einer Längswelle oder Longitudinalwelle sind die Teilchengeschwindigkeit v und die Ausbreitungsgeschwindigkeit c in Abhängigkeit von der Zeit gleich oder entgegengesetzt gerichtet.

Das Bild zeigt dies in 4 Phasen a) bis d) bei einem Feder- Masse-Kontinuum.

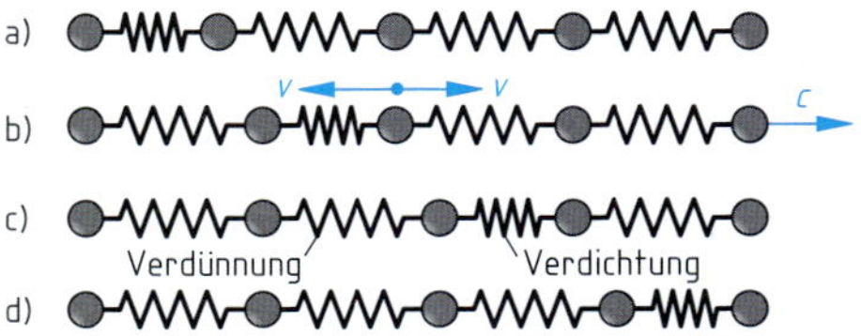

C

Mechanische Wellen

Art der mechanischen Welle	Ausbreitungsgeschwindigkeit
Longitudinalwellen in Flüssigkeiten	$c = \sqrt{\frac{K}{\varrho}}$
Longitudinalwellen in Gasen	$c = \sqrt{\frac{\varkappa \cdot p}{\varrho}}$ $c = \sqrt{\varkappa \cdot R_B \cdot T}$
Transversalwellen bei Seilen und dünnen Drähten	$c = \sqrt{\frac{F}{\varrho \cdot A}}$
Longitudinalwellen in festen Stoffen	$c = \sqrt{\frac{E}{\varrho} \cdot \frac{1-\mu}{1-\mu-2\cdot\mu^2}}$
Longitudinalwellen in steifen Stäben	$c = \sqrt{\frac{E}{\varrho}}$
Torsionswellen in Rundstäben, z.B. Achsen	$c = \sqrt{\frac{G}{\varrho}}$
Oberflächenwellen von Flüssigkeiten $\left(h < \frac{\lambda}{2}\right)$	$c = \sqrt{h \cdot g}$
Oberflächenwellen von Flüssigkeiten $\left(h > \frac{\lambda}{2}\right)$	$c = \sqrt{\frac{g \cdot \lambda}{2 \cdot \pi}}$

Beispiele zur **Ausbreitungsgeschwindigkeit:**	
Stoff (Medium)	c in m/s bei 20 °C
Sauersstoff	326
Stickstoff	349
Luft (bei –100 °C)	263
Luft (bei 0 °C)	331
Luft (bei 100 °C)	387
Aceton	1190
Benzol	1325
Wasser	1485
Blei	1300
Kupfer	3900
Aluminium	5100
Eisen	5100

K	Kompressionsmodul	N/m^2
ϱ	Dichte	kg/m^3
$\varkappa$	Isentropenexponent	1
p	Druck	$N/m^2 = Pa$
R_B	individuelle (spezielle) Gaskonstante	J/(kg · K)
T	absolute Temperatur	K
F	Spannkraft	N
A	Querschnittsfläche (auch S)	m^2
E	Elastizitätsmodul	N/m^2
μ	*Poisson*'sche Zahl	1
G	Schubmodul	N/m^2
h	Wellentiefe	m
g	Fallbeschleunigung	m/s^2
λ	Wellenlänge	m
c	Ausbreitungsgeschwindikeit	m/s
π	Kreiszahl	1

Je starrer die **Koppelung** der Teilchen untereinander und je geringer die **Teilchenmasse** ist, desto größer ist die **Ausbreitungsgeschwindigkeit** c im Ausbreitungsmedium.

Die Ausbreitungsgeschwindigkeit hängt von der Form des Ausbreitungsmediums ab.

Die Ausbreitungsgeschwindigkeit hängt von der Temperatur des Ausbreitungsmediums ab.

Die Ausbreitungsgeschwindigkeit an der Oberfläche eines flüssigen Mediums ist wesentlich kleiner als im flüssigen Medium.

Bei **Gasen** nimmt die Ausbreitungsgeschwindigkeit einer Welle mit steigender Temperatur stark zu.

Interferenz

Treten bei der Überlagerung von zwei oder mehr Wellen stets **am gleichen Ort** Stellen der **Verstärkung** bzw. Stellen der **Schwächung** auf, dann spricht man von **Interferenz**.

Zwei mit gleicher Frequenz, gleicher Amplitude und in Phase schwingende Kreiswellenerreger erzeugen durch Interferenz ein Wellenfeld aus **Interferenzhyperbeln** maximaler Verstärkung und maximaler Schwächung (Auslöschung).

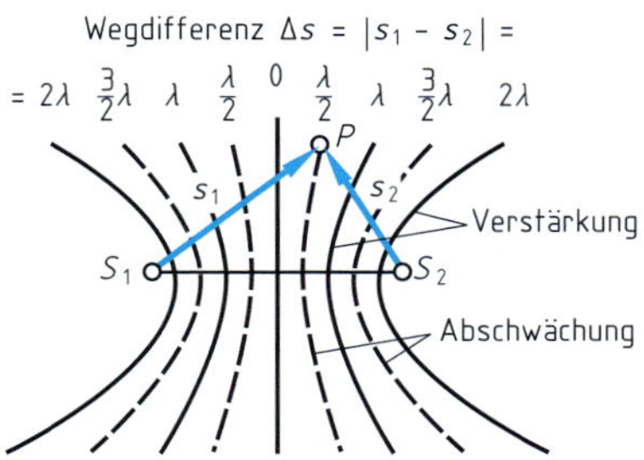

Interferenzmaxima

$$\Delta s = \overline{PS_1} - \overline{PS_2} = s_1 - s_2 = n \cdot \lambda$$

Interferenzminima

$$\Delta s = \overline{PS_1} - \overline{PS_2} = s_1 - s_2 = (2 \cdot n + 1) \cdot \frac{\lambda}{2}$$

Δs	Gangunterschied (Wegdifferenz)	m
λ	Wellenlänge	m

$n = 0, 1, 2, 3 \ldots$

C

Stehende Wellen

Folgendes Bild zeigt die **Eigenschwingungen von Saiten,** die unterschiedlich eingespannt sind. Es entstehen **stehende Wellen**, und zwar durch Überlagerung zweier gegenläufiger Wellen gleicher Frequenz und gleicher Amplitude. Man unterscheidet das **feste Ende** vom **losen Ende.**

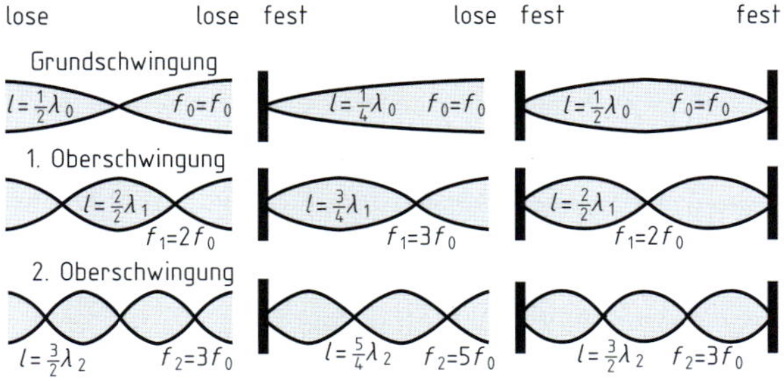

Eigenfrequenzen

$$f_n = \frac{c}{\lambda_n}$$

Schwingende **Luftsäulen** verhalten sich analog schwingender Saiten.

Wellenlänge der *n*-ten Oberschwingung

(bei gleichen Enden)

$$\lambda_n = \frac{2}{n+1} \cdot l$$

(bei unterschiedlichen Enden)

$$\lambda_n = \frac{4}{n+1} \cdot l$$

f_n	Eigenfrequenz	s^{-1} = Hz
c	Ausbreitungsgeschwindigkeit	m/s
λ_n	Wellenlänge der *n*-ten Oberschwingung	m
l	Saitenlänge	m

$n = 0, 1, 2, 3 \ldots$ **Grundschwingung**: $n = 0$

C

Doppler-Effekt

Bei einer relativen Bewegung eines Wellenerregers (Quelle Q) und des Beobachters B zueinander empfindet der Beobachter die Frequenz f_Q als Frequenz f_B.

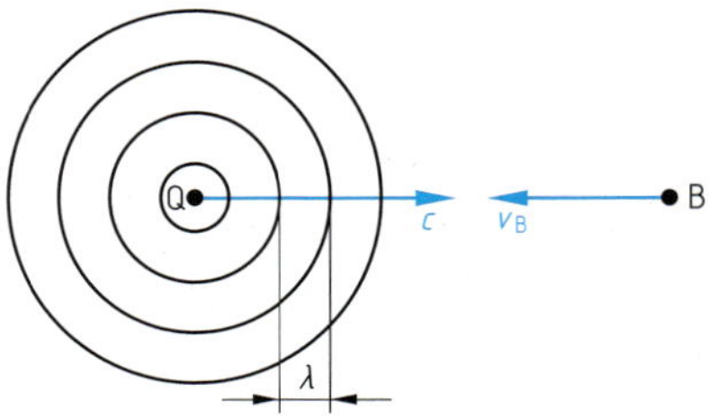

Quelle ruht, Beobachter bewegt sich
Annäherung des Beobachters

$$f_B = f_Q \cdot \left(1 + \frac{v_B}{c}\right)$$

Entfernung des Beobachters

$$f_B = f_Q \cdot \left(1 - \frac{v_B}{c}\right)$$

Quelle bewegt sich, Beobachter ruht
Annäherung an den Beobachter

$$f_B = \frac{f_Q}{1 - \frac{v_Q}{c}}$$

Entfernung vom Beobachter

$$f_B = \frac{f_Q}{1 + \frac{v_Q}{c}}$$

Quelle und Beobachter bewegen sich
Q und B nähern sich an

$$f_B = f_Q \cdot \frac{c + v_B}{c - v_Q}$$

Q und B entfernen sich voneinander

$$f_B = f_Q \cdot \frac{c - v_B}{c + v_Q}$$

Q und B gleichgerichtet mit $v_Q > v_B$

$$f_B = f_Q \cdot \frac{c + v_B}{c + v_Q}$$

Q und B gleichgerichtet mit $v_Q < v_B$

$$f_B = f_Q \cdot \frac{c - v_B}{c - v_Q}$$

Quelle hat Überschallgeschwindigkeit
Machzahl

$$Ma = \frac{v_Q}{c}$$

f_B	vom Beobachter wahrgenommene Frequenz	s^{-1} = Hz
f_Q	Frequenz der Quelle	s^{-1} = Hz
v_B	Geschwindigkeit des Beobachters	m/s
v_Q	Geschwindigkeit der Quelle	m/s
c	Schallgeschwindigkeit (Ausbreitungsgeschwindigkeit)	m/s
λ	Wellenlänge	m

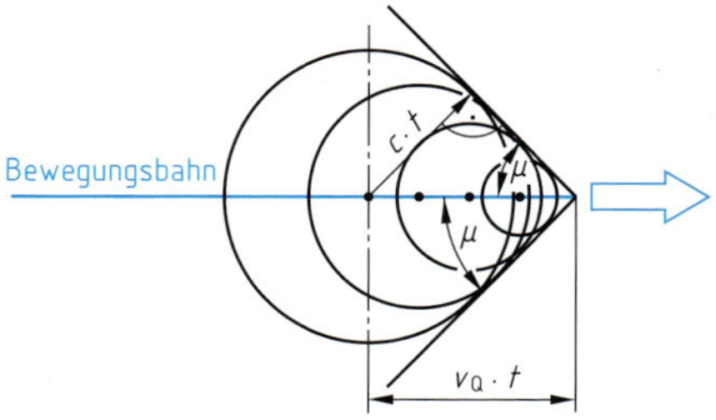

Legende auf nächster Seite

Machwinkel

$$\sin \mu = \frac{c}{v_Q} = \frac{1}{Ma}$$

Ma	Machzahl	1
v_Q	Quellengeschwindigkeit	m/s
c	Schallgeschwindigkeit (Ausbreitungsgeschwindigkeit)	m/s
μ	Machwinkel	Grad
t	Zeit	s

Reflexion

Reflexionsgesetz

$$\varepsilon = \varepsilon'$$

Ablenkungswinkel

$$\delta = \varepsilon + \varepsilon' = 2 \cdot \varepsilon = 2 \cdot \varepsilon'$$

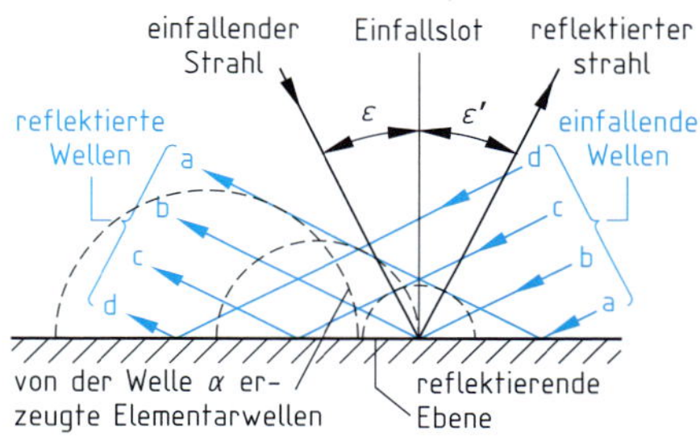

ε	Einfallwinkel	Grad
ε'	Ausfallwinkel	Grad
δ	Ablenkungswinkel	Grad

Brechung

Brechungsgesetz

$$\frac{\sin \varepsilon}{\sin \varepsilon'} = \frac{c_1}{c_2}$$

Brechzahl

$$n = \frac{\sin \varepsilon}{\sin \varepsilon'} = \frac{c_1}{c_2}$$

ε	Einfallwinkel	Grad
ε'	Ausfallwinkel	Grad
c_1	Ausbreitungsgeschwindigkeit im Medium 1	m/s
c_2	Ausbreitungsgeschwindigkeit im Medium 2	m/s

Erhaltung der Frequenz

Frequenz

$$f = \frac{c_1}{\lambda_1} = \frac{c_2}{\lambda_2}$$

Die Frequenz f bleibt bei der Ausbreitung einer Welle durch verschiedene Medien konstant, während sich die Wellenlänge λ ändert.

f	Frequenz	s^{-1} = Hz
c_1	Ausbreitungsgeschwindigkeit im Medium 1	m/s
c_2	Ausbreitungsgeschwindigkeit im Medium 2	m/s
λ_1	Wellenlänge im Medium 1	m
λ_2	Wellenlänge im Medium 2	m

C 5 Optik und Akustik

C 5.1 Geometrische Optik

Reflexion des Lichts

Die geometrische Optik „arbeitet“ mit geradlinigen sich ausbreitenden **Lichtstrahlen** als „Lichtträger“.

Reflexionsgesetz

$$\varepsilon = \varepsilon'$$

Ablenkungswinkel

$$\delta = \varepsilon + \varepsilon' = 2 \cdot \varepsilon = 2 \cdot \varepsilon'$$

Auftreffender Lichtstrom

$$\Phi = \Phi_\varrho + \Phi_\alpha + \Phi_\tau$$

Reflexionsgrad

$$\varrho = \frac{\Phi_\varrho}{\Phi}$$

Im speziellen Fall wird der auftreffende Lichtstrahl zum Teil reflektiert, teils absorbiert oder auch durchgelassen.

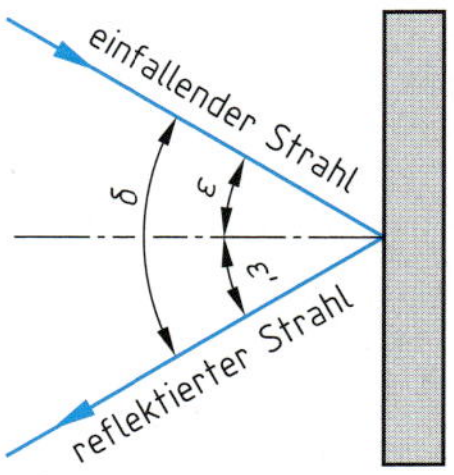

ε	Einfallwinkel	Grad
ε'	Ausfallwinkel	Grad
δ	Ablenkungswinkel	Grad
Φ	auftreffender Lichtstrom	lm
Φ_ϱ	reflektierter Lichtstrom	lm
Φ_α	absorbierter Lichtstrom	lm
Φ_τ	durchgelassener Lichtstrom	lm
ϱ	Reflexionsgrad	1

Brechung des Lichts

Brechungsgesetz

$$\frac{\sin \varepsilon}{\sin \varepsilon'} = \frac{c_1}{c_2}$$

Brechzahl

$$n = \frac{\sin \varepsilon}{\sin \varepsilon'} = \frac{c_1}{c_2}$$

Im Vakuum (näherungsweise auch in Luft):

Brechzahl (Brechungsquotient)

$$n = \frac{c_0}{c}$$

In der Optik versteht man unter der Brechzahl (Brechungsquotient) das Verhältnis der Lichtgeschwindigkeiten im Vakuum und im brechenden Medium.

Index 1: Medium 1, **Index 2:** Medium 2
Index 0: Vakuum

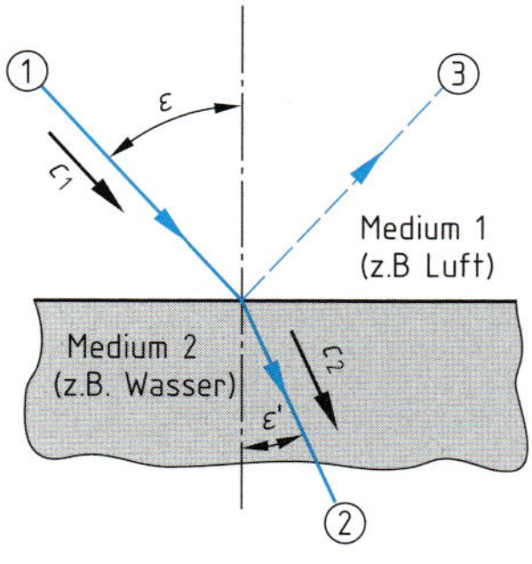

ε	Einfallwinkel	Grad
ε'	Ausfallwinkel	Grad
c	Lichtgeschwindigkeit	m/s
n	Brechzahl s. Tabelle nächste Seite	1
c_0	Lichtgeschwindigkeit im Vakuum	m/s

Brechzahlen für Natriumlicht
(Wellenlänge $\lambda = 589{,}3$ nm)

Medium	n	Medium	n
Vakuum	1,0	Benzol	1,5014
Gase		Glyzerin	1,47
Ammoniak (NH_3)	1,00037	Schwefelsäure, konzentiert	1,43
Chlor (Cl_2)	1,000781	Wasser	1,333
Helium (He)	1,000034	**Festkörper**	
Kohlenstoffdioxid (CO_2)	1,00045	Diamant	2,42
Luft	1,000292	Flintglas (Schott F_1)	1,6259
Sauerstoff (O_2)	1,000217	Kronglas (Schott K_1)	1,5098
Stickstoff (N_2)	1,000297	Kalkspat, ordenlicher Strahl	1,6580
Flüssigkeiten		Kalkspat, außerordentlicher Strahl	1,4865
Alkohol (Ethanol)	1,3617	Plexiglas	1,49

Die Abhänigkeit der Brechzahl n von der Wellenlänge λ des Lichts bezeichnet man als **Dispersion.**

Wellenlängenbereich des sichtbaren Lichts

$$\lambda = 380 \ldots 780 \text{ nm}$$

Mithilfe der **Fraunhofer-Linien** F, d, C ergibt sich:

$\boldsymbol{\lambda_F = 486{,}1}$ **nm** → Brechzahl heißt n_F

$\boldsymbol{\lambda_d = 587{,}6}$ **nm** → Brechzahl heißt n_d

$\boldsymbol{\lambda_c = 653{,}3}$ **nm** → Brechzahl heißt n_c

***Abbe*'sche Zahl** (→ nebenstehende Tabelle)

$$\nu_d = \frac{n_d - 1}{n_F - n_c}$$

Relative Dispersion

$$\vartheta_{rel} = \frac{1}{\nu_d} = \frac{n_F - n_c}{n_d - 1}$$

Grunddispersion

$$\vartheta = n_F - n_c$$

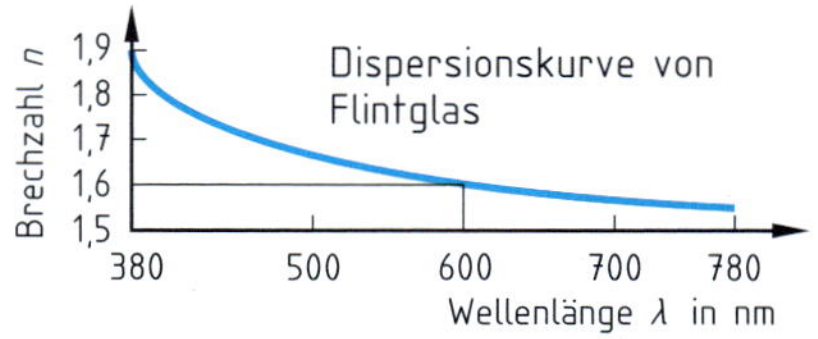

Optischer Werkstoff	Abbe-Zahl ν_d
Kronglas K1	84,65
Flintglas F1	36,45
Plexiglas	59,0
Polystyrol	32,5
Fluorit (CaF_2)	94,3

λ	Wellenlänge	m
n	Brechzahl	1
ν_d	*Abbe*'sche Zahl (→ obige Tabelle)	1
ϑ_{rel}	relative Dispersion	1
ϑ	Grunddispersion	1

C

Brechung an planparalleler Platte

Parallelversatz

$$v = d \cdot \frac{\sin(\varepsilon - \varepsilon')}{\cos \varepsilon'}$$

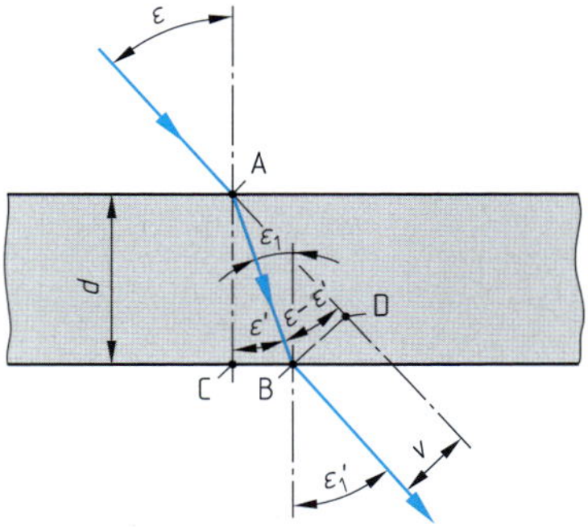

Bei einer Brechung an einer planparallelen Platte findet ein Parallelversatz v des Strahlenganges statt.

Dies ist beim Strahlengang in **optischen Systemen** zu berücksichtigen.

$\varepsilon = \varepsilon_1'$

$\varepsilon_1 = \varepsilon'$

v	Parallelversatz	m
d	Plattendicke	m
ε	Einfallwinkel	Grad
ε'	Ausfallwinkel	Grad

C

Brechung am Prisma

Brechender Winkel

$$\alpha = \varepsilon_1' + \varepsilon_2$$

Gesamtablenkung

$$\delta = \varepsilon_1 + \varepsilon_2' - \alpha$$

Die **Strahlablenkung** ist bei einem Prisma **minimal**, wenn Eintrittswinkel ε_1 und Austrittswinkel ε_2' gleich groß sind, d.h. bei **symmetrischem Strahlverlauf**.

Minimalablenkung

$$\delta_{min} = 2 \cdot \varepsilon_1 - \alpha$$

Bestimmung der Brechzahl mit einem Prisma

$$n = \frac{\sin \varepsilon_1}{\sin \varepsilon_1'} = \frac{\sin \left[\frac{1}{2}(\delta_{min} + \alpha)\right]}{\sin \frac{\alpha}{2}}$$

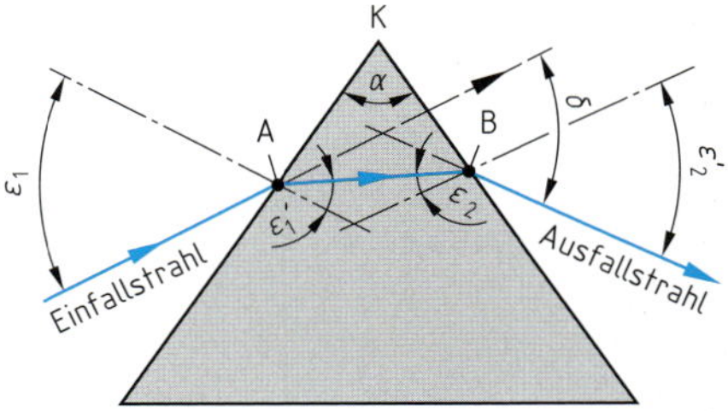

α	brechender Winkel	Grad
ε_1	Einfallwinkel	Grad
ε_2'	Ausfallwinkel	Grad
δ	Gesamtablenkung	Grad

Anmerkung:

ε_1' und ε_2 sind bei symmetrischem Strahlverlauf gleich groß.

Totalreflexion

Trifft ein von einem **optisch dichteren Medium** kommender Lichtstrahl auf die Grenzfläche zu einem **optisch dünneren Medium**, und zwar bei einem Einfallwinkel, der größer als der **Grenzwinkel der Totalreflexion** ist, wird er vollständig, d.h. total reflektiert.

Eine Anwendung der Totalreflexion erfolgt beim **Lichtleiter**.

Sinus des Grenzwinkels

$$\sin \varepsilon_g = \frac{n'}{n}$$

Numerische Apertur

$$A = \sqrt{n - n'}$$

Sinus des Grenzwinkels beim optisch dünneren Medium Luft

$$\sin \varepsilon_g = \frac{1}{n}$$

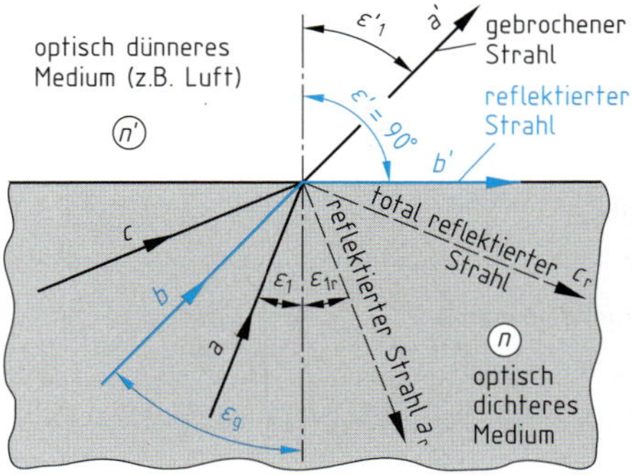

ε_g	Grenzwinkel	Grad
n'	Brechzahl des optisch dünneren Mediums	1
n	Brechzahl des optisch dichteren Mediums	1
A	numerische Apertur	1

Bildentstehung durch Reflexion an ebenen Flächen (ebener Spiegel)

Abbildungsgleichung des ebenen Spiegels

$$b = -g$$

Das von einem ebenen Spiegel erzeugte Bild ist virtuell. Der Abstand auf dem Lot vom Gegenstand zum Spiegel ist ebenso groß wie der Abstand auf dem Lot vom Bild zum Spiegel. Bild und Gegenstand sind gleich groß, aber seitenverkehrt.

b	Bildweite	m
g	Gegenstandsweite	m

Bildentstehung durch Reflexion an sphärischen Spiegeln

Abbildungsgleichung an gekrümmten Flächen

$$\frac{1}{g} + \frac{1}{b} = \frac{1}{f}$$

Optisches Verhältnis

$$\frac{G}{g} = \frac{B}{b}$$

Gegenstandsgröße und Bildgröße verhalten sich wie Gegenstandsweite und Bildweite.

$$\frac{G}{B} = \frac{g}{b}$$

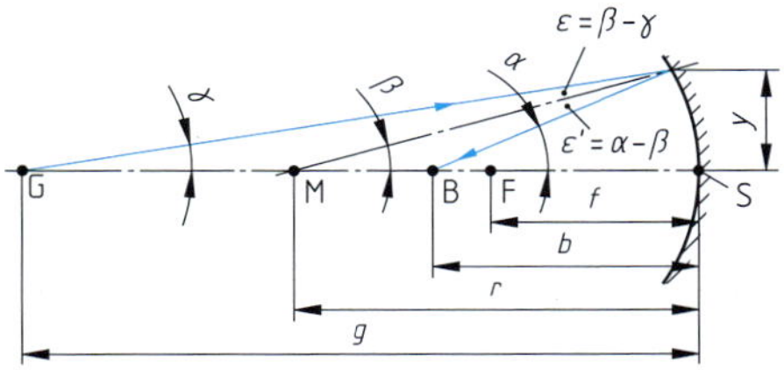

g	Gegenstandsweite	m
b	Bildweite	m
G	Gegenstandsgröße	m
B	Bildgröße	m

Bildentstehung bei Brechung an ebenen Flächen

Bildweite

$$b = g \cdot \frac{n}{n'}$$

Gegenstandsweite

$$g = b \cdot \frac{n'}{n}$$

$$\frac{b}{g} = \frac{n}{n'}$$

Anmerkung:

n, n' = Brechzahlen

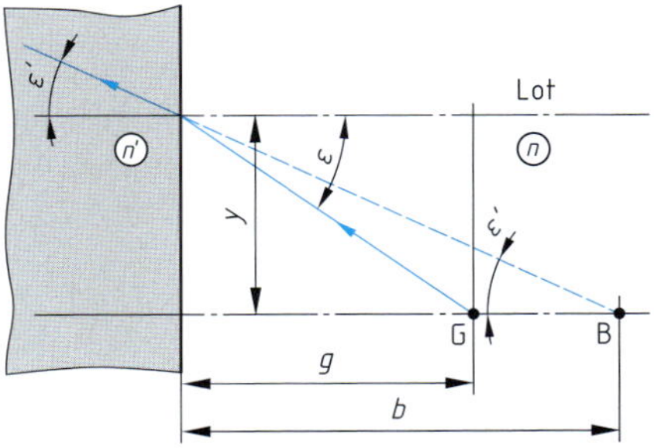

Bei Brechung an einer ebenen Fläche ist das Verhältnis von Bildweite b und Gegenstandsweite g gleich dem Verhältnis der Brechzahlen beider Medien.

Brennweite und Brechwert einer dünnen Linse

Brechwert

$$D = \frac{1}{f} = (n-1) \cdot \left(\frac{1}{r_1} - \frac{1}{r_2}\right)$$

Abbildungsgleichung

$$\frac{1}{f} = \frac{1}{g} + \frac{1}{b}$$

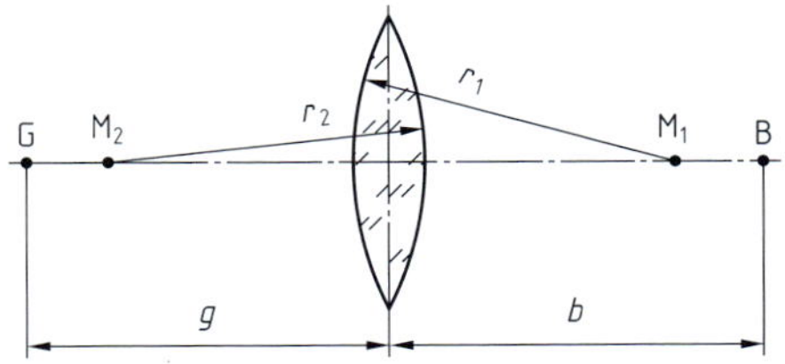

Brennweite

$$f = f'$$

f	Brennweite	m

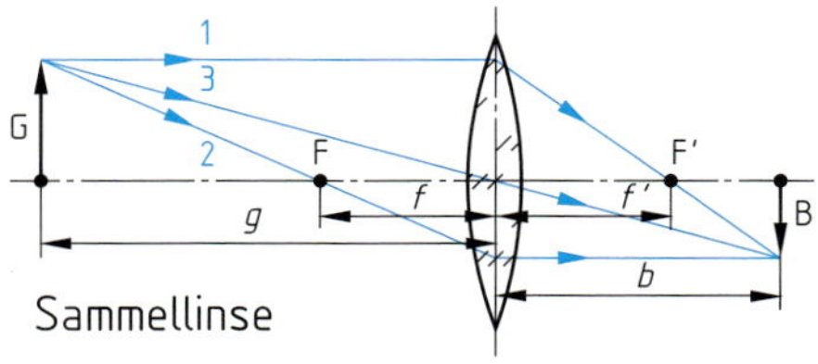

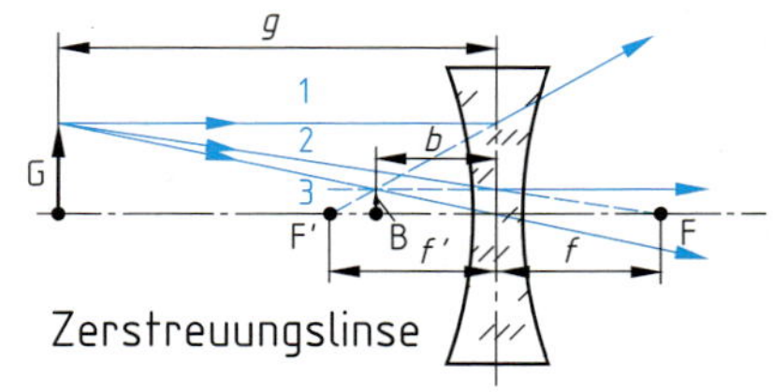

Linsenformen

Linsenform (Linsen-querschnitt)	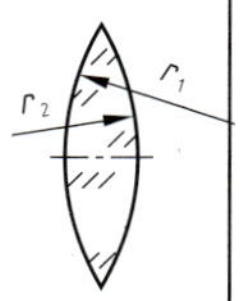	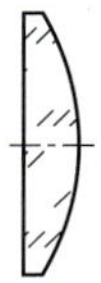	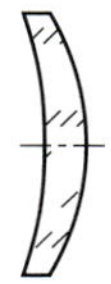			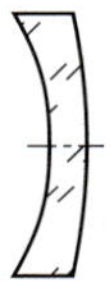
Bezeichnung	bi-konvex	plan-konvex	konkav-konvex	bi-konkav	plan-konkav	konvex-konkav
Linsenart	**Sammellinsen**			**Zerstreuungslinsen**		
Radien	$r_1 > 0$ $r_2 < 0$	$r_1 = \infty$ $r_2 < 0$	$r_1 < 0$ $r_2 < 0$	$r_1 < 0$ $r_2 > 0$	$r_1 = \infty$ $r_2 > 0$	$r_1 < 0$ $r_2 < 0$

Die gesetzliche **Einheit des Brechwertes** ist die **Dioptrie** (dpt).

Dioptrie

$$1\ \text{dpt} = \frac{1}{\text{m}} = \text{m}^{-1}$$

D	Brechwert	$\text{dpt} = \text{m}^{-1}$
f, f'	Brennweite	m
n	Brechzahl	1
r_1, r_2	Linsenradien	m
g	Gegenstandsweite	m
b	Bildweite	m

Bildentstehung durch Sammellinsen (Konvexlinsen)

Gegenstandsweite	Bildweite	Bildart	Bildlage	Bildgröße
$g > 2 \cdot f$	$2 \cdot f > b > f$	reell	kopfstehend	$B < G$
$g = 2 \cdot f$	$b = 2 \cdot f$	reell	kopfstehend	$B = G$
$2 \cdot f > g > f$	$b > 2 \cdot f$	reell	kopfstehend	$B > G$
$g < f$	$b > g$	virtuell	aufrecht stehend	$B > G$

Bildentstehung durch Zerstreuungslinsen (Konkavlinsen)

Zerstreuungslinsen liefern von aufrechten Gegenständen stets virtuelle, aufrechte und verkleinerte Bilder.

Bei Zerstreuungslinsen ist die Brennweite f negativ in die Abbildungsgleichung einzusetzten.

Brennweite und Brechwert einer dicken Linie

Brennweite

$$f = f'$$

Brechwert

$$D = \frac{1}{f} = (n-1) \cdot \left(\frac{1}{r_1} - \frac{1}{r_2}\right) + \frac{d \cdot (n-1)^2}{n \cdot r_1 \cdot r_2}$$

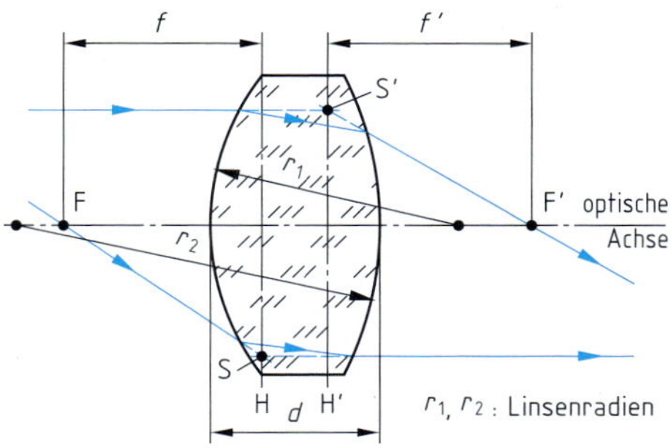

f, f'	Brennweite	m
D	Brechwert	$dpt = m^{-1}$
n	Brechzahl	1
r_1, r_2	Linsenradien	m
d	Linsendicke	m

C

Abbildungsfehler

Bezeichnung des Abbildungsfehlers	Ursache und Wirkung des Abbildungsfehlers	Verhinderung bzw. Beseitigung des Abbildungsfehlers
chromatische Aberration	Die Dispersion des Linsenwerkstoffes verursacht Farbfehler an den Rändern. Das Bild wird dadurch unscharf.	System von Sammellinse aus Kronglas und Zerstreuungslinse aus Flintglas. Dieses System heißt **Achromat**.
sphärische Aberration	Randstrahlen treffen sich bereits vor dem Brennpunkt. Ein Punkt wird z.B. als Scheibchen abgebildet.	Linsenkombination oder Randstrahlen abblenden.
Astigmatismus	Für schräge parallele Strahlenbündel ist die Abbildung nichtachsialer Gegenstandspunkte kein Bildpunkt, sondern ein Bildstrich.	Linsenkombination sowie Veränderung der Blendenlage aus der optischen Achse. Ein solches korrigierendes Linsen-Blenden-System heißt **Anastigmat**.
Bildfeldwölbung	Das Bild einer ebenen Fläche mit parallelen Kanten wird verzerrt, d.h., die Kanten werden gewölbt.	
Koma	Stahlenbündel großen Querschnittes bilden einen Punkt außerhalb der optischen Achse als ovale Figur mit kometenhaftem Schweif ab.	Blende in korrigierende Lage in den Strahlengang bringen.
Verzeichnung	Fehler durch falsche Blendenlage.	Blende in Linsenebene bringen.

Sehwinkel und Bezugssehweite

Bezugssehweite bzw. deutliche Sehweite

$$g_B = 25 \text{ cm}$$

Vergrößerung

$$\Gamma = \frac{\tan \sigma'}{\tan \sigma}$$

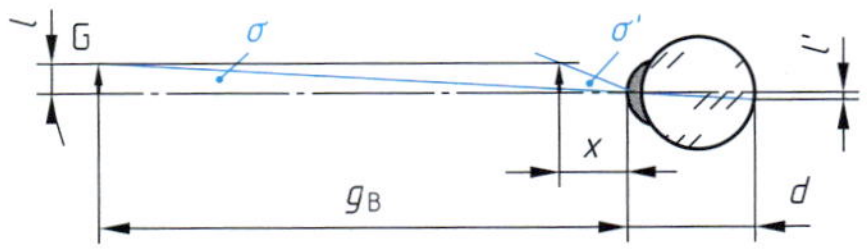

g_B	Bezugssehweite	cm
Γ	Vergrößerung	1
σ	Sehwinkel mit Gerät	Grad
σ'	Sehwinkel ohne Gerät	Grad

Normalvergrößerung einer Lupe

$$\Gamma_{LN} = \frac{g_B}{f}$$

Mikroskopvergrößerung

$$\Gamma_M = \frac{t \cdot g_B}{f_{Ok} \cdot f_{Ob}}$$

Fernrohrvergrößerung

$$\Gamma_F = \frac{f_{Ob}}{f_{Ok}}$$

Dämmerungszahl

$$Z = \sqrt{\Gamma \cdot D_{EP}}$$

Γ_{LN}	Lupenvergrößerung (nomal)	1
Γ_M	Mikroskopvergrößerung	1
Γ_F	Fernrohrvergrößerung	1
g_B	Bezugssehweite	m
f	Brennweite	m
t	Tubuslänge	m
f_{Ok}	Brennweite des Okulars	m
f_{Ob}	Brennweite des Objektivs	m
Z	Dämmerungszahl	$m^{1/2}$
Γ	Vergrößerung	1
D_{EP}	Durchmesser der Eintrittspupille	m

C 5.2 Wellenoptik

Gesamtspektrum der elektromagnetischen Wellen

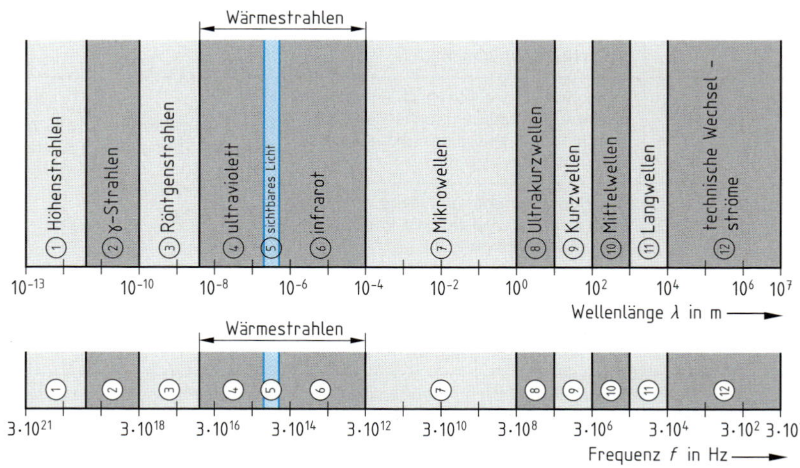

Licht-Wellenlängenbereich
(sichtbares Wellenlängenspektrum)

$$\lambda = 380\ \text{nm} \ldots 780\ \text{nm}$$

Licht-Frequenzbereich
(sichtbares Frequenzspektrum)

$$f = 3{,}84 \cdot 10^{14}\ \text{Hz} \ldots 7{,}89 \cdot 10^{14}\ \text{Hz}$$

Lichtgeschwindigkeit

$$c = \lambda \cdot f$$

Vakuum-Lichtgeschwindigkeit

$$c_0 = 299\,792\,458 \ \frac{\text{m}}{\text{s}}$$

c	Lichtgeschwindigkeit	m/s
λ	Wellenlänge	m
f	Frequenz	$\text{Hz} = \text{s}^{-1}$
c_0	Vakuumlichtgeschwindigkeit	m/s

Ausbreitungsgeschwindigkeit elektromagnetischer Wellen

Ausbreitungsgeschwindigkeit im Vakuum

$$c = \frac{1}{\sqrt{\varepsilon_0 \cdot \mu_0}}$$

Ausbreitungsgeschwindigkeit in Materie

$$c = \frac{1}{\sqrt{\varepsilon_r \cdot \varepsilon_0 \cdot \mu_r \cdot \mu_0}}$$

c	Ausbreitungsgeschwindigkeit	m/s
ε_0	elektrische Feldkonstante	F/m
μ_0	magnetische Feldkonstante	H/m
ε_r	Permittivitätszahl (frequenzabhängig)	1
μ_r	Permeabilitätszahl (frequenzabhängig)	1

$$\varepsilon_0 = 8{,}854\,187\,817 \ldots \cdot 10^{-12} \frac{\text{F}}{\text{m}}$$

$$\mu_0 = 1{,}256\,637\,0614 \ldots \cdot 10^{-6} \frac{\text{H}}{\text{m}}$$

Interferenz bei Lichtwellen

Die interferierenden Lichtwellen müssen **kohärente Lichtwellen** sein. Dies setzt voraus, dass die Lichtwellen von demselben Punkt einer Lichtquelle stammen.

Bei **dünnen Blättchen** gilt:

Dicke der Schicht bei Auslöschung

$$d = k \cdot \frac{\lambda}{2 \cdot n}$$

Dicke der Schicht bei Verstärkung

$$d = \frac{2 \cdot k + 1}{4} \cdot \frac{\lambda}{n}$$

Phasendifferenz beider Wellen (Gangunterschied)

$$\Delta s = 2 \cdot d \cdot n + \frac{\lambda}{2}$$

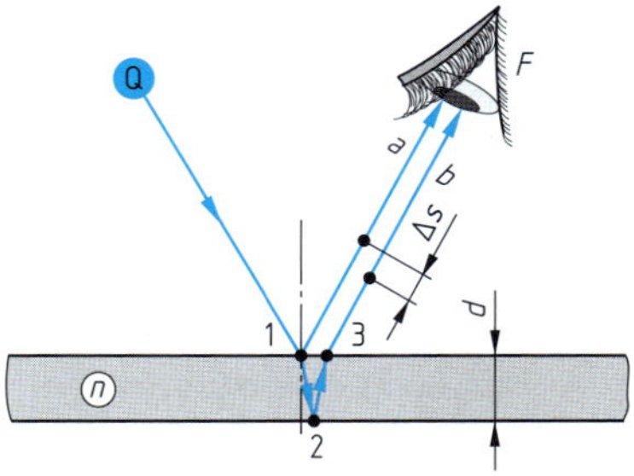

d	Dicke der Schicht	m
k	Faktor: 0, 1, 2, 3 …	1
λ	Wellenlänge	m
n	Brechzahl der Schicht	1
Δs	Phasendifferenz (senkrechter Lichteinfall in Lichtempfänger)	m

Eine technische Anwendung der „Physik der dünnen Blättchen" sind die **Anlassfarben** beim Ändern der Stoffeigenschaften von Metallen (Wäremebehandlung). → Tabelle auf der nächsten Seite.

C

Anlassfarbe für unlegierten Werkzeugstahl	**Temperatur** in °C
Weißgelb	200
Strohgelb	220
Goldgelb	230
Gelbbraun	240
Braunrot	250
Rot	260
Purpurrot	270
Violett	280
Dunkelblau	290
Kornblumenblau	300
Hellblau	320
Blaugrau	340
Grau	360

C

*Newton'*sche Ringe

Bei Durchstrahlung einer plankonvexen Linse entstehen auf ebener Platte die sog. ***Newton'*****schen Ringe**:

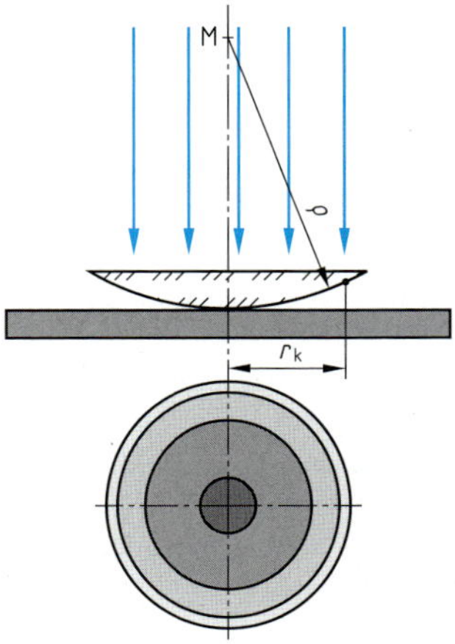

Auslöschung

$$r_k = \sqrt{2 \cdot \varrho \cdot k \cdot \frac{\lambda}{2}}$$

Verstärkung

$$r_k = \sqrt{\varrho \cdot \frac{2 \cdot k + 1}{2} \cdot \lambda}$$

r_k	Radien der *Newton'*schen Ringe	m
ϱ	Krümmungsradius der plankonvexen Linse	m
λ	Wellenlänge des parallel einfallenden Lichts	m

Beugung bei Lichtquellen

Für die **Beugung am engen Spalt** gilt:

Phasendifferenz der Randstrahlen 1 und 2

$$\Delta s = b \cdot \sin\alpha$$

Auslöschung

$$\sin \alpha_k = \frac{k \cdot \lambda}{b}$$

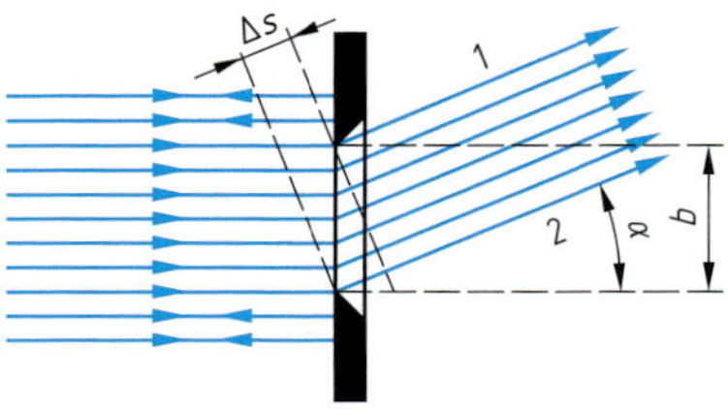

Bei der **Beugung von Wellen** ist das Verhältnis der Wellenlänge zur Größe des Hindernisses von ausschlaggebender Bedeutung.

Faktor k wie bei Interferenz (1, 2, 3 …)

α_k	Auslöschungswinkel	Grad
Δs	Phasendifferenz, Gangunterschied	m
λ	Wellenlänge (einfallendes Licht)	m
b	Spaltbreite	m
α	Ablenkungswinkel	Grad
f_B	wahrgenommene Frequenz	s^{-1} = Hz
f	Frequenz der Lichtquelle	s^{-1} = Hz
v	Geschwindigkeit eines Beobachters relativ zu einer Quelle, die Licht mit der Frequenz f aussendet	m/s
c	Lichtgeschwindigkeit	m/s

Der Doppler-Effekt des Lichts

Vom Beobachter wahrgenommene Frequenz

$$f_B = f \cdot \frac{1 - \frac{v}{c}}{\sqrt{1 - \frac{v^2}{c^2}}}$$

C

C 5.3 Fotometrie und Farbenlehre

*Planck'*sches Wirkungsquantum

$$h = 6{,}62606896(33) \cdot 10^{-34}\ \text{J} \cdot \text{s}$$

Energie eines Lichtquants

$$E = h \cdot f$$

$$E = h \cdot \frac{c}{\lambda}$$

h	*Planck'*sches Wirkungsquantum	J · s
E	Energie eines Lichtquants	J = Nm = Ws
f	Frequenz des Lichts	s^{-1} = Hz
c	Lichtgeschwindigkeit	m/s
λ	Wellenlänge	m

Unter einem **Quant** versteht man ein Teilchen mit der kleinstmöglichen Energie, die von der Frequenz f der elektromagnetischen Welle **und** der Planck-Konstanten h abhänig ist.

Zur vollständigen Erklärung der **Lichteigenschaften** sind das Wellenmodell **und** das Teilchenmodell erforderlich.

Hellempfindlichkeitsgrad

$V(\lambda)$ → Hellempfindlichkeitsgrad für das **Tagsehen**.

$V'(\lambda)$ → Hellempfindlichkeitsgrad für das **Nachtsehen**.

Die **sichtbare Strahlung (Licht)** soll eindeutig und gemäß der Helligkeit so bewertet werden, dass unter zwei gleichen Bedingungen gleich hell erscheinende Strahlungen auch die gleiche Maßzahl erhalten.

Index e (energetisch):
Strahlungsphysikalische Größen

Index v (visuell):
Lichttechnische Größen

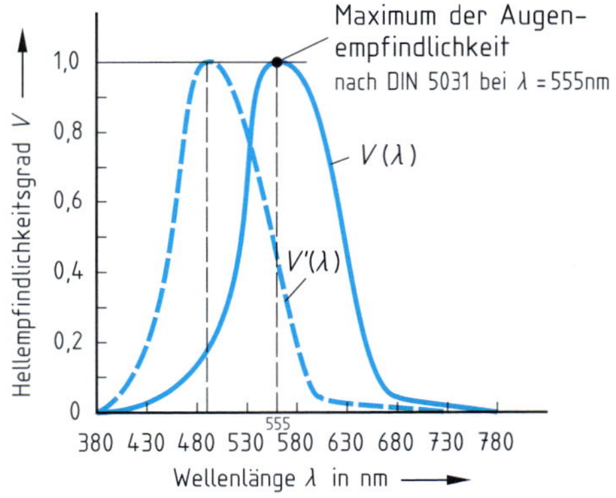

C

Strahlungsleistung und Lichtstrom

Strahlungsleistung (Strahlungsfluss)

$$\Phi_e = \frac{Q_e}{t}$$

Lichtstrom

$$\Phi_v = K \cdot \Phi_e \cdot V(\lambda)$$

Photometrisches Strahlungsäquivalent

$$K = 683\ \frac{\text{lm}}{\text{W}}$$

Lichtausbeute

$$\eta = \frac{\Phi_v}{P}$$

Φ_e	Strahlungsleistung	W
Q_e	Strahlungsenergie	J = Nm = Ws
t	Zeit	s
Φ_v	Lichtstrom	lm
K	photometrisches Strahlungsäquivalent	lm/W
$V(\lambda)$	Hellempfindlichkeitsgrad	1
η	Lichtausbeute	lm/W
P	Aufnahmeleistung	W

Im **Maximum der Augenempfindlichkeit** bei der Wellenlänge λ = 555 nm, entspricht die Stahlungsleistung 1 Watt einem Lichtstrom von 683 Lumen.

Die abgeleitete SI-Einheit für den **Lichtstrom** ist das **Lumen**: lm.

Lichtquelle (Lampe)	Leistungsaufnahme P in W	Lichtstrom Φ_v in lm	Lichtausbeute η in lm/W
Glühlampe 230 V	60	730	12
Glühlampe 230 V	100	1380	14
Leuchtstoffröhre 230 V	40	2400	78
Quecksilberdampflampe 230 V	125	5400	117

Strahlstärke und Lichtstärke

Raumwinkel

$$\Omega = \frac{A}{r^2}$$

Die von einer Quelle auf einen Empfänger fallende Strahlungsleistung ist dem Raumwinkel Ω proportional.

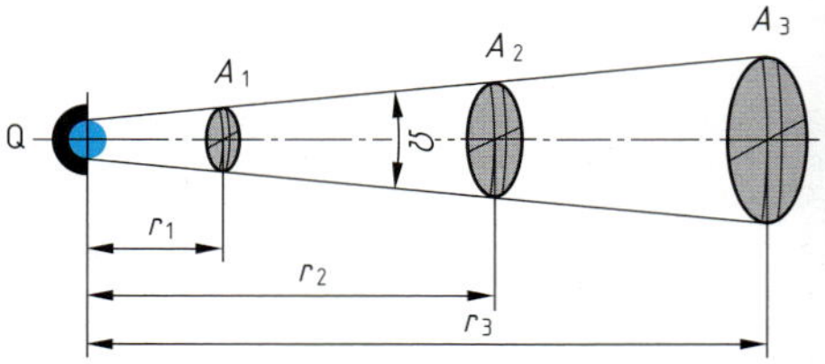

Strahlstärke

$$I_e = \frac{\Phi_e}{\Omega}$$

Lichtstärke

$$I_v = \frac{\Phi_v}{\Omega}$$

Die Einheit für die **Lichtstärke** ist die **Candela**: cd.

Einheit Candela

$$1\ \text{cd} = 1\ \frac{\text{lm}}{\text{sr}}$$

Ω	Raumwinkel (in Steradiant)	sr
A	durchstrahlte Fläche	m^2
r	Abstand (Entfernung der Fläche zur Lichtquelle)	m
I_e	Strahlstärke	W/sr
Φ_e	Strahlungsleistung	W
I_v	Lichtstärke	cd
Φ_v	Lichtstrom	lm

Die **Candela** ist die Lichtstärke einer Strahlungsquelle, welche **monochromatisches Licht** (d.h. Licht mit nur einer Wellenlänge) der Frequenz 540 · 10^{12} Hertz in eine bestimmte Richtung aussendet, in der die Strahlstärke 1/683 Watt durch Steradiant beträgt.

Bestrahlungsstärke und **Beleuchtungsstärke**

Bestrahlungsstärke

$$E_e = \frac{\Phi_e}{A_2}$$

Beleuchtungsstärke (→ nebenstehende Tabelle)

$$E_v = \frac{\Phi_v}{A_2}$$

Die abgeleitete SI-Einheit für die **Beleuchtungsstärke** ist das **Lux**: lx.

Einheit des Lux

$$1\ \text{lx} = 1\ \frac{\text{lm}}{\text{m}^2}$$

E_e	Bestrahlungsstärke	W/m²
Φ_e	Strahlungsleistung	W
A_2	Empfängerfläche	m²
E_v	Beleuchtungsstärke	lm/m²
Φ_v	Lichtstrom	lm

Lichtquelle	E_v in lx
Sonne im Sommer (Durchschnitt)	75000
Sonne im Winter (Durchschnitt)	6000
Vollmond	1
Arbeitsplatzbeleuchtung (hochwertig)	1000
Straßenbeleuchtung (Durchschnitt)	10
Wohnzimmerbeleuchtung (gemütlich)	150
Grenze der Farbwahrnehmung	3

Strahldichte und **Leuchtdichte**

Strahldichte

$$L_e = \frac{I_e}{A_1 \cdot \cos \varepsilon_1}$$

Leuchtdichte

$$L_v = \frac{I_v}{A_1 \cdot \cos \varepsilon_1}$$

Lichtquelle	Leuchtdichte in $\frac{\text{cd}}{\text{cm}^2}$
Sonne, je nach Sonnenstand	60 - 225000
klarer Himmel	0,5 … 3
Vollmond	0,25 … 0,5
Halogenlampe	800 … 1600
Weißlicht-LED	30 … 300
Glühlampe matt (25 … 500 W)	1 … 50
Leuchtstofflampe	0,3 … 3
Hochspannungsleuchtröhre	0,1 … 0,8
Quecksilberdampflampe	4 … 620
Natruimdampflampe	7 … 650
Xenon-Hochdrucklampe	15000 - 95000

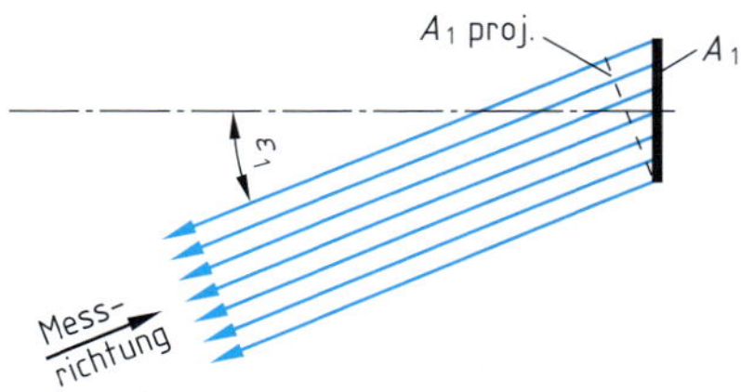

L_e	Strahldichte	W/(sr · m²)
I_e	Strahlstärke	W/sr
A_1	Senderfläche	m²
ε_1	Abstrahlwinkel	Grad
L_v	Leuchtdichte	cd/m²
I_v	Lichtstärke	cd

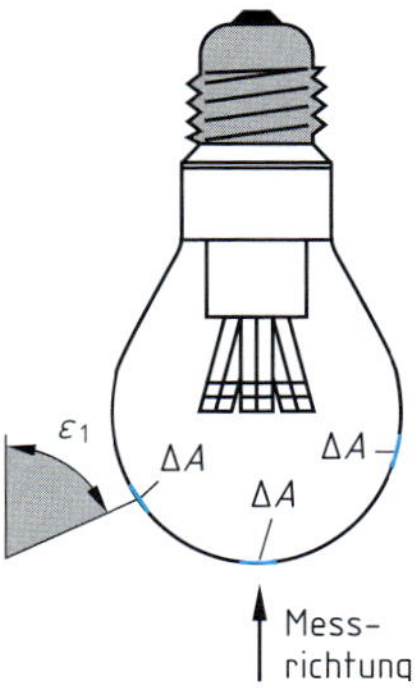

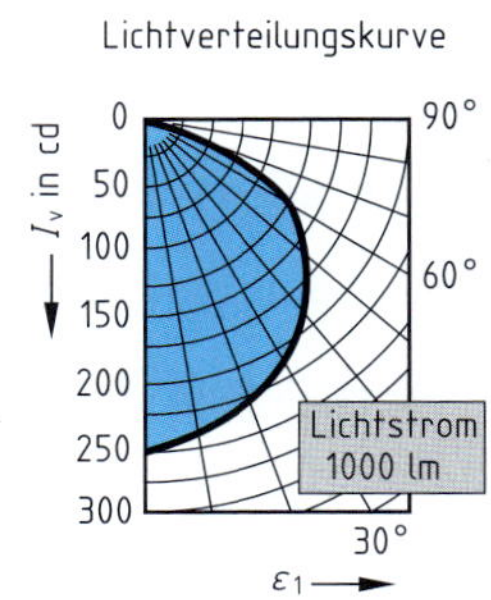

C

Photometrische Beziehungen

Photometrisches Entfernungsgesetz

$$E_v = \frac{I_v \cdot \cos \varepsilon}{r^2}$$

Unbekannte Lichtstärke

$$I_{v2} = I_{v1} \cdot \frac{\cos \varepsilon_1}{\cos \varepsilon_2} \cdot \left(\frac{r_2}{r_1}\right)^2$$

Die **Beleuchtungsstärke** E_v ist proportional der Lichtstärke I_v und dem Kosinus des Abstrahlwinkels ε. Sie ist aber umgekehrt proportional dem Abstand r zum Quadrat zwischen Lichtquelle und Empfängerfläche A_2.

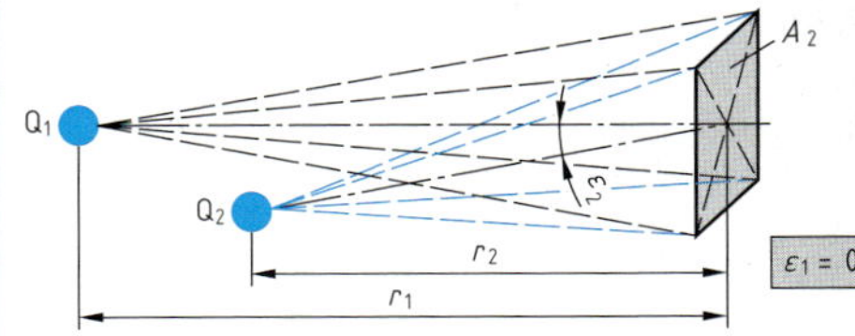

E_v	Beleuchtungsstärke	lm/m^2
I_v	Lichtstärke	lm/sr
ε	Abstrahlwinkel	Grad
r	Abstand von Lichtquelle zur Empfängerfläche	m

Index 1: bekannte Lichtquelle (Normallampe)

Index 2: unbekannte (zu messende) Lichtquelle

C

Lichtspektren und Farbmischung

Durch **Zerlegung von weißem Licht** mithilfe eines **Prismas** wird das **Farbspektrum** erzeugt. Es ist ein **kontinuierliches Spektrum** und zeigt in stetigem Übergang die 7 **Spektralfarben**.

Spektralfarben:
Rot, Orange, Gelb, Grün, Blau, Indigo, Violett.

Punkt E in der Normfarbtafel

$x = 0{,}333$; $y = 0{,}333$

Bei einer **additiven Farbmischung** entsteht der **Farbeindruck** durch die **Überlagerung** verschiedener Farben.

Bei einer **subtraktiven Farbmischung** entsteht der **Farbeindruck**, indem einer weiß leuchtenden Lichtquelle Farben entzogen werden.

Grundlage für **Farbmischungen** ist die **Normfarbtafel nach DIN 5033-3** (z) und **DIN EN ISO 11664-5.**

Mit den **Normfarbwertanteilen *x* und *y*** kann jede Farbe bestimmt werden.

C 5.4 Schall und Schallfeld

Schallgeschwindigkeit

Luftschall	→ Ausbreitungsmedium ist gas- oder dampfförmig.	Ausbreitung als **Longitudinalwelle**
Flüssigkeitsschall	→ Ausbreitungsmedium ist flüssig.	
Körperschall	→ Ausbreitungsmedium ist ein fester Körper.	

Berechnungsformeln für die Schallgeschwindigkeit:
(Formeln Seite 190)

Unterschallströmung	→ $v < c$ →	$Ma < 1$
Schallströmung	→ $v = c$ →	$Ma = 1$
Überschallströmung	→ $v > c$ →	$Ma > 1$

Machzahl

$$Ma = \frac{v}{c}$$

Schall wird von einem Medium auf ein berührendes anderes Medium übertragen. Im Vakuum gibt es also keinen Schall.

v	Geschwindigkeit	m/s
c	Schallgeschwindigkeit	m/s
Ma	Machzahl	1

Schalldruck

Der Schalldruck ist ein periodischer **Wechseldruck**, der sich einem **statischen Druck**, z. B. in Luft dem atmosphärischen Druck p_{amb}, **überlagert**.

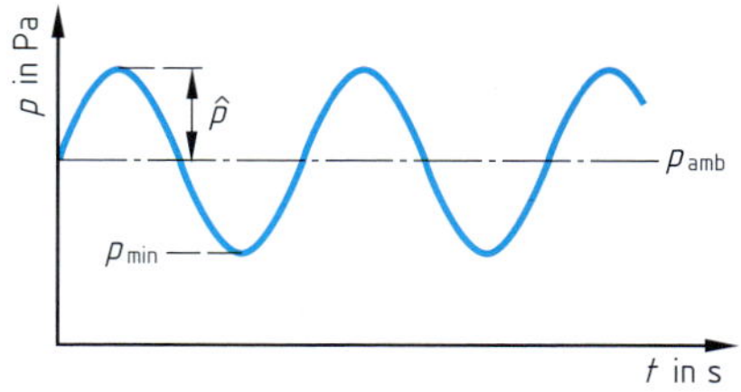

Effektivwert des Schalldrucks

$$p_{eff} = \frac{\hat{p}}{\sqrt{2}}$$

Unterscheiden Sie unbedingt **Schalldruck** vom **Schalldruckpegel**.

p_{eff}	effektiver Schalldruck	$N/m^2 = Pa$
$\hat{p}$	Scheitelwert des Schalldrucks	$N/m^2 = Pa$

Schallschnelle

Schallschnelle

$$v = \frac{p}{\varrho \cdot c}$$

Effektivwert der Schallschnelle

$$v_{eff} = \frac{\hat{v}}{\sqrt{2}}$$

v	Schallschnelle	m/s
p	Schalldruck	$N/m^2 = Pa$
ϱ	Dichte des Ausbreitungsmediums	kg/m^3
c	Schallgeschwindigkeit	m/s
$\hat{v}$	Scheitelwert der Schallschnelle	m/s
v_{eff}	effektive Schallschnelle	m/s

C

Schallintensität und Schallleistung

Schallintensität

$$I = \frac{\hat{p} \cdot \hat{v}}{2}$$

$$I = \frac{W}{t \cdot A} = \frac{P}{A}$$

$$I = \frac{\hat{p}^2}{2 \cdot \varrho \cdot c} = \frac{\varrho \cdot c \cdot \hat{v}^2}{2}$$

I	Schallintensität	W/m^2
W	Schallenergie	$N/m = J = Ws$
t	Zeit	s
A	druchschallte Fläche	m^2
P	Schallleistung	W

Die Schallintensität kennzeichnet die pro Zeiteinheit durch ein Flächenelement hindurchtretende **Schallenergie**.

Schallleistung (→ nebenstehende Tabelle)

Schallquelle	**Schallleistung** in W
normale Sprache	$6 \cdot 10^{-6}$
lautestes Schreien	$2 \cdot 10^{-3}$
Klavier	$2 \cdot 10^{-1}$
Autohupe	6
Großlautsprecher	100
Alarmsirene	1000

Maße und Pegel

Maße und Pegel werden in **Dezibel** (Kurzzeichen: **dB**) oder in **Neper** (Kurzzeichen: **Np**) angegeben; dB vornehmlich in der Akustik, Np vornehmlich in der Nachrichtentechnik

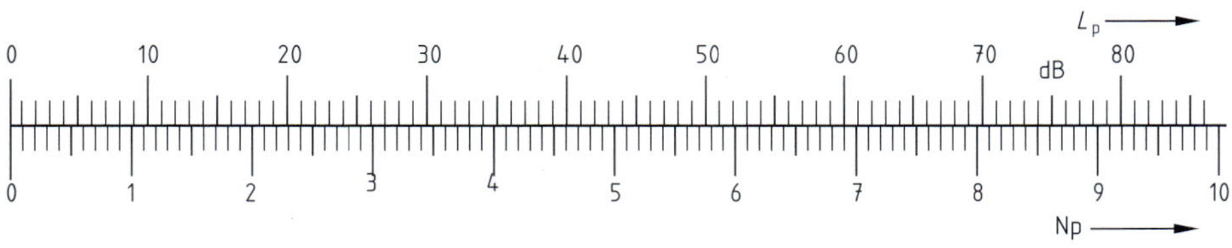

Umrechnung Np → dB und dB → Np

1 dB = 0,1151 Np

1 Np = 8,686 dB

Schalldruckpegel

Hörschwellendruck

$$p_{\text{effo}} = 2 \cdot 10^{-5}\ \text{Pa} = 2 \cdot 10^{-5}\ \frac{\text{N}}{\text{m}^2}$$

Schmerzschwelle

$$p_{\text{effS}} = 20\ \text{Pa} = 20\ \frac{\text{N}}{\text{m}^2}$$

Schalldruckpegel

$$L_p = 20 \cdot \lg \frac{p_{\text{eff}}}{p_{\text{effo}}}$$

p_{effo}	Hörschwellendruck, d.h. gerade noch hörbarer Schalldruck	N/m^2 = Pa
p_{effS}	Schmerzschwelle, d.h. Schalldruck der Schmerzen bereitet	N/m^2 = Pa
p_{eff}	vorhandener Schalldruck	N/m^2 = Pa
L_p	Schalldruckpegel	dB

Hörschwellendruck und **Schmerzschwelle** dienen in der Akustik als **Bezugsgrößen**.

Schallleistungspegel

Bezugsschallleistung

$$P_0 = 10^{-12}\ \text{W}$$

Schallleistungspegel

$$L_W = 10 \cdot \lg \frac{P}{P_0}$$

P_0	Bezugsschallleistung	W
P	vorhandene Schallleistung	W
L_W	Schallleistungspegel	dB

Schallintensitätspegel

Bezugsschallintensität

$$I_0 = 10^{-12}\ \frac{\text{W}}{\text{m}^2}$$

Schallintensitätspegel

$$L_I = 10 \cdot \lg \frac{I}{I_0}\ \text{in dB}$$

Schallschnellepegel

Bezugsschallschnelle

$$v_{\text{effo}} = 5 \cdot 10^{-8}\ \frac{\text{m}}{\text{s}}$$

Schallschnellepegel

$$L_v = 20 \cdot \lg \frac{v_{\text{eff}}}{v_{\text{effo}}}\ \text{in dB}$$

C

C 5.5 Schallempfindung, Schallbewertung und Schallausbreitung

Das Schallspektrum

Schallspektrum		
	Infraschall	→ $f \leq 16$ Hz
	hörbarer Schall	→ 16 Hz ≤ $f \leq$ 20000 Hz
	Ultraschall	→ 20000 Hz ≤ $f \leq 10^{10}$ Hz
	Hyperschall	→ 10^{10} Hz ≤ $f \leq 10^{13}$ Hz

Die Hörfläche

Akustische Ereignisse können nur innerhalb eines ganz bestimmten Frequenzbereiches und Schalldruckpegelbereiches wahrgenommen werden.

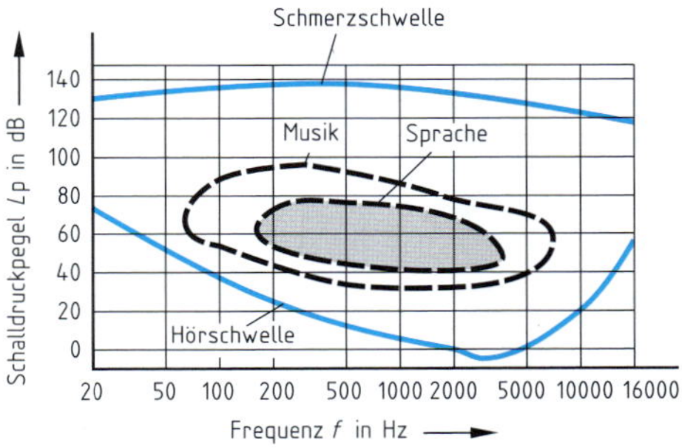

Zusammenhang von Dezibel und Phon

Kurven gleicher Lautstärke

Die subjektive Empfindung der Schalllautstärke ist vom Schalldruck **und** der Frequenz abhängig.

Die **Phonskala** reicht von 0 phon (Hörschwelle) bis 130 phon (Schmerzschwelle). Nur beim **Normalton** (f = 1000 Hz) stimmen die Zahlenwerte des Schalldruckpegels in dB mit dem Lautstärkepegel in phon überein.

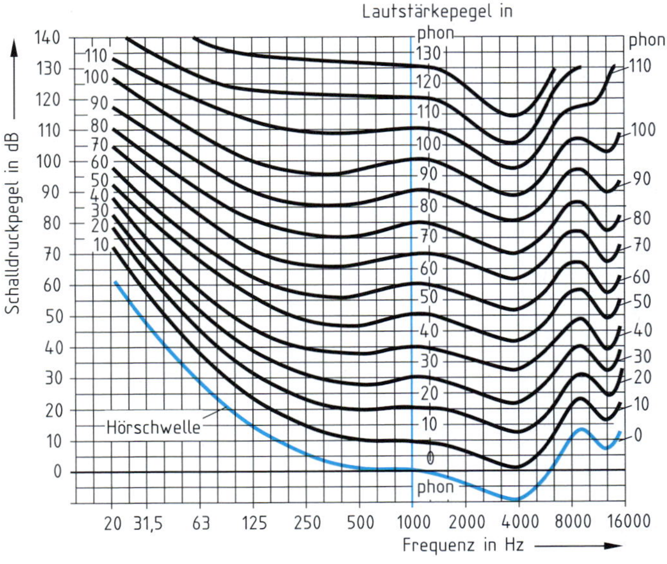

Lautstärkepegel in phon bzw. dB		Lautstärkepegel in phon bzw. dB	
Reizschwelle (Hörschwelle)	0	Übliche Unterhaltungslautstärke, einzelne Schreibmaschinen, Staubsauger	60
Blätterrauschen in leichtem Wind	10	Mittlerer Verkehrslärm, Straßenbahn, Baustelle	70
Untere Grenze der üblichen Wohngeräusche, Flüstern, ruhiger Garten	20	Stärkster üblicher Straßenlärm, laute Rundfunkmusik im Zimmer, Autohupe, U-Bahn, S-Bahn	80
Sehr ruhige Wohnstraße, mittlere Wohngeräusche	30	Drucklufthämmer	90
Leise Rundfunkmusik im Zimmer	40	Nietlärm, lautestes Autohorn, Motorrad	100
Obere Grenze der üblichen Wohngeräusche, geringster üblicher Straßenlärm, Geräusche in Geschäftsräumen (Zimmerlautstärke)	50	Laufender Flugzeugpropeller bei 4 m bis 5 m Entfernung	120
		Schmerzschwelle	130

C

Lautstärkepegel und Lautheit

Lautstärkepegel
($f = 1000$ Hz)
≙ Schalldruckpegel

$$L_N = 20 \cdot \lg \frac{p_{eff}}{p_{effo}}$$

L_N	Lautstärkepegel	phon
p_{eff}	vorhandener effektiver Schalldruck	N/m^2 = Pa
p_{effo}	Hörschwellendruck	N/m^2 = Pa
N	Lautheit	sone

Lautheit

$$N = 2^{0,1 \cdot (L_N - 40)}$$

Die **Lautheit** von 1 **sone** entspricht einem Lautstärkepegel von 40 phon.

2 sone wird doppelt so laut empfunden wie 1 sone, 3 sone dreimal so laut usw.

Immisionsrichtwerte der Technischen Anleitung Lärm (TA Lärm)

Gebiet	Immissionsrichtwert in dB (A) tagsüber	nachts
Gebiete, in denen nur gewerbliche oder industrielle Anlagen oder Wohnungen für Inhaber und Leiter der Betriebe sowie für Aufsichts- und Bereitschaftspersonal untergebracht sind.	70	70
Gebiete, in denen vorwiegend gewerbliche Anlagen untergebracht sind.	65	50
Gebiete mit gewerblichen Anlagen und Wohnungen, in denen weder vorwiegend gewerbliche Anlagen noch vorwiegend Wohnungen untergebracht sind.	60	45
Gebiete, in denen vorwiegend Wohnungen untergebracht sind.	55	40
Gebiete, in denen ausschließlich Wohnungen untergebracht sind.	50	35
Kurgebiete, Krankenhäuser, Pflegeanstalten.	45	35
Wohnungen, die mit der Anlage baulich verbunden sind.	40	30

Unter **Immission** vertsteht man die Einwirkung von **Luftverunreinigungen**, **Geräuschen** (Lärm), **Licht**, **Wärme**, **Strahlen** und anderen vergleichbaren Faktoren auf Menschen, Tiere, Pflanzen oder Gegenstände.

Schallbewertung

Bewertete Lautstärkepegel werden nicht in phon, sondern der **Bewertungskurve** (→ Bild) entsprechend in dB(A), dB(B), dB(C) bzw. dB(D) angegeben.

Kurve A: Normale Schallereignisse

Kurve B: tiefe Töne

Kurve C: hohe Töne

Kurve D: Fluglärm

Beispiel: Bei einer A-Bewertung eines Tones mit 100 Hz wird der Phonzahl die Pegelkorrektur von 20 dB abgezogen.

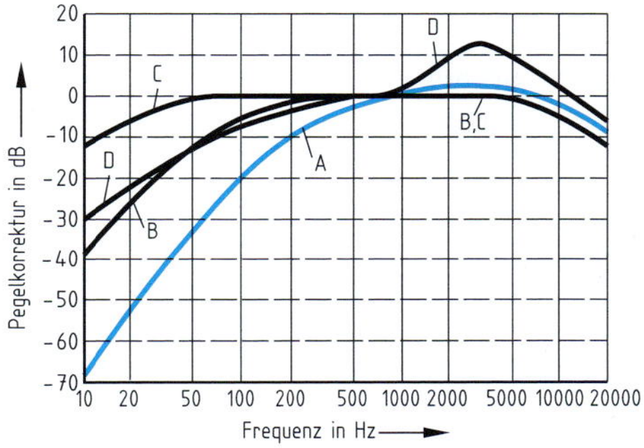

Bewertete Schallereignisse sind objektiv miteinander vergleichbar.

Reflexion, Absorption, Dissipation und Transmission von Schallenergie

Gestörte Schallausbreitung

$\varrho + \alpha = 1$

$\varrho + \tau + \delta = 1$

$\alpha = \tau + \delta$

$\alpha \leq 1$

$\varrho \leq 1$

$\tau < 1$

$\delta < 1$

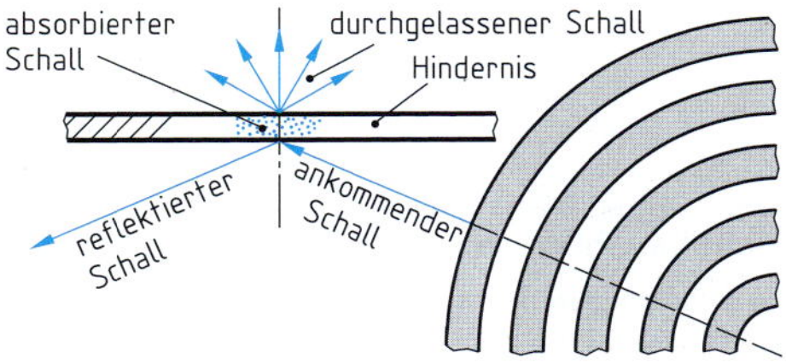

Schallreflexionsgrad ϱ	→ Maß für die **reflektierte Schallintensität**
Schallabsorptionsgrad α	→ Maß für die **absorbierte Schallintensität**
Schalltransmissionsgrad τ	→ Maß für die **durchgelassene Schallintensität**
Schalldissipationsgrad δ	→ Maß für die **„verloren gegangene" Schallintensität**

Beugung, Brechung und Dopplereffekt des Schalls

Das nebenstehende Bild zeigt den Eintritt von Schallwellen von einem Medium in ein anderes Medium. In Analogie zur Optik spricht man hier vom **akustisch dünneren Medium** (z.B. Luft) und vom **akustisch dichteren Medium** (z.B. Wasser).

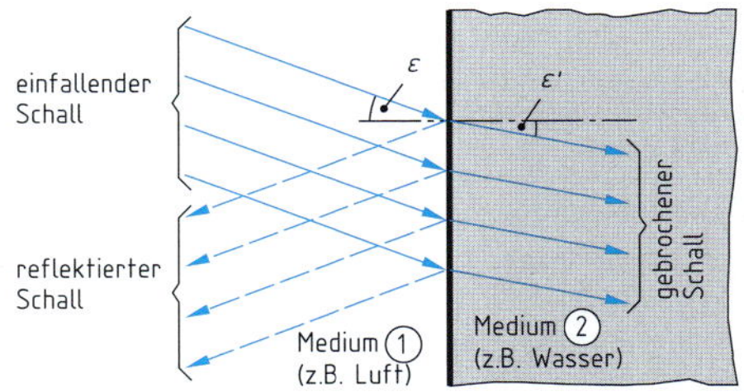

C

C

Akustisches Brechungsgesetz

$$n = \frac{\sin \varepsilon}{\sin \varepsilon'} = \frac{c_2}{c_1}$$

Index 1: Medium 1

Index 2: Medium 2

n	akustische Brechzahl	1
ε	Einfallwinkel	Grad
ε'	Brechungswinkel	Grad
c	Schallgeschwindigkeit	m/s

Im akustisch dichteren Medium wird der Schall zum Lot hin gebrochen.

Schalldämmung

Bei der **Absorptions-Schalldämmung** werden biegeweiche Dämmstoffe mit großer Masse verwendet.

Ein **Absorptionsschalldämpfer** hat bei einer **Absorberdicke**, die einer viertel Wellenlänge λ entspricht, sein gößtes **Dämpfungsvermögen**.

Ein Maß für den **Dämpfungsgrad** ist das **Schalldämm-Maß**.

Schalldämm-Maß

$$R = 10 \cdot \lg \frac{P_1}{P_2}$$

$$R = 20 \cdot \lg \frac{1}{\tau}$$

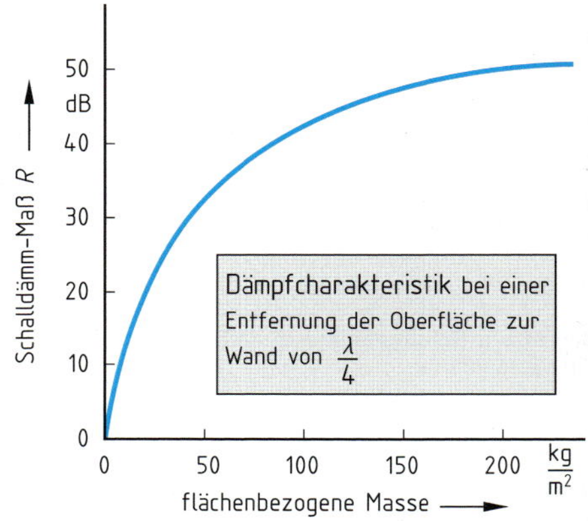

P_1	Schallleistung vor der Wand	W
P_2	Schallleistung hinter der Wand	W

Schallausbreitung in Räumen

Schallabsorptionsgrad
(→ nebenstehende Tabelle)

$$\alpha = 1 - \varrho$$

Wände in ...	Schallabsorptionsgrad α
... Fabrikhallen	0,02 bis 0,07
... Küchen	0,03 bis 0,08
... Restaurants	0,05 bis 0,1
... Wohnzimmern	0,06 bis 0,11
... Schulen	0,07 bis 0,12
... Büros	0,12 bis 0,15
... Konzertsälen	0,25 bis 0,3
... Tonstudios	0,35 bis 0,45

Äquivalente Absorptionsfläche

$$A_{eq} = \Sigma(\alpha_n \cdot A_n)$$

Nachhallzeit (→ folgende Tabelle)

$$T = 0{,}1635 \cdot \frac{V}{A_{eq}}$$

Benutzungszweck des Raumes	optimale Nachhallzeit T in s
Dichterlesung	0,8 bis 1,0
Orchesterkonzert	1,7 bis 2,0
Orgelkonzert	2,4 bis 2,6

Index n: Wandanteile

α	Schallabsorptionsgrad	1
ϱ	Schallreflexionsgrad	1
A_{eq}	äquivalente Absorptionsfläche	m^2
T	Nachhallzeit	s
V	Raumvolumen	m^3
A	Wandfläche	m^2

C 5.6 Ultraschall

20000 Hz ≤ f ≤ 10^{10} Hz (→ **Schallspektrum**)

Alle **akustischen Gesetze**, **Formeln und Regeln** sind uneingeschränkt anwendbar.

Wirkungen des Ultraschalls:	
dispergierende Wirkung	z.B. lassen sich an sich nicht mischbare Flüssigkeiten wie Wasser und Quecksilber oder Wasser und Benzol bei Beschallung teilweise mischen.
ausfällende Wirkung	z.B. lassen sich durch Ultraschall-Beschallung Flughäfen entnebeln oder Gase reinigen, indem dabei unerwünschte Teilchen ausgefällt werden. Auch für Entgasung von Schmelzen.
chemische Wirkung	z.B: Zerspaltung hochpolymerer Stoffe wie die Zerlegung des Rohrzuckers in Monosaccharide.
biologische Wirkung	z.B: Vernichtung von Einzellern wie bei der Sterilisierung von Milch. Bei größeren Schallintensitäten können auch kleinere Tiere wie Raupen, Läuse, Käfer, getötet werden.
thermische Wirkung	z.B: Erwärmung bei Therapiemaßnahmen durch die bei jeder Absorption stattfindende Umwandlung von Schallenergie in Wärmeenergie.

Maximale Schallfrequenz

Hyperschall

10^{10} Hz ≤ f ≤ 10^{13} Hz (→ **Schallspektrum**)

Das Schallspektrum ist nach oben durch die Frequenz $f = 10^{13}$ Hz begrenzt.

Debye-Frequenz

$f \approx 10^{13}$ Hz

Begründung:

Die **Wellenlänge** λ kann bei **Festkörperschwingungen** nicht kleiner als die doppelte **Gitterkonstante** a_0 sein.

C

D Technische Mechanik

D 1 Grundlagen der Statik

D 1.1 Kraft und Kraftmoment

Basisgrößen und Basiseinheiten

SI-Basisgröße	Formelzeichen	SI-Basiseinheit	Einheitenzeichen
Länge Masse Zeit } **Größen der Mechanik**	*l*, *s* *m* *t*	Meter Kilogramm Sekunde } **Einheiten der Mechanik**	m kg s
elektrische Stromstärke thermodynamische Temperatur Stoffmenge Lichtstärke	I T n I_v	Ampere Kelvin Mol Candela	A K mol cd

Einheit der Kraft

$$[F] = [m] \cdot [a] = \text{kg} \cdot \frac{\text{m}}{\text{s}^2} = \frac{\text{kg m}}{\text{s}^2}$$

$$1 \frac{\text{kg m}}{\text{s}^2} = 1 \text{ Newton} = 1 \text{ N}$$

F	Kraft	N
m	Masse	kg
a	Beschleunigung	m/s^2

1 daN = 1 Dekanewton = 10 N
1 kN = 1 Kilonewton = 10^3 N
1 MN = 1 Meganewton = 10^6 N
} je nach Größenordnung der Kraft.

Ein Newton ist gleich der Kraft, die einem Körper mit der Masse $m = 1$ kg die Beschleunigung $a = 1$ m/s^2 erteilt:

Merkmale einer Kraft

- Größe → Dies ist der **Betrag der Kraft**, der in Verbindung mit einem **Kräftemaßstab KM** messbar ist.
- Richtung → Diese entspricht der Lage der **Wirkungslinie WL**. Sie ist durch einen Winkel festgelegt.
- Angriffspunkt → Ort, an dem die Kraft F am Körper angreift.
- Sinn → z.B. **Zugkraft** oder **Druckkraft**. Festlegung mittels **Vorzeichen**.

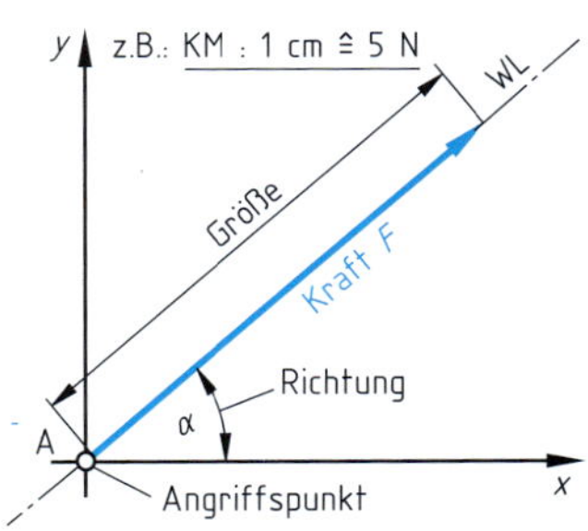

Erweiterungssatz

Bei einem **Kräftesystem** dürfen Kräfte hinzugefügt oder weggenommen werden, wenn sie gleich groß und entgegengesetzt gerichtet sind und auf derselben WL liegen.

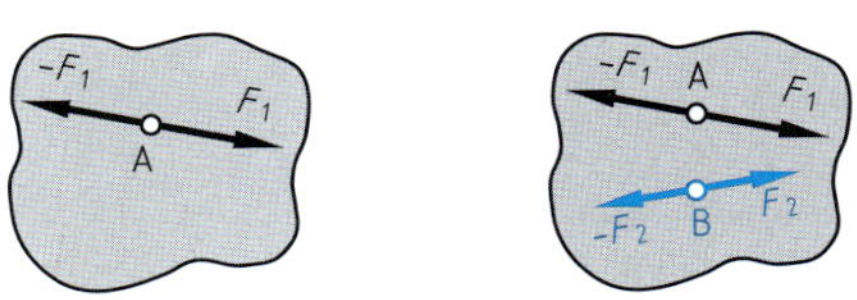

Längsverschiebungssatz

Eine Kraft darf auf ihrer WL verschoben werden. Dadurch ändert sich ihre Wirkung auf den Körper nicht.

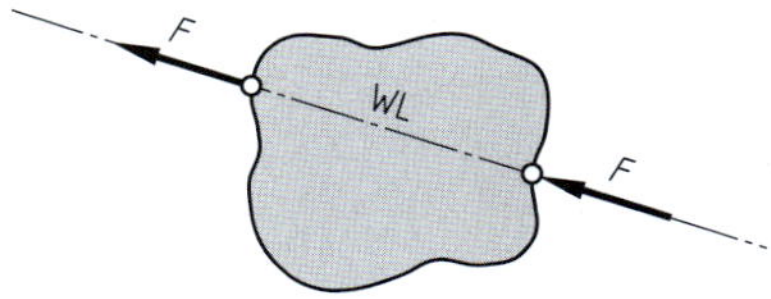

Kraftmoment

Kraftmoment, Drehmoment M gleich Produkt aus Kraft F und ihrem **senkrechten Abstand** r bis zu einem bestimmten Punkt.

$$M = F \cdot r$$

$$F \perp r$$

Kraftmoment: Drehmoment M_d
Biegemoment M_b
Torsionsmoment M_t

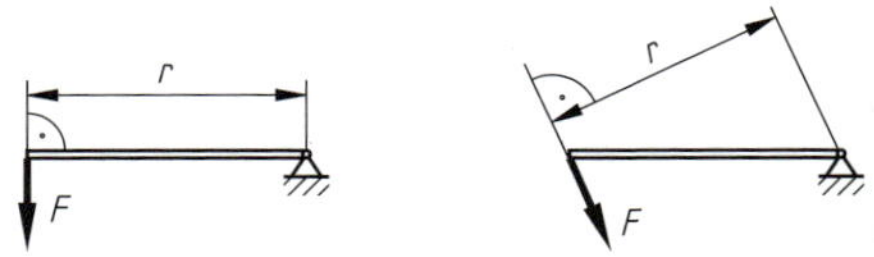

M	Kraftmoment	N · m = Nm
F	Kraft	N
r	Abstand (senkrechter Hebelarm)	m

D 1.2 Freiheitsgrade

Regeln für das Freimachen von Bauteilen

<table>
<tr><th>Form des Bauteils und Regeln für das Freimachen</th><th>Kraftübertragung in Wirkrichtung der Kraft möglich</th><th>Kraftübertragung in Wirkrichtung der Kraft nicht möglich</th></tr>
<tr><td>Ebene Flächen können nur senkrechte Reaktionskräfte erzeugen, d.h. es können nur senkrecht zu ihnen gerichtete Kräfte übertragen werden.</td><td>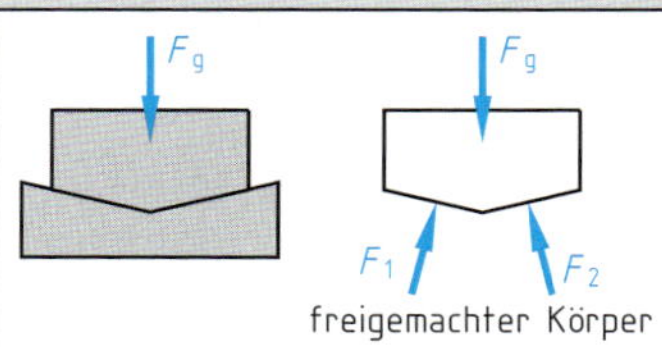
</td><td>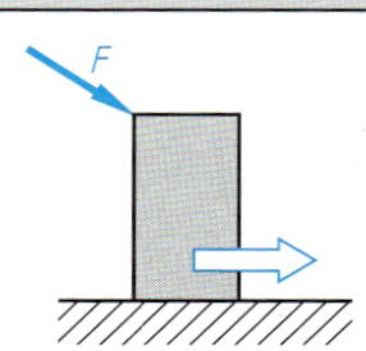

Bei Überwindung der Reibungskräfte rutscht der Körper.</td></tr>
<tr><td>Gewölbte Flächen erzeugen im Berührungspunkt mit anderen Körpern senkrechte Reaktionskräfte. Diese wirken in Richtung des Krümmungsradius, d.h. als Radialkräfte.</td><td>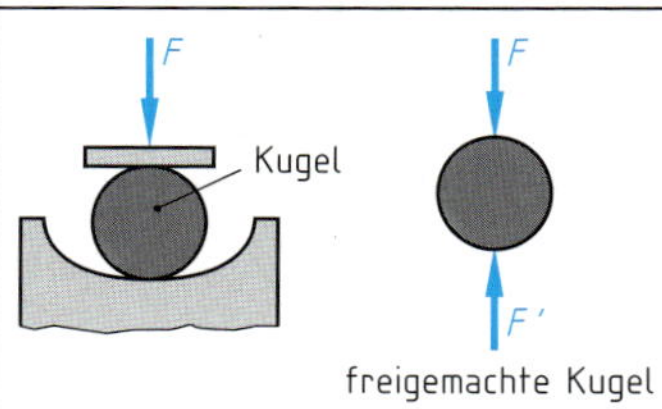
</td><td>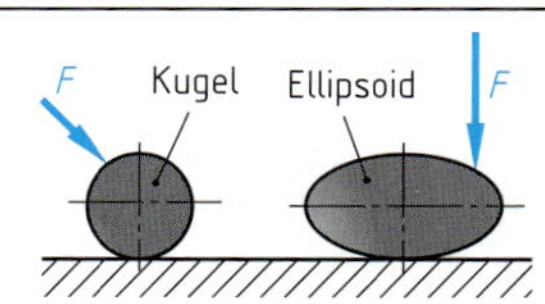

Kugel bzw. Ellipsoid bewegen sich.</td></tr>
<tr><td>Ketten und Seile können Kräfte nur in Spannrichtung übertragen. Die übertragenen Kräfte können nur Zugkräfte sein.</td><td>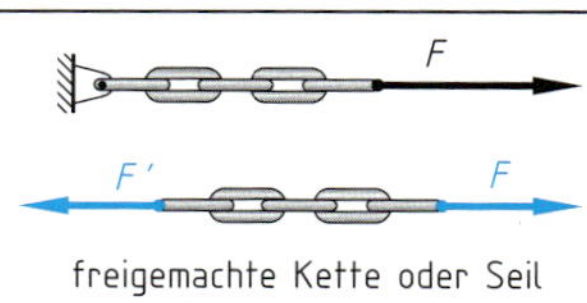
</td><td>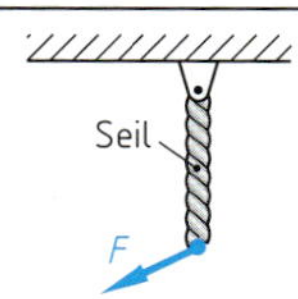

Ketten und Seile werden in Kraftrichtung ausgelenkt.</td></tr>
<tr><td>Zweigelenkstäbe (Pendelstützen) nehmen nur Zug- oder Druckkräfte in Richtung der Verbindungslinie der beiden Gelenkpunkte auf.</td><td>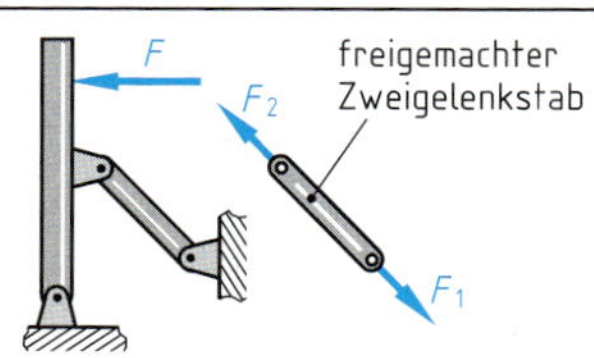
</td><td>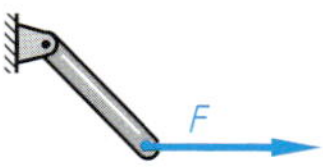

Der Pendelstab bewegt sich so lange, bis die WL (Wirkungslinie) der Kraft F durch beide Gelenkpunkte geht.</td></tr>
<tr><td>Loslager nehmen nur Kräfte in senkrechter Richtung zum Lager auf.

Festlager können Kräfte in jeder beliebigen Richtung aufnehmen.</td><td>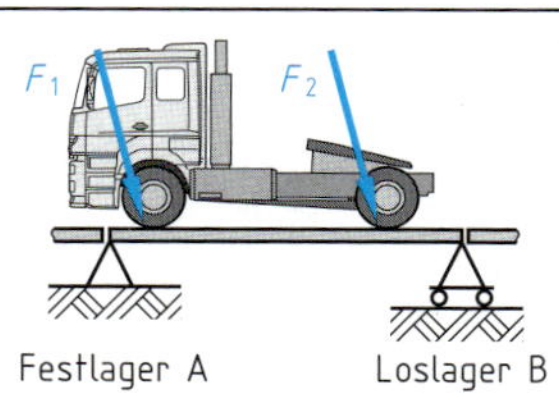
</td><td>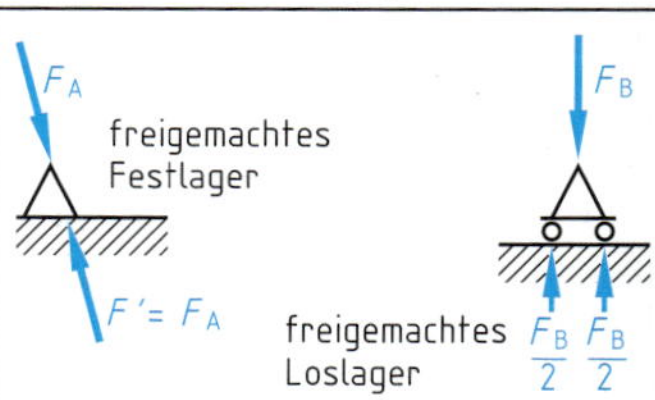
</td></tr>
</table>

Jede Bewegungsmöglichkeit (Translation und Rotation) wird als **Freiheitsgrad** bezeichnet.
Körper in der Ebene → drei Freiheitsgrade.
Körper im Raum → sechs Freiheitsgrade.

Freimachen heißt, dass man alle das Bauteil tragenden Teile, wie Lager, Stützen, Einspannungen etc. durch die von diesen Elementen auf das Bauteil wirkenden Reaktionskräfte ersetzt. Damit ist zu ersehen, wie **Belastungskräfte und Stützkräfte** auf das Bauteil wirken (es belasten).

D 2 Das zentrale Kräftesystem

D 2.1 Kräfte auf der selben Wirkungslinie

Zeichnerische (grafische) Ermittlung von F_r mihilfe des **Kräfteplanes KP**. Dieser ist grundsätzlich maßstäblich zu zeichnen: Zum KP gehört immer ein **Kräftemaßstab KM**.
Beispiel: KM: 1 cm ≙ 10 daN.
Der KP wird aus dem **Lageplan LP** entwickelt. Dieser kann unmaßstäblich sein.

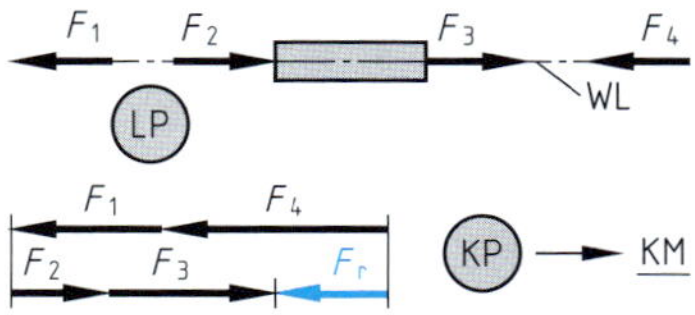

Rechnerische (analytische) Ermittlung von F_r durch die arithmetische Summe der Einzelkräfte:

$$F_r = \Sigma F = F_1 + F_2 + \ldots + F_n$$

Der **Sinn der Kraft** (Wirkseite, z.B. nach rechts oder links bzw. nach oben oder unten) wird durch die **Wahl von Vorzeichen** (+ oder –) bei jeder Aufgabe neu berücksichtigt.

Kräftegleichgewicht:

$$F_r = \Sigma F = 0$$

Unverbindlicher Vorschlag zur **Vorzeichenwahl:**

←↓ Nach links oder unten gerichtete Kräfte: minus (–)

→↑ Nach rechts oder oben gerichtete Kräfte: plus (+)

D

D 2.2 Resultierende zweier Kräfte, deren WL sich schneiden (zeichnerische Lösung)

Anwendung des Längsverschiebungssatzes

Schneiden sich die WL mehrerer Kräfte in einem Punkt, spricht man von einem **zentralen Kräftesystem**. Den Schnittpunkt bezeichnet man als **Zentralpunkt A**.

Liegen die Anfangspunkte zweier Kräfte, deren WL sich schneiden, nicht im Zentralpunkt A, können diese gemäß dem Längsverschiebungssatz dorthin verschoben werden.

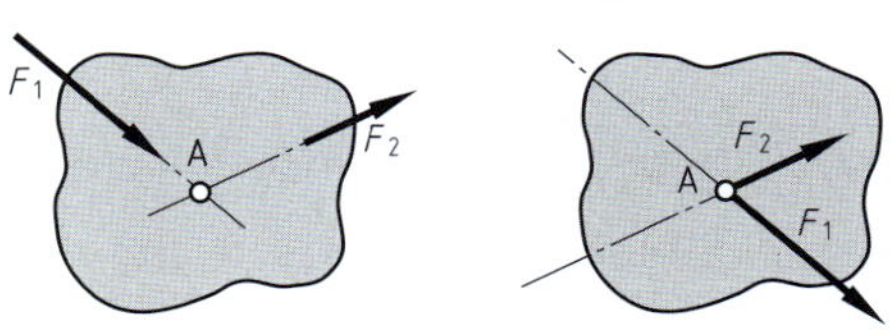

Kräftedreieck und Kräfteparallelogramm

Kräfte sind **Vektoren**. Durch die **vektorielle Addition** der Einzelkräfte erhält man die **Resultierende F_r**, d.h. den **Summenvektor**. Zeichnerisch entspricht dies einer **Aneinanderreihung der Einzelkräfte in beliebiger Reihenfolge**. Die Konstruktion heißt **Kräftedreieck**.

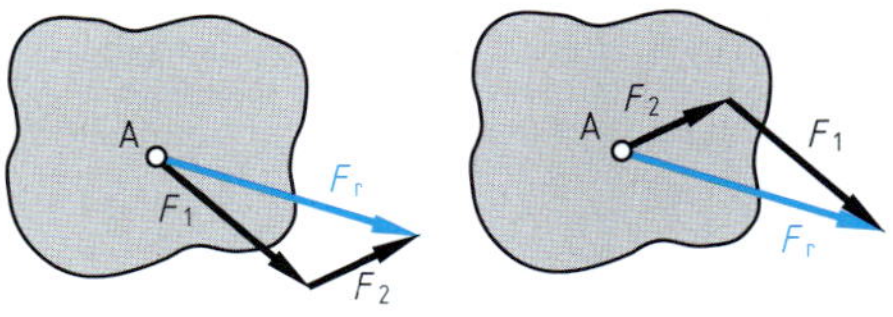

Greifen zwei Kräfte F_1 und F_2 in unterschiedlicher Richtung im selben Punkt A an, dann ergibt sich die Resultierende F_r als die Diagonale des aus den beiden Einzelkräften gebildeten **Kräfteparallelogramms**.

Die **Resultierende** (resultierende Kraft) F_r hat die gleiche Wirkung auf den Körper wie alle an ihm wirkenden Einzelkräfte. F_r ersetzt also die Einzelkräfte und heißt deshalb auch **Ersatzkraft**.

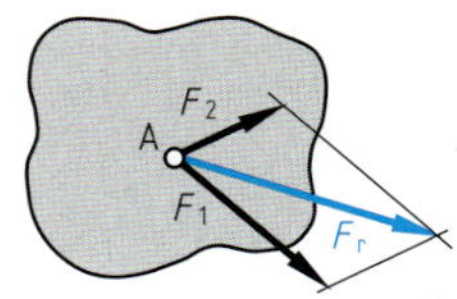

D 2.3 Zerlegung einer Kraft in zwei Kräfte

Die Richtungen beider Komponenten sind bekannt

Die WL (F_1) und (F_2) sind durch α und β bekannt. Die Komponenten von F werden im Kräfteparallelogramm ermittelt.
Sonderfall: Komponenten sind horizontal bzw. vertikal gerichtet. Man unterscheidet:

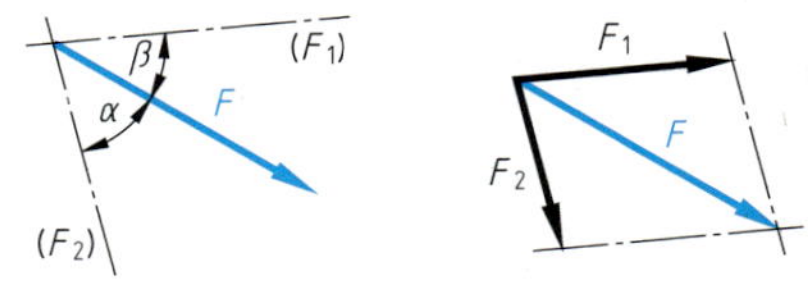

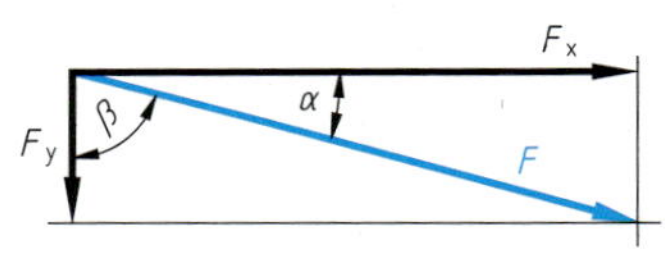

Horizontalkomponente

$$F_x = F \cdot \cos\alpha = F \cdot \sin\beta$$

Vertikalkomponente

$$F_y = F \cdot \sin\alpha = F \cdot \cos\beta$$

Werden nur die Wirkungslinien (WL) der Kräfte gezeichnet, setzt man die Kraftbezeichnungen in runde Klammern.

Größe und Richtung einer Kraftkomponente ist bekannt

F und F_1 sind gegeben. F_2 ergibt sich als weitere Komponente im Kräfteparallelogramm bzw. im Kräftedreieck.

Im Kräfteparallelogramm ist die Resultierende F_r bzw. die zu zerlegende Kraft F immer eine **Diagonale**. Im Kräftedreieck ist der Anfangspunkt der ersten Komponente mit dem Anfangspunkt der Gesamtkraft, und der Endpunkt der letzten Komponente mit dem Endpunkt der Gesamtkraft identsich.

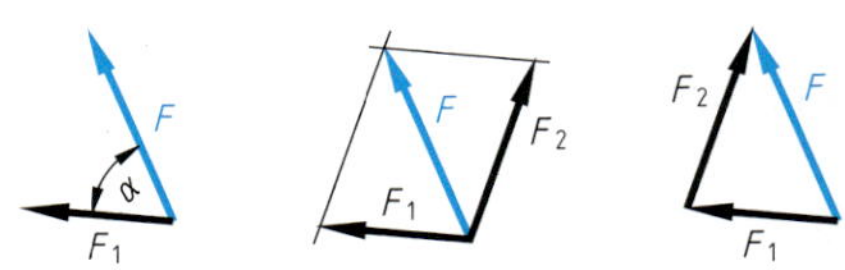

Hinweis: Die Kraftpfeile in der zeichnerischen Lösung sind ebenso gerichtet wie die Kraftübertragungselemente (Seil, Kette, Zweigelenkstab, etc.) in der Konstruktion.

D 2.4 Zusammensetzen von mehr als zwei in einem Punkt angreifende Kräften

Bei einem zentralen Kräftesystem mit beliebig vielen Kräften, kann man F_r durch das Zeichnen von **(n – 1) Kräfteparallelogrammen** oder **(n – 1) Kräftedreiecken** (mit n = Anzahl der Kräfte) ermitteln. In der Regel: Lösung mit einem **Kräftepolygon (Kräftevieleck)**. Kurzbezeichnung: **Krafteck**.

Das Krafteck (Kräfteplan KP) entsteht durch das Aneinanderreihen aller **Einzelkräfte in beliebiger Reihenfolge**, und zwar maßstäblich, d.h. mit einem KM.

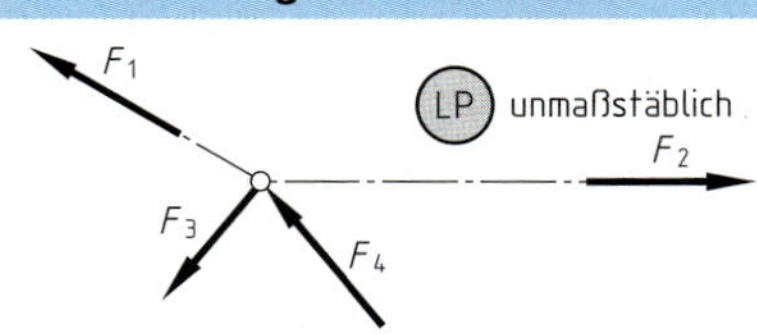

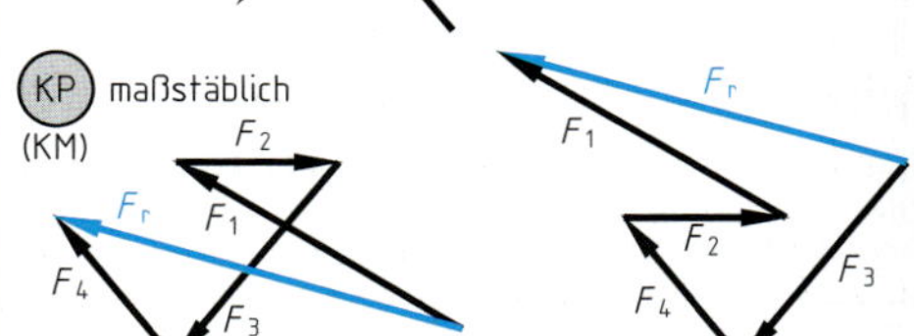

Die Resultierende F_r ist im Krafteck vom Anfangspunkt der ersten Kraft zum Endpunkt der letzten Kraft gerichtet (vektorielle Addition).

D 2.5 Erste Gleichgewichtebedingung der Statik

Geschlossenes Krafteck

Kräftegleichgewicht

$F_r = 0$

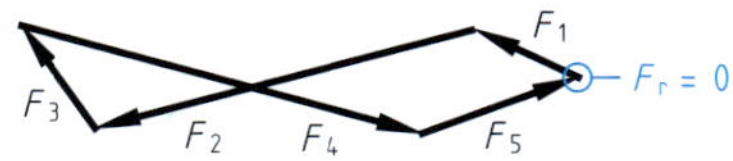

Bei **Kräftegleichgewicht**, d.h. bei $F_r = 0$, entsteht ein **geschlossenes Krafteck**, d.h. ein Krafteck, mit „umlaufender Pfeilrichtung“.

Rechnerische Ermittlung von F_r

Zwei Kräfte im zentralen Kräftesystem

Größe von F_r

$$F_r = \sqrt{F_1^2 + F_2^2 - 2 \cdot F_1 \cdot F_2 \cdot \cos\alpha}$$

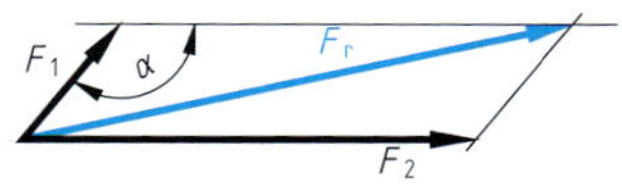

Beliebig viele Kräfte im zentralen Kräftesystem.

Gemäß LP alle Horizontal- und Vertikalkomponenten ermitteln, und zwar unter Beachtung der Vorzeichen.

$$\Sigma F_x = F_{1x} + F_{2x} + \ldots$$

$$\Sigma F_y = F_{1y} + F_{2y} + \ldots$$

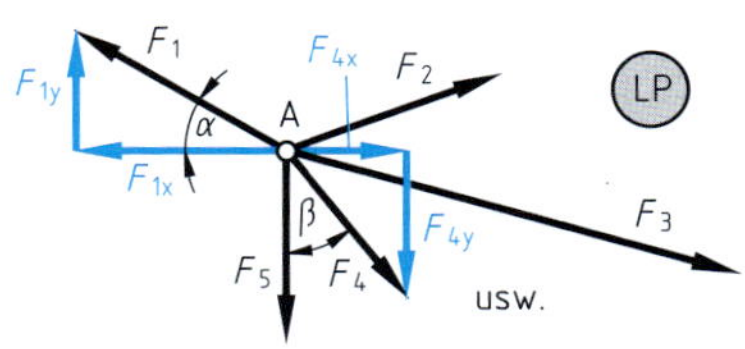

Größe von F_r

$$F_r = \sqrt{(\Sigma F_x)^2 + (\Sigma F_y)^2}$$

Richtung von F_r

$$\tan \beta_r = \frac{\Sigma F_y}{\Sigma F_x}$$

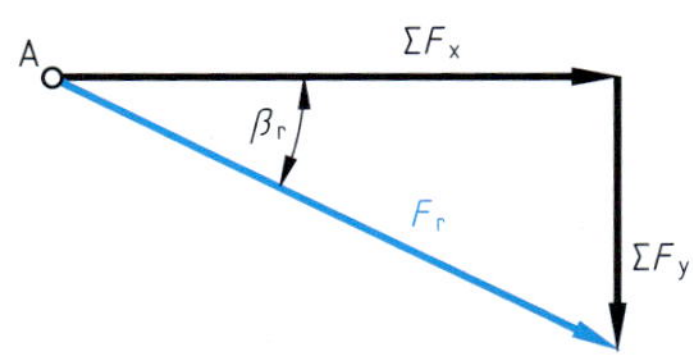

Kräftegleichgewicht

$\Sigma F_x = 0$ **und** $\Sigma F_y = 0$

An einem Körper herrscht Kräftegleichgewicht, wenn die Summe aller Horizontalkomponenten **und** die Summe aller Vertikalkomponenten Null ist.

D 2.6 Bestimmung unbekannter Kräfte im zentralen Kräftesystem

Zeichnerische Ermittlung unbekannter Kräfte

Bei vorausgesetztem **Kräftegleichgewicht** müssen alle Kräfte in ihrer vektoriellen Summe zu einem **geschlossenen Krafteck** führen.

Sind in einem zentralen Kräftesystem mehrere Kräfte gegeben, dann ist es durch Vorgabe von zwei weiteren WL möglich, zwei Kräfte zu ermitteln, die das Gleichgewicht herstellen.

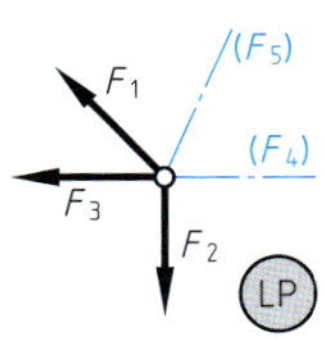

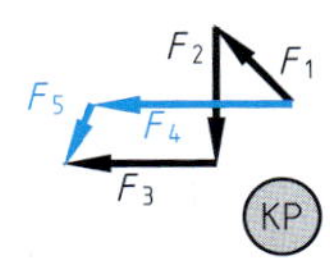

Auch mit **einer Kraft** kann Kräftegleichgewicht hergestellt werden. Bei mehr als zwei Kräften ist keine eindeutige Lösung möglich.

Rechnerische Ermittlung unbekannter Kräfte

Zwei voneinander unabhänige Lösungsgleichungen erforderlich, z. B. für F_4 und F_5:

$$\left.\begin{aligned} &\text{I. } \Sigma F_x = F_{1x} + F_{2x} + F_{3x} + F_{4x} + F_{5x} = 0 \\ &\text{II. } \Sigma F_y = F_{1y} + F_{2y} + F_{3y} + F_{4y} + F_{5y} = 0 \end{aligned}\right\}$$

→ ergibt $\boldsymbol{F_4}$, $\boldsymbol{F_5}$

Vorzeichenregel: Vorzeichen beliebig für bestimmte Richtung annehmen. Kommt beim Auflösen das Gegenvorzeichen heraus, dann war die Annahme falsch, d. h. der Richtungssinn ist entgegengesetzt.

D 3 Das allgemeine Kräftesystem

D 3.1 Zeichnerische Ermitlung von F_r im allgemeinen Kräftesystem

Definition des allgemeinen Kräftesystems

Ein allgemeines Kräftesystem ist dann gegeben, wenn die WL der am Körper angreifenden Kräfte keinen gemeinsamen Schnittpunkt haben.

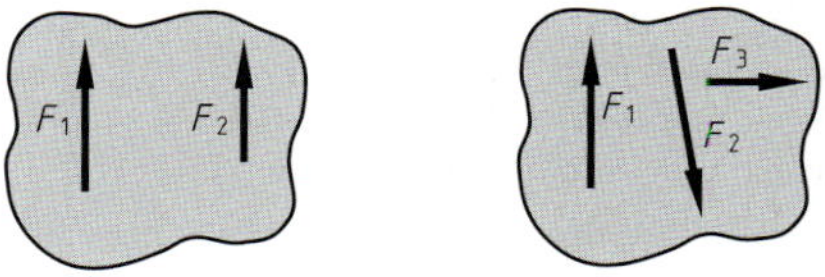

Zwei parallele Kräfte

Durch Anwendung des Erweiterungssatzes und des Längsverschiebungssatzes ergibt sich der Punkt P. Durch diesen Punkt geht die WL von F_r, ebenso gerichtet wie die beiden gegebenen parallelen Kräfte F_1 und F_2.

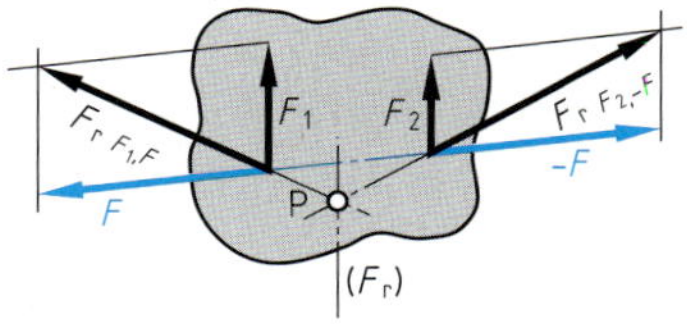

Beliebig viele Kräfte

Zeichnerische Lösung durch **wiederholte Konstruktion**

a) **des Kräfteparallelogramms**
b) **des Kräftedreiecks**

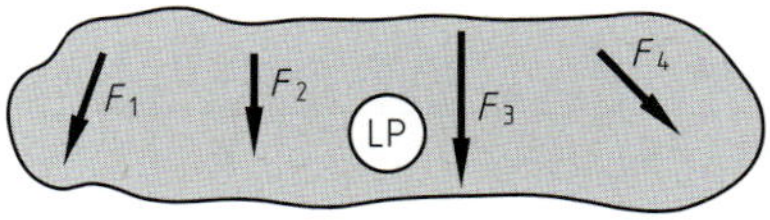

Dies ist i. d. R: sehr aufwändig. Deshalb meist Seileckkonstruktion oder Momentensatz:

Seileckkonstruktion:
Dies ist ein zeichnerisches Verfahren. Demzufolge ist es mit Ungenauigkeiten behaftet.
Sehr übersichtlich.
Die Darstellung erfolgt in 3.2

Momentensatz:
Dies ist ein rechnerisches Verfahren mit großer Genauigkeit und dem Nachteil der Unübersichtlichkeit.
Die Darstellung erfolgt in 4.2

Meist werden die Aufgaben mit beiden Methoden (Seileck und Momentensatz) gelöst. Dies bringt Lösungssicherheit!

D 3.2 Seileckverfahren (zwei und mehr als zwei Kräfte)

Lösungsschritte der Seileckkonstruktion:

a) Mit den Daten der Aufgabe (oberes Bild), d.h. LP mit Größe, Richtung, Angriffspunkt aller Einzelkräfte wird der KP, d.h. das **Krafteck** gezeichnet (im Bild mit Grauraster). Zwischen dem Angriffspunkt der ersten und dem Endpunkt der letzten Kraft liegt F_r.

b) Man wählt frei einen Pol 0 und zeichnet die **Polstrahlen** in den KP. Aus dem Krafteck wird so das **Poleck**.

c) Man verschiebt die Polstrahlen (0, 1, 2, 3 ...) parallel vom KP in den LP (unteres Bild), d.h. man zeichnet im LP die **Seilstrahlen**. Seilstrahl 0 schneidet dabei die WL von F_1 an beliebiger Stelle. 1 wird parallel aus dem KP durch diesen Schnittpunkt a verschoben und schneidet F_2 usw.

d) Man bringt den ersten Seilstrahl (hier 0) mit dem letzten Seilstrahl (hier 4) im LP zum Schnitt. Durch den Schnittpunkt dieser beiden Seilstrahlen geht die WL von F_r, d.h. (F_r).

e) Man verschiebt F_r aus dem KP parallel durch den Schnittpunkt der beiden äußeren Seilstrahlen (hier 0 und 4) im LP.

Das Seileckverfahren ist für beliebig viele – auch parallele – Kräfte anwendbar.

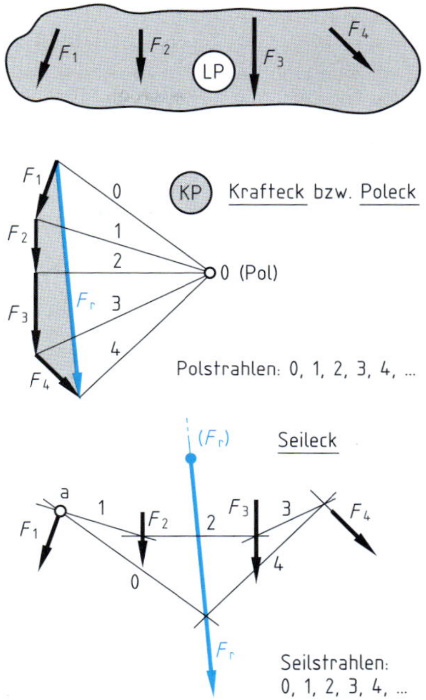

D

D 4 Drehung von Körpern

D 4.1 Kräfte als Ursache einer Drehbewegung

Das Kraftmoment der Resultierenden F_r

Geht die WL von F_r nicht durch den Drehpunkt D eines Drehkörpers, dann erzeugt F_r ein Kraftmoment.

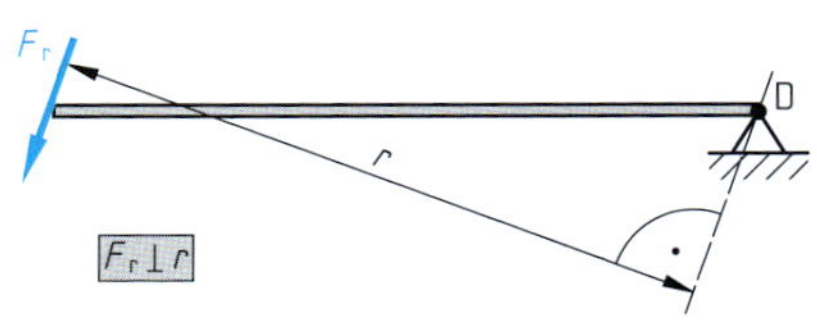

Kraftmoment bzw. **Drehmoment**

$$M_d = F \cdot r$$

M_d	Kraftmoment (Drehmoment)	Nm
F_r	Resultierende (oder Einzelkraft)	N
r	senkrechter Hebelarm	m

Drehsinn und Vorzeichen von M_d

positives Drehmoment → ↺ → ⊕ **Linksdrehsinn** (entgegen dem Uhrzeigersinn)

negatives Drehmoment → ↻ → ⊖ **Rechtsdrehsinn** (im Uhrzeigersinn)

Resultierendes Drehmoment

$$M_{dr} = F_r \cdot r = F_1 \cdot r_1 + F_2 \cdot r_2 + \ldots$$

Das Gesamtdrehmoment = resultierendes Drehmoment M_{dr} entspricht der Summe der Einzeldrehmomente.

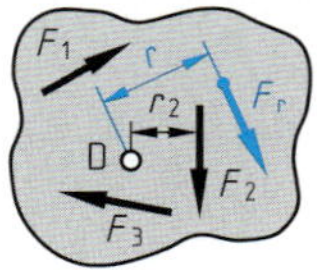

Schrägkräfte

Drehmoment bei Schrägkraft

$$M_d = F \cdot r = F_y \cdot r_y$$

Bei **Schrägkräften** errechnet sich das Drehmoment aus dem Produkt von Schrägkraft F und senkrechtem Hebelarm r oder aus der zum Hebelarm rechtwinkligen Kraftkomponente F_y und dem tatsächlichen Hebelarm r_y.

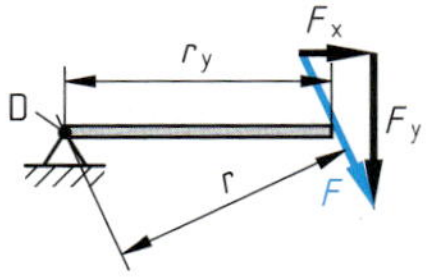

M_{dr}	resultierendes Drehmoment	Nm
F_r	resultierende Kraft	N
r	senkrechter Hebelarm von F_r	m
F_1, F_2	Einzelkräfte	N
F_y	senkrechte Komponente von F	N
r_y	senkrechter Hebelarm von F_y	m

Zweite Gleichgewichtsbedingung der Statik

Momentengleichgewicht (zweite Gleichgewichtsbedingung der Statik)

$$\Sigma M_d = 0$$

An einem Körper herrscht Momentengleichgewicht, wenn die Summe aller Momente bzw. das resultierende Drehmoment Null ist.

Statischer Zustand

$\Sigma F_x = 0$ und $\Sigma F_y = 0$ und $\Sigma M_d = 0$

Kräftepaar und Parallelverschiebungssatz

Zwei gleich große, entgegengerichtete parallele Kräfte (Abstand r) heißen **Kräftepaar**.

Moment des Kräftepaares

$$M_d = F \cdot r$$

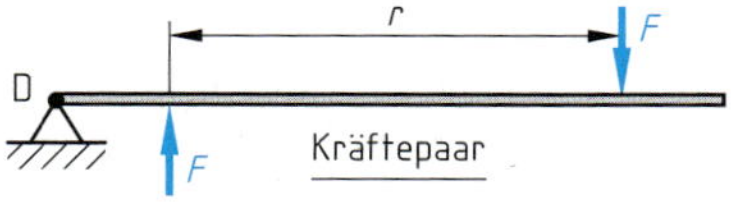

Parallelverschiebungssatz

Man kann eine Kraft F auf eine zu ihr parallele WL mit dem Abstand r verschieben, wenn ein Kraftmoment $F \cdot r$ entgegenwirkt.

Der Abstand des Kräftepaars vom Drehpunkt beeinflusst nicht das vom Kräftepaar erzeugte Drehmoment M_d.

D 4.2 Rechnerische Ermittlung von F_r im allgemeinen Kräftesystem

Momentensatz bzw. resultierendes Drehmoment

$$M_{dr} = F_r \cdot r = F_1 \cdot r_1 + F_2 \cdot r_2 + \ldots$$

Lage von F_r

$$r = \frac{M_{dr}}{F_r} = \frac{\Sigma M_d}{F_r} = \frac{F_1 \cdot r_1 + F_2 \cdot r_2 + \ldots}{F_r}$$

$$F_r = \sqrt{(\Sigma F_x)^2 + (\Sigma F_y)^2} \qquad \tan \alpha = \frac{\Sigma F_x}{\Sigma F_y}$$

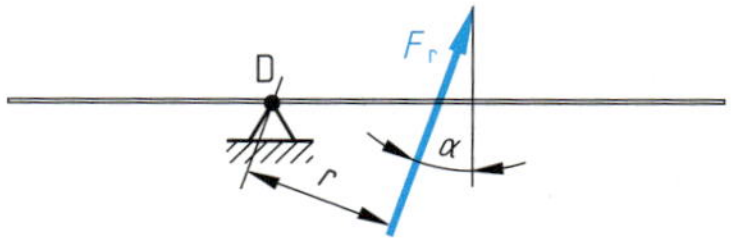

D 4.3 Auflagerkräfte beim Träger auf zwei Stützen (Stützträger)

Rechnerische Bestimmung

$\Sigma M_{d(A)} = 0$
$\Sigma M_{d(B)} = 0$
$\Sigma F_y = 0$

→

$$F_{Ay} = \frac{\Sigma (F_y \cdot b)}{l}$$

$$F_B = \frac{\Sigma (F_y \cdot a)}{l}$$

$\Sigma F_x = 0$ ⟶ $F_{Ax} = -\Sigma F_x$

Kontrolle:

$$F_{Ay} + F_B = \Sigma F_y$$

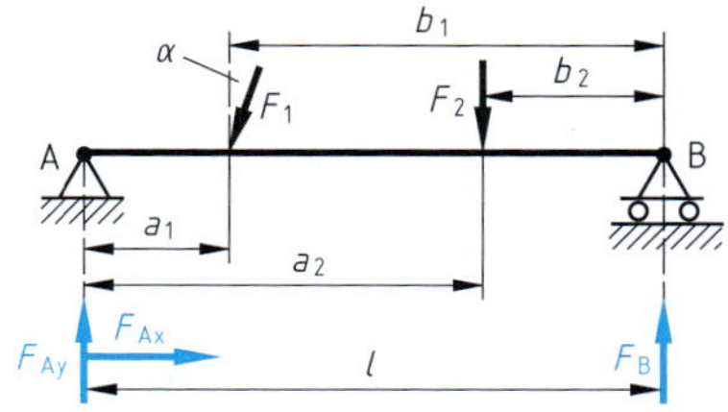

Zeichnerische Bestimmung

Lösungsschritte zum **Schlusslinienverfahren**:

① LP des freigemachten Körpers mit den WL aller Kräfte, auch den WL der Lagerreaktionen, zeichnen.
② KP mit Polstrahlen zeichnen und damit F_r ermitteln.
③ Seileck im LP zeichnen. Bei senkrechten parallelen Kräften kann der Anfangspunkt beliebig auf die WL des Festlagers gelegt werden. Treten schräge Belastungen auf, muss der Anfangspunkt in das Festlager gelegt werden (Punkt a). Dies ist der erste Punkt der Schlusslinie. Der zweite Punkt (b) der Schlusslinie ergibt sich im Schnittpunkt des letzten Seilstrahls (hier 2) mit der WL der Reaktionskraft des Loslagers.
⑤ Punkte (a) und (b) geradlinig verbinden. Diese Verbindungslinie ist die **Schlusslinie** S.
⑥ Schlusslinie S parallel durch den Pol 0 in den KP verschieben. Damit wird $(-F_{ry})$ in die senkrechten Lagerreaktionen F_{Ay} und F_B aufgeteilt.
⑦ $F_{Ax} = -F_{rx}$.

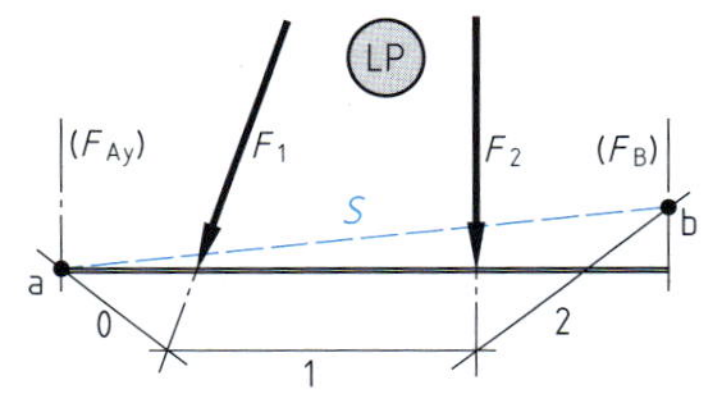

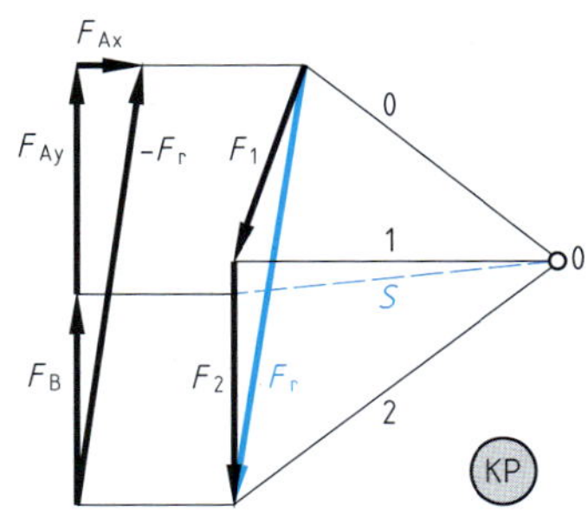

D 5 Der Schwerpunkt

D 5.1 Bestimmung von Schwerpunkten mittels Momentensatz

Linienschwerpunkte

x-Komponente:

$$x = \frac{l_1 \cdot x_1 + l_2 \cdot x_2 + \ldots}{l_1 + l_2 + \ldots}$$

y-Komponente:

$$y = \frac{l_1 \cdot y_1 + l_2 \cdot y_2 + \ldots}{l_1 + l_2 + \ldots}$$

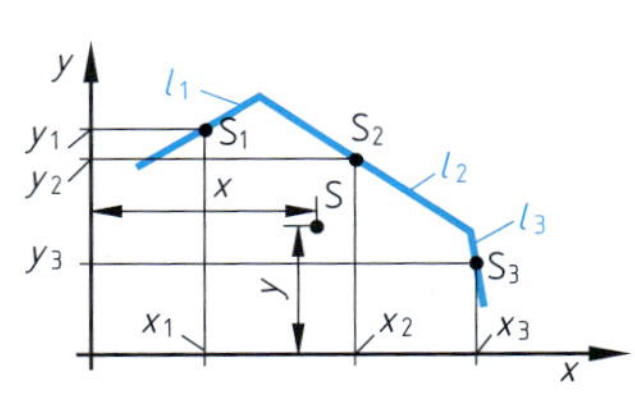

Gerader Linienzug

$$x_0 = \frac{l}{2}$$

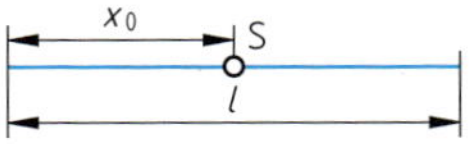

Umfang eines Dreiecks

$$y_0 = \frac{h \cdot (b + c)}{2 \cdot (a + b + c)}$$

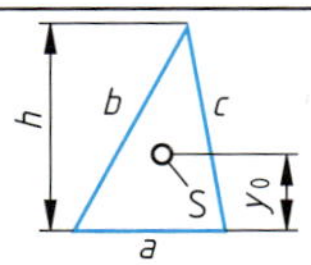

Halbkreisbogen

$$y_0 = \frac{2 \cdot r}{\pi}$$

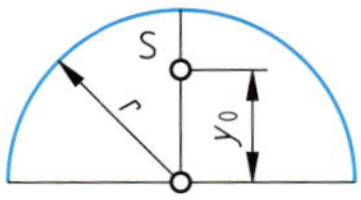

Kreisbogen

$$y_0 = r \cdot \frac{s}{b}$$

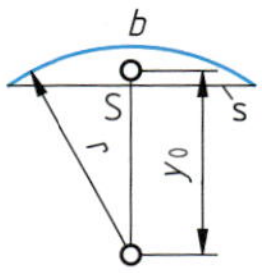

D

Umfang eines Rechtecks

$$y_0 = \frac{h}{2}$$

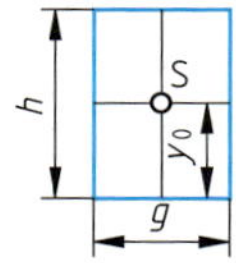

Rechter Winkel

$$x_0 = \frac{b^2}{2 \cdot (a + b)}$$

$$y_0 = \frac{a^2}{2 \cdot (a + b)}$$

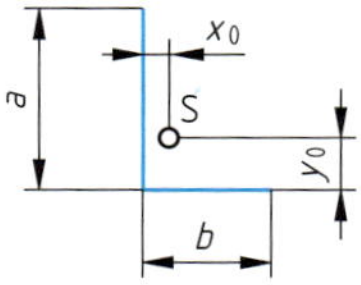

Flächenschwerpunkte

x-Komponente

$$x = \frac{A_1 \cdot x_1 + A_2 \cdot x_2 + \ldots}{A_1 + A_2 + \ldots}$$

y-Komponente

$$y = \frac{A_1 \cdot y_1 + A_2 \cdot y_2 + \ldots}{A_1 + A_2 + \ldots}$$

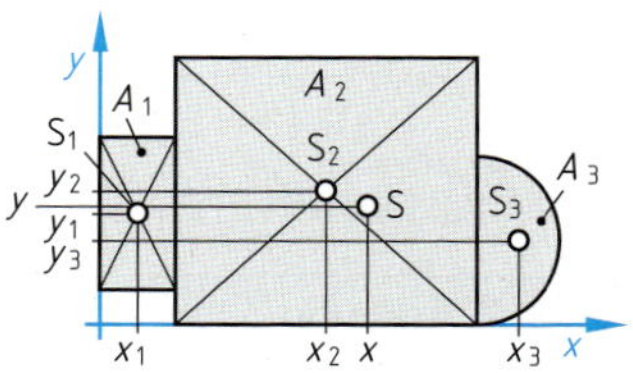

Flächenmomente und Flächen von Bohrungen sind in der Rechnung abzuziehen!

Dreieck

$$y_0 = \frac{h}{3}$$

Der Schwerpunkt liegt im Schnittpunkt der Seitenhalbierenden.

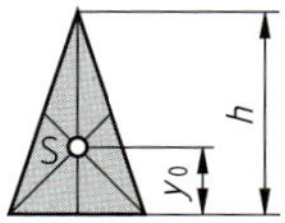

Halbkreis

$$y_0 = \frac{4}{3} \cdot \frac{r}{\pi}$$

$$y_0 \approx 0{,}424 \cdot r$$

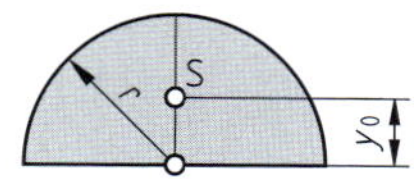

Kreis, Kreisring

Der Schwerpunkt liegt im Mittelpunkt.

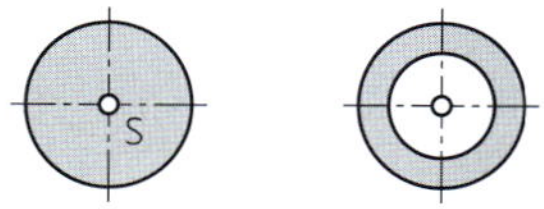

Kreisabschnitt

$$y_0 = \frac{s^3}{12 \cdot A}$$

A = Fläche

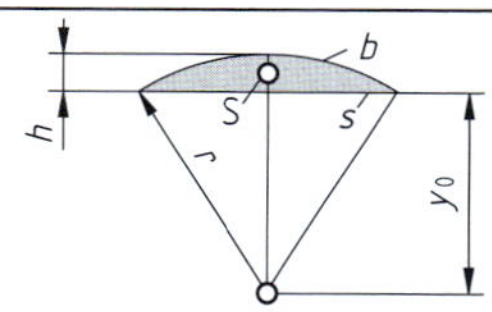

Kreisausschnitt (Sektor)

$$y_0 = \frac{2 \cdot r \cdot s}{3 \cdot b}$$

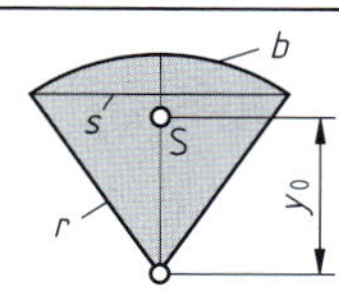

Parabelhalbierung

$$x_0 = \frac{3}{5} \cdot a$$

$$y_0 = \frac{3}{8} \cdot b$$

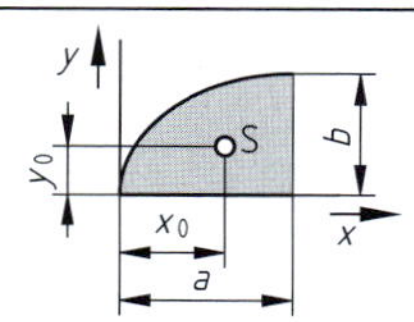

Trapez

$$y_0 = \frac{h}{3} \cdot \frac{a + 2 \cdot b}{a + b}$$

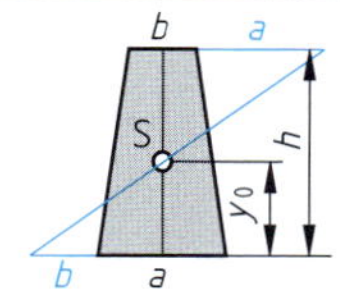

Quadrat, Rechteck

Der Schwerpunkt liegt im Mittelpunkt = Diagonalschnittpunkt.

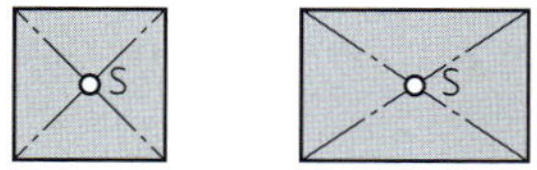

Parallelogramm

$$y_0 = \frac{h}{2}$$

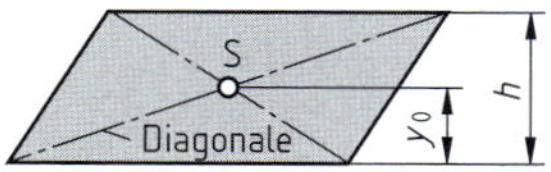

Körperschwerpunkte

***x*-Komponente**

$$x = \frac{V_1 \cdot x_1 + V_2 \cdot x_2 + \ldots}{V_1 + V_2 + \ldots}$$

***y*-Komponente**

$$y = \frac{V_1 \cdot y_1 + V_2 \cdot y_2 + \ldots}{V_1 + V_2 + \ldots}$$

***z*-Komponente**

$$z = \frac{V_1 \cdot z_1 + V_2 \cdot z_2 + \ldots}{V_1 + V_2 + \ldots}$$

$x_1 \ldots$, $y_1 \ldots$, $z_1 \ldots \rightarrow$ Lage der Einzelschwerpunkte
V_1, $V_2 \ldots \rightarrow$ Volumen der Einzelkörper.

D

Kugel, Hohlkugel

$$y_0 = r = \frac{d}{2}$$

Der Schwerpunkt liegt im Mittelpunkt.

r = Außenradius
d = Außendurchmesser

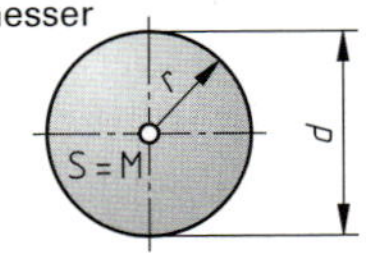

Halbkugel

$$z_0 = \frac{3}{8} \cdot r = 0{,}375 \cdot r$$

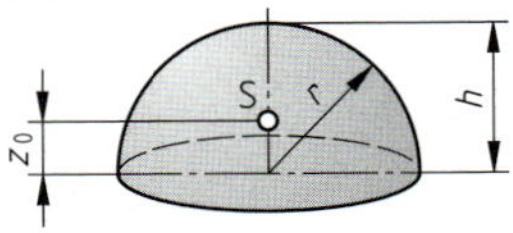

Kugelabschnitt

$$z_0 = \frac{3}{4} \cdot \frac{(2 \cdot r - h)^2}{3 \cdot r - h}$$

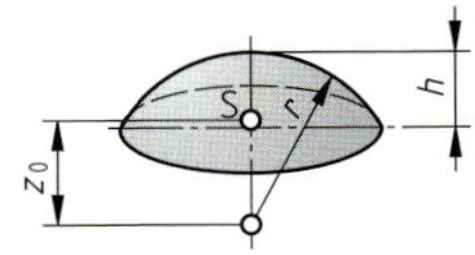

Kugelausschnitt

$$z_0 = \frac{3}{8} \cdot (2 \cdot r - h)$$

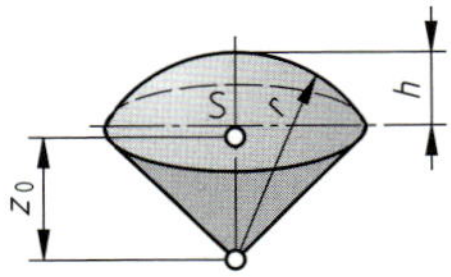

Kegel

$$z_0 = \frac{h}{4} = 0{,}25 \cdot h$$

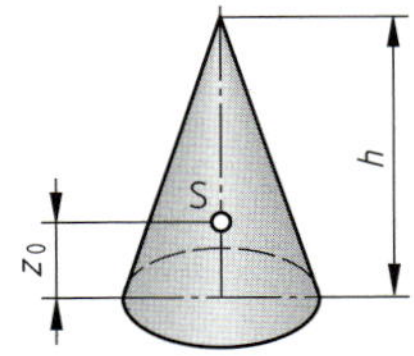

Kegelstumpf

$$z_0 = \frac{h}{4} \cdot \frac{d_1^2 + 2 \cdot d_1 \cdot d_2 + 3 \cdot d_2^2}{d_1^2 + d_1 \cdot d_2 + d_2^2}$$

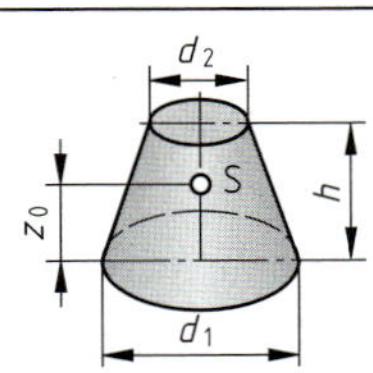

Pyramide

$$z_0 = \frac{h}{4} = 0{,}25 \cdot h$$

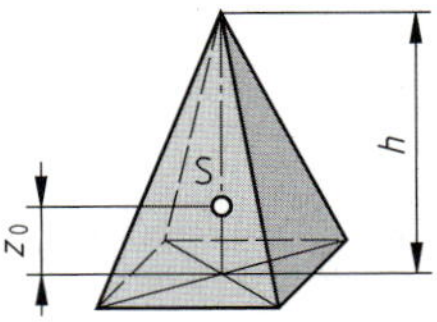

Prisma

$$z_0 = \frac{h}{2}$$

Gültig für alle Körper mit parallelen Körperkanten und paralleler Grund- und Deckfläche.

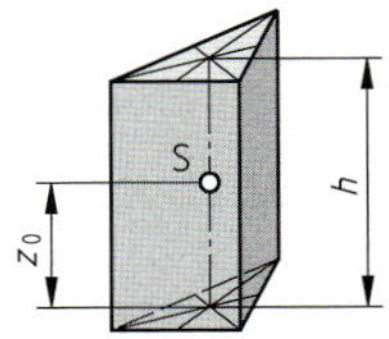

Tetraeder

$$z_0 = \frac{h}{4}$$

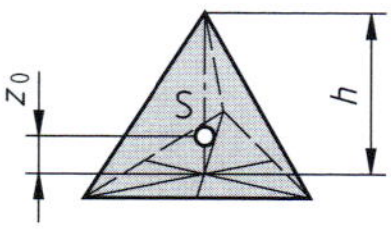

Keil

$$z_0 = \frac{h}{2} \cdot \frac{a_2 + a_1}{2 \cdot a_2 + a_1}$$

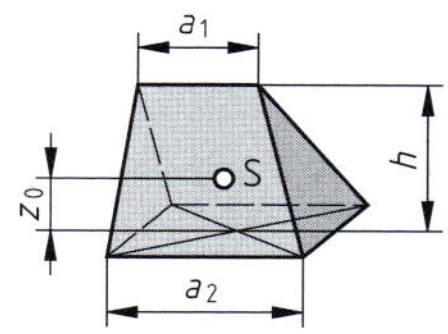

Quader, Rechtecksäule, Würfel

Der Schwerpunkt ist mit dem **Schnittpunkt der Raumdiagonalen** identisch.

Schief abgeschnittener Zylinder

$$z_0 = \frac{h + h_1}{4} + \frac{1}{4} \cdot \frac{r^2 \cdot \tan^2 \alpha}{h + h_1}$$

$$r = \frac{d}{2}$$

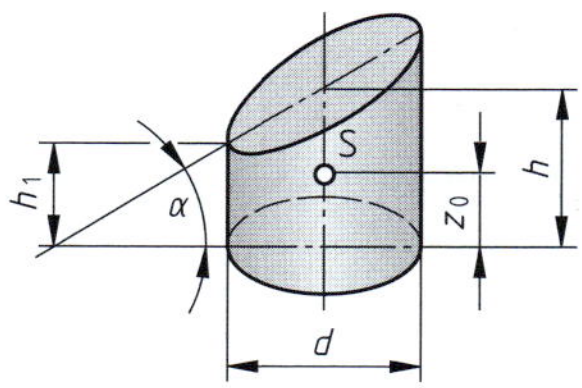

Zylinder, Hohlzylinder

$$z_0 = \frac{h}{2}$$

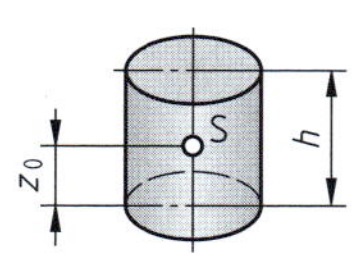

Pyramidenstumpf

$$z_0 = \frac{h}{4} \cdot \frac{A_G + \sqrt{A_G \cdot A_D} + 3 \cdot A_D}{A_G + \sqrt{A_G \cdot A_D} + A_D}$$

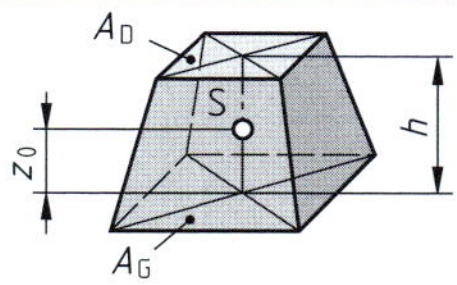

D

D 5.2 Bestimmung von Schwerpunkten mittels Seileckkonstruktion

Bei **Flächenschwerpunkten** werden die Beträge der Teilflächen wie die **Kräfte bei der Seileckkonstruktion** behandelt.

Da zur Bestimmung eines Schwerpunktes zwei Schwerlinien erforderlich sind, muss das **Seileckverfahren in x- und y-Richtung** angewendet werden. Die Schwerpunktlage der Teilflächen muss bekannt sein.

Bei **Linienschwerpunkten** wird entsprechend verfahren. Hier werden die **Teillängen wie die Kräfte bei der Seileckkonstruktion** behandelt, und zwar ebenfalls in x- und y-Richtung.

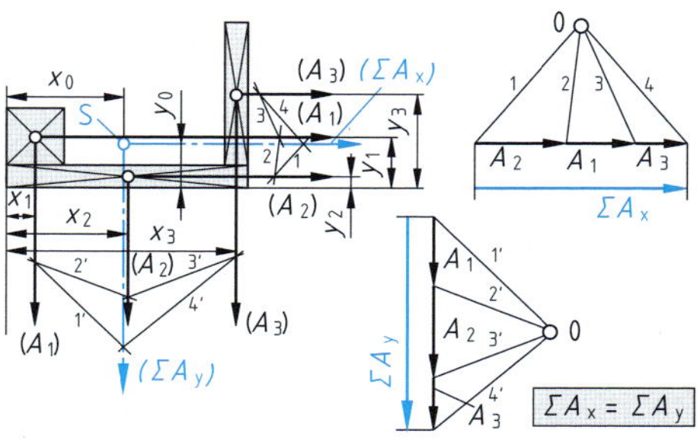

D 5.3 Gleichgewicht und Kippen

Standfestigkeit

$F_1 \cdot r_1$ → **Kippmoment** ⟶ M_K in Nm

$F_g \cdot r$, $F_2 \cdot r_2$ → **Standmomente** → M_S in Nm

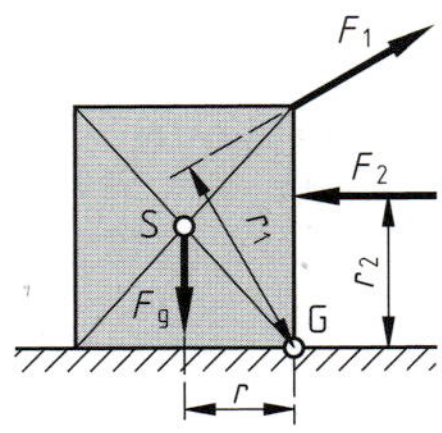

Standfestigkeit ist vorhanden, wenn ein Körper **Kippkanten** (Kipp-Punkte) hat (Punkt G) und das Lot des Schwerpunktes die Standfläche innerhalb der Kippkanten trifft.

Kippsicherheit

$$\nu_K = \frac{\Sigma M_s}{\Sigma M_K}$$

ΣM_S	Summe aller Standmomente	Nm
ΣM_K	Summe aller Kippmomente	Nm

Stabiles Gleichgewicht → $\nu_K > 1$

D

D 5.4 Die Regeln von Guldin

Volumen eines Rotationskörpers

$$V = \pi \cdot d_1 \cdot A$$

Der Rauminhalt (Volumen) eines Rotationskörpers (Drehkörpers) errechnet sich aus dem Produkt der Profilfläche (Drehfläche) A und ihren Schwerpunktweg bei einer Umdrehung um die Rotationsachse $d_1 \cdot \pi$.

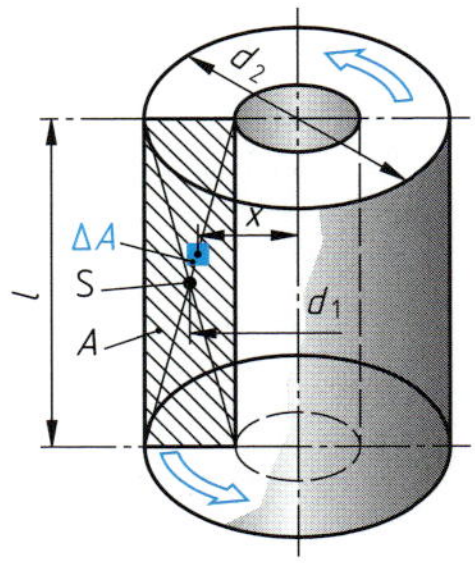

A	Drehfläche (Profilfläche)	m^2
d_1	Durchmesser des Schwerpunktweges der Drehfläche	m
V	Volumen des Rotationskörpers	m^3

Mantelfläche eines Rotationskörpers

$$A = \pi \cdot d_1 \cdot l$$

Die Mantelfläche eines Rotationskörpers errechnet sich aus dem Produkt der Länge der Mantellinie l und ihrem Schwerpunktweg bei einer Umdrehung um die Rotationsachse $d_1 \cdot \pi$.

Anmerkung: Die **Oberfläche** errechnet sich aus der Summe von Mantelfläche, Grundfläche und Deckfläche des Rotationskörpers.

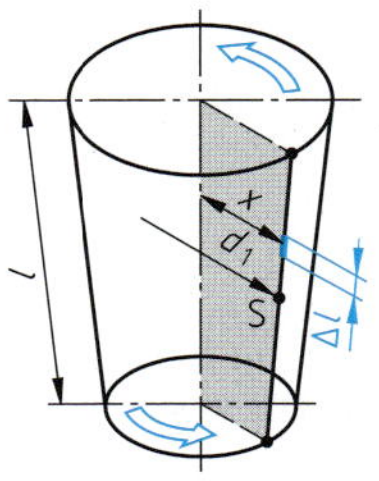

A	Mantelfläche	m^2
d_1	Durchmesser des Schwerpunktweges der Mantellinie	m
l	Länge der Mantellinie	m

D 6 Fachwerke

D 6.1 Das statisch bestimmte ebene Fachwerk

Kennzeichen des idealen Fachwerkes

① Stabschwerachsen schneiden sich alle im Knotenpunkt.

② Kraftangriffe erfolgen nur in den Knoten (idealisieren).

③ Die Stäbe sind (idealisiert) durch reibungsfreie Gelenke verbunden. In den Knoten erfolgt demzufolge keine Momentenübertragung.

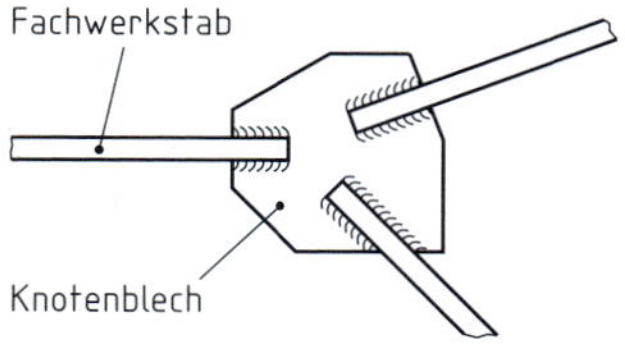

Statische Bestimmtheit eines ebenen Fachwerkes

$$s = 2 \cdot k - 3$$

s	Anzahl der Fachwerkstäbe	1
k	Anzahl der Knoten	1

In jedem Knoten muss die erste **und** zweite Gleichgewichtsbedingung erfüllt sein.

Wegen der Anzahl der Lösungsgleichungen $\Sigma F_x = 0$, $\Sigma F_y = 0$, $\Sigma M_d = 0$ muss s mit k in einem bestimmten Verhältnis stehen. Nur so ist das Fachwerksystem statisch bestimmt.

Lösungsschritte zur Berechnung eines ebenen Fachwerksystems

① Überprüfung auf statische Bestimmtheit

② Bestimmung der Auflagerkräfte F_{A_x}, F_{A_y} und F_B

③ Bestimmung der Stabkräfte

④ Dimensionierung der Stäbe und Lager

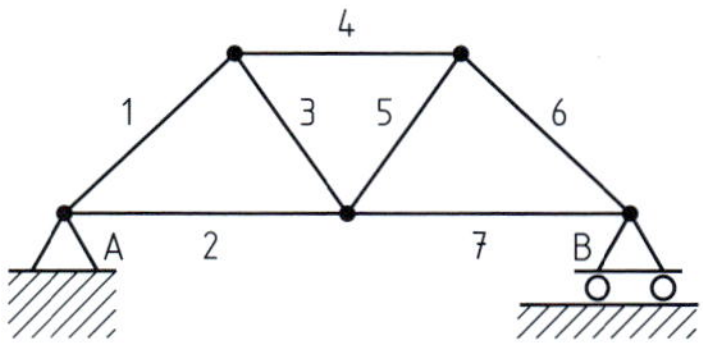

Vorzeichen der Stabkräfte und Wertetafel

Zugstab → +
Druckstab → –

Alle Stabkräfte werden in einer Wertetafel aufgelistet.

Beispiel:

Stab	Stabkraft in kN
1	−7,8
2	+6,5
...	...

D

D 6.2 Zeichnerische Stabkraftermittlung mittels Krafteck

Beginn mit einem Knoten mit nicht mehr als zwei unbekannten Stabkräften und einer von außen wirkenden Kraft (z.B. Knoten A).

Ist eine Stabkraft auf den Knoten hingerichtet, dann ist dieser Stab ein **Druckstab** (–). Ist ein Stabkraft vom Knoten weggerichtet, dann ist dieser Stab ein **Zugstab** (+).

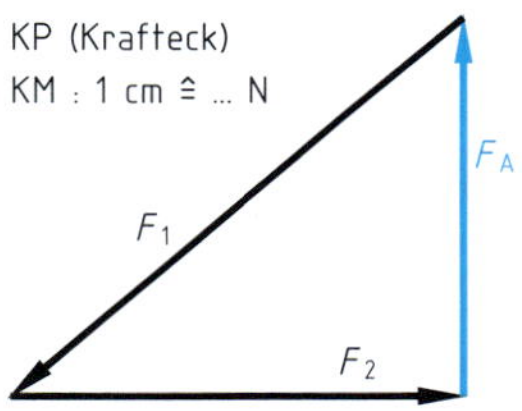

D 6.3 Zeichnerische Stabkraftermittlung mittels Cremonaplan

Lösungsschritte zum Cremonaplan

① Statische Bestimmtheit prüfen

② Bestimmung der Auflagerkräfte

③ Krafteck aller äußeren Kräfte – einschließlich Lagerkräfte – zeichnen. Dabei Kräfte im vorher gewählten **Umfahrungssinn** (Kraftfolgesinn) aneinanderreihen (z.B: im Uhrzeigersinn).

④ Zur **Bestimmung der Stabkräfte** geht man von einem Knoten aus, an welchem nur zwei unbekannte Stabkräfte vorkommen und zeichnet für diesen Knotenpunkt das Krafteck an das bereits (blau) gezeichnete Krafteck aller äußeren Kräfte.
Dies geschieht nun anschließend an dieses Krafteck für jeden folgenden Knotenpunkt, wobei aber stets die Bedingung gilt, dass nur zwei unbekannte Stabkräfte vorhanden sein dürfen.

⑤ Jeder Knotenpunkt ist beim Zeichen seines Kraftecks im Umfahrungssinn zu umfahren.

⑥ Kraftpfeile vom KP in das **Systembild** LP übertragen ergibt Zugstäbe (+) und Druckstäbe (–).

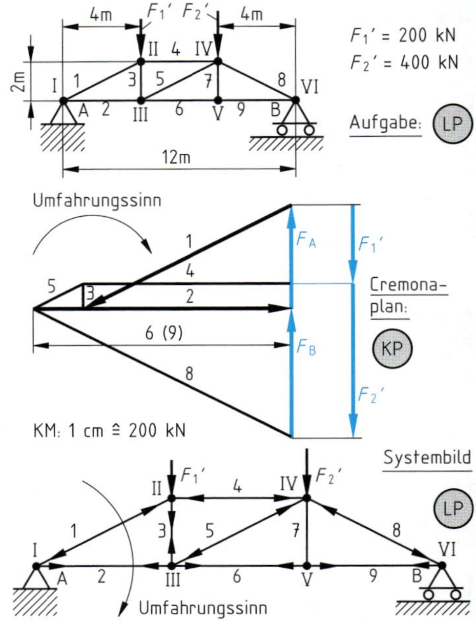

D 6.4 Zeichnerische Stabkraftermittlung mittels *Culmann*'schem Schnittverfahren

Vier-Kräfte-Verfahren

Vier Kräfte stehen bei ihrem Wirken auf einen Körper im Gleichgewicht, wenn sich die Resultierenden je zweier Kräfte aufheben.
Diese beiden Resultierenden müssen auf einer gemeinsamen WL liegen. Diese ist die ***Culmann*'sche Gerade *h*.**

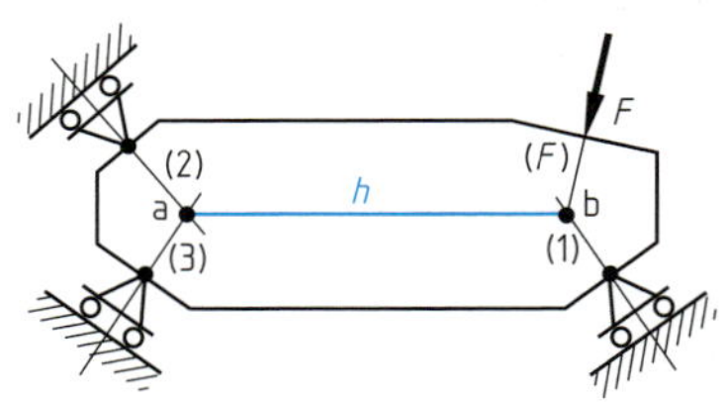

Culmann'sches Schnittverfahren

Wendet man das **Vier-Kräfte-Verfahren** unter Einschluss der äußeren Kräfte, **die zu einer Resultierenden zusammengefasst werden können**, an, dann folgt:

> Mit dem *Culmann*'schen Schnittverfahren lassen sich maximal drei Stabkräfte ermitteln.

Man schneidet deshalb gedanklich das Fachwerk durch maximal drei Stäbe in zwei Teile I und II (blaue Schlangenlinie. So lassen sich z.B. die Kräfte F_6, F_7 und F_8 ermitteln. Diese werden **zunächst als Zugkräfte angenommen**. F_6 mit F_7 und F mit F_8 zum Schnitt gebracht, ergeben die Punkte a und b. Verbindung a – b: ***Culmann*'sche Gerade *h*.** Mithilfe von *h* wird das Krafteck gezeichnet.

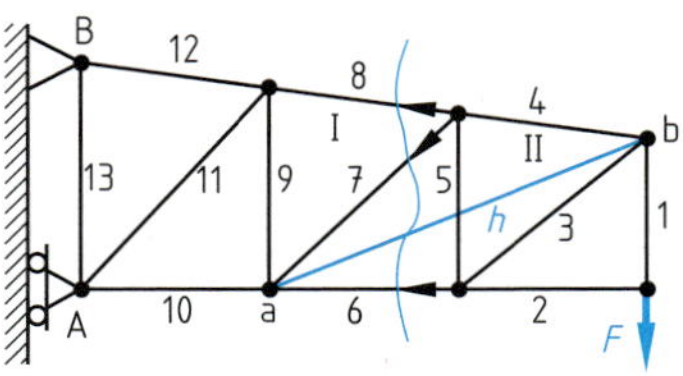

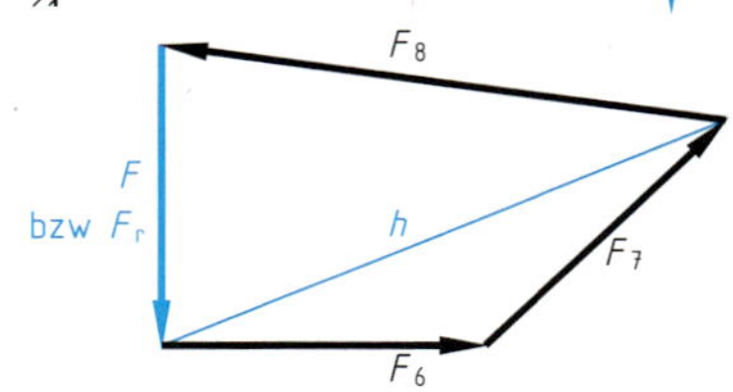

Man erkennt: Stab 6: Druckstab (F_6 drückt auf den Knoten), Stab 7: Druckstab, Stab 8: Zugstab.

D 6.5 Rechnerische Stabkraftermittlung mittels *Ritter*'schem Schnittverfahren

Wie bei Culmann: Fachwerk in zwei Teile I und II gedanklich zerlegen (blaue Schlangenlinie).

Mit dem *Ritter*'schen Schnitt maximal drei Stäbe schneiden. Diese sind **zunächst als Zugkräfte in die Rechnung einzusetzen**.

Durch die **Wahl von Drehpunkten in Knoten** wird erreicht, dass Kräfte, deren WL durch diese Drehpunkte gehen, keine Momente erzeugen. Beipiel:

$$-F_A \cdot a + F_2 \cdot b = 0 \rightarrow \boldsymbol{F_2} = \boldsymbol{F_A} \cdot \frac{\boldsymbol{a}}{\boldsymbol{b}}$$

Hebelarme aus LP abgreifen oder berechen.

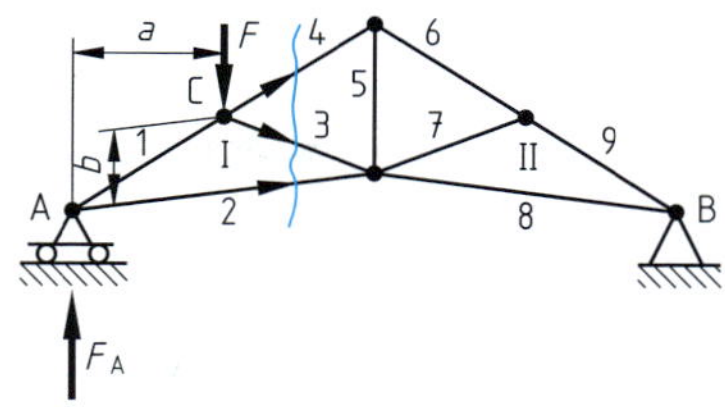

Wird das Ergebnis negativ, dann war die Annahme einer Zugkraft falsch, d.h. Druckstab.

D 7 Reibung

D 7.1 Die Reibungskräfte

Innere und äußere Reibung

Innere Reibung → Fluidreibung
Äußere Reibung → Reibung zwischen festen Körpern

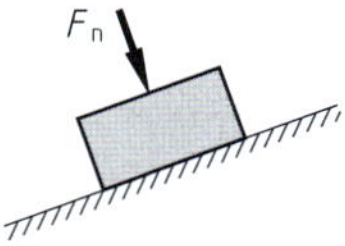

Haft- und Gleitreibungskraft (Reibungsgesetz nach Coulomb)

Haftreibungskraft

$$F_{R_0} = \mu_0 \cdot F_n$$

Haftreibungskraft → $\boldsymbol{F_{R_0}}$ → Reibungskraft im Ruhezustand

Gleitreibungskraft

$$F_R = \mu \cdot F_n$$

Gleitreibungskraft → $\boldsymbol{F_R}$ → Reibungskraft im Bewegungszustand

Die Normalkraft F_n ist die Kraft, mit der die beiden festen Körper gegeneinander gepresst werden.

F_{R_0}	Haftreibungskraft	N
μ_0	Haftreibungszahl (-koeffizient)	1
F_R	Gleitreibungskraft	N
μ	Gleitreibungszahl (-koeffizient)	1
F_n	Normalkraft	N

Reibungszahlen

Werte in maschinentechnischen Handbüchern, z.B. Dubbel, Hütte → Tabelle.

Werkstoffpaarung		Haftreibungszahl μ_0 trocken	Haftreibungszahl μ_0 geschmiert	Gleitreibungszahl μ trocken	Gleitreibungszahl μ geschmiert
Cu-Legierung	Cu-Legierung	0,28	0,11	0,2	0,06
Cu-Legierung	Gusseisen	0,28	0,16	0,21	0,08
Gusseisen	Gusseisen	–	0,16	–	0,12
Stahl	Cu-Legierung	0,27	0,11	0,18	0,07
Stahl	Eis	0,027	–	0,014	–
Stahl	Gusseisen	0,20	0,10	0,16	0,05
Stahl	Stahl	0,15	0,10	0,10	0,05

D 7.2 Reibung auf der geneigten (schiefen) Ebene

Bestimmung der Reibungszahlen

Haftreibungszahl → Körper beginnt sich bei ϱ_0 zu bewegen.

$$\mu_0 = \tan \varrho_0$$

Gleitreibungszahl → Körper gleitet bei ϱ mit konstanter Geschwindigkeit.

$$\mu = \tan \varrho$$

$$\varrho_0 > \varrho \quad \rightarrow \quad \mu_0 > \mu$$

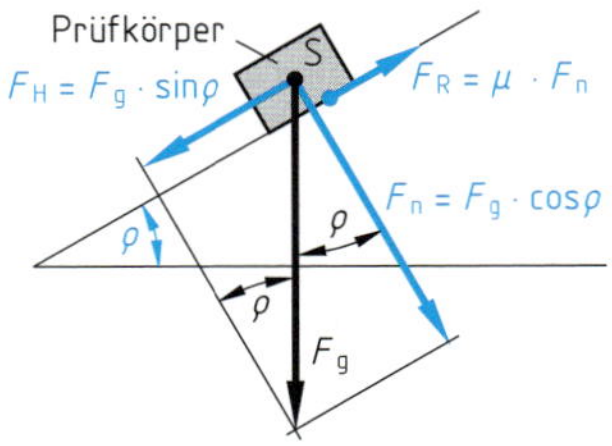

F_H	Hangabtriebskraft	N
F_g	Gewichtskraft	N
F_R	Reibungskraft	N
F_n	Normalkraft	N
ϱ	Reibungswinkel	Grad
α	Neigungswinkel	Grad

Selbsthemmung, Reibungskegel

Selbsthemmung

$$\tan \alpha \leqq \tan \varrho_0 = \mu_0$$

Erweiterte Bedingung für Selbsthemmung

$$\tan \alpha \leqq \tan \varrho = \mu$$

Mit Sicherheit wird Gleiten nur dann ausgeschlossen, wenn der Neigungswinkel α kleiner als der Gleitreibungswinkel ϱ ist.

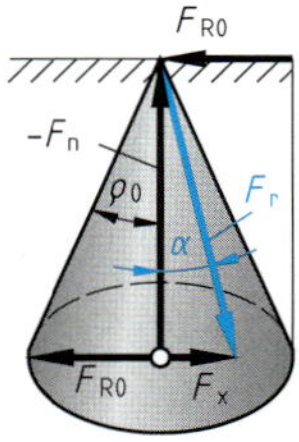

Geht die Resultierende F_r aller am Körper angreifenden Kräfte durch den **Reibungskegel**, dann befindet sich der Körper bezüglich seiner Unterlage im Gleichgewicht (Ruhezustand).

D

Wirkkräfte auf der schiefen Ebene

Kraft parallel zur schiefen Ebene und Aufwärtsbewegung

$$F = F_g \cdot (\sin \alpha + \mu \cdot \cos \alpha)$$

$$F = F_g \cdot \frac{\sin(\alpha + \varrho)}{\cos \varrho}$$

Zugkraft zur Überwindung der Gleitreibung in N

$$F = F_g \cdot (\sin \alpha + \mu_0 \cdot \cos \alpha)$$

$$F = F_g \cdot \frac{\sin(\alpha + \varrho_0)}{\cos \varrho_0}$$

Zugkraft zur Überwindung der Haftreibung in N

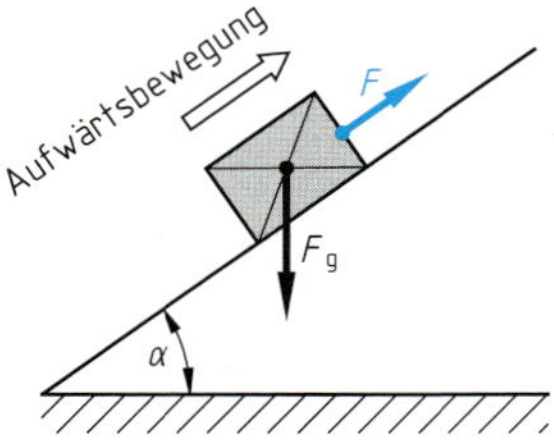

F_g	Gewichtskraft	N

Kraft parallel zur schiefen Ebene und Abwärtsbewegung

$$F = F_g \cdot (\sin \alpha - \mu \cdot \cos \alpha)$$

$$F = F_g \cdot \frac{\sin(\alpha - \varrho)}{\cos \varrho}$$

Haltekraft bei Aufwärtsbewegung (Gleitung) in N

$$F = F_g \cdot (\sin \alpha - \mu_0 \cdot \cos \alpha)$$

$$F = F_g \cdot \frac{\sin(\alpha - \varrho_0)}{\cos \varrho_0}$$

Haltekraft bei Haftung in N

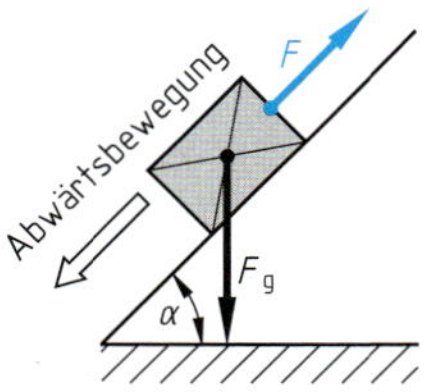

Kraft parallel zur Grundfläche der schiefen Ebene und Aufwärtsbewegung

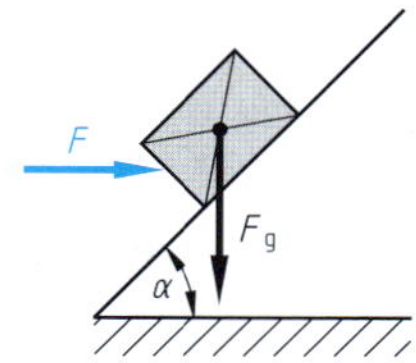

$F = F_g \cdot \tan(\alpha + \varrho)$ → Überwindung der Gleitreibung

$F = F_g \cdot \tan(\alpha + \varrho_0)$ → Überwindung der Haftreibung

Kraft parallel zur Grundfläche der schiefen Ebene und Abwärtsbewegung

$F = F_g \cdot \tan(\alpha - \varrho)$ → **Haltekraft** bei Abwärtsbewegung (Gleitung) in N

$F = F_g \cdot \tan(\alpha - \varrho_0)$ → **Haltekraft** bei Haftung

Kraft weder parallel zur schiefen Ebene noch parallel zur Grundfläche.

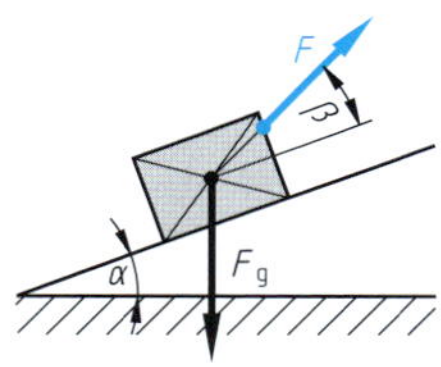

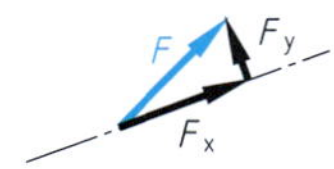

Verschieben nach oben

$$F = F_g \cdot \frac{\sin\alpha + \mu_0 \cdot \cos\alpha}{\cos\beta + \mu_0 \cdot \sin\beta}$$

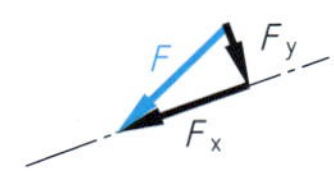

Grundsatz:

Alle Kraftkomponenten in Richtung der schiefen (geneigten) Ebene und senkrecht dazu sind zu berücksichtigen, auch die Komponenten der Kraft F.

D

D 7.3 Reibung an Geradführungen

Flachführungen

Haftreibungskraft in N

$$F_{R_0} = \mu_0 \cdot F_n$$

Gleitreibungskraft in N

$$F_R = \mu \cdot F_n$$

Prismenführungen

Unsymmetrische Prismenführung

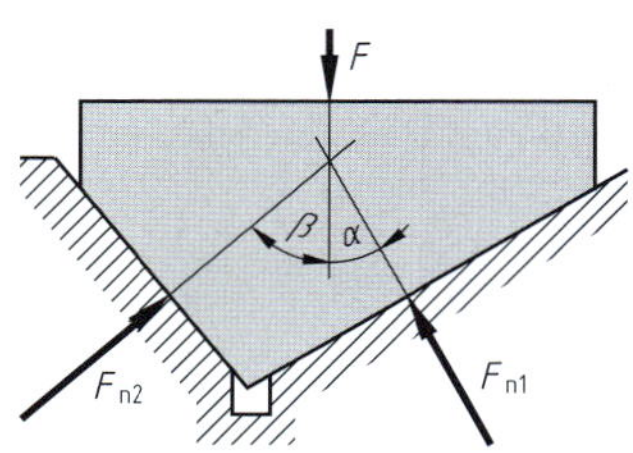

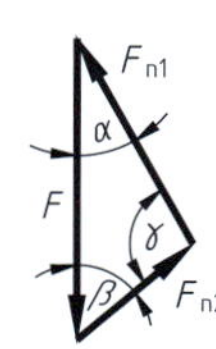

Gesamtreibungskraft bei Gleitung in N

$$F_R = \mu \cdot (F_{n1} + F_{n2})$$

$$F_{n1} = F \cdot \frac{\sin\beta}{\sin\gamma} \qquad F_{n2} = F \cdot \frac{\sin\alpha}{\sin\gamma}$$

$\gamma = 180° - \alpha - \beta$

Symmetrische Prismenführung

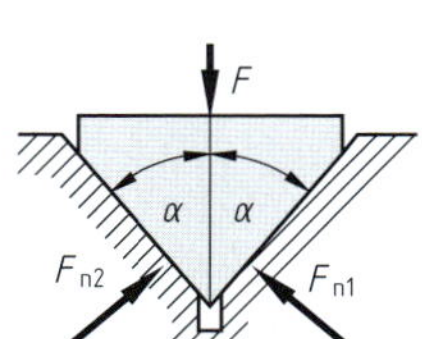

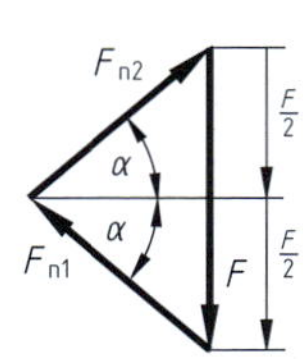

Gesamtreibungskraft bei Gleitung in N

$$F_R = F \cdot \frac{\mu}{\sin\alpha}$$

α = halber Prismenwinkel F = Einpresskraft in N

Säulenführungen

Klemmbedingung

$$l \leqq 2 \cdot \mu_0 \cdot r$$

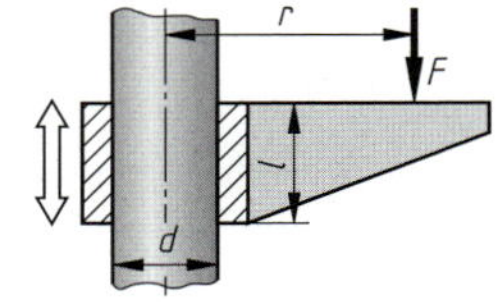

D 7.4 Reibung in Gleitlagern

Tragzapfen (Querlager)

Lagerreibungskraft in N

$$F_{\mathrm{Rr}} = \mu \cdot F_{\mathrm{nr}}$$

Reibungsmoment in Nm

$$M_{\mathrm{dRr}} = F_{\mathrm{Rr}} \cdot r = \mu \cdot F_{\mathrm{nr}} \cdot r$$

Anlauf-Reibungsmoment in Nm

$$M_{\mathrm{dRr_0}} = \mu_0 \cdot F_{\mathrm{nr}} \cdot r$$

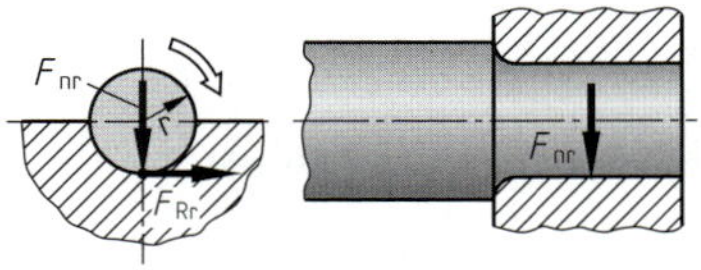

D

Spurzapfen (Längslager)

Lagerreibungskraft in N

$$F_{\mathrm{Ra}} = \mu \cdot F_{\mathrm{na}}$$

Reibungsmoment in Nm

$$M_{\mathrm{dRa}} = F_{\mathrm{Ra}} \cdot r_{\mathrm{m}} = \mu \cdot F_{\mathrm{na}} \cdot \frac{r_{\mathrm{a}} + r_{\mathrm{i}}}{2}$$

Anlauf-Reibungsmoment in Nm

$$M_{\mathrm{dRa_0}} = \mu_0 \cdot F_{\mathrm{na}} \cdot \frac{r_{\mathrm{a}} + r_{\mathrm{i}}}{2}$$

Bei **Kombilagern** (Längs- und Querlager) addieren sich die Reibungsmomente aller Lagerteile.

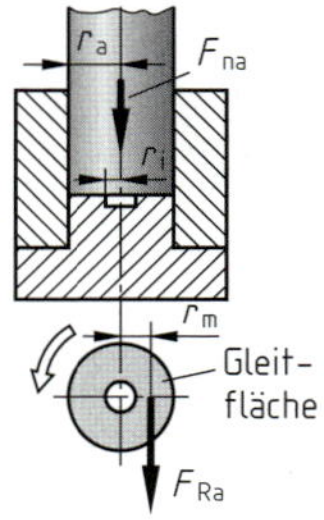

Reibungszahlen in Gleitlagern	
Trockenreibung	$\mu \geq 0{,}3$
Mischreibung	$\mu = 0{,}005 \ldots 0{,}1$
Flüssigkeitsreibung	$\mu = 0{,}001 \ldots 0{,}005$

D 7.5 Gewindereibung

Gewindeabmessungen und Kräfte am Gewinde

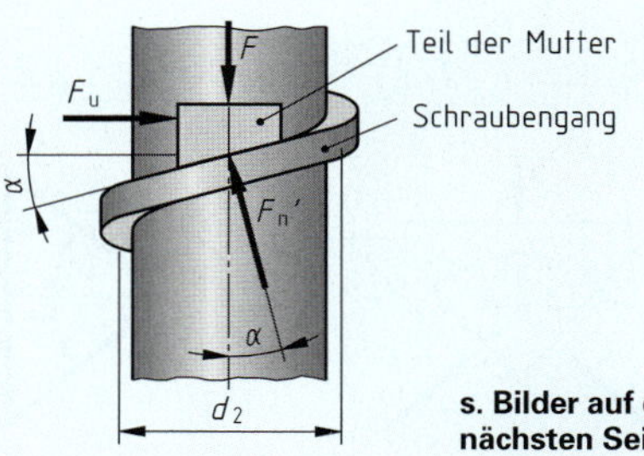

s. Bilder auf der nächsten Seite!

F	axiale Schraubenkraft	N
F_{u}	Umfangskraft am $\varphi\, d_2$	N
d, D	Nenndurchmesser	mm
P	Steigung bei eingängigen bzw. Teilung bei mehrgängigen Gewinden	mm
d_2	Flankendurchmesser	mm
d_3	Kerndurchmesser Bolzen	mm
D_1	Kerndurchmesser Mutter	mm
D_4	Außendurchmesser Mutter	mm
h_3	Gewindetiefe Bolzen und Mutter	mm
H_1	Flankenüberdeckung	mm
a_{c}	Spitzenspiel	mm
R_1, R_2	Rundungen	mm
F_{n}	Normalkomponente	N

Metrisches ISO-Spitzgewinde DIN13

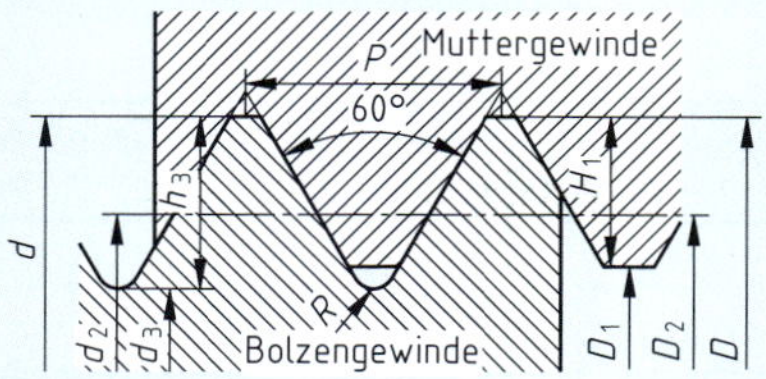

Metrisches ISO-Trapezgewinde DIN 103-1:1977-04

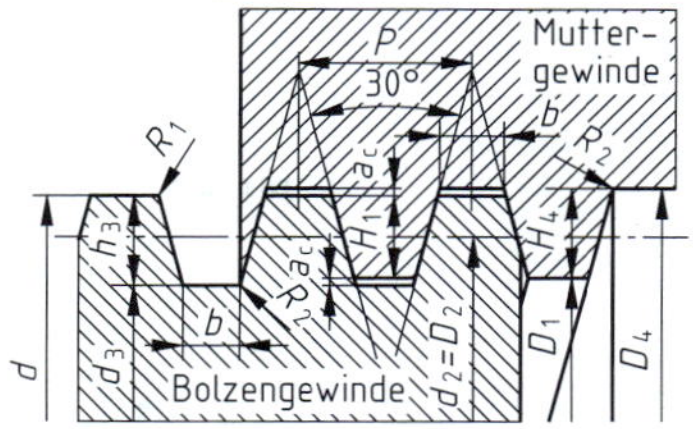

Bewegungsgewinde

Umfangskraft in N

$$F_u = F \cdot \tan(\alpha \pm \varrho')$$

+ beim Heben bzw. beim Anziehen
– beim Senken bzw. beim Lösen

Gewindereibungsmoment in Nm

$$M_{RG} = F \cdot \frac{d_2}{2} \cdot \tan(\alpha \pm \varrho')$$

Reibungskraft in N

$$F_R = \mu' \cdot F = \mu \cdot F_n'$$

Gewindereibungszahl

$$\mu' = \frac{\mu}{\cos \beta/2} = \tan \varrho'$$

Normalkomponente in N

$$F_n' = \frac{F}{\cos \beta/2}$$

Tangens des Steigungswinkels

$$\tan \alpha = \frac{P}{d_2 \cdot \pi}$$

Auflagereibungsmoment in Nm (z.B: Mutterauflage)

$$M_{Ra} = F \cdot \mu \cdot r_a$$

r_a ist ein fiktiver Radius, z.B. bei Maschinenschrauben: $r_a = 0{,}7 \cdot d$

Anzugs- bzw. Lösemoment in Nm

$$M_{Rges} = M_{RG} + M_{Ra}$$

Formelzeichen s. Vorseite

β	Flankenwinkel (DIN 13: 60°; DIN 103: 30°)	
μ	Gleitreibungszahl	1
α	Steigungswinkel	Grad

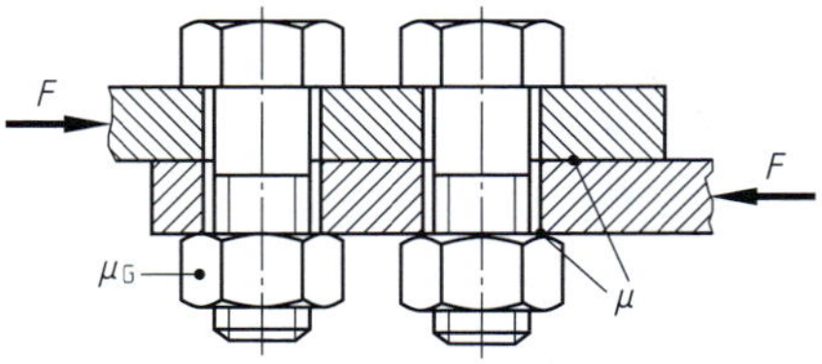

D 7.6 Seilreibung

Übertragbare Seilkraft in N
(*Eytelwein'*sche Gleichung)

$$F_1 = F_2 \cdot e^{\mu\alpha}$$

Seilreibungskraft in N

$$F_R = F_2 \cdot (e^{\mu\alpha} - 1) = F_1 \cdot \frac{e^{\mu\alpha} - 1}{e^{\mu\alpha}}$$

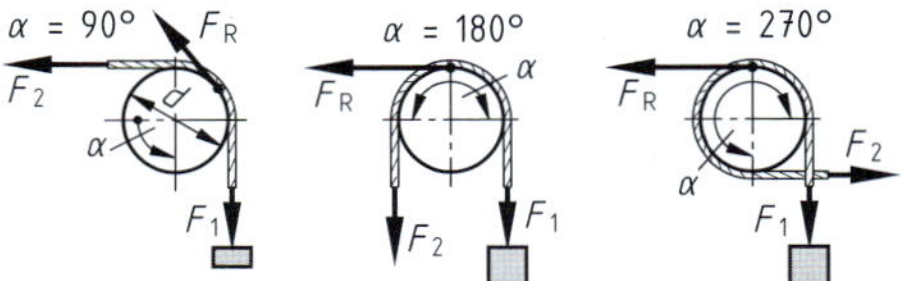

α = Umschlingungswinkel
α in rad e = Euler'sche Zahl = 2,718...

D 7.7 Reibungsbremsen und Reibungskupplungen

Backenbremsen

Überhöhtes Hebellager D

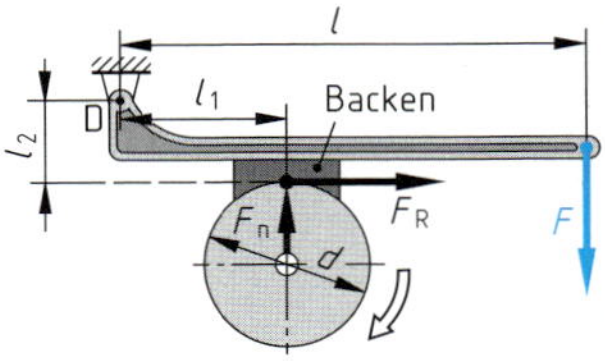

F_R bei Rechtslauf am Backen
$\Sigma \boldsymbol{M}_{d(D)} = \mathbf{0}$ liefert mit $\boldsymbol{F_R} = \boldsymbol{\mu} \cdot \boldsymbol{F}_n$:

$F_n \cdot l_1 + \mu \cdot F_n \cdot l_2 - F \cdot l = 0$

Hebelkraft

$$F = F_n \cdot \frac{l_1 \pm \mu \cdot l_2}{l}$$

+ bei Rechtslauf
– bei Linkslauf

Selbsthemmung tritt **bei Linkslauf** ein mit $l_1 - \mu \cdot l_2 = 0$:

Selbsthemmungskriterium:

$$l_1 \leq \mu \cdot l_2$$

Unterzogenes Hebellager D

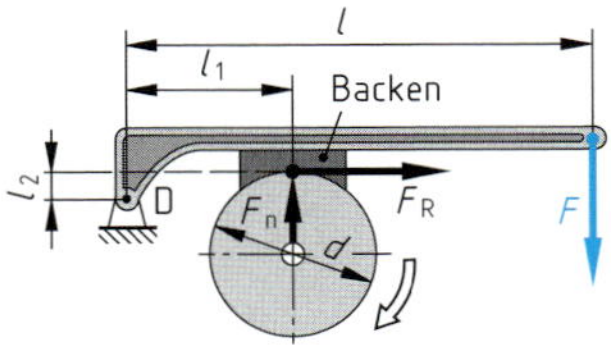

F_R bei Rechtslauf am Backen
$\Sigma \boldsymbol{M}_{d(D)} = \mathbf{0}$ liefert mit $\boldsymbol{F_R} = \boldsymbol{\mu} \cdot \boldsymbol{F}_n$:

$F_n \cdot l_1 - \mu \cdot F_n \cdot l_2 - F \cdot l = 0$

Hebelkraft

$$F = F_n \cdot \frac{l_1 \pm \mu \cdot l_2}{l}$$

– bei Rechtslauf
+ bei Linkslauf

Selbsthemmung tritt **bei Rechtslauf** ein mit $l_1 - \mu \cdot l_2 = 0$:

Selbsthemmungskriterium:

$$l_1 \leq \mu \cdot l_2$$

Tangentiales Hebellager D

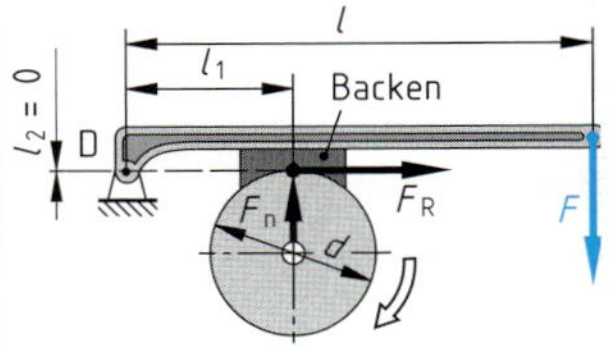

F_R bei Rechtslauf am Backen
$\Sigma \boldsymbol{M}_{d(D)} = \mathbf{0}$ liefert mit $\boldsymbol{F_R} = \boldsymbol{\mu} \cdot \boldsymbol{F}_n$:

$F_n \cdot l_1 - F \cdot l = 0$

Hebelkraft

$$F = F_n \cdot \frac{l_1}{l}$$

unabhänig von Rechts- oder Linkslauf, d.h.:

keine Selbsthemmung

D

Bremsmoment der Außenbackenbremse

$$M_{Br} = F_R \cdot \frac{d}{2} = \mu \cdot F_n \cdot \frac{d}{2}$$

Bandbremsen

Einfache Bandbremse

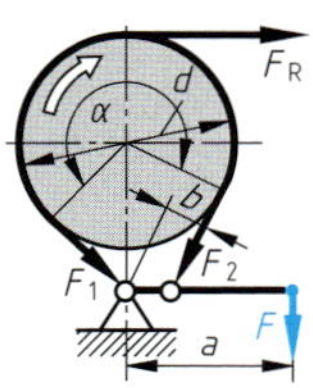

Reibungskraft:

$$F_R = F \cdot \frac{a}{b} \cdot (e^{\mu\alpha} - 1) \quad \text{in N}$$

Bremsmoment:

$$M_{Br} = F_R \cdot \frac{d}{2} = F \cdot \frac{a}{b} \cdot (e^{\mu\alpha} - 1) \cdot \frac{d}{2}$$

Summenbandbremse

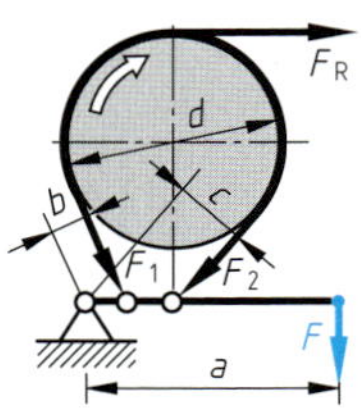

Reibungskraft:

$$F_R = F \cdot a \cdot \frac{e^{\mu\alpha} - 1}{e^{\mu\alpha} \cdot b + c} \quad \text{in N}$$

Bremsmoment:

$$M_{Br} = F_R \cdot \frac{d}{2} = F \cdot a \cdot \frac{e^{\mu\alpha} - 1}{e^{\mu\alpha} \cdot b + c} \cdot \frac{d}{2}$$

Differentialbandbremse

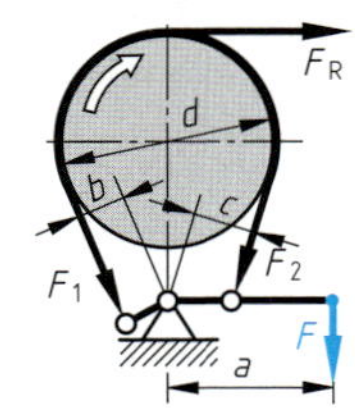

Reibungskraft:

$$F_R = F \cdot a \cdot \frac{1 - e^{\mu\alpha}}{c - e^{\mu\alpha} \cdot b} \quad \text{in N}$$

Bremsmoment:

$$M_{Br} = F_R \cdot \frac{d}{2} = F \cdot a \cdot \frac{1 - e^{\mu\alpha}}{c - e^{\mu\alpha} \cdot b} \cdot \frac{d}{2}$$

Scheibenbremsen

Reibungskraft in N

$$F_R = \mu \cdot F_n$$

Bremsmoment in Nm

$$M_{Br} = F_R \cdot r_m = \mu \cdot F_n \cdot \frac{d_1 + d_2}{2}$$

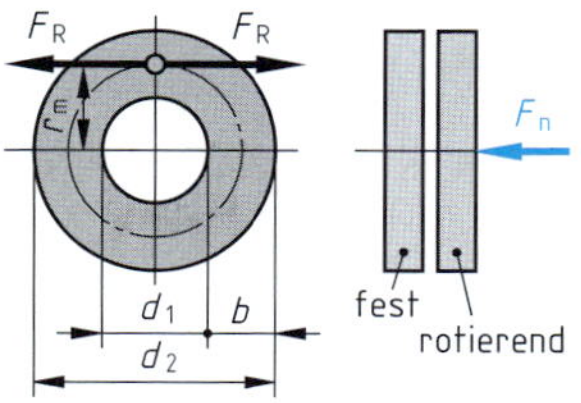

Reibungskupplungen

Reibungskraft in N

$$F_R = \mu \cdot F_n$$

Kupplungsmoment in Nm

$$M_{dK} = F_R \cdot r_m = \mu \cdot z \cdot F_n \cdot \frac{d_1 + d_2}{2}$$

Die Berechnung erfolgt wie bei den Scheibenbremsen

z	Anzahl der Lamellen	1
F_R	Reibungskraft	N
F_n	Normalkraft	N
μ	Reibungszahl	1
M_d	Drehmoment	Nm
r	Radius	m

D 7.8 Rollreibung und Fahrwiderstand

Rollreibungskraft in N

$$F_{RR} = \frac{f}{r} \cdot F_n = \mu_R \cdot F_n$$

f	Hebelarm der Rollreibung (siehe Tabelle)	cm
r	Radius des Rollkörpers	cm
F_n	Normalkraft	N

Rollkraft in N

$$F = F_{RR}$$

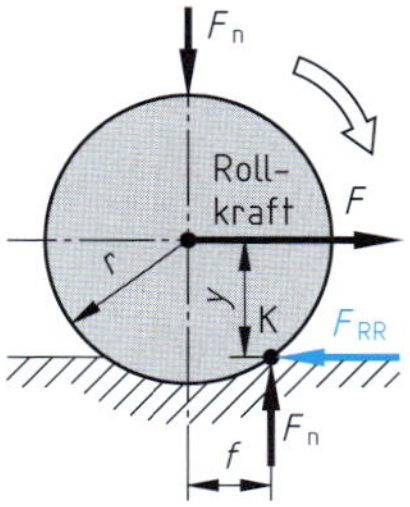

Reibungszahl der Rollreibung
(f siehe folgende Tabelle)

$$\mu_R = \frac{f}{r}$$

Werkstoff Rollkörper	Werkstoff Rollbahn	Hebelarm f in cm
St	Gusseisen	0,05
St	St	0,05
Gusseisen	Gusseisen	0,05
Holz	Holz	0,5
St gehärtet	St gehärtet	0,0005...0,001

Fahrwiderstand

Fahrwiderstandskraft in N

$$F_F = F_{RR} + F_{RL}$$

$$F_F = \mu_F \cdot F_n$$

Unter dem Fahrwiderstand versteht man den Gesamtwiderstand aus Rollreibungskraft = Rollkraft **und** Lagerreibungskraft

Rollbedingung

$$\mu_0 \geq \mu_F$$

μ_F	Fahrwiderstandszahl	1
	Schienenfahrzeuge $\mu_F \approx$ 0,0015 ... 0,0030	
	Kfz auf Straße $\mu_F \approx$ 0,015 ... 0,03	
μ_0	Haftreibungszahl	1

D 8 Grundlagen der Festigkeitslehre

D 8.1 Aufgaben der Festigkeitslehre

Ermittlung der Bauteilabmessungen

Belastungs- und Stützkräfte ermitteln → Statik sowie Auswahl eines geeigneten Werkstoffes. → Die für die **Belastungsart zutreffende Gleichung** der Festigkeits- bzw. Elastizitätslehre liefert **Form und Abmessungen** (Dimensionen) des Bauteils. → Eventuell Werkstoff und/oder Form ändern. (↺ zurück)

Ermittlung der übertragbaren Kräfte und Momente

Bei gegebenen Bauteilabmessungen und bekannten Werkstoffeigenschaften können mit den Gesetzen der Festigkeitslehre bzw. der Elastizitätslehre die übertragbaren Kräfte und Momente berechnet werden.

Werkstoffwahl

Werkstoffbestimmung entsprechend der gegebenen Bauteilabmessungen und Belastungen bzw. Beanspruchungen.

D

D 8.2 Spannung und Beanspruchung

Schnittverfahren

$\Sigma F_x = 0$ $\Sigma F_y = 0$ $\Sigma M = 0$

Gleichgewichtsbedingungen am Bauteil liefern innere Kraft oder/und inneres Moment am gedachten Schnitt (Ort der Spannung).

Definition und Einheit der Spannung

Spannung = Größe der Beanspruchung

Normalspannung → $F \perp S$

$$\sigma = \frac{F}{S}$$

F	äußere Kraft	N
S	Querschnittsfläche	mm^2

Schubspannung → $F \parallel S$

$$\tau = \frac{F}{S}$$

$$\frac{[F]}{[S]} = \frac{\mathbf{N}}{\mathbf{mm^2}}$$

D 9 Die einfachen statischen Beanspruchungen

D 9.1 Beanspruchung auf Zug und Druck → H 15.2

Zugspannung

$$\sigma_z = \frac{F}{S}$$

σ_Z	Zugspannung	N/mm^2
F	Zugkraft	N
S	Querschnitt	mm^2

Druckspannung

$$\sigma_d = \frac{F}{S}$$

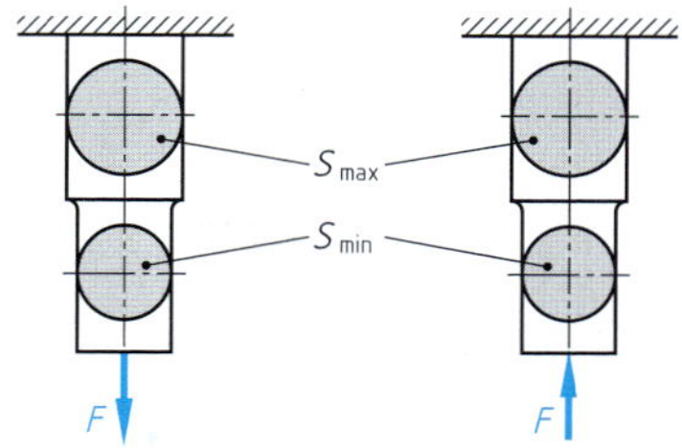

Der **gefährdete Querschnitt** S_{gef} ist der Bauteilquerschnitt, der bei Belastung am ehesten zu Bruch geht.

In der kleinsten Querschnittsfläche S_{min} tritt die größte Zug- bzw. Druckspannung σ_{max} auf.

Beispiele für das Erkennen des gefährdeten Querschnitts S_{gef}

Ketten

Gefährdeter Kettenquerschnitt

$$S_{gef} = \frac{\pi \cdot d^2}{2}$$

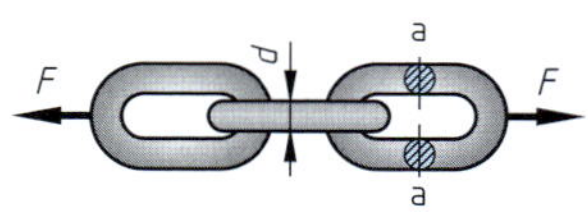

d Kettenstahl-Durchmesser mm

Behördliche Vorschriften beachten!
Wichtige Kettennormen:
DIN 685, DIN 5684, DIN 5688

D

Reißlänge

Reißlänge in m

$$l_r = \frac{R_m}{\varrho \cdot g}$$

$$l_r = \frac{R_m \cdot S_{gef}}{m' \cdot g}$$

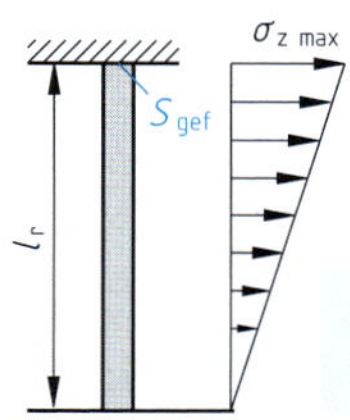

$$1\ \frac{N}{mm^2} = 10^6 \frac{N}{m^2}$$

Die **Reißlänge** l_r ist die Länge eines frei herabhängenden Bauteils mit konstantem Querschnitt, bei der dieses Bauteil infolge seines Eigengewichts an der Einspannstelle abreißt.
S_{gef} liegt also in der Einspannstelle.

Metermasse in kg/m (längenbezogene Masse)

$$m' = \frac{m}{l_r}$$

R_m	Zugfestigkeit (Umrechnung s. oben)	N/m²
ϱ	Dichte	kg/m³
g	Fallbeschleunigung	m/s²
S_{gef}	gefährdeter Stabquerschnitt	m²
m	Masse	kg

Auf Zug und Druck beanspruchte Schrauben

Kernquerschnitt in mm²

$$A_K = S_{gef} = \frac{\pi}{4} \cdot d_3^2$$

Spannungsquerschnitt in mm²

$$A_S = S_{gef} = \frac{\pi}{4} \cdot \left(\frac{d_2 + d_3}{2}\right)^2$$

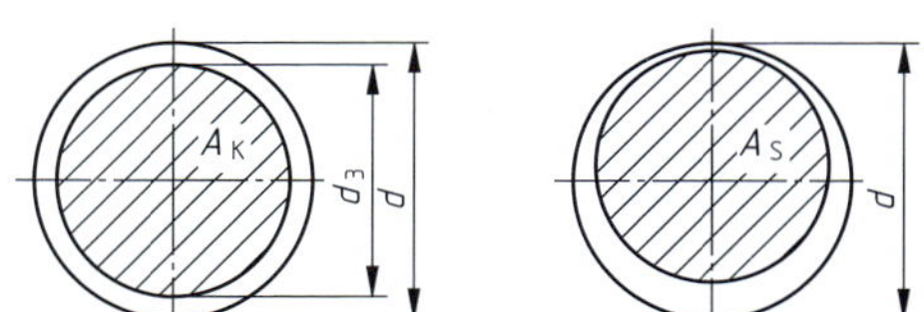

d	Nenndurchmeseer	mm
d_2	Flankendurchmesser	mm
d_3	Kerndurchmeser (Bolzen)	mm

Bei der Festigkeitsberechnung (Zug und Druck) von metrischen ISO-Spitzgewinden (DIN 13) wird mit dem Spannungsquerschnitt A_S, bei allen anderen Gewinden (z. B: Trapezgewinde nach DIN 103) wird mit dem Kernquerschnitt A_K gerechnet.

D 9.2 Flächenpressung und Lochleibung

Flächenpressung an ebenen Flächen

Ebene Flächenpressung in N/mm²

$$\sigma_{\text{p vorh}} = \frac{F}{A}$$

Flächenpressung ist die Druckspannung an den Berührungsflächen zweier Bauteile.

Regel: S = Querschnittsfläche (Ausnahmen A_K, A_S)

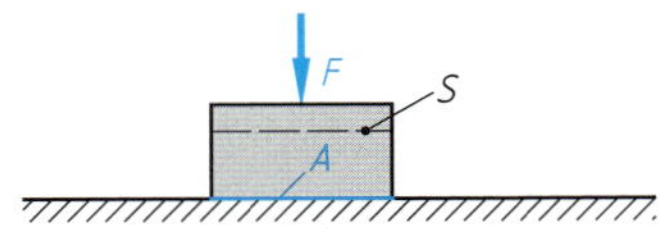

F	Anpresskraft	N
A	Berührungsfläche	mm²
S	Querschnittsfläche	mm²

A = Oberflächen

Flächenpressung an geeigneten Flächen

Vorhandene Flächenpressung in N/mm²

$$\sigma_{\text{p vorh}} = \frac{F}{A_{\text{proj}}} = \frac{F}{A \cdot \cos\beta}$$

An geeigneten Flächen errechnet sich σ_p durch die Division der axialen Kraft F und der senkrechten Projektion A_{proj} der Pressfläche A.

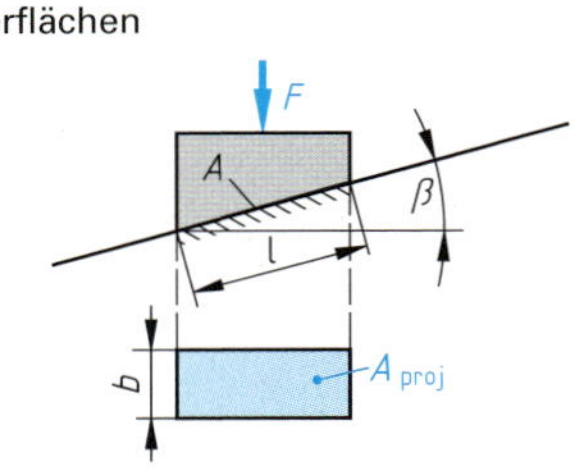

A_{proj}	projizierte Fläche (z. B.: $l \cdot b$)	mm²
F	axiale Kraft	N
A	tatsächliche Fläche	mm²

Flächenpressung bei Gewinden

Senkrechte Projektion aller Gewindegänge in mm²

$$A_{\text{proj}} = i \cdot \pi \cdot d_2 \cdot H_1$$

Gewindeflächenpressung in N/mm²

$$\sigma_{\text{p vorh}} = \frac{F}{i \cdot \pi \cdot d_2 \cdot H_1}$$

Anzahl der erforderlichen Gewindegänge

$$i_{\text{erf}} = \frac{F}{\pi \cdot \sigma_{\text{p zul}} \cdot d_2 \cdot H_1}$$

Erforderliche Mutterhöhe bzw. **Gewindelänge (Einschraubtiefe)** in mm

$$m_{\text{erf}} = i_{\text{erf}} \cdot P$$

$$m_{\text{erf}} = \frac{F \cdot P}{\pi \cdot \sigma_{\text{p zul}} \cdot d_2 \cdot H_1}$$

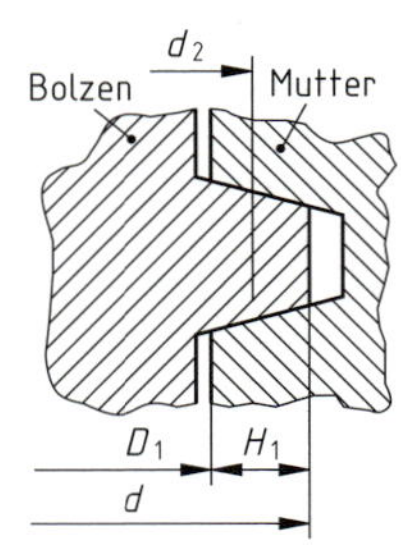

i	Anzahl der Gewindegänge	1
d_2	Flankendurchmesser	mm
H_1	Flankenüberdeckung	mm
F	axiale Schraubenkraft	N
m	Mutterhöhe bzw. Gewindelänge	mm
$\sigma_{\text{p zul}}$	zulässige Flächenpressung	N/mm²
P	Gewindesteigung	mm

Flächenpressung an gewölbten Flächen und Lochleibung

Mittlere Flächenpressung an gewölbten Flächen in N/mm²

$$\sigma_{pm} = \frac{F}{A_{proj}}$$

Zylinderprojektion

$$A_{proj} = d \cdot s$$

Kugelprojektion

$$A_{proj} = \frac{\pi}{4} \cdot d^2$$

F	Anpresskraft	N
A_{proj}	projizierte Fläche	mm²
d	Zylinder- bzw. Kugeldurchmesser	mm
s	Zylinderlänge	mm

Bei Nietverbindungen und Passschrauben heißt σ_{pm} auch **Lochleibungsspannung** oder **Lochleibungsdruck**.

Bei nicht vernachlässigbarer Verformung: ***Hertz*'sche Gleichungen** verwenden.

D 9.3 Beanspruchung auf Abscherung

Scherspannung in N/mm²

$$\tau_a = \frac{F}{S}$$

F	Scherkraft	N
S	Scherquerschnitt	mm²

Scherquerschnitt, d.h. der **gefährdete Querschnitt** ist der Bauteilquerschnitt, der im Zerstörungsfall durchtrennt wird.

D

D 10 Verformungen infolge von Beanspruchungen

D 10.1 Das *Hooke*'sche Gesetz für Zug und Druck

→ H 15.2

Arten der Verformungen als Ursache von Kräften und Momenten

Verformungen bei **Zug** und **Druck**	→ Verlängerung bzw. Verkürzung
Verformungen bei **Scherung**	→ Verschiebung
Verformungen bei **Flächenpressung**	→ Einbuchtung
Verformungen bei **Biegung**	→ Durchbiegung
Verformungen bei **Torsion**	→ Verdrehung
Verformungen bei **Knickung**	→ Ausbiegung

In der **Festigkeitslehre** wird grundsätzlich von einer **elastischen Verformung** (völlige Rückverformung bei Entlastung) ausgegangen.

Dehnung und Verlängerung; *Hooke*'sches Gesetz

Dehnung

$$\varepsilon = \frac{\Delta l}{l_0}$$

Längenänderung in mm

$$\Delta l = l - l_0$$

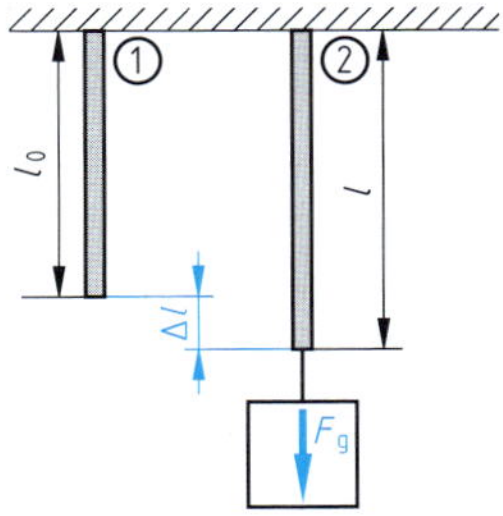

Dehnung in %

$$\varepsilon = \frac{\Delta l}{l_0} \cdot 100$$

***Hooke*'sches Gesetz**

$$\varepsilon = \frac{1}{E} \cdot \sigma = \frac{\sigma}{E}$$

Bach-Schüle-Potenzgesetz

$$\varepsilon = \frac{1}{E} \cdot \sigma^n$$

$n = 1$: Hooke, z.B. alle Stähle
$n < 1$: z.B. Leder, viele Kunststoffe
$n > 1$: z.B. Grauguss, Cu, Steine, Mörtel

Δl	Längenänderung	mm
l_0	Ausgangslänge	mm
l	Endlänge	mm
E	Elastizitätsmodul → Tabelle (unten)	N/mm²
σ	Spannung (Zug oder Druck)	N/mm²
n	Exponent	1

Werkstoff (20 °C)	***E*-Modul** in N/mm²	Werkstoff (20 °C)	***E*-Modul** in N/mm²
Al, rein	64000 ... 70000	Mg, rein	39000 ... 40000
Al-Legierungen	66000 ... 83000	Mg-Legierungen	42000 ... 44000
Blei	14000 ... 17000	Messing	78000 ... 98000
Federstahl	205000 ... 215000	Nickelin	127000 ... 130000
Flussstahl	196000 ... 215000	Rotguss	88000 ... 90000
Gusseisen	73000 ... 102000	Stahlguss, unlegiert	196000 ... 210000
Kupfer	122000 ... 123000	Tombak	98000 ... 100000

D

D 10.2 Querkontraktion

Querkontraktion

$$\varepsilon_q = \frac{\Delta d}{d_0} \qquad \varepsilon_q = \frac{\Delta s}{s_0}$$

$$\varepsilon_q = \mu \cdot \varepsilon = \mu \cdot \frac{\Delta l}{l_0}$$

***Poisson*'sche Zahl**

$$\mu = \frac{\varepsilon_q}{\varepsilon}$$

(Tabelle nächste Seite)

Beispiele für Stabquerschnitte:

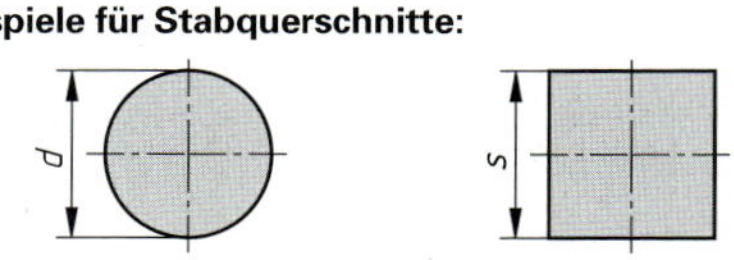

d	Enddurchmesser	mm
d_0	Ausgangsdurchmesser	mm
s	Endkantenlänge	mm
s_0	Ausgangskantenlänge	mm
ε	Dehnung	1
l	Endlänge	mm
l_0	Ausgangslänge	mm

D 10.3 Belastungsgrenzen

→ H 2.1; H 15.2

Punkt im σ, ε-Diagramm	Grenzspannung in N/mm²
P → Proportionalitätsgrenze	σ_P
E → Elastizitätsgrenze	σ_E
S → Streckgrenze oder Fließgrenze (obere)	R_e
B → Zugfestigkeit	R_m
D → 0,2%-Dehngenze	$R_{p0,2}$

B′ Zugstab reißt

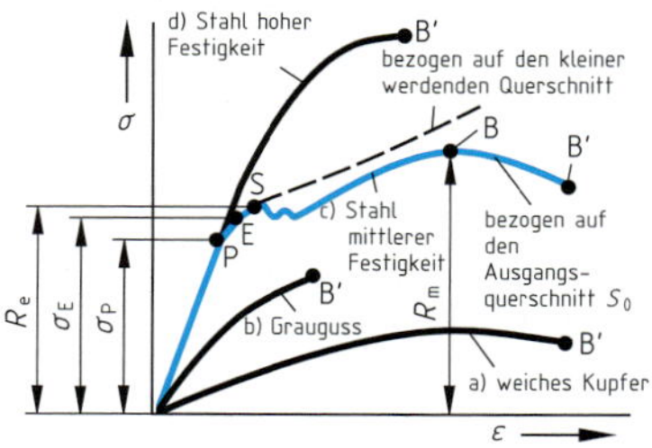

Werkstoff	*Poisson*'sche Zahl μ
Stahl, beinahe alle Metalle	0,3
Grauguss	0,11 … 0,25
Beton	0,17

Zugfestigkeit in N/mm^2

$$R_m = \frac{F_m}{S_0}$$

F_m	Höchstzugkraft	N
S_0	Probenquerschnitt am Anfang	mm^2

Die drei Belastungsfälle und die statische Sicherheit

Belastungsfall I → statische (ruhende) Beanspruchung

Belastungsfall II → dynamische Beanspruchung, schwellend

Belastungsfall III → dynamische Beanspruchung, wechselnd

Die **zulässige Spannung** ergibt sich durch Division der Grenzspannung durch die **Sicherheit** ν.

$$\sigma_{z\,zul} = \frac{R_e}{\nu} \qquad \sigma_{z\,zul} = \frac{R_{p\,0,2}}{\nu} \qquad \sigma_{z\,zul} = \frac{R_m}{\nu}$$

Zwei Beispiele (zwei verschiedene Werkstoffe) zeigt die folgende Tabelle:

Festigkeitswert, Beanspruchungsart und Belastungsfall	E 295 (St 50-2)	EN-GJL-260 (GG-26)
Zugfestigkeit R_m in $\frac{N}{mm^2}$	500 … 660	260
Streckgrenze R_e in $\frac{N}{mm^2}$	280	–
Zulässige Spannung in $\frac{N}{mm^2}$	↓	↓
Zug → $\sigma_{z\,zul}$ für Belastungsfall I	130 … 210	60 … 90
Zug → $\sigma_{z\,zul}$ für Belastungsfall II	85 … 135	50 … 70
Zug → $\sigma_{z\,zul}$ für Belastungsfall III	60 … 95	30 … 50
Druck → $\sigma_{z\,zul}$ für Belastungsfall I	130 … 210	150 … 210
Druck → $\sigma_{z\,zul}$ für Belastungsfall II	85 … 135	100 … 135
Druck → $\sigma_{z\,zul}$ für Belastungsfall III	60 … 95	30 … 50
Biegung → $\sigma_{z\,zul}$ für Belastungsfall I	140 … 220	100 … 135
Biegung → $\sigma_{z\,zul}$ für Belastungsfall II	90 … 150	60 … 90
Biegung → $\sigma_{z\,zul}$ für Belastungsfall III	65 … 105	35 … 60
Abscheren → $\tau_{a\,zul}$ für Belastungsfall I	110 … 165	70 … 100
Abscheren → $\tau_{a\,zul}$ für Belastungsfall II	70 … 100	50 … 75
Abscheren → $\tau_{a\,zul}$ für Belastungsfall III	50 … 75	30 … 50
Torsion → $\tau_{t\,zul}$ für Belastungsfall I	80 … 125	70 … 100
Torsion → $\tau_{t\,zul}$ für Belastungsfall II	50 … 85	50 … 75
Torsion → $\tau_{t\,zul}$ für Belastungsfall III	40 … 60	30 … 50

Richtwerte für den **Belastungsfall I**:

- Stahl: $\sigma_{z\,zul} = (0,4 \ldots 0,6) \cdot R_m$
- Stahl und NE: $\sigma_{d\,zul} = \sigma_{z\,zul}$
- Stahl: $\tau_{aB} = 0,85 \cdot R_m$
- Grauguss: $\tau_{aB} = 1,1 \cdot R_m$

D 10.4 Wärmespannung und Formänderungsarbeit

Wärmespannung in N/mm²

$$\sigma = E \cdot \alpha \cdot \Delta\vartheta$$

Längenänderung bei **Temperaturdifferenz**

$$\Delta l = l_0 \cdot \alpha \cdot \Delta\vartheta$$

l_0	Ausgangslänge	mm
α	Wärmedehnzahl = linearer Wärmeausdehnungskoeffizient	m/(m · °C) m/(m · K)
$\Delta\vartheta$	Temperaturdifferenz	°C = K
E	Elastizitätsmodul	N/mm²

Formänderungsarbeit im *Hooke*'schen Bereich

$$W_f = \frac{F \cdot \Delta l}{2}$$

$$W_f = \frac{\sigma^2 \cdot V}{2 \cdot E}$$

$$W_f = \frac{c}{2} \cdot \Delta l^2$$

F	Zugkraft	N
Δl	Längenänderung	mm
σ	Spannung im gedehnten Bauteil	N/mm²
V	Volumen des gedehnten Stabes gleichen Querschnittes	mm³
c	Federrate (**Federkonstante**)	N/mm

D 10.5 Verformung bei Scherung und Flächenpressung

Hooke'sches Gesetz für Scherbeanspruchung (Schub)

Scherspannung in N/mm²

$$\tau_a = \gamma \cdot G = \frac{\Delta s}{l_0} \cdot G = \frac{F}{S}$$

Gleitmodul in N/mm²

$$G = 0{,}385 \cdot E$$

γ	Gleitung	1
G	Gleitmodul (s. Tabelle)	N/mm²
Δs	Verschiebung	mm
l_0	Abstand Scherkräfte	mm
F	Scherkraft	N
S	Scherquerschnitt	mm²
E	Elastizitätsmodul	N/mm²

***G*-Module bei 20 °C**

Werkstoff	G in N/mm²
Bronze	44000
Federstahl	83000
Flussstahl	79000
Grauguss	28000 … 39000
Kupfer	41000
Messing	34000
Rotguss	31000
Stahlguss	81000

Die *Hertz*'schen Gleichungen

Linienpressung (Zylinder):

$$\sigma_{p\,max} = 0{,}591 \cdot \sqrt{\frac{F \cdot E}{l \cdot d_1} \cdot \left(1 + \frac{d_1}{d_2}\right)}$$

Punktpressung (Kugel):

$$\sigma_{p\,max} = 0{,}616 \cdot \sqrt[3]{\frac{F \cdot E^2}{d_1^2} \cdot \left(1 + \frac{d_1}{d_2}\right)^2}$$

Zusammengesetzter Elastizitätsmodul

$$E = \frac{2 \cdot E_1 \cdot E_2}{E_1 + E_2}$$

F	Anpresskraft	N
E	Elastizitätsmodul bei zwei verschiedenen Werkstoffen (1 und 2) muss mit dem **zusammengesetzten *E*-Modul** gerechnet werden!	N/mm²
l	Länge des Zylinders (Linie)	mm
d_1	kleiner Zylinderdurchmesser bzw. kleiner Kugeldurchmesser	mm
d_2	großer Zylinderdurchmesser bzw. großer Kugeldurchmesser	mm
$\sigma_{p\,max}$	maximale Flächenpressung	N/mm²

Die *Hert*'schen Gleichungen berücksichtigen die bei der Flächenpressung auftretenden Verformungen.

D 11 Biegung

D 11.1 Auf Biegung beanspruchte Bauteile

Träger und Trägerlagerung

Ein Träger ist statisch bestimmt, wenn nicht mehr als drei Auflagerunbekannte vorhanden sind.

Trägergleichgewicht

$\Sigma F_x = 0$ $\Sigma F_y = 0$ $\Sigma M_d = 0$

Die Beanspruchung eines **Trägers (Balkens)** erfolgt auf **Biegung**. Wenn sich weitere Beanspruchungen überlagern, ist der Träger zusammengesetzt beansprucht.

D 11.2 Die Biegespannung

Verteilung und Berechnung der Biegespannung

Maximale Biegespannung in N/mm²

$$\sigma_{b\,max} = M_b \cdot \frac{e}{I}$$

Flächenmoment 2. Grades in mm⁴
(Flächenträgheitsmoment)

$$I = \Sigma(\Delta A \cdot z^2)$$

Widerstandsmoment in mm³

$$W = \frac{I}{e}$$

Biegehauptgleichung

$$\sigma_b = \frac{M_b}{W}$$

Zulässige Biegespannung in N/mm²

$$\sigma_{b\,zul} = \frac{\sigma_{bB}}{\nu_B} \qquad \sigma_{b\,zul} = \frac{\sigma_{bF}}{\nu_F}$$

Die Biegespannung erreicht ihren Höchstwert $\sigma_{b\,max}$ im größten **Abstand** e von der Biegeachse.

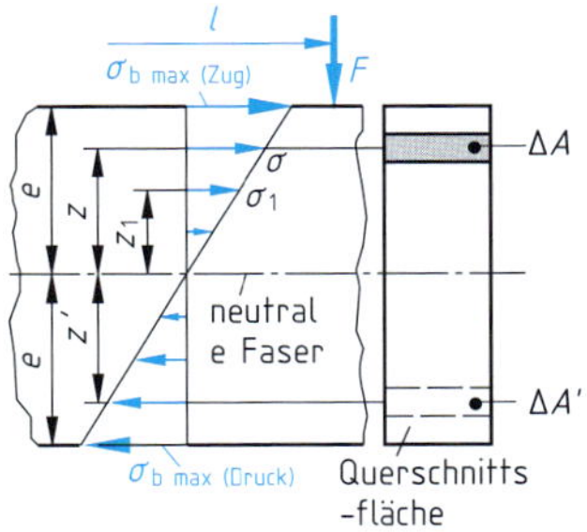

M_b	Biegemoment	Nmm
e	Randabstand	mm
I	Flächenträgheitsmoment	mm⁴
ΔA	Teilfläche	mm²
z	Abstand der Teilfläche von der Biegeachse	mm
W	Widerstandsmoment	mm³
σ_{bB}	Biegebruchspannung	N/mm²
σ_{bF}	Fließgrenze bei Biegung	N/mm²
ν_B	Sicherheit gegen Bruch	1
ν_F	Sicherheit gegen Fließen	1

In den **Stahlbautabellen** ist stets das Widerstandsmoment angegeben, welches zu dem rechnerisch größtmöglichen Biegespannungswert führt.

Bedingungen für die Anwendbarkeit der Biegehauptgleichung:

a) Lastebene ist Symmetrieebene
b) Trägerachse muss gerade sein
c) Beanspruchung im *Hooke*'schen Bereich

Die Begriffe Trägheitsmoment, Flächenträgheitsmoment und Flächenmoment 2. Grades werden im gleichem Sinn angewendet.

D 11.3 Rechnerische Ermittlung von Trägheits- und Widerstandsmomenten

Äquatoriale Trägheitsmomente (Flächenmomente 2. Grades)

$$I_x = \Sigma(\Delta A \cdot y^2) \qquad I_y = \Sigma(\Delta A \cdot x^2)$$

Polares Trägheitsmoment in mm⁴

$$I_p = \Sigma(\Delta A \cdot r^2) \qquad I_p = I_x + I_y$$

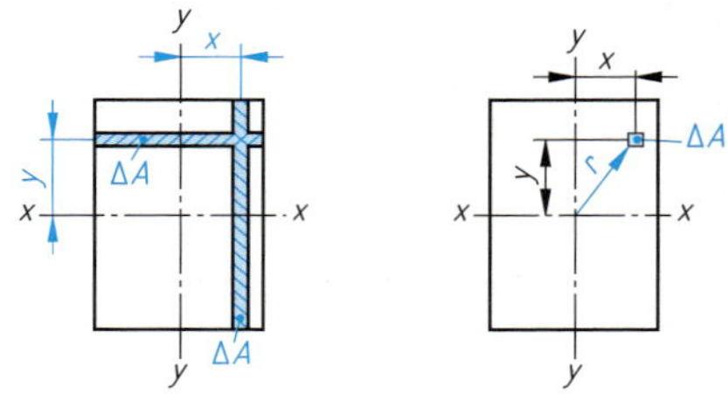

Der Verschiebungssatz von Steiner

Trägheitsmoment (Flächenmoment 2. Grades) der Fläche A bezogen auf die Achse a – a in mm⁴

$$I_a = I_x + A \cdot r^2$$

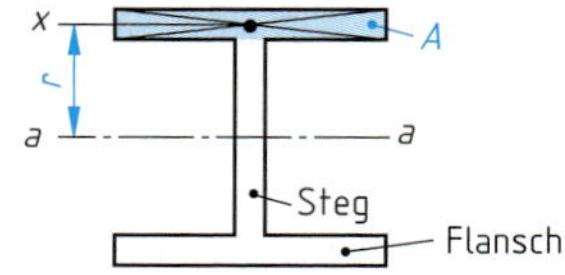

In diesem **Verschiebungssatz von Steiner** wird r grundsätzlich von der Bezugsachse bis zur Schwerachse der Fläche A gemessen!

r	Abstand Bezugsachse – Schwerachse	mm
A	Bezugsfläche	mm²
I_x	Eigenträgheitsmoment	mm⁴

Flächenmomente 2. Grades (Eigenträgheitsmomente) und Widerstandsmomente

D

axiales Flächenmoment 2. Grades I	axiales Widerstandsmoment W	Abmessungen der zu berechnenden Querschnitte
$I_x = \frac{b \cdot h^3}{12} = \frac{A \cdot h^2}{12}$ $I_y = \frac{b^3 \cdot h}{12} = \frac{A \cdot b^2}{12}$ $I_1 = \frac{b \cdot h^3}{3} = \frac{A \cdot h^2}{3}$ $I_2 = \frac{b \cdot (H^3 - e_1^3)}{3} = I_x + A \cdot e_2^2$	$W_x = \frac{b \cdot h^2}{6} = \frac{A \cdot h}{6}$ $W_y = \frac{b^2 \cdot h}{6} = \frac{A \cdot b}{6}$	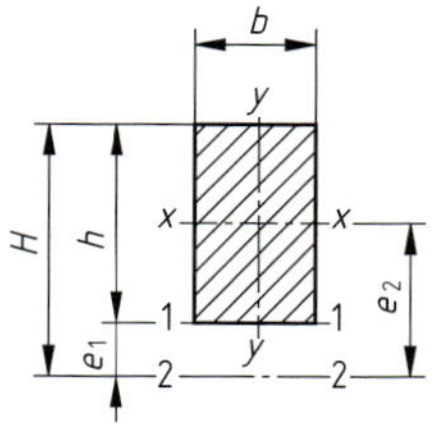
$I_x = \frac{b}{12} \cdot (H^3 - h^3)$ $I_y = \frac{b^3}{12} \cdot (H - h)$	$W_x = \frac{b}{6 \cdot H} \cdot (H^3 - h^3)$ $W_y = \frac{b^2}{6} \cdot (H - h)$	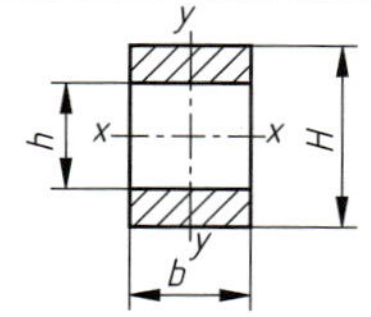
$I_x = I_y = I_1 = I_2 = \frac{h^4}{12}$ $I_3 = \frac{h^4}{3}$	$W_x = W_y = \frac{h^3}{6}$ $W_1 = W_2 = \sqrt{2} \cdot \frac{h^3}{12}$	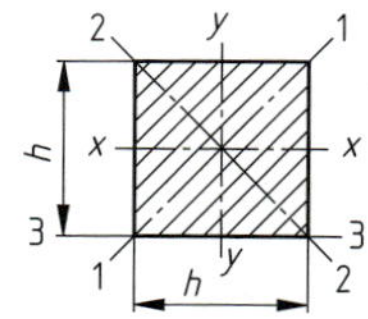

axiales Flächenmoment 2. Grades I	axiales Widerstandsmoment W	Abmessungen der zu berechnenden Querschnitte
$I_x = I_y = I_1 = I_2 = \dfrac{H^4 - h^4}{12}$	$W_x = W_y = \dfrac{H^4 - h^4}{6 \cdot H}$ $W_1 = W_2 = \sqrt{2} \cdot \dfrac{H^4 - h^4}{12 \cdot H}$	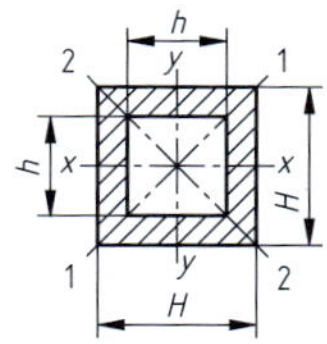
$I_x = \dfrac{1}{12} \cdot (B \cdot H^3 - b \cdot h^3)$	$W_x = \dfrac{1}{6 \cdot H} \cdot (B \cdot H^3 - b \cdot h^3)$	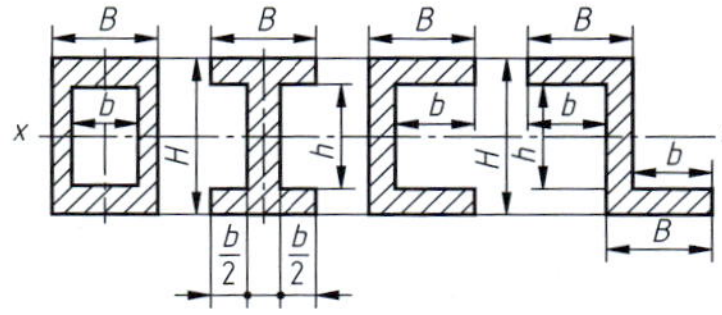
$I_x = \dfrac{1}{12} \cdot (B \cdot H^3 + b \cdot h^3)$	$W_x = \dfrac{1}{6 \cdot H} \cdot (B \cdot H^3 + b \cdot h^3)$	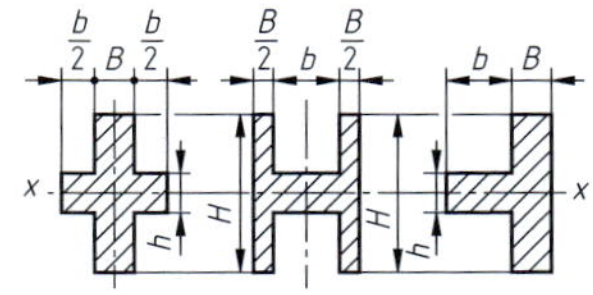
$I_x = I_y = \dfrac{\pi}{64} \cdot d^4 \approx \dfrac{d^4}{20}$	$W_x = W_y = \dfrac{\pi}{32} \cdot d^3 \approx \dfrac{d^3}{10}$	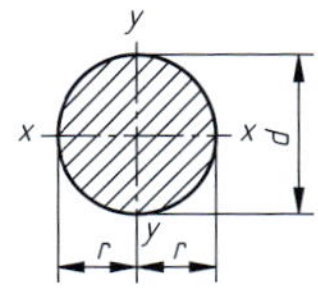
$I_x = I_y = \pi \cdot \dfrac{D^4 - d^4}{64}$ $I_x = I_y \approx \dfrac{D^4 - d^4}{20}$	$W_x = W_y = \pi \cdot \dfrac{D^4 - d^4}{32 \cdot D}$ $W_x = W_y \approx \dfrac{D^4 - d^4}{10 \cdot D}$	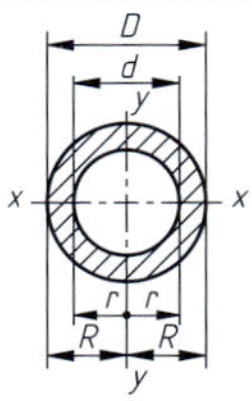
$I_x = \dfrac{\pi}{4} \cdot a^3 \cdot b$ $I_y = \dfrac{\pi}{4} \cdot a \cdot b^3$	$W_x = \dfrac{\pi}{4} \cdot a^2 \cdot b$ $W_y = \dfrac{\pi}{4} \cdot a \cdot b^2$	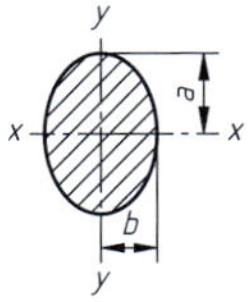
$I_x = I_y = \dfrac{5 \cdot \sqrt{3}}{16} \cdot R^4 \approx 0{,}06 \cdot d^4$	$W_x \approx 0{,}5413 \cdot R^3$ $W_x \approx 0{,}104 \cdot d^3$ $W_y \approx 0{,}625 \cdot R^3$ $W_y \approx 0{,}12 \cdot d^3$	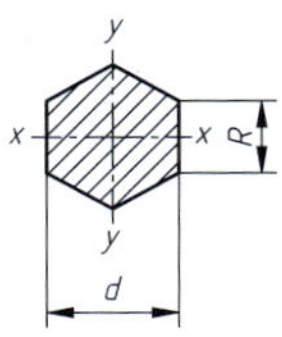

D

Trägheits- und Widerstandsmomente zusammengesetzter Flächen

Gesamtträgheitsmoment in mm⁴

$$I = \Sigma I_i = I_1 + I_2 + \ldots$$

Gesamtträgheitsmoment gleich Summe aller Einzelträgheitsmomente.

Widerstandsmomente in mm³

$$W_{xo} = \frac{I}{e_o} \qquad W_{xu} = \frac{I}{e_u}$$

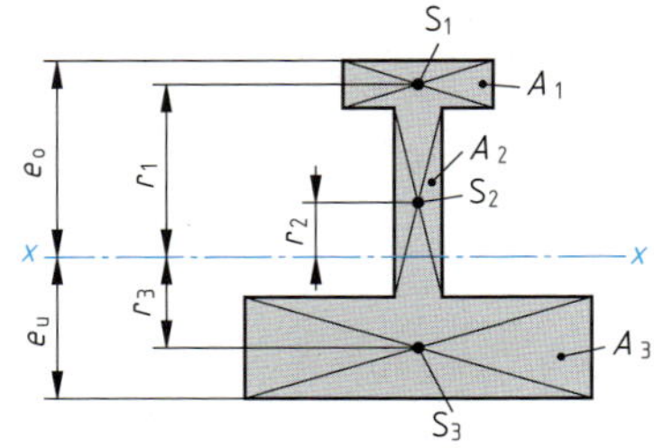

Die beiden Widerstandsmomente errechnen sich aus den Quotienten des Gesamtträgheitsmomentes und der beiden Randabstände.

D

D 11.4 Schiefe Biegung

Hauptachsendefinition

$$I_{xy} = 0$$

Flächenzentrifugalmoment in mm⁴

$$I_{xy} = \Sigma(x \cdot y \cdot \Delta A)$$

Achsen, für die das Flächenzentrifugalmoment $I_{xy} = 0$ ist, heißen **Hauptachsen.**

$\boldsymbol{I_{max}}$ und $\boldsymbol{I_{min}}$ sind die **Hauptträgheitsmomente** in mm⁴

Hauptachse I liefert I_{max}

Hauptachse II liefert I_{min}

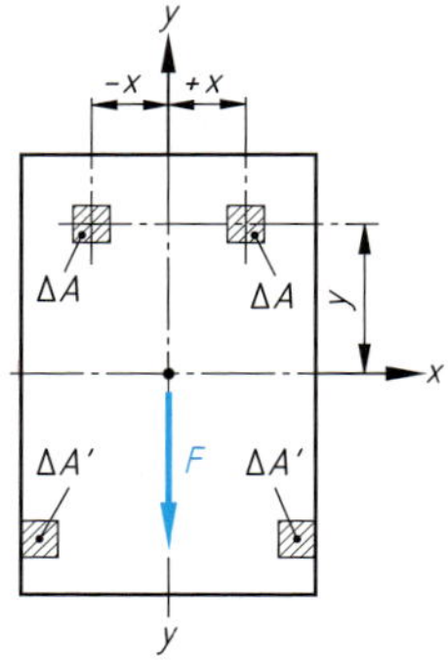

Symmetrieachsen sind immer auch Hauptachsen.

α_0: **Komplementwinkel zum Hauptachsenwinkel**

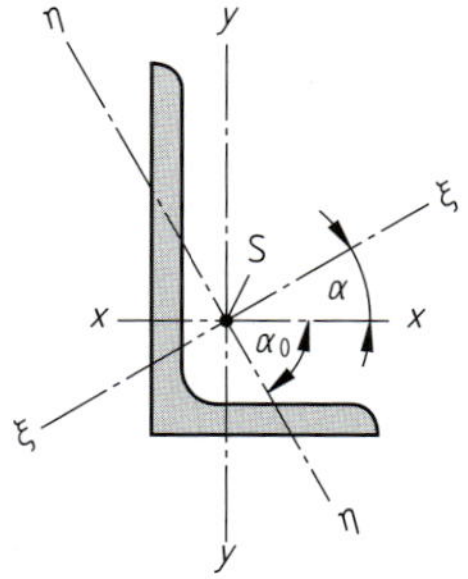

Ermittlung der Hauptachsen und der Hauptträgheitsmomente

Hauptachsenwinkel in Grad

$$\alpha = 90° - \alpha_0$$

$$\tan 2\alpha_0 = \frac{2 \cdot I_{xy}}{I_y - I_x}$$

$\boldsymbol{I_{max}}$:

$$I_\xi = \frac{1}{2} \cdot (I_x + I_y) - \frac{1}{2} \cdot (I_x - I_y) \cdot \cos 2\alpha_0 + I_{xy} \cdot \sin 2\alpha_0$$

$\boldsymbol{I_{min}}$:

$$I_\eta = \frac{1}{2} \cdot (I_x + I_y) + \frac{1}{2} \cdot (I_x - I_y) \cdot \cos 2\alpha_0 - I_{xy} \cdot \sin 2\alpha_0$$

Ermittlung der Biegespannung bei schiefer Biegung

Lastebene liegt in einer Hauptachse, dann ist

Biegehauptgleichung anwendbar

Biegespannung in N/mm²

$$\sigma_b = \frac{M_b}{W}$$

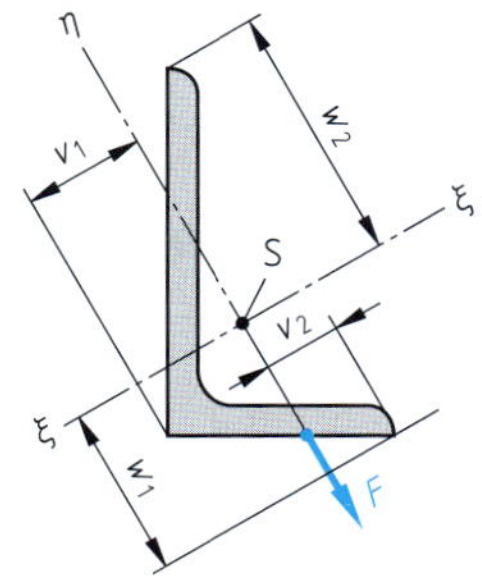

Widerstandsmomente in mm³

$$W_{\zeta 1} = \frac{I_\zeta}{w_1} \qquad W_{\zeta 2} = \frac{I_\zeta}{w_2}$$

$$W_{\eta 1} = \frac{I_\eta}{v_1} \qquad W_{\eta 2} = \frac{I_\eta}{v_2}$$

Lastebene liegt nicht in einer Hauptachse

Biegespannung bei symmetrischem Querschitt (z. B: Quadrat)

$$\sigma_b = \sigma_{bx} + \sigma_{by} = \frac{M_{bx}}{W_x} + \frac{M_{by}}{W_y}$$

Biegespannung bei unsymmetrischem Querschnitt

$$\sigma_b = \sigma_{b\zeta} + \sigma_{b\eta} = \frac{M_{b\zeta}}{W_\zeta} + \frac{M_{b\eta}}{W_\eta}$$

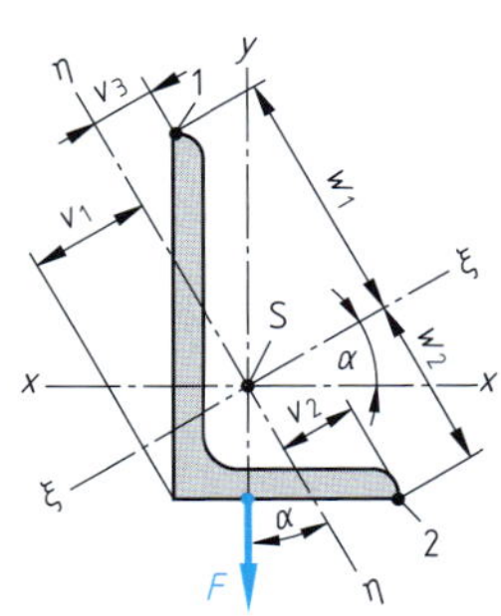

Regel:
Die Biegebeanspruchung sollte möglichst über die Hauptachse mit größtem Trägheitsmoment erfolgen.

D

D 11.5 Biegemomenten- und Querkraftverlauf beim Freiträger

Vorzeichenregel für Biegemomente

Zugzone oben liegend → M_b **ist negativ** (–)

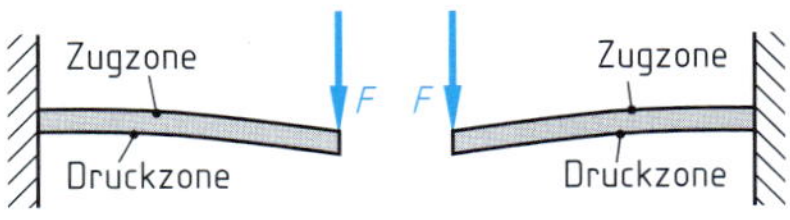

Zugzone unten liegend → M_b **ist positiv** (+)

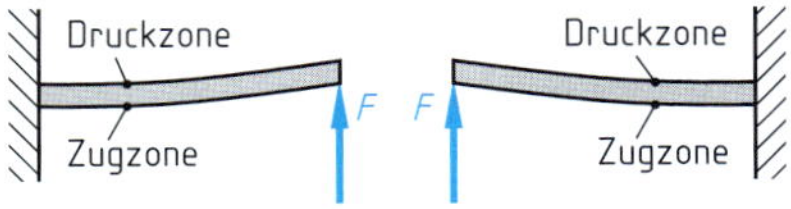

Vorzeichenregel für Querkräfte

Bei einem gedachten Schnitt bewegt sich der rechte Trägerteil nach unten. Dann gilt:

F_q **ist positiv**

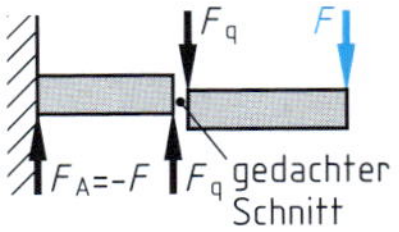

Bei einem gedachten Schnitt bewegt sich der rechte Trägerteil nach oben. Dann gilt:

F_q ist negativ

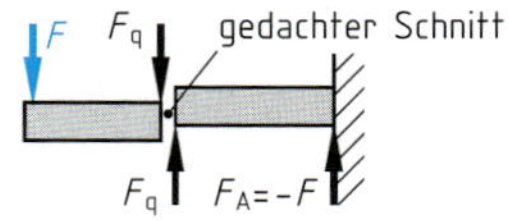

Freiträger mit Einzellasten

Biegemoment an der Stelle *A* hervorgerufen durch die Kraft *F*

$$M_{AF} = F \cdot l$$

Biegemoment an der Stelle *x* hervorgerufen durch die Kraft *F*

$$M_{xF} = F \cdot x$$

Querkraft

$$F_q = F$$

Reaktionskraft in der Einspannung

$$F_A = -F$$

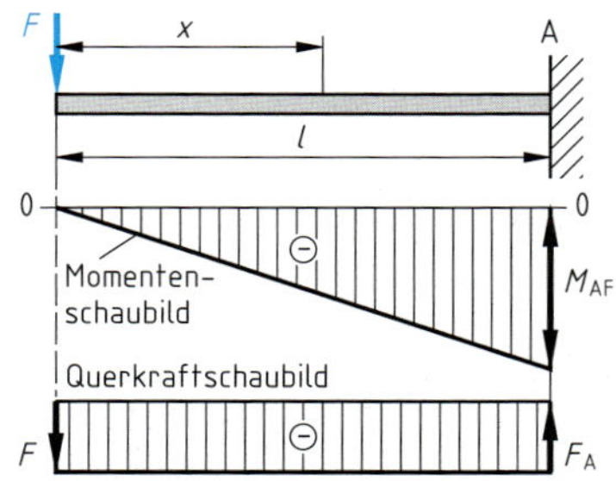

D

Freiträger mit Streckenlast

Trägerbelastung

$$F_S = q \cdot l \qquad F_x = q \cdot x$$

Biegemoment in der Einspannung (M_{bA})

$$M_{b\,max} = -\frac{q \cdot l^2}{2}$$

Biegemoment an der Stelle *x*

$$M_{bx} = -\frac{q \cdot x^2}{2}$$

Reaktionskraft in der Einspannung

$$F_A = -F_S$$

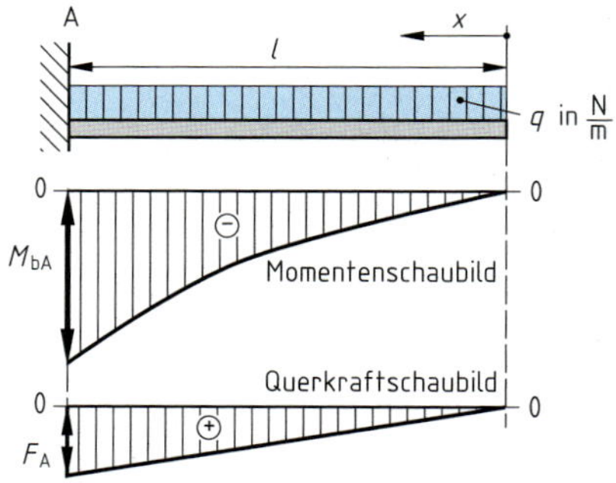

Bei vielen Strecken- und/oder Einzellasten erfolgt ebenfalls Superposition der Einzelschaubilder zum Gesamtschaubild.

D 11.6 Biegemomenten- und Querkraftverlauf beim Stützträger

Maximales Biegemoment am Angriffspunkt einer Einzellast *F*

$$M_{b\,max} = F_A \cdot a = F_b \cdot b$$

Maximales Biegemoment bei Streckenlast

$$M_{b\,max} = \frac{q \cdot l^2}{8}$$

Vorzeichenregel wie beim Freiträger

l	Trägerlänge	mm, m
F	Kraft	N
q	Streckenlast	N/m
M_b	Biegemoment	Nmm, Nm
x	Trägerabschnitt	mm, m

Biegemoment an der Stelle x bei konstanter Streckenlast (x vom Lager A oder vom Lager B aus gemessen)

$$M_{bx} = \frac{q \cdot x}{2} \cdot (l - x)$$

Stützträger mit Mischlast

Lösungsschritte Q- und M-Schaubild
1. Auflagerkräfte F_A und F_B ermitteln. 2. Mit gewähltem KM Kräfte nach Lage, Größe und Richtung über einer Bezugslinie (Nulllinie 0 – 0) auftragen. Man beginnt dabei z.B. mit der äußersten linken Kraft an der Nulllinie und erhält so das **Querkraft-Schaubild** (Q-Schaubild). 3. Man denkt sich den Träger an mehreren Stellen (z.B. Lager oder Kraftangriffsstellen) geschnitten und trägt die Momente unter Berücksichtigung der Vorzeichen bezogen auf eine Nulllinie 0 – 0 auf. Man erhält so das **Momentenschaubild** (M-Schaubild). Das Gesamtmomentenschaubild erhält man durch Superposition der Einzelmomentenschaubilder.
Im Q-Schaubild sind die Flächen oberhalb und unterhalb der Linie 0 – 0 gleich groß.
Wo die Querkraft die Linie 0 – 0 schneidet, liegt im M-Schaubild $M_{b\,max}$.

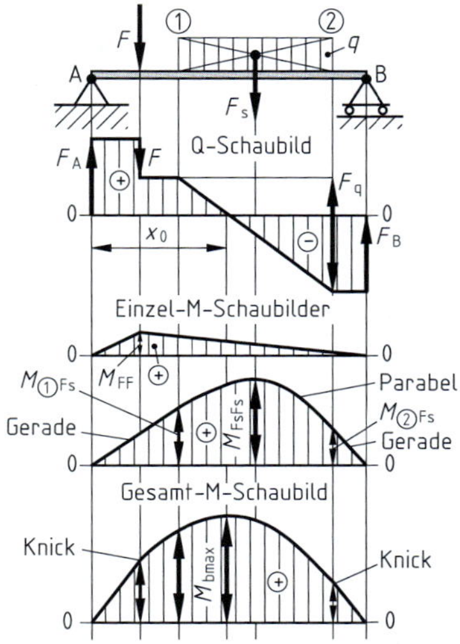

Lage des maximalen Biegemomentes x_0

$$\Sigma F_y = 0 \text{ (im Q-Schaubild)}$$

Streckenlasten führen zu einem parabolischen Verlauf der Momentenlinie!

D

D 11.7 Träger gleicher Biegespannung

konstante Biegespannung im gesamten Träger

$$\sigma_{bx} = \sigma_{bA}$$

→ **Anformungsgleichung** (Tabelle)

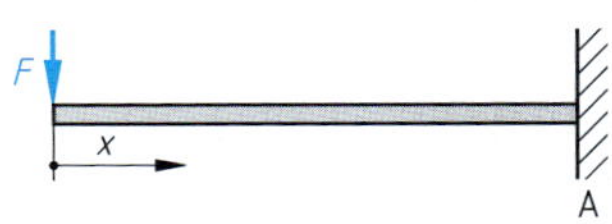

Querschnitt	Belastung und **Anformungsgleichung**	Begrenzung des Trägers	Vorderansicht (und Draufsicht) des Trägers
Rechteckquerschnitt mit konstanter Höhe und veränderlicher Breite.	Freiträger mit Punktlast am Trägerende. $b_x = b_A \cdot \frac{x}{l}$	gerade: Breite verringert sich linear.	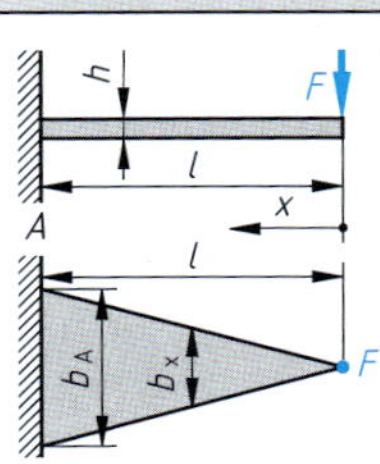

Querschnitt	Belastung und **Anformungsgleichung**	Begrenzung des Trägers	Vorderansicht (und Draufsicht) des Trägers
Rechteckquerschnitt mit konstanter Breite und veränderlicher Höhe.	Freiträger mit Punktlast am Trägerende. $h_x = h_A \cdot \sqrt{\frac{x}{l}}$	parabolisch: Höhe verändert sich nicht linear, sondern in der Form einer quadratischen Parabel.	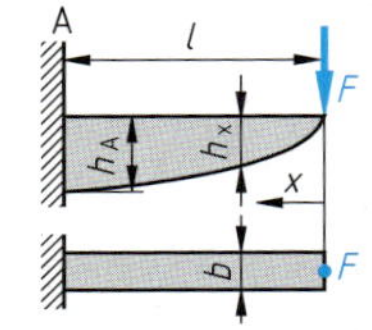
Kreisquerschnitt mit veränderlichem Durchmesser.	Freiträger mit Punktlast am Trägerende. $D_x = D_A \cdot \sqrt[3]{\frac{x}{l}}$	parabolisch: Durchmesser verändert sich nicht linear, sondern in der Form einer kubischen Parabel.	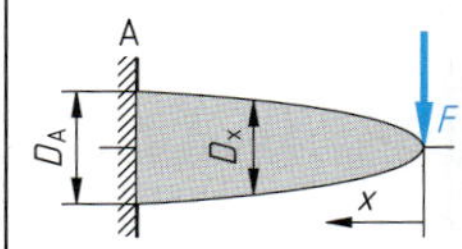
Rechteckquerschnitt mit konstanter Breite und veränderlicher Höhe.	Freiträger mit konstanter Streckenlast über die gesamte Trägerlänge. $h_x = h_A \cdot \frac{x}{l}$	gerade: Höhe verändert sich linear.	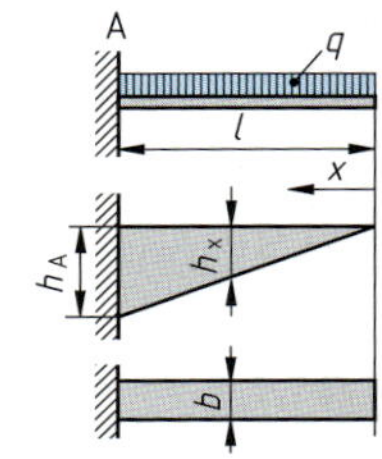
Kreisquerschnitt mit veränderlichem Durchmesser.	Stützträger (Träger auf zwei Stützen) mit Punktlast in Trägermitte. $d_x = d_{max} \cdot \sqrt[3]{2 \cdot \frac{x}{l}}$	parabolisch: Durchmesser verändert sich nicht linear, sondern in Form einer kubischen Parabel.	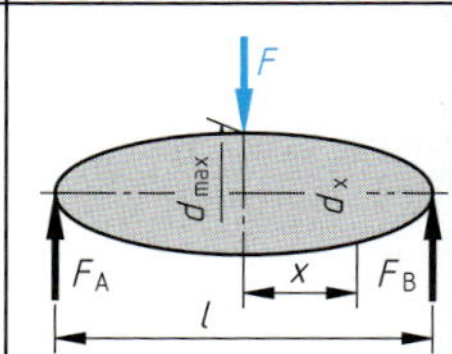
Weitere Anformungsgleichungen → in maschinentechnischen Handbüchern (z. B. Dubbel, Hütte)			

D

D 11.8 Verformung bei Biegebeanspruchung

Krümmungsradius und Biegesteifigkeit

Krümmungsradius der Biegelinie in mm

$$\varrho = \frac{E \cdot I}{M_b}$$

Biegesteifigkeit in N · mm²

$$B = E \cdot I$$

Durchbiegung in mm

$$f \sim \frac{1}{\varrho} \sim \frac{n \cdot M_b}{i \cdot E \cdot I}$$

Freiträger mit einer Einzellast am Trägerende

$$f = \frac{F \cdot l^3}{3 \cdot E \cdot I} \qquad \alpha = \frac{F \cdot l^2}{2 \cdot E \cdot I} \text{ (rad)}$$

ϱ	Krümmungsradius	mm, m
B	Biegesteifigkeit	$N \cdot mm^2$
F	Kraft	N
E	Elastizitätsmodul	N/mm^2
I	Flächenmoment 2. Grades (Flächenträgheitsmoment)	mm^4
M_b	Biegemoment	Nmm
f	Durchbiegung	mm
n, i	Proportionalitätsfaktoren	
l	Trägerlänge	mm, m

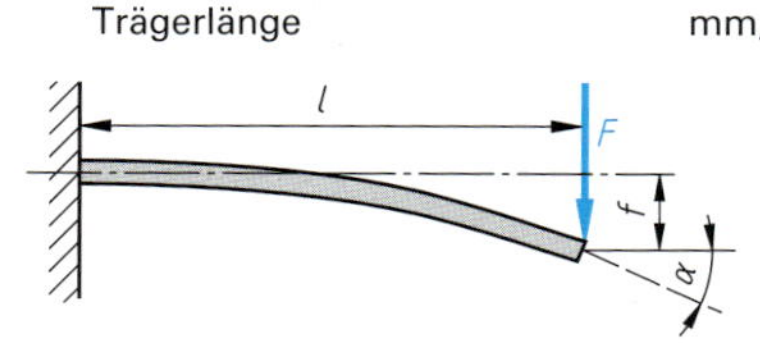

Freiträger mit konstanter Streckenlast

$$f = \frac{q \cdot l^4}{8 \cdot E \cdot I}$$

$$\alpha = \frac{q \cdot l^3}{6 \cdot E \cdot I}$$

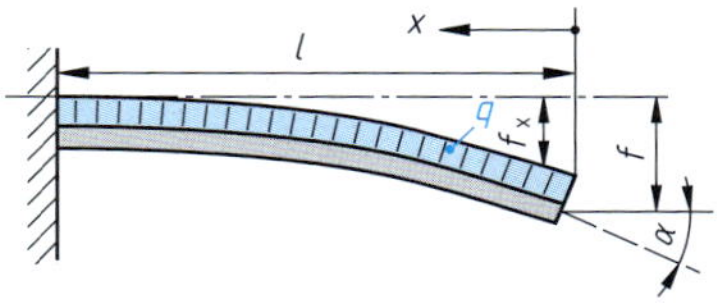

Durchbiegung bei *x*

$$f_x = \frac{q \cdot l^4}{24 \cdot E \cdot I} \cdot \left[3 - 4 \cdot \frac{x}{l} + \left(\frac{x}{l}\right)^2\right]$$

q in = $\frac{\text{N}}{\text{m}}$ (Streckenlast)

Stützträger mit einer Einzellast in der Trägermitte

$$f = \frac{F \cdot l^3}{48 \cdot E \cdot I}$$

$$\alpha = \frac{F \cdot l^2}{16 \cdot E \cdot I}$$

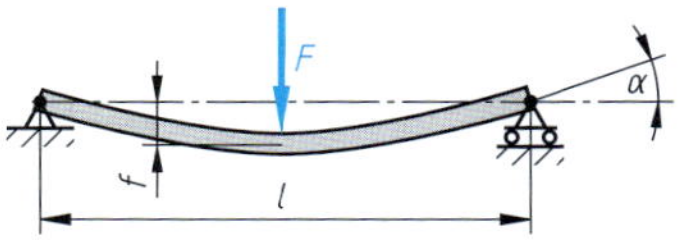

Stützträger mit konstanter Streckenlast

$$f = \frac{5}{384} \cdot \frac{q \cdot l^4}{E \cdot I}$$

$$\alpha = \frac{q \cdot l^3}{24 \cdot E \cdot I}$$

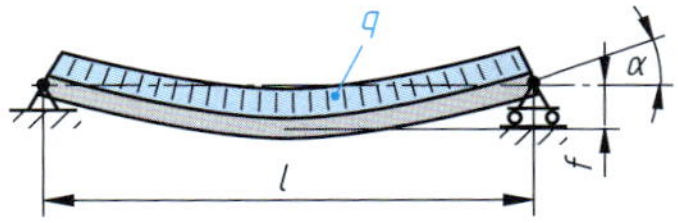

Resultierende Durchbiegung

resultierende Durchbiegung bei einachsiger Biegung

$$f_{ges} = \Sigma f$$

Größe und Richtung der Durchbiegung bei zweiachsiger Biegung

$$f_r = \sqrt{f_I^2 + f_{II}^2}$$

$$\tan\alpha' = \frac{f_I}{f_{II}}$$

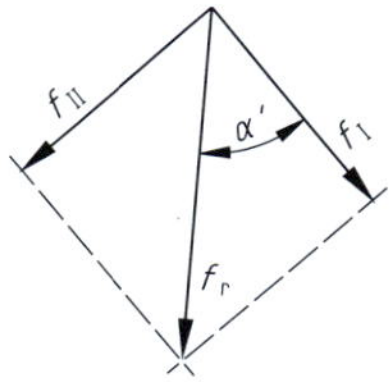

D

D 12 Torsion

D 12.1 Torsionsspannung

Ermittlung und Wirkung des Torsionsmomentes

Torsionsmoment

$$M_t = F \cdot r$$

$$M_t = \frac{P}{\omega}$$

Legende s. nächste Seite

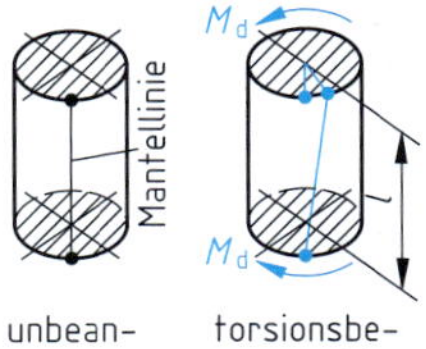

Bei Torsionsbeanspruchung wirkt in jedem Querschnitt dem äußeren **Drehmoment** M_d ein gleich großes inneres Moment, das **Torsionsmoment** M_t entgegen.

Umfangsgeschwindigkeit

$$v_u = \omega \cdot r$$

Torsionsmoment (Zahlenwertgleichung)

$$M_t = 9550 \cdot \frac{P}{n}$$

M_t	Torsionsmoment	Nm
F	Umfangskraft	N
r	Radius	m
P	Leistung	W
ω	Winkelgeschwindigkeit	s^{-1}
v_u	Umfangsgeschwindigkeit	m/s
n	Drehzahl	min^{-1}

Verteilung und Berechnung der Torsionsspannung

$$\frac{\tau_t}{\tau} = \frac{r}{\varrho}$$

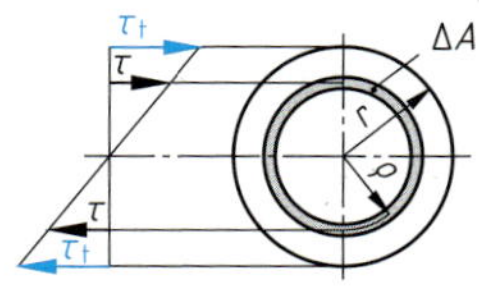

Torsionshauptgleichung

$$\tau_t = \frac{M_t}{W_p}$$

Polares Widerstandsmoment

$$W_p = \frac{I_p}{r}$$

Polares Trägheitsmoment

$$I_p = I_x + I_y$$

Polares Widerstandsmoment Kreisquerschnitt

$$W_p = \frac{\pi}{16} \cdot d^3 \approx \frac{d^3}{5}$$

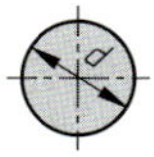

Polares Widerstandsmoment Kreisringquerschnitt

$$W_p = \frac{\pi}{16} \cdot \frac{D^4 - d^4}{D} \approx \frac{D^4 - d^4}{5 \cdot D}$$

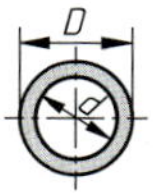

τ_t	Torsionsspannung	N/mm²
r	größter Radius (Außenradius)	mm
M_t	Torsionsmoment	Nmm
W_p	polares Widerstandsmoment	mm³
I_p	polares Trägheitsmoment	mm⁴
I_x, I_y	äquatoriale Trägheitsmomente (Flächenmomente 2. Grades)	mm⁴
d	Durchmesser, Innendurchmesser	mm
D	großer Durchmesser	mm
φ	Radius am Ort von τ	mm

D

D 12.2 Verformung bei Torsion

Zusammenhang zwischen Gleitmodul und Elastizitätsmodul

$$\frac{1}{G} = 2 \cdot \frac{1/\mu + 1}{1/\mu} \cdot \frac{1}{E}$$

$$G = 0{,}385 \cdot E$$ → bei $\mu = 0{,}3$

G	Gleitmodul	N/mm²
E	Elastizitätsmodul	N/mm²
μ	*Poisson*'sche Zahl	1

Ebenso wie E ist auch G nur im elastischen Bereich der Werkstoffe gültig.

Verdrehwinkel in Grad

$$\varphi = \frac{M_t \cdot l \cdot 180°}{G \cdot I_p \cdot \pi}$$

M_t	Torsionsmoment	Nmm
l	Länge des Bauteils	mm
G	Gleitmodul	N/mm²
I_p	polares Trägheitsmoment	mm⁴

D 13 Beanspruchung auf Knickung

D 13.1 Knickfestigkeit

Einspannungsfall und freie Knicklänge

Knickung ist ein seitliches Ausweichen eines auf **Druck** beanspruchten langen Stabes.

Knickung kann bereits dann eintreten, wenn die zulässige Druckspannung $\sigma_{d\,zul}$ noch nicht erreicht ist.

Hauptkriterium bei Knickung sind die **Einspannungsfälle nach *Euler*** gemäß nebenstehender Bilder und nachfolgender Tabelle.

l_k	freie Knicklänge	mm

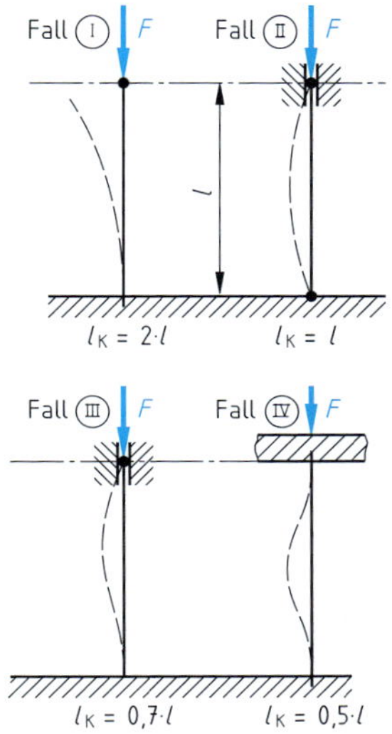

Zuordnung einer **freien Knicklänge** l_K zum Einspannungsfall:

I	→ Stab ist auf einer Seite fest eingespannt, auf der anderen Seite frei →	$l_K = 2 \cdot l$
II	→ Stab ist beidseitig gelenkig gelagert →	$l_K = l$
III	→ Stab ist einseitig eingespannt, auf der anderen Seite gelenkig gelagert →	$l_K = 0{,}7 \cdot l$
IV	→ Stab ist auf beiden Seiten fest eingespannt →	$l_K = 0{,}5 \cdot l$

Trägheitsradius und Schlankheitsgrad

Kleinster Trägheitsradius in mm

$$i_{min} = \sqrt{\frac{I_{min}}{S}}$$

Schlankheitsgrad

$$\lambda = \frac{l_K}{i_{min}}$$

I_{min}	kleinstes Trägheitsmoment (kleinstes Flächenmoment 2. Grades)	mm^4
S	Stabquerschnitt	mm^2
l_K	freie Knicklänge	mm
λ	Schlankheitsgrad	1
i_{min}	kleinster Trägheitsradius	mm

Querschnitt S	Kreis	Kreisring	Rechteck	Quadrat	**Profilstähle**
kleinster Trägheitsradius i_{min}	$\frac{d}{4}$	$\frac{1}{4} \cdot \sqrt{\frac{D^4 - d^4}{D^2 - d^2}}$	$\sqrt{\frac{h^2}{12}}$ mit $b > h$	$\frac{a}{3{,}464}$	s. Profiltabellen

D

D 13.2 Knickspannung bei elastischer Knickung (*Euler*knickung)

Knickspannung in N/mm^2

$$\sigma_K = \frac{F_K}{S}$$

$$\sigma_K = \frac{\pi^2 \cdot E \cdot I_{min}}{l_K^2 \cdot S}$$

Knickkraft in N

$$F_K = \frac{\pi^2 \cdot E \cdot I_{min}}{l_K^2}$$

Knicksicherheit

$$\nu_K = \frac{F_K}{F}$$

Knickspannung in N/mm^2

$$\sigma_K = \frac{\pi^2 \cdot E}{\lambda^2}$$

Dimensionierungsformel bei elastischer Knickung

$$I_{min\,erf} = \frac{\nu_K \cdot F \cdot l_K^2}{E \cdot \pi^2}$$

σ_K	Knickspannung	N/mm^2
F_K	Knickkraft	N
S	Stabquerschnitt	mm^2
E	Elastizitätsmodul	N/mm^2
I_{min}	kleinstes Trägheitsmoment	mm^4
l_K	freie Knicklänge	mm
ν_K	Knicksicherheit	1
λ	Schlankheitsgrad	1
F	axiale Kraft, d.h. Druckkraft	N

D

D 13.3 Unelastische Knickung (*Tetmajer*-Knickung)

Ermittlung der Knickspannung bei unelastischer Knickung

Entsprechend dem verwendeten **Werkstoff** werden die **folgenden *Tetmajer*formeln** verwendet:

Werkstoff	*E*-Modul in N/mm^2	Grenz-Schlankheitsgrad λ_g	***Tetmajer*formel** für σ_K in N/mm^2
Grauguss	100000	80	$\sigma_K = 776 - 12 \cdot \lambda + 0{,}053 \cdot \lambda^2$
S235JRG1 (St 37-2)	210000	105	$\sigma_K = 310 - 1{,}14 \cdot \lambda$
E295 (St 50-2) und E335 (St 60-2)	210000	89	$\sigma_K = 335 - 0{,}62 \cdot \lambda$
Nickelstahl (bis 5% Ni)	210000	86	$\sigma_K = 470 - 2{,}3 \cdot \lambda$
Nadelholz	10000	100	$\sigma_K = 29{,}3 - 0{,}194 \cdot \lambda$

Bei der unelastischen Knickung liegt die Knickspannung über der Proportionalitätsgrenze für Druck σ_{dp}. Diese Grenze wird durch den **Grenzschlankheitsgrad** λ_g bestimmt (vorstehende Tabelle).

Grenzschlankheitsgrad

$$\lambda_g = \sqrt{\frac{\pi^2 \cdot E}{\sigma_{dP}}}$$

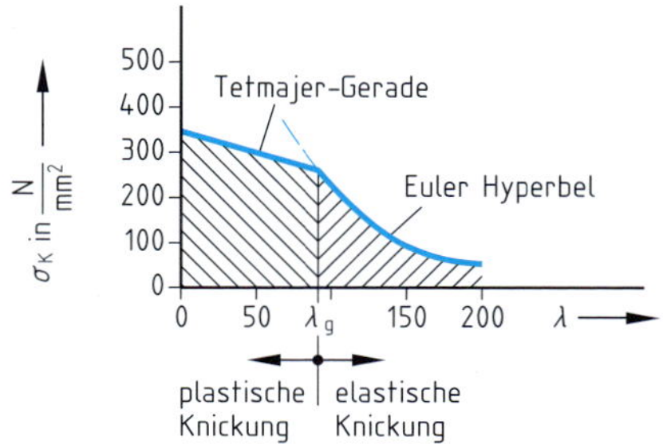

Rechenschema bei einer Bauteilbeanspruchung auf Knickung

a) $I_{\min\,erf}$ mit der Euler-Formel berechnen und aus dem errechneten Wert eine erste Dimensionierung vornehmen.

b) Kleinsten Trägheitsradius $i_{\min}$ und Schlankheitsgrad λ berechnen.

c) Wenn $\boldsymbol{\lambda < \lambda_g}$ **nach *Tetmajer***, wenn $\boldsymbol{\lambda \geqq \lambda_g}$ **nach *Euler*** berechnen.

d) Knicksicherheit $\nu_{K\,vorh}$ ermitteln: $\boldsymbol{\nu_{K\,vorh}} = \dfrac{\sigma_K}{\sigma_{d\,vorh}}$.

e) Ist $\nu_{K\,vorh} < \nu_{K\,erf}$: durch Schätzung Querschnittsvergrößerung vornehmen.

f) Wurde eine Querschnittsvergrößerung vorgenommen, ab λ-Berechnung (Punkt b) neu rechnen.

g) Querschnittsvergrößerungen sind solange fortzusetzen, bis die erforderliche Knicksicherheit $\nu_{K\,erf}$ erreicht ist.

D

D 13.4 Knickstäbe im Stahlbau

Tragsicherheitsnachweis erfolgt mit dem $\varkappa$-**Verfahren.**

$\varkappa$: **Abminderungsfaktor**, N: Normalkraft
$\mathbf{N}_{pl,\,d}$: Normalkraft im vollplastischen Zustand

$$\frac{N}{\varkappa \cdot N_{pl,\,d}} \leq 1$$

$$\bar{\lambda}_K = \frac{\lambda_K}{\lambda_a} \qquad \lambda_K = \frac{s_K}{i} \qquad \lambda_a = \pi \cdot \sqrt{\frac{E}{f_{y,\,k}}}$$

$$\bar{\lambda}_K \leq 0{,}2 \rightarrow \quad \varkappa = 1$$

$$\bar{\lambda}_K > 0{,}2 \rightarrow \quad \varkappa = \frac{1}{k + \sqrt{k_2 - \bar{\lambda}_K^2}}$$

$$\bar{\lambda}_K > 3{,}0 \rightarrow \quad \varkappa = \frac{1}{\bar{\lambda}_K \cdot (\bar{\lambda}_K + \alpha)}$$

Berechnung erfolgt nach DIN EN 1993. Im Gegensatz zur üblichen Bezeichnungsweise in der Festigkeitslehre sind die folgenden **Besonderheiten** zu beachten:

Querschnittsfläche	A	in mm^2
Zugfestigkeit	f_u	in $\dfrac{N}{mm^2}$
Streckgrenze	f_y	in $\dfrac{N}{mm^2}$

$$k = 0{,}5\,[1 + \alpha\,(\bar{\lambda}_K - 0{,}2) + \bar{\lambda}_K^2]$$

α: Parameter gemäß Tabelle 5 in DIN 18800-2 (z)

Knickspannungslinie	a_0	a	b	c	d
α	0,13	0,21	0,34	0,49	0,76

D 14 Mehrere gleichzeitige Beanspruchungen

D 14.1 Beanspruchung auf Biegung und Zug oder Biegung und Druck

Biegung und Zug

$$\sigma_{\text{res z1}} = \sigma_{\text{bz}} + \sigma_{\text{z}} = \frac{M_{\text{b}}}{W} + \frac{F_{\text{z}}}{S}$$

$$\sigma_{\text{res d2}} = \sigma_{\text{bd}} - \sigma_{\text{z}} = \frac{M_{\text{b}}}{W} - \frac{F_{\text{z}}}{S}$$

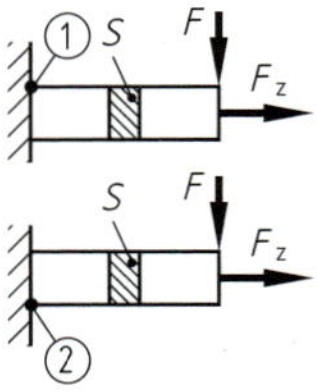

Biegung und Druck

$$\sigma_{\text{res z1}} = \sigma_{\text{bz}} - \sigma_{\text{d}} = \frac{M_{\text{b}}}{W} - \frac{F_{\text{d}}}{S}$$

$$\sigma_{\text{res d2}} = \sigma_{\text{bd}} + \sigma_{\text{d}} = \frac{M_{\text{b}}}{W} + \frac{F_{\text{d}}}{S}$$

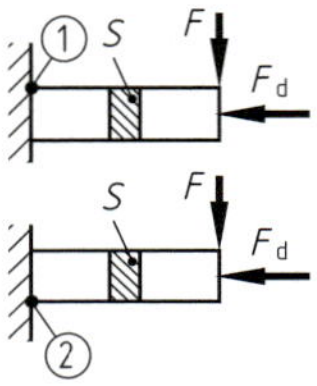

D

σ_{b}, σ_{d}, σ_{z} sind Normalspannungen und können somit durch **Superposition** zusammengefasst werden (s. nebenstehendes Bild).

Auf Biegung und Zug (oder Druck) beanspruchter Querschnitt

Biege-spannungs-schaubild

Zug- (oder Druck-) spannungs-schaubild

Gesamt-spannungs-schaubild

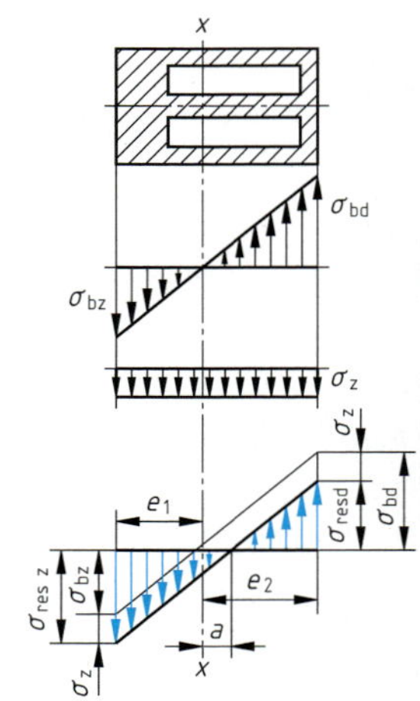

Verschiebung der neutralen Faser

$$a = \left(\frac{e_1}{\sigma_{\text{bz}}} - \frac{e_1}{\sigma_{\text{res z}}}\right) \cdot \sigma_{\text{res z}}$$

$$a = \frac{F \cdot I}{M_{\text{b}} \cdot S}$$

e_1	Randabstand im Biegespannungsschaubild	mm
σ_{bz}	Biegespannung (Zug)	N/mm²
$\sigma_{\text{res z}}$	resultierende Zugspannung	N/mm²
F	wirkende Zug- oder Druckkraft	N
I	Flächenträgheitsmoment	mm⁴
M_{b}	wirkendes Biegemoment	Nmm
S	Querschnittsfläche	mm²
a	Verschiebung der neutralen Faser	mm

D 14.2 Beanspruchung auf Zug und Schub, Druck und Schub, Biegung und Schub

Vergleichsspannung

$$\sigma_v = \sqrt{\sigma_{res\,max}^2 + \tau_m^2} \leqq \sigma_{zul}$$

Bei Normal- **und** Tangentialspannungen σ und τ wird mit dem Spannungs-Pythagoras eine **Vergleichsspannung σ_v** ermittelt.

Mittlere Schubspannung in N/mm²

$$\tau_m = \frac{F}{S}$$

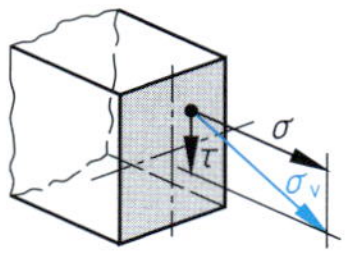

$\sigma_{res\,max}$	größte Normalspannung aus Biegung und Zug bzw. Biegung und Druck	N/mm²
σ_{zul}	größte einzelne zulässige Normalspannung	N/mm²
τ_m	mittlere Schubspannung	N/mm²
σ_v	Vergleichsspannung	N/mm²

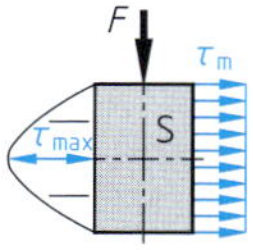

D 14.3 Beanspruchung auf Biegung und Torsion

Vergleichsspannung

$$\sigma_v = \sqrt{\sigma_b^2 + 3 \cdot (\alpha_0 \cdot \tau_t)^2} \leqq \sigma_{b\,zul}$$

Anstrengungsverhältnis

$$\alpha_0 = \frac{\sigma_{b\,zul}}{\sqrt{3} \cdot \tau_{t\,zul}}$$

Erforderliches Widerstandsmoment

$$W_{erf} = \frac{M_v}{\sigma_{b\,zul}}$$

Vergleichsspannung für Kreis- und Kreisringquerschnitt

$$M_v = \sqrt{M_b^2 + 0{,}75 \cdot (\alpha_0 \cdot M_t)^2}$$

In der Regel wird nach der **Hypothese der größten Gestaltungsänderungsarbeit** gerechnet.

σ_v	Vergleichsspannung	N/mm²
σ_b	vorhandene Biegespannung	N/mm²
τ_t	vorhandene Torsionsspannung	N/mm²
α_0	Anstrengungsverhältnis	1
$\sigma_{b\,zul}$	zulässige Biegespannung	N/mm²
$\tau_{t\,zul}$	zulässige Torsionsspannung	N/mm²
W_{erf}	erforderliches Widerstandsmoment	mm³
M_v	Vergleichsmoment	Nmm
M_b	Biegemoment	Nmm
M_t	Torsionsmoment	Nmm

D 15 Dynamische Beanspruchungen

D 15.1 Dauerstandfestigkeit, Schwellfestigkeit, Wechselfestigkeit

Dauerstandfestigkeit (Dauerfestigkeit I)

Von **Dauerstandfestigkeit** spricht man, wenn ein Probestab im **Belastungsfall I** (statisch belastet) die aufgebrachte Spannung gerade noch, ohne zu versagen, dauernd ertragen kann.

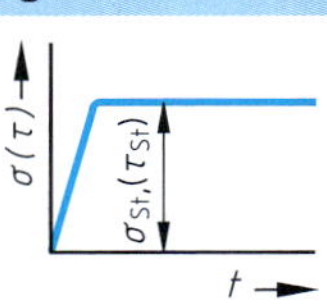

Schwellfestigkeit (Dauerfestigkeit II)

Schwellfestigkeit ist die Spannung, die ein Probestab im **Belastungsfall II** (schwellend, d. h. dynamisch belastet) gerade noch, ohne zu versagen, dauernd ertragen kann.

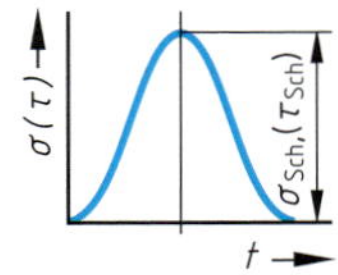

Wechselfestigkeit (Dauefestigkeit III)

Wechselfestigkeit ist die Spannung, die ein Probestab im **Belastungsfall III** (wechselnd, d. h. dynamisch belastet) gerade noch, ohne zu versagen, dauernd ertragen kann.

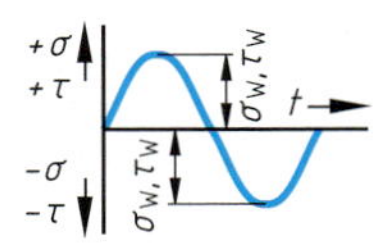

Allgemeine dynamische Belastung

Mittelspannung in N/mm²

$$\sigma_m = \frac{\sigma_o + \sigma_u}{2} \qquad \tau_m = \frac{\tau_o + \tau_u}{2}$$

Spannungsausschlag in N/mm²

$$\sigma_a = \pm\frac{\sigma_o - \sigma_u}{2} \qquad \tau_a = \pm\frac{\tau_o - \tau_u}{2}$$

Dauerfestigkeit in N/mm²

$$\sigma_D = \sigma_m \pm \sigma_a \qquad \tau_D = \tau_m \pm \tau_a$$

Dauerfestigkeit entspricht dem um eine Mittelspannung σ_m bzw. τ_m schwingenden größten Spannungsausschlag σ_a bzw. τ_a, den eine Probe unendlich oft aushält.

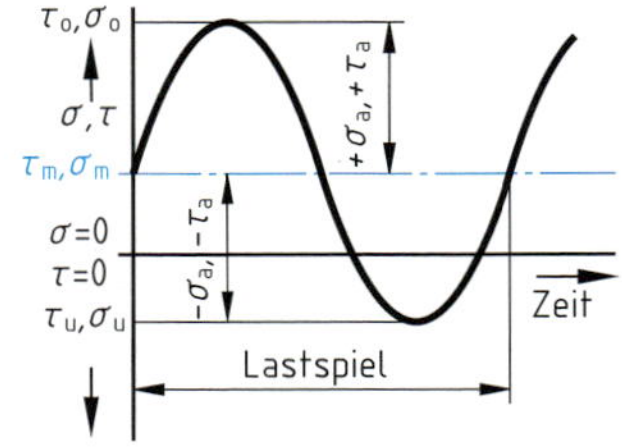

σ_o, τ_o	obere Grenzspannung	N/mm²
σ_u, τ_u	untere Grenzspannung	N/mm²
σ_m, τ_m	Mittelspannung	N/mm²
σ_a, τ_a	Spannungsanschlag	N/mm²
σ_D, τ_D	Dauerfertigkeit	N/mm²

D

D 15.2 Dauerfestigkeit und Zeitfestigkeit

Wöhler-Diagramm

Dauerfestigkeit

Eine bestimmte **Oberspannung** wird ab einer **Grenzlastwechselzahl** beliebig oft ausgehalten.

Zeitfestigkeit

Unterhalb der Grenzlastwechselzahl wird eine größere **Oberspannung** eine bestimmte Zeit ausgehalten.

Dauerfestigkeiten sind Grenzspannungen, die nicht überschritten werden dürfen. Verbindliche Werte liefern die für bestimmte Werkstoffe aufgestellten **Dauerfestigkeitsschaubilder**, die **Smith-Diagramme**. Solche findet man in maschinentechnischen Handbüchern und in einschlägigen DIN-Normen.

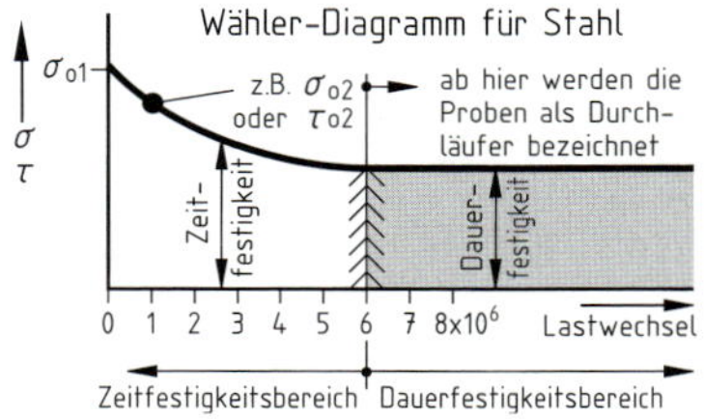

Konstruktion des Dauerfestigkeitsschaubildes (Smith-Diagramm)

Die Bereiche oberhalb bzw. unterhalb der Fließgrenze R_e (Linie a – b) werden abgeschnitten, da sich dieser Bereich plastisch verhält.
Üblicherweise wird nur der rechte Teil des so ermittelten **Dauerfestigkeitsschaubildes** gezeichnet, d.h. ab $\sigma_m \geqq 0$.

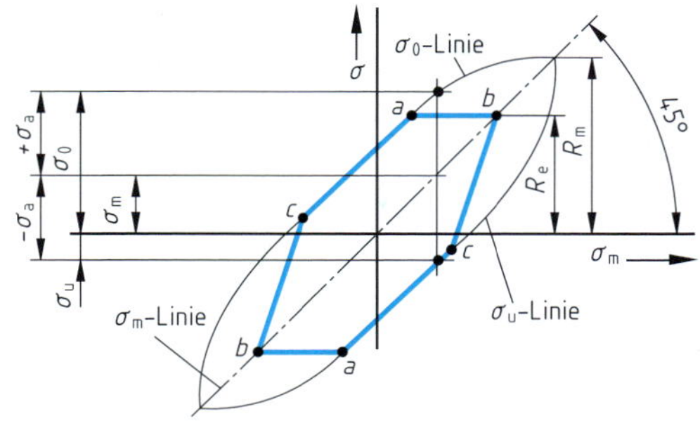

Dauerfestigkeitsschaubilder werden für alle Beanspruchungsarten (Zug, Druck, Biegung, Torsion) jeweils für einen bestimmten Werkstoff ermittelt.

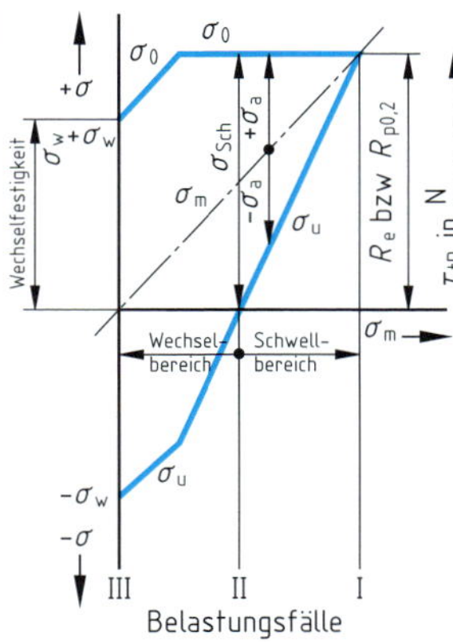

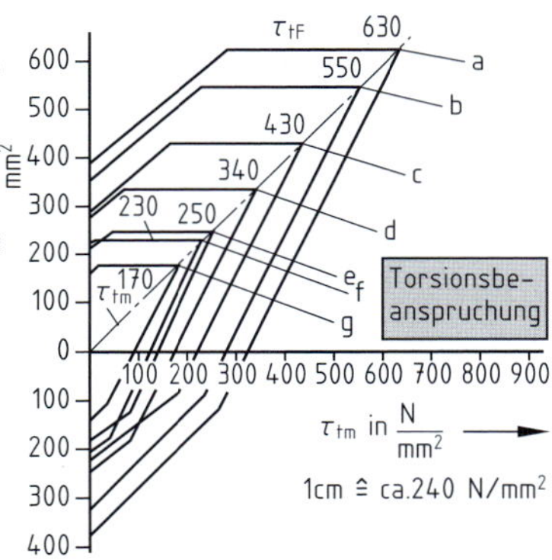

a) 42 CrMo4
b) 34 Cr4
c) 16 MnCr5
d) C45
e) C45E (Ck 45)
f) E335 (St 60-2)
g) S235JRG1 (St 37-2)

Zulässige Spannungen, erweiterter Sicherheitsbegriff

Dauerfestigkeit im Belastungsfall I

$$\sigma_D = \sigma_{St} = R_e$$

Dauerfestigkeit im Belastungsfall II

$$\sigma_D = \sigma_{Sch}$$

Dauerfestigkeit im Belastungsfall III

$$\sigma_D = \sigma_W$$

Dauerfestigkeit bei allgemeiner dynamischer Belastung

$$\sigma_D = \sigma_m \pm \sigma_a$$

Bei Berücksichtigung der Dauerfestigkeit spricht man vom erweiterten **Sicherheitsbegriff**.

Legende entsprechend Vorseite:

R_e	Streckgrenze	N/mm²
σ_W	Wechselfestigkeit	N/mm²
σ_{sch}	Schwellfestigkeit	N/mm²

D

Sicherheit gegen das Erreichen der Dauerfestigkeit

$$\nu_D = \frac{\sigma_D}{\sigma_{vorh\,max}}$$

$$\nu_D = \frac{\tau_D}{\tau_{vorh\,max}}$$

D 15.3 Gestaltfestigkeit

Unter **Gestaltfestigkeit** versteht man die Dauerfestigkeit eines Bauteils bezogen auf seine ganz spezielle Gestalt. Sie hängt von der **Größe des Bauteils** und von seiner **Oberflächengüte** ab. Auch der **Werkstoff** (spröde bis elastisch) spielt eine große Rolle.

Oberflächeneinflussparameter b_1

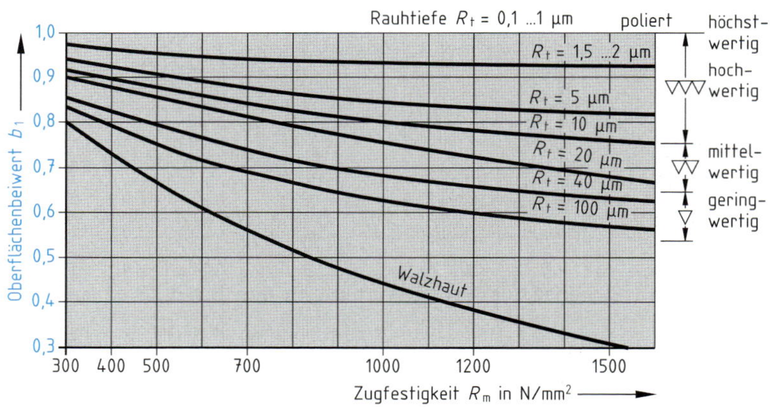

Größeneinflussparameter b_2 für Kreisquerschnitte

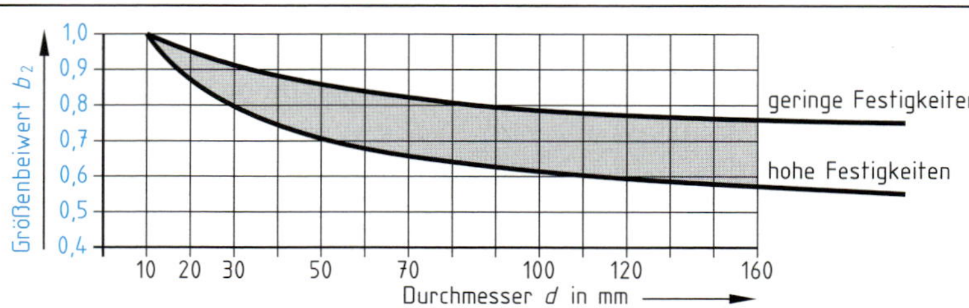

b_2 für andere Querschnitte in Fachliteratur

Kerbwirkungszahl β_K

$$\beta_K = 1 + (\alpha_K - 1) \cdot \eta_K$$

Maximalspannung im Kerbengrund in N/mm²

$$\sigma_{max} = \beta_K \cdot \sigma_n$$

$$\tau_{max} = \beta_K \cdot \tau_n$$

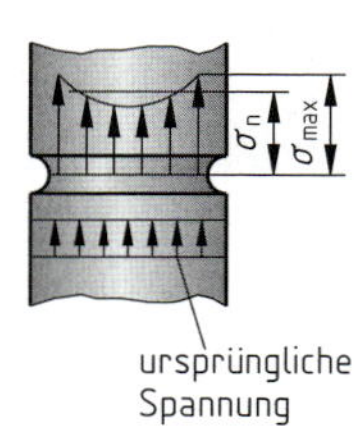

Einige Kerbformzahlen

α_K = 1 für gute Ausrundungen und geometrisch glatte Flächen
α_K = 1,4 … 1,6 Einstich für Seegerring
α_K = 1,3 … 1,5 Passfedernut DIN 6885 mit Auslauf
α_K = 1,8 … 2,5 Schrumpfsitz mit Nabe
α_K = 6 für extrem scharfkantige Kerben

α_K = Kerbformzahl

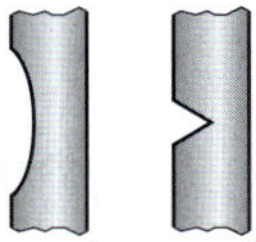

η_K = Kerbempfindlichkeitszahl

Einige Kerbempfindlichkeitszahlen

Werktoff	S235JRG1 (St 37-2)	S335G2 (St 52-2)	E295 (St 50-2)	E335 (St 60-2)	Federstahl	GG
η_K	0,2	0,3	0,4	0,6	1,0	0,0 …

Weitere α_K- und η_K-Werte
→ in maschinentechnischen Handbüchern (z. B: Dubbel, Hütte)

Gestaltfestigkeit in N/mm²

$$\sigma_G = \frac{\sigma_D \cdot b_1 \cdot b_2}{\beta_K}$$

$$\tau_G = \frac{\tau_D \cdot b_1 \cdot b_2}{\beta_K}$$

Sicherheit gegen das Erreichen der Gestaltfestigkeit

$$\nu_G = \frac{\sigma_G}{\sigma_{zul}}$$

$$\nu_G = \frac{\tau_G}{\tau_{zul}}$$

σ_D, τ_D	Dauerfestigkeit	N/mm²
b_1	Oberflächenbeiwert	1
b_2	Größenbeiwert	1
β_K	Kerbwirkungszahl	1
η_k	Kerbempfindlichkeitszahl	1
ν_G	Sicherheit gegen das Erreichen der Gestaltfestigkeit	1
α_K	Kerbformzahl	1

D

E Chemietechnik

E 1 Allgemeine Chemie

E 1.1 Grundlagen

→ C 3.6

Atombau

Ein Atom besteht aus Atomkern und Atomhülle (Elektronenhülle).

Bestandteile des Atomkerns = **Nukleonen**

Die Nukleonen werden eingeteilt in

- **Protonen** (elektrisch positiv geladene Masseteilchen) und
- **Neutronen** (elektrisch neutrale Massenteilchen)

Der Wasserstoffatomkern besitzt kein Neutron.

Bestandteile der Atomhülle:
- **Elektronen** (mit elektrisch negativer Ladung)

Atomkern

Masse eines Atomkerns

$$m_N = Z \cdot m_p + (A - Z) \cdot m_n - B$$

$$m_N = m_a - Z \cdot m_e$$

Massendefekt

$$B = (A_r - A) \cdot m_u = Z \cdot m_p + N \cdot m_n - m_N$$

Radius eines Atomkerns

$$R \approx r_0 \cdot \sqrt[3]{A} \quad \text{mit} \quad r_0 \approx 1{,}42 \cdot 10^{-15}\ \text{m}$$

Massen der Atombausteine

$m_p = 1{,}6726 \cdot 10^{-27}$ kg

$m_n = 1{,}6794 \cdot 10^{-27}$ kg

$m_e = 0{,}9109 \cdot 10^{-30}$ kg

$m_u = 1{,}6605 \cdot 10^{-27}$ kg = 1 u (atomare Masseneinheit)

Dichte innerhalb eines Atomkerns: $\rho \approx 10^{17}$ kg/m³

Isotope

Atome mit gleicher Anzahl Protonen aber unterschiedlicher Anzahl Neutronen (also unterschiedlicher Massenzahl)

Isotone

Atome mit gleicher Anzahl Neutronen aber unterschiedlicher Anzahl Protonen (also unterschiedlicher Massenzahl)

Im neutralen Atom kompensieren sich positive Kernladung und negative Hüllenladung.

Atome, die ein Elektron oder mehrere Elektronen abgegeben haben, heißen **positive Ionen** (oder **Kationen**). Besitzen Atome einen Elektronenüberschuss, heißen sie **negative Ionen** (oder **Anionen**).

Protonen und Neutronen gehören als Elementarteilchen zur Gruppe der **Hadronen** und hier zur Untergruppe der **Baryonen**. Das Elektron gehört zur Gruppe der **Leptonen**.

m_N	Masse des Atomkerns	kg
m_a	Masse des Atoms	kg
m_p	Masse des Protons	kg
m_n	Masse des Neutrons	kg
m_e	Masse des Elektrons	kg
m_u	Atommassenkonstante	kg, u
A	Nukleonenzahl	1
A_r	relative Atommasse	1
B	Massendefekt	kg
N	Neutronenzahl	1
Z	Protonenzahl (Ordnungszahl)	1
R	Kernradius	m
r_0	Radius eines Protons	m
ρ_K	Atomkerndichte	kg/m³

Isobare
Atome mit gleicher Anzahl Nukleonen (also gleicher Massenzahl) aber ungleicher Protonen- und Neutronenzahl.

Atomhülle

Die Hülle um den Atomkern wird durch elektrisch negativ geladene Elementarteilchen (**Elektronen**) in verschiedenen Energiezuständen gebildet.

Die möglichen Energiezustände eines Elektrons werden durch 4 Quantenzahlen beschrieben:

n Hauptquantenzahl (1, 2, 3, ..., n)

Elektronen gleicher Hauptquantenzahl besitzen gleich lange Hauptachsen ihrer Bahnellipsen, die wiederum gleich der zu dieser Hauptquantenzahl gehörigen Kreisbahn sind.

l_i Bahndrehimpuls-Quantenzahl (0, 1, 2, ..., $(n-1)$)

Sie charakterisiert die Elektronenzustände innerhalb des Hauptenergieniveaus n (Exzentrität der Ellipsenbahnen und deren Anzahl).

m_i Magnetische Quantenzahl (0, ± 1, ± 2, ..., ± l_i)

Sie charakterisiert die Raumorientierung der einzelnen Bahnen.

s_i Spindrehimpuls-Quantenzahl (± 1/2)

Sie berücksichtigt die zwei möglichen Orientierungen des Eigendrehimpulses (Spins) zum betreffenden Bahndrehimpuls.

Besetzung der Hauptenergieniveaus

Hauptquantenzahl	Bezeichnung	Maximale Anzahl der Elektronen	
		theoretisch: $2\,n^2$	tatsächlich[1)]
1	K	$2 \cdot 1^2 = 2$	2
2	L	$2 \cdot 2^2 = 8$	8
3	M	$2 \cdot 3^2 = 18$	18
4	N	$2 \cdot 4^2 = 32$	32
5	O	$2 \cdot 5^2 = 50$	32
6	P	$2 \cdot 6^2 = 72$	11[2)]
7	Q	$2 \cdot 7^2 = 98$	2

1) Natürlich vorhanden oder künstlich erreicht.

2) Künstlich erzeugtes Element Hahnium

Atommasse

Absolute Masse eines Atoms

$$m_a = A_r \cdot m_u$$

$$m_u = 1{,}6605 \cdot 10^{-27}\ \text{kg} = 1\ \text{u}$$

$$1\ \text{u} = \frac{1}{12}\, m\,(^{12}_{6}\text{C}) \quad \text{(atomare Masseneinheit)}$$

m_a	Masse des Atoms	kg
m_u	Atommassenkonstante	kg, u
A_r	relative Atommasse	1
$m(^{12}_{6}\text{C})$	Masse des Nuklids $^{12}_{6}\text{C}$	kg

Relative Atommasse

$$A_r = \frac{m_a}{m_u}$$

m_a	Masse des Atoms	kg
m_u	Atommassenkonstante	kg, u
A_r	relative Atommasse	1

Protonenzahl

$$Z = A - N$$

Z	Protonenzahl (Ordnungszahl, Kernladungszahl)	1
A	Nukleonenzahl	1
N	Neutronenzahl	1

E

Atomradius

Die gemessenen Werte sind vom Messverfahren abhängig und damit etwas unterschiedlich. Sie liegen je nach Atomart im Bereich von $0{,}5 \cdot 10^{-10}$ m bis $2{,}5 \cdot 10^{-10}$ m

Atomsymbole

Die Atome können je nach Erfordernis alleine stehen oder mit zusätzlichen Angaben versehen sein.

$$\nu\,{}^{A}_{Z}\overset{0}{E}{}^{z,0}_{S}$$

Beispiele:

${}^{7}_{3}Li$

Lithium mit 3 Protonen und insgesamt 7 Nukleonen

$\overset{0}{O}_2$

Sauerstoff mit dem stöchiometrischen Index 2 (2 Atome Sauerstoff haben sich zu einem Atomverband zusammengeschlossen und besitzen in diesem die Oxidationszahl 0).

Ca^{2+}

Calciumion mit der Ladungszahl 2+

$3\,\overset{4+}{S}\,\overset{2-}{O}_2$

3 Moleküle (bzw. Mole) Schwefeldioxid, in denen Schwefel die Oxidationszahl 4+ und Sauerstoff die Oxidationszahl 2– besitzt. Alternativ:

$3\,S^{IV}\,O_2^{-II}$

Diesen zusätzlichen Angaben ist jeweils ein fester Platz am Symbol zugewiesen.

A	Nukleonenzahl	1
E	Elementsymbol	1
O	Oxidationszahl	1
Z	Protonenzahl (Ordnungszahl, Kernladungszahl)	1
z	Ladungszahl	1
ν	stöchiometrische Zahl	1
S	stöchiometrischer Index	1

E 1.2 Fehlerrechnung

Für die Zufallsstreuung von Messwerten einer Messreihe gilt:

Arithmetischer Mittelwert (arithmetisches Mittel)

$$\overline{x} = \frac{1}{n} \cdot \sum_{i=1}^{n} x_i = \frac{1}{n} \cdot (x_1 + x_2 + \ldots + x_n)$$

Standardabweichung

$$s = \sqrt{\frac{1}{n-1} \cdot \sum_{i=1}^{n} (x_i - \overline{x})^2}$$

Variationskoeffizient

$$v = \frac{s}{|\overline{x}|} \quad \text{bzw. in Prozent:} \quad v = \frac{s}{|\overline{x}|} \cdot 100$$

$\overline{x}$	arithmetischer Mittelwert, arithmetisches Mittel
n	Anzahl der Messungen
$x_1, \ldots, x_i, \ldots, x_n$	voneinander unabhängige Messwerte
s	Standardabweichung (empirische)
v	Variationskoeffizient
$\lvert\overline{x}\rvert$	Betrag des arithmetischen Mittelwertes
t	Faktor, abhängig vom gewählten Vertrauensniveau $1-\alpha$ und von der Anzahl der Einzelmesswerte
$1-\alpha$	Vertrauensniveau (Wahrscheinlichkeit, mit der der Vertrauensbereich den Erwartungswert bzw. den wahren Wert überdeckt)

E

Angabe des Ergebnisses

$$\bar{x} \pm s \quad \text{bzw.} \quad \bar{x} \pm v$$

Vertrauensbereich bei Annahme einer Normalverteilung

$$\bar{x} - \frac{t}{\sqrt{n}} \cdot s \quad \text{bis} \quad \bar{x} + \frac{t}{\sqrt{n}} \cdot s$$

Angabe des Ergebnisses

$$\bar{x} \pm \frac{t}{\sqrt{n}} \cdot s$$

Anzahl der Einzelwerte n	Werte für t bei einem Vertrauensniveau $1 - \alpha$ von					
	68,26 %	90 %	95 %	99 %	99,5 %	99,73 %
2	1,84	6,31	12,71	63,66	127,32	235,80
3	1,32	2,92	4,30	9,93	14,09	19,21
4	1,20	2,35	3,18	5,84	7,45	9,22
5	1,15	2,13	2,78	4,60	5,60	6,62
6	1,11	2,02	2,57	4,03	4,77	5,51
8	1,08	1,90	2,37	3,50	4,03	4,53
10	1,06	1,83	2,26	3,25	3,69	4,09
20	1,03	1,73	2,09	2,86	3,17	3,45
30	1,02	1,70	2,05	2,76	3,04	3,28
50	1,01	1,68	2,01	2,68	2,94	3,16
100	1,00	1,66	1,98	2,63	2,87	3,08
200	1,00	1,65	1,97	2,60	2,84	3,04
> 200 ($t = \infty$)	1,00	1,65	1,96	2,58	2,81	3,00

Fehlerfortpflanzung bei der Bildung von Summen, Differenzen, Produkten und Quotienten

$$(\bar{x}_1 \pm s_1) + (\bar{x}_2 \pm s_2) + \ldots + (\bar{x}_n \pm s_n) =$$

$$\bar{x}_1 \pm \bar{x}_2 + \ldots + \bar{x}_n \pm \sqrt{s_1^2 + s_2^2 + \ldots + s_n^2}$$

$$(\bar{x}_1 \pm s_1) - (\bar{x}_2 \pm s_2) = \bar{x}_1 - \bar{x}_2 \pm \sqrt{s_1^2 + s_2^2}$$

$$(\bar{x}_1 \pm s_1) \cdot (\bar{x}_2 \pm s_2) = \bar{x}_1 - \bar{x}_2 \pm \sqrt{\bar{x}_1^2 \cdot s_1^2 + \bar{x}_2^2 \cdot s_2^2}$$

$$(\bar{x}_1 \pm s_1) \cdot (\bar{x}_2 \pm s_2) \cdot (\bar{x}_3 \pm s_3) =$$

$$\bar{x}_1 \cdot \bar{x}_2 \cdot \bar{x}_3 \pm$$

$$\pm \sqrt{\bar{x}_2 \cdot \bar{x}_3 \cdot s_1^2 + \bar{x}_1 \cdot \bar{x}_3 \cdot s_2^2 + \bar{x}_1 \cdot \bar{x}_2 \cdot s_3^2}$$

$$(\bar{x}_1 \pm s_1) \,/\, (\bar{x}_2 \pm s_2) = \bar{x}_1 \,/\, \bar{x}_2 \pm \sqrt{\bar{x}_2^2 \cdot s_1^2 + \bar{x}_1^2 \cdot s_2^2 \,/\, \bar{x}_2^2}$$

E 1.3 Stöchiometrie

→ C 2.3; C 3.4; C 3.5; C 3.6; C 3.7

E 1.3.1 Stoffmenge und Äquivalente

Mol

Einheitenzeichen: mol

Ein Mol ist die Stoffmenge eines Systems (z. B. einer Stoffportion eines Elements oder einer Verbindung, einer Portion Ionen usw.) aus ebenso vielen Teilchen, wie Teilchen (Atome) in 0,012 kg Kohlenstoff ^{12}C enthalten sind.

Grundlegende Beziehungen zur Ermittlung der Anzahl der Mole

$$n_i = \frac{m_i}{M_i} \qquad n_i = \frac{N_i}{N_A}$$

Molare Masse (stoffmengenbezogene Masse)

$$M_i = \frac{m_i}{n_i}$$

$$M_i = m_m \cdot N_A \quad \text{bzw.} \quad M_i = m_a \cdot N_A$$

Molares Volumen

$$V_m = \frac{M_i}{\rho_i} \qquad V_m = \frac{M_i \cdot V_i}{m_i} \qquad V_m = \frac{V_i}{n_i}$$

n_i	Stoffmenge des Stoffes i	mol
M_i	molare Masse des Stoffes i	kg/mol
m_i	Masse des Stoffes i	kg
N_i	Anzahl der Teilchen des Stoffes i	1
N_A	*Avogadro*-Konstante $N_A = 6{,}022 \cdot 10^{23}$	1/mol
m_a	Masse eines Atoms (Nuklids)	kg
m_M	Masse eines Moleküls	kg
V_i	Volumen des Stoffes i	m^3
V_m	molares Volumen des Stoffes i	m^3/mol
ρ_i	Dichte des Stoffes i	kg/m^3
z^*	Äquivalentzahl	1

Äquivalentzahl

Formelzeichen z^*

z^* ist die Anzahl der Äquivalente je Teilchen X (ganze Zahl)

Äquivalentteilchen (Äquivalent)

Gedachter Bruchteil $1/z^*$ eines Teilchens X (Atom, Molekül, Ion).

Zur symbolischen Darstellung des Äquivalentteilchens wird der Bruch $1/z^*$ vor das Symbol des Teilchens gesetzt, z. B. 1/3 HNO_3

Beispiele für Arten von Äquivalenten:

Neutralisationsäquivalent

z^* entspricht der Anzahl der H^+- oder OH^--Ionen, die das Teilchen X in einer gegebenen Neutralisationsreaktion aufnimmt oder abgibt.

Ionenäquivalent

z^* entspricht dem Betrag der Ladungszahl des gegebenen Ions.

Redox-Äquivalent

z^* entspricht dem Betrag der Differenz der Oxidationszahlen des Teilchens X oder des Atoms im Teilchen, das der Oxidationszahländerung unterliegt, vor und nach einer gegebenen Redoxreaktion.

E

E 1.3.2 Quantitäten von Stoffportionen

Masse einer Stoffportion des Stoffes oder Stoffbestandteils aus den Teilchen X

$$m_i = n_i(X) \cdot M(X)$$

Absolute Masse eines Teilchens X

$$m(X) = \frac{M(X)}{N_A}$$

Stoffmenge einer Stoffportion i des Stoffes oder Stoffbestandteils aus den Teilchen X

$$n_i(X) = \frac{m_i}{M(X)}$$

$$n(X) = \frac{N(X)}{N_A}$$

Stoffmengenbezogene Masse (molare Masse) des Stoffes oder Stoffbestandteils aus den Teilchen X

$$M(X) = \frac{n(X)}{m(X)}$$

Für ideale Gase im Normzustand gilt:

$$M(X) = \frac{m(X) \cdot R \cdot T_n}{p_n \cdot V_n}$$

$$M(X) = \rho_n \cdot V_{m,0}$$

Molare Masse von Äquivalenten

$$M\left(\frac{1}{z^*}X\right) = \frac{1}{z^*} \cdot M(X)$$

Teilchenzahl

$$N(X) = n(X) \cdot N$$

Unterschiedliche Schreibweise in den verschiedenen Fachdisziplinen

Beispiel: $m_i = n(NO_2) \cdot M(NO_2)$

m_i	Masse des Stoffes i	g
$m(X)$	Masse eines Teichens X oder des Stoffes aus den Teilchen X	g
$m_i(X)$	Masse einer Stoffportion i aus den Teilchen X	g
n_i	Stoffmenge des Stoffes i	mol
$n(X)$	Stoffmenge des Stoffes aus den Teilchen X	mol
$n_i(X)$	Stoffmenge einer Stoffportion i aus den Teilchen X	mol
M_i	molare Masse des Stoffes i	g/mol
$M(X)$	molare Masse des Stoffes aus den Teilchen X	g/mol
N_A	*Avogadro*-Konstante $N_A = 6{,}022 \cdot 10^{23}$ 1/mol	1/mol
R	universelle Gaskonstante $R = 8{,}314$ J/(mol · K)	J/(mol · K)
T	Temperatur	K
T_n	Normtemperatur $T_n = 273{,}15$ K	K
p_n	Normdruck $p_n = 101325$ Pa	Pa
V	Volumen	m^3
$V_{m,n}$	molares Normvolumen	m^3/mol
$V_{m,n}(X)$	molares Normvolumen eines Gases aus den Teilchen X	m^3/mol
$V_{m,0}$	molares Normvolumen eines idealen Gases $V_{m,0} = 22{,}41$ L/mol	m^3/mol
V_n	Normvolumen eines Gases bei $T = 273{,}15$ K und $p = 1{,}01325$ bar	m^3
$V_n(X)$	Normvolumen eines Gases aus den Teilchen X	m^3
$\rho(X)$	Dichte eines Gases aus den Teilchen X	kg/m^3
ρ_n	Normdichte des Gases (bei $T = 273{,}15$ K und $p = 1{,}01325$ bar)	kg/m^3
$M\left(\frac{1}{z^*}X\right)$	molare Masse von Äquivalenten	kg/mol
z^*	Äquivalentzahl	1
$\frac{1}{z^*}X$	ist ein gedachter Bruchteil des Teilchens X (Atom, Molekül oder Ion), z. B. 1/3 HNO_3	1

E

E 1.3.3 Gasgesetze

Molares Normvolumen idealer Gase

$$V_{m,n}(X) = \frac{V_n(X)}{n(X)}$$

Normvolumen einer Gasportion

$$V_n(X) = \frac{V_{m,n}(X) \cdot m(X)}{M(X)}$$

Vereinigtes Gasgesetz

$$\frac{p_1 \cdot V_1}{T_1} = \frac{p_2 \cdot V_2}{T_2} = \frac{p_n \cdot V_n}{T_n}$$

Für ein Mol eines idealen Gases gilt:

$$\frac{p_n \cdot V_{m,0}}{T_n} = R$$

Allgemeine Gasgleichung (Zustandsgleichung)

$$p \cdot V(X) = \frac{m(X) \cdot R \cdot T}{M(X)}$$

$$p \cdot V(X) = n(X) \cdot R \cdot T$$

Dichte eines Gases

$$\rho(X) = \frac{p \cdot M(X)}{R \cdot T}$$

$n(X)$	Stoffmenge des Stoffes aus den Teilchen X	mol
V	Volumen	m^3
$V_n(X)$	Normvolumen eines Gases aus den Teilchen X	m^3
V_n	Normvolumen eines Gases bei $T = 273{,}15$ K und $p = 1{,}01325$ bar)	m^3
$V_{m,n}(X)$	molares Normvolumen eines Gases aus den Teilchen X	m^3/mol
$V_{m,0}$	molares Normvolumen eines idealen Gases $V_{m,0} = 22{,}41$ L/mol	m^3/mol
p	Druck	Pa
p_n	Normdruck $p_n = 101325$ Pa	Pa
R	universelle Gaskonstante $R = 8{,}314$ J/(mol · K)	J/(mol · K)
T	Temperatur	K
T_n	Normtemperatur $T_n = 273{,}15$ K	K
$M(X)$	molare Masse des Stoffes aus den Teilchen X	g/mol

Für reale Gase weicht das molare Normvolumen $V_{m,n}$ z.T. vom molaren Normvolumen des idealen Gases $V_{m,0} = 22{,}41$ L/mol etwas ab. In der Praxis ist es meist ausreichend, näherungsweise mit $V_{m,0}$ zu rechnen.

Normvolumina realer Gase

Gas	$V_{m,n}$ L/mol	Gas	$V_{m,n}$ L/mol
NH_3	22,08	N_2	22,40
Cl_2	22,06	CO	22,41
HCl	22,24	CO_2	22,26
H_2S	22,18	CH_4	22,38
H_2	22,43	C_2H_4	22,26
O_2	22,39		

E

E 1.3.4 Ausbeuteberechnung

Stoffumsatzgleichung

$$\frac{m(X_1)}{m(X_2)} = \frac{n(X_1) \cdot M(X_1)}{n(X_2) \cdot M(X_2)}$$

Ausbeute

$$\eta(X) = \frac{m(X)}{m_{calc}(X)} = \frac{n(X)}{n_{calc}(X)} = \frac{V(X)}{V_{calc}(X)}$$

$M(X)$	molare Masse des Stoffes aus den Teilchen X	g/mol
$n(X)$	Stoffmenge des Stoffes aus den Teilchen X	mol
$n_{calc}(X)$	theoretisch berechnete Stoffmenge des Stoffes aus den Teilchen X	mol
$m(X)$	Masse des Stoffes aus den Teilchen X	g
$m_{calc}(X)$	theoretisch berechnete Masse des Stoffes aus den Teilchen X	g
$V(X)$	Volumen des Stoffes aus den Teilchen X	cm^3
$V_{calc}(X)$	theoretisch berechnetes Volumen des Stoffes aus den Teilchen X	cm^3

E 1.3.5 Aufstellen von Reaktionsgleichungen

Sind Edukte und Produkte bekannt, können mit der folgenden algebraischen Methode die stöchiometrischen Faktoren ν ermittelt werden.

Beispiel: Verbrennung von Propan

$$\nu_1\, C_3H_8 + \nu_2\, O_2 \rightarrow \nu_3\, CO_2 + \nu_4\, H_2O$$

In der Bilanz müssen jeweils gleich viele Atome eines Elements links und rechts des Reaktionspfeils stehen.

Bilanzgleichungen:

Gleichung I C: $3 \cdot \nu_1 = 1 \cdot \nu_3$

Gleichung II H: $8 \cdot \nu_1 = 2 \cdot \nu_4$

Gleichung III O: $2 \cdot \nu_2 = 2 \cdot \nu_3 + 1 \cdot \nu_4$

Links, in C_3H_8, sind 3 Atome C vorhanden, rechts, in CO_2, liegt nur 1 C-Atom vor. Es muss also $3 \cdot \nu_1$ genau so groß sein wie $1 \cdot \nu_3$, also: $3 \cdot \nu_1 = 1 \cdot \nu_3$.

$\nu_1 = 1$ (gewählt)

Da nur das stöchiometrische Verhältnis von Interesse ist, kann ν_1 willkürlich gleich 1 gesetzt werden.

Gleichung I $3 \cdot 1 = 1 \cdot \nu_3$

$\nu_3 = 3$

Gleichung II $8 \cdot 1 = 2 \cdot \nu_4$

$\nu_4 = \frac{8}{2}$

$\nu_4 = 4$

Gleichung III $2 \cdot \nu_2 = 2 \cdot 3 + 1 \cdot 4$

$\nu_2 = 5$

Das Gleichungssystem kann nach der Einsetzungsmethode gelöst werden.

E

Ergebnis:

$$C_3H_8 + 5\, O_2 \rightarrow 3\, CO_2 + 4\, H_2O$$

Entstehen Brüche, werden alle Ergebnisse durch geeignete Multiplikation mit dem größten Nenner auf ganzzahlige Verhältnisse gebracht.

E 1.4 Mischphasen

→ C 3.7; C 3.12

Molalität

$$b(X) = \frac{n(X)}{m(Lm)}$$

oder

$$b_i = \frac{n_i}{m_k}$$

Beispiel:

$$b(C_2H_5OH \text{ in Wasser}) = \frac{n(C_2H_5OH)}{m(H_2O)}$$

$b(X)$	Molalität des Stoffes aus den Teilchen X in einer Mischphase	mol/kg
b_i	Molalität des gelösten Stoffes i	mol/kg
$n(X)$	Stoffmenge des Stoffes aus den Teilchen X	mol
n_i	Stoffmenge der gelösten portion i	Stoff- mol
$m(Lm)$	Masse des Lösemittels (Lösemittelportion)	kg
m_k	Masse der Lösemittelportion k	kg

Konzentrationen

Wortverbindungen mit **„-konzentration"** im Zusammenhang mit einer Mischphase bezeichnen Quotienten aus einer Größe und dem Volumen der Mischphase.

Massenkonzentration

$$\varrho_i = \frac{m_i}{V}$$

Beispiel:

$$\varrho(N_2H_4) = \frac{m(N_2H_4)}{V}$$

ϱ_i	Massenkonzentration des Stoffes i	kg/m^3
m_i	Masse des Stoffes i in der Mischphase	kg
V	Volumen der Mischphase	m^3

Volumenkonzentration

$$\sigma_i = \frac{V_i}{V}$$

Beispiel:

$$\sigma(NH_3) = \frac{V(NH_3)}{V}$$

σ_i	Volumenkonzentration des Stoffes i	1
V_i	Volumen des Stoffes i in der Mischphase	m^3
V	Volumen der Mischphase	m^3

Teilchenzahlkonzentration

$$C_i = \frac{N_i}{V}$$

C_i	Teilchenzahlkonzentration des Stoffes i	1/m^3
N_i	Anzahl der Teilchen des Stoffes i in der Mischphase	1
V	Volumen der Mischphase	m^3

Stoffmengenkonzentration

$$c_i = \frac{n_i}{V}$$

Beispiel:

$$c(NaOH) = \frac{n(NaOH)}{V}$$

c_i	Stoffmengenkonzentration des Stoffes i (in der Chemie übliche Einheit: mol/L)	mol/m^3
n_i	Stoffmenge des Stoffes i in der Mischphase	mol
V	Volumen der Mischphase	m^3

Äquivalentkonzentration

$$c(\text{eq}) = \frac{n\left(\frac{1}{z^*}X\right)}{V}$$

$c(\text{eq})$	Äquivalentkonzentration der Teilchen X (in der Chemie übliche Einheit: mol/L)	mol/m^3
$n\left(\frac{1}{z^*}X\right)$	Äquivalentstoffmenge der Teilchen X	mol
V	Volumen der Lösung	m^3
z^*	Äquivalentzahl	1

Anteile

Massenanteil

$$w_i = \frac{m_i}{m}$$

Beispiel:

$$w(HCl) = \frac{m(HCl)}{m}$$

w_i	Massenanteil des Stoffes i	1
m_i	Masse des Stoffes i in der Mischphase	kg
m	Masse der gesamten Mischphase	kg

Volumenanteil

$$\varphi_i = \frac{V_i}{V_0}$$

Beispiel:

$$\varphi(C_2H_5OH) = \frac{V(C_2H_5OH)}{V_0}$$

φ_i	Volumenanteil des Stoffes i	1
V_i	Volumen des Stoffes i vor dem Mischvorgang	m^3
V_0	Gesamtvolumen der Stoffe vor dem Mischvorgang	m^3

Stoffmengenanteil

$$x_i = \frac{n_i}{n}$$

Beispiel:

$$x(HCl) = \frac{n(HCl)}{n}$$

Für binäre Gemische (Zweistoffgemische) gilt

$$x_1 = \frac{n_1}{n_1 + n_2} \qquad x_2 = \frac{n_2}{n_1 + n_2}$$

x_i	Stoffmengenanteil des Stoffes i	1
n_i	Stoffmenge des Stoffes i in der Mischphase	mol
n	Gesamtstoffmenge der Mischphase	mol

Index 1, 2, … für Stoff 1, 2, …

Teilchenzahlanteil

$$X_i = \frac{N_i}{N}$$

X_i	Teilchenzahlanteil des Stoffes i	1
N_i	Anzahl der Teilchen des Stoffes i in der Mischphase	1
N	Gesamtzahl der Teilchen	1

E

Verhältnisgrößen

Die folenden Formeln gelten für binäre Systeme.

Verhältnis aus zwei gleichartigen oder voneinander abhängigen Größen gleicher Dimension, speziell das Verhältnis einer Größe zu einer gleichartigen Bezugsgröße

Massenverhältnis

$$\zeta_{ik} = \frac{m_i}{m_k}$$

ζ_{ik}	Massenverhältnis Stoff i zu Stoff k	1
m_i	Masse des Stoffes i in der Mischphase	kg
m_k	Masse des Stoffes k in der Mischphase	kg

Volumenverhältnis

$$\psi_{ik} = \frac{V_i}{V_k}$$

ψ_{ik}	Volumenverhältnis Stoff i zu Stoff k	1
V_i	Volumen des Stoffes i vor dem Mischvorgang	m^3
V_k	Volumen des Stoffes k vor dem Mischvorgang	m^3

Stoffmengenverhältnis

$$r_{ik} = \frac{n_i}{n_k}$$

r_{ik}	Stoffmengenverhältnis Stoff i zu Stoff k	1
n_i	Stoffmenge des Stoffes i in der Mischphase	mol
n_k	Stoffmenge des Stoffes k in der Mischphase	mol

Teilchenzahlverhältnis

$$R_{ik} = \frac{N_i}{N_k}$$

R_{ik}	Teilchenzahlverhältnis Stoff i zu Stoff k	1
N_i	Anzahl der Teilchen des Stoffes i in der Mischphase	1
N_k	Anzahl der Teilchen des Stoffes k in der Mischphase	1

Spezifische Partialstoffmenge

$$q(X) = \frac{n(X)}{\Sigma m}$$

Beispiel:

$q(\text{NaOH}) = 0{,}1$ mol/kg

$q(X)$	spezifische Partialstoffmenge	mol/kg
$n(X)$	Stoffmenge des Bestandteils X in der Mischphase	mol
Σm	Masse der gesamten Mischphasenportion	kg

ppb (parts per billion)

Einheit für die Verhältnisgröße $1:10^9$ (keine SI-Einheit)

(Bitte beachten: die englische Billion entspricht der deutschen Milliarde)

Beispiele:

1 ppb entspricht dem Verhältnis von 1 Fremdatom zu $1 \cdot 10^9$ Reinstoffatomen.

ppm (parts per million)

Einheit für die Verhältnisgröße $1:10^6$ (keine SI-Einheit)

1 ppm entspricht dem Verhältnis von 1 cm^3 eines Schadstoffes zu 1 m^3 Raumluft.

Umrechnungen von Gehaltsgrößen

Massenanteil in Stoffmengenanteil

$$x_i = \frac{w_i}{M_i \cdot \left(\frac{w_i}{M_i} + \frac{w_k}{M_k} + \ldots + \frac{w_n}{M_n} \right)}$$

x	Stoffmengenanteil	1
w	Massenanteil	1
M	stoffmengenbezogene Masse (molare Masse)	g/mol

Index i, k, n für die Stoffe i, k, n

Stoffmengenanteil in Massenanteil

$$w_i = \frac{x_i \cdot M_i}{x_i \cdot M_i + x_k \cdot M_k + \ldots + x_n \cdot M_n}$$

Volumenanteil in Massenanteil

$$w_i = \frac{\varphi_i \cdot \rho_i}{\rho}$$

w_i	Massenanteil des Stoffes i	1
φ_i	Volumenanteil des Stoffes i	1
ρ_i	Dichte des Stoffes i	kg/m^3
ρ	Dichte der Mischphase	kg/m^3

Massenanteil in Volumenanteil

$$\varphi_i = \frac{w_i \cdot \rho}{\rho_i}$$

E

Stoffmengenkonzentration in Massenanteil

$$w_i = \frac{c_i \cdot M_i}{1000 \cdot \varrho}$$

Massenanteil in Stoffmengenkonzentration

$$c_i = \frac{1000 \cdot w_i \cdot \varrho}{M_i}$$

w_i	Massenanteil des Stoffes i	1
c_i	Stoffmengenkonzentration des Stoffes i	mol/L
M_i	molare Masse des Stoffes i	g/mol
ϱ	Dichte der Mischphase	g/cm³

Massenkonzentration in Massenanteil

$$w_i = \frac{\varrho_i}{1000 \cdot \varrho}$$

Massenanteil in Massenkonzentration

$$\varrho_i = 1000 \cdot w_i \cdot \varrho$$

w_i	Massenanteil des Stoffes i	1
ϱ_i	Massenkonzentration des Stoffes i	g/L
ϱ	Dichte der Mischphase	g/cm³

Volumenkonzentration in Massenanteil

$$w_i = \frac{\sigma_i \cdot \varrho_i}{\varrho}$$

Massenanteil in Volumenkonzentration

$$\sigma_i = \frac{w_i \cdot \varrho}{\varrho_i}$$

w_i	Massenanteil des Stoffes i	1
σ_i	Volumenkonzentration des Stoffes i	L/L
ϱ_i	Dichte des Stoffes i	g/cm³
ϱ	Dichte der Mischphase	g/cm³

Stoffmengenkonzentration in Massenkonzentration

$$\varrho_i = c_i \cdot M_i$$

Massenkonzentration in Stoffmengenkonzentration

$$c_i = \frac{\varrho_i}{M_i}$$

ϱ_i	Massenkonzentration des Stoffes i	g/L
c_i	Stoffmengenkonzentration des Stoffes i	mol/L
M_i	molare Masse des Stoffes i	g/mol

Volumenanteil in Volumenkonzentration und umgekehrt

$$\varphi_i = \sigma_i$$

Die Gleichheit gilt nur, wenn beim Mischvorgang der beteiligten Stoffe keine Volumenänderung eintritt:

$V_{Mischphase} = V_i + V_k + \ldots + V_n$

φ_i	Volumenanteil des Stoffes i	1
σ_i	Volumenkonzentration des Stoffes i	L/L

Mischen von Stoffen

Allgemeine Mischungsgleichung für *n* binäre Systeme (Zweistoffsysteme)

$$m_1 \cdot w_1 + m_2 \cdot w_2 + \ldots + m_n \cdot w_n + = m_M \cdot w_M$$

Mischen zweier binärer Systeme

$$m_1 \cdot w_1 + m_2 \cdot w_2 = m_M \cdot w_M$$

Verdünnen einer Lösung (binäres System) mit einem reinen Lösemittel (z. B. Wasser)

$$m_A \cdot w_A = (m_A + m_{LM}) \cdot w_M$$

m	Masse	kg
w	Massenanteil	1, %

Indizes:

1	Stoff 1
2	Stoff 2
n	Stoff n
M	Mischung
A	Stoff A
LM	Lösemittel

Aufkonzentrieren
einer Lösung (binäres System) durch Zugabe von reinem Inhaltsstoff

$$m_A \cdot w_A + m_I = (m_A + m_I) \cdot w_M$$

oder wenn w in Prozent eingesetzt wird:

$$m_A \cdot w_A + m_I \cdot 100 = (m_A + m_I) \cdot w_M$$

Aufkonzentrieren
(Einengen) einer Lösung (binäres System) durch Entzug von Lösemittel (z. B. Abdampfen von Wasser)

$$m_A \cdot w_A = (m_A - m_{LM}) \cdot w_K$$

m	Masse	kg
w	Massenanteil	1, %

Indizes:

1	Stoff 1
2	Stoff 2
n	Stoff n
M	Mischung
A	Stoff A
LM	Lösemittel
I	Inhaltsstoff
K	Konzentriert

E 1.5 Analytik

E 1.5.1 Maßanalyse (Volumetrie)

Masse des zu bestimmenden Stoffes

$$m(X) = \frac{M\left(\frac{1}{z_2^*}(X)\right) \cdot \tilde{c} \cdot z_2^* \cdot V \cdot t \cdot f_A}{1000}$$

Massenanteil des zu bestimmenden Stoffes

$$w(X) = \frac{M\left(\frac{1}{z^*}(X)\right) \cdot \tilde{c} \cdot z_2^* \cdot V \cdot t \cdot f_A}{1000 \cdot m}$$

$$w(X) = \frac{m(X)}{1000 \cdot n}$$

Titer von Maßlösungen

$$t = \frac{c(X)}{\tilde{c}(X)}$$

$$t = \frac{V_{th}}{V_{pr}}$$

Massenkonzentration

$$\rho^*(X) = \frac{m(X)}{V(\text{Probe})}$$

Leitfähigkeitstitration

$$\kappa = \frac{I}{U \cdot A} \cdot L$$

$m(X)$	Masse des zu bestimmenden Stoffes X in der Probe	g
$w(X)$	Massenanteil des zu bestimmenden Stoffes X in der Probe	1
$M\left(\frac{1}{z_2^*}X\right)$	durch die Äquivalentzahl z_1^* dividierte molare Masse des zu bestimmenden Stoffes X	g/mol
$\tilde{c}$	angenäherte Stoffmengenkonzentration der Maßlösung	mol/L
c	Stoffmengenkonzentration der Maßlösung	mol/L
z_2^*	Äquivalentzahl der wirksamen Substanz in der Maßlösung (Entfällt bei Maßlösungen mit Äquivalenzkonzentration c(eq))	1
V	Verbrauch an Maßlösung	mL
V_{th}	theoretischer Verbrauch an Maßlösung	mL
V_{pr}	praktischer Verbrauch an Maßlösung	mL
V	Verbrauch an Maßlösung	mL
t	Titer der Maßlösung	1
f_A	Verdünnungsfaktor	1
m	Masse Probe (Einwaage)	g
κ	spezifische elektrische Leitfähigkeit	S/cm
L	Elektrodenabstand	cm
U	Spannung	V
A	Elektrodenfläche	cm^2
I	Stromstärke	A

Bei Redoxtitrationen werden für z_1^* und z_2^* die Änderungen der Oxidationszahlen des Titranden und des Titrators während der Reaktion eingesetzt.

Wird ein Volumen V(Probe) vorgelegt, so erfolgt die Ermittlung von $w(X)$ über die Dichte ($m = \rho \cdot V$) oder es ist als Titrationsergebnis die Massenkonzentration anzugeben:

E 1.5.2 Gewichtsanalyse (Gravimetrie)

Masse des zu bestimmenden Stoffes

$$m(X) = m(A) \cdot \frac{a \cdot M(X)}{M(A)}$$

$$m(X) = m(A) \cdot F$$

$$F = \frac{a \cdot M(X)}{M(A)}$$

$m(X)$	Masse des zu bestimmenden Stoffes X in der Probe	g
$M(X)$	molare Masse des zu bestimmenden Stoffes X	g/mol
$M(A)$	molare Masse der Wägeform A	g/mol
a	Anzahl von Teilchen X im Molekül der Wägeform A	1
F	analytischer Faktor (kann bei gleicher gravimetrischer Bestimmung immer wieder verwendet werden)	1
$w(X)$	Massenanteil des zu bestimmenden Stoffes X in der Probe	1
m	Einwaage an Probe	g
$m(A)$	Masse der Auswaage (Wägeform A)	g

E

Massenanteil des zu bestimmenden Stoffes

$$w(\mathrm{X}) = m(\mathrm{A}) \cdot \frac{a \cdot M(\mathrm{X})}{M(\mathrm{A}) \cdot m}$$

$$w(\mathrm{X}) = \frac{m(\mathrm{X})}{m} \qquad w(\mathrm{X}) = \frac{m(\mathrm{A}) \cdot F}{m}$$

E 1.5.3 Trockengehaltsbestimmung

Masse an Feuchtigkeit

$$m_{\mathrm{F}} = m - m_{\mathrm{Tr}}$$

Feuchtigkeitsgehalt (Massenanteil Feuchtigkeit)

$$w_{\mathrm{F}} = \frac{m_{\mathrm{F}}}{m}$$

Trockengehalt (Massenanteil Trockensubstanz)

$$w_{\mathrm{Tr}} = \frac{m_{\mathrm{Tr}}}{m}$$

m	Einwaage (Masse der Probe vor dem Trocknen oder Glühen)	g
m_{F}	Masse Feuchtigkeit	g
m_{Tr}	Masse der Auswaage (Trockenmasse) nach dem Trocknen bei 105 °C–130 °C	g
w_{F}	Massenanteil der Feuchtigkeit (Feuchtigkeitsgehalt)	1
w_{Tr}	Massenanteil der Trockenmasse (Trockengehalt)	1

E 1.5.4 Glührückstandsbestimmung

Glühverlust

$$m_{\mathrm{GV}} = m - m_{\mathrm{GR}}$$

Massenanteil Glühverlust

$$w_{\mathrm{GV}} = \frac{m_{\mathrm{GV}}}{m}$$

Massenanteil Glührückstand

$$w_{\mathrm{GR}} = \frac{m_{\mathrm{GR}}}{m}$$

m	Einwaage (Masse der Probe vor dem Trocknen oder Glühen)	g
m_{GV}	Masse des Glühverlustes	g
m_{GR}	Masse des Glührückstandes	g
w_{GV}	Massenanteil Glühverlust	1
w_{GR}	Massenanteil Glührückstand	1

E 1.5.5 Massenanteile in einer chemischen Verbindung

$$w(\mathrm{X}) = \frac{z \cdot M(\mathrm{X})}{M(\mathrm{V})}$$

Beispiel:

Gesucht: Massenanteil Stickstoff in N_2H_4

$$w(\mathrm{N}) = \frac{2 \cdot M(\mathrm{N})}{M(\mathrm{N_2H_4})}$$

$w(\mathrm{X})$	Massenanteil des Elements oder der Elementgruppe X in der Verbindung	1
$M(\mathrm{X})$	molare Masse des Elements oder der Elementgruppe X	g/mol
$M(\mathrm{V})$	molare Masse der Verbindung	g/mol
z	Häufigkeit von X in der Verbindung	1

E

E 2 Physikalische Chemie

E 2.1 Grundlagen

→ C 3.4; C 3.5; C 3.17

E 2.1.1 Atom- und Molekülmasse

Atomare Masseneinheit

$$m_u = 1{,}6605402 \cdot 10^{-27}\ \text{kg}$$

Relative Atommasse

$$A_r = \frac{m_a}{m_u}$$

Relative Molekülmasse

$$M_r = \sum A_r = \frac{\sum m_a}{m_u}$$

Molekülmasse

$$m_M = \sum m_a = M_r \cdot m_u$$

Molare Masse

$$M = \frac{m}{n}$$

A_r	relative Atommasse	1
m	Masse	kg
m_a	Masse eines Atoms	kg
m_u	atomare Masseneinheit, vereinheitlichte Massenkonstante, 1/12 der Masse des Kohlenstoffnuklids ^{12}C (m_u =1/12 $m(^{12}C)$)	kg
m_M	Masse eines Moleküls	kg
M_r	relative Molekülmasse	1
M	molare Masse	kg/mol
n	Stoffmenge	mol

E 2.1.2 Umsatz und Ausbeute

Umsatz bei chemischen Reaktionen

$$U(A) = \frac{m_0(A) - m(A)}{m_0(A)} = \frac{n_0(A) - n(A)}{n_0(A)}$$

Ausbeute bei chemischen Reaktionen

$$A(C) = \frac{m(C)}{m_{th}(C)} = \frac{n(C)}{n_{th}(C)}$$

$U(A)$	Umsatz (bezogen auf das Edukt A)	1
$m_0(A)$	Masse der Stoffportion von A vor der Reaktion	kg
$m(A)$	Masse der Stoffportion von A nach der Reaktion bzw. im Gleichgewicht	kg
$n_0(A)$	Stoffmenge der Stoffportion von A vor der Reaktion	kg
$n(A)$	Stoffmenge der Stoffportion von A nach der Reaktion bzw. im Gleichgewicht	kg
$m(C)$	Masse des gebildeten Produktes C	kg
$m_{th}(C)$	theoretisch erreichbare Masse an Produkt C	kg
$n(C)$	Stoffmenge des gebildeten Produktes C	kg
$n_{th}(C)$	theoretisch erreichbare Stoffmenge an Produkt C	kg

E

E 2.1.3 Aktivität und Fugazität

Aktivität

$$^{c}a(A) = \frac{^{c}\gamma(A) \cdot c(A)}{c^{\ominus}(A)}$$

$$^{x}a(A) = {}^{x}\gamma(A) \cdot x(A)$$

Für gasförmige Mischphasen:

$$^{p}a(A) = \frac{^{p}\gamma(A) \cdot p(A)}{p^{\ominus}}$$

Fugazität

$$f(A) = \gamma(A) \cdot p(A)$$

$^{c}a(A)$	Aktivität des Stoffes A in einer Lösung (Gehaltsgröße: Stoffmengenkonzentration)	1
$^{c}\gamma(A)$	Aktivitätskoeffizient für den Stoff A (Gehaltsgröße: Stoffmengenkonzentration)	1
$c(A)$	Stoffmengenkonzentration des Stoffes A in einer Lösung	mol/L
$c^{\ominus}(A)$	Standardzustand, $c^{\ominus}(A) = 1$ mol/L	mol/L
$^{x}a(A)$	Aktivität des Stoffes A in einer Lösung (Gehaltsgröße: Stoffmengenanteil)	1
$^{x}\gamma(A)$	Aktivitätskoeffizient für den Stoff A (Gehaltsgröße: Stoffmengenanteil)	1
$x(A)$	Stoffmengenanteil des Stoffes A in einer Lösung	1
$^{p}a(A)$	Aktivität des Stoffes A in einem Gasgemisch (modifizierter Partialdruck)	1
$^{x}\gamma(A)$	Aktivitätskoeffizient für den Stoff A in einem Gasgemisch	1
$p(A)$	Partialdruck des Stoffes A in einem Gasgemisch	Pa
$p^{\ominus}$	Standarddruck, $p^{\ominus} = 1{,}013 \cdot 10^{5}$ Pa	Pa
$f(A)$	Fugazität des Stoffes A in einem Gasgemisch (idealisierter Partialdruck)	Pa
$\gamma(A)$	Fugazitätskoeffizient des Stoffes A in einem Gasgemisch	1

E 2.2 Gase

→ C 3.4; C 3.5; C 3.9; C 3.17

2.2.1 Ideale Gase

Isotherme Zustandsänderung

$$p_1 \cdot V_1 = p_2 \cdot V_2$$

Isobare Zustandsänderung

$$\frac{V_1}{T_1} = \frac{V_2}{T_2} = \frac{V_n}{T_n} = \text{konst.}$$

Isochore Zustandsänderung

$$\frac{p_1}{T_1} = \frac{p_2}{T_2} = \frac{p_n}{T_n} = \text{konst.}$$

Vereinigtes Gesgesetz

$$\frac{p_1 \cdot V_1}{T_1} = \frac{p_2 \cdot V_2}{T_2} = \frac{p_n \cdot V_n}{T_n} = \text{konst.}$$

p	Druck	Pa
V	Volumen	m^3
T	Temperatur	K

Indizes:

1,2:	Stoff 1, Stoff 2
n	Normzustand: 273 K, 1,013 bar

Universelle Gaskonstante

$$R = \frac{p_n \cdot V_{m,0}}{T_n}$$

$$R = 8{,}315 \frac{J}{mol \cdot K}$$

Universelle Gasgleichung

$$p \cdot V = n \cdot R \cdot T$$

$$p \cdot V = \frac{m}{M} \cdot R \cdot T$$

Molare Masse von Gasen

$$M = \frac{m \cdot R \cdot T}{p \cdot V}$$

$$M_2 = \frac{M_1 \cdot \rho_2}{\rho_1}$$

$$M = \frac{\rho \cdot R \cdot T}{p}$$

Gesamtmasse eines Gasgemisches

$$m = m_1 + m_2 + m_3 + \ldots + m_n$$

Gesamtvolumen eines Gasgemisches

$$V = V_1 + V_2 + V_3 + \ldots + V_n$$

Gesetz von *Dalton*

$$p = p_1 + p_2 + p_3 + \ldots + p_n$$

Partialdruck einer Gaskomponente

$$p(A) = \frac{n(A) \cdot R \cdot T}{V}$$

Stoffmengenanteil einer Gaskomponente

$$x(A) = \frac{p(A)}{p}$$

Mittlere scheinbare molare Masse eines Gasgemisches

$$M = \frac{n_1 \cdot M_1 + n_2 \cdot M_2 + \ldots + n_n \cdot M_n}{n}$$

R	molare Gaskonstante $R = 8{,}31$ J/(mol · K)	J/(mol · K)
p_n	Normdruck, $p_n = 1{,}013 \cdot 10^5$ Pa	Pa
T_n	Normtemperatur, $T_n = 273{,}15$ K	K
$V_{m,0}$	molares Normvolumen, $V_{m,0} = 22{,}41$ L/mol	m^3/mol
p	Druck	Pa
V	Volumen	m^3
T	Temperatur	K
M	molare Masse	kg/mol
n	Stoffmenge	mol
ρ	Dichte	kg/m^3
m	Masse	kg
p_1, p_2, p_3, p_n	Partialdrücke der Komponenten 1, 2, 3, …, n	Pa
p(A)	Partialdruck der Komponente A	Pa
n(A)	Stoffmenge der Komponente A	mol
x(A)	Stoffmengenanteil der Komponente A	1

Indizes 1, 2, 3, …, n: Komponenten 1, 2, 3, … n

E

Molare Wärmekapazität eines Gasgemisches

$$C_m = \frac{V_1 \cdot C_{m1} + V_2 \cdot C_{m2} + \ldots + V_n \cdot C_{mn}}{V}$$

Spezifische Wärmekapazität eines Gasgemisches

$$c_p = \frac{m_1 \cdot c_{p1} + m_2 \cdot c_{p2} + \ldots + m_n \cdot c_{pn}}{m}$$

$$c_V = \frac{m_1 \cdot c_{V1} + m_2 \cdot c_{V2} + \ldots + m_n \cdot c_{Vn}}{m}$$

Dichte eines Gasgemisches

$$\rho = \frac{V_1 \cdot \rho_1 + V_2 \cdot \rho_2 + \ldots + V_n \cdot \rho_n}{V}$$

Individuelle (spezielle) Gaskonstante

$$R_B = \frac{m_1 \cdot R_{B1} + m_2 \cdot R_{B2} + \ldots + m_n \cdot R_{Bn}}{m}$$

m	Gesamt-Masse	kg
V	Gesamt-Volumen	m^3
C_m	molare Wärmekapazität	J/(mol · K)
c_p	spezifische Wärmekapazität bei konstantem Druck	J/(kg · K)
c_V	spezifische Wärmekapazität bei konstantem Volumen	J/(kg · K)
ρ	Dichte	kg/m^3
R_B	individuelle (spezielle) Gaskonstante des Stoffes B	J/(kg · K)
p	Druck	Pa
R	molare Gaskonstante $R = 8{,}31$ J/(mol · K)	J/(mol · K)
T	Temperatur	K
n	Stoffmenge	mol
a	*Van der Waals*-Konstante	$Pa \cdot m^6/mol^2$
b	*Van der Waals*-Konstante	m^3/mol
V_m	molares Volumen	m^3/mol
$V_{m,c}$	kritisches molares Volumen	m^3/mol
T_c	kritische Temperatur	K
p_c	kritischer Druck	Pa

Indizes 1, 2, …, n: Komponenten 1, 2, …, n

E 2.2.2 Reale Gase

***Van der Waals*'sche Zustandsgleichung (thermische Zustandsgleichung realer Gase)**

$$\left(p + \frac{a \cdot n^2}{V^2}\right) \cdot (V - n \cdot b) = n \cdot R \cdot T$$

Bezogen auf 1 mol:

$$\left(p + \frac{a}{V_m^2}\right) \cdot (V_m - b) = R \cdot T$$

***Van der Waals*-Konstanten**

$$a = 3 \cdot p_c \cdot V_{m,c}^2 = \frac{27 \cdot T_c^2 \cdot R^2}{64 \cdot p_c}$$

$$b = \frac{V_{m,c}}{3} = \frac{T_c \cdot R}{8 \cdot p_c}$$

Gas	a $Pa \cdot m^6/mol^2$	b $10^{-5}\ m^3/mol$
H_2	0,025	2,66
O_2	0,138	3,18
N_2	0,141	3,85
CO	0,147	3,95
CO_2	0,365	4,27
Cl_2	0,657	5,61
NH_3	0,422	3,73
CH_4	0,225	4,28
C_2H_4	0,453	5,70
He	0,0035	2,37
H_2O	0,557	3,1

E

E 2.2.3 Kinetische Gastheorie für ideale Gase

Druck eines Gases bei konstanter Temperatur

$$p = \frac{1}{3} \cdot \frac{N}{V} \cdot m \cdot v^2$$

$$p = \frac{2}{3} \cdot \frac{N}{V} \cdot E_k$$

$$p = \frac{1}{3} \cdot \frac{N_A}{V_m} \cdot m \cdot v^2$$

$$p = \frac{1}{3} \cdot \rho \cdot v^2$$

Volumenenergie eines Gases

$$p \cdot V_m = R \cdot T$$

Mittlere kinetische Energie der Moleküle

$$E_k = \frac{i}{2} \cdot k \cdot T$$

Innere Energie eines Gases je Mol

$$U_m = \frac{i}{2} \cdot N_A \cdot k \cdot T$$

Innere Energie eines Gases allgemein

$$U = \frac{i}{2} \cdot N \cdot m \cdot v^2$$

$$U = \frac{i}{2} \cdot n \cdot R \cdot T$$

$$U = \frac{i}{2} \cdot m \cdot R_B \cdot T$$

Zeitlicher Mittelwert der Geschwindigkeit von Molekülen (arithmetischer Mittelwert, durchschnittliche Geschwindigkeit)

$$v_D = \sqrt{\frac{8 \cdot k \cdot T}{\pi \cdot m}} = \sqrt{\frac{8 \cdot R \cdot T}{\pi \cdot M}} = \frac{2}{\sqrt{\pi}} \cdot v_W$$

p	Druck eines Gases	Pa
N	Anzahl der Teilchen	1
N_A	*Avogadro*-Konstante $N_A = 6{,}022 \cdot 10^{23}\ \text{mol}^{-1}$	1/mol
V	Volumen	m^3
V_m	molares Volumen	m^3/mol
m	Masse eines Gasteilchens	kg
v	mittlere energetische Geschwindigkeit (quadratischer Mittelwert)	m/s
v_D	durchschnittliche Geschwindigkeit (arithmetischer Mittelwert)	m/s
d_v	Geschwindigkeitsbereich	m/s
E_k	mittlere kinetische Energie	J
ρ	Dichte des Gases	kg/m^3
R	universelle Gaskonstante $R = 8{,}31$ J/(mol · K)	J/(mol · K)
R_B	individuelle (spezielle) Gaskonstante	J/(mol · K)
T	Temperatur	K
k	*Boltzman*-Konstante $k = 1{,}380658 \cdot 10^{-23}$ J/K	J/K
i	Anzahl der Freiheitsgrade der Moleküle eines Gases – einatomige Moleküle: $i = 3$ – zweiatomige Moleküle: $i = 5$ – drei- und mehratomige Moleküle: $i = 6$	1
U_m	molare innere Energie	J/mol
U	Innere Energie	J
n	Stoffmenge	mol
M	molare Masse	kg/mol
λ	mittlere freie Weglänge	m
d	Abstand der Mittelpunkte zweier Moleküle im Augenblick des Zusammenstoßes ($d = 2 \cdot r$, wobei r = Radius der Moleküle)	m
$\dot{N}$	mittlere Stoßzahl, Stoßfrequenz	1/s
η	dynamische Viskosität	Pa · s

E

Quadratischer Mittelwert der Geschwindigkeit von Molekülen (mittlere energetische Geschwindigkeit)

$$v_D = \sqrt{\frac{3 \cdot k \cdot T}{m}} = \sqrt{3 \cdot R_B \cdot T} = \sqrt{\frac{3 \cdot R \cdot T}{M}} = \sqrt{\frac{3 \cdot p}{\rho}}$$

Geschwindigkeitsverteilung nach Maxwell (Anteil d*N*/*N* aller Moleküle, der bei der Temperatur *T* im Geschwindigkeitsbereich d*v* liegt)

$$\frac{dN}{N} = \frac{4 \cdot v^2}{\sqrt{\pi} \cdot v_W^3} \cdot e^{-\left(\frac{v}{v_W}\right)^2} \cdot dv$$

$$\frac{dN}{N} = \frac{4 \cdot v^2}{\sqrt{\pi} \cdot (2 \cdot R_B \cdot T)^{3/2}} \cdot e^{-\frac{v^2}{2 \cdot R_B \cdot T}} \cdot dv$$

Wahrscheinlichste Geschwindigkeit eines Moleküls (Maximum der Verteilungsfunktion)

$$v_W = \sqrt{\frac{2 \cdot k \cdot T}{m}} = \sqrt{2 \cdot R_B \cdot T} = \sqrt{\frac{2 \cdot R \cdot T}{M}}$$

Für zwei Gase mit $p_1 = p_2$ und $T_1 = T_2$ gilt:

$$\frac{v_1}{v_2} = \sqrt{\frac{\rho_1}{\rho_2}}$$

Mittlere freie Weglänge eines Moleküls

$$\lambda = \frac{V}{\pi \cdot \sqrt{2} \cdot d^2 \cdot N} = \frac{M}{\pi \cdot \sqrt{2} \cdot d^2 \cdot N_A \cdot p}$$

$$\lambda = \frac{k \cdot T}{\pi \cdot \sqrt{2} \cdot d^2 \cdot \rho}$$

Anzahl der Zusammenstöße eines Moleküls je Zeiteinheit (mittlere Stoßzahl)

$$\dot{N} = \frac{v}{\lambda} = \frac{\pi \cdot \sqrt{2} \cdot d^2 \cdot N \cdot v}{V} = \frac{\pi \cdot \sqrt{2} \cdot d^2 \cdot N_A \cdot \rho \cdot v}{M}$$

Dynamische Viskosität eines Gases

$$\eta = \frac{\lambda \cdot \rho \cdot v}{3}$$

p	Druck eines Gases	Pa
N	Anzahl der Teilchen	1
N_A	*Avogadro*-Konstante $N_A = 6{,}022 \cdot 10^{23}\ \text{mol}^{-1}$	1/mol
V	Volumen	m^3
V_m	molares Volumen	m^3/mol
m	Masse eines Gasteilchens	kg
v	mittlere energetische Geschwindigkeit (quadratischer Mittelwert)	m/s
v_D	durchschnittliche Geschwindigkeit (arithmetischer Mittelwert)	m/s
d_v	Geschwindigkeitsbereich	m/s
E_k	mittlere kinetische Energie	J
ρ	Dichte des Gases	kg/m^3
R	universelle Gaskonstante $R = 8{,}31$ J/(mol · K)	J/(mol · K)
R_B	individuelle (spezielle) Gaskonstante	J/(mol · K)
T	Temperatur	K
k	*Boltzman*-Konstante $k = 1{,}380658 \cdot 10^{-23}$ J/K	J/K
U_m	molare innere Energie	J/mol
U	Innere Energie	J
n	Stoffmenge	mol
M	molare Masse	kg/mol
dN/N	Anteil aller vorliegenden Moleküle N	1
λ	mittlere freie Weglänge	m
d	Abstand der Mittelpunkte zweier Moleküle im Augenblick des Zusammenstoßes ($d = 2 \cdot r$, wobei r = Radius der Moleküle)	m
$\dot{N}$	mittlere Stoßzahl, Stoßfrequenz	1/s
η	dynamische Viskosität	Pa · s

E 2.3 Chemisches Gleichgewicht

Massenwirkungsgesetz

$$K_c = \frac{c^c(C) \cdot c^d(D)}{c^a(A) \cdot c^b(B)}$$

Reaktionsquotient

$$Q = \frac{c^c(C) \cdot c^d(D)}{c^a(A) \cdot c^b(B)}$$

Gleichgewichtskonstante für Gasgleichgewichte

$$K_p = \frac{p^c(C) \cdot p^d(D)}{p^a(A) \cdot p^b(B)}$$

$$K_p = K_c \cdot (R \cdot T)^{\Delta n}$$

$$\Delta n = (c + d) - (a + b)$$

Protolysegleichgewicht (Säure-Base-Gleichgewicht)

$$K_c = \frac{c^c(\text{Base 1}) \cdot c^d(\text{Säure 2})}{c^a(\text{Säure 1}) \cdot c^b(\text{Base 2})}$$

Ionenprodukt des Wassers

$$K_W = K_c \cdot c^2(H_2O)$$

$K_W = 10^{-14}$ mol²/L²

$$K_W = c(H_3O^+) \cdot c(OH^-)$$

pH-Wert starker Säuren

$$pH = -\lg\{c(H_3O^+)\}$$

pOH-Wert starker Basen

$$pOH = -\lg\{c(OH^-)\}$$

Es gilt:

$$pH + pOH = pK_W = 14$$

Säurekonstante (für schwache Säuren)

$$K_S = \frac{c(H_3O^+) \cdot c(A^-)}{c(HA)}$$

$$pK_S = -\lg\{K_S\}$$

Reaktion:

$aA + bB \rightarrow cC + dD$

Die Exponenten a, b, c und d stehen für die Stöchiometrischen Faktoren der Edukte (A und B) und Produkte (C und D) in der Reaktion

c	Stoffmengenkonzentration	mol/L
K_c	Gleichgewichtskonstante	$(mol/L)^{c+d-a-b}$
Q	Reaktionsquotient	$(mol/L)^{c+d-a-b}$
p	Partialdruck	Pa
K_p	Gleichgewichtskonstante für Gasgleichgewichte	$Pa^{c+d-a-b}$
T	Temperatur	K
R	universelle Gaskonstante $R = 8{,}31$ J/(mol · K)	J/(mol · K)
Δn	Änderung der Stoffmenge (Produktseite minus Eduktseite)	mol
K_W	Ionenprodukt des Wassers	mol²/L²
pH	negativer dekadischer Logarithmus des Zahlenwertes der in mol/L angegebenen H_3O^+-Ionenkonzentration (genauer: Ionenaktivität)	1
pOH	negativer dekadischer Logarithmus des Zahlenwertes der in mol/L angegebenen OH^--Ionenkonzentration (genauer: Ionenaktivität)	1
{ }	Zahlenwert der Größe	

Reaktion:

$H_2O + H_2O \rightarrow H_3O^+ + OH^-$

E

pH-Wert schwacher Säuren

$$pH = \frac{pK_S - \lg\{c\}}{2}$$

Basenkonstante (für schwache Basen)

$$K_B = \frac{c(BH^+) \cdot c(OH^-)}{c(B)}$$

$$pK_B = -\lg\{K_B\}$$

pH-Wert schwacher Basen

$$pOH = \frac{pK_B - \lg\{c\}}{2}$$

Es gilt: für Säure und korrespondierende Base

$$pK_S + pK_B = 14$$

Ostwald'sches Verdünnungsgesetz

$$K_S = \frac{c \cdot \alpha^2}{1-\alpha} \qquad K_B = \frac{c \cdot \alpha^2}{1-\alpha}$$

c	Stoffmengenkonzentration	mol/L
K_S	Säurekonstante	mol/L
K_B	Basenkonstante	mol/L
α	Dissoziationsgrad (hier bei Gleichgewichten in wässriger Lösung auch Protolysegrad)	1
pH	negativer dekadischer Logarithmus des Zahlenwertes der in mol/L angegebenen H_3O^+-Ionenkonzentration (genauer: Ionenaktivität)	1
pOH	negativer dekadischer Logarithmus des Zahlenwertes der in mol/L angegebenen OH^--Ionenkonzentration (genauer: Ionenaktivität)	1
pK_S	negativer dekadischer Logarithmus des Zahlenwertes der in mol/L angegebenen Säurekonstante	1
pK_B	negativer dekadischer Logarithmus des Zahlenwertes der in mol/L angegebenen Basenkonstante	1

pH-Wert von Salzlösungen

$$pH = 7 + \frac{pK_S + \lg\{c\}}{2}$$

pH-Wert von Pufferlösungen

$$pH = pK_S + \lg \frac{\{c(A^-)\}}{\{c(HA\})}$$

pOH-Wert von Pufferlösungen

$$pOH = pK_B + \lg \frac{\{c(BH^+)\}}{\{c(B\})}$$

Löslichkeitsprodukt

$$L = c^x(A^+) \cdot c^y(B^-)$$

Gültig für die Reaktion: $A_xB_y(s) \leftrightarrow x(A^+) + y(B^-)$
(s = solid = fest)

c	Stoffmengenkonzentration	mol/L
K_S	Säurekonstante	mol/L
K_B	Basenkonstante	mol/L
pH	negativer dekadischer Logarithmus des Zahlenwertes der in mol/L angegebenen H_3O^+-Ionenkonzentration (genauer: Ionenaktivität)	1
pOH	negativer dekadischer Logarithmus des Zahlenwertes der in mol/L angegebenen OH^--Ionenkonzentration (genauer: Ionenaktivität)	1
pK_S	negativer dekadischer Logarithmus des Zahlenwertes der in mol/L angegebenen Säurekonstante	1
pK_B	negativer dekadischer Logarithmus des Zahlenwertes der in mol/L angegebenen Basenkonstante	1
L	Löslichkeitsprodukt	$(mol/L)^{x+y}$

E

E 2.4 Reaktionskinetik

E 2.4.1 Reaktionsgeschwindigkeit

Reaktionstyp: A + B → C + D

Bildungsgeschwindigkeit

$$r = \frac{\Delta c(\mathrm{C})}{\Delta t} = -\frac{\Delta c(\mathrm{D})}{\Delta t}$$

Zerfallsgeschwindigkeit

$$r = -\frac{\Delta c(\mathrm{A})}{\Delta t} = -\frac{\Delta c(\mathrm{B})}{\Delta t}$$

r	Reaktionsgeschwindigkeit	mol/(L · s)
c	Stoffmengenkonzentration	mol/L
Δc	Änderung der Stoffmengenkonzentration	mol/L
Δt	Zeitdifferenz	s
k	Geschwindigkeitskonstante	L/(mol · s)

Reaktionsgeschwindigkeit
Beispiel eines Geschwindigkeitsgesetzes für den Reaktionstyp: A + B → C

$$r = k \cdot c(\mathrm{A}) \cdot c(\mathrm{B})$$

Für die meisten Reaktionen des allgemeinen Typs

nA + mB → xC + yD

gilt das Zeitgesetz bzw. Geschwindigkeitsgesetz:

$$r = k \cdot c^{n}(\mathrm{A}) \cdot c^{m}(\mathrm{B})$$

Das jeweilige Zeit- bzw. Geschwindigkeitsgesetz für eine Reaktion kann nicht aus der Reaktionsgleichung abgeleitet, sondern muss (ebenso wie der k-Wert) jeweils experimentell ermittelt werden.

Die Exponenten n und m im jeweiligen Zeit- bzw. Geschwindigkeitsgesetz werden als Reaktionsordnungen bezüglich der jeweiligen Reaktanden A und B bezeichnet. Die Summe der Ordnungen (m + n) ergibt die Reaktionsordnung der Gesamtreaktion.

E

E 2.4.2 Zeitabhängigkeit der Konzentration

Für Reaktionen 1. Ordnung:

Konzentration des Reaktanden nach der Zeit *t*

$$c(\mathrm{A}) = c_0(\mathrm{A}) \cdot \mathrm{e}^{-k \cdot t}$$

Halbwertszeit

$$T_{1/2} = \frac{\ln 2}{k}$$

c	Stoffmengenkonzentration nach der Reaktion	mol/L
c_0	Stoffmengenkonzentration vor der Reaktion	mol/L
e	*Euler*'sche Zahl (e = 2,718...)	1
k	Geschwindigkeitskonstante	1/s
t	Reaktionszeit	s
$T_{1/2}$	Halbwertszeit	s

Für Reaktionen 2. Ordnung:

Konzentration des Reaktanden A nach der Zeit *t*

$$c(\mathrm{A}) = \frac{c_0(\mathrm{A})}{c_0(\mathrm{A}) \cdot k \cdot t + 1}$$

c	Stoffmengenkonzentration nach der Reaktion	mol/L
c_0	Stoffmengenkonzentration vor der Reaktion	mol/L
k	Geschwindigkeitskonstante	L/(mol · s)
t	Reaktionszeit	s

Halbwertszeit

$$T_{1/2} = \frac{1}{k \cdot c_0\,(A)}$$

Für Reaktionen 0. Ordnung:

Konzentration des Reaktanden A nach der Zeit *t*

$$c(A) = -k \cdot t + c_0(A)$$

Halbwertszeit

$$T_{1/2} = \frac{c_0(A)}{2 \cdot k}$$

c	Stoffmengenkonzentration nach der Reaktion	mol/L
c_0	Stoffmengenkonzentration vor der Reaktion	mol/L
k	Geschwindigkeitskonstante	L/(mol · s)
t	Reaktionszeit	s
$T_{1/2}$	Halbwertszeit	s
A	präexponentieller Faktor (spezifische Konstante für die entsprechende Reaktion unter definierten Bedingungen)	1
E_a	Aktivierungsenergie	J/mol
T	absolute Temperatur	K
R	universelle Gaskonstante R = 8,31 J/(mol · K)	J/(mol · K)
e	*Euler*'sche Zahl (e = 2,718...)	1

E 2.4.3 Temperaturabhängigkeit der Reaktionskonstanten

***Arrhenius*-Gleichung**

$$k = A \cdot e^{-\frac{E_a}{R \cdot T}}$$

E 2.5 Phasengleichgewichte

E

Stoffmengenanteil einer Komponente in einem Gas- oder Dampfgemisch

$$x_1 = \frac{p_1}{p}$$

x_1	Stoffmengenanteil der Komponente 1	1
p	Gesamtdruck	Pa
p_1	Partialdruck der Komponente 1	Pa

***Clausius-Clapeyron* sche Gleichung (Dampf-Flüssigkeits-Gleichgewicht)**

$$\ln \frac{p_1}{p_2} = \frac{\Delta H_{m,v}}{R} \cdot \left(\frac{1}{T_2} - \frac{1}{T_1}\right)$$

p_1	Dampfdruck bei Temperatur 1	Pa
p_2	Dampfdruck bei Temperatur 2	Pa
T_1	Temperatur 1 der flüssigen Phase	K
T_2	Temperatur 2 der Dampfphase	K
$\Delta H_{m,v}$	molare Verdampfungsenthalpie	J/mol

***Gibb*'sches Phasengesetz (*Gibb*'sche Phasenregel)**

$$F = K - P + 2$$

F	Freiheitsgrade	1
P	Anzahl der Phasen	1
K	Anzahl der Komponenten	1

Partialdruck einer Komponete in einem binären System

$$p_i = x_i \cdot p_{0i}$$

p_i	Partialdruck der Komponente i (Index 1: Stoff 1, Index : Stoff 2)	Pa
x_i	Stoffmengenanteil der Komponente in der flüssigen Phase	1
p_{0i}	Dampfdruck der reinen Komponente i	Pa

Dampfdruck einer Mischung aus 2 Komponenten (Gesetz von *Dalton*)

$$p_M = x_1 \cdot p_{01} + (1 - x_1) \cdot p_{02}$$

***Raoult*'sches Gesetz**

$$p_i = y_i \cdot p_M$$

p_i	Partialdruck der Komponente i (Index 1: Stoff 1, Index : Stoff 2)	Pa
x_i	Stoffmengenanteil der Komponente in der flüssigen Phase	1
y_i	Stoffmengenanteil der Komponente i in der Dampfphase	1
p_M	Dampfdruck der Mischung	Pa

Trennfaktor (relative Flüchtigkeit)

$$\alpha = \frac{p_{01}}{p_{02}}$$

Gleichung für die isotherme Gleichgewichtskurve

$$y_1 = \frac{x_1 \cdot \alpha}{x_1 \cdot (\alpha - 1) + 1}$$

α	Trennfaktor (relative Flüchtigkeit)	1
p_{01}	Dampfdruck der reinen leichter siedenden Komponente	Pa
p_{02}	Dampfdruck der reinen schwerer siedenden Komponente	Pa
x_1	Stoffmengenanteil der leichter siedenden Phase in der Flüssigkeit	1
y_2	Stoffmengenanteil der leichter siedenden Phase im Dampf	1

E 2.6 Lösungen

→ C 3.12

Die Formeln gelten für binäre Mischungen mit einer flüchtigen Komponente

Dampfdruckerniedrigung

$$\Delta p = p_0 - p$$

Stoffmengenanteil des nichtflüchtigen Stoffes

$$x_2 = \frac{\Delta p}{p_0}$$

***Raoult* sches Gesetz**

$$p = p_0 \cdot x_1$$

Molare Masse des nichtflüchtigen Stoffes

$$M_2 = \frac{p \cdot m_2 \cdot M_1}{\Delta p \cdot m_1}$$

p_0	Dampfdruck des reinen Lösemittels	Pa
p	Dampfdruck der Lösung	Pa
Δp	Dampfdruckerniedrigung	Pa
x_1	Stoffmengenanteil des Lösemittels	1
x_2	Stoffmengenanteil des nicht flüchtigen Stoffes	1
m_1	Masse des Lösemittels	kg
m_2	Masse des nichtflüchtigen Stoffes	kg
M_1	molare Masse des Lösemittels	kg/mol
M_2	molare Masse des nichtflüchtigen Stoffes	kg/mol

Siedepunktserhöhung

$$\Delta T = T - T_b$$

ΔT	Siedepunktserhöhung	K
T	Siedepunkt (Siedetemperatur) der Lösung	K
T_b	Siedepunkt (Siedetemperatur) des reinen Lösemittels	K

E

Siedepunktserhöhung bei Nichtelektrolyten

$$\Delta T = \frac{K_E \cdot m_2}{M_2 \cdot m_1}$$

$$\Delta T = K_E \cdot b_2$$

Siedepunktserhöhung bei Elektrolyten

$$\Delta T = K_E \cdot b_2 \cdot [1 + (\nu - 1) \cdot \alpha]$$

Ebullioskopische Konstante des reinen Lösemittels

$$K_E = \frac{R \cdot T_b^2}{\Delta h_v}$$

Gefrierpunktserniedrigung

$$\Delta T = T_m - T$$

Gefrierpunkterniedrigung bei Nichtelektrolyten

$$\Delta T = \frac{K_K \cdot m_2}{M_2 \cdot m_1}$$

$$\Delta T = K_K \cdot b_2$$

Gefrierpunkterniedrigung bei Elektrolyten

$$\Delta T = K_K \cdot b_2 \cdot [1 + (\nu - 1) \cdot \alpha]$$

Kryoskopische Konstante des reinen Lösemittels

$$K_K = \frac{R \cdot T_m^2}{\Delta h_s}$$

Osmose (*Van't Hoff*-Gleichung)

$$\Pi \cdot V = n \cdot R \cdot T$$

Kolligative Eigenschaften von Elektrolytlösungen

$$n_{ges} = n_0 \cdot [1 + \alpha \cdot (\nu - 1)]$$

***Van't Hoff*'scher Faktor**

$$i = 1 + \alpha \cdot (\nu - 1)$$

Osmose bei Elektrolytlösungen

$$\Pi \cdot V = n \cdot R \cdot T \cdot i$$

K_E	ebullioskopische Konstante	kg · K/mol
m_1	Masse des Lösemittels	kg
m_2	Masse des gelösten Stoffes	kg
M_2	molare Masse des gelösten Stoffes	kg/mol
b_2	Molalität des gelösten Stoffes	mol/kg
ν	Anzahl der Ionen, die bei der Dissoziation eines Moleküls entstehen	1
α	Dissoziationsgrad	1
R	universelle Gaskonstante $R = 8{,}31$ J/(mol · K)	J/(mol · K)
Δh_v	Enthalpieänderung beim Verdampfen des Lösemittels (auch als spezifische Verdampfungswärme *r* bezeichnet)	J/kg
T_b	Siedepunkt (Siedetemperatur) des reinen Lösemittels	K
ΔT	Siedepunktserhöhung bzw. Gefrierpunkterniedrigung	K
T_m	Gefrierpunkt (Schmelzpunkt, Schmelztemperatur) des reinen Lösemittels	K
T	Gefrierpunkt (Schmelzpunkt, Schmelztemperatur) der Lösung	K
K_K	Kryoskopische Konstante	kg · K/mol
m_1	Masse des Lösemittels	kg
m_2	Masse des gelösten Stoffes	kg
M_2	Molare Masse des gelösten Stoffes	kg/mol
b_2	Molalität des gelösten Stoffes	mol/kg
ν	Anzahl der Ionen, die bei der Dissoziation eines Moleküls entstehen	1
α	Dissoziationsgrad	1
Δh_s	Enthalpieänderung beim Schmelzen des Lösemittels (auch als spezifische Schmelzwärme *q* bezeichnet)	J/kg
Π	osmotischer Druck	Pa
V	Volumen der Lösung	m^3
n	Stoffmenge	mol
R	universelle Gaskonstante $R = 8{,}31$ J/(mol · K)	J/(mol · K
T	Temperatur	K
ν	Anzahl der Ionen, die bei der Dissoziation eines Moleküls entstehen	1
α	Dissoziationsgrad	1
i	*Van't Hoff*'scher Faktor	1

E 2.7 Elektrochemie

→ F 1.1; F 1.2; F 1.3

E 2.7.1 Elektrolyse

Abgeschiedene Masse bei einer Elektrolyse (*Faraday'sches* Gesetz)

$$m = ä \cdot I \cdot t$$

$$m = ä \cdot Q$$

$$m = \frac{M \cdot Q}{z \cdot F}$$

Elektrochemisches Äquivalent

$$ä = \frac{A_r \cdot m_u}{z \cdot e} = \frac{M}{z \cdot F} = \frac{m}{Q}$$

***Faraday*-Konstante**

$$F = N_A \cdot e$$

Ladungsmenge

$$Q = n \cdot F \cdot z$$

Abgeschiedene Masse bei einer Elektrolyse unter Berücksichtigung der Stromausbeute

$$m = ä \cdot I \cdot t \cdot \eta$$

$$m = ä \cdot Q \cdot \eta$$

$$m = \frac{M \cdot Q}{z \cdot F} \cdot \eta$$

m	abgeschiedene Masse	kg
$ä$	elektrochemisches Äquivalent	kg/(A · s)
I	Stromstärke (Badstrom)	A
t	Zeit (Dauer)	s
Q	Ladungsmenge	C
M	molare Masse des abgeschiedenen Stoffes	kg/mol
z	Ladungszahl, Äquivalentzahl, Wertigkeit (Anzahl der an der Elektrode abgegebenen oder aufgenommenen Elektronen)	1
F	*Farday*-Konstante ($F = 96485$ C/mol)	C/mol
η	Stromausbeute (in % dividiert durch 100: z.B. bei 90% $\eta = 0{,}9$)	1
A_r	relative Atommasse	1
m_u	Atommassenkonstante ($m_u = 1{,}6695 \cdot 10^{-27}$ kg)	kg
e	Elementarladung ($e = 1{,}6022 \cdot 10^{-19}$ C)	C
N_A	Avogadro-Konstante ($N_A = 6{,}022 \cdot 10^{23}$ mol^{-1})	1/mol
n	Stoffmenge	mol

E 2.7.2 Elektrische Leitfähigkeit (Konduktivität) eines Elektrolyten

Elektrische Leitfähigkeit

$$\gamma = k_\gamma \cdot G$$

$$\gamma = \frac{k_\gamma}{R}$$

γ	elektrische Leitfähigkeit	S/m
k_γ	Zellkonstante	1/m
G	elektrischer Leitwert	S
R	elektrischer Widerstand	Ω

E

Molare Leitfähigkeit

$$\Lambda = \frac{\gamma}{c(\mathrm{X})}$$

Molare Leitfähigkeit von Äquivalenten

$$\Lambda_{\mathrm{eq}} = \frac{\gamma}{z^{*} \cdot c(\mathrm{X})}$$

$$\Lambda_{\mathrm{eq}} = \frac{\gamma}{c^{*}(\mathrm{X})}$$

Λ	molare Leitfähigkeit	$\mathrm{S \cdot m^2/mol}$
γ	elektrische Leitfähigkeit	S/m
$c(\mathrm{X})$	Stoffmengenkonzentration des Stoffes aus den Teilchen X	$\mathrm{mol/m^3}$
Λ_{eq}	molare Leitfähigkeit von Äquivalenten	$\mathrm{S \cdot m^2/mol}$
z^{*}	Äquivalentzahl	1
$c^{*}(\mathrm{X})$	Äquivalentkonzentration des Stoffes aus den Teilchen x	$\mathrm{mol/m^3}$

E 2.7.3 Galvanische Elemente

Elektromotorische Kraft (EMK)

$$\Delta E = E_1 - E_2$$

$$\Delta E = E_{\mathrm{Kathode}} - E_{\mathrm{Anode}}$$

$$\Delta E^{\ominus} = E^{\ominus}_{\mathrm{Kathode}} - E^{\ominus}_{\mathrm{Kathode}}$$

Elektrische Arbeit bei einer Redoxreaktion

$$W_{\mathrm{el}} = z \cdot F \cdot \Delta E$$

Freie Reaktionsenthalpie bei einer Redoxreaktion

$$\Delta_{\mathrm{r}}G = -z \cdot F \cdot \Delta E$$

Standardreaktionsenthalpie bei einer Redoxreaktion

$$\Delta_{\mathrm{r}}G^{\ominus}_{\mathrm{m}} = -z \cdot F \cdot \Delta E^{\ominus}$$

Gleichgewichtskonstante und Standardpotenzial

$$\ln K = \frac{z \cdot F \cdot \Delta E^{\ominus}}{R \cdot T}$$

$$\Delta E^{\ominus} = \frac{0{,}0592\ \mathrm{V}}{z} \cdot \lg K = \frac{0{,}0592\ \mathrm{V}}{z} \cdot \lg\{K_{\mathrm{c}}\}$$

Reaktionsquotient und Elektromotorische Kraft

Wenn keine Gleichgewichtskonzentrationen vorliegen gilt:

$$\Delta E = E^{\ominus} - \frac{0{,}0592\ \mathrm{V}}{z} \cdot \lg\{Q\}$$

ΔE	Potenzialdifferenz (Quellenspannung elektromotorische Kraft EMK)	V
E	elektrisches Potenzial (Index 1: Halbelement 1 = Kathode, Index 2 = Anode)	V
$E^{\ominus}$	Standardpotenzial, Normalpotenzial	V
W_{el}	elektrische Arbeit	J
F	*Farday*-Konstante ($F = 96485$ C/mol)	C/mol
z	Ladungszahl, Äquivalentzahl, Wertigkeit (Anzahl der an der Elektrode abgegebenen oder aufgenommenen Elektronen)	1
$\Delta_{\mathrm{r}}G$	freie Reaktionsenthalpie	J/mol
$\Delta_{\mathrm{r}}G^{\ominus}_{\mathrm{m}}$	freie Standardreaktionsenthalpie	J/mol
R	universelle Gaskonstante $R = 8{,}31$ J/(mol · K)	J/(mol · K)
T	Temperatur	K
$\{K\}$	Zahlenwert der allgemeinen Gleichgewichtskonstante	1
$\{K_{\mathrm{c}}\}$	Zahlenwert der konzentrationsbezogenen Gleichgewichtskonstante	1
$\{Q\}$	Zahlenwert des Reaktionsquotienten	1

E

*Nernst'*sche Gleichung

$$E = E^{\ominus} + \frac{R \cdot T}{z \cdot F} \cdot \ln \frac{\{c(\mathrm{Ox})\}}{\{c(\mathrm{Red})\}}$$

$$E = E^{\ominus} + \frac{0{,}0592\ \mathrm{V}}{z} \cdot \ln \frac{\{c(\mathrm{Ox})\}}{\{c(\mathrm{Red})\}}$$

*Nernst'*sche Gleichung für Metalle (Metall-Halbzellen)

$$E = E^{\ominus} + \frac{0{,}0592\ \mathrm{V}}{z} \cdot \lg\{c(\mathrm{Me}^{z+})\}$$

Redoxpotenzial bei der Normalwasserstoffelektrode

Für $T = 298$ K und $p = 1{,}013$ bar:

$$E = 0{,}0592\ \mathrm{V} \cdot \mathrm{pH}$$

Für $T = 298$ K und $p \neq 1{,}013$ bar:

$$E = E^{\ominus} + \frac{0{,}0592\ \mathrm{V}}{z} \cdot \ln \frac{\{c^2(\mathrm{H_3O^+})\}}{\{c^2(\mathrm{H_2O})\} \cdot \{p_r(\mathrm{H_2})\}}$$

Normierter Partialdruck

$$p_r(\mathrm{H_2}) = \frac{p(\mathrm{H_2})}{1{,}013\ \mathrm{bar}}$$

Redoxpotenzial bei Nichtmetallelektroden, an denen negative Ionen entstehen

$$E = E^{\ominus} - \frac{0{,}0592\ \mathrm{V}}{z} \cdot \lg\{c(\mathrm{X}^{z-})\}$$

Elektrodenpotenziale bei Bezugselektroden

Ag/AgCl-Elektrode:

$$E(\mathrm{AgCl}) = E^{\ominus}(\mathrm{Ag^+}) + \frac{R \cdot T \cdot 2{,}303}{F} \cdot \lg\{L\} - \lg\{a(\mathrm{Cl^-})\}$$

Kalomel-Elektrode:

$$E(\mathrm{Hg_2Cl_2}) = E^{\ominus}(\mathrm{Hg_2^{2+}}) + \frac{R \cdot T \cdot 2{,}303}{2 \cdot F} \cdot \lg\{L\} - \frac{R \cdot T \cdot 2{,}303}{2 \cdot F} \cdot \lg a^2(\mathrm{Cl^-})$$

$$E(\mathrm{Hg_2Cl_2}) = E^{\ominus}(\mathrm{Hg_2Cl_2}) - 0{,}0592\ \mathrm{V} \cdot \lg\{a(\mathrm{Cl^-})\}$$

E	elektrisches Potenzial (Index 1: Halbelement 1 = Kathode, Index 2 = Anode)	V
$E^{\ominus}$	Standardpotenzial, Normalpotenzial	V
F	*Farday*-Konstante ($F = 96485$ C/mol)	C/mol
z	Ladungszahl, Äquivalentzahl, Wertigkeit (Anzahl der an der Elektrode abgegebenen oder aufgenommenen Elektronen)	1
R	universelle Gaskonstante $R = 8{,}31$ J/(mol · K)	J/(mol · K)
T	Temperatur	K
$\{c\}$	Zahlenwert der Stoffmengenkonzentration (Ox: Oxidationsmittel, Red: Reduktionsmittel, Me^{z+}: Metallion, X^{z-}: Anion)	1
pH	negativer dekadischer Logarithmus des Zahlenwertes der in mol/L angegebenen $\mathrm{H_3O^+}$-Ionenkonzentration (genauer: Ionenaktivität)	1
$p_r(\mathrm{H_2})$	normierter Partialdruck des Wasserstoffs	Pa
$p(\mathrm{H_2})$	Wasserstoffdruck	Pa
$\{a\}$	Zahlenwert der Aktivität	1
$\{L\}$	Zahlenwert des Löslichkeitsprodukts	1

E

Einzelpotenzial der Kalomel-Elektrode bei $T = 298$ K

$$E(Hg_2Cl_2) = 0{,}271\ V - 0{,}0592\ V \cdot \lg\{a(Cl^-)\}$$

pH-Bestimmung mit der Einstabmesskette

$$pH_{unbekannt} = pH_{bekannt} - \frac{\Delta E}{0{,}0592\ V}$$

Zersetzungsspannung einer Lösung

$$U_Z = E_{Anode} - E_{Kathode}$$

Überspannung

$$U_Ü = U_{Z,p} - U_{Z,b} = U_{Z,p} - \Delta E$$

E	elektrisches Potenzial (Index 1: Halbelement 1 = Kathode, Index 2 = Anode)	V
$\{a\}$	Zahlenwert der Aktivität	1
pH	negativer dekadischer Logarithmus des Zahlenwertes der in mol/L angegebenen H_3O^+-Ionenkonzentration (genauer: Ionenaktivität)	1
ΔE	Potenzialdifferenz (Quellenspannung elektromotorische Kraft EMK)	V
U_Z	Zersetzungsspannung einer Lösung	V
$U_Ü$	Überspannung	V
$U_{Z,p}$	praktisch gemessene Zersetzungsspannung	V
$U_{Z,p}$	theoretisch berechnete Zersetzungsspannung	V

E 3 Technische Chemie

E 3.1 Thermische Trennverfahren

→ C 3.14

E 3.1.1 Destillation/Rektifikation

Die folgenden Formeln gelten für ideale Zweistoffgemische, deren Komponenten in jedem Verhältnis ineinander löslich sind.

Gleichgewichtskurve im *Mc-Cabe-Thiele*-Diagramm

$$y = \frac{\alpha \cdot x}{1 + (\alpha - 1) \cdot x}$$

$$\alpha = \frac{p_{01}}{p_{02}}$$

Mittelwert für α im Temperaturintervall

$$\alpha = \sqrt{\alpha_1 \cdot \alpha_2}$$

Näherungsformel nach *Rose*

$$\alpha = 10^{8{,}9 \cdot \frac{T_2 - T_1}{T_2 + T_1}}$$

y	Stoffmengenanteil der leichter siedenden Komponente in der Dampfphase	1
x	Stoffmengenanteil der leichter siedenden Komponente in der flüssigen Phase	1
α	Trennfaktor (relative Flüchtigkeit), Index 1: höchster Wert im Temperaturbereich, Index 2: niedrigster	1
T_1	Siedetemperatur der leichter siedenden Komponente	K
T_2	Siedetemperatur der schwerer siedenden Komponente	K
p_{01}	Dampfdruck der reinen leichter siedenden Komponente bei der gegebenen Temperatur	Pa
p_{02}	Dampfdruck der reinen schwerer siedenden Komponente bei der gegebenen Temperatur	Pa

E

Diskontinuierliche Rektifikation

Verstärkungsgerade (Arbeitsgerade, Bilanzgerade)

$$y = \frac{v}{v+1} \cdot x + \frac{1}{v+1} \cdot x_D$$

Schnittpunkt der Verstärkungsgeraden mit der Ordinate

$$y(0) = \frac{x_D}{v+1}$$

Rücklaufverhältnis

$$v = \frac{q_{V,R}}{q_{V,D}} = \frac{q_{m,R}}{q_{m,D}} = \frac{\dot{n}_R}{\dot{n}_D}$$

Mindestrücklaufverhältnis

$$v_{min} = \frac{x_D - y_B}{y_B - x_B}$$

y	Stoffmengenanteil der leichter siedenden Komponente in der Dampfphase	1
x	Stoffmengenanteil der leichter siedenden Komponente in der flüssigen Phase	1
x_D	Stoffmengenanteil der leichter siedenden Komponente im Kolonnenkopf	1
v	Rücklaufverhältnis ($v \approx 1{,}1 \cdot v_{min} \ldots 10 \cdot v_{min}$)	1
$q_{V,R}$	Volumenstrom des Rücklaufs	m^3/s
$q_{V,D}$	Volumenstrom des (abgenommenen) Destillats	m^3/s
$q_{m,R}$	Massenstrom des Rücklaufs	kg/s
$q_{m,D}$	Massenstrom des (abgenommenen) Destillats	kg/s
$\dot{n}_R$	Stoffmengenstrom des Rücklaufs	mol/s
$\dot{n}_D$	Stoffmengenstrom des (abgenommenen) Destillats	mol/s
v_{min}	Mindestrücklaufverhältnis	1
x_B	Stoffmengenanteil der leichter siedenden Komponente im Kolonnensumpf	1
x_D	Stoffmengenanteil der leichter siedenden Komponente im Kolonnenkopf	1
y_B	Stoffmengenanteil der leichter siedenden Komponente im Dampf, der aus dem Kolonnensumpf aufsteigt	1
n_{th}	theoretische Trennstufenzahl	1

Jede Stufe im *Mc-Cabe-Thiele*-Diagramm entspricht einer theoretischen Destillation. Die Mindestbodenzahl einer Kolonne beträgt demnach: Anzahl der Stufen (n_{th}) minus 1 (Blasenverdampfung abgezogen).

Bei totalem Rücklauf (keine Abnahme von Destillat) werden die Stufen zwischen der Diagonalen und der Gleichgewichtskurve eingezeichnet.

Soll die Kopfproduktzusammensetzung konstant gehalten werden, muss das Rücklaufverhältnis stetig erhöht werden.

***Mc-Cabe-Thiele*-Diagramm zur Ermittlung der erforderlichen Trennstufen (diskontinuierliche Rektifikation)**

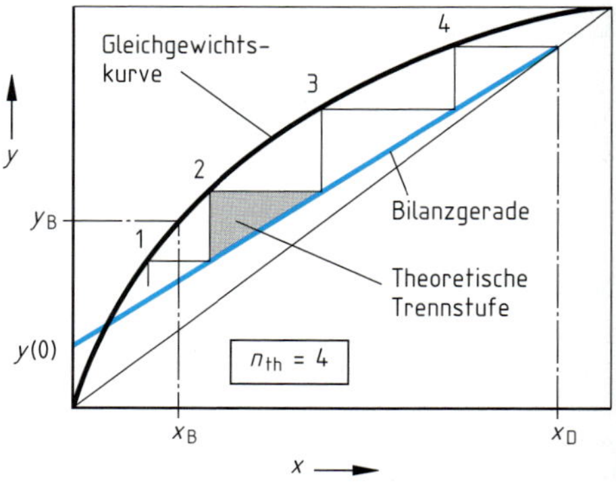

Kontinuierliche Rektifikation

Gleichgewichtskurve und Verstärkungsgerade werden wie bei der diskontinuierlichen Rektifikation ermittelt.

Für das Mindestrücklaufverhältnis gilt nun aber eine andere Formel:

Mindestrücklaufverhältnis

$$v_{min} = \frac{x_D - y_Z}{y_Z - x_Z}$$

Zusätzlich muss die Abtriebsgerade mithilfe der Schnittpunktsgeraden konstruiert werden.

Die Schnittpunktsgerade ist die Gerade von x_q durch den Schnittpunkt S der Senkrechten über x_Z mit der Diagonalen. Diese Gerade schneidet die Verstärkungsgerade im Punkt P_2.

Die Abtriebsgerade wird zwischen P_2 und P_1 (Schnittpunkt der Senkrechten über x_B mit der Diagonalen) konstruiert.

Die Stufen werden zwischen der Gleichgewichtskurve einerseits und der Verstärkungs- und der Abtriebsgeraden andererseits gezeichnet.

Formel für x_q

$$x_q = \frac{x_Z}{q}$$

Thermischer Faktor q

$$q = 1 + \frac{H_{m,sF} - H_{m,Z}}{\Delta H_m}$$

$$q = 1 + \frac{[x_F \cdot C_{m1} + (1 - x_F) \cdot C_{m2}] \cdot (T_{s,Z} - T_Z)}{x_F \cdot \Delta H_{m1} + (1 - x_F) \cdot \Delta H_{m2}}$$

Es wird dabei zunächst näherungsweise x_Z für x_F eingesetzt und später, bei zu großer Abweichung, optimiert.

Schnittpunktsgerade

$$y = \frac{q}{q-1} \cdot x - \frac{x_Z}{q-1}$$

Sonderfälle:

Zulauf als siedende Flüssigkeit: Schnittpunktsgerade ist die Senkrechte über x_Z.

Zulauf als gesättigter Dampf: Schnittpunktsgerade ist die Waagerechte durch Punkt S.

v_{min}	Mindestrücklaufverhältnis	1
x_Z	Stoffmengenanteil der leichter siedenden Komponente im flüssigen Zulauf	1
x_D	Stoffmengenanteil der leichter siedenden Komponente im Kolonnenkopf	1
y_Z	Stoffmengenanteil der leichter siedenden Komponente im Dampf, der mit dem flüssigen Zulauf im Gleichgewicht steht	1

***Mc-Cabe-Thiele*-Diagramm zur Ermittlung der erforderlichen Trennstufen (kontinuierliche Rektifikation)**

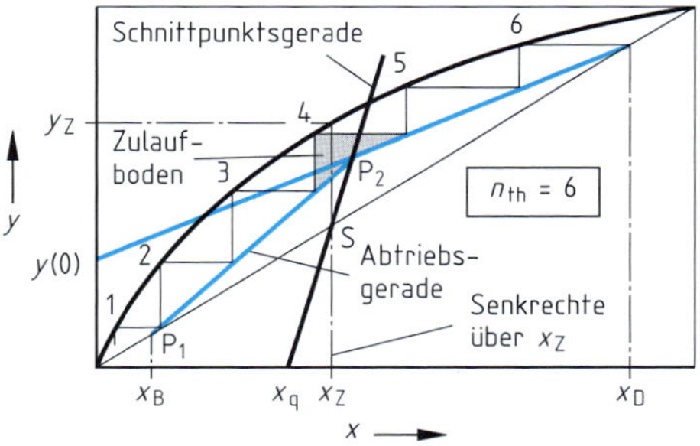

x_q	Stoffmengenanteil der leichter siedenden Komponente, bei dem die Schnittpunktsgerade die Abszisse schneidet	1
x	Stoffmengenanteil der leichter siedenden Komponente in der flüssigen Phase	1
q	erforderliche Wärmemenge, um 1 mol Zulauf zu verdampfen, bezogen auf die Verdampfungsenthalpie des Zulaufs	1
n_{th}	theoretische Trennstufenzahl	1
$H_{m,sF}$	molare Enthalpie des siedenden Gemisches auf dem Zulaufboden	J/mol
$H_{m,Z}$	molare Enthalpie des Zulaufs	J/mol
ΔH_m	molare Verdampfungsenthalpie des Gemisches auf dem Zulaufboden	J/mol
ΔH_{m1}	molare Verdampfungsenthalpie der leichter siedenden Komponente	J/mol
ΔH_{m2}	molare Verdampfungsenthalpie der schwerer siedenden Komponente	J/mol
C_{m1}	molare Wärmekapazität der leichter siedenden Komponente	J/mol
C_{m2}	molare Wärmekapazität der schwerer siedenden Komponente	J/mol
$T_{s,Z}$	Siedetemperatur des Zulaufgemisches	K
T_Z	Temperatur des Zulaufgemisches	K

E

E 3.1.2 Extraktion

Nernst'sches Verteilungsgesetz (Gleichung der Gleichgewichtskurve)

$$\zeta_{ES} = K \cdot \zeta_{ER}$$

Massenverhältnisse

$$\zeta_{ES} = \frac{m_{ES}}{m_S}$$

$$\zeta_{ER} = \frac{m_{ER}}{m_R}$$

Bilanzgerade (Arbeitsgerade)

$$\zeta_{ES,aus} = \frac{q_{m,R}}{q_{m,S}} \cdot \zeta_{ER,ein} - \frac{q_{m,R}}{q_{m,S}} \cdot \zeta_{ER,aus} + \zeta_{ES,ein}$$

Mindest-Lösemittelverhältnis

$$\left(\frac{q_{m,S}}{q_{m,R}}\right)_{min} = \frac{\zeta_{ER,ein} - \zeta_{ER,aus}}{\zeta_{ER,aus,max} - \zeta_{ES,ein}}$$

Mindestlösemittelmenge

$$q_{m,S,min} = q_{m,R} \cdot \frac{\zeta_{ER,ein} - \zeta_{ER,aus}}{\zeta_{ER,aus,max} - \zeta_{ES,ein}}$$

Erforderliche Lösemittelmenge

$$q_{m,S} = q_{m,S,min} \cdot k$$

In grober Näherung gilt: $k \approx 1,1 \ldots 2,0$
Ist das Lösemittel beim Eintritt bereits beladen:

$$q_{m,S,E} = q_{m,S} \cdot (1 + \zeta_{ER,ein})$$

Die Anzahl der Stufen (von P_2 ausgehend bis über P_1 hinaus) zwischen der Bilanzgeraden und der Gleichgewichtskurve entspricht der erforderlichen Anzahl theoretischer Trennstufen N_{th}.

Existiert kein konstanter Verteilungskoeffizient K, muss die Gleichgewichtskurve aus den Wertepaaren ζ_{ES} und ζ_{ER} einer entsprechenden Wertetabelle (z.B. experimentell ermittelt oder nach Literatur) kon-struiert werden. In diesem Fall ist die Gleichge-wichtskurve keine Gerade.

ζ_{ER}	Massenverhältnis (Quotient aus m_{ER} und m_R)	1
ζ_{ES}	Massenverhältnis (Quotient aus m_{ES} und m_S)	1
K	Verteilungskoeffizient	1
m_{ER}	Masse Extraktstoff in der Abgeberphase	kg
m_{ES}	Masse Extraktstoff im aufnehmenden Lösemittel	kg
m_S	Masse des aufnehmenden Lösemittels (Solvent)	kg
m_R	Masse der Abgeberphase (Raffinat)	kg
$q_{m,S,E}$	Massenstrom des beladenen aufnehmenden Lösemittels (Lösemittel plus enthaltenem Extraktstoff)	kg/s
$q_{m,S}$	Massenstrom des aufnehmenden Lösemittels (Solvent)	kg/s
$q_{m,R}$	Massenstrom der Abgeberphase (Raffinat)	kg/s
N_{th}	Anzahl theoretischer Trennstufen	1

Indizes:

ein	Eintritt in die Anlage
aus	Austritt aus der Anlage
max	maximaler Wert
min	minimaler Wert

Diagramm zur Ermittlung der erforderlichen Trennstufenzahl, bei vernachlässigbarer Löslichkeit von Solvent und Raffinat ineinander (Gegenstromextraktion)

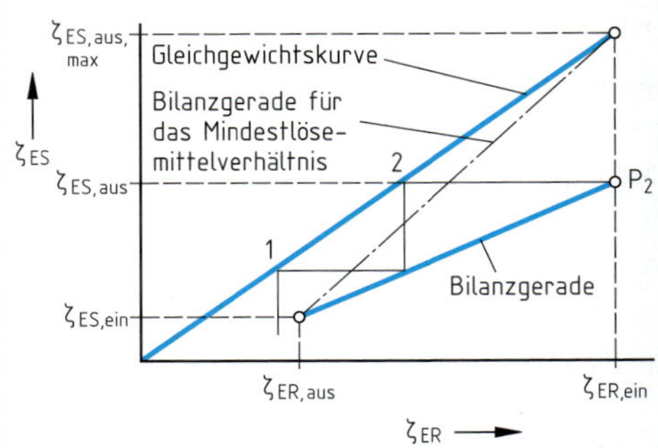

E

Bei konstantem Verteilungskoeffizienten K im Beladungsbereich (Gleichgewichtskurve im Beladungsdiagramm ist eine Gerade) kann N_{th} mit folgender Gleichung direkt berechnet werden:

Theoretische Trennstufenzahl bei konstantem Verteilungskoeffizienten K im Beladungsbereich (Gleichgewichtskurve ist eine Gerade)

$$N_{th} = \frac{\ln\left[\left(K \cdot \frac{q_{m,S}}{q_{m,R}} - 1\right) \cdot \frac{\zeta_{ER,ein} + \zeta_{ES,ein}}{\zeta_{ER,aus}} + 1\right]}{\ln\left(K \cdot \frac{q_{m,S}}{q_{m,R}}\right)} - 1$$

E 3.1.3 Absorption

Die folgenden Formeln gelten für reine Zweistoffgemische (aus Trägergas und Absorptiv) aus denen mithilfe des Lösemittels das Absorptiv absorbiert wird. Dabei wird von großer Verdünnung ausgegangen (wie in der Praxis meist vorliegend).

Massenverhältnisse

$$\zeta_{AG} = \frac{m_{AG}}{m_G} \qquad \zeta_{AS} = \frac{m_{AS}}{m_S}$$

Formel für die Gleichgewichtskurve

$$\zeta_{AG} = \frac{\frac{M_A}{M_S} \cdot p \cdot \zeta_{AG}}{\left(\zeta_{AG} + \frac{M_A}{M_G}\right) \cdot H - p \cdot \zeta_{AG}}$$

Bilanzgerade

$$\zeta_{AS,aus} = \frac{q_{m,G}}{q_{m,S}} \cdot \zeta_{AG,ein} + \zeta_{AS,ein} - \frac{q_{m,G}}{q_{m,S}} \cdot \zeta_{AS,aus}$$

Die Bilanzgerade wird zwischen den Punkten P_1 und P_2 gezogen. Da in der Praxis im Allgemeinen $\zeta_{AG,ein}$, $\zeta_{AG,aus}$ und $\zeta_{AS,ein}$ bekannt sind, muss $\zeta_{AS,aus}$ berechnet werden.

Mindestverhältnis von Lösemittel zu Trägergas

$$v_{min} = \left(\frac{q_{m,S}}{q_{m,G}}\right)_{min} = \frac{\zeta_{AG,ein} - \zeta_{AG,aus}}{\zeta_{AS,aus,max} - \zeta_{AS,ein}}$$

In der Praxis wird im Allgemeinen gewählt:

$v = 1{,}3 \ldots 1{,}6 \cdot v_{min}$

ζ_{AG}	Massenverhältnis Absorptiv zu Trägergas	1
ζ_{AS}	Massenverhältnis Absorptiv zu Lösemittel	1
m_{AG}	Masse Absorptiv im Trägergas	kg
m_{AS}	Masse Absorptiv im Lösemittel (Solvent)	kg
m_G	Masse Trägergas	kg
m_S	Masse Lösemittel	kg
w_{AG}	Massenanteil Absorptiv im Trägergas	1
w_{AS}	Massenanteil Absorptiv im Lösemittel	1
x_{AG}	Stoffmengenanteil Absorptiv im Trägergas	1
x_{AS}	Stoffmengenanteil Absorptiv im Lösemittel	1
M_A	molare Masse des Absorptivs	kg/kmol
M_S	molare Masse des Lösemittels	kg/kmol
M_G	molare Masse des Trägergases	kg/kmol
p	Gesamtdruck in der Absorptionsanlage	bar
p_A	Partialdruck des Absorptivs im Gasgemisch über der Flüssigkeit	bar
$q_{m,G}$	Massenstrom Trägergas	kg/s
$q_{m,S}$	Massenstrom Lösemittel	kg/s
v	Verhältnis Massenstrom Lösemittel zu Massenstrom Trägergas	1
H	*Henry*-Konstante	bar

Für ideale Verdünnung gilt:

Partialdruck des Absorptivs im Gasgemisch über der Flüssigkeit

$$p_A = H \cdot x_{AS}$$

Stoffmengenanteil Absorptiv im Trägergas

$$x_{AG} = \frac{H}{p} \cdot x_{AS}$$

Umrechnungsformeln

$$\zeta_{AG} = \frac{w_{AG}}{1 - w_{AG}}$$

$$\zeta_{AS} = \frac{w_{AS}}{1 - w_{AS}}$$

Indizes:

ein	Eintritt in die Anlage
aus	Austritt aus der Anlage
max	Maximaler Wert
min	minimaler Wert

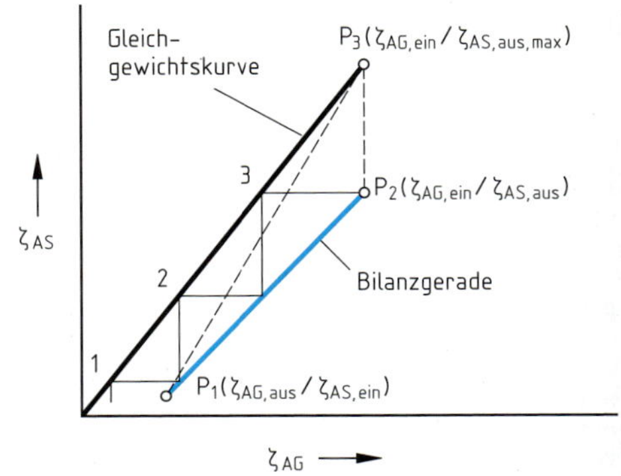

E 3.1.4 Trocknung

Feuchte

Absolute Feuchte der Luft

$$f = \frac{m_D}{V}$$

Sättigungsmenge

$$f_{max} = \frac{m_{D,max}}{V}$$

Relative Feuchte

$$\varphi = \frac{f}{f_{max}} = \frac{p_D}{p_S}$$

Feuchteanteil eines Stoffes

$$w_f = \frac{m_{hyg} - m_{xer}}{m_{hyg}}$$

Trockenmasseanteil eines feuchten Stoffes

$$w_{xer} = \frac{m_{xer}}{m_{hyg}}$$

Massenverhältnis von Feuchte zu Trockenmasse

$$\zeta_f = \frac{m_{hyg} - m_{xer}}{m_{xer}}$$

f	absolute Feuchte	kg/m^3
m_D	Masse des Wassers im Luftvolumen	kg
V	Luftvolumen	m^3
f_{max}	Sättigungsmenge	kg/m^3
$m_{D,max}$	maximal mögliche Masse an Wasser im Luftvolumen	kg
φ	relative Feuchte	1
p_D	Wasserdampf-Partialdruck	Pa
p_S	Sättigungsdampfdruck der Luft	Pa
w_f	Feuchteanteil (Massenanteil Feuchte)	1
m_{hyg}	Feuchtemasse	kg
m_{xer}	Trockenmasse	kg
w_{xer}	Trockenmasseanteil	1
ζ_f	Massenverhältnis Feuchte zu Trockenmasse	1

E

Trocknung im Luftstrom

(Trocknung in einem Trockner mit Vorwärmer)

Beim Trocknungsvorgang entzogene Feuchte:

$$q_{mD} = q_{mG} \cdot (x_{G,ein} - x_{G,aus})$$

Bedarf an Trockenluft:

$$q_{mL} = \frac{q_{mD}}{x_{aus} - x_{ein}}$$

Spezifischer Luftbedarf:

$$l = \frac{q_{mL}}{q_{mD}} = \frac{1}{x_{aus} - x_{ein}}$$

Spezifischer Wärmebedarf (auf die entzogene Feuchte bezogen)

$$q = \frac{h_{aus} - h_{ein}}{x_{aus} - x_{ein}} \pm \frac{q_{mG,aus} \cdot h_{G,aus} - q_{mG,ein} \cdot h_{G,ein}}{q_{mD}} + \frac{\dot{Q}_V}{q_{mD}}$$

Ideale Trocknung (Enthalpieänderung beim Trockengut und Wärmeverluste $\dot{Q}_V$ vernachlässigbar):

1. *Erwärmung der Luft im Vorwärmer:* Die Beladung bleibt konstant (kein Trockengutkontakt), die Enthalpie nimmt von h_1 auf h_2 zu.
2. *Trocknungsprozess im Trockner:* Die Beladung und die relative Feuchte nehmen zu (Wasserdampfaufnahme), die Enthalpie bleibt konstant (keine Wärmezufuhr).

Es gelten dann vereinfachend die Formeln:

$$q = \frac{h_{aus} - h_{ein}}{x_{aus} - x_{ein}}$$

$$q = l \cdot (h_{aus} - h_{ein})$$

Der Gesamtwärmeverbrauch beträgt:

$$\dot{Q} = l \cdot q_{mD} \cdot (h_{aus} - h_{ein})$$

Reale Trocknung (Enthalpieänderung beim Trockengut vernachlässigt):

A. Alle Wärmeverluste werden durch eine Zusatzheizung im Trockner ausgeglichen.

Der Verlauf entspricht dann im h/x-Diagramm dem der idealen Trocknung, es gelten somit die gleichen Formeln.

q_{mD}	Massenstrom Feuchte von Trockengut in der Trockenluft	kg/h
q_{mG}	Massenstrom trockenes Gut	kg/h
q_{mL}	Massenstrom trockene Luft	kg/h
x_G	Beladung des trockenen Gutes mit Feuchte	kg/kg
x	Beladung der trockenen Luft mit Feuchte	kg/kg
l	spezifischer Luftbedarf kg/h trockene Luft pro kg/h entzogene Feuchte	1
q	spezifischer Wärmebedarf (kJ je kg entzogener Feuchte)	kJ/kg
h	spezifische Enthalpie der Luft	kJ/kg
h_G	spezifische Enthalpie des Trockengutes	kJ/kg
$\dot{Q}$	Wärmestrom	kJ/h
$\dot{Q}_V$	Verlustwärmestrom	kJ/kg

Indizes:

ein	Eintritt in den Trockner oder Vorwärmer
aus	Austritt aus dem Trockner oder Vorwärmer

E

B. *Kein Ausgleich der Wärmeverluste* (keine Zusatzheizung im Trockner).

1. *Erwärmung der Luft im Vorwärmer:* Die Enthalpie wird erhöht, die Beladung bleibt konstant, da kein Trockengutkontakt besteht.
2. *Trocknungsprozess im Trockner:* Beladung und relative Feuchte nehmen zu (Wasserdampfaufnahme), die spezifische Enthalpie verringert sich durch Wärmeverluste von h_2 auf h_3.

h,x*-Diagramm für feuchte Luft nach *Mollier

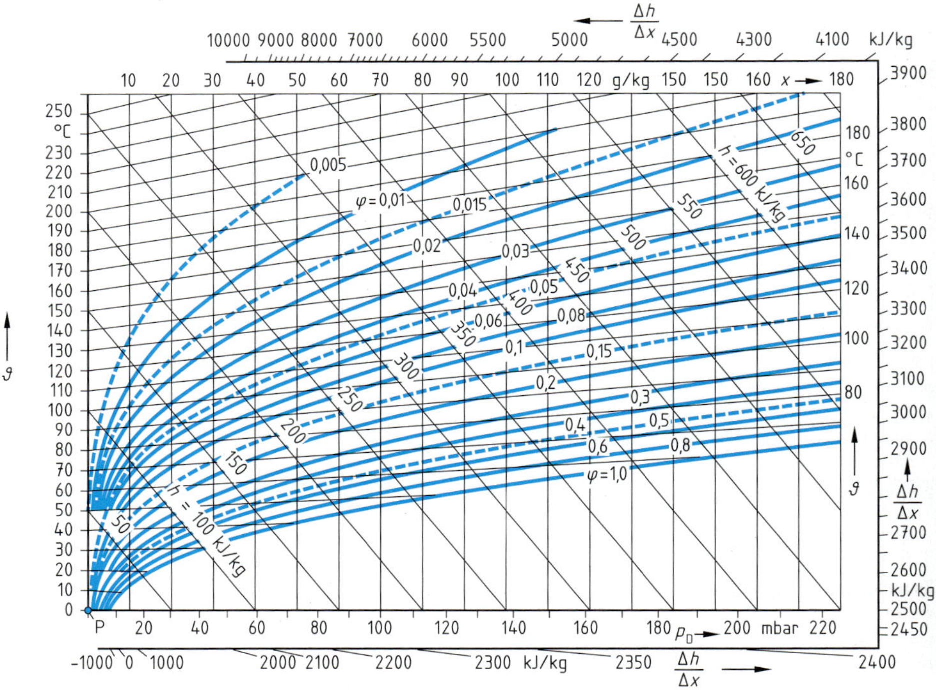

E 3.1.5 Adsorption

Gleichung der Adsorptionsisotherme nach *Freundlich*

$$X_A = k \cdot p_A^n$$

Die Gleichung von *Freundlich* ist nur für kleine Partialdrücke p_A hinreichend genau.

Gleichung der Adsorptionsisotherme nach *Langmuir*

$$X_A = \frac{a \cdot p_A}{b + p_A}$$

X_A	Beladung kg Adsorptiv/kg Adsorbens	kg/kg
k	stoffspezifische Konstante	1
n	stoffspezifische Konstante	1
$p_Ä$	Partialdruck des Adsorptivs	Pa
a	stoffspezifische Konstante	1
b	stoffspezifische Konstante	1

E

Bilanzgleichungen

$$(X_D - X_R) \cdot H \cdot A_0 \cdot \rho_S =$$
$$(X_{Gl} - X_R) \cdot (H - z) \cdot A_0 \cdot \rho_S + 0{,}5 \cdot (X_{Gl} - X_R) \cdot z \cdot A_0 \cdot \rho_S =$$
$$\dot{n}_T \cdot (Y_{roh} - Y_{rein}) \cdot M_A \cdot t$$

Länge der Übergangszone *z*

$$z = 2 \cdot H \cdot \left(1 - \frac{X_D - X_R}{X_{Gl} - X_R}\right)$$

$$z = 2 \cdot H - \frac{2 \cdot \dot{n}_T \cdot (Y_{ein} - Y_{aus}) \cdot M_A \cdot t}{(X_{Gl} - X_R) \cdot A_0 \cdot \rho_S}$$

X_D	Durchbruchbeladung (Massenverhältnis) in kg Adsorptiv/kg Adsorbens	kg/kg
X_{Gl}	maximale Gleichgewichtsbeladung (Massenverhältnis) im praktischen Betrieb in kg Adsorptiv/kg Adsorbens	kg/kg
X_R	Restbeladung (Massenverhältnis) der regenerierten Schüttung in kg Adsorptiv/kg Adsorbens	kg/kg
H	Gesamthöhe der Schüttung	m
A_0	Gesamtquerschnittsfläche der Schüttung	m²
z	Höhe der Übergangszone	m
t	Beladungszeit	s
M_A	molare Masse (stoffmengenbezogene Masse) des Adsorptivs	kg/mol
$\dot{n}_T$	Stoffmengenstrom Trägergas (1 mol = 22,4 · 10^{-3} m³ Gas im Normzustand)	mol/s
ρ_S	Schüttdichte des Adsorbens	kg/m³
Y_{ein}	Eintrittsbeladung (Stoffmengenverhältnis) des Trägergases in mol Adsorptiv/mol Trägergas	mol/mol
Y_{aus}	Austrittsbeladung (Stoffmengenverhältnis) des Trägergases in mol Adsorptiv/mol Trägergas	mol/mol

E 3.2 Mechanische Trennverfahren

→ C 2.11

E 3.2.1 Sedimentation

Näherungsformeln für die Schwerkraftsedimentation von Teilchen in ruhender Flüssigkeit

Dünnsuspension mit einem Volumenanteil $\varphi_s < 0{,}5$ (kugelförmige Teilchen)

$$v_0 = \sqrt{\frac{1{,}25 \cdot d_T \cdot (\rho_S - \rho_L) \cdot g}{\zeta \cdot \rho_L}}$$

Es gelten folgende ζ-Werte:

Turbulenter Bereich	ζ
$500 < Re < 10^5$	0,44
Übergangsbereich	ζ
$0{,}2 < Re < 500$	$18{,}5/Re^{0{,}6}$
$0{,}5 < Re < 10{,}1$	$27/Re^{0{,}8}$
$10{,}1 < Re < 122$	$17/Re^{0{,}6}$
$122 < Re < 1000$	$6{,}5/Re^{0{,}4}$

v_0	Absetzgeschwindigkeit eines nicht beeinflussten kugeligen Teilchens	m/s
v_0'	Absetzgeschwindigkeit eines nicht kugelförmigen Teilchens	m/s
v_A	Absetzgeschwindigkeit der Teilchen in einer Suspension (bei gegenseitiger Beeinflussung)	m/s
d_T	Teilchendurchmesser	m
$d_{äq}$	Äquivalentdurchmesser (Durchmesser von einem unregelmäßig geformten Teilchen)	m
ρ_S	Dichte des Feststoffes	kg/m³
ρ_L	Dichte der Flüssigkeit	kg/m³
g	Fallbeschleunigung (g = 9,81 m/s²)	m/s²
ζ	Widerstandszahl	1

E

Laminare Umströmung des kugelförmigen Teilchens (stookesche Geschwindigkeitsgleichung)

($Re < 0{,}5$, bei technischen Absetzvorgängen meist der Fall)

$$v_0 = \frac{d_T^2 \cdot (\rho_S - \rho_L) \cdot g}{18 \cdot \eta_L}$$

Bei nicht kugelförmigen Teilchen gilt

$$v_0' = v_0 \cdot \varphi$$

Form	kugelig	abgerundet	eckig	länglich	flach
φ	1	0,74 bis 0,80	0,64 bis 0,68	0,56 bis 0,61	0,39 bis 0,45

Ungefähre Absetzgeschwindigkeit

$$v_0' = \frac{\varphi \cdot Re \cdot \eta_L}{d_{äq} \cdot \rho_L} \quad \text{mit} \quad d_{äq} = 1{,}24 \cdot \sqrt[3]{\frac{m_T}{\rho_S}}$$

***Archimedes*zahl**

$$Ar = \frac{d_{äq}^3 \cdot (\phi_S - \phi_L) \cdot \phi_L \cdot g}{\eta_L^2}$$

***Reynolds*zahl**

$Ar \leq 9$	$9 < Ar < 82500$	$Ar \geq 82500$
$Re = \frac{Ar}{18}$	$Re = \left(\frac{Ar}{13{,}9}\right)^{0{,}714}$	$Re = 1{,}74 \cdot Ar^{0{,}5}$

η_L	dynamische Viskosität der Flüssigkeit	Pa · s
η_{Su}	scheinbare dynamische Viskosität der Suspension	Pa · s
φ	Formfakor	1
φ_S	Volumenanteil des Feststoffs in der Suspension	1
k	Konzentrationsbeiwert	1
Re	*Reynolds*zahl	1
Ar	*Archimedes*zahl	1
m_T	Masse eines Teilchens	kg
q_V	Absetzleistung	m³/s
t	Absetzzeit	s
h	Höhe der geklärten Flüssigkeitssäule über dem Sediment	m
A	Grundfläche des Absetzbehälters	m²

Absetzgeschwindigkeit bei höheren Volumenanteilen an Feststoff

$$v_A = k \cdot v_0' \qquad k = \frac{(1 - \varphi_S) \cdot \eta_L}{\eta_{Su}}$$

$$\eta_{Su} = \eta_L \cdot (1 + 4{,}5 \cdot \varphi_S) \quad \text{für} \quad \varphi_S < 0{,}4$$

Absetzzeit

$$t = \frac{h}{v_A}$$

Absetzleistung

$$q_V = \frac{A \cdot h}{t} = A \cdot v_A$$

E 3.2.2 Filtration

Die folgenden Formeln gelten für den Fall, dass die Restfeuchte im Filterkuchen nach der Filtration gegenüber dem Filtratvolumen vernachlässigt werden kann. Außerdem muss der Filterkuchen näherungsweise inkompressibel sein.

Konstanter Filtrationsdruck

(Die Filtrationsgeschwindigkeit nimmt im Verlauf des Filtrationsvorganges kontinuierlich ab)

Filtrationszeit

$$t = \frac{\eta \cdot V \cdot (y \cdot V \cdot \alpha + 2 \cdot A \cdot \beta)}{2 \cdot A^2 \cdot \Delta p}$$

t	Filtrationszeit	s
η	dynamische Viskosität	Pa · s
y	Feststoffgehalt der Trübe (kg Feststoff je m³ Flüssigkeit)	kg/m³
V	Filtratvolumen	m³
α	mittlerer sezifischer Kuchenwiderstand, bezogen auf die Masse des trockenen Kuchens	m/kg
β	Widerstand des Filtermittels	1/m
A	Filterfläche	m²
Δp	Druckdifferenz zwischen beiden Seiten der Filterschicht	Pa

Durchgesetztes Filtratvolumen nach der Zeit *t*

$$V = \frac{\sqrt{\eta^2 \cdot A^2 \cdot \beta^2 + 2 \cdot \eta \cdot A^2 \cdot y \cdot \Delta p \cdot t \cdot \alpha} - \eta \cdot A \cdot \beta}{\eta \cdot \alpha \cdot y}$$

Abgetrennte Feststoffmenge (Masse des Filterkuchens)

$$m = y \cdot V$$

Konstanter Volumenstrom des Filtrats

(der Druck über dem Filterkuchen steigt kontinuierlich an)

Filtrationszeit

$$t = \frac{A}{q_V \cdot \alpha \cdot y} \cdot \left(\frac{A \cdot \Delta p_{max}}{\eta \cdot q_V} - \beta \right)$$

Erreichbares Filtratvolumen

$$V = \frac{A}{y \cdot \alpha} \cdot \left(\frac{A \cdot \Delta p_{max}}{\eta \cdot q_V} - \beta \right)$$

Ermittlung von α und β

α und β müssen experimentell durch Volumen-Zeit-Messungen bestimmt werden.

Bei **konstantem Druck** lautet die Geradengleichung im Diagramm $t/V = f(V)$

$$\frac{t}{V} = \frac{\eta \cdot \alpha \cdot y}{2 \cdot A^2 \cdot \Delta p} \cdot V + \frac{\eta \cdot \beta}{A \cdot \Delta p}$$

Bei **konstantem Volumen** lautet die Geradengleichung im Diagramm $\Delta p = f(V)$

$$\Delta p = \frac{\eta \cdot y \cdot q_V \cdot \alpha}{A^2} \cdot V + \frac{\eta \cdot q_V \cdot \beta}{A}$$

t	Filtrationszeit	s
η	dynamische Viskosität	Pa · s
y	Feststoffgehalt der Trübe (kg Feststoff je m³ Flüssigkeit)	kg/m³
V	Filtratvolumen	m³
α	mittlerer sezifischer Kuchenwiderstand, bezogen auf die Masse des trockenen Kuchens	m/kg
β	Widerstand des Filtermittels	1/m
A	Filterfläche	m³
Δp	Druckdifferenz zwischen beiden Seiten der Filterschicht	Pa
Δp_{max}	höchste auftretende Druckdifferenz	Pa
m	Masse des Filterkuchens	kg
q_V	Volumendurchsatz an Filtrat	m³/s

E 3.2.3 Windsichten

Für sehr feine Feststoffpartikel und bei einer Reynoldszahl $Re < 1$ gilt näherungsweise:

***Stoke*'s-Gleichung**

$$d_T = \sqrt{\frac{18 \cdot \eta_g \cdot v_g}{a \cdot (\rho_s - \rho_g)}}$$

Im Schwerkraftfeld ist $a = g$, im Zentrifugalfeld gilt:

$$a = r \cdot \omega^2$$

d_T	Trennkorndurchmesser	m
η_g	dynamische Viskosität der Luft	Pa · s
ρ_g	Dichte der Luft	kg/m³
ρ_s	Dichte der Feststoffpartikel	kg/m³
a	Beschleunigung	m/s²
r	Radius	m
ω	Winkelgeschwindigkeit	1/s, rad/s

E

Druckverlust in Aerozyklonen (Näherungsformel)

$$\Delta p = \frac{c \cdot \rho_g \cdot q_V}{d^4}$$

$c = 100 \ldots 200$

Δp	Druckverlust	Pa
c	Beiwert	1
ρ_g	Dichte des Gases	kg/m^3
q_V	Volumenstrom (Durchfluss)	m^3/s
d	Durchmesser des Zyklons	m

E 3.2.4 Elektrofiltration

Abscheidungsgrad in Elektrofiltern

$$\eta = 1 - e^{-\frac{A \cdot v \cdot t}{V}}$$

η	Abscheidungsgrad	1
e	*Euler* sche Zahl (e = 2,718...)	
A	Fläche der Elektrode, die den Staub aufnimmt	m^2
v	Wanderungsgeschwindigkeit der Staubkörner im elektrischen Feld	m/s
t	Verweilzeit des Gases im Filterraum (Durchströmzeit)	s
V	Volumen des Filterraumes	m^3

E 3.2.5 Zentrifugieren

Zentrifugalbeschleunigung

$$a_z = \frac{v^2}{r} = 2 \cdot \pi^2 \cdot d \cdot n^2$$

Hydrodynamische Druckdifferenz

$$\Delta p = a_z \cdot \rho_l \cdot h_l$$

Absetzgeschwindigkeit eines Schlammes in einer Zentrifuge

$$v_A = \frac{d_K^2 \cdot (\rho_s - \rho_l)}{18 \cdot \eta} \cdot a_z$$

Beschleunigungsziffer

(charakteristische Größe für die Leistungsfähigkeit einer Zentrifuge)

$$z = \frac{a_z}{g} = \frac{2 \cdot \pi^2 \cdot d_z \cdot n^2}{g}$$

a_z	Zentrifugalbeschleunigung	m/s^2
v	Geschwindigkeit eines Massepunktes auf der Kreisbahn	m/s
v_A	Absetzgeschwindigkeit	m/s
r	Radius der Kreisbahn	m
d	Durchmesser der Kreisbahn	m
d_z	Durchmesser der Zentrifuge	m
d_K	Korndurchmesser	m
n	Umdrehungsfrequenz (Drehzahl)	1/s
Δp	Druckdifferenz	Pa
h_l	Höhe der Flüssigkeitsschicht	m
η	Dynamische Viskosität	Pa · s
ρ_l	Dichte der Flüssigkeit	kg/m^3
ρ_s	Dichte des Feststoffs	kg/m^3
z	Beschleunigungsziffer	1
g	Fallbeschleunigung ($g = 9{,}81\ m/s^2$)	m/s^2

E

E 3.3 Lagern von Stoffen

E 3.3.1 Lagern von Feststoffen

Schüttwinkel der Ruhe

$$\varphi = \arctan \mu$$

φ	Schüttwinkel der Ruhe (Kräftegleichgewicht am einzelnen Korn)	°
μ	Reibungszahl, Reibungskoeffizient	1

Erforderliche Neigung des Auslauftrichters eines Silos

$$\alpha = \varphi + 15°$$

φ	Schüttwinkel der Ruhe (Kräftegleichgewicht am einzelnen Korn)	°
α	Neigungswinkel des Auslauftrichters, z.B. an einem Silo	°

E 3.3.2 Lagern von Gasen

Gasverbrauch bei Druckgasflaschen
(nicht für Acethylen- bzw. Ethinfüllung)

$$\Delta V = \frac{V \cdot (p_1 - p_2)}{p_{amb}}$$

Gasverbrauch bei Druckgasflaschen mit Acethylenfüllung

$$\Delta V = \frac{V \cdot (p_1 - p_2)}{p}$$

ΔV	Gasverbrauch	L
V	Flaschenvolumen	L
p_1	Flaschendruck vor der Entnahme	bar
p_2	Flaschendruck nach der Entnahme	bar
p_{amb}	Umgebungsdruck	bar
p	Fülldruck der Flasche	bar

Verfügbare Masse eines Gases in einer Druckgasflasche

$$m = \frac{p \cdot V \cdot M}{R \cdot T}$$

p	Flaschendruck	Pa
V	Flaschenvolumen	m^3
M	molare Masse des Gases in der Flasche	kg/mol
R	molare (allgemeine) Gaskonstante $R = 8{,}314472$ J/(mol · K)	J/(mol · K)
T	absolute Temperatur	K

E 3.3.3 Lagern von Flüssigkeiten

Volumen eines Klöpperbodens

$$V \approx 0{,}1 \cdot (D - 2 \cdot s)^3$$

Volumen eines Korbbogenbodens

$$V \approx 0{,}1298 \cdot (D - 2 \cdot s)^3$$

V	Volumen	m^3
D	Behälteraußendurchmesser	m
s	Dicke der Behälterwand	m

Höhe eines Klöpperbodens

$$h = 0{,}1953 \cdot D - 0{,}455 \cdot s$$

Höhe eines Korbbogenbodens

$$h = 0{,}255 \cdot D - 0{,}635 \cdot s$$

h	Höhe des Bodens innen	m
D	Behälteraußendurchmesser	m
s	Dicke der Behälterwand	m

E

E 3.4 Fördern von Stoffen → C 1.4; C 1.16; C 1.17; C 2.5; C 2.8; C 2.9; C 2.10; C 2.12; C 2.13

E 3.4.1 Druckverlust in Rohrleitungssystemen

Gesamtdruckverlust

$$\Delta p = \left(\frac{\lambda \cdot L}{d} + \Sigma\zeta\right) \cdot \frac{v^2 \cdot \rho}{2}$$

Für technisch **glatte Rohre** gilt:

Rohrwiderstandszahl im laminaren Bereich (Re < 2320)

$$\lambda = \frac{64}{Re}$$

Rohrwiderstandszahl im turbulenten Bereich ($2320 < Re < 10^5$) nach *Blasius*

$$\lambda = \frac{0{,}3164}{Re^{0{,}25}}$$

Rohrwiderstandszahl im turbulenten Bereich ($10^5 < Re < 10^8$) nach *Nikuradse*

$$\lambda = 0{,}0032 + \frac{0{,}221}{Re^{0{,}237}}$$

Rohrwiderstandszahl im turbulenten Bereich ($3000 < Re < 10^8$) nach *Konakow*

$$\lambda = (1{,}8 \cdot \lg Re - 1{,}5)^{-2}$$

Strömungsgeschwindigkeit

$$v = \frac{q_V}{A} = \frac{q_m}{\rho \cdot A} = \frac{q_V \cdot 4}{d^2 \cdot \pi}$$

***Reynolds*zahl**

$$Re = \frac{v \cdot d \cdot \rho}{\eta}$$

Für **raue Rohre** (z.B. korrodiert oder mit Inkrustierungen (Ablagerungen, Fouling) ergeben sich z.B. stark abweichende Rohrwiderstandszahlen. Diese können je nach Rohrrauheit (Verhältnis d/k) und Reynoldszahl *Re* aus dem folgenden Diagramm abgelesen werden.

Δp	Druckverlust	Pa
λ	Rohrwiderstandszahl	1
L	Länge der geraden Rohrleitung	m
d	Innendurchmesser des Rohres	m
Σ	Summe ($\Sigma\zeta$ = Summe aller Druckverlustzahlen)	1
ζ	Druckverlustzahl (für Formstücke und Armaturen, nach Herstellerangaben oder Tabellen)	1
v	Strömungsgeschwindigkeit	m/s
ρ	Dichte des Fördermediums	kg/m³
Re	*Reynolds*zahl	1
η	Dynamische Viskosität des Fördermediums	Pa · s
q_V	Volumenstrom (Durchfluss)	m³/s
q_m	Massenstrom (Durchsatz)	kg/s
A	Strömungsquerschnitt	m²
k	äquivalente Rohrrauheit	m

Armatur, Messgerät, Formstück	ζ-Wert
DIN-Ventile	4,0 – 5,0
Durchgangsventile allgemein	2,5 – 6,5
Kolbenventile	4,0 – 6,5
Eckventile	1,3 – 6,6
Schrägsitzventile	1,5 – 3,5
Membranventile	0,8 – 2,2
Fußventile mit Saugkorb	2,2 – 4,6
Ringkolbenventile	1,8 – 13,0
Rückschlagventile	1,5 – 15,0
Durchgangshähne mit Küken (offen)	0,6 – 2,0
Kugelhähne (offen)	0,03 – 0,9
– mit eingezogenem Durchgang	0,3 – 3,5
Schieber (offen)	0,05 – 0,3
– mit eingezogenem Durchgang	0,2 – 4,5
Blendenregulierschieber	≈ 0,4
Klappen (offen)	0,2 – 0,8
Rückschlagklappen	0,5 – 1,4
Schmutzfänger, Filter	1,0 – 10
Schweißnaht	0,03
Bogen 90°, rau	0,3 – 0,5
Bogen 90°, glatt	0,18 – 0,26
Kniestück 90°	1,2 – 1,3
Ovalradzähler	1,5 – 9,0
Ringkolbenzähler	3,0 – 15,0
Turbinenradzähler	0,8 – 2,0
Wirbelzähler (Vortexzähler)	2,0 – 3,0
Magnetisch-induktiver Durchflussmesser	Wie Rohrstück
Schwebekörperdurchflussmesser	s. Formel

E

Es gelten folgende Zuordnungen:

Glattes Rohr

$$Re \cdot \frac{k}{d} < 65$$

Übergangsgebiet

$$65 < Re \cdot \frac{k}{d} \leq 1300$$

Raues Rohr

$$Re \cdot \frac{k}{d} > 1300$$

Rohrwiderstandszahl für den völlig rauen Bereich (näherungsweise)

$$\lambda = 0{,}25 \cdot \left[\lg\left(3{,}72 \cdot \frac{d}{k}\right)\right]^{-2}$$

ζ-Wert für Schwebekörperdurchflussmesser

$$\zeta = \frac{5 \cdot m_s \cdot d^4 \cdot \pi}{d_s^2 \cdot q_V^2 \cdot \rho}$$

m_s	Masse des Schwebekörpers	kg
q_V	Volumenstrom (Durchfluss)	m^3/s
ρ	Dichte des Fördermediums	kg/m^3
d	Innendurchmesser des Rohres	m
d_s	größter Durchmesser des Schwebekörpers	m

Druckverlustzahl für Rohrschlangen

$$\zeta = \zeta_R \cdot \left[1 + 0{,}02 \cdot Re^{0{,}75} \cdot \left(\frac{d}{D}\right)^{0{,}42}\right]$$

für $500 \leq Re \leq 4000$ und $12 \leq D/d \leq 120$

ζ	Druckverlustzahl der Rohschlange	1
ζ_R	Druckverlustzahl der gestreckten Leitung bei gleicher Re-Zahl	1
d	Innendurchmesser des Rohres	m
D	Durchmesser der Rohrschlange	m
Re	*Reynolds*zahl	1

Äquivalente Rohrrauheiten

Rohrmaterial	*k* in mm	Rohrmaterial	*k* in mm	Rohrmaterial	*k* in mm
Glas, gezogen	0 – 0,0015	Beton		Stahl, geschweißt	
Kunststoff	0,001 – 0,007	– glatt	0,3 – 0,8	– neu	0,04 – 0,1
Gummi	0,01	– rau	1,0 – 3,0	– neu, nach DIN EN 10220:2003-03	0,045
Aluminium	0,001 – 0,0015	Gummischlauch, neu	0,0016	– neu, bitumiert	0,03 – 0,05
Kupfer, gezogen	0 – 0,0015	Flexible Schläuche	0,0016 – 2,0	– neu, zementiert	0,03 – 0,8
Messing, gezogen	0 – 0,0015	Stahl, verzinkt	0,07 – 0,15	– neu, galvanisiert	0,008 – 0,01
Bronze	0,001 – 0,0015	Stahl, gezogen oder gewalzt		– neu, mit Metallspritzüberzug	0,08–0,09
Gebrauchte Rohre aus den genannten Materialien	bis 0,03	– neu	0,02 – 0,1	– geringe Ablagerungen oder leicht korrodiert	0,15 – 0,6
Gusseisen		– geringe Ablagerungen oder gleichmäßige Korrosion	0,15 – 0,4	– mittlere Verunreinigungen	≈ 1,5
– neu	0,25 – 1,0	– mittlere Ablagerungen	bis 1,5	– starke Verunreinigungen oder starke, ungleichmäßige Korrosion	2,0 – 4,0
– neu, bitumiert	0,1 – 0,15	– starke Verunreinigungen oder starke, ungleichmäßige Korrosion	bis 4,0		
– neu, zementiert	0,025 – 0,12				
– neu, galvanisiert	0,12 – 1,15				
– leicht korrodiert (ebenmäßig)	0,25 – 1,5				
– mittlere Verschmutzung	≈ 1,5				
– starke Ablagerungen oder starke, ungleichmäßige Korrosion	1,5 – 5,0				

E

$$Re = \frac{v \cdot d \cdot \rho}{\eta}$$

$$Re = \frac{v \cdot d}{\nu}$$

v Strömungsgeschwindigkeit in m/s

d Rohrinnendurchmesser in m

ρ Dichte des Fördermediums in kg/m³

η Dynamische Viskosität des Fördermediums in Pa·s

ν Kinematische Viskosität des Fördermediums in m²/s

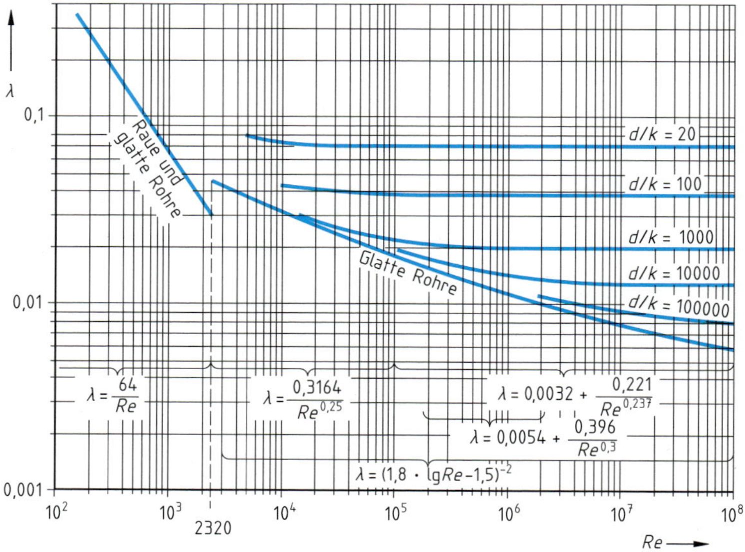

d/k = Rohrinnendurchmesser in mm/äquivalente Rohrrauheit in mm

Äquivalente Rohrrauheit nach Tabelle (Seite 309) oder Herstellerangabe

E

E 3.4.2 Erforderliche Pumpenleistung

Verlusthöhe in einem Rohrleitungssystem

$$H_J = \frac{\Delta p}{\rho \cdot g}$$

Berechnung von Δp siehe oben!

Förderhöhe einer Anlage

$$H_A = z + \frac{p_{A2} - p_{A1}}{\rho \cdot g} + \frac{U_{A2}^2 - U_{A1}^2}{2 \cdot g} + H_J$$

Förderhöhe einer Anlage, wenn die Geschwindigkeitsdifferenz zwischen Ein- und Austrittsseite vernachlässigt werden kann (meist der Fall)

$$H_A = z + \frac{p_{A2} - p_{A1}}{\rho \cdot g} + H_J$$

Förderhöhe einer Anlage bei offenen Behältern

$$H_A = z + H_J$$

H_J	Verlusthöhe einer Anlage	m
Δp	Druckverlust im Rohrleitungssystem (Berechnung siehe oben)	Pa
ρ	Dichte des Fördermediums	kg/m³
g	Fallbeschleunigung (g = 9,81 m/s²)	m/s²
H_A	Förderhöhe der Anlage	m
z	geodätische Förderhöhe	m
p_{A1}	Eintrittsdruck der Anlage (Überdruck)	Pa
p_{A2}	Austrittsdruck der Anlage (Überdruck)	Pa
U_{A1}	mittlere Geschwindigkeit im Eintritt der Anlage	m/s
U_{A2}	mittlere Geschwindigkeit im Austritt der Anlage	m/s

Förderhöhe einer Anlage bei Kreislaufsystemen (Umwälzpumpen, z. B. Heizkreislauf)

$$H_A = H_J$$

Im stationären Zustand ist die Förderhöhe der Pumpe H gleich der Förderhöhe der Anlage H_A. Beim Anfahren der Pumpe ist $H > H_A$.

Förderhöhe der Pumpe beim Anfahren

$$H = z_1 - z_2 + \frac{p_2 - p_1}{\rho \cdot g} + \frac{U_2^2 - U_1^2}{2 \cdot g}$$

Leistungsbedarf einer Pumpe

$$P = \frac{Q \cdot \rho \cdot g \cdot H_A}{\eta_P}$$

Erforderliche Anfahrleistung der Pumpe

$$P = \frac{Q \cdot \rho \cdot g \cdot H}{\eta_P}$$

P	Leistungsbedarf der Pumpe	W
Q	Volumenstrom (Förderstrom)	m^3/s
η_P	Pumpenwirkungsgrad	1
H	Förderhöhe der Pumpe	m
z_1	Höhenlage des Eintritts in die Pumpe	m
z_2	Höhenlage des Austritts aus der Pumpe	m
p_1	Eintrittsdruck der Pumpe (Überdruck) in Höhe von z_1	Pa
p_2	Austrittsdruck der Pumpe (Überdruck) in Höhe von z_2	Pa
U_1	mittlere Geschwindigkeit im Eintritt der Pumpe	m/s
U_2	mittlere Geschwindigkeit im Austritt der Pumpe	m/s

Wirkungsgradbereiche von Pumpen

Kreiselpumpen	0,5 ... 0,9 meist 0,55 ...0,85
Hubkolbenpumpen	0,8 ... 0,95
– kleine Pumpen	bis 0,6
Seitenkanalpumpen	0,3 ... 0,5
Zahnradpumpen	0,75 ... 0,95
Exzenterschneckenpumpen	< 0,7
Schraubenspindelpumpen	0,65 ... 0,85
Kreiskolbenpumpen	0,5 ... 0,75
Schlauchpumpen	0,15 ... 0,4

E 3.4.3 Erforderliche Leistung eines Verdichters

Theoretischer Leistungsbedarf eines Verdichters bei polytroper (realer) Verdichtung

$$P_{th} = p_1 \cdot q_{V1} \cdot \frac{n}{n-1} \cdot \left[\left(\frac{p_2}{p_1}\right)^{\frac{n-1}{n}} - 1\right]$$

Für zweiatomige Gase und Luft gilt $1{,}25 < n < 1{,}35$

Spezifische Arbeit beim Verdichten

$$Y = \frac{n}{n-1} \cdot \frac{p_1}{\rho_1} \cdot \left[\left(\frac{p_2}{p_1}\right)^{\frac{n-1}{n}} - 1\right]$$

Druckverhältnis bei der spezifischen Arbeit

$$\frac{p_2}{p_1} = \left[1 + \frac{(n-1) \cdot \rho_1 \cdot Y}{n \cdot p_1}\right]^{\frac{n-1}{n}}$$

P_{th}	theoretischer Leistungsbedarf eines Verdichters	W
p_1	Anfangsdruck des Fördermediums (Ansaugdruck) vor dem Verdichten	Pa
p_1	Enddruck des Fördermediums nach dem Verdichten	Pa
q_{V1}	Eintrittsvolumenstrom des Fördermediums	m^3/s
n	Polytropenexponent des Fördermediums	1
Y	spezifische Arbeit eines Verdichters	J/kg
ρ_1	Dichte des Fördermediums vor dem Verdichten (Ansaugzustand)	kg/m^3

E

Umrechnung des Normvolumenstroms in den Volumenstrom im Ansaugzustand

$$q_{V1} = \frac{q_{Vn} \cdot p_n}{\rho_1}$$

$$q_{V1} = \frac{q_{Vn} \cdot p_n \cdot T_1}{p_1 \cdot T_n}$$

p_n	Normdruck der Anlage (p_n = 101325 Pa)	Pa
ρ_n	Normdichte (bei p_n = 101325 Pa und T_n = 273,15 K)	kg/m³
q_{Vn}	Normvolumenstrom (bei p_n = 101325 Pa und T_n = 273,15 K)	m³/s
T_1	Temperatur des Fördermediums vor dem Verdichten	K
T_n	Normtemperatur (T_n = 273,15 K)	K
q_m	Massenstrom (Durchsatz)	kg/s
A	Querschnittsfläche der Schüttung	m²
v	Bandgeschwindigkeit	m/s
ρ_s	Schüttdichte des Fördergutes	kg/m³
c	Proportionalitätsfaktor (0,02 – 0,08)	1
b	Bandbreite	m
d	Durchmesser der Förderschnecke	m
h	Ganghöhe der Förderschnecke	m
α	Füllgrad der Förderschnecke	1
n	Umdrehungsfrequenz (Drehzahl)	1/s

3.4.4 Durchsatz (Massenstrom) bei Feststoffförderern

Durchsatz (Massenstrom) bei Bandförderern

$$q_m = A \cdot v_1 \cdot \rho_s$$

$$q_m = c \cdot b^2 \cdot v \cdot \rho_s$$

Durchsatz (Massenstrom) bei Schneckenförderern

$$q_m = \frac{d^2 \cdot \pi}{4} \cdot h \cdot \alpha \cdot \rho_s \cdot n$$

E 3.5 Zerkleinerung

E 3.5.1 Zerkleinerungsgesetze

Zerkleinerungsgesetz nach *Kick*
(Korngrößenbereich > 50 mm)

$$W_K = c_K \cdot (\ln d_A - \ln d_E)$$

$$c_K = 1{,}151 \cdot c_B \cdot (d_{Bo})^{-0{,}5}$$

Zerkleinerungsgesetz nach *Bond*
(Korngrößenbereich 50 mm – 0,05 mm)

$$W_B = c_B \cdot \left(\sqrt{\frac{1}{d_A}} - \sqrt{\frac{1}{d_E}}\right)$$

Zerkleinerungsgesetz nach *Rittinger*
(Korngrößenbereich < 0,05 mm)

$$W_R = c_R \cdot \left(\frac{1}{d_A} - \frac{1}{d_E}\right)$$

$$c_R = 0{,}5 \cdot c_B \cdot (d_{Bu})^{0{,}5}$$

Leistungsbedarf einer Zerkleinerungsmaschine

$$P = q_m \cdot W$$

W	spezifische Zerkleinerungsarbeit	J/kg
c	Zerkleinerungskoeffizient	1
d_A	Korngröße des Aufgabegutes	m
d_E	Korngröße des zerkleinerten Gutes	m
d_{Bo}	oberer Korndurchmesser für den Bond-Bereich	m
d_{Bu}	unterer Korndurchmesser für den Bond-Bereich	m
P	Leistungsbedarf	W
q_m	Massenstrom	kg/s

E

Zerkleinerungsgrad bezogen auf die Korngröße d_{80}

$$Z_d = \frac{d_{80,A}}{d_{80,E}}$$

Zerkleinerungsgrad bezogen auf die spezifische Oberfläche S_V bzw. S_m

$$Z_S = \frac{S_{V,E}}{S_{V,A}} = \frac{S_{m,E}}{S_{m,A}}$$

Z_d	Zerkleinerungsgrad (durchmesserbezogen)	1
Z_S	Zerkleinerungsgrad (oberflächenbezogen)	1
d_{80}	d_{80}-Wert (besagt, dass 80% der Masse kleinere Durchmesser besitzen. Dieser Wert wird oft verwendet, es kann natürlich auch ein anderer Massenanteil verwendet werden)	m
S_V	volumenbezogene Oberfläche	m²/m³
S_m	massenbezogene Oberfläche	m²/kg

E 3.5.2 Korngrößenverteilung/Siebanalyse

Rückstand auf einem Siebboden bei der Siebanalyse nach *Rosin, Rammler, Sperling* und *Bennet*
(gültig für spröde Stoffe)

$$R = e^{-b \cdot d_K^n}$$

$$R = e^{-\left(\frac{d_K}{d'}\right)^n}$$

Spezifische Oberfläche eines Schüttgutes mit kugelförmigen Teilchen

$$S_K = \frac{6{,}39 \cdot e^{\frac{1{,}796}{n^2}}}{\rho_s \cdot d'}$$

Spezifische Oberfläche eines Schüttgutes mit Teilchen beliebiger Form

$$S = f \cdot S_K$$

Porosität eines Schüttgutes

$$\varepsilon = \frac{V - V_S}{V}$$

Porosität eines Schüttgutes mit gasgefülltem Hohlraum

$$\varepsilon = 1 - \frac{\rho_{Schütt}}{\rho_S}$$

Porosität eines Schüttgutes mit flüssigkeitsgefülltem Hohlraum

$$\varepsilon = \frac{\rho_S - \rho_{Schütt}}{\rho_S - \rho_l}$$

R	Rückstand auf einem Siebboden (Massenanteil in %)	%
e	*Euler'sche* Zahl (e = 2,718...)	1
b	stoffspezifische Konstante $b = (1/d')^n$	1
n	Gleichmäßigkeitsfaktor (Körnungsparameter nach RRSB-Körnungsnetz, stoffspezifisch)	1
d_K	Korndurchmesser	mm
d'	Maschenweite des Siebes für $R = 36{,}8\%$ ($R = 100\%/e$)	mm
S_K	spezifische Oberfläche bei Annahme von kugelförmigen Teilchen	m²/kg
S	spezifische Oberfläche	m²/kg
f	Formfaktor	1
ε	Porosität	1
V	Gesamtvolumen	m³
V_s	Feststoffvolumen	m³
ρ_s	Dichte des Feststoffs	kg/m³
$\rho_{Schütt}$	Dichte der Schüttung	kg/m³
ρ_l	Dichte der Flüssigkeit	kg/m³

E

E 3.6 Stoffvereinigung

E 3.6.1 Rühren

Leistungsbedarf eines Rührorgans

$$P = M_d \cdot 2 \cdot \pi \cdot n$$ oder

$$P = Ne \cdot n^3 \cdot d^5 \cdot \rho$$

Anlaufleistung (nach Kasatkin)

$$P_A = P \cdot (1 + 0{,}134 \cdot Re^{0{,}22})$$

Ne ist abhängig von der *Reynolds*zahl (*Re*) und von der *Froud*zahl (*Fr*). Die Abhängigkeit von der Froudzahl entfällt, wenn $Re < 300$ oder wenn eine Rührtrombe (z.B. durch Stromstörer) vermieden wird.

***Reynolds*zahl**

$$Re = \frac{n \cdot d^2 \cdot \rho}{\eta}$$

***Froud*zahl**

$$Fr = \frac{n^2 \cdot d}{g}$$

Mindestleistung beim Homogenisieren im turbulenten Bereich (Idealwert nach *Mersmann*)

$$P_{min} = \frac{300 \cdot \rho \cdot d^5}{t_M^3}$$

$$t_M = \frac{(n \cdot t_M)}{n}$$

$(n \cdot t_M)$ aus Diagramm

Sinkleistung beim Suspendieren

$$P_S = (\rho_s - \rho_l) \cdot g \cdot V_S \cdot v$$

P	Leistungsbedarf eines Rührorgans	W
P_A	Anlaufleistung	W
M_d	Drehmoment an der Rührwelle	N · m
n	Drehzahl (Umdrehungsfrequenz) des des Rühresr	1/s
d	Durchmesser des Rührorgans	m
ρ	Dichte des Rührmediums	kg/m³
Ne	Leistungskennzahl	1
Re	Reynoldszahl	1
Fr	Froudzahl	1
η	Viskosität des Rührmediums	Pa · s
g	Fallbeschleunigung	m/s²
t_M	Mischzeit	s
P_{min}	Mindestleistung	W
$(n \cdot t_M)$	Durchmischungskennzahl	1/mol

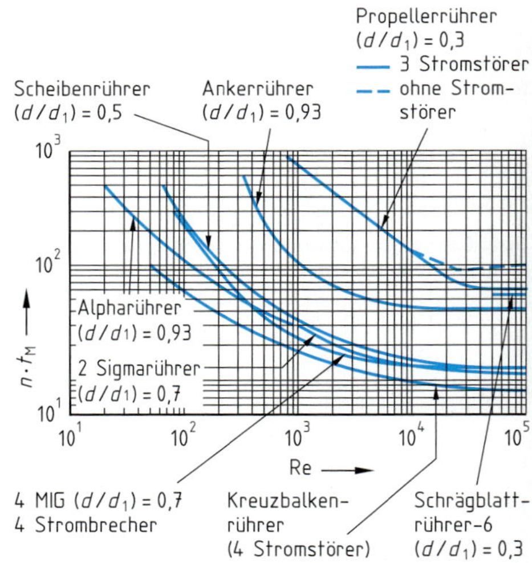

P_S	Sinkleistung	W
ρ_s	Dichte des Feststoffs	kg/m³
ρ_l	Dichte der Flüssigkeit	kg/m³
g	Fallbeschleunigung	m/s²
V_s	Gesamtvolumen des Feststoffs	m³
v	Sinkgeschwindigkeit	m/s

Diagramm zur Bestimmung der Leistungskennzahl *Ne*[1)]

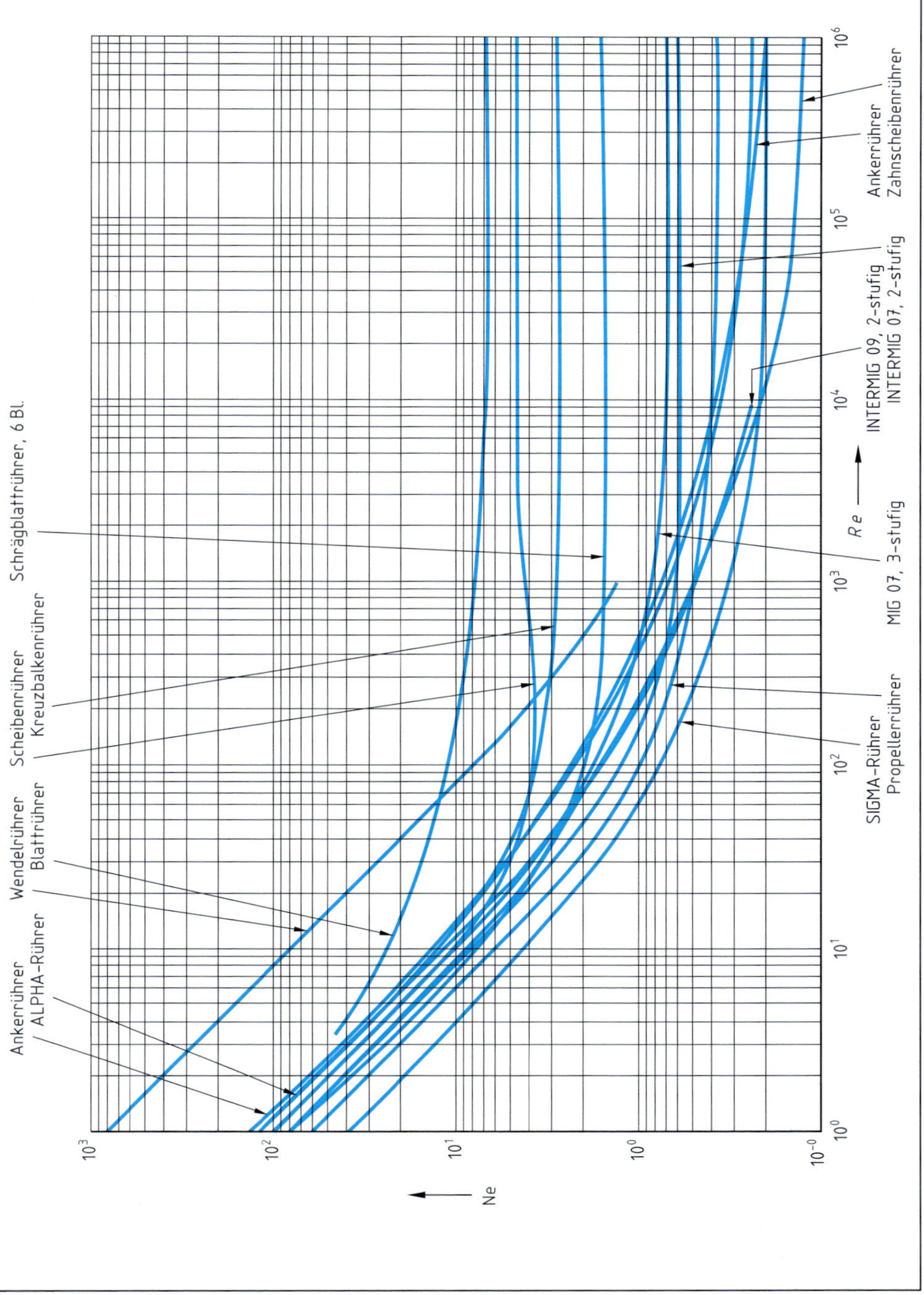

E 3.6.2 Mischen von Gasen

Mischvorgang: Injektion eines Gases in der Mitte des Rohrquerschnitts in einen Gasstrom mit $400 < Re < 10^7$

Weglänge bis zur Erreichung einer gleichmäßigen Konzentration im Querschnitt
(maximale Differenz: ± 1%

$$s = 8 \cdot d \cdot Re^{0{,}17}$$

s	Erforderlicher Mischweg	m
d	Durchmesser des Mischrohres	m
Re	*Reynold*szahl	1

E 3.6.3 Mischen von Feststoffen

Mischungsgrad (Grad der Verteilung) eines pulvrigen Stoffes bei idealer Gleichverteilung

$$M = 1 - e^{-A \cdot t}$$

Realer Mischungsgrad eines pulvrigen Stoffes (*Rose*-Beziehung)

$$M = 1 - \left[\frac{B}{A} + \frac{1}{2} \cdot \left(1 - \frac{B}{A}\right) \cdot e^{-A \cdot t}\right]^2$$

Dynamische Gleichverteilung eines pulvrigen Stoffes

$$M_E = 1 - \left(\frac{B}{A}\right)^2$$

Effektiver Mischungsgrad

$$M_e = \eta \cdot M_E$$

M	Mischungsgrad	1
t	Mischzeit	s
A	Mischkonstante (stoff- und apparateabhängig)	s^{-1}
B	Entmischungskonstante (stoff- und apparateabhängig)	s^{-1}
e	*Euler*'sche Zahl (e = 2,718...)	1
M_E	dynamische Gleichverteilung (Grenzwert des Mischungsgrades, stoff- und apparateabhängig)	1
η	Wirkungsgrad des Mischers	1

E 3.7 Wärmeübertragung

→ C 3.2; C 3.13; C 3.21

E 3.7.1 Direkter Wärmeaustausch

Bei direktem Wärmeaustausch werden Stoffe mit unterschiedlicher Temperatur gemischt, wobei der wärmere Stoff Energie an den weniger warmen abgibt (und an die Umgebung = Verlustwärme Q_{verl}). Es stellt sich eine Mischungstemperatur ϑ_M ein.

Allgemeine Wärmebilanz

$$Q_{ab} = Q_{auf} + Q_{verl}$$

Q	Wärmemenge	J

Ohne Änderung des Aggregatzustands

Vom wärmeren Stoff abgegebene Wärmemenge

$$Q_{ab} = m_1 \cdot c_{p1} \cdot (\vartheta_1 - \vartheta_M)$$

Vom weniger warmen Stoff aufgenommene Wärmemenge

$$Q_{auf} = m_2 \cdot c_{p2} \cdot (\vartheta_M - \vartheta_2)$$

Wärmebilanzgleichung

$$m_1 \cdot c_{p1} \cdot (\vartheta_1 - \vartheta_M) = m_2 \cdot c_{p2} \cdot (\vartheta_M - \vartheta_2) + Q_{verl}$$

Mit Änderung des Aggregatzustands

Wärmeabgabe bei kondensierendem Sattdampf

$$Q_{ab} = m_1 \cdot \Delta h_{v1} + m_1 \cdot c_{p1} \cdot (\vartheta_{b1} - \vartheta_M)$$

Bilanzgleichung bei Einleitung von Sattdampf in ein flüssiges Medium

$$m_1 \cdot \Delta h_{v1} + m_1 \cdot c_{p1} \cdot (\vartheta_{b1} - \vartheta_M) = m_2 \cdot c_{p2} \cdot (\vartheta_M - \vartheta_2) + Q_{verl}$$

Bilanzgleichung bei Zugabe von Eis (oder eines anderen schmelzenden Stoffes) in ein flüssiges Medium

$$m_1 \cdot c_{p1} \cdot (\vartheta_1 - \vartheta_M) = m_2 \cdot \Delta h_{s2} + m_2 \cdot c_{p2} \cdot (\vartheta_M - \vartheta_{m2}) + Q_{verl}$$

Q	Wärmemenge	J
$\dot{Q}$	Wärmestrom	W, J/s
m	Masse	kg
q_m	Massenstrom	kg/s
c_p	spezifische Wärmekapazität bei konstantem Druck	J/(kg · K)
ϑ	Temperatur	°C
ϑ_b	Siedetemperatur	°C
ϑ_m	Schmelztemperatur	°C

Indizes:

1	Medium mit der höheren Temperatur
2	Medium mit der niedrigeren Temperatur
11	Anfangszustand des Mediums mit der höheren Temperatur
12	Endzustand des Mediums mit der höheren Temperatur
21	Anfangszustand des Mediums mit der niedrigeren Temperatur
22	Endzustand des Mediums mit der niedrigeren Temperatur

E 3.7.2 Indirekter Wärmeaustausch (durch eine Trennwand hindurch)

Allgemeine Wärmebilanz

$$\dot{Q}_{ab} = \dot{Q}_{auf} + \dot{Q}_{verl}$$

Ohne Änderung des Aggregatzustands

Vom wärmeren Stoff abgegebene Wärmemenge

$$\dot{Q}_{ab} = q_{m1} \cdot c_{p1} \cdot (\vartheta_{11} - \vartheta_{12})$$

Vom weniger warmen Stoff aufgenommene Wärmemenge

$$\dot{Q}_{auf} = q_{m2} \cdot c_{p2} \cdot (\vartheta_{22} - \vartheta_{21})$$

Indizes:

ab	Abgabe
auf	Aufnahme
verl	Verlust
M	Mischung
v	Verdampfen
s	Schmelzen

E

Bilanzgleichung

$$q_{m1} \cdot c_{p1} \cdot (\vartheta_{11} - \vartheta_{12}) = q_{m2} \cdot c_{p2} \cdot (\vartheta_{22} - \vartheta_{21}) + \dot{Q}_{\text{verl}}$$

Mit Änderung des Aggregatzustands

Wärmeabgabe bei kondensierendem Sattdampf

$$\dot{Q}_{\text{ab}} = q_{m1} \cdot \Delta h_{\text{v1}} + q_{m1} \cdot c_{p1} \cdot (\vartheta_{\text{b1}} - \vartheta_{12})$$

Wärmeabgabe bei kondensierendem Sattdampf wenn das entstehende Kondensat siedend abgeführt wird

$$\dot{Q}_{\text{ab}} = q_{m1} \cdot \Delta h_{\text{v1}}$$

Bilanzgleichung beim Heizen mit Sattdampf

$$q_{m1} \cdot \Delta h_{\text{v1}} + q_{m1} \cdot c_{p1} \cdot (\vartheta_{\text{b1}} - \vartheta_{12}) = q_{m2} \cdot c_{p2} \cdot (\vartheta_{22} - \vartheta_{21}) + \dot{Q}_{\text{verl}}$$

Bilanzgleichung beim Heizen mit überhitztem Dampf

$$q_{m1} \cdot c_{p11} \cdot (\vartheta_{11} - \vartheta_{\text{b1}}) + q_{m1} \cdot \Delta h_{\text{v1}} + q_{m1} \cdot c_{p12} \cdot (\vartheta_{\text{b1}} - \vartheta_{12}) = q_{m2} \cdot c_{p2} \cdot (\vartheta_{22} - \vartheta_{21}) + \dot{Q}_{\text{verl}}$$

Erforderliche Wärmeaustauschfläche

$$A = \frac{\dot{Q}}{K \cdot \Delta\vartheta_{\text{m}}}$$

Dabei gilt ohne Berücksichtigung von Φ_{verl}:
Bilanz ohne Änderung des Aggregatzustandes

$$\dot{Q} = q_{m1} \cdot c_{p1} \cdot (\vartheta_{11} - \vartheta_{12}) = q_{m2} \cdot c_{p2} \cdot (\vartheta_{22} - \vartheta_{21})$$

Bilanz bei kondensierendem Sattdampf (Ableitung aus dem Wärmeaustauscher mit Siedetemperatur)

$$\dot{Q} = q_{m1} \cdot \Delta h_{\text{v1}} = q_{m2} \cdot c_{p2} \cdot (\vartheta_{22} - \vartheta_{21})$$

Bilanz bei kondensierendem Sattdampf (Ableitung aus dem Wärmeaustauscher mit einer Temperatur kleiner Siedetemperatur)

$$\dot{Q} = q_{m1} \cdot \Delta h_{\text{v1}} + q_{m1} \cdot c_{p1} \cdot (\vartheta_{\text{b1}} - \vartheta_{12}) = q_{m2} \cdot c_{p2} \cdot (\vartheta_{22} - \vartheta_{21})$$

$\dot{Q}$	Wärmestrom	W, J/s
q_m	Massenstrom	kg/s
c_p	spezifische Wärmekapazität bei konstantem Druck	J/(kg · K)
ϑ	Temperatur	°C
ϑ_{b}	Siedetemperatur	°C
ϑ_{m}	Schmelztemperatur	°C
$\Delta\vartheta$	Temperaturdifferenz	K, °C
$\Delta\vartheta_{\text{m}}$	mittlere Temperaturdifferenz in einem Wärmeaustauscher zwischen beiden Seiten der Wärmeaustauschfläche	K,°C
Δh	Enthalpiedifferenz bei Änderung des Aggregatzustandes	J/kg
K	Wärmedurchgangszahl, Wärmedurchgangskoeffizient	W/(m² · K)
A	Wärmeaustauschfläche	m²

Indizes:

1	Medium mit der höheren Temperatur
2	Medium mit der niedrigeren Temperatur
11	Anfangszustand des Mediums mit der höheren Temperatur
12	Endzustand des Mediums mit der höheren Temperatur
21	Anfangszustand des Mediums mit der niedrigeren Temperatur
22	Endzustand des Mediums mit der niedrigeren Temperatur
ab	Abgabe
auf	Aufnahme
verl	Verlust
gr	groß
kl	klein
v	Verdampfens
s	Schmelzen

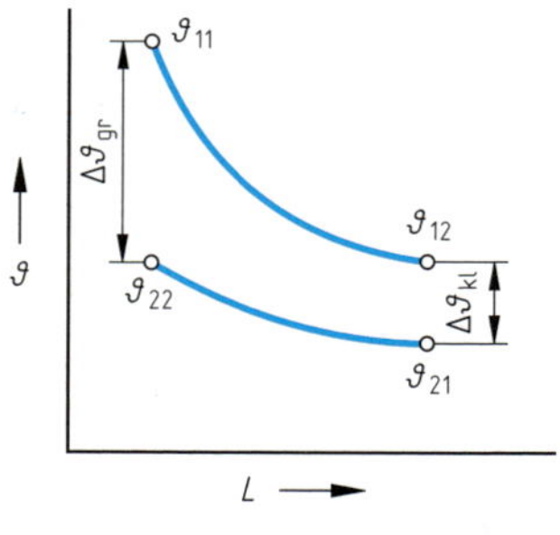

Gegenstrom-Wärmeaustauscher

E

Mittlere logarithmische Temperaturdifferenz (für $\Delta\vartheta_{gr} / \Delta\vartheta_{kl} \geq 1{,}2$)

$$\Delta\vartheta_m = \frac{\Delta\vartheta_{gr} - \Delta\vartheta_{kl}}{\ln \frac{\Delta\vartheta_{gr}}{\Delta\vartheta_{kl}}}$$

Mittlere logarithmische Temperaturdifferenz (für $\Delta\vartheta_{gr} / \Delta\vartheta_{kl} < 1{,}2$)

$$\Delta\vartheta_m = \frac{\Delta\vartheta_{gr} + \Delta\vartheta_{kl}}{2}$$

Bei Gegenstrom kann $\Delta\vartheta_{gr}$ und zwischen ϑ_{12} und ϑ_{21} liegen.

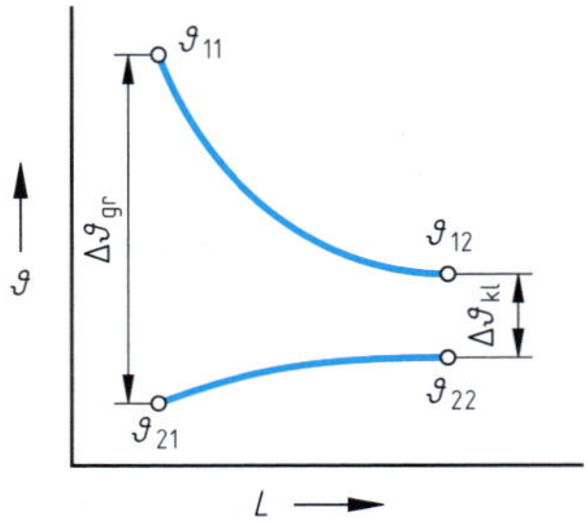

Gleichstrom-Wärmeaustauscher

Überschlägige Wärmedurchgangskoeffizienten *K* in W/(m² · K) für verschiedene Wärmeaustauscher (WA)

Bauart	Flüssigkeit/ Flüssigkeit	Kondensierender Dampf/ Flüssigkeit	Gas/Gas $p \approx 1$ bar	Flüssigkeit/ Gas $p \approx 1$ bar	Kondensierender Dampf/ verdampfende Flüssigkeit	Hochdruckgas/Hochdruckgas $p \approx 200$ bis 300 bar
Rohrbündel-WA	150 – 1400	300 – 1800	15 – 35	15 – 80	300 – 1700	150 – 500
Doppelrohr-WA	200 – 1400		10 – 35			150 – 500
Spiral-WA	250 – 2500	750 – 3500				
Platten-WA	350 – 3500			20 – 60		
Rührkessel mit						
– Außenmantel	150 – 350	500 – 1700				
– Rohrschlange innen	500 – 1200	700 – 3500				

E 3.7.3 Ermittlung der Wärmedurchgangszahl

Wärmedurchgangszahl *K*

$$K = \frac{1}{\frac{1}{\alpha_{innen}} + \sum_{i=1}^{n} \frac{s_i}{\lambda_i} + \frac{1}{\alpha_{außen}}}$$

$$K = \frac{1}{\frac{1}{\alpha_{innen}} + \frac{s_1}{\lambda_1} + \frac{s_2}{\lambda_2} + \frac{s_3}{\lambda_3} + \ldots + \frac{s_n}{\lambda_n} + \frac{1}{\alpha_{außen}}}$$

Wärmeübergangszahl α

$$\alpha = \frac{Nu \cdot \lambda}{l}$$

K	Wärmedurchgangszahl, Wärmedurchgangskoeffizient	W/(m² · K)
α	Wärmeübergangszahl, Wärmeübergangskoeffizient	W/(m² · K)
s	Dicke, Wanddicke	m
λ	Wärmeleitfähigkeit	W/(m · K)
l	kennzeichnende Länge bei der Ermittlung von *Nu* und *Re*	m
Nu	*Nussel*tzahl	1

E

Wärmeübergangszahl bei kreisförmigem Querschnitt des Strömungskanals

$$\alpha = \frac{Nu \cdot \lambda}{d}$$

Hydraulischer Durchmesser

$$d_h = \frac{4 \cdot A}{U}$$

***Reynolds*zahl**

$$Re = \frac{v \cdot l \cdot \rho}{\eta}$$

***Reynolds*zahl für kreisrunde Rohre**

$$Re = \frac{v \cdot d \cdot \rho}{\eta}$$

***Reynolds*zahl für Rührbehälter**

$$Re_M = \frac{n \cdot d^2 \cdot \rho}{\eta}$$

***Prandtl*zahl**

$$Pr = \frac{\eta \cdot c_p}{\lambda}$$

Zur Ermittlung der *Nu*-Zahl können die Formeln nach folgender Tabele verwendet werden.

d, D	Durchmesser, großer Durchmesser	m
Nu	*Nusselt*zahl	1
Re	*Reynolds*zahl	1
Re_M	*Reynolds*zahl in Rührbehältern (modifizierte *Re*-Zahl)	1
Pr	*Prandtl*zahl	1
A	Strömungsquerschnitt	m^2
U	benetzter Umfang eines Strömungsprofils	m
d_h	hydraulischer Durchmessser (der einem kreisrunden Rohr äquivalente Durchmesser eines beliebigen Querschnitts), auch $d_ä$	m
L	Länge	m
h, H	Höhe	m
Δh_V	spezifische Verdampfungsenthalpie	J/kg
η	dynamische Viskosität	Pa · s
ξ	Druckverlustbeiwert	1
ρ	Dichte	kg/m^3
g	Fallbeschleunigung ($g = 9{,}81\ m/s^2$)	m/s^2
$\Delta\vartheta$	Temperaturdifferenz	K, °C
ψ	Hohlraumanteil (Porosität)	1

Indizes:

W	Wand
i	innen
a	außen
Schl	Schlange
Rohr	Rohr
Mantel	Mantel
senkr	senkrecht
waagr	waagrecht
Bünd	Bündel
R	Rührer
l	laminar
t	turbulent

E

Anwendungsfall	Formel	Gültigkeitsbereiche/ Bemerkungen
Laminare Strömung in einem Rohr	$Nu = 1{,}86 \cdot \left(Re \cdot Pr \cdot \frac{d_i}{L}\right)^{1/3} \cdot \left(\frac{\eta}{\eta_W}\right)^{0{,}14}$	Flüssigkeiten und Gase $Re \cdot Pr \cdot (d_i/L) > 10$ $0{,}004 < \eta/\eta_W < 14$ Beheiztes Rohr bei Flüssigkeiten: $\eta/\eta_W > 1$ Gekühltes Rohr bei Flüssigkeiten: $\eta/\eta_W < 1$
Turbulente Strömung in einem Rohr	$Nu = 0{,}032 \cdot Re^{0{,}8} \cdot Pr^n \cdot \left(\frac{d_i}{L}\right)^{0{,}054}$	$n = 0{,}30$ bei Kühlung $n = 0{,}37$ bei Heizung Flüssigkeiten und Gase $Pr = 0{,}7$ bis 300 Experimentell bestätigt: für Öl bei *Re* 10000 bis 90000 für Wasser bei *Re* 10000 bis 500000
oder	$Nu = \frac{(Re - 1000) \cdot Pr \cdot \frac{\xi}{8}}{1 + 12{,}7 \cdot \sqrt{\frac{\xi}{8}} \cdot (Pr^{2/3} - 1)} \cdot \left[1 + \left(\frac{d_i}{L}\right)^{2/3}\right]$	$10^4 \leq Re \leq 10^7$ $0{,}5 \leq Pr \leq 1000$ $\xi = (0{,}79 \cdot \ln Re - 1{,}64)^{-2}$
oder	$Nu = 0{,}03956 \cdot \frac{Re^{0{,}75} \cdot Pr}{1 + 0{,}35 \cdot (Pr - 1)}$	$7000 < Re < 10^5$
oder	$Nu = 0{,}116 \cdot (Re^{2/3} - 125) \cdot Pr^{1/3} \cdot \left[1 + \left(\frac{d_i}{L}\right)^{2/3}\right] \cdot \left(\frac{\eta}{\eta_W}\right)^{0{,}14}$	Flüssigkeiten und Gase $Re = 2300$ bis 10^6 $Pr = 0{,}6$ bis 500 $d_i/L \leq 1$
Rohrschlangen	Berechnung des geraden Rohres mit obigen Formeln, dann: $Nu_{Schl} = Nu_{Rohr} \cdot \left[1 + 3{,}54 \left(\frac{d_i}{d_s}\right)\right]$	d_s ist der Krümmungsdurchmesser der Rohrschlange, d_i der Innendurchmesser des Rohres
Außenraum von Rohrbündel-Wärmeaustauschern mit Umlenkblechen	Es gelten die Formeln für querangeströmte Rohrbündel ($Nu_{Bünd}$), versehen mit einem Korrekturfaktor f_W: $Nu = f_W \cdot Nu_{Bünd}$ Für gut ausgelegte Wärmeaustauscher gilt: $f_W = 0{,}5$ bis 0,6	Kennzeichnende Länge: $l = d_a \cdot \pi/2$ Strömungsgeschwindigkeit $v = q_V/(D_i \cdot S)$ q_V Volumenstrom in m³/s, S Abstand der Umlenkbleche in m D_i Mantelinnendurchmesser in m
Ohne Umlenkbleche (oder die Formeln für die Strömung in einem Rohr, wobei *Re* und *Nu* mit dem hydraulischen Durchmesser d_h berechnet werden)	$Nu = C \cdot Re^{0{,}6} \cdot Pr^{0{,}33} \cdot \left(\frac{\eta}{\eta_W}\right)^{0{,}14}$ $d_h \cdot \frac{D_i^2 - n \cdot d_a^2}{D_i + n \cdot d_a}$	Heizen: $C = 0{,}22$ Kühlen: $C = 0{,}25$ $Pr = 0{,}5$ bis 10000 $Re = 2300$ bis 70000 D_i Mantelinnendurchmesser in m, d_a Rohraußendurchmessser in m, n Anzahl der Rohre

E

Anwendungsfall	Formel	Gültigkeitsbereiche/ Bemerkungen
Laminare Strömung in einem Ringspalt (Außenraum des Doppelrohrwärmeaustauschers)	Es gelten die Formeln für turbulente Strömung in einem Rohr, *Re* und *Nu* aber berechnet mit d_h (hydraulischer Durchmesser) an Stelle von d_i $d_h = D_i - d_a$	D_i Innendurchmesser des Mantelrohres in m, d_a Außendurchmesser des inneneren Rohres.
Wärmeübergang nach oder von innen:	$Nu_i = Nu_{Rohr} \cdot 0{,}86 \cdot \left(\frac{D_i}{d_a}\right)^{0{,}16}$	
Wärmeübergang nach oder von außen:	$Nu_i = Nu_{Rohr} \cdot \left[1 - 0{,}14 \cdot \left(\frac{d_a}{D_i}\right)^{0{,}6}\right]$	
Wärmeübergang nach beiden Seiten (bei gleichen Wandtemperaturen an Innen- und Außenrohr):	$Nu_i = Nu_{Rohr} \cdot \frac{0{,}86 \cdot \left(\frac{d_a}{D_i}\right)^{0{,}84} + \left[1 - 0{,}14 \cdot \left(\frac{d_a}{D_i}\right)^{0{,}6}\right]}{1 + \left(\frac{d_a}{D_i}\right)}$	
Quer angeströmte Rohrbündel	$Nu_{Bünd} = f_A \cdot Nu_1$	Anordnungsfaktor $f_A = 0{,}7$ bis 1,3 (je nach Rohranordnung)
$a = s_1/d_a$ $b = s_2/d_a$	$Nu_1 = 0{,}3 + \sqrt{Nu_l^2 + Nu_t^2}$ für glattes Einzelrohr	$Re = \frac{v \cdot \pi \cdot d_a \cdot \rho}{2 \cdot \psi \cdot \eta}$
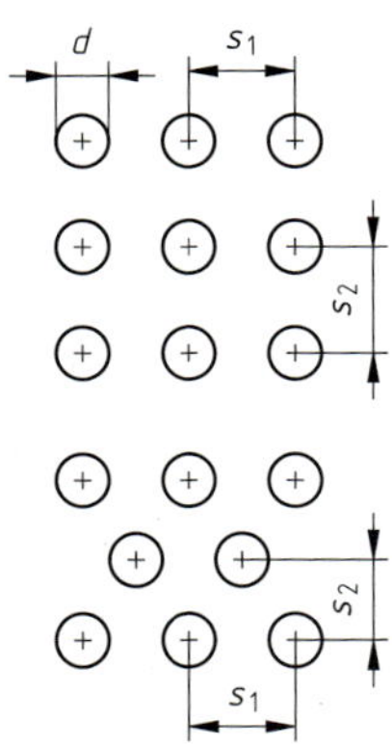	$Nu_l = 0{,}664 \cdot \sqrt{Re} \cdot \sqrt[3]{Pr}$	*v* Anströmgeschwindigkeit vor dem Bündel in m/s, ψ Hohlraumanteil
	$Nu_t = \frac{0{,}037 \cdot Re^{0{,}8} \cdot Pr}{1 + 2{,}443 \cdot Re^{-0{,}1} \cdot (Pr^{2/3} - 1)}$	$Nu_{Bünd} = \frac{\alpha \cdot \pi \cdot d_a}{2 \cdot \lambda}$
	Für fluchtende Anordnung gilt: $f_A = 1 + \frac{0{,}7}{\psi^{1{,}5}} \cdot \frac{(b/a - 0{,}3)}{(b/a + 0{,}7)^2}$	Bei weniger als 10 Rohrreihen gilt: $Nu_{Bünd} = \frac{1 + (n-1) \cdot f_A}{n} \cdot Nu_1$
	$\psi = 1 - \frac{\pi}{4 \cdot a}$ für $b \geq 1$	mit *n* als Anzahl der Rohrreihen
	$\psi = 1 - \frac{\pi}{4 \cdot a \cdot b}$ für $b < 1$	Indizes: l laminar t turbulent
	Bei versetzter Anordnung gilt: $f_A = 1 + \frac{2}{3 \cdot b}$	

<table>
<tr><th>Anwendungsfall</th><th>Formel</th><th>Gültigkeitsbereiche/ Bemerkungen</th></tr>
<tr><td>Spiralwärmeaustauscher</td><td>$$Nu = 0{,}0235 \cdot Re^{0{,}81} \cdot Pr^{0{,}33}$$</td><td>$Re = 5000$ bis 10^5
$Pr = 2$ bis 10
Charakteristische Länge zur Berechnung von α und Re:
$$d_h = \frac{2 \cdot a \cdot b}{a + b}$$
a und b: Kantenlängen des durchströmten rechteckigen Spaltes</td></tr>
<tr><td>Rührbehälter mit Heiz- bzw. Kühlmantel</td><td>$$Nu = C_{Mantel} \cdot Re_M^{0{,}67} \cdot Pr^{0{,}33} \cdot \left(\frac{\eta}{\eta_W}\right)^{0{,}14}$$
<table><tr><th>Rührerform</th><th>C_{Mantel} ohne Strombrecher</th><th>C_{Mantel} mit Strombrecher</th></tr><tr><td>Blatt</td><td>0,38</td><td>0,78</td></tr><tr><td>Propeller</td><td>0,52</td><td>0,54</td></tr><tr><td>Turbine</td><td>0,54</td><td>0,76</td></tr><tr><td>Anker</td><td>0,38</td><td>–</td></tr></table>
Impellerrührer:
$$Nu = 0{,}31 \cdot Re_M^{0{,}67} \cdot Pr^{0{,}33} \cdot \left(\frac{\eta}{\eta_W}\right)^{0{,}20} \cdot \left(\frac{D}{H}\right)^{0{,}22}$$</td><td>$Re_M = 300$ bis $7{,}5 \cdot 10^5$
$Pr = 2{,}2$ bis 2500
Rührerdurchmesser d_R als kennzeichnende Abmessung
$$Re_M = \frac{d_R^2 \cdot n_R \cdot \rho}{\eta}$$
n_R ist die Rührerdrehzahl in s^{-1}

H Behälterfüllhöhe in m

D Behälterinnendurchmesser in m</td></tr>
<tr><td>Rührbehälter mit Heiz- bzw. Kühlrohrschlange</td><td>$$Nu = C_{Schl} \cdot Re_M^{0{,}62} \cdot Pr^{0{,}33} \cdot \left(\frac{\eta}{\eta_W}\right)^{0{,}14}$$
<table><tr><th>Rührerform</th><th>$C_{Schlange}$</th></tr><tr><td>Blatt</td><td>1,01</td></tr><tr><td>Propeller</td><td>0,60</td></tr><tr><td>Turbine</td><td>0,88</td></tr></table></td><td>Ermittlung des α-Wertes
$$\alpha = \frac{Nu \cdot \lambda}{D}$$</td></tr>
<tr><td>Filmkondensation von ruhendem Sattdampf an einer senkrechten Wand oder einem senkrechten Rohr, laminar abströmend</td><td>$$\alpha_{senkr} = 0{,}943 \cdot \left(\frac{\lambda^3 \cdot \rho^2 \cdot \Delta h_V \cdot g}{\eta \cdot \Delta\theta \cdot h}\right)^{0{,}25}$$</td><td>Dampfgeschwindigkeit $v < 5$ m/s (z.B. Kopfkondensator einer Rektifikationsanlage)
Δh_V Verdampfungsenthalpie in J/kg, g Fallbeschleunigung in m/s², h Höhe der Kühlstrecke, $\Delta\vartheta$ Temperaturdifferenz zwischen Sattdampf und Kühlfläche (Wand)</td></tr>
</table>

E

Anwendungsfall	Formel	Gültigkeitsbereiche/ Bemerkungen
Filmkondensation von ruhendem Sattdampf an einer senkrechten Wand oder einem senkrechten Rohr, teilweise turbulent abströmend	Mittelwert für den laminaren und turbulenten Bereich des abströmenden Filmes $$\alpha_{senkr} = 0{,}0030 \cdot \left(\frac{\lambda^3 \cdot \rho^2 \cdot h \cdot g \cdot \Delta\theta}{\eta^3 \cdot \Delta h_V} \right)^{0{,}5}$$	Ab einer bestimmten Höhe h geht die anfänglich laminare Strömung des Kondensatfilmes auf dem Rohr oder auf der Platte in eine turbulente Strömung über. Grenzwert der *Re*-Zahl: $$Re = \frac{v_K \cdot s \cdot \rho}{\eta} \approx 350$$ Δh_V Verdampfungsenthalpie in J/kg, g Fallbeschleunigung in m/s^2, h Höhe der Kühlstrecke, $\Delta\vartheta$ Temperaturdifferenz zwischen Sattdampf und Kühlfläche (Wand)
Filmkondensation von ruhendem Sattdampf an einem waagerechten Einzelrohr, außen	$$\alpha_{waagr} = 0{,}77 \cdot \alpha_{senkr} \cdot \left(\frac{L}{d_a} \right)^{0{,}25}$$	L ist die Länge des Rohres, d_a der Außendurchmesser des Rohres. α_{senkr} darf nicht für den turbulenten Bereich berechnet sein
Filmkondensation von ruhendem Sattdampf an einem waagerechten Rohrbündel, außen	$$\alpha_{bünd} = \alpha_{waagr} \cdot \frac{1}{n^{1/12}}$$	n ist die Gesamtzahl der Rohre eines Rohrbündelkondensators mit rundem Querschnitt

E

E 3.7.4 Wärmeübergang durch Strahlung

Emissionsverhältnis (Emissionskoeffizient, Emissionszahl) eines realen Körpers

$$\varepsilon = \frac{E}{E_s}$$

Emission des schwarzen Körpers (Gesetz von *Stefan-Boltzmann*)

$$E_s = \sigma \cdot T^4$$

Emission des realen Körpers (Gesetz von *Kirchhoff*)

$$E = \varepsilon \cdot \sigma \cdot T$$

Wärmestrom zwischen zwei schwarzen Flächen (Bedingung: Flächen *A* relativ groß gegen ihren Abstand)

$$\dot{Q}_{12} = \sigma \cdot A \cdot (T_1^4 - T_2^4)$$

Beim Auftreffen eines Wärmestromes $\dot{Q}$ durch Strahlung auf eine Oberfläche, wird ein Anteil $r \cdot \dot{Q}$ reflektiert, ein Anteil $a \cdot \dot{Q}$ absorbiert und ein Anteil $d \cdot \dot{Q}$ geht durch den Körper hindurch. Die Anteile ergänzen sich zu 1:

$r + a + d = 1$

Schwarzer Körper: $a = 1$ ($r = 0$ und $d = 0$)

Spiegel: $r = 1$ ($a = 0$ und $d = 0$)

Diathermaner Körper: $d = 1$ ($r = 0$ und $a = 0$)

ε	Emissionsverhältnis (Emissionskoeffizient, Emissionszahl)	1
E	Emission (emittierte Energie)	W/m^2
E_s	Emission des schwarzen Körpers	W/m^2
σ	Strahlungskoeffizient (Strahlungszahl, $\sigma = 5{,}67 \cdot 10^{-8}$ W/(m^2 · K^4))	W/(m^2 · K4)
T	Temperatur	K
A	Fläche (Wärmeaustauschfläche)	m^2
C_{12}	Strahlungsaustauschzahl	W/(m^2 · K^4)
$\dot{Q}_{12}$	Wärmestrom	W, J/s

Wärmestrom zwischen zwei grauen (realen) Flächen

$$\dot{Q}_{12} = C_{12} \cdot A \cdot (T_1^4 - T_2^4)$$

Strahlungsaustauschzahl

$$C_{12} = \frac{\sigma}{\frac{1}{\varepsilon_1} + \frac{1}{\varepsilon_2} - 1}$$

Strahlungsaustauschzahl für konzentrische Rohre (Innenrohr mit der äußeren Oberfläche A_1 und Außenrohr mit der inneren Oberfläche A_2)

$$C_{12} = \frac{\sigma}{\frac{1}{\varepsilon_1} + \frac{A_1}{A_2} \cdot \left(\frac{1}{\varepsilon_2} - 1\right)}$$

Wärmestrom durch Strahlung zwischen zwei Körpern

$$\dot{Q}_{12} = C_{12} \cdot A_1 \cdot \left[\left(\frac{T_1}{100}\right)^4 - \left(\frac{T_2}{100}\right)^4\right]$$

Indizes:

1 Abstrahlender Körper/abstrahlende Fläche (mit höherer Temperatur)

2 Aufnehmender Körper/aufnehmende Fläche (mit niedrigerer Temperatur)

ε	Emissionsverhältnis (Emissionskoeffizient, Emissionszahl)	1
E	Emission (emittierte Energie)	W/m^2
E_s	Emission des schwarzen Körpers	W/m^2
σ	Strahlungskoeffizient (Strahlungszahl, $\sigma = 5{,}67 \cdot 10^{-8}$ $W/(m^2 \cdot K^4)$)	W/(m^2 · K4)
T	Temperatur	K
A	Fläche (Wärmeaustauschfläche)	m^2
C_{12}	Strahlungsaustauschzahl	$W/(m^2 \cdot K^4)$
$\dot{Q}_{12}$	Wärmestrom	W, J/s

Für $A_1 << A_2$ (z.B. Rohrleitung in einem großen Raum) gilt $C_{12} = \sigma \cdot \varepsilon$

E

F Elektrizitätslehre/Elektrotechnik

F 1 Elektrophysikalische Grundlagen

F 1.1 Eigenschaften und Nachweis elektrischer Ladung

→ E 2.7

Es gibt **positive und negative Ladungen**. Ladungen können weder erzeugt noch vernichtet werden. Man kann lediglich positive und negative Ladungen voneinander trennen oder sie wieder so zusammenbringen, dass sie sich teilweise oder ganz neutralisieren. In einem abgeschlossenen System bleibt die Summe aus positiven und negativen Ladungen konstant.

Elektrisch gleichnamig geladene Körper (++,−−) stoßen sich ab. Elektrisch ungleichnamig geladene Körper (+−,−+) ziehen sich an.

Die **Elementarladung** ist die kleinste in der Natur vorkommende **elektrische Ladung**. Sie ist die Ladung des **Protons** (+) und mit negativen Vorzeichen die des **Elektrons** (−).

Elementarladung

$$e = 1{,}602177 \cdot 10^{-19}\ \mathrm{C}$$

$$1\ \mathrm{C} = 1\ \text{Coulomb} = 1\ \text{Ampere} \cdot 1\ \text{Sekunde}$$

Der **Nachweis von Ladungen** kann mit **Glimmlampe**, **Elektroskop** oder **Polreagenzpapier** erfolgen.

F 1.2 Stromstärke und Spannung im Gleichstromkreis

→ E 2.7

Elektrische Stromstärke

$$I = \frac{Q}{t}$$

$$1\ \mathrm{A} = \frac{1\ \mathrm{C}}{1\ \mathrm{s}}$$

I	elektrische Stromstärke	A
Q	geflossene Ladung	C
t	Zeitspanne	s

Der **elektrische Strom** fließt im **Stromkreis** vom positiven Pol der Spannungsquelle zum **negativen Pol** (technische Stromrichtung), während sich die Elektronen vom negativen zum positiven Pol bewegen.

Wirkung des elektrischen Stromes

Lichtwirkung, Wärmewirkung, elektromagnetische Wirkung, elektrochemische Wirkung, physiologische Wirkung.

Elektrische Spannung

$$U = \frac{W}{Q}$$

$$1\ \mathrm{V} = \frac{1\ \mathrm{Nm}}{1\ \mathrm{C}}$$

$$1\ \mathrm{V} = 1\ \text{Volt}$$

U	elektrische Spannung	V
W	Überführungsarbeit	Nm
Q	überführte Ladung	C

F

F 1.3 *Faraday*'sches Gesetz

→ E 2.7

Die aus einem **Elektrolyten** abgeschiedene Masse m eines Stoffes ist der transportierten elektrischen Ladung Q proportional.

1. *Faraday*'sches Gesetz

$$m \sim Q$$

Abgeschiedene Masse

$$m = c \cdot Q = c \cdot I \cdot t$$

m	abgeschiedene Masse	mg
Q	transportierte Ladungsmenge	C
c	elektrochemisches Äquivalent	mg/C
I	elektrische Stromstärke	A
t	Zeitspanne	s

Das elektrochemische Äquivalent c hat die Einheit mg/C und gibt an, welche Masse eines Stoffes in mg von der Ladung 1 C abgeschieden wird.

Um n Mole eines Stoffes mit z_B-wertigen Ionen aus einem Elektrolyten abzuscheiden, benötigt man die elektrische Ladung Q.

2. *Faraday*'sches Gesetz

Transportierte Ladung

$$Q = n \cdot z_B \cdot F$$

***Faraday*'sche Konstante**

$$F = 96485{,}3 \text{ C/mol}$$

Q	transportierte Ladungsmenge	C
n	Stoffmenge	mol
z_B	Wertigkeit der Ionen	1
F	*Faraday*'sche Konstante	C/mol

Um ein Mol eines einwertigen Stoffes abzuscheiden, benötigt man die Ladungsmenge $Q = 96485{,}3$ C

F

F 2 Gesetzmäßigkeiten im elektrischen Stromkreis

F 2.1 *Ohm*'sches Gesetz und *Ohm*'scher Widerstand

***Ohm*'sches Gesetz**

Bei unveränderlichem Widerstand R ist die Stromstärke I direkt proportional zur Spannung U.

***Ohm*'sches Gesetz**

$$I \sim U$$

$$I = \frac{U}{R}$$

I	elektrische Stromstärke	A
U	elektrische Spannung	V
R	elektrischer Widerstand	Ω

Elektrischer Widerstand

$$R = \frac{U}{I}$$

I	elektrische Stromstärke	A
U	elektrische Spannung	V

Widerstand eines Leiters

$$R = \varrho \cdot \frac{l}{A} = \frac{l}{\gamma \cdot A}$$

Spezifischer Widerstand

$$\sigma = \frac{R \cdot A}{l}$$

ϱ	spezifischer Widerstand	$\Omega \cdot mm^2/m$
l	Leiterlänge	m
A	Querschnittsfläche des Leiters	mm^2
R	elektrischer Widerstand	Ω
G	elektrische Leitwert	S

Die Einheit des elektrischen Leitwertes G ist

1 S (*Siemens*) $= \frac{1}{\Omega} = \frac{A}{V}$.

Elektrische Leitfähigkeit

$$\gamma \cdot \frac{l}{R \cdot A}$$

γ	elektrische Leitfähigkeit	$\frac{m}{\Omega \cdot mm^2}$

Elektrischer Leitwert

$$G = \frac{1}{R}$$

$$1\,S = \frac{1}{\Omega}$$

F 2.2 Temperaturabhänigkeit des elektrischen Widerstandes

Heißleiter (NTC-Widerstände) sind Werkstoffe, deren Widerstand mit ansteigender Temperatur abnimmt. **Kaltleiter (PTC-Widerstände)** sind Werkstoffe, deren Widerstand mit ansteigender Temperatur zunimmt.

(NTC = negativer Temperaturkoeffizient; PTC = positiver Temperaturkoeffizient)

Widerstandsänderung bei Temperaturänderung $\Delta\vartheta$

$$\Delta R = \alpha \cdot R_1 \cdot \Delta\vartheta$$

Temperaturänderung

$$\Delta\vartheta = \vartheta_2 - \vartheta_1$$

Widerstandswerte bei Endtemperatur ϑ_2

$$R_2 = R_1 + \Delta R$$

$$R_2 = R_1 \cdot (1 + \alpha \cdot \Delta\vartheta)$$

ΔR	Widerstandsänderung	Ω
α	Temperaturkoeffizient	1/K
R_1	Widerstandswert bei der Temperatur ϑ_1 (meist 20 °C) (= R_{20})	Ω
$\Delta\vartheta$	Temperaturänderung	°C, K
ϑ_2	Endtemperatur	°C
ϑ_1	Anfangstemperatur	°C
R_2	Widerstand bei der Endtemperatur	Ω

In der elektrotechnischen Praxis werden häufig für die Indizes 1 und 2 auch k (kalt) und w (warm) verwendet.

F 2.3 Elektrische Arbeit, elektrische Leistung, Wirkungsgrad

Elektrische Arbeit

$$W = U \cdot Q$$

$$W = U \cdot I \cdot t$$

W	verrichtete Arbeit	Nm, J, Ws
U	elektrische Spannung	V
Q	transportierte Ladung	C
I	elektrische Stromstärke	A
t	Zeit	s

Die **Einheit der elektrischen Arbeit** ist
1 Ws = 1 J = 1 Nm, 1 kWh = 3600000 Ws = $3{,}6 \cdot 10^6$ Ws

Elektrische Leistung

$$P = \frac{W}{t}$$

$$P = U \cdot I$$

$$P = I^2 \cdot R = \frac{U^2}{R}$$

P	elektrische Leistung	W
W	verrichtete Arbeit	Nm, J, Ws
t	Zeit	s
U	elektrische Spannung	V
I	elektrische Stromstärke	A
R	elektrischer Widerstand	Ω

Wirkungsgrad

$$\eta = \frac{W_{ab}}{W_{zu}}$$

$$\eta = \frac{P_{ab}}{P_{zu}}$$

η	Wirkungsgrad	1
W_{ab}	abgegebene Energie	Nm, J, Ws
W_{zu}	zugeführte Energie	Nm, J, Ws
P_{ab}	abgegebene Leistung	W, kW
P_{zu}	zugeführte Leistung	W, kW

Bei **Motoren** versteht man unter der **Nennleistung** die abgegebene mechanische Leistung, während man bei anderen **elektrischen Geräten** unter der **Nennleistung** die aufgenommene Leistung versteht.

Die Einheit der elektrischen Leistung ist

1 W = 1 J/s = 1 Nm/s

F

F 3 Gesetzmäßigkeiten bei Widerstandsschaltungen

F 3.1 Parallelschaltung

Gesamtspannung

$$U = U_1 = U_2 = U_3 = \ldots = U_n$$

Gesamtstrom

$$I = I_1 + I_2 + I_3 + \ldots + I_n$$

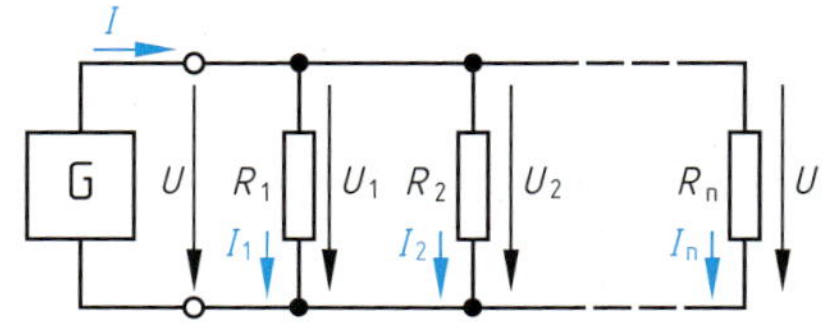

In der Parallelschaltung ist die Spannung an den einzelnen Widerständen (U_1, U_2, U_3,...) gleich der **Gesamtspannung**.

Der **Gesamtstrom** I einer Parallelschaltung ist gleich der Summe der Teilströme (I_1, I_2, I_3, ...).

1. *Kirchhoff*'sches Gesetz

$$\Sigma I_{hin} = \Sigma I_{ab}$$

1. *Kirchhoff*'sche Gesetz: An jedem **Knotenpunkt** ist die Summe der hinfließenden Teilströme (ΣI_{hin}) gleich der Summe der abfließenden Teilströme (ΣI_{ab}). Dieses Gesetz heißt auch **Knotenregel.**

Gesamtleitwert

$$G = G_1 + G_2 + G_3 + \ldots$$

Der **Gesamtleitwert** ist gleich der Summe der **Teilleitwerte** (G_1, G_2, G_3, ..).

Kehrwert des Gesamtwiderstandes

$$\frac{1}{R} = \frac{1}{R_1} + \frac{1}{R_2} + \frac{1}{R_3} + \ldots$$

Gesamtwiderstand (zwei Widerstände)

$$R = \frac{R_1 \cdot R_2}{R_1 + R_2}$$

Gesamtwiderstand (n gleiche Widerstände)

$$R = \frac{R_1}{n}$$

Verhältnisse von Teilströmen, Teilwiderständen, Teilleistungen und Teilenergien in der **Parallelschaltung**:

$$\frac{I_1}{I_2} = \frac{R_2}{R_1}$$

$$\frac{I_1}{I} = \frac{R}{R_1}$$

$$\frac{P_1}{P_2} = \frac{R_2}{R_1}$$

$$\frac{W_1}{W_2} = \frac{R_2}{R_1}$$

R	Gesamtwiderstand	Ω
R_1, R_2,...	parallel geschaltete Widerstände	Ω
G	Gesamtleitwert	S
G_1, G_2,...	Teilleitwerte	S
n	Anzahl der parallel geschalteten gleichen Widerstände R_1	1
I_1, I_2	Teilströme	A
I	Gesamtstrom	A
P_1, P_2	Teilleistungen	W
W_1, W_2	Teilenergien	Nm, J, Ws

F 3.2 Reihenschaltung

Stromstärke

$$I = I_1 = I_2 = I_3 = \ldots = I_n$$

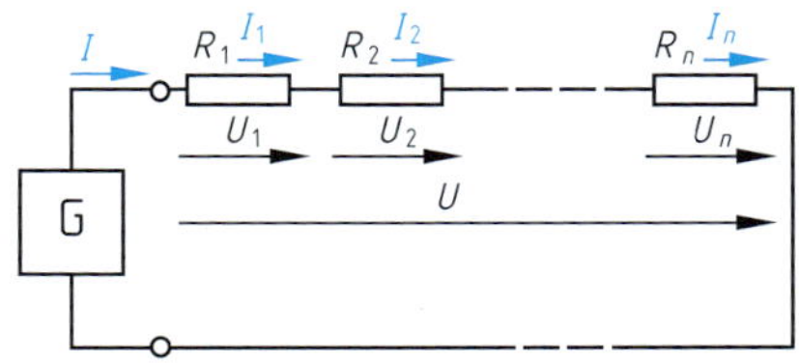

Gesamtspannung

$$U = U_1 + U_2 + U_3 + \ldots + U_n$$

2. *Kirchhoff*'sches Gesetz: Bei der Reihenschaltung ist die **Gesamtspannung** U gleich der Summe aller **Teilspannungen** (U_1, U_2, U_3).

Gesamtwiderstand

$$R = R_1 + R_2 + R_3 + \ldots + R_n$$

In der Reihenschaltung ist der **Gesamtwiderstand** R gleich der Summe aller **Teilwiderstände** (R_1, R_2, R_3,...).

Gesamtwiderstand von n gleichen Widerständen

$$R = n \cdot R_1$$

F

Maschenregel

$$\sum_q U_q + \sum_k (I_k \cdot R_k) = 0$$

In jedem **geschlossenem Kreis** (Bild) (**Masche**) eines Netzes ist die Summe der **Quellenspannungen** und der **Spannungsabfälle** gleich null.

$$U_{01} + U_{02} + U_{03} - U_1 - U_2 - U_3 = 0$$

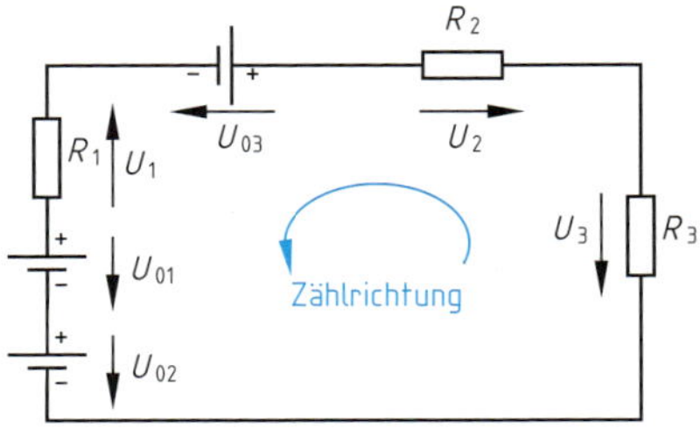

Verhältnisse von Teilspannungen, Teilwiderständen, Teilleistungen und Teilenergien in der **Reihenschaltung**:

$$\frac{U_1}{U_2} = \frac{R_1}{R_2} \qquad \frac{U_1}{U} = \frac{R_1}{R}$$

$$\frac{P_1}{P_2} = \frac{R_1}{R_2} \qquad \frac{W_1}{W_2} = \frac{R_1}{R_2}$$

R	Gesamtwiderstand	Ω
$R_1, R_2, R_k \ldots$	Teilwiderstände	Ω
n	Anzahl der in Reihe geschalteten Widerstände	1
$U_1, U_2, U_3 \ldots$	Teilspannungen	V
$U_{01}, \ldots$	Quellenspannung	V
U	Gesamtspannung	V
P_1, P_2	Teilleistungen	W
W_1, W_2	Teilenergien	Nm, J, Ws

F 3.3 Gemischte Widerstandsschaltungen

Gesamtwiderstand bei der erweiterten Reihenschaltung

$$R = R_3 + \frac{R_1 \cdot R_2}{R_1 + R_2}$$

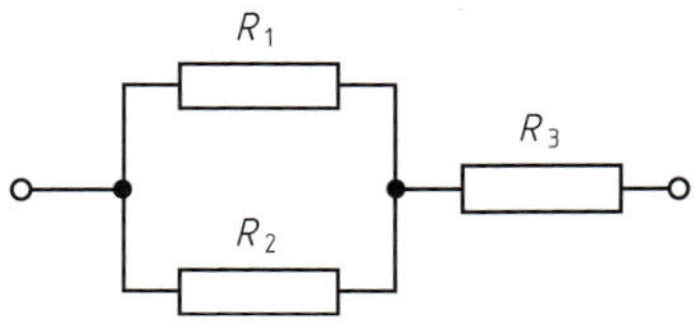

R_1, R_2	parallel geschaltete Widerstände	Ω
R_3	in Reihe geschalteter Widerstand	Ω
R	Gesamtwiderstand	Ω

Gesamtwiderstand bei der erweiterten Parallelschaltung

$$R = \frac{R_3 \cdot (R_1 + R_2)}{R_1 + R_2 + R_3}$$

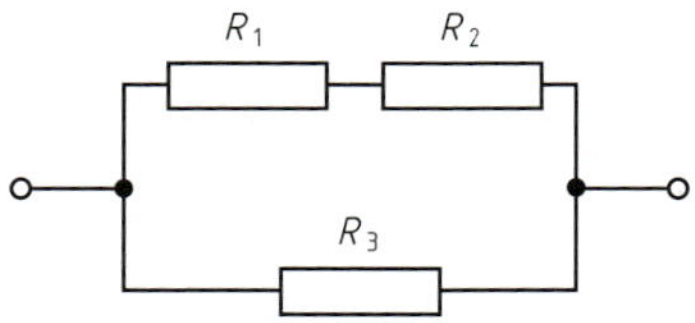

R_1, R_2	in Reihe geschaltete Widerstände	Ω
R_3	parallel geschalteter Widerstand	Ω
R	Gesamtwiderstand	Ω

F

F 3.4 Spannungsteiler

Unbelasteter Spannungsteiler

Leerlaufspannung

$$U_{20} = \frac{R_2}{R_1 + R_2} \cdot U$$

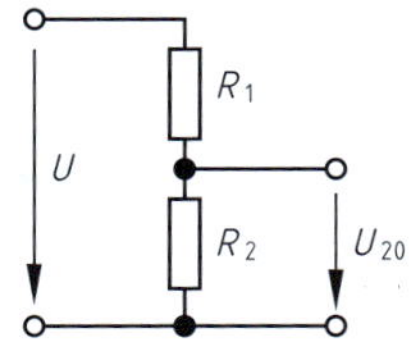

U_{20}	Leerlaufspannung	V
R_1, R_2	Teilwiderstände	Ω
U	anliegende Gesamtspannung	V

Belasteter Spannungsteiler

Teilspannung bei Belastung

$$U_{2L} = \frac{R_{2L}}{R_1 + R_{2L}} \cdot U$$

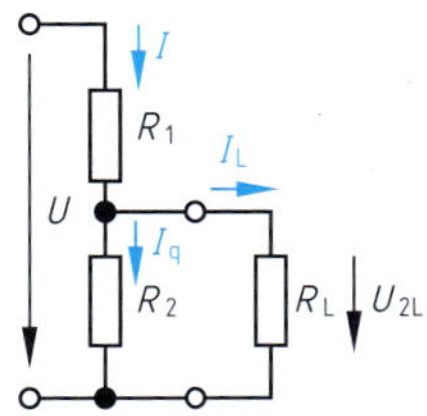

Ersatzwiderstand

$$R_{2L} = \frac{R_2 \cdot R_L}{R_2 + R_L}$$

Querstromverhältnis

$$q = \frac{I_q}{I_L} = \frac{R_L}{R_2}$$

U_{2L}	Teilspannung bei Belastung	V
R_L	Lastwiderstand	Ω
R_{2L}	Ersatzwiderstand von R_2 und R_L	Ω
R_1, R_2	Teilwiderstände	Ω
U	Gesamtspannung	V
q	Querstromverhältnis	1
I_q	Querstrom	A
I_L	Laststrom	A

F 3.5 Messbereichserweiterung elektrischer Messgeräte

Strommessgerät

$$n = \frac{I}{I_m}$$

$$R_p = \frac{R_m}{n - 1}$$

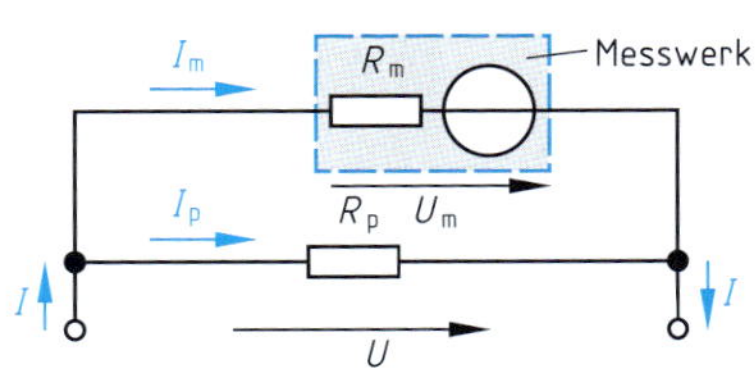

Spannungsmessgerät

Faktor der Messbereichserweiterung

$$n = \frac{U}{U_m}$$

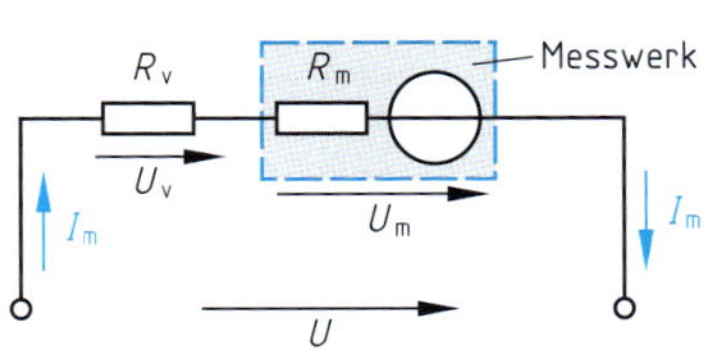

Vorwiderstand

$$R_V = R_m \cdot (n - 1)$$

Messwiderstand

$$R_m = r_K \cdot U_m$$

Kenngröße

$$r_K = \frac{R_m}{U_m} = \frac{1}{I_m}$$

n	Faktor der Messbereichserweiterung	1
I	zu messende Stromstärke	A
I_m	Messwerkstrom (Strom bei Vollausschlag)	A
R_P	Nebenwiderstand	Ω
R_m	Innenwiderstand des Messgerätes	Ω
U	zu messende Spannung	V
U_m	Messwerkspannung (Spannung bei Vollausschlag)	V
R_V	Vorwiderstand	Ω
r_K	Kenngröße	Ω/V

F 3.6 Widerstandsmessung mit Strom- und Spannungsfehlerschaltung

Stromfehlerschaltung

Korrekturformel

$$R = \frac{U}{I - \frac{U}{R_{iV}}} = \frac{U}{I - I_V}$$

$$I_V = \frac{U}{R_{iV}}$$

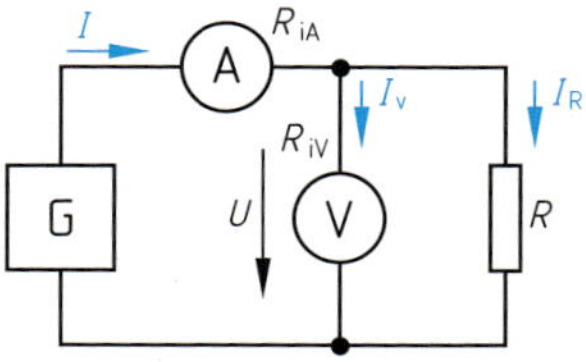

Die **Stromfehlerschaltung** ist geeignet, wenn der Widerstandswert R des Verbrauchers klein ist.

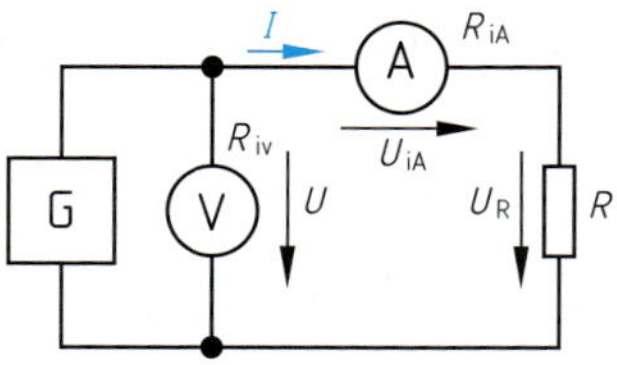

Spannungsfehlerschaltung

Korrekturformel

$$R = \frac{U}{I} - R_{iA} = \frac{U - U_{iA}}{I}$$

$$R_{iA} = \frac{U_{iA}}{I}$$

Die **Spannungsfehlerschaltung** ist geeignet, wenn der Widerstandswert des Verbrauchers groß ist.

R	zu bestimmender Widerstand	Ω
U	angezeigte Spannung	V
I	angezeigte Stromstärke	A
R_{iV}	Widerstand des Spannungsmessers	Ω
R_{iA}	Innenwiderstand des Strommessers	Ω
I_V	Strom durch den Spannungsmesser	A
U_{iA}	Spannungsabfall am Strommesser	V

Widerstandsmessbrücke

Abgleichbedingung

$$\frac{R_X}{R_N} = \frac{R_1}{R_2}$$

Unbekannter Widerstand

$$R_X = \frac{R_1}{R_2} \cdot R_N$$

Die Brückenschaltung ist abgeglichen, wenn die Brückenspannung U_{AB} null ist.

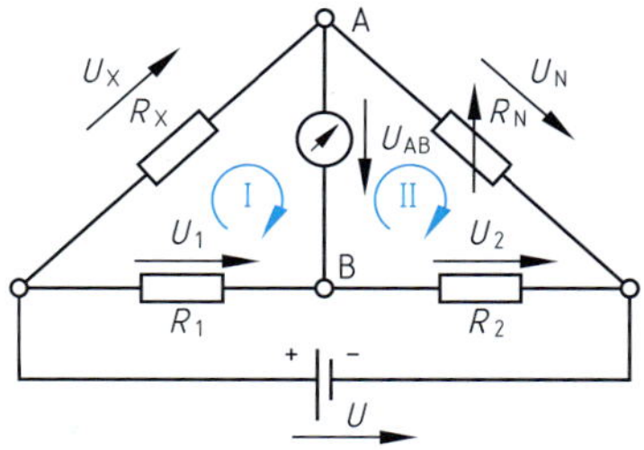

R_X	unbekannter Widerstand	Ω
R_N	einstellbarer Vergleichswiderstand	Ω
R_1, R_2	feste Brückenwiderstände	Ω

F 3.7 Klemmspannung und Innenwiderstand von Spannungserzeugern

Bei Leerlauf ($I = 0$):

Klemmenspannung

$$U = U_0$$

Bei Kurzschluss ($R_L = 0$):

Kurzschlussstrom

$$I_K = \frac{U_0}{R_i}$$

Bei Belastung ($R_L > 0$):

Klemmenspannung

$$U = U_0 - I \cdot R_i$$

Laststrom

$$I = \frac{U_0}{R_L + R_i}$$

Die Klemmenspannung U ist stets kleiner als die Urspannung U_0, da bei einem Laststrom über den Innenwiderstand der Spannungsquelle ein Teil der Spannung bereits abfällt.

U	Klemmenspannung	V
U_0	Leerlaufspannung, Urspannung	V
I	Laststrom	A
I_K	Kurzschlussstrom	A
R_i	Innenwiderstand	Ω
R_L	Lastwiderstand	Ω

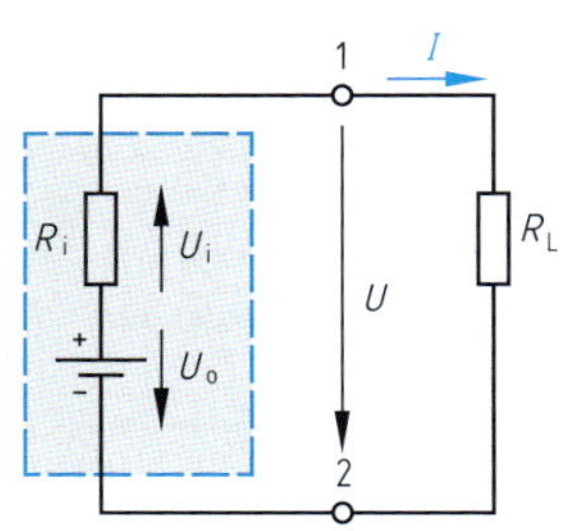

F 3.8 Stern-Dreieck-Umwandlung

Dreieck in Stern

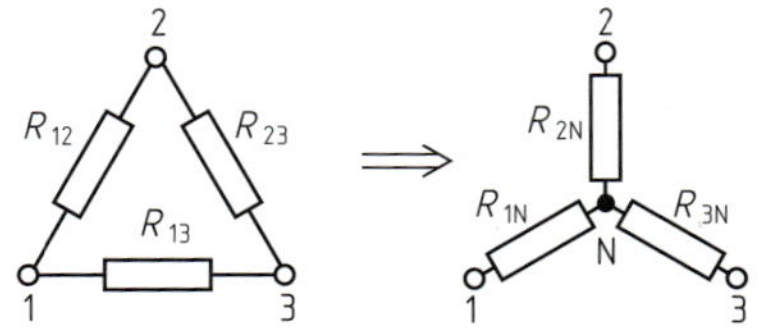

$$R_{1N} = \frac{R_{12} \cdot R_{13}}{R_{12} + R_{13} + R_{23}}$$

$$R_{2N} = \frac{R_{12} \cdot R_{23}}{R_{12} + R_{13} + R_{23}}$$

$$R_{3N} = \frac{R_{13} \cdot R_{23}}{R_{12} + R_{13} + R_{23}}$$

R_{1N}, R_{2N}, R_{3N}	Widerstände in Sternschaltung	Ω
R_{12}, R_{13}, R_{23}	Widerstände in Dreieckschaltung	Ω

Stern in Dreieck

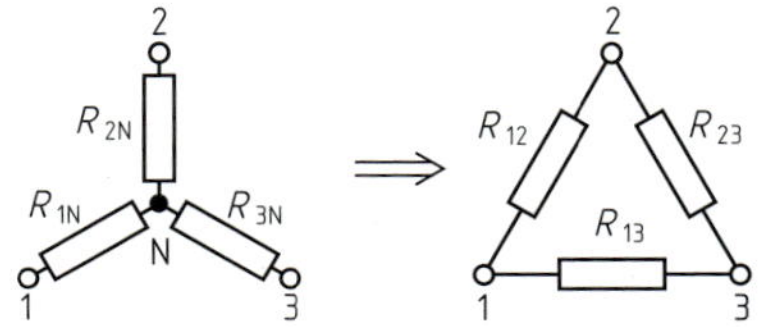

$$R_{12} = \frac{R_{1N} \cdot R_{2N}}{R_{3N}} + R_{1N} + R_{R2N}$$

$$R_{13} = \frac{R_{1N} \cdot R_{3N}}{R_{2N}} + R_{1N} + R_{3N}$$

$$R_{23} = \frac{R_{2N} \cdot R_{3N}}{R_{1N}} + R_{2N} + R_{3N}$$

R_{1N}, R_{2N}, R_{3N}	Widerstände in Sternschaltung	Ω
R_{12}, R_{13}, R_{23}	Widerstände in Dreieckschaltung	Ω

F 4 Das elektrische Feld

F 4.1 Die elektrische Feldstärke

Der Raum um eine felderzeugende Ladung Q, in dem andere elektrische Ladungen Kräfte erfahren, nennt man ein **elektrisches Feld**.

Definition der elektrischen Feldstärke

Elektrische Feldstärke

$$E = \frac{F}{Q}$$

E	elektrische Feldstärke	N/C, V/m
F	Kraft auf die elektrische Ladung	N
Q	elektrische Ladung	C

Homogenes elektrisches Feld zwischen zwei Kondensatorplatten

Elektrische Feldstärke

$$E = \frac{U}{l}$$

E	elektrische Feldstärke	N/C, V/m
U	Spannung an den Kondensatorplatten	V
l	Plattenabstand	m
W	Überführungsarbeit	Nm, J, Ws
Q	überführte elektrische Ladung	C

Überführungsarbeit

$$W = E \cdot Q \cdot l = Q \cdot U$$

F

Radialsymetrisches elektrisches Feld um eine Punktladung

Elektrische Feldstärke

$$E = \frac{1}{4 \cdot \pi \cdot \varepsilon_0 \cdot \varepsilon_r} \cdot \frac{Q}{r^2}$$

E	elektrische Feldstärke Im Abstand r	N/C, V/m
ε_0	elektrische Feldkonstante	As/(Vm)
ε_r	Permittivitätszahl	1
Q	punktförmige elektrische Ladung	C
r	Abstand	m

F 4.2 Das *Coulomb'*sche Gesetz

Kraft zwischen zwei elektrischen Punktladungen oder zwei geladenen Kugeln.

Kraft

$$F = \frac{1}{4 \cdot \pi \cdot \varepsilon_0 \cdot \varepsilon_r} \cdot \frac{Q_1 \cdot Q_2}{r^2}$$

Permittivität

$$\varepsilon = \varepsilon_0 \cdot \varepsilon_r$$

Gleichnamige Ladungen stoßen sich ab ($F > 0$); ungleichnamige Ladungen ziehen sich an ($F < 0$).

F	Kraft zwischen den Ladungen	N
ε_0	elektrische Feldkonstante	As/(Vm)
ε_r	Permittivitätszahl	1
Q_1, Q_2	punktförmige elektrische Ladung	C
r	Abstand der beiden Punkt-Ladungen bzw. der beiden Kugelmittelpunkte	m
ε	Permittivität	As/(Vm)

$\varepsilon_0 = 8{,}85 \cdot 10^{-12}$ As/Vm

F 4.3 Kapazität, Kondensator

Definition der Kapazität

Kapazität

$$C = \frac{Q}{U}$$

C	Kapazität	F
Q	Ladung auf dem Kondensator	C
U	Spannung am Kondensator	V

Plattenkondensator

Kapazität

$$C = \varepsilon_0 \cdot \varepsilon_r \cdot \frac{A}{l}$$

$$\sigma = \frac{Q}{A}$$

$$D = \varepsilon_0 \cdot \varepsilon_r \cdot E$$

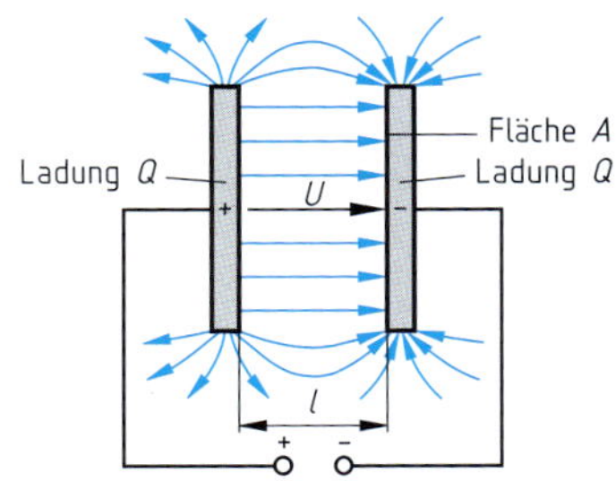

C	Kapazität	F
ε_0	elektrische Feldkonstante	As/(Vm)
ε_r	Permittivitätszahl	1
A	Plattenfläche	m²
l	Plattenabstand	m
σ	Flächenladungsdichte	C/m²
D	Verschiebungsdichte (elektrische Flussdichte)	C/m²
Q	Ladung auf einer Kondensatorplatte	C
E	elektrische Feldstärke	N/C, V/m

Wickelkondensator

Kapazität

$$C = 2 \cdot C_0$$

$$C = 2 \cdot \varepsilon_0 \cdot \varepsilon_r \cdot \frac{A}{d}$$

Beim **Wickelkondensator** wirkt jede Folie nach beiden Seiten. Deshalb müssen für die Plattenfläche A beide Oberflächen der Folie berücksichtigt werden. Die **Kapazität** C des gewickelten Kondensators ist also doppelt so groß wie die Kapazität C_0 im ungewickelten Zustand.

Kugelkondensator

Kapazität

$$C = 4 \cdot \pi \cdot \varepsilon_0 \cdot \varepsilon_r \cdot \frac{r_a \cdot r_i}{r_a - r_i}$$

C	Kapazität	F
ε_0	elektrische Feldkonstante	As/(Vm)
ε_r	Permittivitätszahl	1
r_a	Radius der äußeren Kugel	m
r_i	Radius der inneren Kugel	m

Sonderfall:
Kugelkonduktor ($r_a \to \infty$, $r_i = r$)

Kapazität einer Kugel

$$C = 4 \cdot \pi \cdot \varepsilon_0 \cdot \varepsilon_r \cdot r$$

r	Kugelradius	m

$\varepsilon_0 = 8{,}85 \cdot 10^{-12}$ As/Vm

Zylinderkondensator

Kapazität

$$C = \frac{2 \cdot \pi \cdot \varepsilon_0 \cdot \varepsilon_r \cdot l}{\ln(r_a/r_i)}$$

l	Länge des Zylinders	m
r_i	Radius des Innenzylinders	m
r_a	Radius des Außenzylinders	m

Drehkondensator

Maximalkapazität des Drehkondensators

$$C_{max} = (n - 1) \cdot \varepsilon_0 \cdot \varepsilon_r \cdot \frac{A}{d}$$

Kapazität des Drehkondensators

$$C = C_{max} \cdot \frac{A'}{A}$$

C_{max}	Maximalkapazität des Drehkondensators	F
n	Anzahl der Platten des Drehkondensators	1
A	Fläche einer Platte	m^2
A'	wirksame Fläche einer Platte	m^2
C	Kapazität des Drehkondensators	F

Beim **Drehkondensator** kann der Kapazitätswert verändert werden, indem ein drehbares Plattenpaket hineingedreht wird, wodurch die für die elektrische Kapazität wirksame Plattenoberfläche verändert wird.

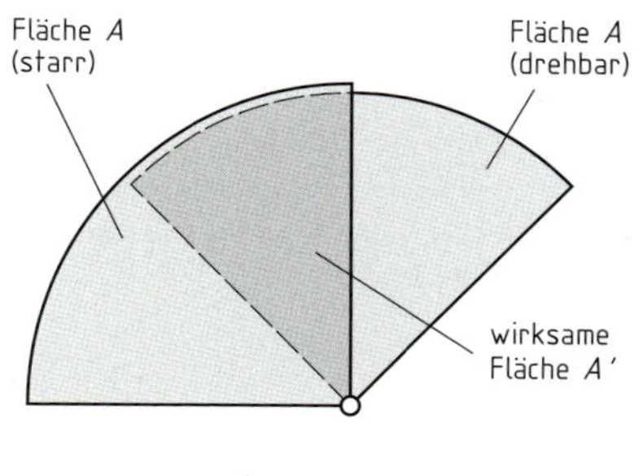

Elektrolytkondensatoren dürfen nur an eine Gleichspannungsquelle mit der angegebenen Polung (+, –) angeschlossen werden. Ihre großen Kapazitätswerte beruhen auf der sehr dünnen Oxidschicht als Dielektrikum.

F

F 4.4 Schaltung von Kondensatoren

Parallelschaltung

$U = U_1 = U_2 = U_3 = \ldots$

$C = C_1 + C_2 + C_3 + \ldots$

$Q = Q_1 + Q_2 + Q_3 + \ldots$

$\frac{Q_1}{Q_2} = \frac{C_1}{C_2}$

$\frac{Q_1}{Q} = \frac{C_1}{C}$

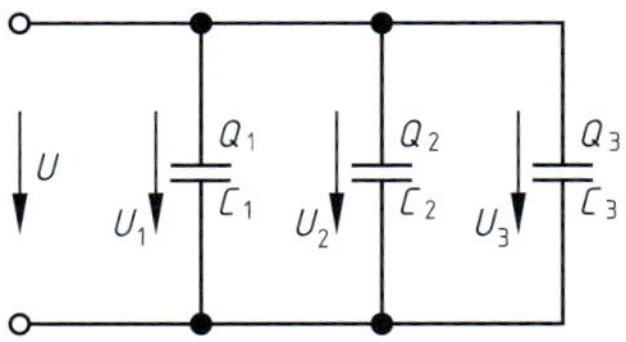

U	Gesamtspannung	V
U_1, U_2, U_3,…	Teilspannungen	V
C	Gesamtkapazität	F
C_1, C_2, C_3,…	parallelgeschaltete Teilkapazitäten	F
Q	Gesamtladung	C
Q_1, Q_2, Q_3,…	Teilladungen	C

Reihenschaltung

$U = U_1 + U_2 + U_3 + \ldots$

$Q = Q_1 = Q_2 = Q_3 = \ldots$

$\frac{1}{C} = \frac{1}{C_1} = \frac{1}{C_2} = \frac{1}{C_3} = \ldots$

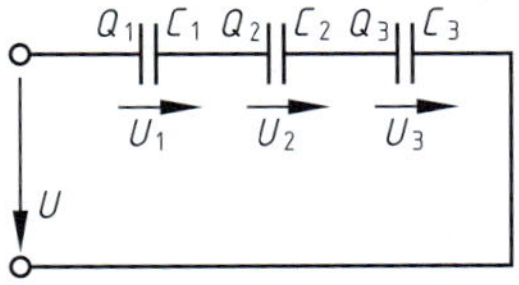

Gesamtkapazität (zwei Kondensatoren)

$C = \frac{C_1 \cdot C_2}{C_1 + C_2}$

Gesamtkapazität (n Kondensatoren)

$C = \frac{C_1}{n}$

Verhältnisse von Teilspannungen und Teilkapazitäten

$\frac{U_1}{U_2} = \frac{C_2}{C_1}$

$\frac{U_1}{U} = \frac{C}{C_1}$

Bei der **Reihenschaltung** ist auf jedem Kondensator die gleiche **Ladungsmenge**.

U	Gesamtspannung	V
U_1, U_2, U_3,…	Teilspannungen	V
Q	Gesamtladung	C
Q_1, Q_2, Q_3,…	Teilladungen	C
C	Gesamtkapazität	F
C_1, C_2, C_3,…	in Reihe geschaltete Teilkapazitäten	F
n	Anzahl der in Reihe geschalteten gleichen Kondensatoren C_1	1

F

F 4.5 Energie im elektrischen Feld eines geladenen Kondensators

$$W_{el} = \frac{1}{2} \cdot Q \cdot U$$

$$W_{el} = \frac{1}{2} \cdot C \cdot U^2$$

$$W_{el} = \frac{1}{2} \cdot \frac{Q^2}{C}$$

$$w_{el} = \frac{W_{el}}{V}$$

$$w_{el} = \frac{1}{2} \cdot E \cdot D$$

$$w_{el} = \frac{1}{2} \cdot \varepsilon_0 \cdot \varepsilon_r \cdot E^2$$

W_{el}	Energie im elektrischen Feld	Ws
Q	Ladung auf dem Kondensator	C
U	Spannung am Kondensator	V
C	Kapazität	F
w_{el}	elektrische Energiedichte	J/m³
V	Volumen des Kondensators	m³
E	elektrische Feldstärke	V/m
D	Verschiebungsdichte	C/m²
ε_0	elektrische Feldkonstante	F/m
ε_r	Permittivitätszahl	1

$\varepsilon_0 = 8{,}85 \cdot 10^{-12}$ As/Vm

F 4.6 Anziehungskraft zwischen zwei Kondensatorplatten

$$F = \frac{1}{2} \cdot \varepsilon_0 \cdot \varepsilon_r \cdot \frac{U^2}{l^2} \cdot A$$

$$F = \frac{1}{2} \cdot \varepsilon_0 \cdot \varepsilon_r \cdot \frac{U^2}{l^2} \cdot A$$

$$F = \frac{1}{2} \cdot Q \cdot E$$

ε_0	elektrische Feldkonstante	As/Vm; F/m
ε_r	Permittivitätszahl	1
U	Spannung am Kondensator	V
l	Plattenabstand	m
A	Plattenfläche	m²
E	elektrische Feldstärke	V/m
D	Verschiebungsdichte	C/m²
Q	Ladung auf der Platte	C

F

F 4.7 Auf- und Entladen eines Kondensators

Zeitkonstante

$$\tau = R \cdot C$$

$$\tau_C = 5 \cdot \tau$$

Ladevorgang, (Schalterstellung 1)

Spannung

$$u_C = U_0 \left(1 - e^{-\frac{t}{\tau}}\right)$$

Ladestrom

$$i_L = I_0 \cdot e^{-\frac{t}{\tau}}$$

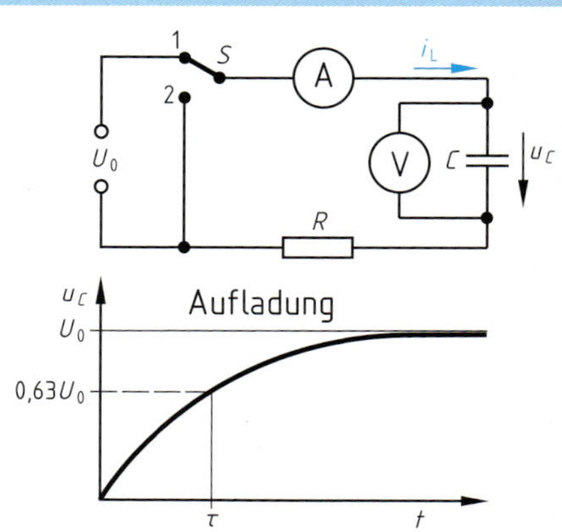

Maximalstrom

$$I_0 = \frac{U_0}{R}$$

$$q_C = C \cdot u_C$$

Nach der Zeit τ ist der Kondensator zu 63,2 % und nach der Zeit $\tau_C = 5 \cdot \tau$ zu 99,3 % geladen.

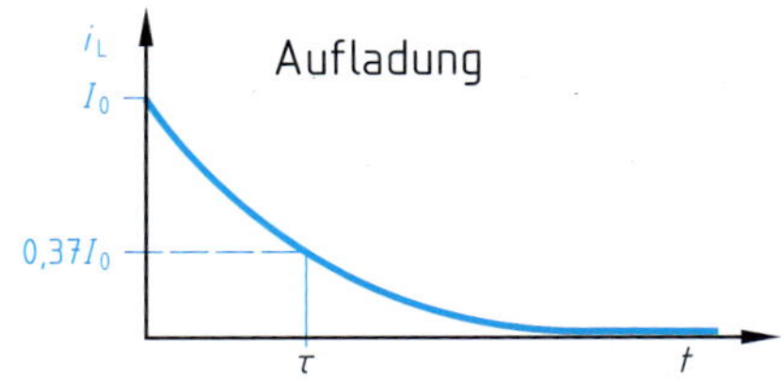

τ	Zeitkonstante	s
R	*Ohm*'scher Widerstand	Ω
C	Kapazität	F
τ	Ladezeit, Entladezeit	s
u_C	Spannung am Kondensator	V
U_0	Ladespannung	V
e	*Euler*'sche Zahl = 2,71828..	1
t	Zeit nach Beginn des Ladevorganges	s
i_L	Ladestrom	A
I_0	Maximalstrom	A
q_C	Ladung auf dem Kondensator	C
i_{EL}	Entladestrom	A

Entladevorgang

Spannung

$$u_C = U_0 \cdot e^{-\frac{t}{\tau}}$$

Entladestrom

$$i_{el} = -I_0 \cdot e^{-\frac{t}{\tau}}$$

Maximalstrom

$$I_0 = \frac{U_0}{R}$$

Ladung

$$q_C = C \cdot u_C$$

Nach der Zeit τ ist der Kondensator noch zu 36,8% und nach der Zeit τ_C noch zu 0,7% geladen.

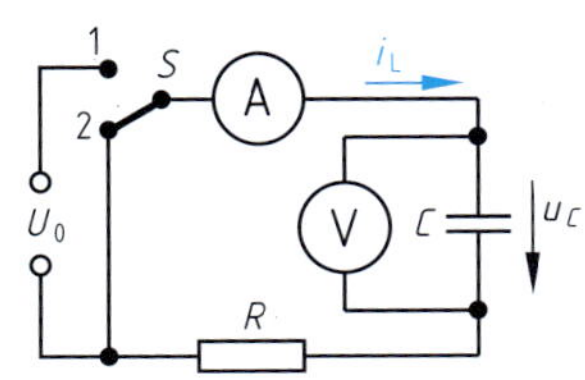

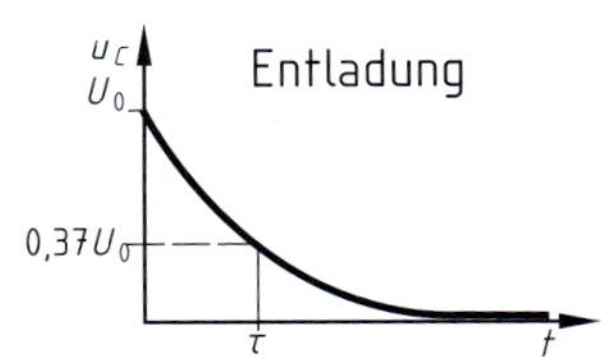

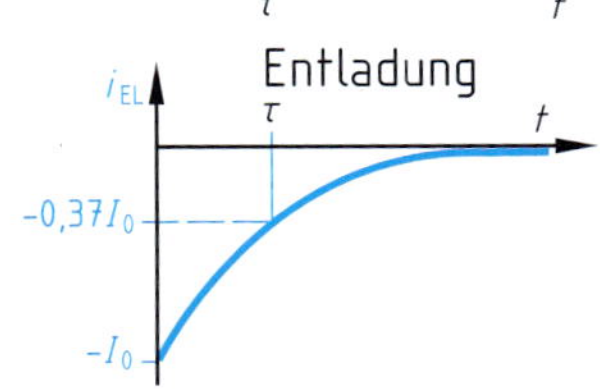

t	Zeit nach Beginn des Entladevorganges	s
i_{EL}	Entladestrom	A

F

F 5 Das magnetische Feld

F 5.1 Grundgrößen

Elektrische Durchflutung

$$\Theta = I \cdot N$$

Magnetische Feldstärke

$$H = \frac{\Theta}{l}$$

$$H = \frac{I \cdot N}{l}$$

Magnetische Spannung

$$U_m = H \cdot l$$

$$V_m = I \cdot N$$

Magnetischer Fluss

$$\Phi = B \cdot A$$

Θ	elektrische Durchflutung	A
I	Stromstärke	A
N	Windungszahl der Spule	1
H	magnetische Feldstärke	A/m
l	Spulenlänge	m
V_m	magnetisches Potential	A
U_m	magnetische Spannung	V
Φ	magnetischer Fluss	Vs,Wb
B	magnetische Flussdichte	Vs/m^2
A	vom Fluss durchsetzte Fläche	m^2

F 5.2 Magnetische Flussdichte (magnetische Induktion)

Magnetische Flussdichte

$$B = \frac{\Phi}{A} = \mu \cdot H$$

$$\mu = \mu_r \cdot \mu_0$$

Magnetische Feldkonstante

$$\mu_0 = 4 \cdot \pi \cdot 10^{-7} \frac{Vs}{Am}$$

Magnetische Feldkonstante

$$\mu_0 = 1{,}256637 \cdot 10^{-6} \frac{Vs}{Am}$$

Ferromagnetische Stoffe

$$\mu_r > 1$$

Paramagnetische Stoffe

$\mu_r \approx 1$; aber >1

B	magnetische Flussdichte (Induktion)	T
Φ	magnetischer Fluss	Vs, Wb
A	Fläche	m^2
μ	Permeabilität	Vs/(Am)
H	magnetische Feldstärke	A/m
μ_r	Permeabilitätszahl	1
μ_0	magnetische Feldkonstante	Vs/Am

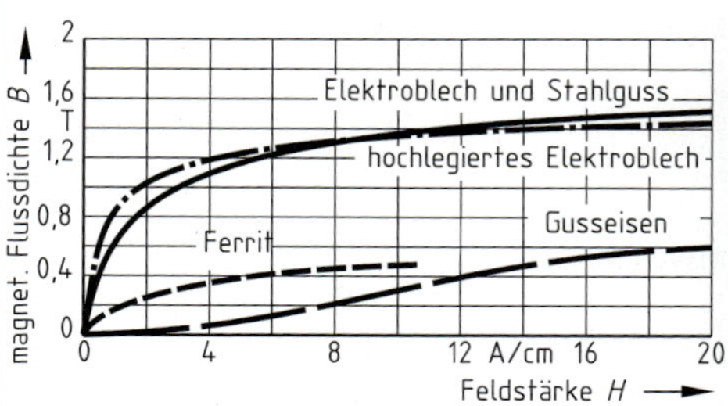

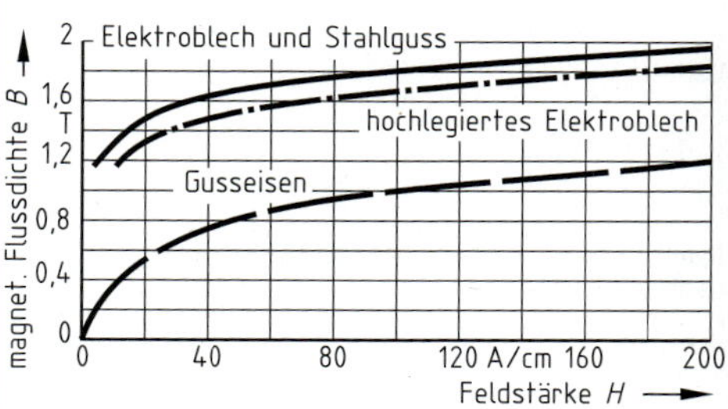

Diamagnetische Stoffe

$\mu_r \approx 1$; aber <1

Die Permeabilitätszahl μ_r bei **para-** und **diamagnetischen Stoffen** ist von der magnetischen Feldstärke unabhängig und konstant. Bei **ferromagnetischen Stoffen** besteht eine starke Abhängigkeit der Permeabilitätszahl von der **magnetischen Feldstärke**.

Der Wert für $\mu_r = \frac{B}{\mu_0 \cdot H}$

kann mithilfe der **Magnetisierungskurve** (→ Bild auf Vorseite) des betreffenden Stoffes ermittelt werden.

F 5.3 Magnetischer Kreis

Magnetischer Fluss

$$\Phi_{Fe} = \Phi_L$$

Magnetische Flussdichte

$$B_{Fe} = B_L$$

Elektrische Durchflutung

$$\Theta = H_{Fe} \cdot l_{Fe} + H_L \cdot l_L$$

Elektrische Durchflutung

$$\Theta = \Theta_{Fe} + \Theta_L$$

Magnetischer Widerstand

$$R_m = \frac{l}{\mu \cdot A}$$

$$R_m = \frac{l}{\mu_r \cdot \mu_0 \cdot A}$$

Gesamter magnetischer Widerstand

$$R_{mges} = R_{mFe} + R_{mL}$$

***Ohm*'sches Gesetz des magnetischen Kreises**

$$R_m = \frac{\Theta}{\Phi}$$

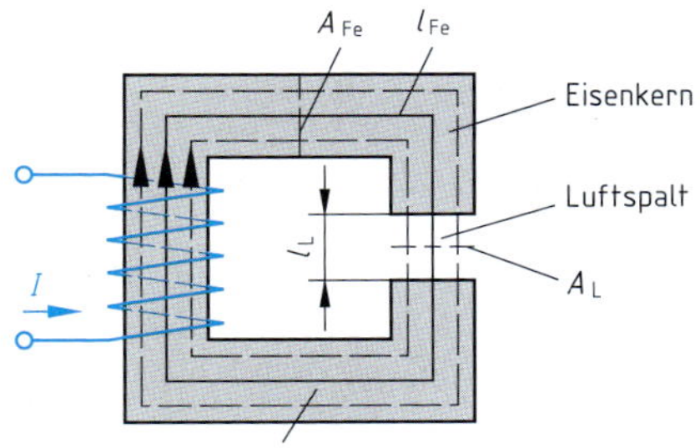

Φ_{Fe}, Φ_L	magn. Fluss in Eisen bzw. Luft	Vs,Wb
B_{Fe}, B_L	magn. Flussdichte in Eisen bzw. Luft	T
Θ	elektrische Durchflutung	A
Θ_{Fe}, Θ_L	elektrische Durchflutung in Eisen bzw. Luft	A
H_{Fe}, H_L	magnet. Feldstärke in Eisen bzw. Luft	A/m
l_{Fe}, l_L	mittl. Feldlinienlänge in Eisen bzw. Luft	m
R_m	magnetischer Widerstand	H^{-1}
μ	Permeabilität (magnetische Leitfähigkeit)	Vs/(Am)
l	mittlere Feldlinienlänge	m
R_{mges}	gesamter magnet. Widerstand	H^{-1}
A	Kernquerschnitt	m^2
μ_r	Permeabilitätszahl	1
μ_0	magnetische Feldkonstante	Vs/Am
R_{mFe}	magnet. Widerstand des Eisenkerns	H^{-1}
R_{mL}	magnet. Widerstand des Luftspaltes	H^{-1}
Φ	magnetischer Fluss	Vs/Wb

F

F 5.4 Spezielle Magnetfelder

Magnetische Feldstärke

$$H = \frac{I \cdot N}{l}$$

$$H = \frac{I}{2 \cdot \pi \cdot r}$$

I	elektrische Stromstärke	A
l	Länge der Zylinderspule	m
N	Windungszahl	1
r	Abstand	m
H	magnetische Feldstärke	A/m

F 5.5 Kräfte im Magnetfeld

Kraft auf stromdurchflossenen geraden Leiter im Magnetfeld

Kraft ($B \perp l$)

$$F = B \cdot I \cdot l$$

Kraft

$$F = B \cdot I \cdot l \cdot \sin\varphi$$

$$B_s = B \cdot \sin\varphi$$

Wirksame Leiterlänge

$$l_w = l \cdot z$$

Kraft

$$F = B_s \cdot I \cdot l \cdot z = B_s \cdot I \cdot l_W$$

F	Kraft auf einen Leiter	N
I	Stromstärke	A
l	Länge des Leiters im Magnetfeld	m
B	magnetische Flussdichte	T
φ	Winkel zwischen l und B	Grad
B_s	Komponente der magnetischen Flussdichte senkrecht zum Leiter	T
z	Windungszahl	1
l_w	wirksame Leiterlänge	m

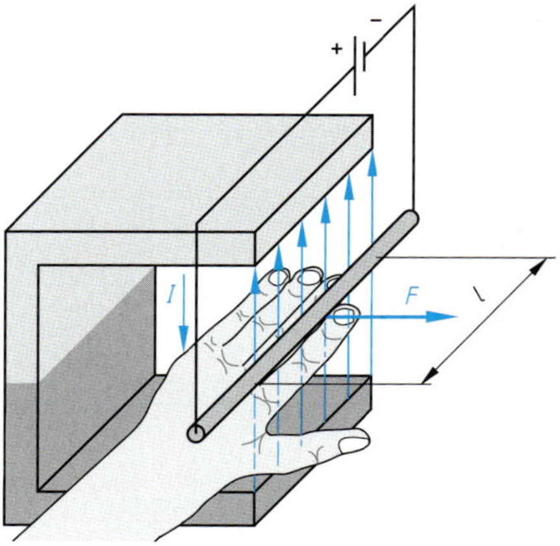

F

Motorregel: Treffen die **magnetischen Feldlinien** B vom Nordpol kommend auf die Innenfläche der linken Hand, und zeigen die ausgestreckten Finger in Richtung des **elektrischen Stromes** I, so gibt der abgespreizte Daumen die Richtung der **Ablenkkraft** F auf den Leiter an.

Kraft zwischen zwei parallelen stromdurchflossenen geraden Leitern

$$F = \frac{\mu}{2\pi} \cdot \frac{I_1 \cdot I_2 \cdot l}{r}$$

F	Kraft	N
I_1, I_2	Stromstärke durch beide Leiter	A
l	Leiterlänge	m
r	Leiterabstand	m
μ	Permeabilität	Vs/(Am

Kraft auf bewegte geladene Teilchen im Magnetfeld (Lorenzkraft)

Kraft ($\boldsymbol{v} \perp \boldsymbol{B}$)

$$F = B \cdot Q \cdot v$$

Kraft

$$F = B \cdot Q \cdot v \cdot \sin\varphi$$

F	Kraft	N
Q	Ladung des Teilchens	C
v	Geschwindigkeit des Teilchens	m/s
B	magnetische Flussdichte	T
φ	Winkel zwischen der Geschwindigkeits- und der Magnetfeldrichtung	Grad

Tragkraft von Magneten

Haltekraft

$$F = \frac{B^2 \cdot A}{2 \cdot \mu_0}$$

F	Tragkraft (Haltekraft)	N
B	magnetische Flussdichte	T
μ_0	magnetische Feldkonstante	Vs/(Am)
A	gesamte Magnetpolfläche	m^2

Energie des homogenen magnetischen Feldes

Energie

$$W = \frac{1}{2} \cdot H \cdot B \cdot V$$

Energiedichte

$$w = \frac{W}{V} = \frac{1}{2} \cdot B \cdot H$$

W	Energie	Ws
H	magnetische Feldstärke	A/m
B	magnetische Flussdichte	T
V	Volumen des betrachteten Feldes	m^3
w	Energiedichte	Ws/m^3

Energie im Magnetfeld einer langen Spule

$$W = \frac{1}{2} \cdot L \cdot I^2$$

L	Induktivität einer langen Spule	H
I	Stromstärke durch die Spule	A

F 6 Elektromagnetsiche Induktion

F

F 6.1 Induktion durch Flussänderung

Induktionsspannung

$$U_i = -N \cdot \frac{\Delta\Phi}{\Delta t}$$

Magnetischer Fluss

$$\Phi = B \cdot A$$

Induktionsspannung bei Flächenänderung

$$U_i = B \cdot \frac{\Delta A}{\Delta t}$$

U_i	induzierte Spannung	V
$\Delta\Phi$	Flussänderung	Vs, Wb
Δt	Zeitdauer der Flussänderung	s
N	Windungszahl	1
Φ	magnetischer Fluss	Vs, Wb
B	magnetische Flussdichte	T, Vs/m^2
A	vom Fluss durchsetzte Fläche	m^2

Induktionsspannung bei Flussdichtenänderung

Induktionsspannung

$$U_i = A \cdot \frac{\Delta B}{\Delta t}$$

ΔA	Flächenänderung	m^2
ΔB	Flussdichtenänderung	T, Vs/m^2
Δt	Zeitdauer der Flächen- bzw. der Flussdichtenänderung	s

F 6.2 Induktion durch Bewegung eines Leiters im Magnetfeld

Induktionsspannung ($\boldsymbol{v} \perp \boldsymbol{B}$)

$$U_i = l \cdot B \cdot v \cdot z$$

Induzierte Spannung

$$U_i = l \cdot B \cdot v \cdot z \cdot \sin\alpha$$

***Lenz*'sche Regel:** Der durch die Induktion hervorgerufene **Induktionsstrom** ist stets so gerichtet, dass er seiner Ursache (Änderung des bestehenden Magnetfeldes bzw. Bewegung eines Leiters im Magnetfeld) entgegenwirkt.

U_i	induzierte Spannung	V
l	wirksame Leiterlänge	m
B	magnetische Flussdichte	T, Vs/m^2
v	Geschwindigkeit	m/s
z	Zahl der bew. Leiter (Windungen)	1
α	Winkel zwischen B und v	Grad

F 6.3 Selbstinduktion

Induzierte Spannung

$$U_i = -L \cdot \frac{\Delta I}{\Delta t}$$

Induktivität einer Ringspule bzw. einer langen Spule

$$L = \mu_0 \cdot \mu_r \cdot N^2 \cdot \frac{A}{l}$$

Energie im Magnetfeld einer Spule

$$W = \frac{1}{2} \cdot L \cdot I^2$$

Induktivität grader Leiter

Einfachleitung

$$L = \frac{\mu_0 \cdot \mu_r \cdot l}{2 \cdot \pi} \cdot \left[\ln\left(\frac{2 \cdot l}{r}\right) - \frac{3}{4}\right]$$

Doppelleitung

$$L = \frac{\mu_0 \cdot \mu_r \cdot l}{\pi} \cdot \left[\ln\left(\frac{a}{r}\right) + \frac{1}{4}\right]$$

U_i	induzierte Spannung	V
L	Induktivität	H, Vs/A
ΔI	Änderung der Stromstärke	A
Δt	Zeitdauer der Stromänderung	s
μ_0	magnetische Feldkonstante	Vs/(Am)
μ_r	Permeabilitätszahl	1
N	Windungszahl	1
A	Querschnittsfläche der Spule	m^2
W	Energie	Ws
I	Stromstärke	A
l	Leiterlänge	m
r	Leiterradius	m
a	Leiterabstand	m

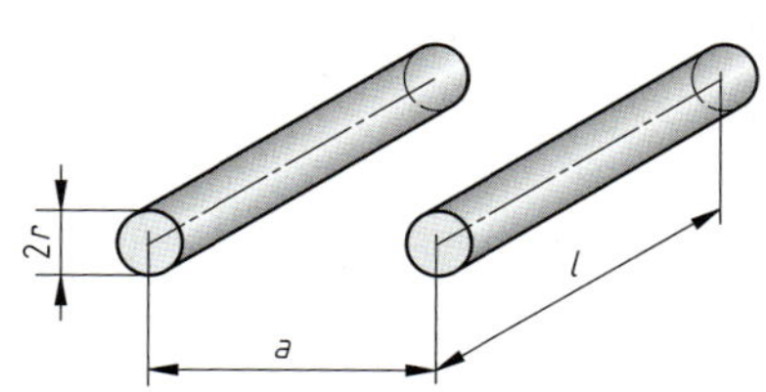

F

F 6.4 Reihen- und Parallelschaltung von Spulen

Reihenschaltung

Gesamtinduktivität

$$L = L_1 + L_2 + L_3 + \ldots$$

$L_1, L_2, L_3, \ldots$	Einzelinduktivitäten	H, Vs/A
L	Gesamtinduktivität	H, Vs/A

Parallelschaltung

Kehrwert der Gesamtinduktivität

$$\frac{1}{L} = \frac{1}{L_1} + \frac{1}{L_2} + \frac{1}{L_3} + \ldots$$

F 6.5 Ein- und Ausschaltvorgang bei der Spule an Gleichspannung

$$\tau = \frac{L}{R}$$

$$\tau_G = 5 \cdot \tau$$

τ	Zeitkonstante	s
L	Induktivität	H, Vs/A
R	*Ohm'*scher Widerstand	Ω
τ_G	Gesamtzeit	s
U_0	Gleichspannung	V
e	*Euler'*sche Zahl = 2,71828..	1
t	Zeit nach Beginn des Einschaltvorganges	s
i_L	elektrischer Strom durch die Spule	A
I_0	Maximalstrom	A
u_R	Spannung an R	V
u_L	Induktionsspannung nach der Zeit t	s

Einschaltvorgang

Induktionsspannung beim Einschalten

$$u_L = -U_0 \cdot e^{-\frac{t}{\tau}}$$

Spannung an R beim Einschalten

$$u_R = U_0 \cdot \left(1 - e^{-\frac{t}{\tau}}\right)$$

Stromstärke beim Einschalten

$$i_L = i_0 \cdot \left(1 - e^{-\frac{t}{\tau}}\right)$$

Maximalstrom

$$I_0 = \frac{U_0}{R}$$

Beim Einschaltvorgang ist die **Selbstinduktionsspannung** zur angelegten Spannung entgegengesetzt gerichtet (*Lenz'*sche Regel) und verzögert somit das Ansteigen des Stromes.

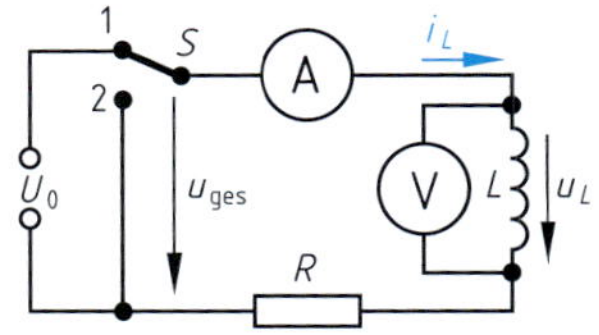

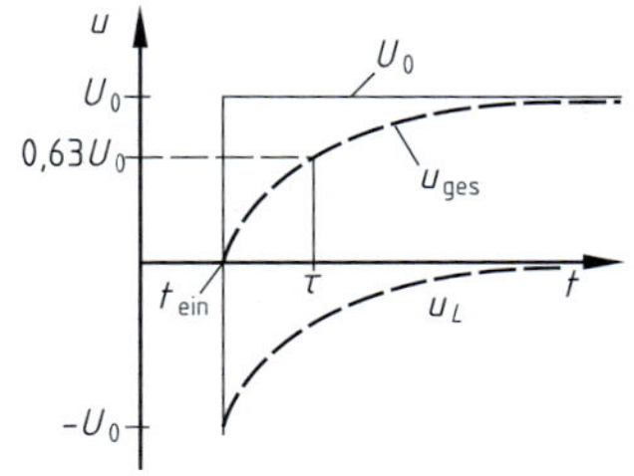

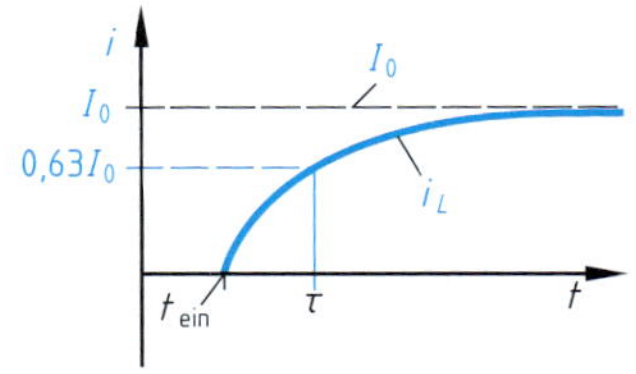

F

Ausschaltvorgang (Kurzschließen)

Spannung

$$u_L = U_0 \cdot e^{-\frac{t}{\tau}}$$

Stromstärke

$$i_L = I_0 \cdot e^{-\frac{t}{\tau}}$$

Maximalstrom

$$I_0 = \frac{U_0}{R}$$

Beim Ausschalten sinkt der Strom in sehr kurzer Zeit auf null ab, deshalb wird die **Selbstinduktionsspannung** sehr groß. Die Selbstinduktionsspannung hat dieselbe Richtung wie die ursprünglich angelegte Spannung.

U_0	Gleichspannung	V
t	Zeit nach Beginn des Ausschaltvorganges	s
i_L	Stromstärke (Augenblickswert)	A

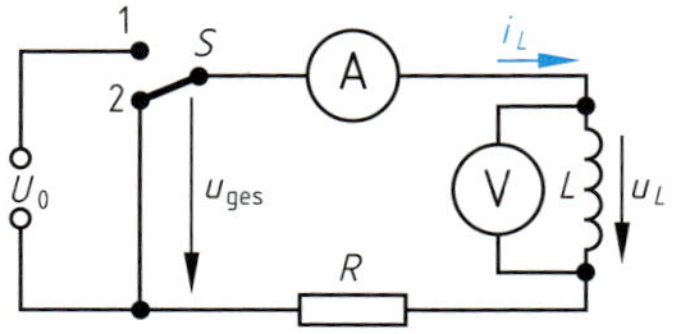

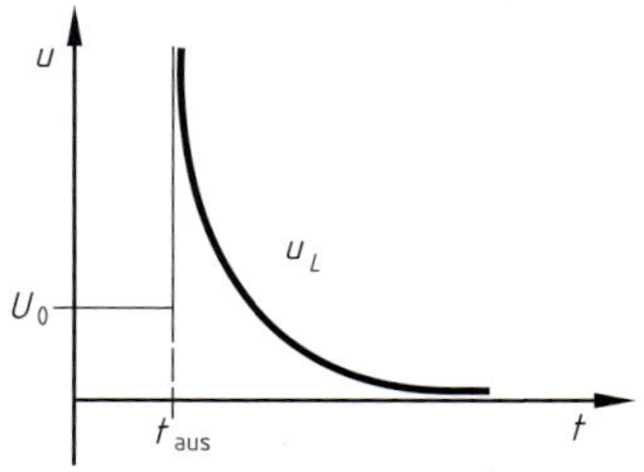

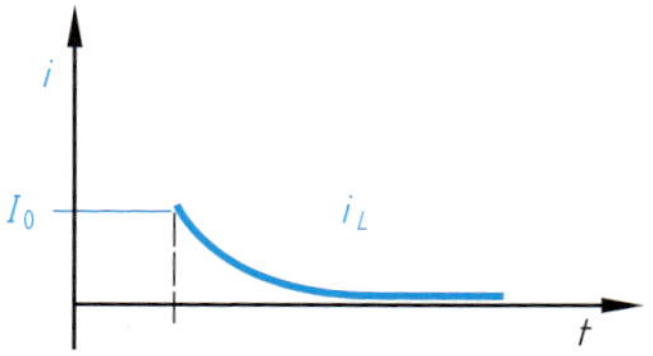

F

F 7 Der Wechselsromkreis

F 7.1 Grundgrößen des Wechselstromes

Darstellung und Berechnung von sinusförmigen Wechselgrößen

Die graphische Darstellung einer Wechselgröße in einem Koordinatensystem nennt man **Liniendiagramm**. Es zeigt die Abhängigkeit dieser physikalischen Größe von der Zeit t bzw. vom Phasenwinkel φ. In nebenstehenden Bild ist der Verlauf einer **sinusförmigen Wechselspannung** dargestellt.

Dabei bedeuten:

φ	Phasenwinkel, Drehwinkel
$\hat{u}$	Scheitelwert der Spannung
T	Periodendauer
u	Momentanwert der Wechselspannung
t	Zeit ab erstem positiven Nulldurchgang

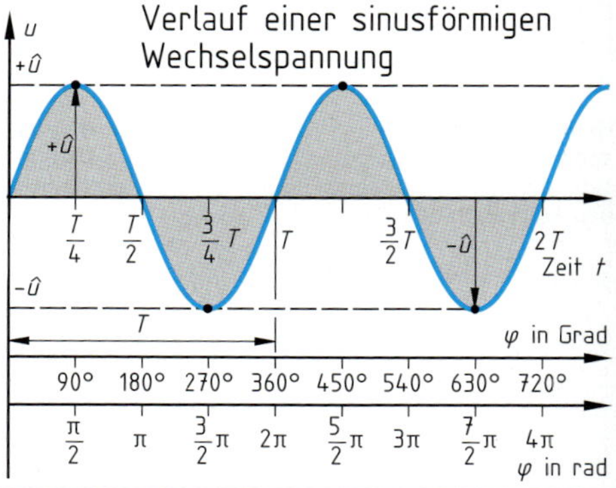

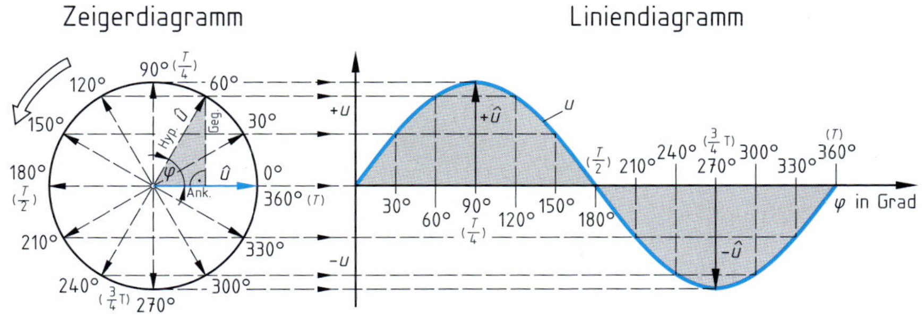

Obiges Bild zeigt den Zusammenhang zwischen dem **Zeigerdiagramm** und dem **Liniendiagramm**. Dabei lässt man einen Pfeil (proportional dem Wert von $\hat{u}$), den Zeiger, mit der Winkelgeschwindigkeit ω um den Nullpunkt des Koordinatensystems rotieren und erhält aus seiner Projektion auf die u-Achse den Momentanwert der Wechselspannung u.

Berechnungsformeln

Kreisfrequenz

$$\omega = \frac{2 \cdot \pi}{T}$$

$$\omega = 2 \cdot \pi \cdot f$$

Drehwinkel

$$\varphi = \omega \cdot t$$

$$\varphi = \frac{2 \cdot \pi}{T} \cdot t$$

$$\varphi = \frac{2 \cdot \pi}{360°} \cdot \varphi^{\circ}$$

Momentanwert der Spannung

$$u = \hat{u} \cdot \sin(\omega \cdot t)$$

Momentanwert des Stromes

$$i = \hat{i} \cdot \sin(\omega \cdot t)$$

Effektivwert der Wechselspannung

$$U_{eff} = U = \frac{\hat{u}}{\sqrt{2}} = 0{,}707 \cdot \hat{u}$$

Effektivwert des Stromes

$$I_{eff} = I = \frac{\hat{i}}{\sqrt{2}} = 0{,}707 \cdot \hat{i}$$

ω	Kreisfrequenz, Winkelgeschwindigkeit	s^{-1}
T	Periodendauer	s
f	Frequenz	s^{-1}
φ	Drehwinkel im Bogenmaß	rad
t	Zeit ab Drehbeginn von $\varphi = 0°$	s
φ°	Drehwinkel im Gradmaß	Grad
u	Momentanwert der Wechselspannung	V
$\hat{u}$	Scheitelwert der Wechselspannung	V
i	Momentanwert des Wechselstromes	A
$\hat{i}$	Scheitelwert des Wechselstromes	A
U_{eff}, U	Effektivwert der Wechselspannung	V
I_{eff}, I	Effektivwert des Wechselstromes	

F

F 7.2 Wechselstromwiderstände

F 7.2.1 Wirkwiderstand im Wechselstromkreis

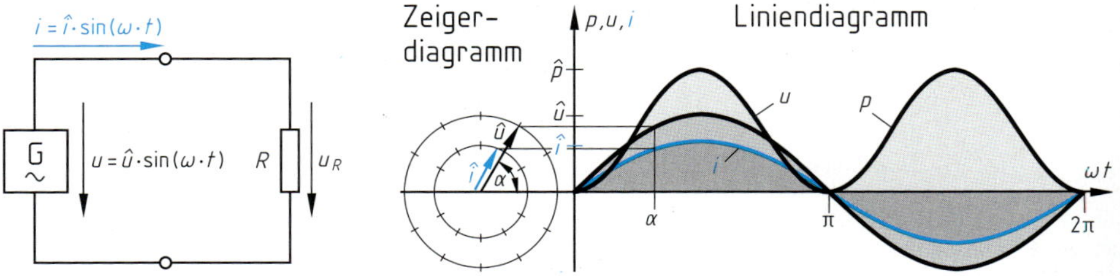

Bei einem Wirkwiderstand sind die Wechselspannung u und der Wechselstrom i in Phase.

Spannung

$$u_R = \hat{u} \cdot \sin(\omega \cdot t)$$

Stromstärke

$$i_R = \hat{i} \cdot \sin(\omega \cdot t)$$

***Ohm*'scher Widerstand**

$$R = \frac{u_R}{i_R}$$

$$R = \frac{\hat{u}}{\hat{i}}$$

$$R = \frac{U}{I}$$

Wirkleistung

$$P = \frac{\hat{p}}{2} = \frac{\hat{u} \cdot \hat{i}}{2} = \frac{\hat{u}}{\sqrt{2}} \cdot \frac{\hat{i}}{\sqrt{2}}$$

Augenblicksleistung

$$p = \hat{u} \cdot \hat{i} \cdot \sin(\omega \cdot t)$$

u_R	Spannung an R zur Zeit t	V
$\hat{u}$	Scheitelwert der Spannung	V
ω	Winkelgeschwindigkeit	s^{-1}
t	Zeit ab positivem Nulldurchgang	s
i_R	Stromstärke durch R zur Zeit t	A
$\hat{i}$	Scheitelwert des Stromes	A
R	*Ohm*'scher Widerstand	Ω
U	Effektivwert der elektrischen Spannung	V
I	Effektivwert der elektrischen Stromstärke	A
P	Wirkleistung	W
p	Leistung zur Zeit t	W
$\hat{p}$	Scheitelwert der elektrischen Leistung	W

F

F 7.2.2 Die verlustfreie Spule im Wechselstromkreis

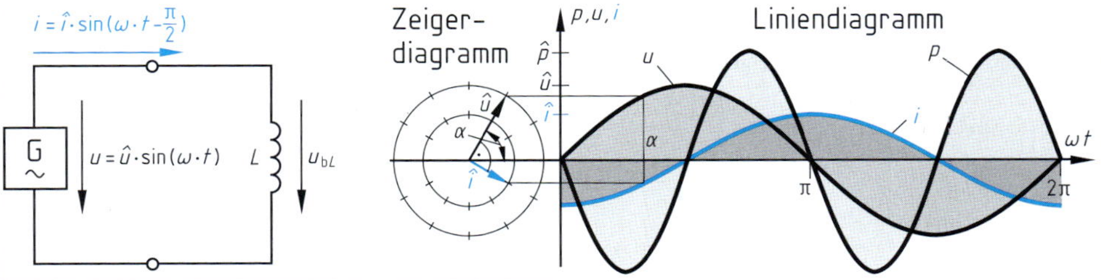

Bei der **Spule** mit einem vernachlässigbarem Wirkwiderstand R eilt der Wechselstrom i der Wechselspannung u um $\varphi = 90° = \frac{\pi}{2}$ hinterher.

Spannung

$$u_{bL} = \hat{u} \cdot \sin(\omega \cdot t)$$

Stromstärke

$$i_{bL} = \hat{i} \cdot \sin\left(\omega \cdot t - \frac{\pi}{2}\right)$$

Induktiver Blindwiderstand

$$X_L = \frac{u_{bL}}{i_{bL}} = \frac{\hat{u}}{\hat{i}} = \frac{U}{I}$$

Induktive Blindleistung

$$Q_L = U \cdot I_{bL}$$

$$Q_L = \frac{U^2}{X_L} = X_L \cdot I_{bL}^2$$

u_{bL}	induktive Blindspannung an L zur Zeit t	V
$\hat{u}$	Scheitelwert der Spannung	V
ω	Kreisfrequenz, Winkelgeschwindigkeit	s^{-1}
t	Zeit ab positivem Nulldurchgang der Spannung u	s
i_{bL}	induktiver Blindstrom zur Zeit t	A
$\hat{i}$	Scheitelwert des Stroms	A
X_L	induktiver Blindwiderstand	Ω
U	Effektivwert der elektrischen Spannung	V
I_{bL}	Effektivwert des induktiven Blindstroms	A
L	Induktivität der Spule	H
Q_L	induktive Blindleistung	W, var

F

F 7.2.3 Der verlustfreie Kondensator im Wechselstromkreis

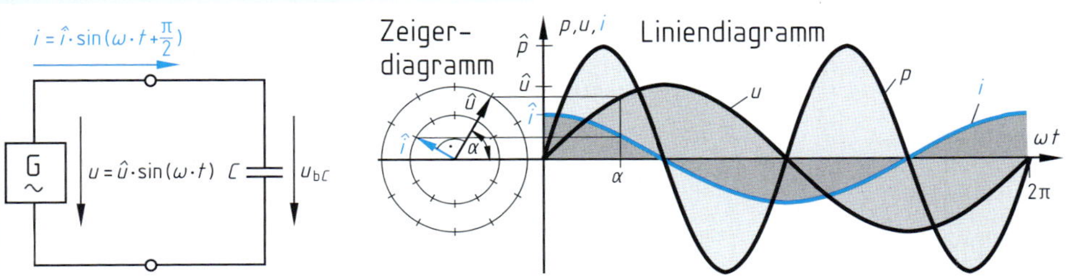

Beim **Kondensator** mit einem vernachlässigbaren Wirkwiderstand R eilt der Wechselstrom i der Wechselspannung u um $\varphi = 90° = \frac{\pi}{2}$ voraus.

Spannung

$$u_{bC} = \hat{u} \cdot \sin(\omega \cdot t)$$

Stromstärke

$$i_{bC} = \hat{i} \cdot \sin\left(\omega \cdot t + \frac{\pi}{2}\right)$$

Kapazitiver Blindwiderstand

$$X_C = \frac{u_{bC}}{i_{bC}} = \frac{\hat{u}}{\hat{i}} = \frac{U}{I}$$

$$X_C = \frac{1}{\omega \cdot C} = \frac{1}{2 \cdot \pi \cdot f \cdot C}$$

Kapazitive Blindleistung

$$Q_C = U \cdot I_{bC}$$

$$Q_C = \frac{U^2}{X_C} = X_C \cdot I_{bC}^2$$

u_{bc}	Spannung an C zur Zeit t	V
$\hat{u}$	Scheitelwert der Spannung	V
ω	Kreisfrequenz, Winkelgeschwindigkeit	s^{-1}
t	Zeit ab positivem Nulldurchgang der Spannung u	s
i_{bC}	Momentanwert des kapazitiven Blindstroms zur Zeit t	A
$\hat{i}$	Scheitelwert des Stroms	A
X_C	kapazitiver Blindwiderstand	Ω
U	Effektivwert der Spannung	V
I_{bC}	Effektivwert des kapazitiven Blindstroms	A
C	Kapazität des Kondensators	F
Q_C	kapazitive Blindleistung	W, var

F 7.2.4 Reihenschaltung von Wirkwiderstand, kapazitivem Widerstand und induktivem Widerstand

F

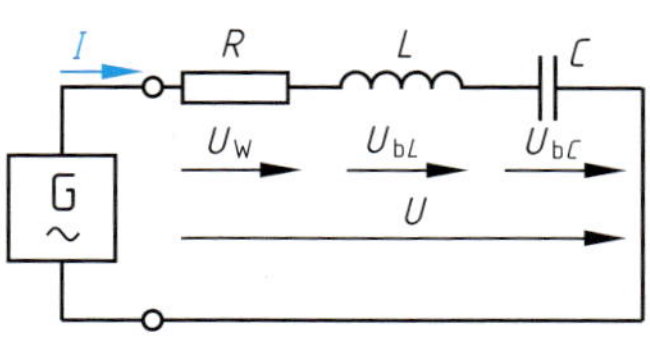

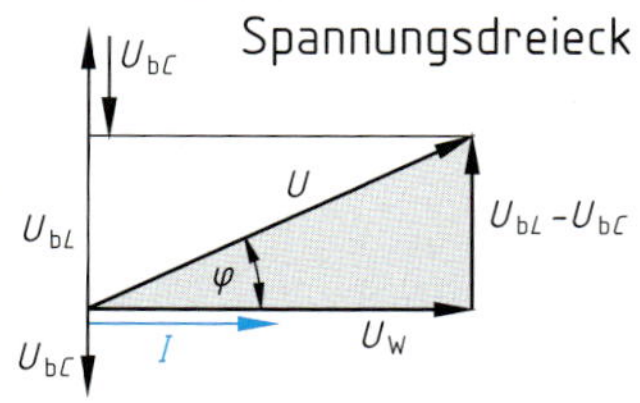

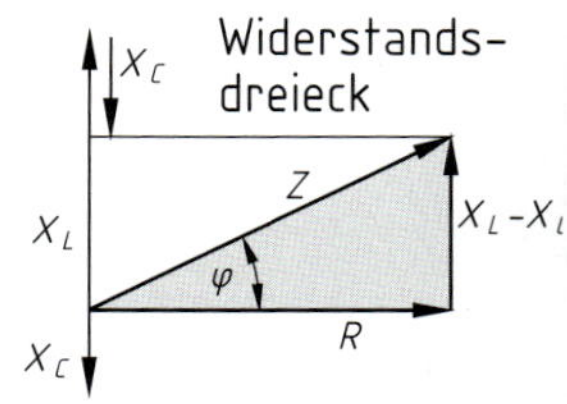

Bei der Reihenschaltung von R, C und L ist der Strom zu jedem Zeitpunkt in allen Bauteilen gleich groß. Zwischen der Spannung u und der Stromstärke i besteht eine Phasenverschiebung φ, die von den Größen R, C und L und der Kreisfrequenz ω abhängig ist.

Stromstärke

$$i = i_W = i_{bC} = i_{bL}$$

Spannung

$$u = \hat{u} \cdot \sin(\omega \cdot t)$$

i, i_W, i_{bC}, i_{bL}	Stromstärke durch alle Bauteile (R,C,L) zur Zeit t	A
u	Spannung zur Zeit t	V
$\hat{u}$	Scheitelspannung	V
t	Zeit ab positivem Nulldurchgang der Spannung	s

Stromstärke

$$i = \hat{i} \cdot \sin(\omega \cdot t - \varphi)$$

Scheinwiderstand

$$Z = \frac{U}{I} = \sqrt{R^2 + (X_L - X_C)^2}$$

$$Z = \sqrt{R^2 + \left(\omega \cdot L - \frac{1}{\omega \cdot C}\right)^2}$$

Gesamtspannung

$$U = \sqrt{U_W^2 + (U_{bL} - U_{bC})^2}$$

Scheinleistung

$$S = U \cdot I = \sqrt{P^2 + (Q_L - Q_C)^2}$$

$\hat{i}$	Scheitelstromstärke	A
φ	Phasenverschiebung	Grad, rad
Z	Scheinwiderstand	Ω
U	Effektivwert der Gesamtspannung	V
I	Effektivwert der Stromstärke	A
R	Wirkwiderstand	Ω
X_L	induktiver Blindwiderstand	Ω
X_C	kapazitiver Blindwiderstand	Ω
ω	Kreisfrequenz	s^{-1}
L	Induktivität	H
C	Kapazität	F
U_W	Wirkspannung	V
u_{bL}	induktive Blindspannung	V
u_{bC}	kapazitive Blindspannung	V
S	Scheinleistung	W; VA
Q	gesamte Blindleistung	W, var
P	Wirkleistung	W
Q_L	induktive Blindleistung	W, var
Q_C	kapazitive Blindleistung	W, var
$\cos\varphi$	Leistungsfaktor	1

F 7.2.5 Parallelschaltung von Wirkwiderstand, kapazitivem Widerstand und induktivem Widerstand

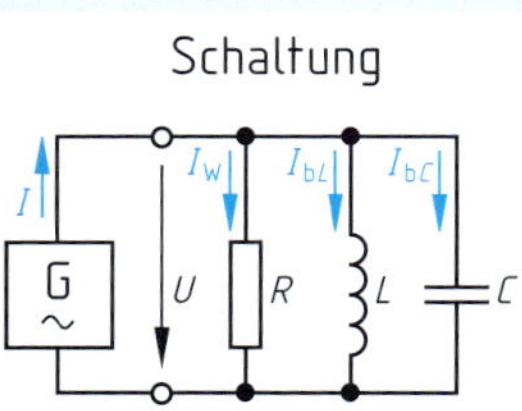

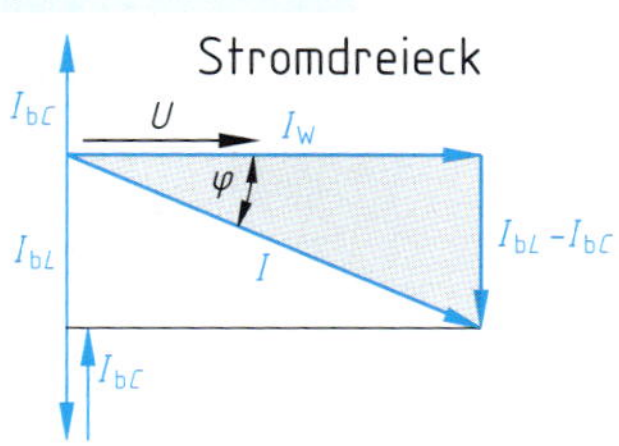

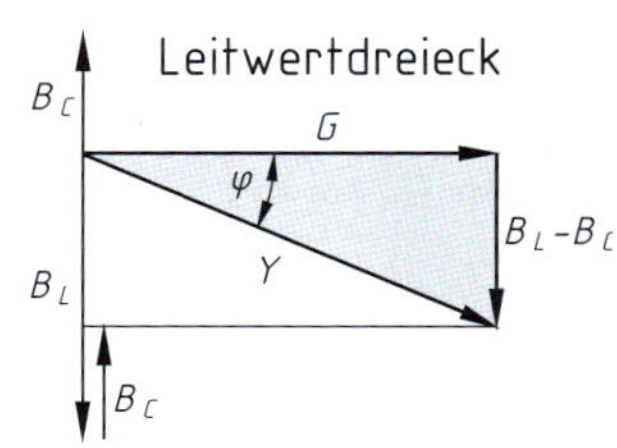

Bei der Parallelschaltung von *R*, *C* und *L* ist die Spannung zu jedem Zeitpunkt an allen Bauteilen gleich groß. Zwischen der **Spannung** *u* und der **Stromstärke** *i* besteht eine **Phasenverschiebung** φ, von den Größen *R*, *C*, *L* und der **Kreisfrequenz** ω abhängig ist.

Spannung

$$u = u_W = u_{bC} = u_{bL}$$

$$u = \hat{u} \cdot \sin(\omega \cdot t)$$

u, u_W, u_{bC}, u_{bL}	Spannung an allen parallel geschalteten Bauteilen (*R*,*C*,*L*) zur Zeit *t*	V

F

Stromstärke

$$i = \hat{i} \cdot \sin(\omega \cdot t + \varphi)$$

Scheinleitwert

$$Y = \frac{1}{Z} \qquad Y = \frac{I}{U}$$

Induktiver Blindleitwert

$$B_L = \frac{1}{\omega \cdot L}$$

Kapazitiver Blindleitwert

$$B_C = \omega \cdot C$$

Scheinleitwert

$$Y = \sqrt{\frac{1}{R^2} + \left(\omega \cdot C - \frac{1}{\omega \cdot L}\right)^2}$$

Stromstärke

$$I = \sqrt{I_W^2 + (I_{bL} - I_{bC})^2}$$

Scheinleistung

$$S = U \cdot I \qquad S = \sqrt{P^2 + (Q_L - Q_C)^2}$$

Blindleistung

$$Q = Q_C - Q_L = S \cdot \sin\varphi$$

Leistungsfaktor

$$\cos\varphi = \frac{G}{Y} = \frac{I_W}{I} = \frac{P}{S}$$

Blindfaktor

$$\sin\varphi = \frac{I_{bC} - I_{bL}}{I} = \frac{B_C - B_L}{Y}$$

$$\tan\varphi = \frac{B_C - B_L}{G}$$

$$\tan\varphi = R \cdot \left(\omega \cdot C - \frac{1}{\omega \cdot L}\right)$$

Y	Scheinleitwert	S
I	Effektivwert der Gesamtstromstärke	A
U	Effektivwert der Gesamtspannung	V
$\hat{u}$	Scheitelspannung	V
t	Zeit ab positivem Nulldurchgang der Spannung	s
i	Stromstärke zur Zeit t	A
$\hat{i}$	Scheitelstromstärke	A
φ	Phasenverschiebung	Grad,rad
B_L	induktiver Blindleitwert	S
B_C	kapazitiver Blindleitwert	S
ω	Kreisfrequenz	s^{-1}
L	Induktivität	H
C	Kapazität	F
Z	Scheinwiderstand	Ω
R	Wirkwiderstand	Ω
I_W	Wirkstrom	A
I_{bL}	induktiver Blindstrom	A
I_{bC}	kapazitiver Blindstrom	A
S	Scheinleistung	W, VA
P	Wirkleistung	W
Q_L	induktive Blindleistung	W, var
Q_C	kapazitive Blindleistung	W, var
Q	gesamte Blindleistung	W, var
G	Wirkleitwert	S
φ	Phasenverschiebung zwischen Strom und Spannung	Grad, rad
$\tan\delta$	Verlustfaktor	1
Q	Gütefaktor	1

F

Verlustfaktor

$$\tan\delta = \frac{I_W}{I_{bC}}$$

$$\tan\delta = \frac{1}{Q}$$

Sind in einer Schaltung nur zwei der drei Bauteile R, C und L parralel geschaltet, so ist der für das fehlende Bauteil geltende Ausdruck in den nebenstehenden Gleichungen zu streichen.

F 7.3 Resonanz (Parallel- und Reihenschwingkreis)

Für den **Reihenschwingkreis** und den **Parallelschwingkreis** gilt:

Resonanzfrequenz

$$f_0 = \frac{1}{2 \cdot \pi \cdot \sqrt{L \cdot C}}$$

Periodendauer

$$T_0 = 2 \cdot \pi \cdot \sqrt{L \cdot C}$$

maximale Schwingungsenergie

$$\hat{W} = \frac{1}{2} \cdot L \cdot \hat{i}^2 = \frac{1}{2} \cdot C \cdot \hat{u}^2$$

Blindwiderstand

$$X_{L0} = X_{C0}$$

Scheinwiderstand

$$Z_0 = R$$

Leistung

$$S_0 = P_0$$

Die **Null im Index** weist jeweils auf den **Resonanzfall** hin.

Nur für den **Reihenschwingkreis** im **Resonanzfall** gilt:

f_0	Resonanzfrequenz	s^{-1}
L	Induktivität der Spule	H
C	Kapazität des Kondensators	F
T_0	Periodendauer	s
$\hat{W}$	maximale Schwingungsenergie	J, Ws
$\hat{i}$	Scheitelwert der Stromstärke	A
$\hat{u}$	Scheitelwert der Spannung	V
X_{L0}	induktiver Resonanzblindwiderstand	Ω
X_{C0}	kapazitiver Resonanzblindwiderstand	Ω
Z_0	Scheinwiderstand bei Resonanz	Ω
R	Wirkwiderstand	Ω
S_0	Resonanzscheinleistung	W, VA
P_0	Resonanzwirkleistung	W

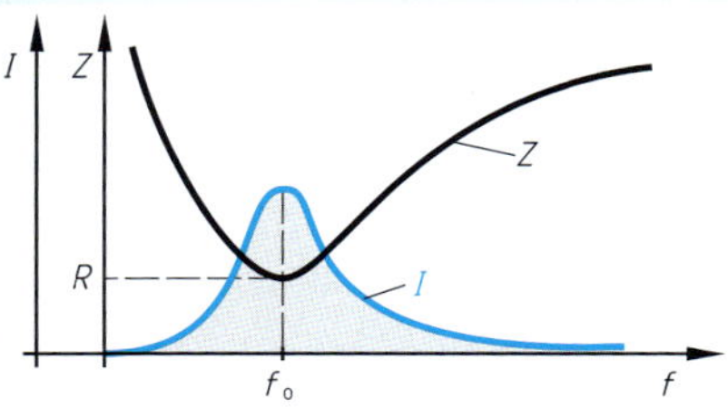

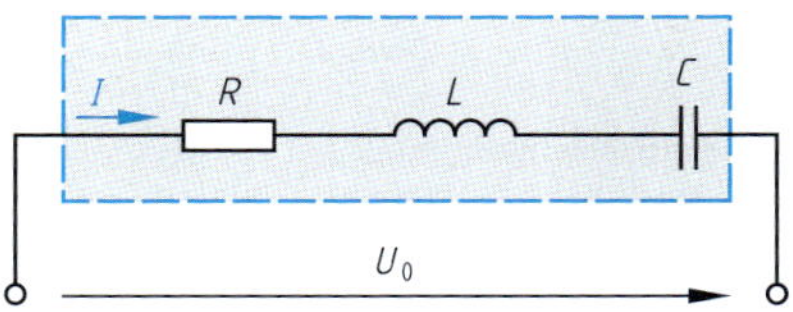

F

Blindspannung

$U_{bL0} = U_{bC0}$

Spannung

$U = U_{R0}$

Blindleistung

$Q_{L0} = Q_{C0}$

U_{bL0}	induktive Resonanzblindspannung	V
U_{bC0}	kapazitive Resonanzblindspannung	V
I_0	Resonanzstromstärke	A
L	Induktivität der Schwingkreisspule	H
C	Kapazität des Schwingkreiskondensators	F
U	Gesamtspannung	V
U_{R0}	Resonanzwirkspannung	V
Q_{L0}	induktive Resonanzblindleistung	W, var
Q_{C0}	kapazitive Resonanzblindleistung	W, var

Der **Reihenschwingkreis** hat im **Resonanzfall** den geringsten Scheinwiderstand Z und lässt bevorzugt den Wechselstrom mit der Frequenz f_0 durch.

Nur für den **Parallelschwingkreis** im **Resonanzfall** gilt:

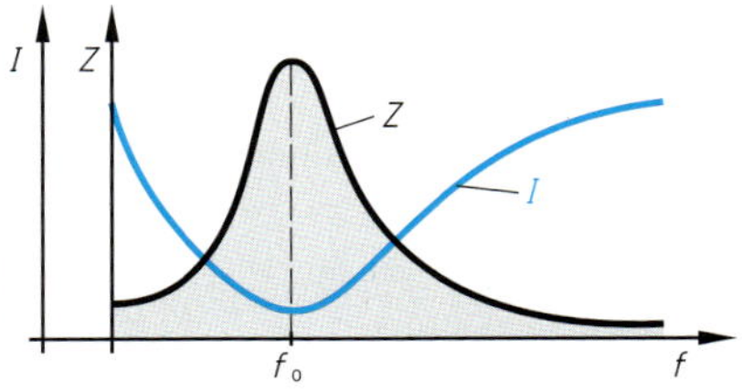

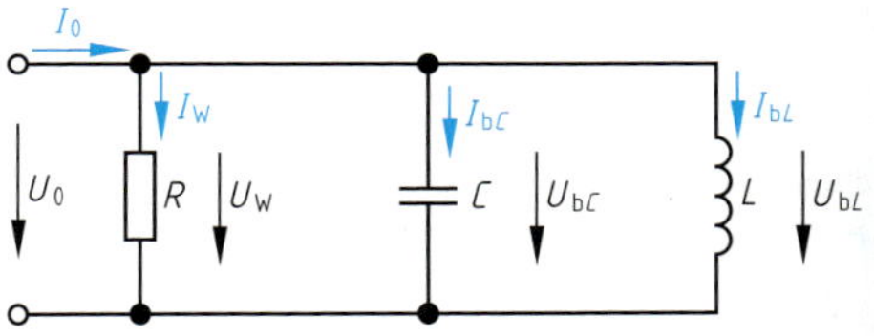

Resonanzstromstärke

$I_{bL0} = I_{bC0}$

Stromstärke

$I_0 = I_{R0}$

Blindleistung

$Q_{L0} = Q_{C0}$

I_{bL0}	induktive Resonanzstromstärke	A
I_{bC0}	kapazitive Resonanzstromstärke	A
U	Gesamtspannung	V
L	Induktivität der Schwingkreisspule	H
C	Kapazität des Schwingkreis-Kondensators	F
I_0	Gesamtstrom (Resonanzstromstärke)	A
I_{R0}	Resonanzwirkstromstärke	A
Q_{L0}	induktive Resonanzblindleistung	W, var
Q_{C0}	kapazitive Resonanzblindleistung	W, var

Der **Parallelschwingkreis** hat im **Resonanzfall** den größten Scheinwiderstand Z und durch ihn fließt dann der geringste Strom I.

F

F 7.4 Kompensation der Blindleistung

Den Vorgang, die häufig auftretende **induktive Blindleistung** Q_L durch **kapazitive Blindleistung** Q_C in ihrer Wirkung zu verringern, nennt man **Blindleistungskompensation**. Dabei ist man bestrebt, dass der **Phasenverschiebungswinkel** gegen null und damit der Leistungsfaktor $\cos\varphi$ gegen 1 geht.

Induktive Blindleistung

$$Q_L = P \cdot \tan\varphi_1$$

$$Q = P \cdot \tan\varphi_2$$

Kapazitive Blindleistung

$$Q_C = P \cdot (\tan\varphi_1 - \tan\varphi_2)$$

Blindleistung

$$Q = Q_L - Q_C$$

Kapazitive Blindleistung

$$Q_C = U \cdot I_{bC} = \frac{U^2}{X_C} = I_{bC}^2 \cdot X_C$$

Parallelkompensation

Kapazität

$$C = \frac{Q_C}{2 \cdot \pi \cdot f \cdot U^2}$$

Reihenkompensation

Kapazität

$$C = \frac{I_{bC}^2}{2 \cdot \pi \cdot f \cdot Q_C}$$

Leistungsdreieck

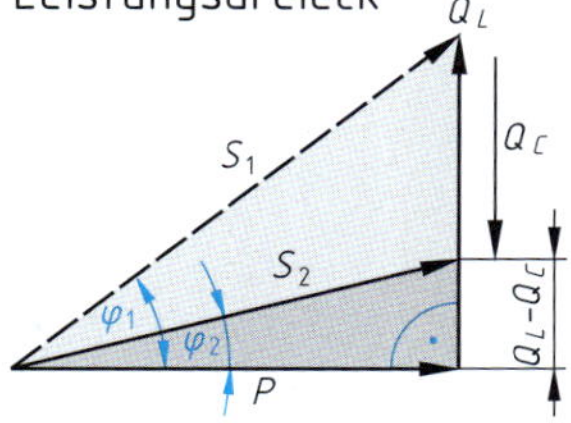

Q_L	induktive Blindleistung vor der Kompensation	W, var
P	Wirkleistung	W
φ_1	Phasenverschiebungswinkel vor der Kompensation	Grad, rad
Q	Blindleistung nach der Kompensation	W,var
φ_2	Phasenverschiebungswinkel nach der Kompensation	Grad, rad
U	Spannung	V
I_{bC}	kapazitiver Blindstrom	A
X_C	kapazitiver Blindwiderstand	
C	Kapazität des Kompensationskondensators	F
Q_C	kapazitive Blindleistung der Kompensation	W, var
f	Frequenz	s^{-1}

Parallelkompensation:

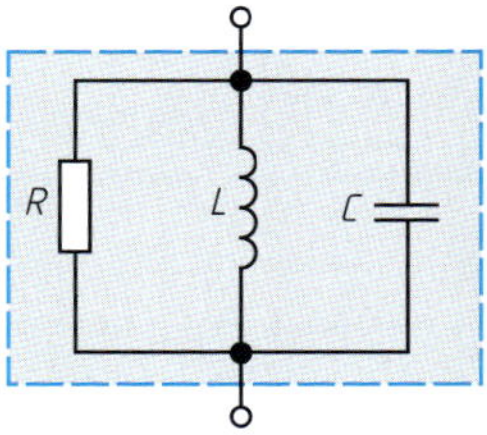

Reihenkompensation:

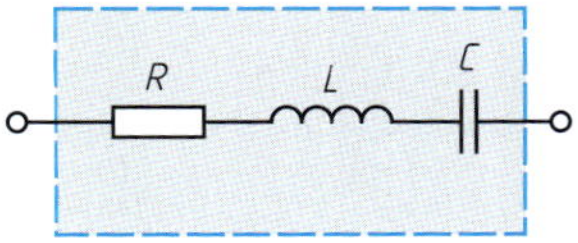

F

F 7.5 Hoch- und Tiefpässe

U_1	Eingangsspannung	V
U_2	Ausgangsspannung	V
R	Widerstand	Ω
C	Kapazität	F
L	Induktivität	H
f_G	Grenzfrequenz	s^{-1}
ω	Kreisfrequenz	s^{-1}

RL-Hochpass

$$\frac{U_2}{U_1} = \frac{1}{\sqrt{1 + \left(\frac{R}{\omega \cdot L}\right)^2}}$$

$$f_G = \frac{R}{2 \cdot \pi \cdot L}$$

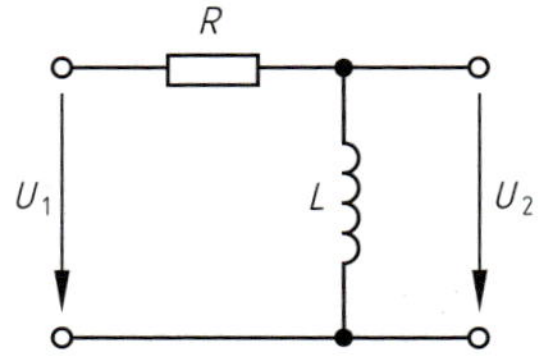

RC-Hochpass

$$\frac{U_2}{U_1} = \frac{R}{\sqrt{R^2 + \left(\frac{1}{\omega \cdot C}\right)^2}}$$

$$f_G = \frac{1}{2 \cdot \pi \cdot R \cdot C}$$

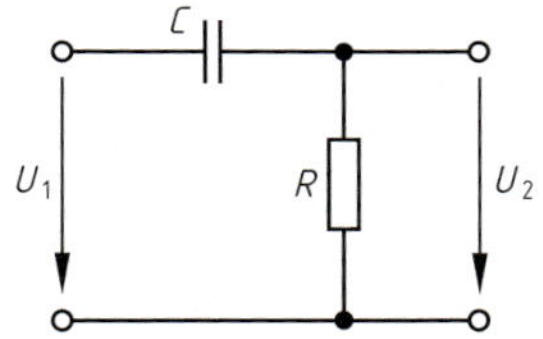

RC-Tiefpass

$$\frac{U_2}{U_1} = \frac{1}{\sqrt{1 + (\omega \cdot R \cdot C)^2}}$$

$$f_G = \frac{1}{2 \cdot \pi \cdot R \cdot C}$$

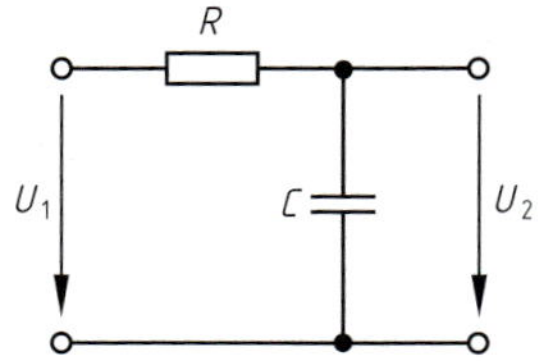

RL-Tiefpass

$$\frac{U_2}{U_1} = \frac{1}{\sqrt{1 + \left(\frac{\omega \cdot L}{R}\right)^2}}$$

$$f_G = \frac{R}{2 \cdot \pi \cdot L}$$

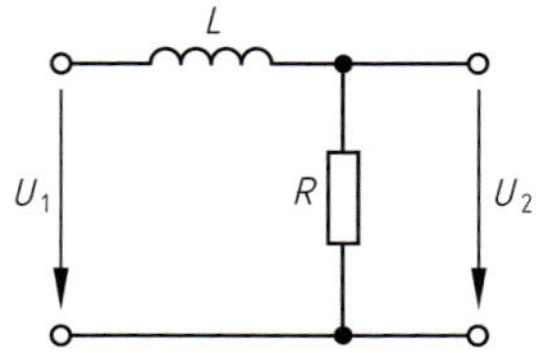

F

F 8 Dreiphasenwechselstrom (Drehstrom)

F 8.1 Sternschaltung

Allgemein gilt:

Leiterströme

$I_1 = I_{Str.1}$

$I_2 = I_{Str.2}$

$I_3 = I_{Str.3}$

Leiterspannungen

$U = U_{12} = U_{23} = U_{31}$

Nur bei symmetrischer Belastung gilt ($R_1 = R_2 = R_3$)

Neutralleiterstrom

$I_N = 0$

Strangspannung

$U_{Str.} = U_{Str.1} = U_{Str.2} = U_{Str.3}$

Leiterspannung

$U = \sqrt{3} \cdot U_{Str.}$

Bei **unsymmetrischer Belastung** kann der Neutralleiterstrom durch geometrische Addition der drei Leiterströme bestimmt werden.

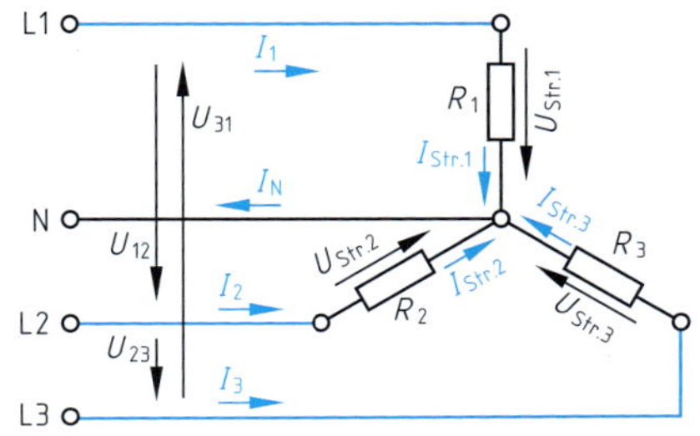

I_1, I_2, I_3	Leiterströme	A
$I_{Str.1}, I_{Str.2}, I_{Str.3}$	Strangströme	A
U	Außenleiterspannung	V
U_{12}, U_{23}, U_{31}	Leiterspannungen	V
$R_1, R_2, R_3 \ldots$	Belastungswiderstände	Ω

Symmetrischer Belastungsfall

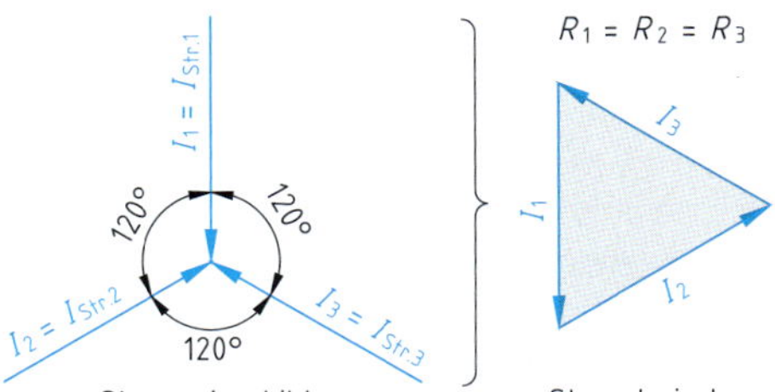

Stromzeigerbild Stromdreieck

I_N	Neutralleiterstrom	A
$U_{Str.1}, U_{Str.2}, U_{Str3}$	Strangspannungen	V
$\sqrt{3}$	Verkettungsfaktor	1

Unsymmetrischer Belastungsfall

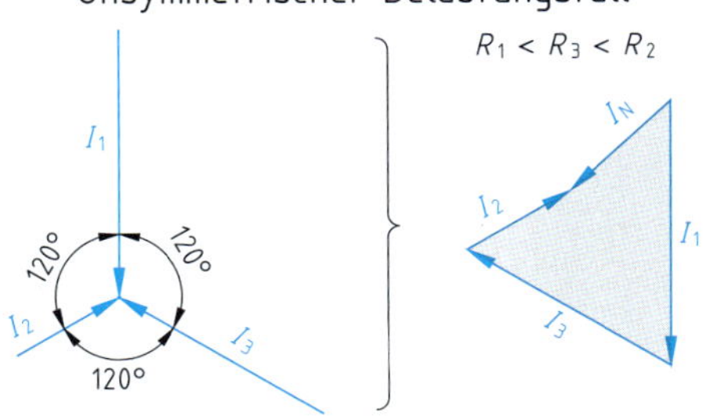

F

F 8.2 Dreieckschaltung

Allgemein gilt:

Strangspannungen

$U_{Str.1} = U_{Str.2} = U_{Str.3}$

Leiterspannung

$U = U_{12} = U_{23} = U_{31} = U_{Str.}$

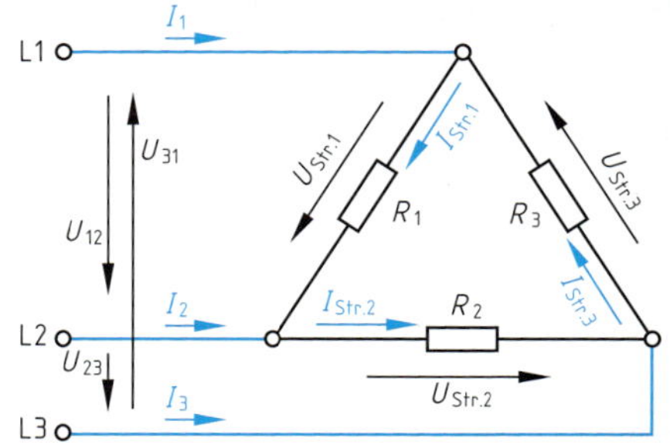

U	Leiterspannung	V
U_{12}, U_{23}, U_{31}	Leiterspannungen	V
$U_{Str.1}, U_{Str.2}, U_{Str.3}$	Strangspannungen	V

Nur bei symmetrischer Belastung gilt ($R_1 = R_2 = R_3$)

Leiterstrom

$I = \sqrt{3} \cdot I_{Str.}$

$I = I_1 = I_2 = I_3$

Strangströme

$I_{Str.} = I_{Str.1} = I_{Str.2} = I_{Str.3}$

Symmetrischer Belastungsfall

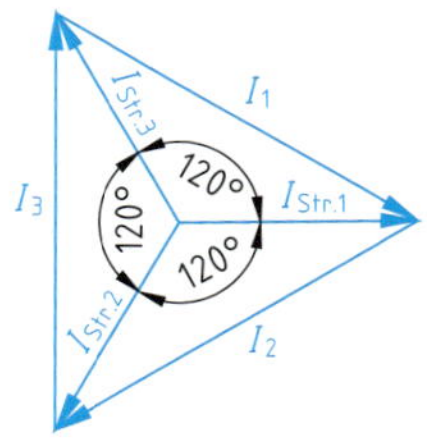

I, I_1, I_2, I_3	Leiterströme	A
$I_{Str.}, I_{Str.1}, I_{Str.2}, I_{Str.3}$	Strangströme	A
$\sqrt{3}$	Verkettungsfaktor	1

Durch geometrische Addition der Strangströme können sowohl bei der **symmetrischen Belastung** als auch bei der **unsymmetrischen Belastung** die Außenleitersröme bestimmt werden.

Unsymmetrischer Belastungsfall

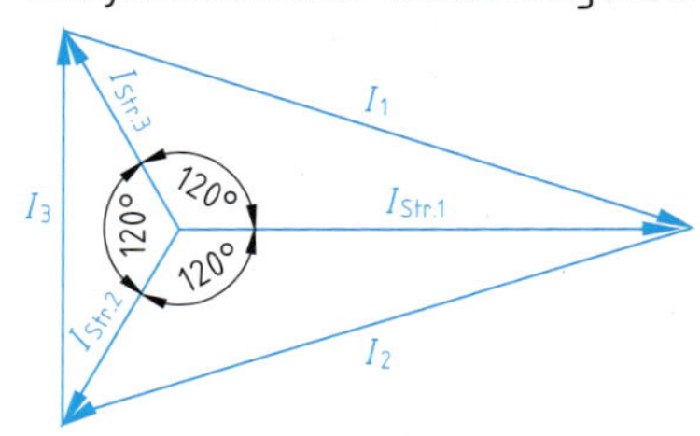

F

F 8.3 Drehstromleistung

Symmetrische Belastung

Scheinleistung

$$S = 3 \cdot U_{Str.} \cdot I_{Str.}$$

$$S = 3 \cdot S_{Str.}$$

$$S = \sqrt{3} \cdot U \cdot I$$

Wirkleistung

$$P = S \cdot \cos\varphi$$

Blindleistung

$$Q = S \cdot \sin\varphi$$

Bei gleicher Netzspannung und gleichen Widerständen fließt bei der Dreieckschaltung im Außenleiter der dreifache Strom wie bei der Sternschaltung.

S	gesamte Scheinleistung	W, VA
$U_{Str.}$	Strangspannung	V
$I_{Str.}$	Strangstrom	A
$S_{Str.}$	Scheinleistung eines Stranges	W, VA
U	Außenleiterspannung	V
I	Außenleiterstrom	A
P	gesamte Wirkleistung	W
Q	gesamte Blindleistung	W, var
φ	Phasenverschiebung zwischen U und I	Grad, rad

F 9 Leitungsberechnung

F 9.1 Unverzweigte Leitungen

F 9.1.1 Leitungen für Gleichstrom

Spannungsabfall

$$\Delta U = U_1 - U_2$$

$$\Delta U = \frac{2 \cdot I \cdot l}{\gamma \cdot A}$$

$$\Delta U = \frac{2 \cdot P \cdot l}{\gamma \cdot A \cdot U}$$

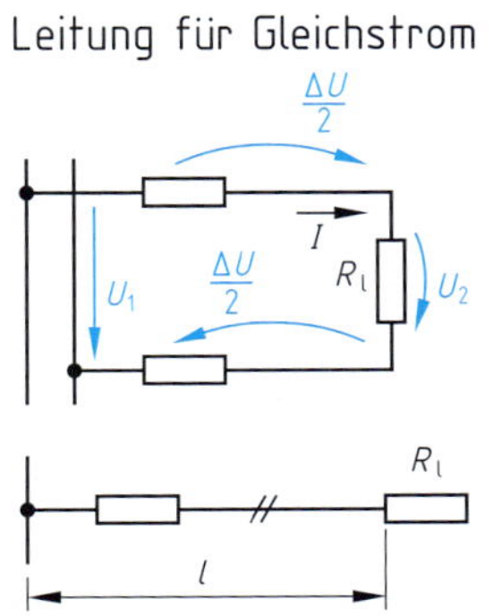

F 9.1.2 Leitungen für Wechselstrom

Spannungsabfall

$$\Delta U = \frac{2 \cdot I \cdot l \cdot \cos\varphi}{\gamma \cdot A}$$

$$\Delta U = \frac{2 \cdot P \cdot l}{\gamma \cdot A \cdot U}$$

U_1	Spannung am Leitungsanfang, Netzspannung	V
U_2	Spannung am Leitungsende, Verbraucherspannung	V
U	Netznennspannung	V
ΔU	Spannungsabfall	V
I	Leiterstrom	A
l	Leiterlänge	m
P	zu übertragende Leistung	W
A	Leiterquerschnitt	mm^2
γ	elektrische Leitfähigkeit	$m/(\Omega mm^2)$
$\cos\varphi$	Leistungsfaktor	1

F

F 9.1.3 Leitungen für Dreiphasenwechselstrom (Drehstrom)

Spannungsfall

$$\Delta U \approx U_1 - U_2$$

$$\Delta U = \frac{\sqrt{3} \cdot I \cdot l \cdot \cos\varphi}{\gamma \cdot A}$$

$$\Delta U = \frac{P \cdot l}{\gamma \cdot A \cdot U}$$

Spannungsfall in %
(für alle Stromarten)

$$\Delta u = \frac{\Delta U}{U} \cdot 100\,\%$$

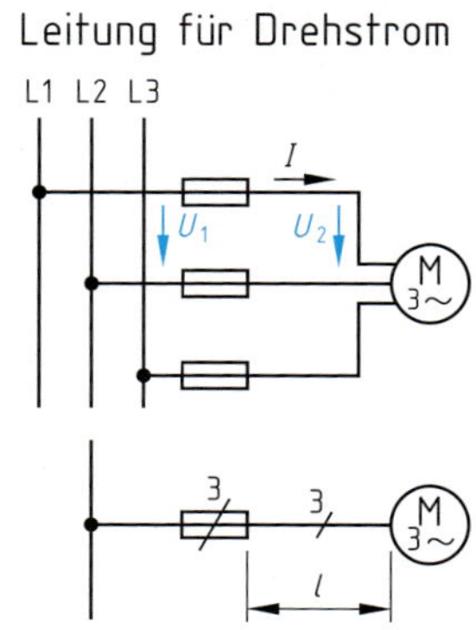

U_1	Spannung am Leitungsanfang, Netzspannung	V
U_2	Spannung am Leitungsende, Verbraucherspannung	V
U	Netznennspannung	V
ΔU	Spannungsfall	V
I	Leiterstrom	A
l	Leiterlänge	m
P	zu übertragende Leistung	W
A	Leiterquerschnitt	mm²
γ	elektrische Leitfähigkeit	m/(Ωmm²)
$\cos\varphi$	Leistungsfaktor	1
Δu	Spannungsabfall	%

F 10 Transformator

F 10.1 Übersetzungsverhältnis

$$\ddot{u} = \frac{N_1}{N_2}$$

$$\ddot{u} = \frac{U_1}{U_2}$$

$$\frac{U_1}{U_2} = \frac{N_1}{N_2}$$

$$\frac{I_1}{I_2} = \frac{U_2}{U_1}$$

$$\frac{I_1}{I_2} = \frac{N_2}{N_1}$$

$$\frac{N_1}{N_2} = \sqrt{\frac{Z_1}{Z_2}}$$

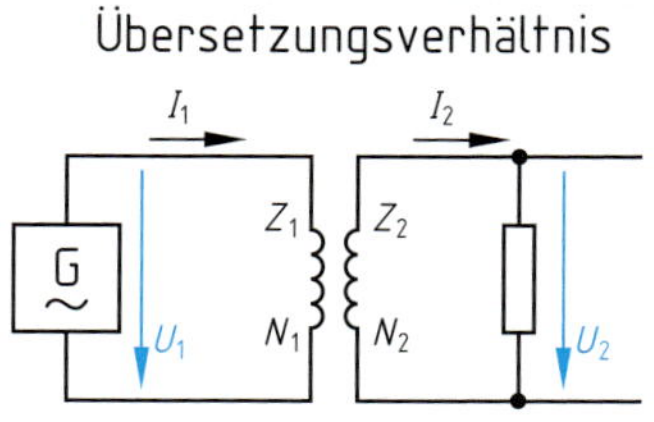

$\ddot{u}$	Übersetzungsverhältnis	1
N_1, N_2	Windungszahl der Eingangswicklung	1
U_1	Eingangsspannung	V
U_2	Ausgangsspannung	V
I_1	Eingangsstrom	A
I_2	Ausgangsstrom	A
Z_1	Scheinwiderstand an der Eingangswicklung	Ω
Z_2	Scheinwiderstand an der Ausgangswicklung	Ω

F

F 10.2 Transformator-Hauptgleichung

$$U_0 = 4{,}44 \cdot \hat{B} \cdot A_{Fe} \cdot f \cdot N$$

$$f_{Fe} = \frac{A_{Fe}}{A_k}$$

$$\frac{2 \cdot \pi}{\sqrt{2}} = 4{,}44$$

U_0	Leerlaufspannung	V
$\hat{B}$	magn. Flussdichte (Scheitelwert)	$V \cdot s/m^2$
A_{Fe}	Eisenquerschnitt	m^2
A_k	Kernquerschnitt	m^2
f	Frequenz	s^{-1}
f_{Fe}	Eisenfüllfaktor	1
N	Windungszahl	1

F 10.3 Kurzschluss-Spannung, Dauerkurzschluss-Strom und Stoßkurzschluss-Strom

$$u_k = \frac{U_k}{U_n} \cdot 100\%$$

$$I_{kd} = \frac{I_n}{u_k} \cdot 100\%$$

$$i_s \leq 2{,}54 \cdot I_{kd}$$

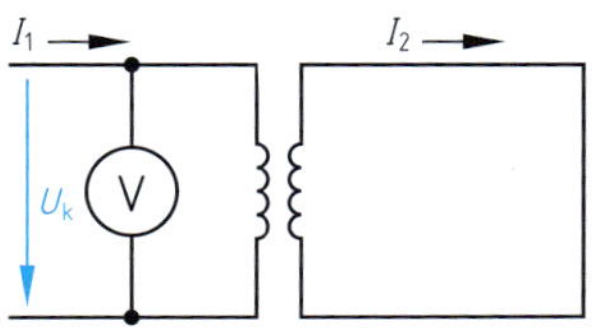

Transformator ausgangsseitig im Kurzschluss

u_k	bezogene Kurzschluss-Spannung	%
U_k	absolute Kurzschluss-Spannung	V
U_n	Transformator Nennspannung	V
I_n	Nennstrom am Ausgang	A
I_{kd}	Dauerkurzschluss-Strom (ausgangsseitig)	A
i_s	Stoßkurzschluss-Strom	A

F 10.4 Nennscheinleistung

Bei Einphasenwechselstrom:

$$S_N = U_{2N} \cdot I_{2N}$$

Bei Dreiphasenwechselstrom:

$$S_N = \sqrt{3} \cdot U_{2N} \cdot I_{2N}$$

S_N	Nennscheinleistung	VA
U_{2N}	Nennspannung der Ausgangsseite	V
I_{2N}	Nennstrom der Ausgangsseite	A

F 10.5 Spartransformator

$$S_B = S_D \cdot \frac{U_1 - U_2}{U_1}$$

für $U_1 > U_2$

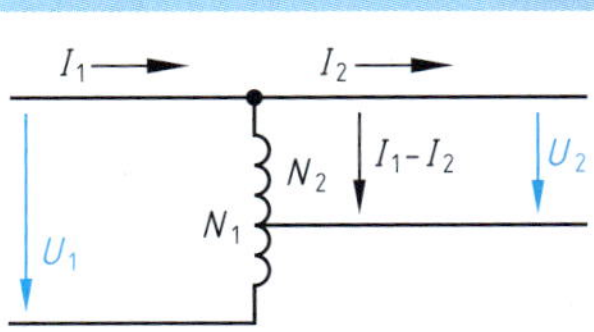

$$S_B = S_D \cdot \frac{U_2 - U_1}{U_2} \quad (\text{für } U_1 > U_2)$$

$$S_D = U_2 \cdot I_2$$

$$\frac{U_1}{U_2} \approx \frac{N_1}{N_2}$$

S_B	Bauleistung	VA, W
S_D	Durchgangsleistung	VA, W
U_1	Eingangsspannung	V
U_2	Ausgangsspannung	V
I_2	Ausgangsstrom	A
N_1, N_2	Windungszahlen	1

F 10.6 Wirkungsgrad

$$\eta = \frac{P_{ab}}{P_{zu}} = \frac{P_{ab}}{P_{ab} + P_{vFe} + P_{vCu}}$$

$$\eta = \frac{S_2 \cdot \cos\varphi_2}{S_2 \cdot \cos\varphi_2 + P_{vFe} + P_{vCu}}$$

η	Wirkungsgrad	1
P_{ab}	abgegebene Leistung	W
P_{zu}	zugeführte Leistung	W
S_2	abgegebene Scheinleistung	VA, W
$\cos\varphi_2$	Wirkleistungsfaktor der Ausgangsseite	1
P_{vFe}	Eisenverlustleistung	W
P_{vCu}	Wicklungsverlustleistung	W

F 11 Elektrische Maschinen

F 11.1 Drehfeldmaschinen

F 11.1.1 Asynchronmaschinen

Drehstrom-Asyncronmotor

$$P_{zu} \text{ bzw. } P_{ab} = \sqrt{3} \cdot U \cdot I \cdot \cos\varphi \cdot \eta = P_{zu} \cdot \eta$$

Einphasen-Wechselstrommotor

$$P_{ab} = U \cdot I \cdot \cos\varphi \cdot \eta = P_{zu} \cdot \eta$$

Drehstrom- und Wechselstrommotor

$$s = \left(1 - \frac{n}{n_s}\right) \cdot 100\,\%$$

$$f_L = \frac{f \cdot s}{100\,\%} = f \cdot \left(1 - \frac{n}{n_s}\right)$$

Drehstrom- und Wechselstromgenerator

$$s = \left(1 - \frac{n}{n_s}\right) \cdot 100\,\%$$

$$f_L = \frac{f \cdot s}{100\,\%} = f \cdot \left(1 - \frac{n}{n_s}\right)$$

P_{ab}	abgegebene (mechanische) Leistung	W
P_{zu}	zugeführte (elektrische) Leistung	W
U	Leiterspannung	V
I	Leiterstrom	A
$\cos\varphi$	Leistungsfaktor	1
n	Läuferdrehzahl	min^{-1}
n_s	Drehfelddrehzahl	min^{-1}
f	Netzfrequenz	s^{-1}
f_L	Läuferfrequenz	s^{-1}
s	Schlupf	%
η	Wirkungsgrad	1

F 11.1.2 Synchronmaschinen

Allgemein:

$$n = n_s = \frac{f}{p}$$

Synchronmotor

$$\eta = \frac{P_{ab}}{P_{zu}} = \frac{P_{mech}}{P_{el,1} + P_{el,2}}$$

$$P_{zu} = P_{el} = P_{el,1} + P_{el,2}$$

Synchrongenerator

$$\eta = \frac{P_{ab}}{P_{zu}} = \frac{P_{el,1}}{P_{mech} + P_{el,2}}$$

Synchronmaschine (Motor oder Generator) für Einphasenwechselstrom

$$P_{el,1} = U_1 \cdot I_1 \cdot \cos\varphi_1$$

Synchronmaschine (Motor oder Generator) für Dreiphasenwechselstrom

$$P_{el,1} = \sqrt{3} \cdot U_1 \cdot I_1 \cdot \cos\varphi_1$$

n	Läuferdrehzahl	s^{-1}
n_s	Drehfelddrehzahl (synchrone Drehzahl)	s^{-1}
f	Netzfrequenz	s^{-1}
p	Polpaarzahl	1
η	Wirkungsgrad, Leistungswirkungsgrad	1
P_{ab}	abgegebene (Wirk-)Leistung	W
P_{zu}	zugeführte (Wirk-)Leistung	W
P_{mech}	abgegebene (beim Motor) bzw. aufgenommene (beim Generator) mechanische Leistung	W
P_{el}	elektrische Leistung	W
$P_{el,1}$	bei Synchronmotor aufgenommene bzw. beim Generator abgegebene elektrische Wechsel- bzw. Drehstromleistung	W
$P_{el,2}$	Erregerleistung, aus dem Gleichstromnetz aufgenommene Leistung	W
U_1	Ständerspannung (Klemmenspannung)	V
I_1	Ständerstrom (Leiterstrom)	A
$\cos\varphi_1$	Leistungsfaktor	1

F 11.1.3 Schrittmotor

$$z_u = 2 \cdot p \cdot m$$

$$\alpha = \frac{360°}{2 \cdot p \cdot m} \quad \text{(bei Vollschrittbetrieb)}$$

$$n = \frac{f_{sch}}{2 \cdot p \cdot m} = \frac{f_{sch}}{z_u}$$

z_u	Schrittzahl je Umdrehung	1
p	Polpaarzahl des Läufers	1
m	Strangzahl (Phasenzahl)	1
α	Schrittwinkel	Grad
f_{sch}	Schrittfrequenz	s^{-1}
n	Umdrehungsfrequenz „Drehzahl"	s^{-1}

F 11.1.4 Zahnläufer(motor)

$$n = \frac{2 \cdot f}{z}$$

n	Umdrehungsfrequenz	s^{-1}
f	Netzfrequenz	s^{-1}
z	Zahnzahl	1

F

F 11.2 Gleichstrommaschinen

F 11.2.1 Gleichstrom-Generator

Fremderregter Generator

$$U = U_i - I \cdot (R_A + R_{wp} + R_k) - U_B$$

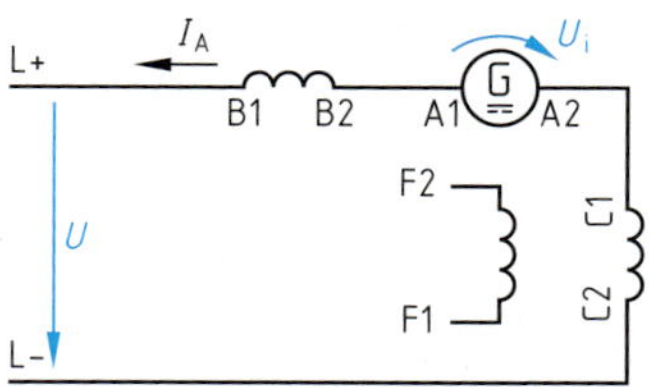

Gleichstrom-Nebenschluss-Generator

$$I = I_A - I_e$$

$$U = I_e \cdot R_e$$

$$U = U_i - U_B - I_A \cdot (R_A + R_{wp} + R_k)$$

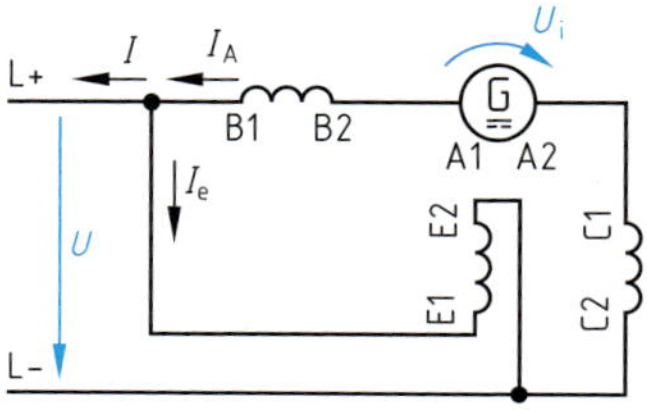

Gleichstrom-Reihenschluss-Generator

$$U = U_i - U_B - I_A \cdot (R_A + R_e + R_{wp} + R_k)$$

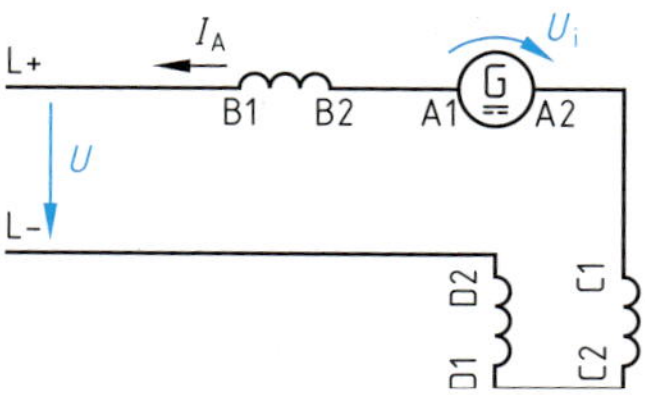

Hat die Maschine keine Wendepole bzw. keine Kompensationswicklung, ist R_{wp} bzw. $R_k = 0\ \Omega$.

U	Klemmenspannung	V
U_B	Bürstenspannung	V
U_i	induzierte Spannung	V
I	Generatorstrom	A
I_A	Ankerstrom	A
I_e	Erregerstrom	A
R_A	Ankerwiderstand	Ω
R_e	Erregerwiderstand	Ω
R_k	Widerstand der Kompensationswicklung	Ω
R_{wp}	Widerstand der Wendepolwicklung	Ω

Klemmenbezeichnung:

$A_1 - A_2$: Anker, $B_1 - B_2$: Wendepole, $C_1 - C_2$: Kompensationswicklung, $D_1 - D_2$: Reihenschlusswicklung, $E_1 - E_2$: Nebenschlusswicklung, $F_1 - F_2$: fremderregte Wicklung

F

F 11.2.2 Gleichstrom-Motor

Fremderregter Motor

$$U = I_A \cdot (R_A + R_{wp} + R_k) + U_i + U_B$$

$$R_v = \frac{U - U_B}{I_2} - R_A - R_{wp} - R_k$$

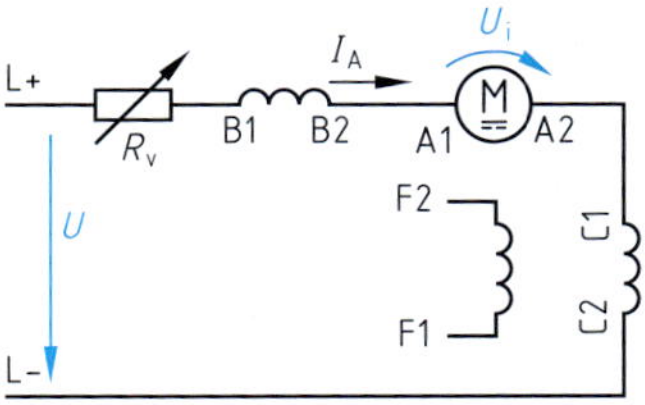

Gleichstrom-Nebenschluss-Motor

$$I = I_A + I_e$$

$$U = I_e \cdot R_e$$

$$U = I_A \cdot (R_A + R_{wp} + R_k) + U_i + U_B$$

$$R_v = \frac{U - U_B}{I_2 - I_e} - R_A - R_{wp} - R_k$$

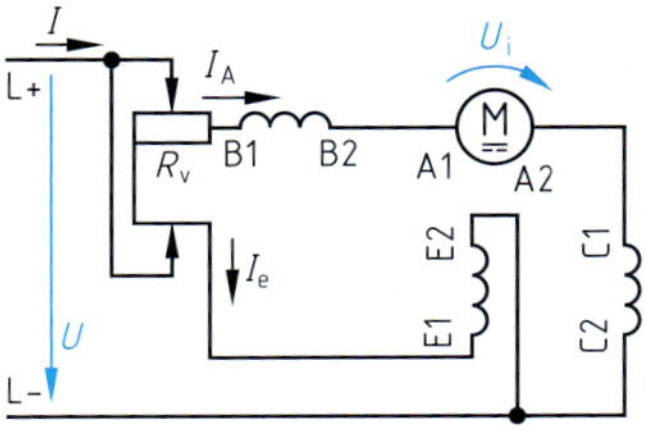

Gleichstrom-Reihen-Motor

$$U = I_A \cdot (R_A + R_{wp} + R_k) + U_i + U_B$$

$$R_v = \frac{U - U_B}{I_2} - R_A - R_{wp} - R_k$$

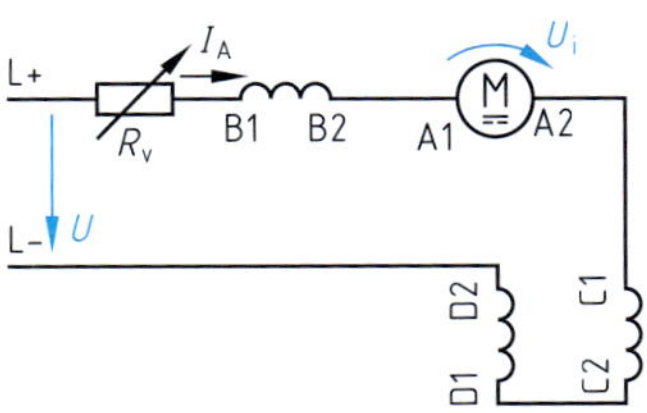

Hat die Maschine keine Wendepole bzw. keine Kompensationswicklung, ist R_{wp} bzw. $R_k = 0\ \Omega$.

U	Klemmenspannung	V
U_B	Bürstenspannung	V
U_i	induzierte Gegenspannung	V
I	Netzstrom	A
I_A	Ankerstrom	A
I_e	Erregerstrom	A
I_2	Anlass-Spitzenstrom	A
R_A	Ankerwiderstand	Ω
R_k	Widerstand der Kompensationswicklung	Ω
R_{wp}	Widerstand der Wendepolwicklung	Ω
R_v	Anlasswiderstand	Ω

Klemmenbezeichnung:

$A_1 - A_2$: Anker, $B_1 - B_2$: Wendepole, $C_1 - C_2$: Kompensationswicklung, $D_1 - D_2$: Reihenschlusswicklung, $E_1 - E_2$: Nebenschlusswicklung, $F_1 - F_2$: fremderregte Wicklung

G Elektronik/Automatisierungstechnik/IT

G 1 Halbleiter

G 1.1 Halbleiterdioden

G 1.1.1 Kennlinie

$R_F = \frac{U_F}{I_F}$

$r_F = \frac{\Delta U_F}{\Delta I_F}$

$R_R = \frac{U_R}{I_R}$

$r_R = \frac{\Delta U_R}{\Delta I_R}$

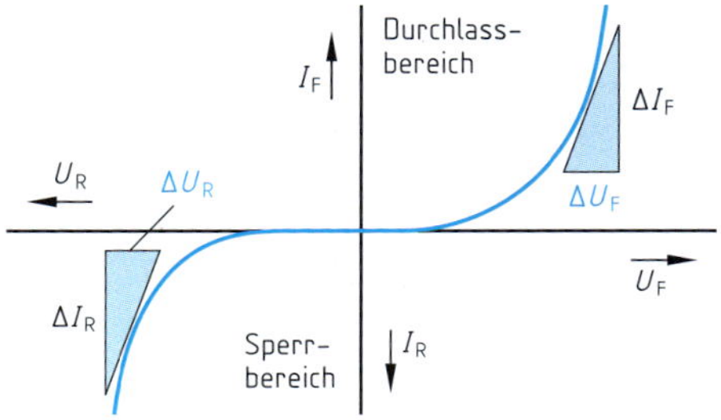

U_F	Durchlassspannung	V
U_R	Sperrspannung	V
I_F	Durchlassstrom	A
I_R	Sperrstrom	A
R_F	statischer Durchlasswiderstand	Ω
R_R	statischer Sperrwiderstand	Ω
r_R	differenzieller Durchlass-widerstand	Ω
r_R	differenzieller Sperrwiderstand	Ω

G 1.1.2 Diodenschaltung

$R_V = \frac{U_1 - U_F}{I_F}$

$P_{tot} = I_{Fmax} \cdot U_{Fmax}$

$R_{vmin} = \frac{U_a - U_{Fmax}}{I_{Fmax}}$

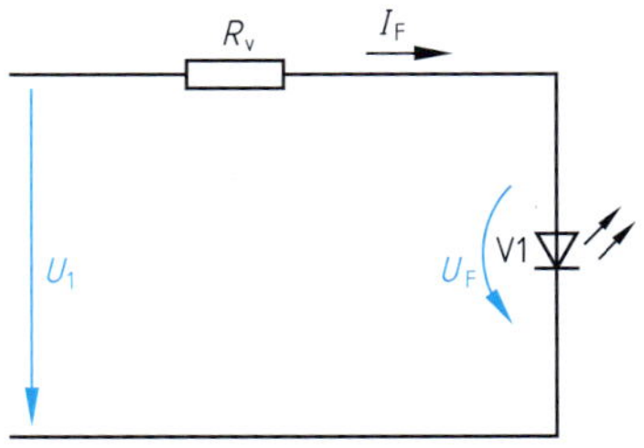

U_1	Anschlussspannung	V
U_F	Durchlassspannung	V
I_F	Durchlassstrom	A
I_R	Sperrstrom	A
R_v	Vorwiderstand	Ω
P_{tot}	max. zul. Verlustleistung	W

G

G 1.2 Bipolarer Transistor

G 1.2.1 Gleichstromgrößen in Emitterschaltung

$U_{CE} = U_{CB} + U_{BE}$

$I_E = I_C + I_B$

$P_v = U_{CE} \cdot I_C$

$P_v < P_{tot}$

$B = \frac{I_C}{I_B}$

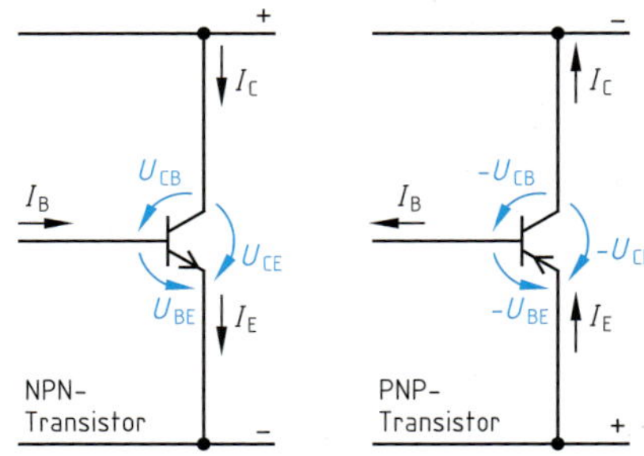

U_{CE}	Kollektor-Emitter-Spannung	V
U_{BE}	Basis-Emitter-Spannung	V
U_{CB}	Basis-Kollektor-Spannung	V
I_C	Kollektorstrom	A
I_E	Emitterstrom	A
I_B	Basisstrom	A
P_{tot}	max. zul. Verlustleistung	W
P_v	Verlustleistung	W
B	Gleichstromverhältnis	1

G 1.2.2 Arbeitspunkteinstellung durch Basisvorwiderstand

$U_{Rv} = U_b - U_{BE}$

$U_{Rv} = I_B \cdot R_v$

$R_v = \frac{U_b - U_{BE}}{I_B}$

$R_v = \frac{(U_b - U_{BE}) \cdot B}{I_C}$

$R_C = \frac{U_b - U_{CE}}{I_C}$

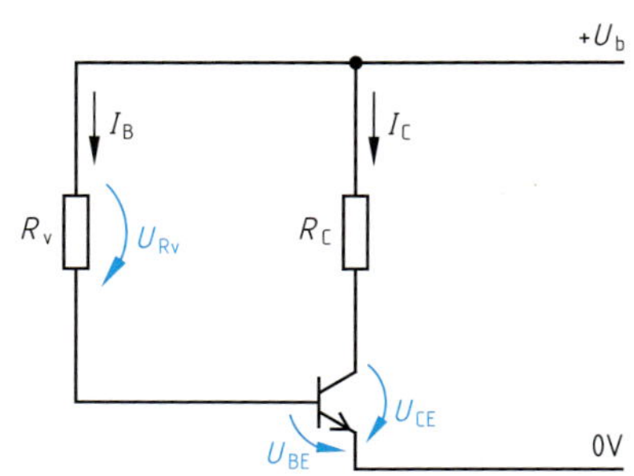

U_{Rv}	Spannung am Basis-Vorwiderstand	V
U_b	Betriebsspannung	V
U_{BE}	Basis-Emitter-Spannung	V
I_B	Basisstrom	A
I_C	Kollektorstrom	A
R_C	Kollektorwiderstand	Ω
R_v	Basisvorwiderstand	Ω
B	Gleichstromverhältnis	1

G

G 1.2.3 Arbeitspunkteinstellung durch Basisspannungsteiler

$$R_2 = \frac{U_{R2}}{I_q}$$

$$q = \frac{I_q}{I_B}$$

$$R_E = \frac{R_C}{m}$$

$$R_E \approx \frac{U_{RE}}{I_C}$$

$$R_1 = \frac{U_b - U_{R2}}{I_B + I_q}$$

$$R_C = \frac{U_b - U_{CE} - U_{RE}}{I_C}$$

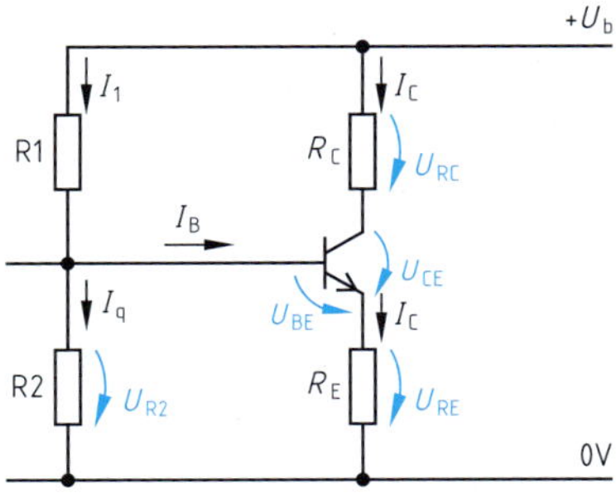

I_B	Basisstrom	A
I_C	Kollektorstrom	A
I_q	Querstrom	A
q	Querstromverhältnis (q = 3 bis 10)	1
R_C	Kollektorwiderstand	Ω
R_1, R_2	Basisspannungsteiler-Widerstände	Ω
U_b	Betriebsspannung	V
U_{RE}	Spannung an R_E	V
U_{R2}	Spannung an R_2	V
m	Widerstandsverhältnis (m = 5 bis 10)	1

G 2 Halbleiterschaltungen

G 2.1 Transistor als Schalter

$$I_C = \frac{U_b - U_{CEsat}}{R_L}$$

$$I_{Bmin} = \frac{I_C}{B_{min}}$$

$$I_B = ü \cdot I_{Bmin}$$

$$I_B = \frac{ü \cdot I_C}{B_{min}}$$

$$R_v = \frac{(U_1 - U_{BEsat}) \cdot B_{min}}{ü \cdot I_C}$$

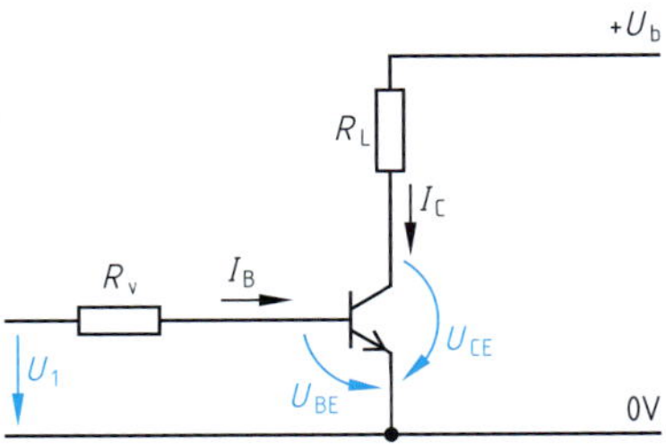

I_C	Kollektorstrom	A
I_B	Basisstrom	A
I_{Bmin}	minimaler Basisstrom	A
U_b	Betriebsspannung	V
U_1	Eingangsspannung	V
U_{BEsat}	Basis-Emitter-Sättigungs-spannung	V
U_{CEsat}	Kollektor-Emitter-Sättigungs-spannung	V
$ü$	Übersteuerungsfaktor (2 … 5)	1
R_v	Basisvorwiderstand	Ω
R_L	Lastwiderstand	Ω
B_{min}	minimale Stromverstärkung	1

G

G 2.2 Kippschaltungen

G 2.2.1 Astabile Kippschaltung

$t_p = 0{,}69 \cdot R_1 \cdot C_1$ (wenn $U_b \gg U_{BE}$)

$t_i = 0{,}69 \cdot R_2 \cdot C_2$ (wenn $U_b \gg U_{BE}$)

$T = t_p + t_i$

$g = \frac{t_i}{T}$

$$f = \frac{1}{0{,}69 \cdot (R_1 \cdot C_1 + R_2 \cdot C_2)}$$

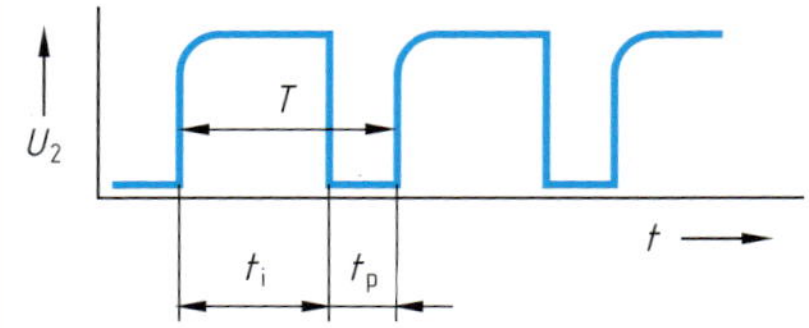

t_p	Pausenzeit	s
t_i	Impulszeit	s
R_1, R_2	Basisvorwiderstände	Ω
C_1, C_2	Kapazität der Rückkopplungskondensatoren	F
T	Taktdauer	s
g	Tastgrad	s
f	Taktfrequenz	Hz

G 2.2.2 Monostabile Kippschaltung

$t_i = 0{,}69 \cdot R_2 \cdot C_2$

$t_p \geq 5 \cdot R_3 \cdot C_2$

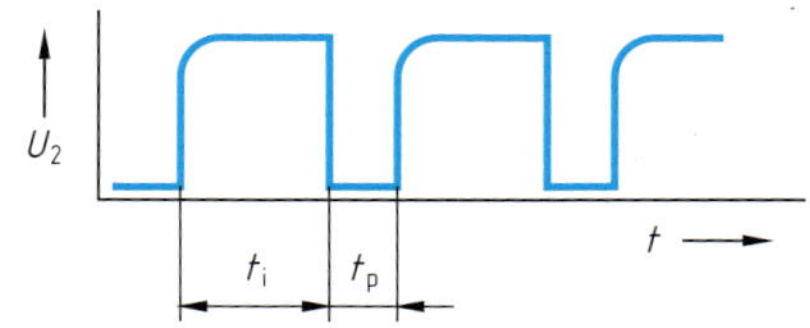

t_i	Impulszeit	s
t_p	Pausenzeit	s
R_2	Lastwiderstand für Impulszeit	Ω
R_3	Lastwiderstand für Pausenzeit	Ω
C_2	Kapazität des Ladekondensators	F

G 2.2.3 Schmitt-Trigger

$U_{1e} = I_{C2} \cdot R_E + U_{BE1}$

$U_{1a} = I_{C1} \cdot R_E + U_{BE1}$

$\Delta U_1 = U_{1e} - U_{1a}$

$(\Delta U_1 = (I_{C2} - I_{C1}) \cdot R_E)$

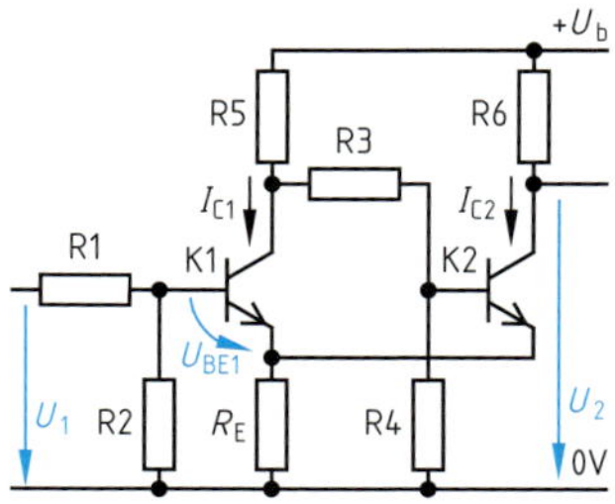

U_{1e}	Einschaltspannung	V
U_{1a}	Ausschaltspannung	V
ΔU_1	Schaltdifferenz (Hysterese)	V
U_{BE1}	Basis-Emitter-Spannung des Transistors V1	V
I_{C1}	Kollektorstrom des Transistors V1	A
I_{C2}	Kollektorstrom des Transistors V2	A
R_E	Emitterwiderstand	Ω

G

G 2.3 Gleichrichterschaltungen

G 2.3.1 Einwegschaltung E1

$$\frac{U_{di}}{U_a} = 0{,}45$$

$$\frac{P_T}{P_d} = 3{,}1$$

$$\frac{I_Z}{I_d} = 1$$

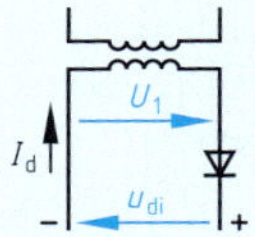

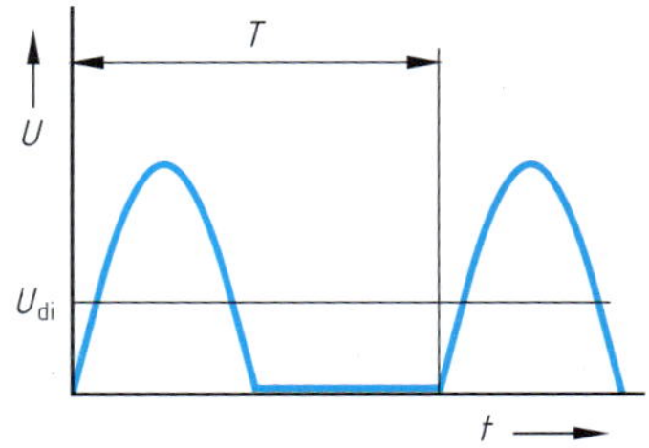

U_{di}	ideelle Leerlauf-Gleichspannung	V
U_a, U_1	Anschlussspannung	V
P_T	Transformator-Bauleistung	W, VA
P_d	Gleichstromleistung	W
I_Z	Stromstärke im Zweig	A
I_d	Lastgleichstrom	A

G 2.3.2 Zweipuls-Mittelpunktschaltung M2

$$\frac{U_{di}}{U_a} = 0{,}45$$

$$\frac{P_T}{P_d} = 1{,}5$$

$$\frac{I_Z}{I_d} = \frac{1}{2}$$

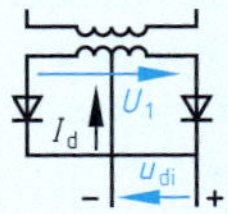

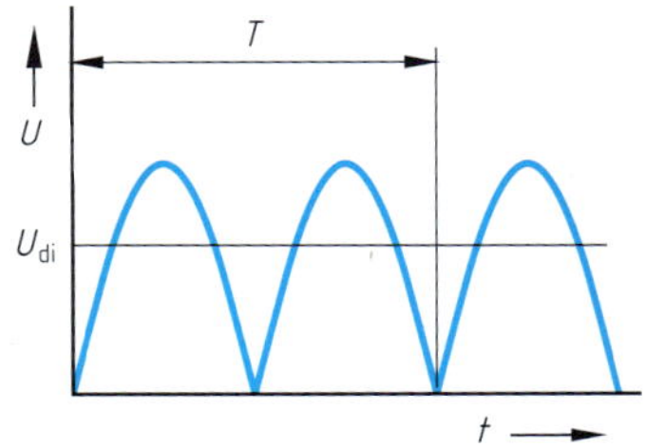

U_{di}	ideelle Leerlauf-Gleichspannung	V
U_a, U_1	Anschlussspannung	V
P_T	Transformator-Bauleistung	W, VA
P_d	Gleichstromleistung	W
I_Z	Stromstärke im Zweig	A
I_d	Lastgleichstrom	A

G 2.3.3 Dreipuls-Mittelpunktschaltung M3

$$\frac{U_{di}}{U_a} = 0{,}676$$

$$\frac{P_T}{P_d} = 1{,}5$$

$$\frac{I_Z}{I_d} = \frac{1}{3}$$

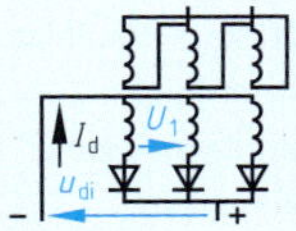

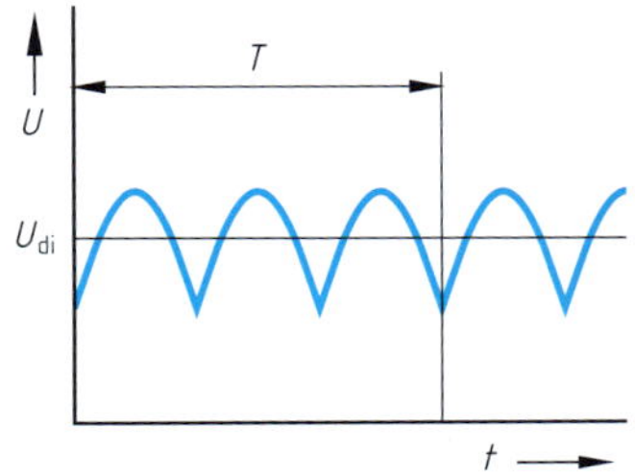

U_{di}	ideelle Leerlauf-Gleichspannung	V
U_a, U_1	Anschlussspannung	V
P_T	Transformator-Bauleistung	W, VA
P_d	Gleichstromleistung	W
I_Z	Stromstärke im Zweig	A
I_d	Lastgleichstrom	A

G

G 2.3.4 Doppel-Dreipuls-Mittelpunktschaltung M3.2

$$\frac{U_{di}}{U_a} = 0{,}68$$

$$\frac{P_T}{P_d} = 1{,}3$$

$$\frac{I_Z}{I_d} = \frac{1}{6}$$

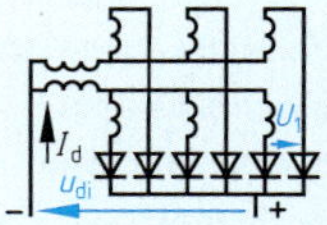

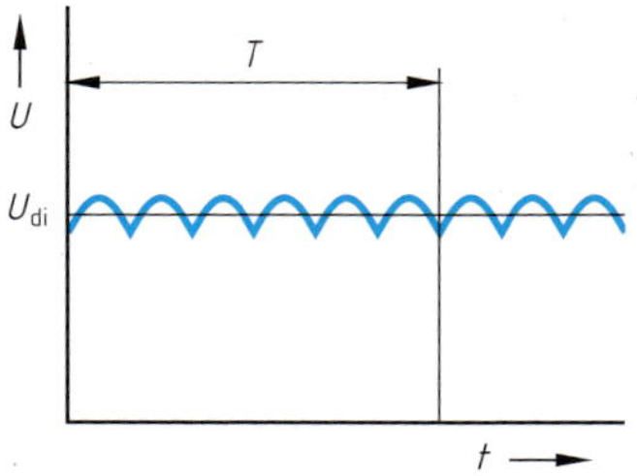

U_{di}	ideelle Leerlauf-Gleichspannung	V
U_a, U_1	Anschlussspannung	V
P_T	Transformator-Bauleistung	W, VA
P_d	Gleichstromleistung	W
I_Z	Stromstärke im Zweig	A
I_d	Lastgleichstrom	A

G 2.3.5 Zweipuls-Brückenschaltung B2

$$\frac{U_{di}}{U_a} = 0{,}9$$

$$\frac{P_T}{P_d} = 1{,}23$$

$$\frac{I_Z}{I_d} = \frac{1}{2}$$

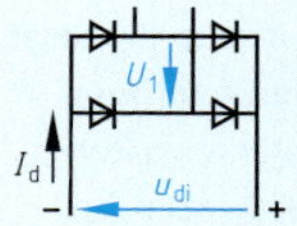

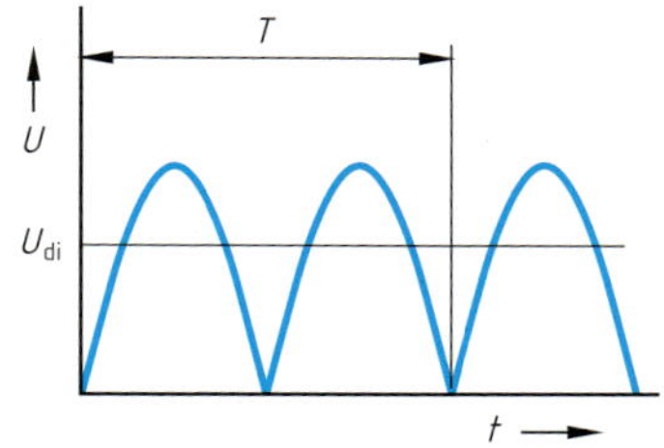

U_{di}	ideelle Leerlauf-Gleichspannung	V
U_a, U_1	Anschlussspannung	V
P_T	Transformator-Bauleistung	W, VA
P_d	Gleichstromleistung	W
I_Z	Stromstärke im Zweig	A
I_d	Lastgleichstrom	A

G 2.3.6 Sechspuls-Brückenschaltung B6

$$\frac{U_{di}}{U_a} = 1{,}35$$

$$\frac{P_T}{P_d} = 1{,}1$$

$$\frac{I_Z}{I_d} = \frac{1}{3}$$

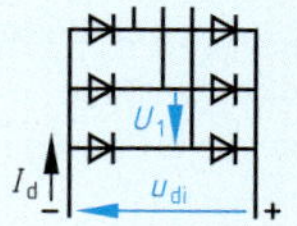

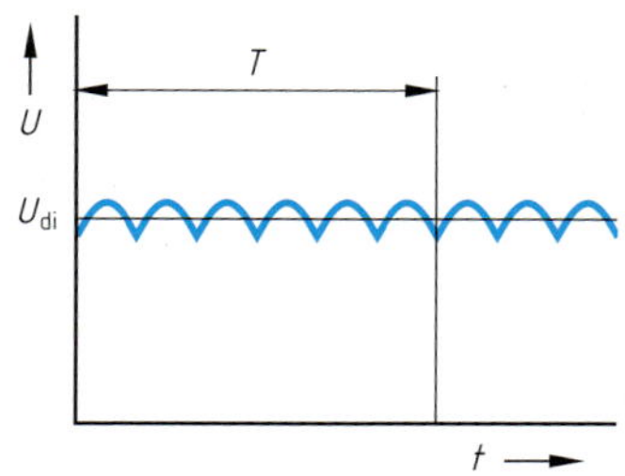

U_{di}	ideelle Leerlauf-Gleichspannung	V
U_a, U_1	Anschlussspannung	V
P_T	Transformator-Bauleistung	W, VA
P_d	Gleichstromleistung	W
I_Z	Stromstärke im Zweig	A
I_d	Lastgleichstrom	A

G 2.4 Glättung und Siebung

G 2.4.1 Glättung einer gleichgerichteten Spannung

$$U_p = \frac{\hat{u}_p}{2 \cdot \sqrt{3}}$$

$$\hat{u}_p = \frac{0{,}75 \cdot I_d}{f_p \cdot C_G} \quad C_G = \frac{0{,}75 \cdot I_d}{f_p \cdot \hat{u}}$$

$$f_p = f \cdot z_p$$

$$T_p = \frac{1}{f_p}$$

U_p	Brummspannung (Effektivwert)	V
$\hat{u}_p$	Brummspannung (Spitze-Tal-Wert)	V
I_d	Lastgleichstrom	A
C_G	Glättungskapazität	µF
f	Netzfrequenz	$Hz = s^{-1}$
f_p	Brummfrequenz (Pulsfrequenz)	$Hz = s^{-1}$
z_p	Pulszahl je Periode	1
T_p	Periodendauer von U_p	s

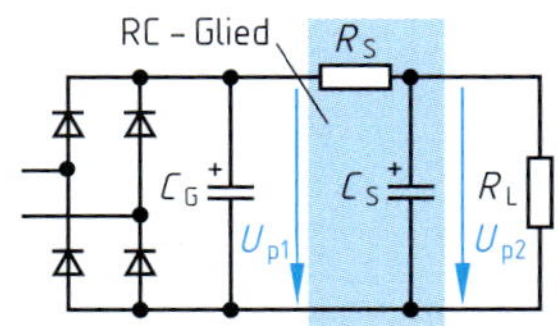

G 2.4.2 Siebschaltungen

$$f_p = f \cdot z_p$$

$$\omega_p = 2 \cdot \pi \cdot f_p$$

f	Frequenz	$Hz = s^{-1}$
f_p	Pulsfrequenz	$Hz = s^{-1}$
z_p	Pulszahl je Periode	1
ω_p	Pulskreisfrequenz	rad/s

RC-Siebung

$$s = \frac{U_{p1}}{U_{p2}}$$

$$s = \sqrt{R_s^2 \cdot \omega_p^2 \cdot C_s^2 + 1}$$

$$s \approx \omega_p \cdot R_s \cdot C_s$$

s	Siebfaktor	1
U_{p1}	Brummspannung an C_G	V
U_{p2}	Brummspannung an C_s	V
ω_p	Pulskreisfrequenz	rad/s
R_s	Siebwiderstand	Ω
C_s	Kapazität des Siebkondensators	F = s/Ω
f_p	Pulsfrequenz	$Hz = s^{-1}$

LC-Siebung

$$s = \frac{U_{p1}}{U_{p2}}$$

$$s \approx \omega_p^2 \cdot L_s \cdot C_s$$

s	Siebfaktor	1
U_{p1}	Brummspannung an C_G	V
U_{p2}	Brummspannung an C_s	V
ω_p	Pulskreisfrequenz	rad/s
L_s	Siebinduktivität	H = Ω · s
C_s	Kapazität des Siebkondensators	F = s/Ω
f_p	Pulsfrequenz	$Hz = s^{-1}$

G 2.5 Spannungsstabilisierung

G 2.5.1 Spannungsstabilisierung mit Z-Diode

$$P_{tot} = U_Z \cdot I_{Zmax}$$

$$R_{vmax} = \frac{U_{1min} - U_Z}{I_{Zmin} + I_{Lmax}}$$

$$R_{vmin} = \frac{U_{1max} - U_Z}{I_{Zmax} + I_{Lmin}}$$

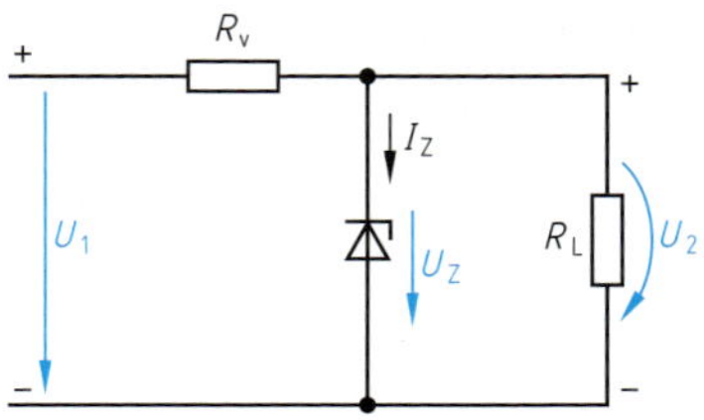

P_{tot}	Verlustleistung	W
U_1	Eingangsspannung	V
U_Z	Ausgangsspannung (Z-Spannung)	V
I_Z	Z-Strom	A
R_v	Vorwiderstand	Ω

G 2.5.2 Spannungsstabilisierung mit Reihentransistor

$$U_2 = U_Z - U_{BE}$$

$$I_L = B \cdot I_B$$

$$R_{Lmin} = \frac{U_2}{I_{Cmax}}$$

$$R_v = \frac{U_1 - U_Z}{I_Z + I_B}$$

$$P_V = U_{CE} \cdot I_C$$

$$U_{1max} = R_v \cdot (I_{Zmax} + I_{Bmax}) + U_Z$$

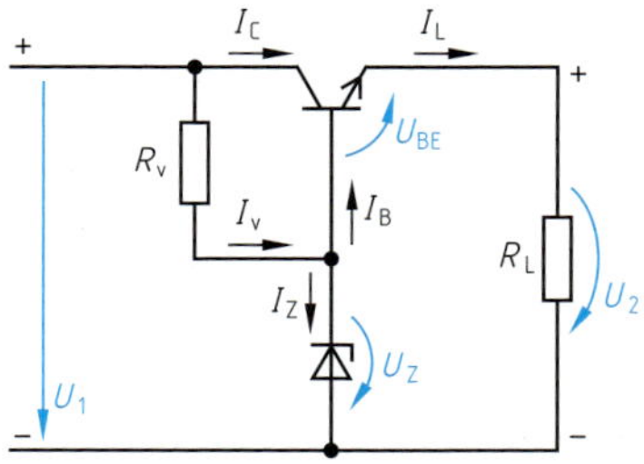

U_1	Eingangsspannung	V
U_2	Ausgangsspannung	V
U_{BE}	Basis-Emitter-Spannung	V
U_{CE}	Kollektor-Emitter-Spannung	V
U_Z	Z-Spannung	V
I_C	Kollektorstrom	A
I_L	Laststrom	A
I_Z	Z-Strom	A
I_B	Basisstrom	A
R_v	Vorwiderstand	Ω
R_L	Lastwiderstand	Ω
B	Stromverstärkungsfaktor	1
P_V	Verlustleistung	W

G

G 3 Messtechnik

G 3.1 Messbereichserweiterung von elektrischen Messinstrumenten

G 3.1.1 Spannungsmesser

$$R_v = \frac{U_v}{I_m}$$

$$R_v = \frac{U - U_m}{I_m}$$

$$n = \frac{U}{U_m}$$

$$R_v = R_m \cdot (n - 1)$$

$$r_k = \frac{R_m}{U_m}$$

$$r_k = \frac{1}{I_m}$$

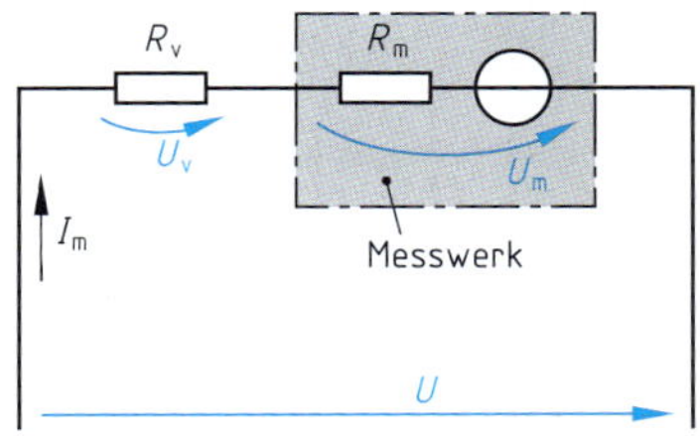

R_v	Vorwiderstand	Ω
R_m	Messwerkwiderstand	Ω
U	zu messende Spannung	V
U_m	Messwerkspannung (Spannung bei Vollausschlag)	V
U_v	Spannung am Vorwiderstand	V
I_m	Messwerkstrom	A
n	Faktor der Messbereichs-erweiterung	1
r_k	Kenngröße	Ω/V

G 3.1.2 Strommesser

$$R_p = \frac{U}{I_p}$$

$$R_p = \frac{U}{I - I_m}$$

$$R_p = \frac{R_m}{n - 1}$$

$$n = \frac{I}{I_m}$$

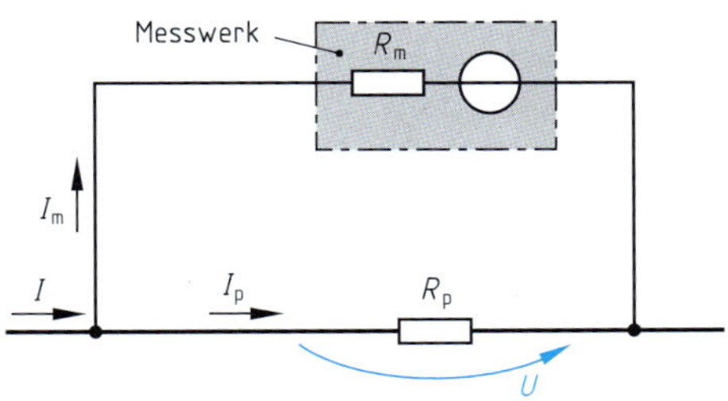

I	zu messende Stromstärke	A
I_m	Messwerkstrom (Strom bei Vollausschlag)	A
I_p	Strom im Nebenwiderstand (Parallelwiderstand R_p)	A
R_m	Messwerkwiderstand	Ω
R_p	Nebenwiderstand (Parallelwiderstand)	Ω
U	Spannung am Messwerk	V
n	Faktor der Messbereichs-erweiterung	1

G

G 3.2 PC als virtuelles Messgerät

Steckkarte für PC (Datenerfassungskarte)

Das analoge konditionierte Signal wird durch einen AD-Umsetzer digitalisiert.

Umsetzung des Signals z.B. in Bitfolgen.

Karte mit analogen Eingängen und digitalen Ausgängen

Die Wortbreite jedes Kanals beträgt 8 bit bis 32 bit, die Abtastrate bis 100 MS/s (S = Samples = Abtastungen).

Karte mit bis 64 Analogeingängen, die z.B. über einen Multiplexer und AD-Umsetzer an die 48 Ausgänge gelegt werden.

Auflösung

$$A = 2^n$$

Anzahl der Abschnitte, in die der Mess-Bereich unterteilt wird.

A	Auflösung	1
n	Anzahl der Bits	1

Auflösung in Bits

Z.B. bei einer 12-Bit-Karte ist die Auflösung 12 bit.

Gleichbedeutend mit der Bitzahl der Karte.

Auflösung in Volt

$$A_V = \frac{B_M}{2^n}$$

Messbereich geteilt durch Auflösung. Bei einer 8-Bit-Karte mit dem Messbereich
–5V bis +5V ist $A_V = B_M/2^n = 10V/2^8 = 39mV$

Eingangsgenauigkeit, Genauigkeit, Messgenauigkeit, absoluter Messfehler

Bei Angabe in % + LSB:

$$F = B_M \cdot (f/100 + 1/2^n)$$

Bei Angabe in Bits:

$$F = 2 \cdot (B_M/2^n)$$

Bei Angabe in FSR:

$$F = B_M \cdot f/100$$

A_V	Auflösung in Volt	V
B_M	Messbereich	V
n	Anzahl der Bits	1
F	absoluter Messfehler	V
f	relativer Messfehler	%

Angaben sind nicht einheitlich. Möglich ist die Angabe in % + LSB, z.B. 0,24% + 1 LSB, oder in Bits, z.B. –2Bits, oder FSR (Full Scale Range = gesamter Messbereich), z.B. +0,048%. Alle diese Beispiele geben dieselbe Genauigkeit an.

G

G 3.3 Messen mit dem Zweikanal-Speicher-Oszilloskop

Mit dem **Zweikanal-Speicher-Oszilloskop** ist es möglich, zwei analoge Signale digital zu speichern und wieder auf einem Schirm sichtbar zu machen. Das Bild zeigt das Frontpaneel eines solchen Oszilloskop.

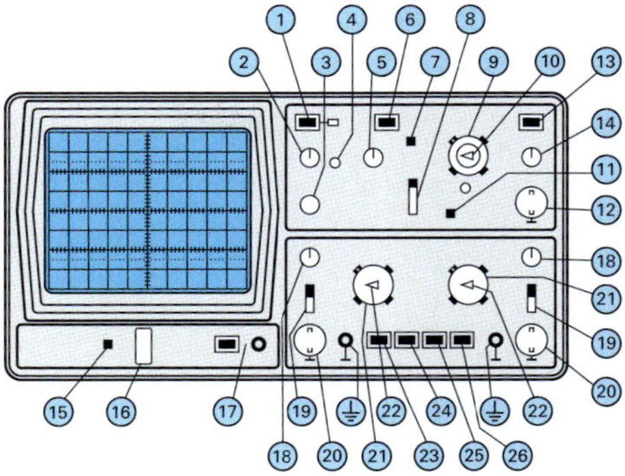

1	Power on/off	Drucktaste und LED-Anzeige	14	LEVEL	Einstellung des Triggerpunktes bei gedrückter Taste 13
2	INTENS.	Helligkeitseinstellung für den Kathodenstrahl	15	X-MAG.x10	Dehnung der X-Achse um den Faktor 10, max. Zeitauflösung.
3	Focus	Schärfeeinstellung für den Kathodenstrahl	16	CALIBRATOR 0,2V-2V	Zum Tastkopfabgleich liegt ein Signal mit einer Frequenz von 1kHz oder 1MHz vor.
4	TR	Trimmpotenziometer	17	COMPONENT-TESTER	Die zu prüfende Bauteile werden zwischen Testbuchse und Massenbuchse angeschlossen.
5	X-Position	Strahlverschiebung, horizontal	18	Y-POS. I, II	Einstellung der vertikalen Position des Strahls für CH I oder CH II.
6	X-Y	Abschaltung interne Zeitablenkung (gedrückte Taste), externe Zeitablenkung erfolgt über CH II-Eingang	19	CH, I, II	Einstellung mit Schiebeschalter für Kanal I oder II (CH I oder CH II).
7	SLOPE	Anstieg des Triggersignals	20	CH, I, II	BNC-Buchsen mit getrennten Massebuchsen
8	TRIG. (LED-Anzeige)	Anzeige leuchtet, wenn Zeitbasis getriggert wird.	21	Y-Eingangsteiler	Drehknopfschalter (12-stufig) für Ablenkkoeffizienten von 1 mV/div bis 5 V/div, CH I bzw. CH II
9	TIME/DIV	Zeit je Teileinheit, von 0,5 µs/cm bis 200 ms/cm	22	Variable Y-Verstärkung	Signalverstärkung für CH I bzw. CH II
10	Variable Zeitbasis	Feineinstellung der Zeitbasis	23	INV. I	Bei gedrückter Taste wird die Polarität von CH I umgedreht.
11	EXT.	Triggerung über ein externes Signal. Signalzuführung über Buchse 12.	24	CH I/II-TRIG. I/II	Taste nicht gedrückt: CH I-Betrieb und Triggerung von CH I bzw. Taste gedrückt: entsprechend für CH II.
12	TRIG. INP.	Eingang für externes Triggersignal. Wirkt nur, wenn Taste 11 gedrückt ist.	25	DUAL	Taste nicht gedrückt: Einkanalbetrieb. Taste gedrückt: Zweikanalbetrieb.
13	AT/Norm	Taste nicht gedrückt: Zeitlinie auch ohne Signal sichtbar. Taste gedrückt: Zeitlinie nur mit Signal sichtbar, Normaltriggerung mit Taste 14	26	ADD-CHOP	Taste gedrückt: Summe CH I + II. Wenn ADD- und INVERT-Taste gedrückt: Differenz.

G

G 4 Regelungstechnik

G 4.1 P-Regler, Regelkreis mit P-Regler

$$K_R = \frac{\Delta y}{\Delta x}$$

$$K_R = \frac{Y_h}{X_p}$$

$$x_z = \frac{K_s \cdot \Delta z}{1 + K_R \cdot K_S}$$

$$x_0 = K_S \cdot \Delta z$$

$$R = \frac{1}{1 + V_0}$$

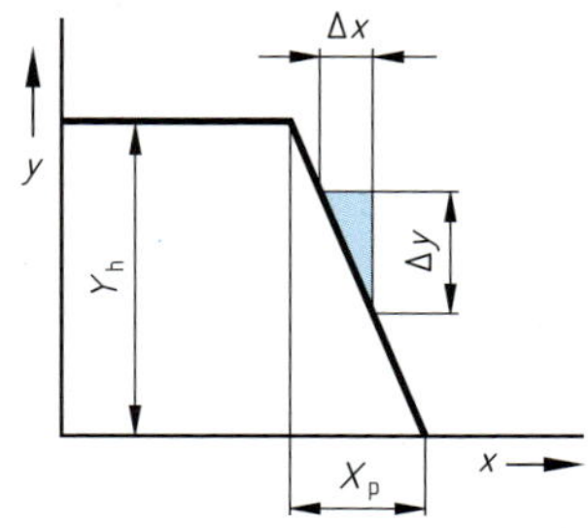

Kennlinie P-Regler

$$e = w - x_i$$

$$\Delta y = -K_p \cdot e$$

$$Q = \frac{1}{K_S}$$

$$V_0 = K_R \cdot K_S$$

$$R = \frac{x_z}{x_0}$$

e	Regeldifferenz
K_p	Proportionalkoeffizient
K_R	Übertragungskoeffizient (Verstärkungsfaktor des Reglers)
K_S	Übertragungskoeffizient der Regelstrecke
Q	Ausgleichskoeffizient
R	Regelfaktor
V_0	Kreisverstärkung
w	Führungsgröße
x_0	bleibende Regelabweichung ohne P-Regler
x_i	Istwert
X_P	Proportionalbetrieb
x_z	bleibende Regelabweichung mit P-Regler
Y_h	Stellbereich
Δx	Regelgrößenänderung
Δy	Stellgrößenänderung
Δz	Störgrößenänderung

G

G 4.2 Digitalisierung und Signalabtastung

$f_A \geq 10 \cdot f_c$

$\frac{\varphi}{360°} = \frac{T_t}{T_p}$

$b = \text{lb} z$

$z = 2^b$

$T_p = \frac{1}{f}$

$T_t = \frac{T_A}{2}$

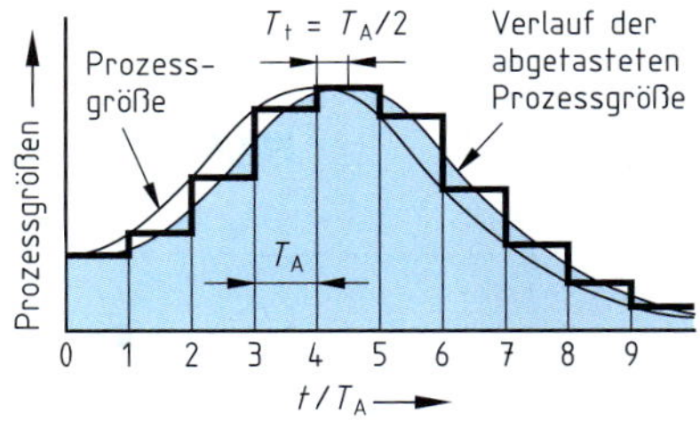

Digitalisierug und Abtastung eines analogen Prozess-Signals

b	Wortbreite	1
f	Frequenz des Prozess-Signals	s^{-1}
f_A	Abtastfrequenz	s^{-1}
f_c	Grenzfrequenz	s^{-1}
T_A	Abtastperiodendauer	s
T_p	Periodendauer des Prozess-Signals	s
T_t	Totzeit	s
z	Zahl der Positionschritte	1
φ	Phasen-Verschiebungswinkel	°

G 4.3 Regelung mit Operationsverstärker

G 4.3.1 P-Regler

$K_p = \frac{R_K}{R_e}$

$u_e = (U_w - u_i)$

$u_y = K_p \cdot u_e$

Sprungantwort

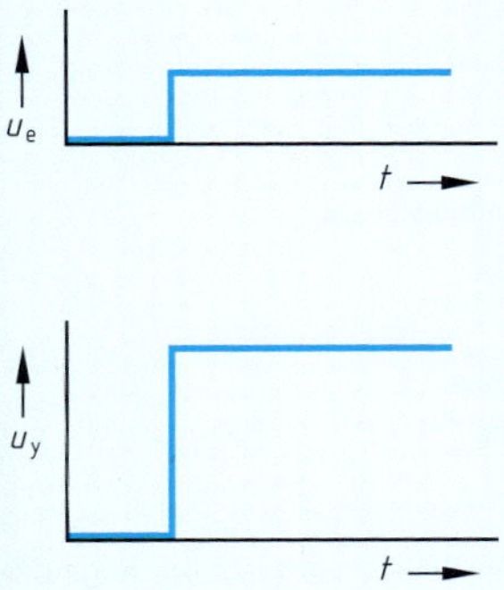

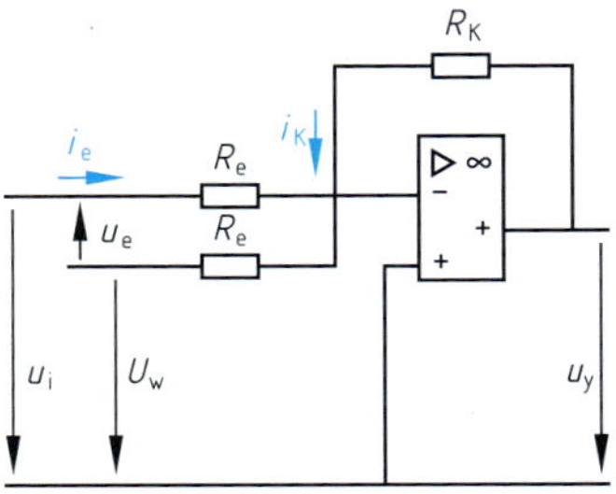

P-Regler

K_p	Proportionalkoeffizient
u_e	Regeldifferenz
U_w	Führungsgröße, Sollwert
u_i	Regelgröße, Istwert
u_y	Stellgröße
R_e	Eingangswiderstand

P-Regler besteht aus einem P-Glied. Bei Regelstrecken mit P-Verhalten gibt es eine bleibende Regelabweichung.
Verwenden bei Strecken mit I-Verhalten.

G

G 4.3.2 I-Regler

$$K_I = \frac{1}{R_e \cdot C_K}$$

$$T_I = R_e \cdot C_K$$

$$u_y = K_I \cdot u_e \cdot \Delta t$$

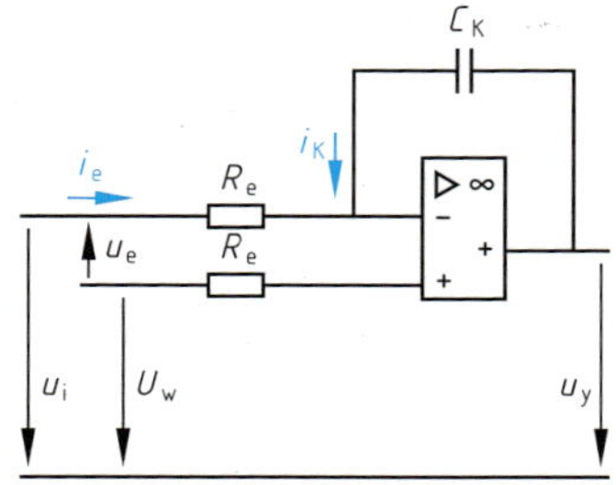

I-Regler

Sprungantwort

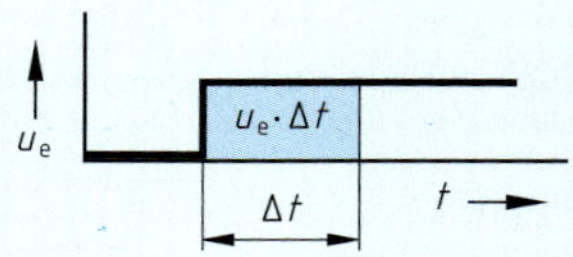

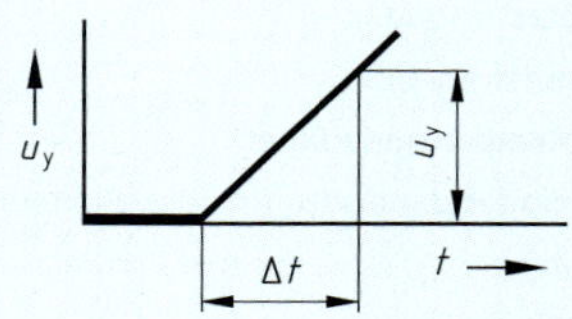

K_I	Intergralkoeffizient
T_I	Intergralzeit
u_y	Stellgröße
u_e	Regeldifferenz
Δt	Zeitabschnitt
U_W	Führungsgröße
u_i	Istgröße, Regelgröße

Der I-Regler besteht aus einem I-Glied. Langsame Arbeitsweise.
Verwendung bei Regelstrecken mit P-Verhalten.
Bei Strecken mit I-Verhalten neigt der Regelkreis zur Instabilität.

G 4.3.3 PI-Regler

$$K_p = \frac{R_K}{R_e}$$

$$T_n = R_K \cdot C_K$$

$$u_y = K_p \cdot \left(u_e + \frac{u_e \cdot \Delta t}{T_n} \right)$$

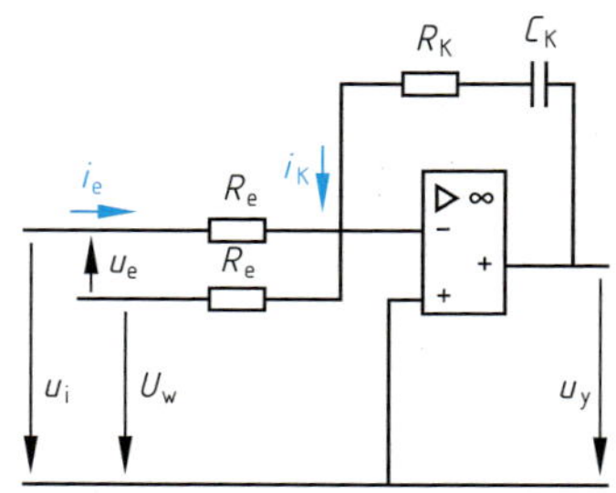

PI-Regler

Sprungantwort

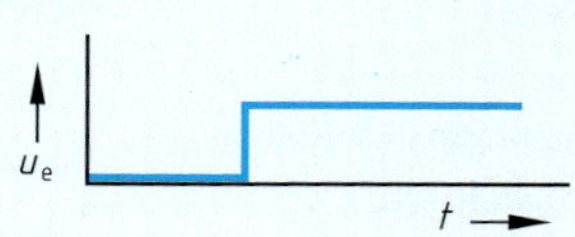

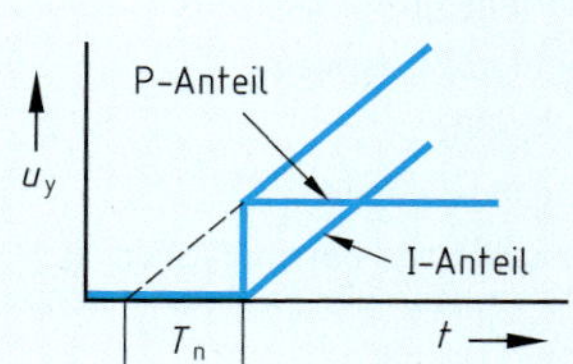

K_p	Proportionalkoeffizient
T_n	Nachstellzeit
u_y	Stellgröße
u_e	Regeldifferenz
Δt	Zeitabschnitt

Parallelschaltung von P-Glied und I-Glied. Regeldifferenz wird schnell und vollständig ausgeregelt.

G

G 4.3.4 PID-Regler

$$K_p = \frac{R_K}{R_e}$$

$$T_n = R_K \cdot C_K$$

$$T_v = R_e \cdot C_e$$

$$u_y = K_p \cdot \left(u_e + \frac{u_e \cdot \Delta t}{T_n} + T_v \cdot \frac{\Delta u_e}{\Delta t} \right)$$

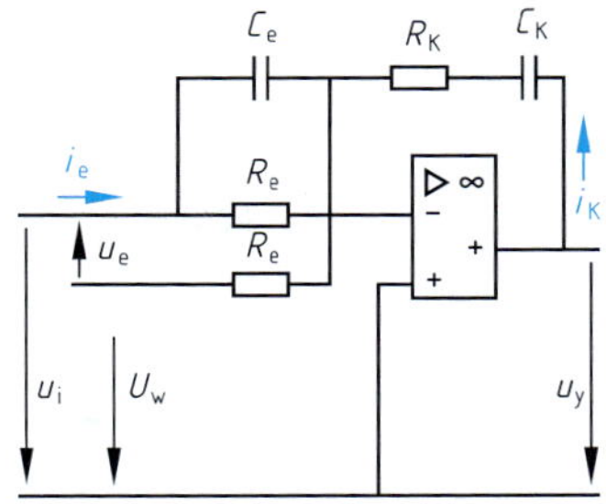

PID-Regler

Sprungantwort

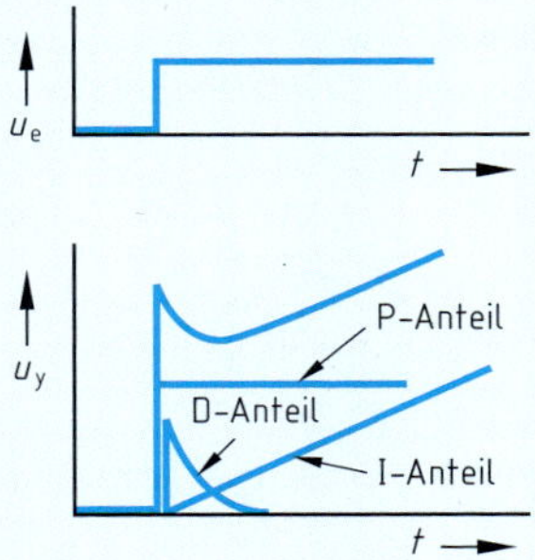

K_p	Proportionalkoeffizient
T_n	Nachstellzeit
T_v	Vorhaltezeit
u_y	Stellgröße
u_e	Regeldifferenz
Δt	Zeitabschnitt
Δu_e	Änderung der Spannung u_e während der Zeit Δt
C_e	Eingangskapazität
C_K	Rückkopplungskapazität

Parallelschaltung von P-Glied, I-Glied und D-Glied. Verglichen mit dem PI-Regler wird die Regeldifferenz bei gleicher Dämpfung schneller ausgeregelt oder bei gleicher Schnelligkeit besser gedämpft.

G

G 5 Logische Verknüpfungen

G 5.1 Grundfunktionen

G 5.1.1 Symbole und ihre Bedeutung

Bestandteile der Symbole nach DIN 40900 (z)	Bedeutung
0 (0-Zustand)	nein, z.B.: es fließt kein Strom
1 (1-Zustand)	ja, z.B.: es fließt ein Strom
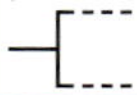	Eingangslinie
	Ausgangslinie
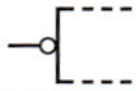	Negation (Eingang)
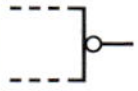	Negation (Ausgang)
Funktionszeichen	
=	Äquivalenz
&	UND
≥ 1	ODER
= 1	Exklusiv-ODER
1	Indentität

E1, E2 Eingang 1, Eingang 2

E Eingang, allgemein

$\overline{E}$ Negation des Signalwertes von E

A Ausgang, allgemein

$\overline{A}$ Negation des Signalwertes von A

G 5.1.2 Buffer ohne besondere Verstärkung (Indentität)

Funktionsgleichung

E = A

Symbol

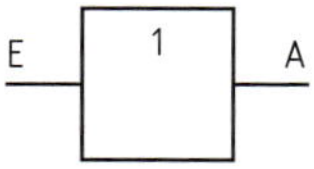

Funktionstabelle

E	A
0	0
1	1

G

G 5.1.3 NICHT-Verknüpfung (Inverter, Negation)

Funktionsgleichung

$E = \overline{A}$

Symbol

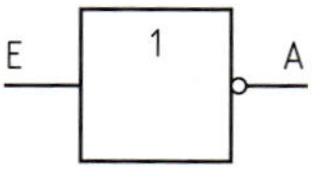

Funktionstabelle

E	A
0	1
1	0

G 5.1.4 UND-Verknüpfung (Konjunktion, AND)

Funktionsgleichung

$A = E1 \wedge E2$

Symbol

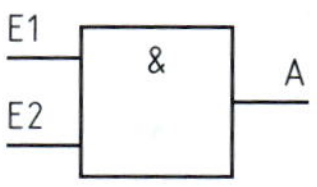

Funktionstabelle

E1	E2	A
0	0	0
0	1	0
1	0	0
1	1	1

G 5.1.5 ODER-Verknüpfung (Adjunktion, Disjunktion, OR)

Funktionsgleichung

$A = E1 \vee E2$

Symbol

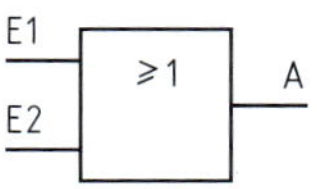

Funktionstabelle

E1	E2	A
0	0	0
0	1	1
1	0	1
1	1	1

G 5.2 Zusammengesetzte Funktionen

G 5.2.1 UND – NICHT-Verknüpfung (NAND)

Funktionsgleichung

$A = \overline{E1 \wedge E2}$

$\overline{A} = E1 \wedge E2$

Symbol

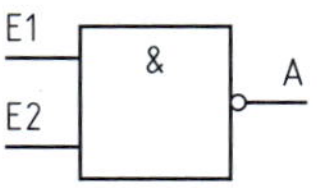

Funktionstabelle

E1	E2	A
0	0	1
0	1	1
1	0	1
1	1	0

G 5.2.2 ODER-NICHT-Verknüpfung (NOR)

Funktionsgleichung

$A = \overline{E1 \vee E2}$

$\overline{A} = E1 \vee E2$

Symbol

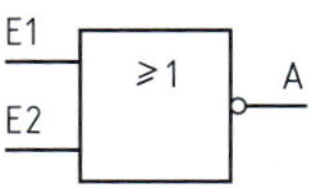

Funktionstabelle

E1	E2	A
0	0	1
0	1	0
1	0	0
1	1	0

G 5.3 Spezielle zusammengesetzte Funktionen

G 5.3.1 EXKLUSIV-ODER-Verknüpfung (Antivalenz, XNOR)

Funktionsgleichung

$A = (E1 \wedge \overline{E2}) \vee (\overline{E1} \wedge E2)$

Symbol

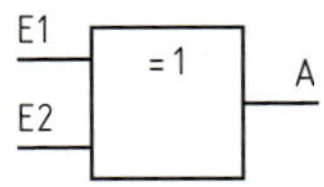

Funktionstabelle

E1	E2	A
0	0	0
0	1	1
1	0	1
1	1	0

G 5.3.2 ÄQUIVALENZ-Verknüpfung (Äquijunktion, Bisubjunktion)

Funktionsgleichung

$A = (\overline{E1} \vee E2) \wedge (E1 \vee \overline{E2})$

Symbol

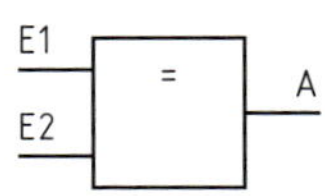

Funktionstabelle

E1	E2	A
0	0	1
0	1	0
1	0	0
1	1	1

G 5.3.3 INHIBITION-Verknüpfung (Sperrgatter)

Funktionsgleichung

$A = \overline{E1} \wedge E2$

Symbol

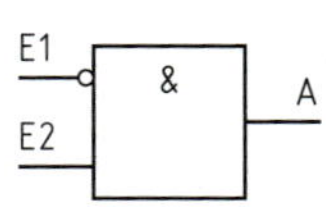

Funktionstabelle

E1	E2	A
0	0	0
0	1	1
1	0	0
1	1	0

G 5.3.4 Implikation-Verknüpfung (Subjunktion)

Funktionsgleichung

$A = \overline{E1} \vee E2$

Symbol

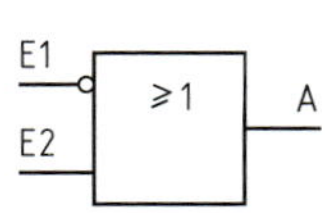

Funktionstabelle

E1	E2	A
0	0	1
0	1	1
1	0	0
1	1	1

G

G 5.4 *De Morgan*'sche Regeln (Inversionsgesetze)

UND-Verknüpfung → ODER-Verknüpfung

Umwandlung einer UND-Verknüpfung in eine ODER-Verknüpfung.

$$E1 \wedge E2 = \overline{\overline{E1} \vee \overline{E2}}$$

bzw.

$$\overline{E1 \wedge E2} = \overline{E1} \vee \overline{E2}$$

Allgemein:

$$E1 \wedge E2 \wedge \ldots \wedge E_n = \overline{\overline{E1} \vee \overline{E2} \vee \ldots \vee \overline{E_n}}$$

ODER-Verknüpfung → UND-Verknüpfung

Umwandlung einer ODER-Verknüpfung in eine UND-Verknüpfung.

$$E1 \vee E2 = \overline{\overline{E1} \wedge \overline{E2}}$$

bzw.

$$\overline{E1 \vee E2} = \overline{E1} \wedge \overline{E2}$$

Allgemein:

$$E1 \vee E2 \vee \ldots \vee E_n = \overline{\overline{E1} \wedge \overline{E2} \wedge \ldots \wedge \overline{E_n}}$$

G 6 Schaltalgebra

G 6.1 Bedeutung der Zeichen

Schaltvariable (Eingangsvariable)

a, b, c

Binäre Größen (Variable, die nur einen von zwei Werten annehmen können).

Werte der Schaltvariablen

1,0

1 ja, wahr, Spannung vorhanden
0 nicht, falsch, keine Spannung vorhanden.

und (UND-Verknüpfung)

$\wedge$

Die UND-Verknüpfung nimmt nur dann den Wert 1 an, wenn alle Eingangsvariablen den Wert 1 haben z. B.:

oder (ODER-Verknüpfung)

$\vee$

Die ODER-Verknüpfung nimmt den Wert 1 an, wenn mindestens eine der Eingangsvariablen den Wert 1 besitzt
z. B.:

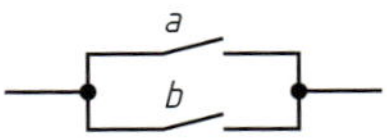

Nicht, z. B. nicht *a* (Negation)

$\overline{\ }$ z. B. $\overline{a}$

z. B. Ruhekontakt eines Relais.

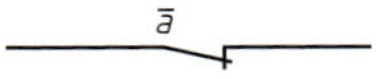

G 6.2 UND-Verknüpfung

eine Variable

$0 \wedge a = 0$

$1 \wedge a = a$

$a \wedge a = a$

$a \wedge a \wedge a \ldots \wedge a = a$

$a \wedge \overline{a} = 0$

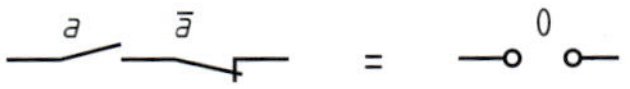

zwei oder mehr Variable

Kommutativgesetz (Vertauschungsgesetz)

$a \wedge b = b \wedge a$

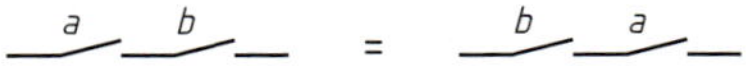

Assoziativgesetz (Verbindungsgesetz)

$a \wedge b \wedge c = (a \wedge b) \wedge c =$
$a \wedge (b \wedge c) = (a \wedge c) \wedge b$

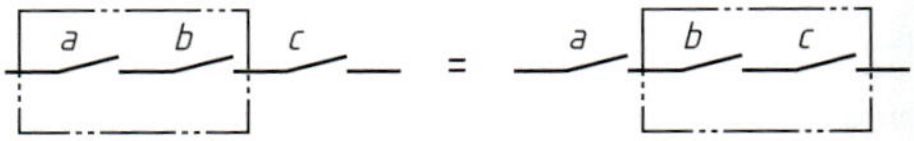

G

G 6.3 ODER-Verknüpfung

eine Variable

$0 \vee a = a$

$1 \vee a = 1$

$a \vee a = a$

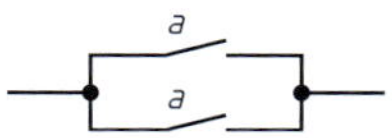

$a \vee a \vee a \ldots \vee a = a$

$a \vee \bar{a} = 1$

zwei oder mehr Variable

Kommutativgesetz (Vertauschungsgesetz)

$a \vee b = b \vee a$

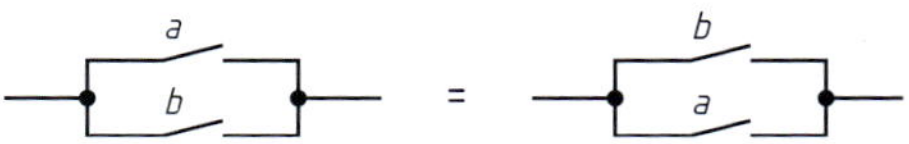

Assoziativgesetz (Verbindungsgesetz)

$a \vee b \vee c = (a \vee b) \vee c =$
$a \vee (b \vee c) = (a \vee c) \vee b$

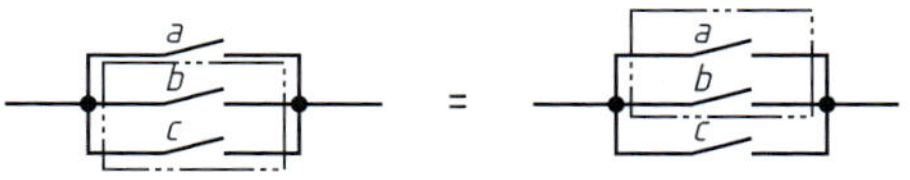

G 6.4 Gemischte Verknüpfungen

Distributivgesetz, z. B.

$a \wedge (b \vee c) = (a \wedge b) \vee (a \wedge c)$

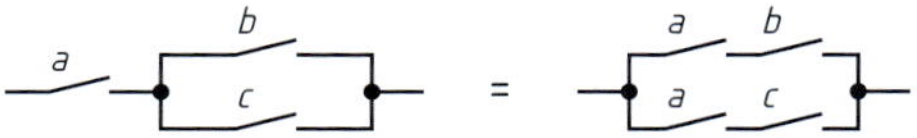

oder

$a \vee (b \wedge c) = (a \vee b) \wedge (a \vee c)$

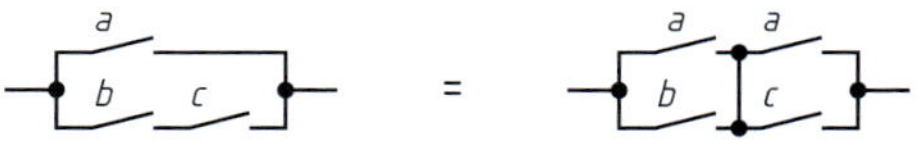

G

G 7 Datenübertragung

G 7.1 Serielle Datenübertragung

G 7.1.1 Bitrate, Zeichenrate

Bitrate

$$r_b = \frac{n_b}{t}$$

$$r_b = \frac{1}{T_b}$$

$$r_d = \frac{1}{T_d}$$

$$r_{ld} = \frac{r_b}{n_{bd}}$$

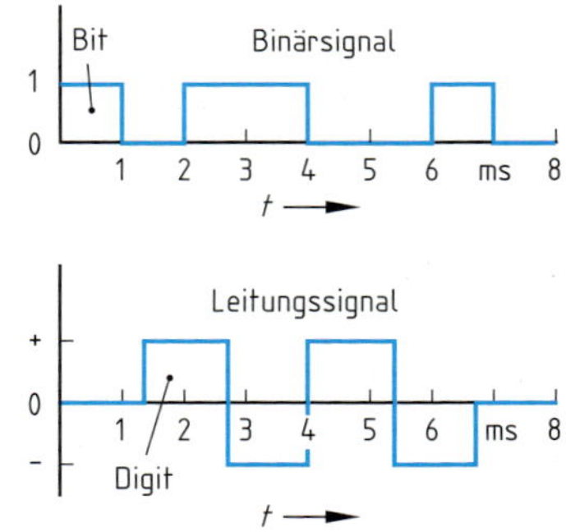

Bitübertragung

r_b	Bitrate	Zeichen/s
n_b	Anzahl der übertragenen Bit	1
T_b	Bitperiode (Dauer eines Bits)	s
r_d	Digitrate	Digit/s
T_d	Digitperiode (Dauer eines Digits)	s
r_{ld}	Leitungsdigitrate, Schrittgeschwindigkeit	Bit/s
n_{bd}	Anzahl der Bits eines Digits	1

Zeichenrate

$$r_z = \frac{r_b}{n_{bz}}$$

$$r_{zeff} = \frac{n_z}{t_ü}$$

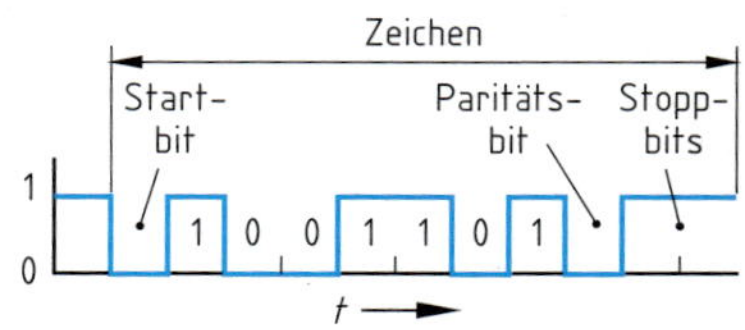

Zeichenübertragung

r_z	Zeichenrate, Zeichengeschwindigkeit	Zeichen/s
r_b	Bitrate	Bit/s
n_{bz}	Anzahl der Bit eines Zeichens	1
r_{zeff}	effektive Zeichenrate, Transfergeschwindigkeit	Zeichen/s
n_z	Anzahl der Nutzzeichen	1
$t_ü$	Übertragungszeit	s

G

G 7.1.2 Zeitmultiplexübertragung

$$r_{bM} = n_K \cdot r_{bK}$$

$$r_{bM} = \frac{n_{bR}}{t_R}$$

$$f_{CM} = \frac{n_K \cdot n_{bZ}}{t_R}$$

$$t_Z = \frac{t_R}{n_K}$$

$$n_{bR} = n_K \cdot n_{bZ}$$

$$n_{bRnutz} = n_K \cdot r_{bK} \cdot t_R$$

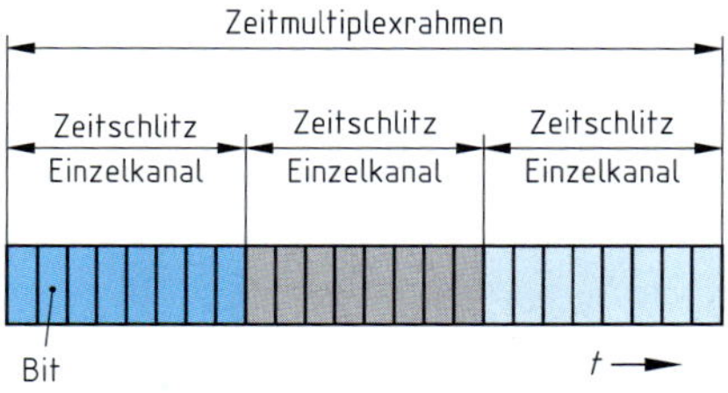

Übertragungsrahmen mit drei Kanälen

r_{bM}	Bitrate des Zeitmultiplexkanals	Bit/s
n_K	Anzahl der Einzelkanäle	1
r_{bK}	Bitrate des Einzelkanals	Bit/s
n_{bR}	Anzahl der Bits eines Rahmens	1
t_R	Dauer eines Zeitmultiplexrahmens	s
f_{CM}	Taktfrequenz des Multiplexers	s^{-1}
n_{bZ}	Anzahl der Bits eines Zeitschlitzes	1
t_Z	Dauer eines Zeitschlitzes	s
n_{bRnutz}	Anzahl der Nutzbits eines Rahmens	1

G 7.2 Datenübertragung über Leitungen

G 7.2.1 Übertragungsfehler

$$P_b = \frac{n_f}{n_b}$$

$$P_B = \frac{n_F}{n_B}$$

$$P_b = \frac{n_f}{r_b \cdot t_m}$$

$$P_B = n_{bB} \cdot P_b$$

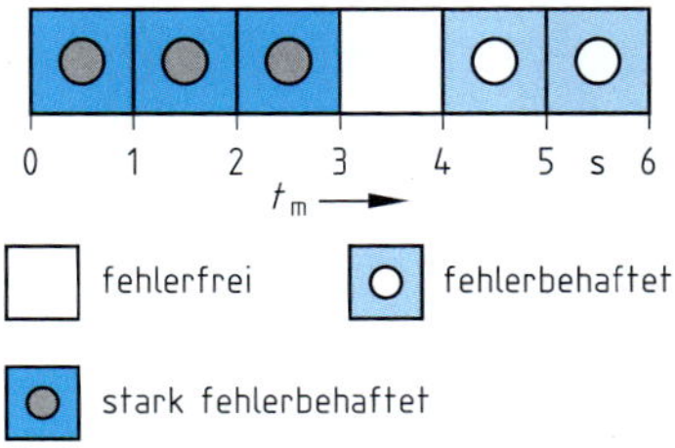

Fehlerbehaftete Übertragung

P_b	Bitfehlerhäufigkeit	1
n_f	Zahl der Bitfehler	1
n_b	Zahl der Bits	1
P_B	Blockfehlerhäufigkeit	1
n_F	Zahl der Blockfehler	1
n_B	Zahl der Blöcke	1
r_b	Bitrate	Bit/s
t_m	Messzeit	s
n_{bB}	Zahl der Bits eines Blockes	1

G 7.2.2 Pegel und Dämpfung

$$L_0 = 10 \cdot \lg \frac{U_0^2}{4 \cdot R_i \cdot 1\text{mW}}$$

$$L_e = 10 \cdot \lg \frac{U_e^2}{R_i \cdot 1\text{mW}}$$

$$A_b = L_0 - L_e$$

$$A_s = 20 \cdot \lg \frac{Z_w + R_i}{2 \cdot \sqrt{Z_w \cdot R_i}}$$

$$A = \alpha \cdot l$$

$$A_b = A + A_s - G$$

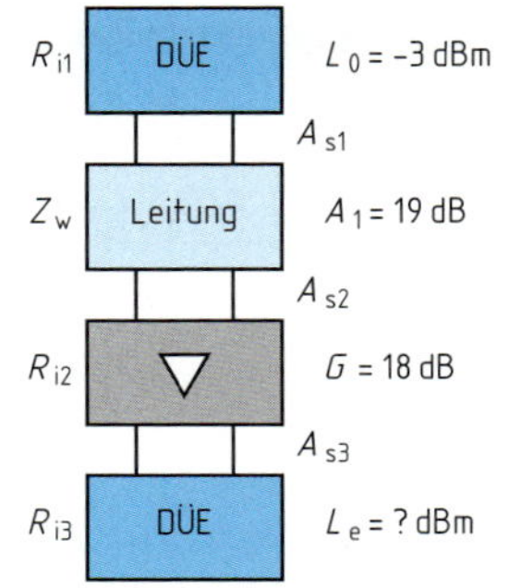

Pegel und Dämpfungsmaße

L_0	Sendeleistungspegel	dB
U_0	Sendespannung	V
R_i	Innenwiderstand	Ω
L_e	Empfangsleistungspegel	dB
U_e	Empfangsspannung	V
A_b	Betriebsdämpfungsmaß	dB
A_s	Stoßdämpfungsmaß	dB
Z_w	Wellenwiderstand	Ω
A	Dämpfunmgsmaß	dB
α	Dämpfungskoeffizient, Akzeptanzwinkel	dB/m
l	Länge des Leiters	m
G	Verstärkungsmaß	dB

G 7.2.3 Glasfaserleiter

$$A_N = \sin\alpha$$

$$D = \frac{\sqrt{\tau_2^2 - \tau_1^2}}{l}$$

$$A_N = \sqrt{n_1^2 - n_2^2}$$

$$f_s = 0{,}5 \cdot r_b$$

$$B_0 \approx 1{,}6 \cdot f_s \cdot l^{\delta}$$

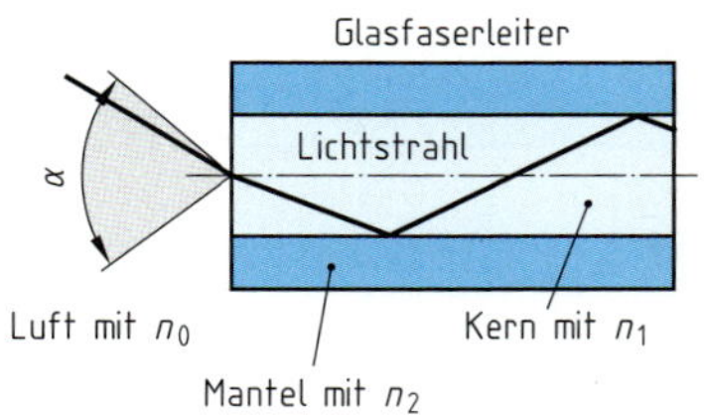

Multimodefaser

A_N	numerische Apertur	1
α	Dämpfungskoeffizient, Akzeptanzwinkel	dB
D	Disperionskonstante	s/m
τ_1	Dauer des Eingangsimpulses	s
τ_2	Dauer des Ausgangsimpulses	s
l	Länge des Leiters	m
n	Brechzahl	1
f_s	Schwerpunktfrequenz	s^{-1}
r_b	Bitrate	Bit/s
B_0	Bandbreiten-Länge-Produkt	m/s
δ	Modenkopplungsgrad	1

G 7.3 Datenübertragung in Netzen

G 7.3.1 Übertragung mit Modem

$B = 1{,}4 \cdot r_{\mathrm{ld}}$ $\qquad [B] = \frac{1}{\mathrm{s}} = \mathrm{Hz}$

$r_{\mathrm{b}} = r_{\mathrm{ld}} \cdot \mathrm{lb}n$ $\qquad [r_{\mathrm{b}}] = \mathrm{bits/s} = \mathrm{s}^{-1}$

$$\mathrm{lb}n = \frac{\log n}{\log 2}$$

$$d = \frac{n_{\mathrm{d}}}{n_{\ddot{\mathrm{u}}}}$$

$$t_{\ddot{\mathrm{u}}} = \frac{n_{\mathrm{d}}}{d \cdot r_{\mathrm{b}}}$$

$$k = \frac{n_{\mathrm{d}}}{n_{\mathrm{k}}}$$

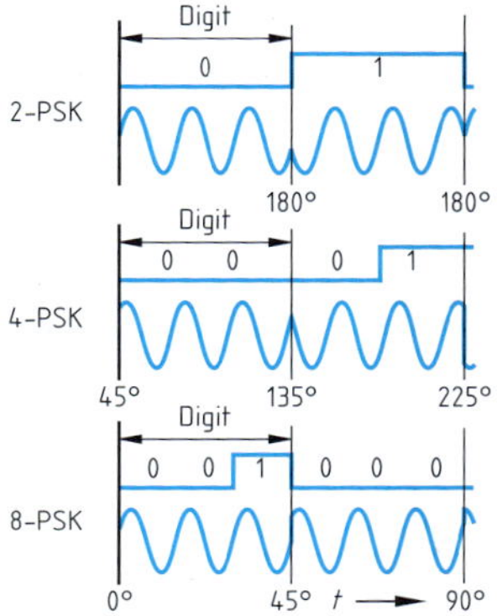

B	Bandbreite	s^{-1}
r_{ld}	Leitungsdigitrate	Bit/s
r_{b}	Bitrate	Bit/s
n	Wertigkeit der PSK	1
d	Datendurchsatz	1
n_{d}	Zahl der Datenbits	1
$n_{\ddot{\mathrm{u}}}$	Zahl der übertragenen Bits	1
$t_{\ddot{\mathrm{u}}}$	Übertragungszeit	s
k	Datenkompressionsfaktor	1
n_{k}	Zahl der Datenbits nach der Kompression	1

G 7.3.2 Ethernet-LAN

$$v_{\mathrm{s}} = \frac{l}{t_{\mathrm{s}}}$$

$$t_{\max} = 25{,}6\ \mu\mathrm{s}$$

$$T_{\mathrm{R}} = \frac{n_{\mathrm{bR}}}{r_{\mathrm{b}}}$$

$$T_{\mathrm{R}} \geq 2 \cdot t_{\mathrm{smax}}$$

Für Koaxialkabel 10BASE5:

$$r_{\mathrm{bmax}} = 10\ \mathrm{Mbit/s}$$

$$v_{\mathrm{s}} = 0{,}77 \cdot c_0$$

$$l_{\mathrm{s}} = 500\ \mathrm{m}$$

Für Koaxialkabel 10BASE2:

$$r_{\mathrm{bmax}} = 10\ \mathrm{Mbit/s}$$

$$v_{\mathrm{s}} = 0{,}65 \cdot c_0$$

$$l_{\mathrm{s}} = 185\ \mathrm{m}$$

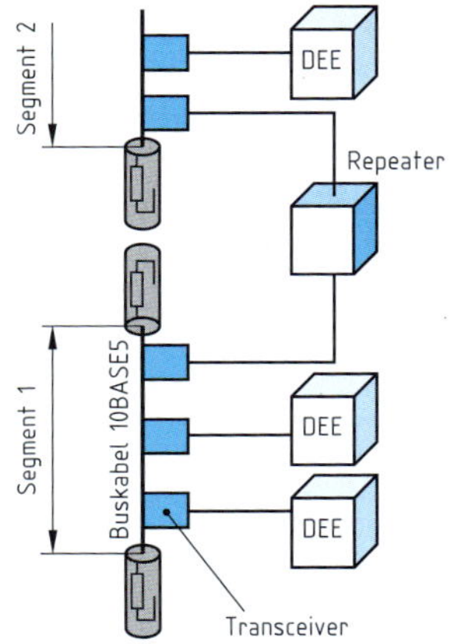

v_{s}	Signalgeschwindigkeit	m/s
l	Abstand zwischen den DEE	m
t_{s}	Signalaufzeit	s
$t_{\max}$	maximale Signallaufzeit	s
T_{R}	Dauer eines Rahmens	s
n_{bR}	Zahl der Bits eines Rahmens	1
r_{b}	Bitrate	Bit/s
r_{bmax}	max. Bitrate	Bit/s
c_0	Lichtgeschwindigkeit im Vakuum ($0{,}3 \cdot 10^9$ m/s)	
l_{s}	Segmentlänge	m

G

G 7.4 ISDN-Netz

G 7.4.1 Schnittstelle S_0

$$t'_s = \sqrt{L' \cdot C'}$$

$$t_s = l \cdot t'_s$$

$$T_b = \frac{T_R}{n_b}$$

$$t_{Bus} \leq 0{,}5 \cdot T_b$$

$$l_{Bus} \leq \frac{1}{2} \cdot \frac{t_{Bus}}{t'_s}$$

$$t_{pp} \leq 8 \cdot T_b$$

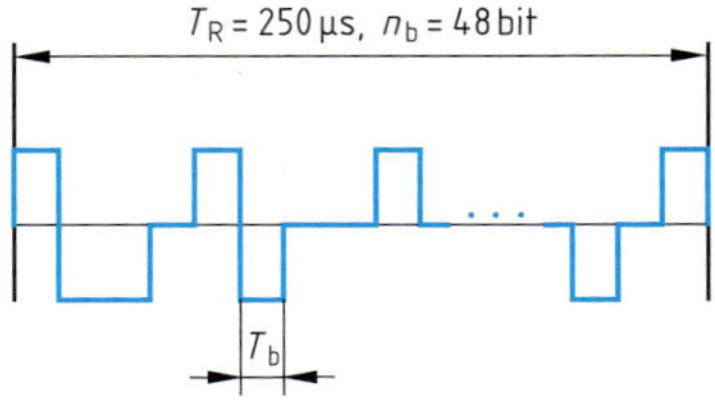

S_0-Rahmen

t'_s	längenbezogene Signallaufzeit	s/m
L'	längenbezogene Induktivität	H/m
C'	längenbezogene Kapazität	F/m
t_s	Signallaufzeit	s/m
l	Leitungslänge	m
T_b	Bitperiode, Bitdauer	s
T_R	Rahmendauer	s
n_b	Zahl der Bits eines Rahmens	1
t_{Bus}	zulässige Signallaufzeit des s_0-Busses	s
l_{Bus}	zulässige Länge des s_0-Busses	m
t_{pp}	Signallaufzeit bei der Punkt-zu-Punkt-Verbindung	s

G 7.4.2 Übertragung im AMI-Code

$$U_d = \frac{(n_+ - n_-) \cdot \hat{u}}{n_b}$$

$$P_s = \frac{(n_+ - n_-)^2 \cdot \hat{u}^2}{n_b^2 \cdot R}$$

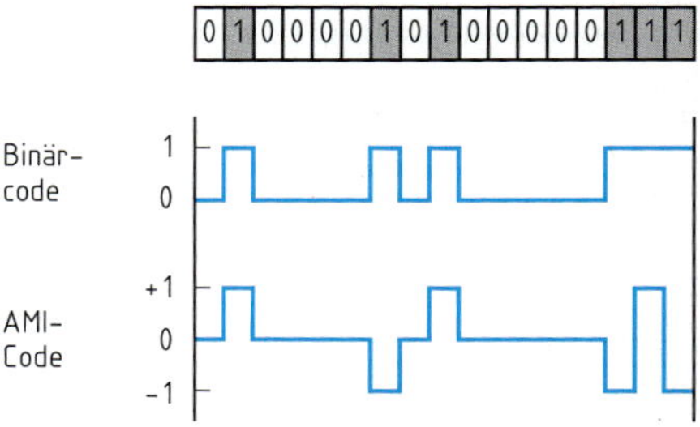

AMI-Codierung

U_d	Gleichspannungsanteil	V
P_s	Signalleistung	W
n_+, n_-	Zahl der positiven bzw. negativen Werte	1
n_b	Zahl der Bits eines Rahmens	1
$\hat{u}$	maximaler Spannungswert	V
R	Leitungswiderstand	Ω

G

G 7.4.3 Schnittstelle U_{K0}

$$A_G = 20 \cdot \lg \frac{U_s}{U_{s1}}$$

$$A_{GÜ} = 20 \cdot \lg \frac{U_s}{U_{NE}}$$

$$A_{FE} = 20 \cdot \lg \frac{U_s}{U_{FE}}$$

$$t_{FE} = 2 \cdot l \cdot t_s'$$

Für Aderdurchmesser 0,4 mm:

$$t_s' = 7{,}5\ \mu\text{s/km}$$

Für Aderdurchmesser 0,6 mm:

$$t_s' = 6{,}3\ \mu\text{s/km}$$

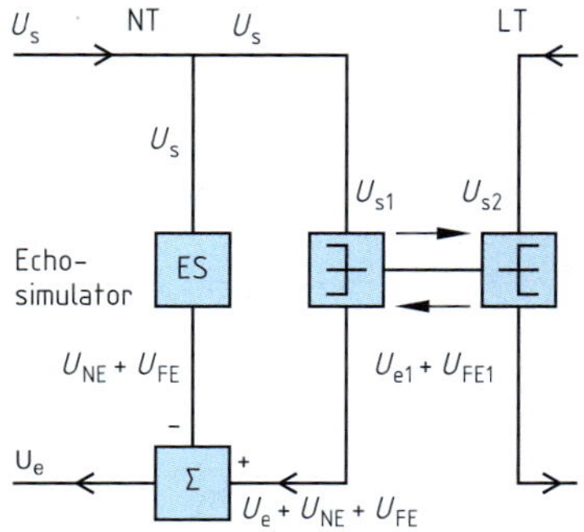

Echokompensation

A_G	Gabeldämpfung	dB
$A_{GÜ}$	Gabelübergangsdämpfung	dB
A_{FE}	Fernechodämpfung	dB
U_s	Sendespannung vor der Gabel	V
U_{s1}	Sendespannung nach der Gabel	V
U_{NE}	Spannung des Nahechos	V
U_{FE}	Spannung des Fernechos	V
t_{FE}	Laufzeit des Fernechos	s
l	Leitungslänge	m
t_s'	längenbezogene Signallaufzeit	s/m

G 7.5 Antennen

G 7.5.1 Anpassungsvorschrift

$$R_i = Z = R_e$$

R_i	Antennenwiderstand	Ω
R_e	Eingangswiderstand des Empfängers	Ω
Z	Wellenwiderstand der Leitung	Ω

G 7.5.2 Antennengewinn

$$g = 20 \cdot \lg \frac{U_2}{U_1}$$

g	Antennengewinn	dB
U_1	Antennenspannung der Bezugsantenne	V
U_2	Antennenspannung in Vorzugsrichtung	V

G 7.5.3 Dämpfungsfaktor, Übertragungsgewinn

$$D = \frac{S_1}{S_2}$$

$$T = \frac{S_2}{S_1}$$

$$a = 10 \cdot \lg \frac{P_1}{P_2}$$

D	Dämpfungsfaktor	1
T	Übertragungsfaktor	1
S_1	Eingangsgröße	
S_2	Ausgangsgröße	
P_1	Eingangsleistung	W
P_2	Ausgangsleistung	W

$$a = 20 \cdot \lg \frac{U_1}{U_2}$$

$$a = \ln \frac{U_1}{U_2}$$

$$a_g = a_1 + a_2 + \ldots$$

U_1	Eingangsspannung	V
U_2	Ausgangsspannung	V
a	Dämpfungsmaß	dB
a_g	Gesamtdämpfungsmaß	Np
a_1, a_2	Einzeldämpfungsmaße	Np

G 7.5.4 Empfangsspannung

$$U = E \cdot l_w$$

U	Empfangsspannung	V
E	Empfangsfeldstärke	V/m
l_w	wirksame Antennenlänge	m

G 7.5.5 Pegel (Spannungspegel)

$$L_u = 20 \cdot \lg \frac{U}{U_0}$$

Absoluter Pegel $U_0 = 0{,}775$ V
Für Antenne $U_0 = 1\ \mu$V an 75 Ω

L_u	Spannungspegel	dB
U	Messspannung	V
U_0	Bezugsspannung	V

G 7.5.6 Dämpfungsfaktor, Verstärkungsmaß, Dämpfungsmaß

$$V = \frac{S_2}{S_1}$$

$$v = 10 \cdot \lg \frac{P_1}{P_2}$$

$$v = 20 \cdot \lg \frac{U_2}{U_1}$$

V	Verstärkungsfaktor	1
v	Verstärkungsmaß	dB
S_1	Eingangsgröße	z.B. V
S_2	Ausgangsgröße	z.B. V
P_1	Eingangsleistung	W
P_2	Ausgangsleistung	W
U_1	Eingangsspannung	V
U_2	Ausgangsspannung	V

G 7.5.7 Vor-Rück-Verhältnis

$$a_{VR} = 20 \cdot \lg \frac{U}{U}$$

a_{VR}	Vor-Rück-Verhältnis (Rückdämpfungsmaß = 1)	
U_1	Eingangsspannung	V
U_2	Ausgangsspannung	V

G 7.5.8 Wellenlänge elektromagnetischer Wellen im leeren Raum

$$\lambda = \frac{c_0}{f}$$

	Wellenlänge	m
c_0	Ausbreitungsgeschwindigkeit ($c_0 = 299\,792\,458$ m/s)	m/s
f	Frequenz	Hz

H Fertigungstechnik und CNC-Technik

H 1 Urformen durch Gießen

H 1.1 Gussrohteilnennmaße und Modellnennmaße

Die Festlegungen der Gussrohteilnennmaße und der Modellnennmaße sind abhängig von der jeweiligen Geometrie des Werkstücks, dem zu erzielenden Genauigkeitsgrad sowie dem verwendeten Werkstoff. Nachfolgend wird exemplarisch der Berechnungsweg am nebenstehenden Beispiel „Rohrzwischenstück" verdeutlicht.

H 1.1.1 Festlegung der Gussrohteilnennmaße

Aus der Fertigungszeichnung des nebenstehenden Rohrzwischenstücks können die Gussrohteilnennmaße durch Hinzufügen der Gussallgemeintoleranzen und der für die Folgebearbeitung notwendigen Bearbeitungszugabe ermittelt werden. Die Gussallgemeintoleranzen werden der untenstehenden Tabelle entnommen. Die Bearbeitungszugabe kann je nach Größe des Werkstücks zwischen 3 bis 5 mm bezogen auf eine Fläche vorgegeben werden.

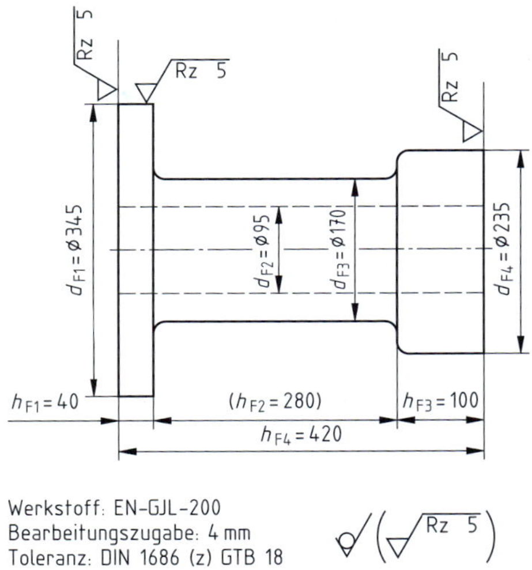

Gussrohteildurchmesser

$$d_R = d_F + \frac{T}{2} + 2 \cdot RMA$$

Gussrohteilhöhe

$$h_R = h_F + \frac{T}{2} + RMA$$

d_F	Fertigteildurchmesser	mm
h_F	Fertigteilhöhe	mm
d_R	Gussrohteildurchmesser	mm
h_R	Gussrohteilhöhe	mm
T	Längenmaßtoleranz	mm
RMA	Bearbeitungszugabe	mm

Gussallgemeintoleranzen für Gussteile aus Gusseisen (DIN EN ISO 8062-3:2008-09):

Nennmaß bis	Gusstoleranzgrad DCTG				
	7	8	9	10	11
10	0,74	1	1,5	2	2,8
16	0,78	1,1	1,6	2,2	3
25	0,82	1,2	1,7	2,4	3,2
40	0,9	1,3	1,8	2,6	3,6
63	1	1,4	2	2,8	4
100	1,1	1,6	2,2	3,2	4,4
160	1,2	1,8	2,5	3,6	5
250	1,4	2	2,8	4	5,6
400	1,6	2,2	3,2	4,4	6,2
630	1,8	2,6	3,6	5	7

Wertetabelle für das Fertigungsbeispiel „Rohrzwischenstück":

	d_F in mm	RMA in mm	T in mm	d_R in mm
d_1	345	4	4,4	357,4
d_2	95	–	3,2	98,2
d_3	170	–	4	174
d_4	235	–	4	239

	h_F in mm	RMA in mm	T in mm	h_R in mm
h_1	40	4	2,6	46,6
(h_2)	(280)	–	–	(278,6)
h_3	100	4	3,2	107,2
h_4	420	8	5	433

H 1.1.2 Festlegung der Modellnennmaße

Die Modellnennmaße berechnen sich aus den zuvor bestimmten Gussrohteilmaßen zuzüglich der auftretenden Schwindung. Die Größe der Schwindung ist abhängig vom jeweiligen Gusswerkstoff und wird in der untenstehenden Tabelle angegeben.

Modelldurchmesser

$$d_M = d_R + \frac{d_R \cdot S}{100\,\%}$$

Modellhöhe

$$h_M = h_R + \frac{h_R \cdot S}{100\,\%}$$

Schwindmaße für unterschiedliche Gusswerkstoffe (DIN EN 12890:2000-06)

Dichte der Schmelze und Schwindmaße für unterschiedliche Gusswerkstoffe

Werkstoff	ρ_{Fl} in kg/dm³	S in %
Gusseisen mit Lamellengraphit	6,5	1,0
Gusseisen mit Kugelgraphit	6,6	1,2
Stahlguss	6,8	2,0
Temperguss, weiß (schmiedbar)	6,9	1,6

d_M	Modelldurchmesser	mm
h_M	Modellhöhe	mm
d_R	Gussrohteildurchmesser	mm
h_R	Gussrohteilhöhe	mm
S	Schwindmaß	mm
ρ_{Fl}	Dichte der Schmelze	kg/dm³

Wertetabelle für das Fertigungsbeispiel „Rohrzwischenstück":

	S in %	d_R in mm	d_M in mm
d_1	1	358	361,6
d_2	1	98,7	99,7
d_3	1	174,1	175,8
d_4	1	239,4	241,8

	S in %	h_R in mm	h_M in mm
h_1	1	47,2	47,7
(h_2)	(1)	(278,6)	(281,3)
h_3	1	107,7	108,8
h_4	1	433,5	437,8

H 1.2 Gießkräfte

→ C 2.5

Die auftretenden Gießkräfte führen zu einer Belastung des Oberkastens. Je nach Größe der Belastung muss ein Beschwergewicht entgegen gesetzt werden, damit der Oberkasten nicht abhebt.

Der Druck der Schmelze in der Formteilung führt zu einer nach oben gerichteten Druckkraft, die abhängig vom Flüssigkeitsdruck und überschlägig von der Größe der Fläche in der Formteilung ist.

Druckkraft der Schmelze in der Formteilung

$$F_D = A \cdot h \cdot \rho_{Fl} \cdot g$$

F_D	Druckkraft in der Formteilung	N
A	Querschnittsfläche des noch flüssigen Gussstückes in der Formteilung	dm²
h	Abstand der Querschnittsfläche zur Oberkante des Eingusses	dm
ρ_{Fl}	Dichte der Schmelze	kg/dm³
F_O	Gewichtskraft des Oberkastens	N
V_O	Volumen der Sandform im Oberkasten	dm³

Die Gewichtskraft der Sandform des Oberkastens wirkt entgegen der Druckkraft.

Gewichtskraft des Oberkastens

$$F_O = V_O \cdot \rho_{FS} \cdot g$$

$$V_O = V_{OK} - V_{OM}$$

V_{OK}	Volumen des gesamten Oberkastens	dm³
V_{OM}	Volumen des Modells im Oberkasten	dm³
ρ_{FS}	Dichte des Formsandes	kg/dm³
g	Fallbeschleunigung	m/s²

H

Der in den Kernmarken der Form eingesetzte Kern wird von der Schmelze aufgetrieben und führt zu einer gegen den Oberkasten gerichtete Kraft.

Kraft des Kerns gegen den Oberkasten

$$F_{KO} = F_{AK} - F_{GK}$$

Die Auftriebskraft als nach oben gerichtete Komponente entsteht durch die vom Kern verdrängte Schmelze und wirkt über die Kernmarken auf die obere Sandform. Aufgetrieben wird demnach nur das von der Schmelze umspülte Volumen des Kerns. Steht der Kern senkrecht in der unteren Formhälfte, so findet kein Auftrieb statt.

Auftriebskraft des Kerns

$$F_{AK} = V_{KFl} \cdot \rho_{Fl} \cdot g$$

Umspültes Volumen des Kerns

$$V_{KFl} = \frac{\pi \cdot d_M^2}{4} \cdot l$$

Die Gewichtskraft des Kerns wirkt nach unten. Sie entsteht durch das gesamte Volumen des Kerns, der in der Regel aus Formsand besteht.

Gewichtskraft des Kerns

$$F_{GK} = V_K \cdot \rho_{FS} \cdot g$$

Gesamtes Volumen des Kerns

$$V_K = \frac{\pi \cdot d_M^2}{4} \cdot L$$

Die Resultierende der bisher aufgeführten Kräfte ergibt die Oberkastenbelastung. Die daraus zu ermittelnde Gewichtskraft des Beschwergewichtes wird zusätzlich mit einem Sicherheitsfaktor belegt. Bei kernlosen Gussteilen oder senkrecht stehenden Kernen entfällt die Kraft des Kerns gegen den Oberkasten F_{KO}.

Gewichtskraft des Beschwergewichtes

$$F_B = (F_D + F_{KO} - F_O) \cdot k$$

Sicherheitsfaktor

k = 1,1 bis 1,5

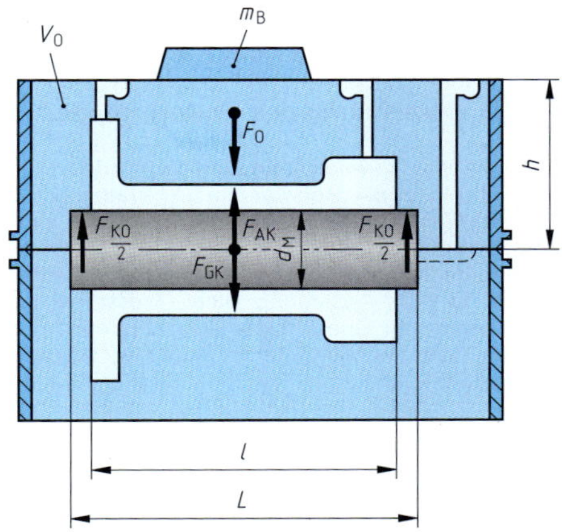

Draufsicht des Unterkastens

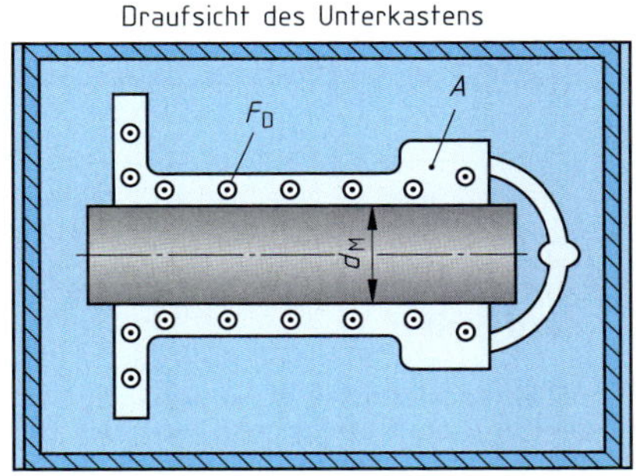

F_{KO}	Kraft des Kerns gegen den Oberkasten	N
F_{AK}	Auftriebskraft des Kerns	N
F_{GK}	Gewichtskraft des Kerns	N
F_B	Gewichtskraft des Beschwergewichtes	N
F_D	Druckkraft in der Formteilung	N
F_O	Gewichtskraft des Oberkastens	N
V_{KFl}	Umspültes Volumen des Kerns	dm^3
V_K	Gesamtes Volumen des Kerns	dm^3
ρ_{Fl}	Dichte der Schmelze	kg/dm^3
ρ_{FS}	Dichte des Formsandes	kg/dm^3
d_M	Durchmesser des Kerns	dm
l	Länge des umspülten Kerns	dm
L	Länge des gesamten Kerns	dm
k	Sicherheitsfaktor	1
g	Fallbeschleunigung	m/s^2

H

H 2 Massivumformung

H 2.1 Festigkeitsgrößen zur Kaltverformung

→ D 10.3

H 2.1.1 Berechnung des Umformgrades

Durch die Massivumformung wird das Werkstück im Umfang und in der Höhe verändert. Während sich z.B. beim Stauchen die Querschnittsfläche des Werkstücks vergrößert, erreicht man durch das Fließpressen eine Verkleinerung der Querschnittsfläche. Maßgeblich für die Auslegung einer Presse ist die Veränderung der Querschnittsfläche und der Höhe, die durch den Vergleichsumformgrad φ_v beschrieben wird.

$$\varphi_v = \ln \frac{A_0}{A_1}$$

Bei der Massivumformung in einem Arbeitsgang darf der zulässige Umformgrad nicht überschritten werden.

$$\varphi_v \leq \varphi_{zul}$$

φ_v	Vergleichsumformgrad	1
φ_{zul}	zulässiger Umformgrad	1
A_0	Ausgangsquerschnittsfläche	mm²
A_1	Endquerschnittsfläche des gestauchten Volumens	mm²

Werkstoff	zulässiger Umformungsgrad φ_v	
	Stauchen	Fließpressen
Baustahl	1,2	1,3
unlegierter Stahl	1,4	1,6
legierter Stahl	1,6	1,8
Kupfer-Legierung	2,0	2,5
Aluminium	3,0	4,0

H 2.1.2 Ermittlung der Formänderungsfestigkeit

Die Formänderungsfestigkeit k_f ist abhängig vom eingesetzten Werkstoff sowie der Größe des Umformgrades φ_v. Zur Überwindung der elastischen Verformung muss zu Beginn des Umformprozesses die Formänderungsfestigkeit k_{f0} aufgebracht werden.

$$k_{f0} = f(\varphi_{v=0})$$

Am Ende des Umformprozesses wird die Formänderungsfestigkeit k_{f1} erreicht. In den nachfolgenden Berechnungen wird nur der Betrag des Umformgrades φ_v eingesetzt.

$$k_{f1} = k_{f1,0} \cdot \varphi_v^n$$

Die mittlere Formänderungsfestigkeit k_{fm} ergibt sich aus der arithmetischen Mittlung der Anfangs- und Endfestigkeiten.

$$k_{fm} = \frac{k_{f0} + k_{f1}}{2}$$

Werkstoff	k_{f0} in N/mm²	$k_{f1,0}$ in N/mm²	n
S235JR	320	760	0,239
E360	520	1000	0,220
Ck10	260	740	0,216
Cq15/Ck15	280	760	0,165
Cq22/Ck22	320	760	0,157
Cq35/Ck35	340	950	0,178
Cq45/Ck45	390	1000	0,167
17CrNi6-6	420	950	0,134
20MnCr5	380	900	0,157
34CrMo4	410	1020	0,118
42CrMo4	420	1100	0,149
CuZn28	250	880	0,433
CuZn37	280	880	0,497
AW-Al99,5	60	150	0,222
AW-AlMg1	130	260	0,198

k_{f0}	Formänderungsfestigkeit zu Beginn der Umformung	N/mm²
k_{f1}	Formänderungsfestigkeit am Ende der Umformung	N/mm²
$k_{f1,0}$	Formänderungsfestigkeit bei einem Umformgrad von $\varphi_v = 1{,}0$	N/mm²
k_{fm}	mittlere Formänderungsfestigkeit	N/mm²
n	Verfestigungskoeffizient	1

H 2.2 Umformen durch Stauchen

→ D 10.5

Beim Stauchen wird die Höhe eines Bauteils aufgrund der Druckbeanspruchung verringert, während sich der Umfang des Werkstücks weitet. Die Festlegung der Rohteilnennmaße ist somit abhängig von dem Umfang des Ausgangswerkstücks und dem Grad der Umformung, der sich aus dem Verhältnis der zu stauchenden Höhe und der Ausgangshöhe ergibt. Nachfolgend wird exemplarisch die Berechnung der Rohteilnennmaße am nebenstehenden Beispiel des rotationssymmetrischen Werkstücks „Kopfbolzen" beschrieben.

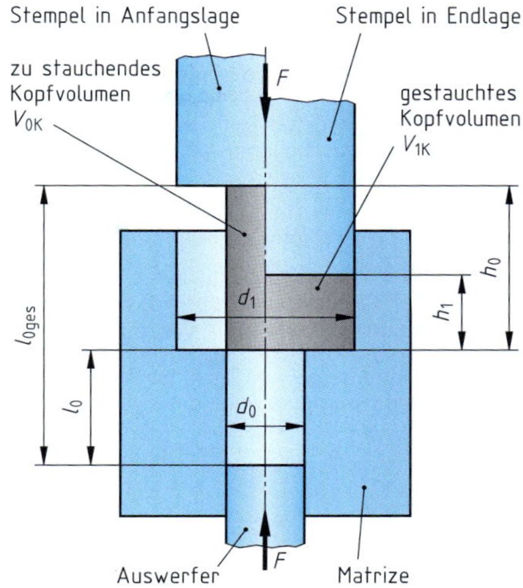

F	Stauchkraft	N
V_K	Kopfvolumen	mm³
V_{0K}	zu stauchendes Kopfvolumen	mm³
V_{1K}	gestauchtes Kopfvolumen	mm³
d_0	Ausgangsdurchmesser	mm
d_1	größter Enddurchmesser	mm
h_0	Ausgangshöhe des zu stauchenden Volumens	mm
h_1	Endhöhe des gestauchten Volumens	mm
h_{0max}	maximale Rohteilhöhe	mm
s	Stauchverhältnis	1
l_{0ges}	maximale Rohteilhöhe	mm
l_0	Länge des ungestauchten Volumens	mm

Bei Metallen gilt: $s < 2{,}6$

H 2.2.1 Festlegung der Rohteilnennmaße

Aus der Fertigungszeichnung des nebenstehenden Kopfbolzens können die Fertigmaße des zu stauchenden Werkstücks abgelesen werden. Der Rohteildurchmesser ergibt sich aus dem kleinsten Durchmesser des Bauteils. Die Rohteilhöhe ergibt sich aus der Gegebenheit, dass beim Stauchen keine Veränderung der Volumengröße, sondern nur der Form bezweckt wird. Das Eingangsvolumen entspricht somit dem Ausgangsvolumen.

$$V_{0K} = V_{1K} = V_K$$

Als Ausgangsvolumen V_0 wird bei rotationssymmetrischen Werkstücken in der Regel ein zylindrischer Körper eingesetzt.

$$V_{0K} = \frac{\pi \cdot d_0^2}{4} \cdot h_0$$

Aufgrund der oben beschriebenen Volumengleichungen kann mit dem zuvor berechneten Endvolumen V_1 die Rohteilhöhe ermittelt werden.

Rohteilhöhe

$$h_0 = \frac{4 \cdot V_K}{\pi \cdot d_0^2}$$

H 2.2.2 Überprüfung der Rohteilhöhe

Die maximale Rohteilhöhe ergibt sich aus der Überprüfung der Knickgefahr.

$$h_{0max} \leq s \cdot d_0$$

Berechnung der gesamten Rohteillänge

$$l_{0ges} = h_0 + l_0$$

H

H 2.2.3 Auslegung der Presse zum Stauchen

Zur Auslegung der Presse wird sowohl die maximale Umformkraft F als auch die Umformarbeit W über den zurückgelegten Weg des Pressenstempels benötigt. Je nach Werkstückform wird zwischen rotationssymmetrischen und beliebig geformten Werkstücken unterschieden.

Umformkraft für axialsymmetrische Werkstücke

Bei axialsymmetrischen Werkstücken sind die Querschnittsflächen zu Beginn (A_0) und am Ende (A_1) der Verformung Kreisflächen. Somit ergibt sich ein Vergleichsumformgrad φ_v, der sich nur aus der Veränderung der Höhe berechnen lässt. Der Umformgrad beim Stauchen wird daher auch mit φ_h bezeichnet.

$$\varphi_v = \ln \frac{h_1}{h_0}$$

$$A_0 = \frac{\pi \cdot d_0^2}{4}$$

$$A_1 = \frac{\pi \cdot d_1^2}{4}$$

Mithilfe des Umformgrades φ_v kann die Formänderungsfestigkeit (k_{f1}) am Ende der Umformung bestimmt werden (vgl. H 2.1.2). Es ergibt die sich folgende Umformkraft.

$$F = A_1 \cdot k_{f1} \cdot \left(1 + \frac{1}{3} \cdot \mu \cdot \frac{d_1}{h_1}\right)$$

Umformkraft für beliebig geformte Werkstücke

Bei asymmetrischen Teilen, die mathematisch nur bedingt erfassbar sind, wird die Umformkraft mithilfe des Formänderungswirkungsgrad η_F überschlägig bestimmt.

$$F = \frac{A_1 \cdot k_{f1}}{\eta_F}$$

Umformarbeit

$$W = \frac{V_K \cdot k_{fm} \cdot \varphi_h}{\eta_F}$$

φ_v	Vergleichsumformgrad (vgl. 2.1.1)	1
φ_h	Umformgrad in der Höhe ($\varphi_v = \varphi_h$)	1
h_0	Anfangshöhe des zu stauchenden Volumens	mm
A_0	Anfangsquerschnitt des zu stauchenden Werkstücks	mm²
d_0	Anfangsdurchmesser	mm
A_1	größter Endquerschnitt des gestauchten Werkstücks	mm²
d_1	größter Enddurchmesser des gestauchten Werkstücks	mm
k_{f1}	Formänderungsfestigkeit am Ende der Umformung	N/mm²

Reibungszahlen (Richtwerte)

μ	Reibungszahl in der Wirkfuge zwischen dem Werkstoff des Werkstücks und dem Werkzeugstahl der Matrize	1

Werkstoffpaarung	*Reibungszahl* μ	
	trocken	geschmiert
Stahl auf Stahl	0,15	0,11
Stahl auf Kupferlegierung	0,27	0,06
Stahl auf Aluminium	0,20	0,1

F	Umformkraft	N
W	Umformarbeit	J
V_K	Kopfvolumen	mm³
k_{f0}	Formänderungsfestigkeit zu Beginn der Umformung	N/mm²
k_{f1}	Formänderungsfestigkeit am Ende der Umformung (vgl. 2.1.2)	N/mm²
k_{fm}	mittlere Formänderungsfestigkeit (vgl. 2.1.2)	N/mm²
η_F	Formänderungswirkungsgrad zum Stauchen (η_F = 0,75 … 0,85)	1

H 2.3 Umformen durch Fließpressen

→ D 10.5

Beim Fließpressen wird hauptsächlich zwischen dem Vorwärtsfließpressen und dem Rückwärtsfließpressen unterschieden. Während beim Vorwärtsfließpressen das Material in Richtung der Stempelbewegung fließ, bewegt sich beim Rückwärtsfließpressen das Material entgegen der Stempelbewegung. Bei beiden Verfahren verkleinert sich der Ausgangsquerschnitt während des Prozesses, gleichzeitig vergrößert sich die Höhe des Werkstücks.

H 2.3.1 Auslegung der Presse zum Vorwärtsfließpressen

Im nebenstehenden Bild wird das Werkzeug zum Vorwärtsfließpressen verdeutlicht. Hierbei drückt der Stempel das Material in die Matrize. Die Größe der zu bestimmenden Umformkraft und Umformarbeit zur Auslegung der Presse ist abhängig von den Schiebungs- und Reibungsverlusten.

Die Schiebungsverluste werden von der Größe des Matrizenöffnungswinkels beeinflusst. Die Reibungsverluste sind von der Größe der Reiblänge des Werkstücks an der Matrize abhängig.

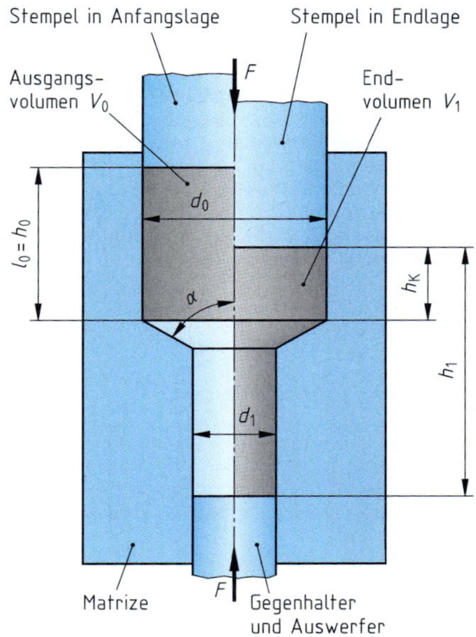

Vergleichsumformgrad

$$\varphi_v = \ln \frac{d_0^2}{d_1^2}$$

Ausgangs- und Endquerschnitt

$$A_0 = \frac{\pi \cdot d_0^2}{4} \qquad A_1 = \frac{\pi \cdot d_1^2}{4}$$

Umformkraft

$$F = A_0 \cdot k_{fm} \cdot \varphi_v \cdot \left[1 + \frac{2 \cdot \widehat{\alpha}}{3 \cdot \varphi_v} + \frac{2 \cdot \mu}{\sin 2\alpha}\right] + \pi \cdot d_0 \cdot l_0 \cdot \mu \cdot k_{f0}$$

Umformarbeit

$$W = \frac{A_0 \cdot (h_0 - h_K) \cdot k_{fm} \cdot \varphi_v}{\eta_F}$$

Formänderungswirkungsgrad

$$\eta = \frac{1}{1 + \frac{2 \cdot \widehat{\alpha}}{3 \cdot \varphi_v} + \frac{2 \cdot \mu}{\sin 2\alpha} + \frac{4 \cdot l_0 \cdot \mu}{d_0 \cdot \varphi_v}}$$

F	Umformkraft	N
W	Umformarbeit	Nm
A_0	Ausgangsquerschnitt	mm²
A_1	Endquerschnitt	mm²
d_0	Ausgangsdurchmesser	mm
d_1	Enddurchmesser	mm
k_{fm}	mittlere Formänderungsfestigkeit (vgl. 2.1.2)	N/mm²
φ_v	Vergleichsumformgrad (vgl. 2.1.1)	°
α	Matrizenöffnungswinkel	°
$\widehat{\alpha}$	Matrizenöffnungswinkel im Bogenmaß	rad
μ	Reibungszahl in der Wirkfuge zwischen dem Werkstoff des Werkstücks und dem Werkzeugstahl der Matrize (vgl. 2.2.3)	1
l_0	maximale Reiblänge des Rohteils an der Matrize	mm
h_0	Ausgangshöhe	mm
h_1	Endhöhe	mm
h_K	Kopfhöhe des gepressten Volumens	mm
η_F	Formänderungswirkungsgrad zum Vorwärtsfließpressen	1

H

H 2.3.2 Auslegung der Presse zum Rückwärtsfließpressen

Das nebenstehende Bild zeigt das Werkzeug zum Rückwärtsfließpressen. Der kegelige Stempel drückt in das Material. Der Werkstoff fließt seitlich am Stempel entgegen der Stempelbewegung entlang. Die Größe der zu bestimmenden Umformkraft und Umformarbeit zur Auslegung der Presse wird durch das Pressen der Bodenfläche sowie die Bildung des Ringzylinders bestimmt. Der Unformgrad der Bodenfläche φ_{V1} wird durch die Veränderung der Bodenhöhe bestimmt.

$$\varphi_{V1} = \ln \frac{h_1}{h_0}$$

Mithilfe des Umformgrades φ_{V1} kann die Formänderungsfestigkeit am Ende der Umformung des Bodens k_{f1} (vgl. H 2.1.2) bestimmt werden. Für die Umformung des Bodens wird die Umformkraft F_1 benötigt.

$$F_1 = A_1 \cdot k_{f1} \cdot \left(1 + \frac{1}{3} \cdot \mu \cdot \frac{d_1}{h_1}\right)$$

Die Größe des Umformgrades vom Ringzylinder φ_{V2} berechnet sich aus dem Umformgrad der Bodenfläche φ_{V1} sowie dem Stempeldurchmesser d_1 und der Wanddicke s.

$$\varphi_{V2} = \varphi_{V1} \cdot \left(1 + \frac{d_1}{8 \cdot s}\right)$$

Der Umformgrad des Ringzylinders φ_{V2} führt zur Formänderungsfestigkeit k_{f2} am Ende des Pressvorganges (vgl. H 2.1.2). Für die Umformung des Ringzylinders ergibt sich die Umformkraft F_2.

$$F_2 = A_1 \cdot k_{f2} \cdot \left[1 + \frac{h_1}{s} \cdot \left(0{,}25 + \frac{\mu}{2}\right)\right]$$

Die gesamte Umformkraft zur Fertigung des hohlen Napfes ergibt sich aus der Summe der Umformkraft zum Stauchen des Bodens F_1 sowie der Umformkraft zum Fließpressen des Ringzylinders F_2.

gesamte Umformkraft

$$F_{ges} = F_1 + F_2$$

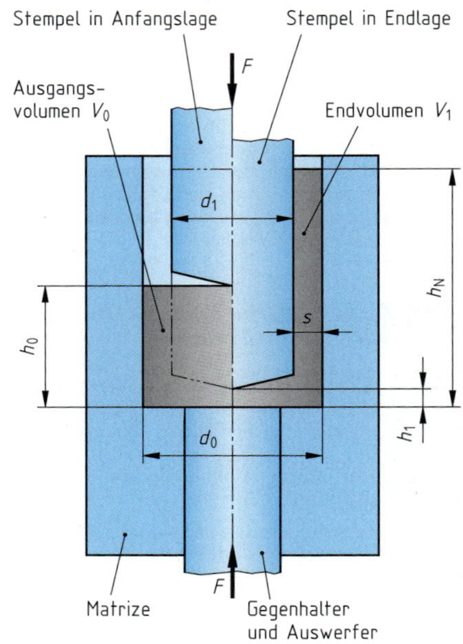

φ_{V1}	Vergleichsumformgrad für den Boden (vgl. 2.1.1)	1
φ_{V2}	Vergleichsumformgrad für den Ringzylinder (vgl. 2.1.1)	1
h_0	Ausgangshöhe	mm
h_1	Bodenhöhe	mm
h_N	Napfhöhe	mm
A_1	Stempelquerschnitt	mm²
d_1	Stempeldurchmesser	mm
s	Wanddicke	mm
F_1	Umformkraft für den Boden	N
F_2	Umformkraft für den Ringquerschnitt	N
F_{ges}	gesamte Umformkraft	N
k_{f1}	Formänderungsfestigkeit für den Boden (vgl. 2.1.2)	N/mm²
k_{f2}	Formänderungsfestigkeit für den Ringquerschnitt (vgl. 2.1.2)	N/mm²
μ	Reibungszahl in der Wirkfuge zwischen dem Werkstück und dem Werkzeug (vgl. 2.2.3)	1

H

Umformarbeit

$$W = V \cdot F_{ges} \cdot \frac{1}{A_1}$$

umzuformendes Volumen

$$V = A_0 \cdot (h_0 - h_1)$$

W	Umformarbeit	Nm
V	umzuformendes Volumen	mm^3
F_{ges}	gesamte Umformkraft	N
A_1	Stempelquerschnitt	mm^2
A_0	Bodenquerschnitt	mm^2
h_0	Ausgangshöhe	mm
h_1	Bodenhöhe	mm

H 2.4 Streckziehen

Beim Streckziehen wird ein Draht durch einen Ziehstein gezogen. Hierbei findet eine Verjüngung des Drahtes statt. Der Ziehstein besteht aus einem Einlaufkonus mit einem Einlaufwinkel 2β und einem Ziehkegelwinkel 2α. Hinter dem Ziehkegelwinkel befindet sich der Ziehzylinder und der Auslaufkonus mit einem Winkel 2β.

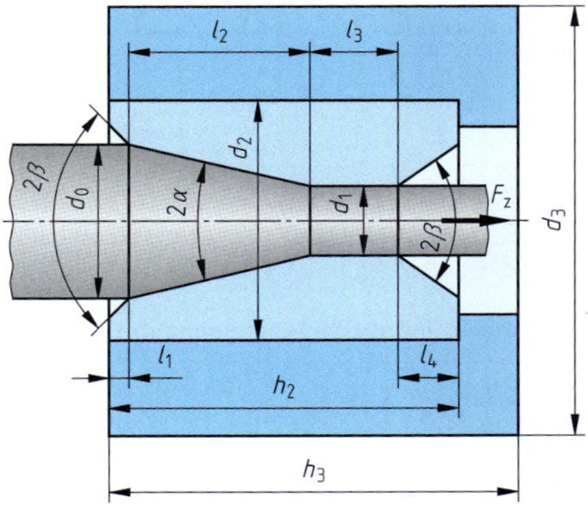

Länge des Ziehkegels

$$l_2 = \frac{d_0 - d_1}{2 \cdot \tan\alpha}$$

Ziehkraft

$$F_z = k_{fm} \cdot A_1 \cdot \left[\varphi_h \cdot \left(1 + \frac{\mu}{\tan\alpha}\right) + \frac{2}{3} \cdot \tan\alpha\right]$$

Antriebsleistung

$$P = \frac{F_z \cdot v}{\eta_M}$$

Bei einer Mehrfachdrahtziehmaschine ergibt sich die gesamte Antriebsleistung aus der Summe der Antriebsleistungen der einzelnen Züge.

$$P_M = \Sigma P$$

P	Antriebsleistung	W
P_M	Gesamtleistung von Mehrfachziehmaschinen	W
v	Ziehgeschwindigkeit	m/s
η_M	Wirkungsgrad der Maschine ($\eta_M = 0{,}8$)	1
h_2	Ziehsteinhöhe	mm
h_3	Höhe des Schrumpfrings	mm

F_z	Ziehkraft	N
k_{fm}	mittlere Formänderungsfestigkeit (vgl. 2.1.2)	N/mm^2
A_1	Endquerschnitt des gezogenen Drahts	mm^2
φ_h	Umformgrad	1
μ	Reibungszahl (vgl. 2.2.3)	1
α	Matrizenöffnungswinkel in Grad (vgl. 2.3.1)	°
l_1,	Einlauflänge	mm
l_2	Länge des Ziehkegels	mm
l_3	Länge des Führungszylinders	mm
l_4	Länge des Auslaufkonus	mm
d_0	Ausgangsdurchmesser des Drahts	mm
d_1	Enddurchmesser des Drahts	mm
d_2	Ziehsteindurchmesser	mm
d_3	Durchmesser des Schrumpfrings	mm
2α	Ziehkegelwinkel	°
2β	Ein- bzw. Auslaufwinkel	°

Abmessungen bei Hartmetallziehsteinen für Stahldrähte und Drähte aus Nichteisenmetallen

Stahldraht d_1	1,0	2,0	3,0	5,0	6,5	9,0
NE-Metall d_1	1,5	2,5	3,5	6,0	8,0	10,5
d_2	8	10	12	16	20	25
h_2	4	8	10	13	17	20
d_3	28	28	28	43	43	32
h_3	12	20	20	25	32	35
l_3	0,5	0,6	0,6	0,9	1,2	1,5
2β	90°	90°	90°	75°	60°	60°

Optimaler Ziehkegelwinkel 2α

Werkstoff: Stahl (C < 0,4%), Messing, Bronze			
	Ziehkegelwinkel 2α		
Nasszug	11°	16°	19°
Trockenzug	9°	14°	17°
Werkstoff: Stahl (C > 0,4%)			
	Ziehkegelwinkel 2α		
Nasszug	10°	15°	18°
Trockenzug	8°	12°	15°
φ_h in %	10	22	35

φ_h Umformgrad (Angabe gilt für alle Werkstoffe)

H 3 Blechumformung

H 3.1 Biegen

→ D 11.2; D 11.3

Zuschnittsermittlung bei Biegungen mit β = 90°

$$L = a + b + c + \ldots - n \cdot v$$

Ausgleichswert bei Biegungen mit β = 90°

$$v = 0{,}43 \cdot r + 1{,}477 \cdot s$$

Ausgleichswert bei Biegungen mit β < 90°

$$v = 2 \cdot (r + s) - \pi \cdot \left(1 + \frac{180° - \beta}{180°}\right) \cdot \left(r + \frac{s}{2} \cdot k\right)$$

Ausgleichswert bei Biegungen mit β > 90°

$$v = 2 \cdot (r + s) \cdot \tan \frac{180° - \beta}{2} - \pi \cdot \left(\frac{180° - \beta}{180°}\right) \cdot \left(r + \frac{s}{2} \cdot k\right)$$

Korrekturfaktor

$$k = 0{,}65 + 0{,}5 \cdot \lg \frac{r}{s}$$

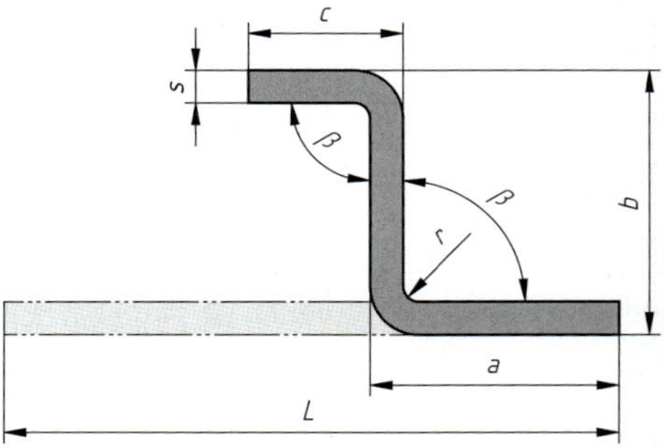

L	gestreckte Länge (die berechneten Werte sind auf volle mm aufzurunden)	mm
a,b,c	Längen der Schenkel	mm
v	Ausgleichswert	1
n	Anzahl der Biegestellen	1
r	Biegeradius	mm
s	Blechdicke	mm
β	Öffnungswinkel der Biegestelle (bei β >165° ist v = 0)	°
k	Korrekturfaktor	1

H

Radius am Biegewerkzeug

$$r_1 = k_R \cdot (r_2 + 0{,}5 \cdot s) - 0{,}5 \cdot s$$

Winkel vor der Rückfederung (Überbiegung)

$$\alpha_1 = \frac{\alpha_2}{k_R}$$

$r_2 : s$ bis	Rückfederungsfaktor k_R				
	S235JR DC03	S275JR DC01	CrNi-Stahl	AlMg-Legier.	CuZn-Legier.
2,5	0,98	0,98	0,97	0,94	0,97
4	0,98	0,98	0,95	0,93	0,96
6,3	0,97	0,98	0,93	0,92	0,94
10	0,96	0,97	0,90	0,88	0,93
16	0,93	0,96	0,85	0,86	0,90
25	0,90	0,94	0,77	0,82	0,87
40	0,86	0,92	0,65	0,71	0,83
63	0,78	0,87	0,60	0,50	0,78
100	0,68	0,84	–	0,35	0,73

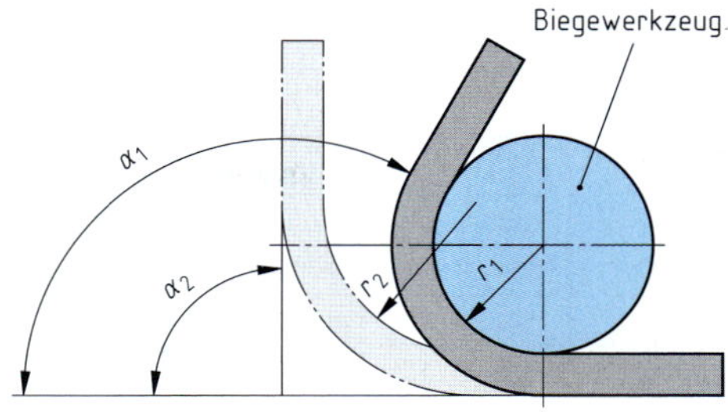

r_1	Radius am Biegewerkzeug	mm
r_2	Biegeradius am Werkstück	mm
s	Blechdicke	mm
k_R	Rückfederungsfaktor	1
α_1	Winkel am Werkzeug vor der Rückfederung (Überbiegung des Werkstücks)	°
α_2	geforderter Biegewinkel am Werkstück	°

H 3.2 Tiefziehen

Das Tiefziehverhältnis β gibt die Grenze der Umformung an. Wird es überschritten, so treten Risse am Übergang von Zarge zum Boden auf.

Tiefziehverhältnis für den Erstzug

$$\beta_1 = \frac{d_0}{d_1}$$

Tiefziehverhältnis für den Weiterzug

$$\beta_2 = \frac{d_1}{d_2} \quad \beta_3 = \frac{d_2}{d_3} \quad \ldots$$

Gesamtziehverhältnis

$$\beta_{ges} = \frac{d_0}{d_n} \quad \beta_{ges} = \beta_1 \cdot \beta_2 \cdot \beta_3 \cdot \ldots$$

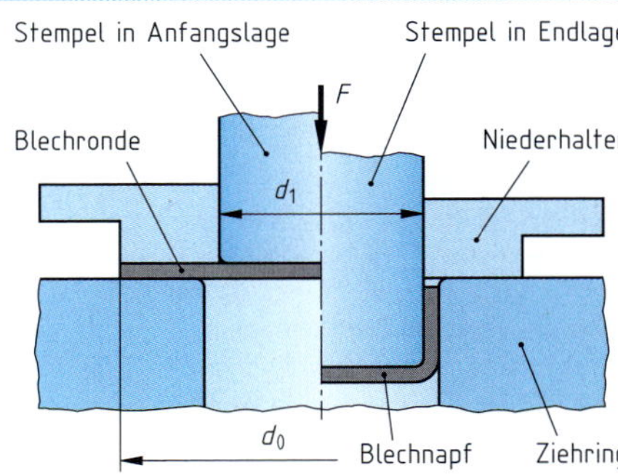

β_1	Tiefziehverhältnis beim 1. Zug	°
β_1, β_3	Tiefziehverhältnis beim 2. und 3. Zug	°
β_{ges}	Gesamttiefziehverhältnis	°
d_0	Zuschnittdurchmesser der Blechronde	mm
d_1	Stempeldurchmesser beim 1. Zug	mm
d_2, d_3	Stempeldurchmesser beim 2. und 3. Zug	mm

H

Werkstoff	maximales Ziehverhältnis		Werkstoff	maximales Ziehverhältnis	
	β_1	β_n		β_1	β_n
DC01	1,8	1,2	CuZn40	2,1	1,4
DC03	1,9	1,25	CuSn6	1,5	–
DC04	2,0	1,3	Al99,5	2,1	1,6
S185	1,9	1,3	AlMg1	1,85	1,3
X10CrNi 18-10	1,8	1,2	AlMgSi	2,05	1,4
S275JR	1,6	–	AlCuMg1	2,0	1,5

Ziehspalt

$$w = s + k \cdot \sqrt{10 \cdot s}$$

	Stahl	Al99,5w	sonstige NE-Metalle
Werkstoff-faktor k	0,07	0,02	0,04

Radius am 1. Ziehring r_{r1}

$$r_{r1} = 0{,}035 \cdot [50 + (d_0 - d_1)] \cdot \sqrt{s}$$

Radius an jedem weitern Ziehring

$$r_{r2} = 0{,}7 \cdot r_{r1} \qquad r_{r3} = 0{,}7 \cdot r_{r2} \quad \ldots$$

Radius am 1. Ziehstempel

$$r_{s1} = (0{,}1 \ldots 0{,}25) \cdot d_1 \quad r_{s1\,min} = (5 \cdot s)$$

Radius am weiteren Ziehstempel

$$r_{s2} = (0{,}1 \ldots 0{,}25) \cdot d_2 \quad r_{s2\,min} = (4 \cdot s)$$

Zuschnittdurchmesser für zylindrisches Teil *ohne* Rand

$$d_0 = \sqrt{d_i^2 + 4 \cdot d_i \cdot h}$$

Zuschnittdurchmesser für zylindrisches Teil *mit* Rand

$$d_0 = \sqrt{d_a^2 + 4 \cdot d_i \cdot h}$$

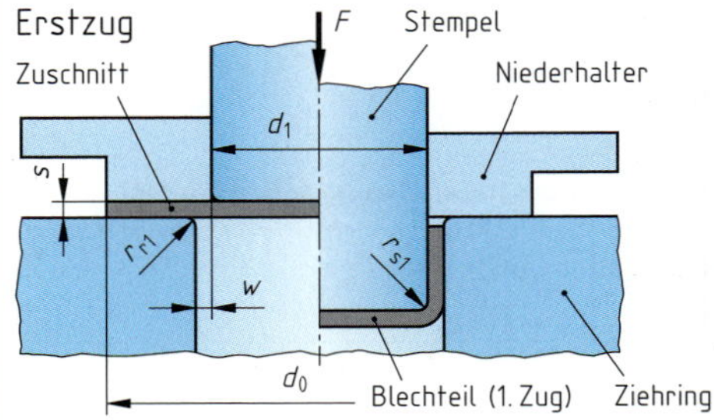

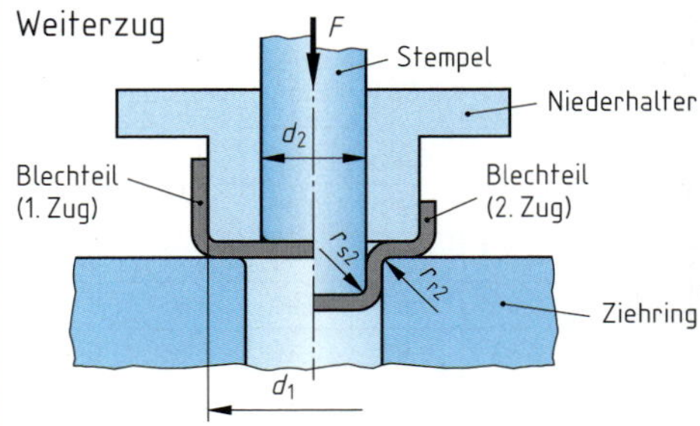

β_1	Tiefziehverhältnis beim 1. Zug	1
β_n	Tiefziehverhältnis beim 2. und jeden weiteren Zug	1
w	Ziehspalt	mm
s	Blechdicke	mm
r_{r1}	Radius am 1. Ziehring	mm
r_{r2}, r_{r3}	Radius am 2. und 3. Ziehring	mm
r_{s1}	Radius am 1. Ziehstempel	mm
r_{s2}, r_{s3}	Radius am 2. und 3. Ziehstempel	mm
d_0	Zuschnittdurchmesser der Blechronde	mm
d_1, d_2	Stempeldurchmesser beim 1. und 2. Zug	mm
d_a	Außendurchmesser vom Rand des Teils	mm
d_i	Innendurchmesser des Fertigteils	mm
h	Höhe des Blechteils	mm

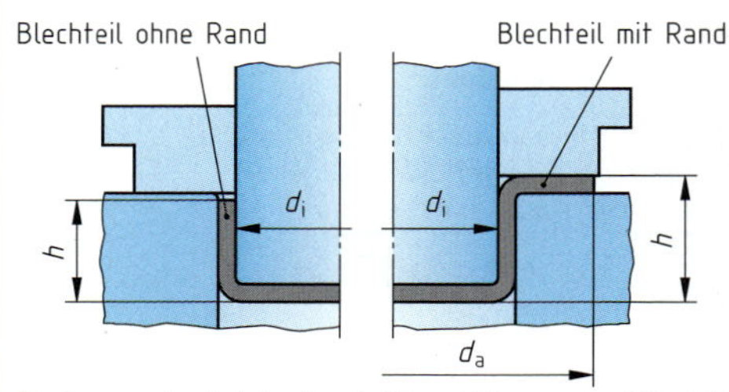

(Radien werden bei der Zuschnittsermittlung vernachlässigt)

Zuschnittdurchmesser für gestuftes Teil *ohne* Rand

$$d_0 = \sqrt{d_{i2}^2 + 4 \cdot (d_{i1} \cdot h_1 + d_{i2} \cdot h_2)}$$

Zuschnittdurchmesser für gestuftes Teil *mit* Rand

$$d_0 = \sqrt{d_a^2 + 4 \cdot (d_{i1} \cdot h_1 + d_{i2} \cdot h_2)}$$

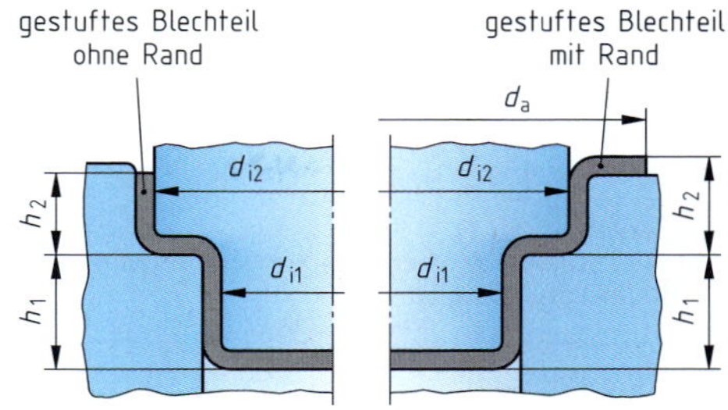

(Radien werden bei der Zuschnittsermittlung vernachlässigt)

Zuschnittdurchmesser für zylindrisches Teil mit ausgeprägten Bodenradien und *ohne* Rand

$$d_0 = \sqrt{d_{i1}^2 + 2 \cdot \pi \cdot (d_{i1} + r) \cdot r + 4 \cdot d_{i2} \cdot h}$$

Zuschnittdurchmesser für zylindrisches Teil mit ausgeprägten Bodenradien und *mit* Rand

$$d_0 = \sqrt{d_{i1}^2 + 2 \cdot \pi \cdot (d_{i1} + r) \cdot r + 4 \cdot d_{i2} \cdot h + (d_a^2 - d_{i2}^2)}$$

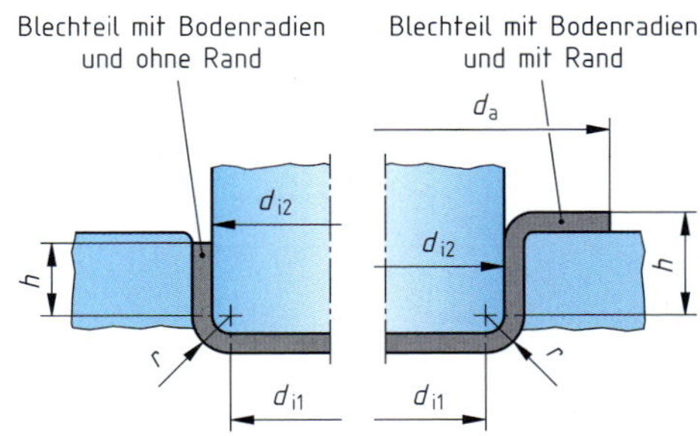

Zuschnittdurchmesser für zylindrisches Teil mit gewölbtem Boden und *ohne* Rand

$$d_0 = \sqrt{d_{i1}^2 + 4 \cdot h_1^2 + 4 \cdot d_{i1} \cdot h_2^2}$$

Zuschnittdurchmesser für zylindrisches Teil mit gewölbtem Boden und *mit* Rand

$$d_0 = \sqrt{d_{i1}^2 + 4 \cdot h_1^2 + 4 \cdot d_{i1} \cdot h_2^2 + (d_a^2 - d_{i1}^2)}$$

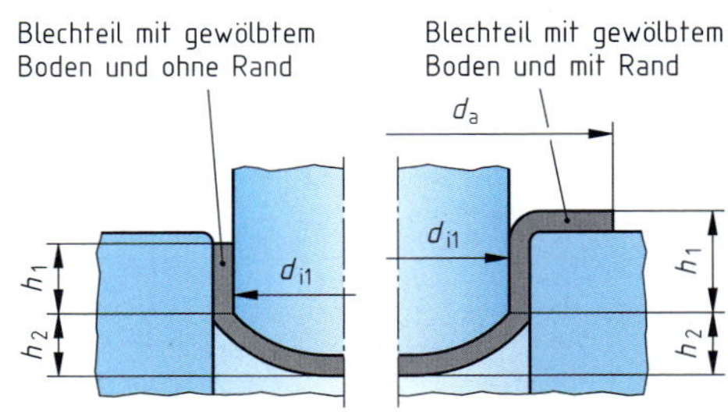

Zuschnittdurchmesser für kegeliges Teil *ohne* Rand

$$d_0 = \sqrt{d_{i1}^2 + 4 \cdot d_{i2} \cdot l}$$

Zuschnittdurchmesser für kegeliges Teil *mit* Rand

$$d_0 = \sqrt{d_{i1}^2 + 4 \cdot d_{i2} \cdot l + (d_a^2 - d_{i3}^2)}$$

$$d_{i2} = \frac{d_{i1} + d_{i3}}{2}$$

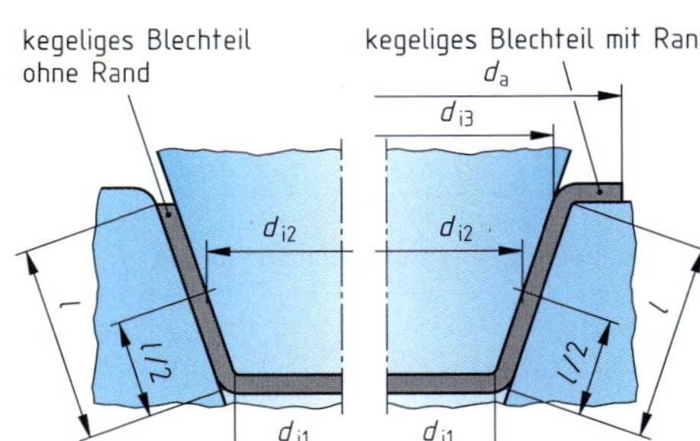

H

Tiefziehkraft

$$F_z = \pi \cdot (d_1 + s) \cdot s \cdot R_m \cdot 1{,}2 \cdot \frac{\beta - 1}{\beta_{max} - 1}$$

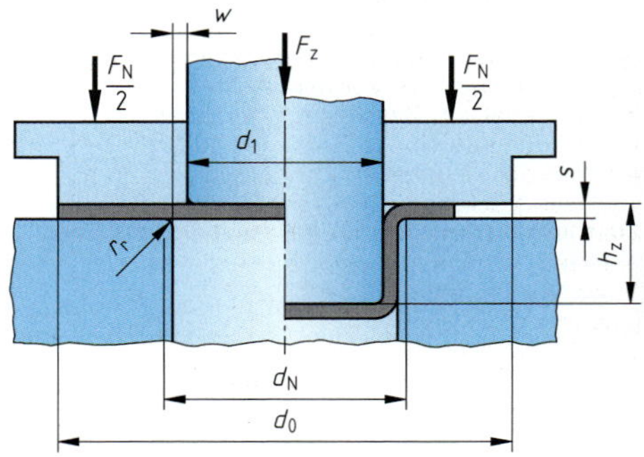

Niederhalterkraft F_N
Ein Niederhalter wird erforderlich, wenn die folgende Bedingung gültig ist:

$$s \leq 0{,}2 \cdot (d_0 - d_1)$$

$$F_N = \frac{\pi}{4} \cdot (d_0^2 - d_N^2) \cdot p$$

	Stahl	Al-Legierung	Cu-Legierung
Niederhalterdruck p in N/mm²	2,5	1,2…1,5	2,0…2,4

Auflagedurchmesser

$$d_N = d_1 + 2 \cdot (r_r + w)$$

Gesamte Ziehkraft

$$F_{ges} = F_Z + F_N$$

Notwendige Arbeit zum Tiefziehen

$$W = F_{ges} \cdot h_z \cdot k$$

	Erstzug ohne Flansch	Erstzug mit Flansch	Weiterzug
Korrektur-Faktor k	0,65	0,77	0,80

Stempelweg h_s, beim Blechteil ohne Rand

$$h_s = h_z + r_r$$

Stempelweg h_s, beim Blechteil mit Rand

$$h_s = h_z - s$$

F_z	Tiefziehkraft	N
d_1	Stempeldurchmesser beim 1. Zug	mm
s	Blechdicke	mm
R_m	Zugfestigkeit	N/mm²
β_1	Tiefziehverhältnis beim 1. Zug	1
β_{max}	maximales Tiefziehverhältnis	1
d_0	Zuschnittdurchmesser der Blechronde	mm
F_N	Niederhalterkraft	N
d_N	Auflagedurchmesser des Niederhalters	mm
p	Niederhalterdruck	N/mm²
r_r	Radius am Ziehring	mm
w	Ziehspalt	mm
F_{ges}	Gesamte Tiefziehkraft	N
W	Notwendige Arbeit zum Tiefziehen	Nm
h_z	Blechteilhöhe des jeweiligen Zuges	mm
k	Korrekturfaktor	1
h_s	Stempelweg des jeweiligen Zuges	mm

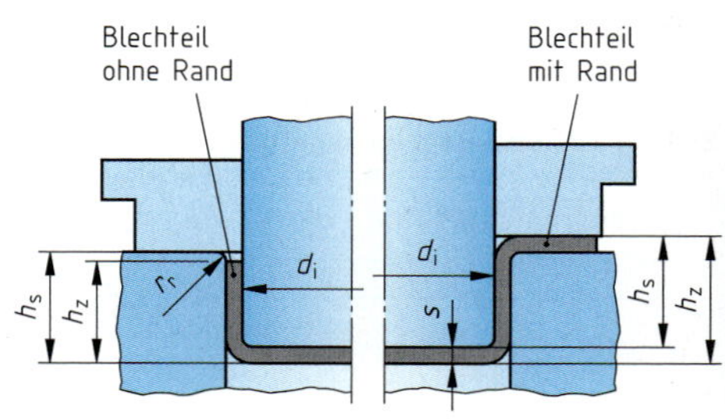

H

H 3.3 Abstreckziehen

Abstreckziehen wird als Folgeverfahren zum Tiefziehen durchgeführt. Vor dem Abstreckziehen findet in der Regel ein Zwischenglühen statt, damit die Verfestigung durch das Tiefziehen aufgehoben wird. Abstreckziehen findet Anwendung bei der Fertigung von Werkstücken, die im Wandbereich geringere Dicken haben müssen, als im Bodenbereich. Mit dem Werkzeug zum Abstreckziehen wird über Abstreckringe nur die Wanddicke reduziert, während der Innendurchmesser des Blechteils unverändert bleibt. Die Reduzierung der Wanddicke hat eine Vergrößerung der Wandhöhe zur Folge.

Nachfolgend wird exemplarisch die Berechnung zum Abstreckziehen mit einem 3-stufigen Werkzeug verdeutlicht.

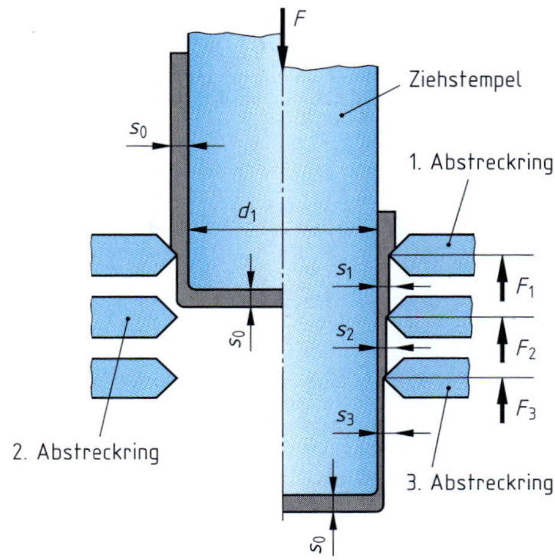

Gesamtumformgrad

$$\varphi_{\text{Vges}} = \varphi_{\text{V1}} + \varphi_{\text{V2}} + \varphi_{\text{V3}}$$

$$\varphi_{\text{Vges}} = \frac{2}{\sqrt{3}} \cdot \varphi_{\text{h}}$$

$$\varphi_{\text{h}} = \ln \frac{A_0}{A_3} = \ln \frac{s_0}{s_3}$$

Blechdicken der jeweiligen Abstreckstufen

$$s_1 = s_0 \cdot e^{-\left(\frac{\sqrt{3}}{2} \cdot \varphi_{\text{V1}}\right)}$$

$$s_2 = s_1 \cdot e^{-\left(\frac{\sqrt{3}}{2} \cdot \varphi_{\text{V2}}\right)}$$

Reißkräfte nach den jeweiligen Abstreckstufen

$$F_{\text{R1}} = \pi \cdot d_1 \cdot s_1 \cdot k_{\text{f1}}$$

$$F_{\text{R2}} = \pi \cdot d_1 \cdot s_2 \cdot k_{\text{f2}}$$

$$F_{\text{R3}} = \pi \cdot d_1 \cdot s_3 \cdot k_{\text{f3}}$$

φ_{ges}	Gesamtumformgrad	1
φ_{h}	Umformgrad in der Höhe	1
s_0	Blechdicke des Tiefziehteils	mm
s_1	Wanddicke nach dem 1. Abstreckring	mm
s_2	Wanddicke nach dem 2. Abstreckring	mm
s_3	Wanddicke nach dem 3. Abstreckring	mm
A_0	Querschnittsfläche der Wand vor dem Abstreckziehen	mm^2
A_3	Querschnittsfläche der Wand nach dem Abstreckziehen	mm^2
φ_{V1}	Umformgrad nach dem 1. Abstreckring	1
φ_{V2}	Umformgrad nach dem 2. Abstreckring	1
F_{R1}	Reißkraft der Blechwand nach der 1. Abstreckstufe	N
F_{R2}	Reißkraft der Blechwand nach der 2. Abstreckstufe	N
F_{R3}	Reißkraft der Blechwand nach der 3. Abstreckstufe	N
d_1	Stempeldurchmesser	mm
k_{f1}	Formänderungsfestigkeit nach dem 1. Abstreckring (vgl. 2.1.2)	N/mm^2
k_{f2}	Formänderungsfestigkeit nach dem 2. Abstreckring (vgl. 2.1.2)	N/mm^2
k_{f3}	Formänderungsfestigkeit nach dem 3. Abstreckring (vgl. 2.1.2)	N/mm^2

H

Ziehringkräfte nach den jeweiligen Abstreckstufen

$$F_1 = \frac{1}{\eta} \cdot k_{fm1} \cdot \varphi_{V1} \cdot \pi \cdot d_1 \cdot s_1$$

$$F_2 = \frac{1}{\eta} \cdot k_{fm2} \cdot \varphi_{V2} \cdot \pi \cdot d_1 \cdot s_2$$

$$F_3 = \frac{1}{\eta} \cdot k_{fm3} \cdot \varphi_{V3} \cdot \pi \cdot d_1 \cdot s_3$$

Damit der Stempel möglichst kurz ausgeführt werden kann, sollten möglichst alle Abstreckringe am Werkstück gleichzeitig angreifen. Dabei ist aber zu überprüfen, ob die Summe der Ziehringkräfte überhaupt von der schwächsten Stelle der Blechwand übertragen werden kann. Damit ergibt sich die Forderung, dass die Summe der Ziehringkräfte, die gleichzeitig im Eingriff sind, die kleinste Reißkraft nicht überschreiten darf.

$$\Sigma F \leq F_{Rmin}$$

F_1	Ziehringkraft des 1. Abstreckringes	N
F_2	Ziehringkraft des 2. Abstreckringes	N
F_3	Ziehringkraft des 3. Abstreckringes	N
k_{fm1}	mittlere Formänderungsfestigkeit nach dem 1. Abstreckring (vgl. 2.1.2)	N/mm^2
k_{fm2}	mittlere Formänderungsfestigkeit nach dem 2. Abstreckring (vgl. 2.1.2)	N/mm^2
k_{fm3}	mittlere Formänderungsfestigkeit nach dem 3. Abstreckring (vgl. 2.1.2)	N/mm^2
φ_{V1}	Umformgrad nach dem 1. Abstreckring	1
φ_{V2}	Umformgrad nach dem 2. Abstreckring	1
φ_{V3}	Umformgrad nach dem 3. Abstreckring	1
d_1	Stempeldurchmesser	mm
s_1	Wanddicke nach dem 1. Abstreckring	mm
s_2	Wanddicke nach dem 2. Abstreckring	mm
s_3	Wanddicke nach dem 3. Abstreckring	mm
ΣF	Summe der Ziehringkräfte, die gleichzeitig im Eingriff sind	N
F_{Rmin}	kleinste Reißkraft der Blechwand	N

H 3.4 Stülpziehen

Stülpziehen ist ein Folgeverfahren zum Tiefziehen. Bei diesem Verfahren wird ein bereits tiefgezogenes Blechteil auf einen Hohlstempel aufgesetzt. Ein zweiter Innenstempel dringt anschließend in den Hohlstempel ein. Das tiefgezogene Blechteil wird somit umgestülpt. Der Vorteil des Verfahrens liegt darin, dass durch die Umkehr der Umformrichtung der Werkstoff entfestigt wird. Ein mögliches Zwischenglühen wird somit eingespart.

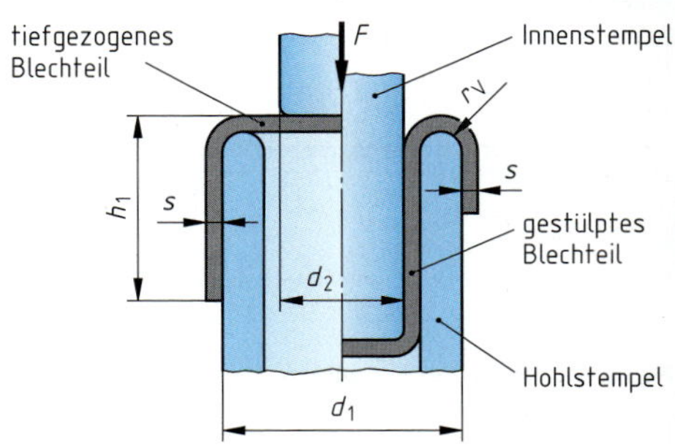

Ziehverhältnis des Stülpzuges

$$\beta = \frac{d_{alt,\,außen}}{d_{neu,\,innen}} = \frac{d_1 + 2 \cdot s}{d_2}$$

Höhe des gestülpten Blechteils

$$h_2 = \frac{1}{d_2 + s} \cdot \left[(d_1 + s) \cdot h_1 + \frac{d_1^2 - d_2^2}{4}\right]$$

Radius der Werkzeugverrundung

$$r_V = \frac{d_1 - d_2 - s}{4}$$

β	Ziehverhältnis des Stülpzuges	1
d_1	Innendurchmesser des tiefgezogenen Blechteils	mm
d_2	Innendurchmesser des gestülpten Blechteils	mm
s	Wanddicke des Blechteils	mm
h_1	Höhe des tiefgezogenen Blechteils	mm
h_2	Höhe des gestülpten Blechteils	mm
r_V	Radius der Werkzeugverrundung	mm

H

Umformkraft

$$F_U = k_{fm} \cdot \varphi_{Vges} \cdot A_2$$

Maximale Reibkraft

$$F_{Rmax} = A_V \cdot \tau_V + A_Z \cdot \tau_Z$$

Maximale Stempelkraft

$$F_{Smax} = F_U + F_{Rmax}$$

Wandquerschnittsfläche des gestülpten Blechteils

$$A_2 = \pi \cdot (d_2 + s) \cdot s$$

Gesamter Umformgrad

$$\varphi_{Vges} = \varphi_{V1} + \varphi_{V2}$$

Umformgradanteil durch Einbiegung und Rückbiegung

$$\varphi_{V1} = \frac{1}{\sqrt{3}} \cdot \left(\left| \ln \frac{r_V + s}{r_V + \frac{s}{2}} \right| + \left| \ln \frac{r_V}{r_V + \frac{s}{2}} \right| \right)$$

Umformgradanteil aufgrund der Verringerung des Durchmessers

$$\varphi_{V2} = \frac{2}{\sqrt{3}} \cdot \left| \ln \frac{d_2 + s}{d_1 + s} \right|$$

Reibfläche der Verrundung

$$A_V = \pi^2 \cdot (d_1 - 2 \cdot r_V) \cdot r_V$$

Reibfläche der Zylinderwand

$$A_Z = \pi \cdot (d_2 + 2 \cdot s) \cdot h_2 - \pi^2 \cdot (d_1 - 2 \cdot r_V) \cdot \left(r_V + \frac{s}{2}\right)$$

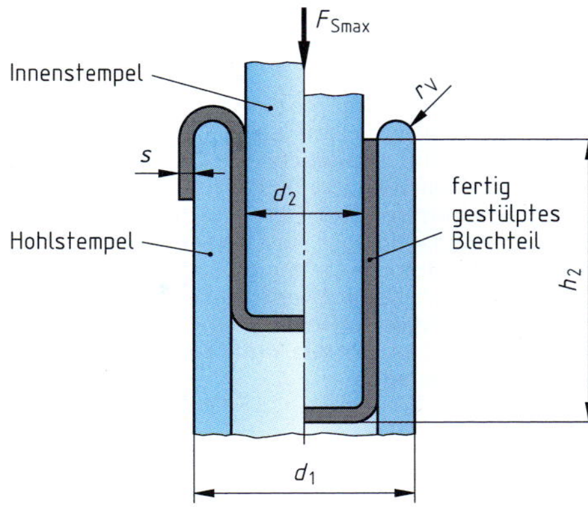

F_U	Umformkraft	N
F_{Rmax}	maximale Reibkraft	N
F_{Smax}	maximale Stempelkraft	N
τ_V	Reibschubspannung für die verrundete Fläche (τ_V = 30 ... 50 N/mm²)	N/mm²
τ_z	Reibschubspannung für die zylindrische Fläche (τ_z = 3 ...5 N/mm²)	N/mm²
k_{fm1}	mittlere Formänderungsfestigkeit (vgl. 2.1.2)	N/mm²
φ_{Vges}	Gesamter Umformgrad	1
φ_{V1}	Umformgradanteil durch Einbiegung und Rückbiegung	1
φ_{V1}	Umformgradanteil aufgrund der Verringerung des Durchmessers	1
A_2	Wandquerschnittsfläche des gestülpten Blechteils	mm²
A_V	Reibfläche der Verrundung	mm²
A_Z	Reibfläche der Zylinderwand	mm²
d_1	Innendurchmesser des tiefgezogenen Blechteils	mm
d_2	Innendurchmesser des gestülpten Blechteils	mm
s	Wanddicke des Blechteils	mm
h_2	Höhe des gestülpten Blechteils	mm
r_V	Radius der Werkzeugverrundung	mm

H

H 4 Trennen durch Abtragen

H 4.1 Funkenerosives Senken

Funkenerosives Senken beruht auf der materialabtragenden Wirkung durch die Entladung zwischen der Elektrode und dem Werkstück. Die Entladung findet in einer nichtleitenden Flüssigkeit (Dielektrikum) statt. Zwischen der Elektrode und dem Werkstück befindet sich ein stetiger Funkenspalt. Die Elektrode wird mit einer Impulsspannung beaufschlagt. Bei jedem Impuls wird Material vom Werkstück am jeweils engsten Spalt abgetragen. Den größten Einfluss auf die Menge des punktförmig abzutragenden Materials hat die Entladeenergie.

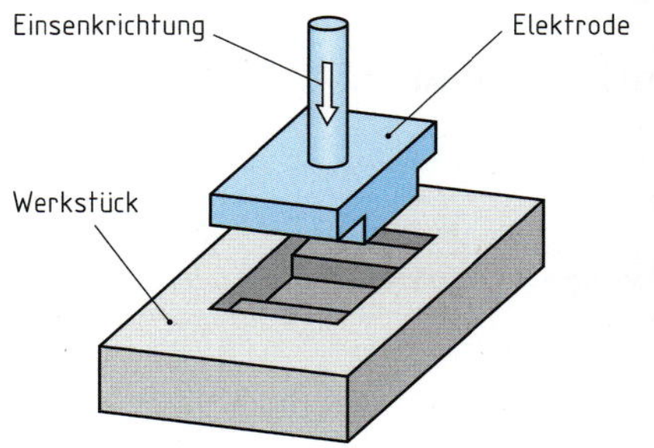

Entladeenergie

$$W_e = u_e \cdot i_e \cdot t_e \cdot 10^{-3}$$

Die Periodendauer beinhaltet die Impulsdauer sowie die Pausendauer, das Zeitintervall zwischen zwei Spannungsvorgängen. Sie ist somit die Zeit vom Einschalten eines Impulses bis zum Einschalten des folgenden Impulses.

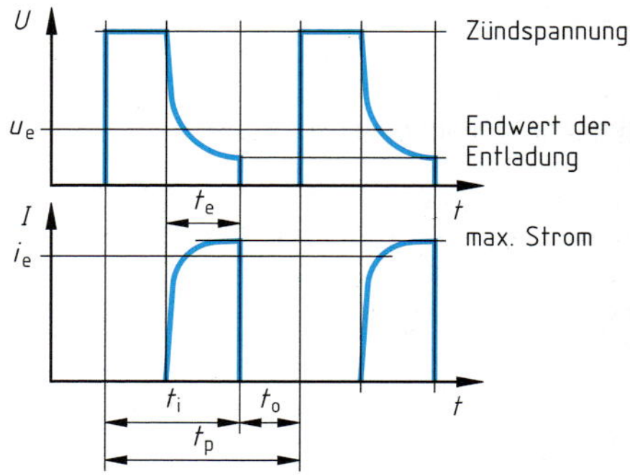

Periodendauer

$$t_p = t_i + t_0$$

Impulsfrequenz

$$f_p = \frac{10^3}{t_p}$$

Das Frequenzverhältnis ist das Verhältnis der wirksam auftretenden Entladungen zur Impulsfrequenz.

Frequenzverhältnis

$$\lambda = \frac{f_e}{f_p}$$

Tastverhältnis

$$\tau = \frac{t_i}{t_p}$$

Abtragrate

$$V_W = 0{,}054 \cdot 10^{-3} \cdot f_p \cdot W_e^{1,2} \cdot \lambda$$

Mittenrauwert

$$R_a \approx 2 \cdot W_e^{0,334}$$

W_e	Entladeenergie	mJ
u_e	mittlere Entladespannung	V
i_e	mittlerer Entladestrom	A
t_e	Entladedauer	µs
t_p	Periodendauer	µs
t_i	Impulsdauer	µs
t_0	Pausendauer	µs
f_e	Entladefrequenz	kHz
f_p	Impulsfrequenz	kHz
λ	Frequenzverhältnis	1
τ	Tastverhältnis	1
V_W	Abtragrate	mm³/min
R_a	Mittenrauwert	µm

	Feinschlichten	Schlichten	Schruppen
R_a	0,5 – 0,8	0,8 – 3	> 3
V_W	0,5 – 2,5	2,5 – 17	> 17

H

Beim funkenerosiven Abtragen findet neben dem gewollten Abtrag am Werkstück ein Abtrag an der Elektrode statt, der zum Verschleiß der Elektrode führt. Der Verschleiß sollte möglichst klein gehalten werden.

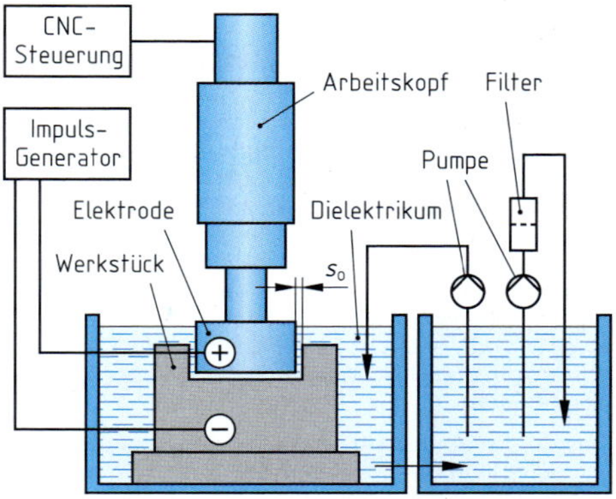

Relativer Elektrodenverschleiß

$$\vartheta = \frac{V_E}{V_W}$$

Seitenspalt

$$s_0 = 25 \cdot W_E^{0,27}$$

Formfaktor

$$k = \frac{1}{1 + \vartheta}$$

Prozentualer Abbildungsfehler

$$f_m = (1 - k)^m \cdot 100\,\%$$

Erforderliche Elektrodenzahl

$$m = \frac{\lg f_m - \lg 100}{\lg(1 - k)}$$

ϑ	relativer Elektrodenverschleiß	1
V_E	Verschleißrate	mm³/min
V_w	Abtragrate	mm³/min
s_0	Seitenspalt	mm
W_e	Entladeenergie	mJ
k	Formfaktor	1
f_m	prozentualer Abbildungsfehler nach der m-ten Elektrode	%
m	Elektrodenzahl	1

H 4.2 Funkenerosives Schneiden

Beim funkenerosiven Schneiden wird nur das Volumen zwischen dem herzustellenden Werkstück und dem Ausfallteil abgetragen. Das Ausfallteil kann ebenfalls das gewünschte Werkstück sein. Beim funkenerosiven Senken wird dagegen das gesamte Volumen abgetragen.

Ausgehend von einer Startbohrung oder einer Referenzfläche wird beim funkenerosiven Schneiden mit einer Drahtelektrode eine programmierte Kontur erzeugt. Der Draht wird zwischen zwei Drahtrollen stetig abgewickelt. Diese Maßnahme ist notwendig, da während des funkenerosiven Schneidens ein Verschleiß am Draht stattfindet.

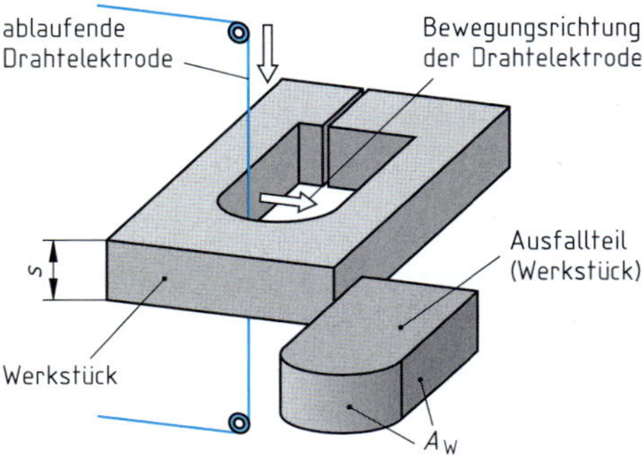

Bearbeitungszeit

$$T = \frac{A_W}{V_c}$$

Drahterodierte Fläche

$$A_W = l_s \cdot s$$

T	Bearbeitungszeit	min
A_W	drahterodierte Fläche	mm²
V_e	Schneidrate	mm²/min
l_s	Schnittlänge	mm
s	Werkstückdicke	mm

H

H 5 Trennen durch Schneiden

H 5.1 Werkzeug zum Scherschneiden

→ D 5.1; D 9.3; D 10.5

Das Scherschneiden wird hauptsächlich beim Bearbeiten von Blechen eingesetzt. Abhängig von der Lage der Schnittfläche zur Werkstückbegrenzung werden die Verfahren Ausschneiden, Lochen, Abschneiden, Ausklinken, Einschneiden, Beschneiden und Feinschneiden unterschieden. Während zum Beispiel beim Ausschneiden und Lochen entlang einer geschlossenen Schnittlinie die Werkstückform erzeugt wird, entsteht beim Abschneiden die Werkstückform durch Schneiden entlang einer offenen Schnittlinie.

Das Werkzeug besteht aus einem Stempel und einer Schneidplatte mit oder ohne Freiwinkel. Je nach Art der Führung des Stempels wird von einem Frei-, Plattenführungs- oder Säulenführungsschneidwerkzeug gesprochen.

Beim Ausschneiden bestimmt der Schneidplattendurchbruch das Werkstückmindestmaß.

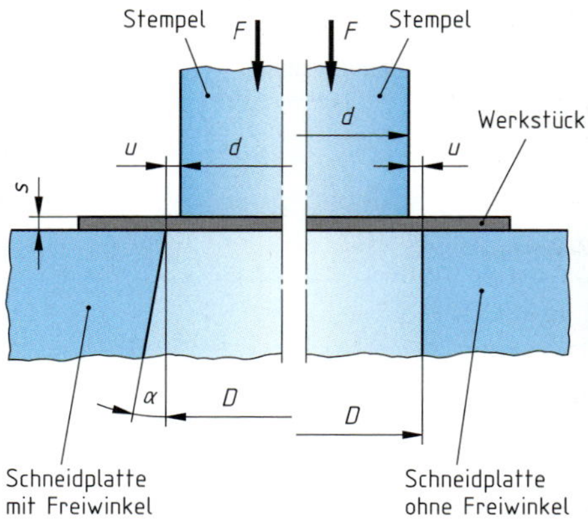

W_u	Werkstückmindestmaß	mm
W_o	Werkstückhöchstmaß	mm
D	Schneidplattenmaß	mm
d	Stempelmaß	mm
u	Schneidspalt	mm
α	Freiwinkel	°
s	Blechdicke	mm

Schneidplattenmaß (Ausschneiden)

$$W_u = D$$

Stempelmaß (Ausschneiden)

$$d = W_u - 2 \cdot u$$

Beim Lochen bestimmt der Stempel das Werkstückhöchstmaß.

Schneidplattenmaß (Lochen)

$$W_o = d$$

Stempelmaß (Lochen)

$$D = W_o + 2 \cdot u$$

	$s < 1$ mm	$s > 1$ mm	Weiche Werkstoffe
α	0,2° – 0,3°	0,5° – 0,6°	0,5° – 1°

Schneidspalt bei Schneidplatte *mit* Freiwinkel

τ in N/mm²	bis 250	251 bis 400	401 bis 600	über 600
s in mm	Schneidspalt u in mm			
0,4 – 0,6	0,01	0,015	0,02	0,025
0,7 – 0,8	0,015	0,02	0,03	0,04
0,9 – 1	0,02	0,03	0,04	0,05
1,5 – 2	0,03	0,05	0,06	0,08
2,5 – 3	0,04	0,07	0,10	0,12
3,5 – 4	0,06	0,09	0,12	0,16

Schneidspalt bei Schneidplatte *ohne* Freiwinkel

τ in N/mm²	bis 250	251 bis 400	401 bis 600	über 600
s in mm	Schneidspalt u in mm			
0,4 – 0,6	0,015	0,02	0,025	0,03
0,7 – 0,8	0,025	0,03	0,04	0,05
0,9 – 1	0,03	0,04	0,05	0,05
1,5 – 2	0,05	0,07	0,09	0,11
2,5 – 3	0,08	0,11	0,14	0,17
3,5 – 4	0,11	0,15	0,19	0,23

H 5.2 Scherschneiden mit einem Folgeschneidwerkzeug

→ D 5.1

H 5.2.1 Streifeneinteilung

Der Einsatz eines Folgeschneidwerkzeuges ermöglicht die Fertigung von Werkstücken mit unterschiedlichen Schneidverfahren wie z.B. Lochen und Ausschneiden. Als Ausgangsmaterial werden hierbei Blechstreifen eingesetzt. Die nachfolgenden Formeln und Tabellen dienen zur optimalen Ausnutzung des Blechstreifens.

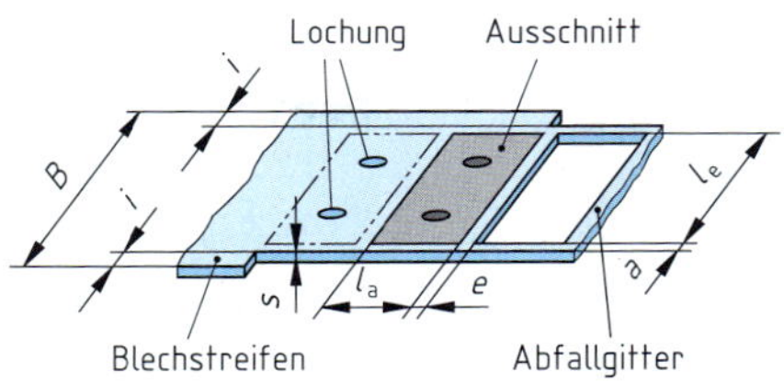

Streifenbreite

$$B = l_e + 2 \cdot a + 2 \cdot i$$

Streifenvorschub

$$f = l_a + e$$

Streifen-Ausnutzungsgrad

$$\eta = \frac{Z \cdot A}{f \cdot B} \cdot 100\%$$

B	Streifenbreite	mm
l_e	Steglänge	mm
a	Randbreite	mm
i	Seitenschneiderbreite	mm
f	Streifenvorschub	mm
l	Randlänge	mm
e	Stegbreite	mm
η	Streifen-Ausnutzungsgrad	%
Z	Anzahl der Ausschnitte je Vorschub	1
A	Fläche des Ausschnitts (einschließlich Lochung)	mm^2
s	Blechdicke des Streifens	mm

Mit der nachfolgenden Tabelle kann die Stegbreite e und die Randbreite a ermittelt werden. Hierfür wird jeweils das größere Maß der Steglänge l_e oder der Randlänge l_a des zu fertigenden Werkstücks herangezogen. Die Tabellenwerte gelten für Stahl. Bei spröden oder weichen Werkstoffen sind die Werte um 50% zu vergrößern.

Stegbreite *e* und Randbreite *a* bei einer Streifenbreite *B* < 100 mm (alle Größen in mm)

	l_e bzw. l_a bis 10 oder runde Teile		l_e bzw. l_a > 10...50		l_e bzw. l_a > 50...100		l_e bzw. l_a > 100	
s	*e*	*a*	*e*	*a*	*e*	*a*	*e*	*a*
0,1	0,8	1,0	1,6	1,9	1,8	2,2	2,0	2,4
0,3	0,8	0,9	1,2	1,5	1,4	1,7	1,6	1,9
0,5	0,8	0,9	0,9	1,0	1,0	1,2	1,2	1,5
0,75	0,9		1,0		1,2		1,4	
1,0	1,0		1,1		1,3		1,5	
1,25	1,2		1,4		1,6		1,8	
1,5	1,3		1,4		1,6		1,8	
1,75	1,5		1,6		1,8		2,0	
2,0	1,6		1,7		1,9		2,1	
2,5	1,9		2,0		2,2		2,4	
3,0	2,1		2,3		2,5		2,7	

Stegbreite *e* und Randbreite *a* bei einer Streifenbreite *B* über 100 mm bis 200 mm (alle Größen in mm):

	l_e bzw. l_a bis 10 oder runde Teile		l_e bzw. l_a > 10...50		l_e bzw. l_a > 50...100		l_e bzw. l_a > 100	
s	*e*	*a*	*e*	*a*	*e*	*a*	*e*	*a*
0,1	0,9	1,2	1,8	2,2	2,0	2,4	2,2	2,7
0,3	1,0	1,1	1,4	1,7	1,6	1,9	1,8	2,2
0,5	1,0	1,1	1,0	1,2	1,2	1,5	1,4	1,7
0,75	1,0		1,2		1,4		1,6	
1,0	1,1		1,3		1,5		1,7	
1,25	1,3		1,6		1,8		2,0	
1,5	1,4		1,6		1,8		2,0	
1,75	1,6		1,8		2,0		2,2	
2,0	1,7		1,9		2,1		2,3	
2,5	2,0		2,2		2,4		2,6	
3,0	2,3		2,5		2,7		2,9	

H

Seitenschneiderbreite *i* bei einer Streifenbreite *B* < 100 mm (alle Größen in mm):

s	0,1 bis 0,75	1,0	1,25	1,5	1,75	2,0	2,5	3,0
i	1,5	1,5	1,8	2,2	2,5	3,0	3,5	4,5

H 5.2.2 Lage des Einspannzapfens

Die Lage des Einspannzapfes wird durch den gesamten Schwerpunkt aller Stempel bestimmt. Die Lage wird durch den Abstand *x* von einer frei gewählten Bezugskante aus festgelegt. Bei der Wahl der Bezugskante müssen alle Schnittlinien auf einer Seite der Bezugskante liegen. In der y-Richtung ist in gleicher Weise zu verfahren.

Lage des Einspannzapfens beim Einsatz von Einzelstempel mit bekannten Linienschwerpunkt

$$x = \frac{U_1 \cdot a_1 + U_2 \cdot a_2 + U_3 \cdot a_3 \ldots}{U_1 + U_2 + U_3 + \ldots}$$

Schwerpunkt einer geraden Linie

$$x_s = \frac{a}{2}$$

Schwerpunkt eines rechten Winkels mit ungleichen Schenkeln

$$x_s = \frac{a^2}{2 \cdot (a + b)}$$

$$y_s = \frac{b^2}{2 \cdot (a + b)}$$

Schwerpunkt eines beliebigen Kreisbogens

$$y_s = \frac{r \cdot s}{\widehat{b}}$$

$$y_s = \frac{57{,}3° \cdot s}{\alpha}$$

Seitenschneiderbreite *i* bei einer Streifenbreite *B* über 100 mm bis 200 mm (alle Größen in mm):

s	0,1 bis 0,75	1,0	1,25	1,5	1,75	2,0	2,5	3,0
i	1,5	1,8	2,0	2,5	3,0	3,5	4,0	5,0

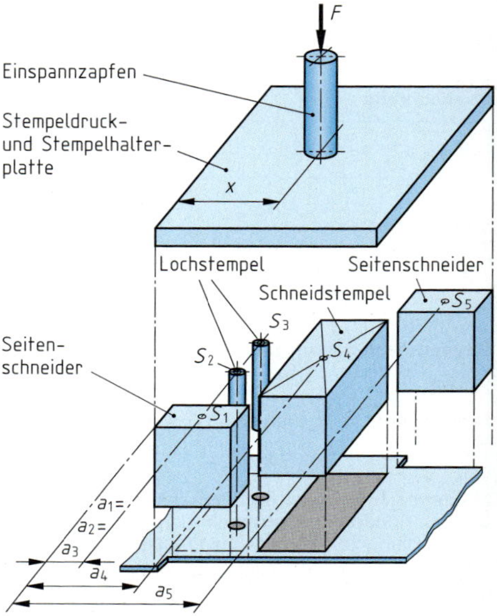

x	Lage des Einspannzapfens in x-Richtung	mm
U_1, U_i	Umfangslänge des einzelnen Stempels	mm
a_1, a_i	Abstand des Linienschwerpunktes des Einzelstempels von der Bezugskante	mm
x_s, y_s	Schwerpunkt von Linien bzw. Linienzügen in x-und y-Richtung	mm
a, b	Seitenlänge	mm
r	Bogenradius	mm
s	Sehnenlänge	mm
α	Bogenwinkel	°
$\widehat{b}$	Bogenlänge	mm

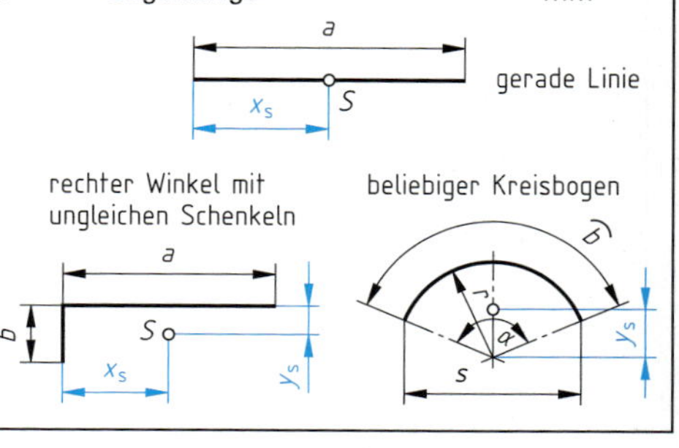

Schwerpunkt eines Viertelkreisbogens

$$y_s = 0{,}9 \cdot r$$

Viertelkreisbogen

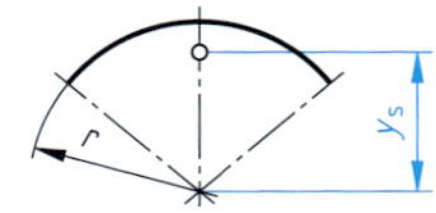

Schwerpunkt eines Halbkreisbogens

$$y_s = 0{,}637 \cdot r$$

Halbkreisbogen

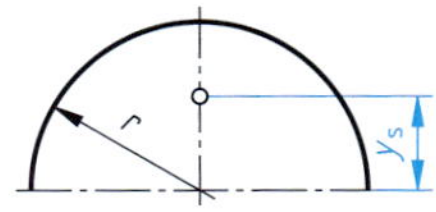

Schwerpunkt eines rechten Winkels mit gleichen Schenkeln

$$x_s = \frac{0{,}707 \cdot a}{2}$$

rechter Winkel mit gleichen Schenkeln

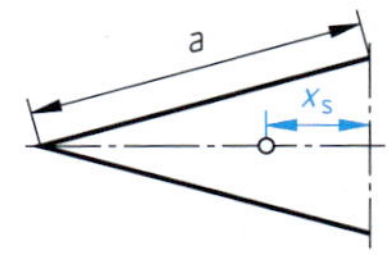

Schwerpunkt eines beliebigen Winkels mit ungleichen Schenkeln

$$x_s = \frac{a \cdot l}{a + b}$$

beliebiger Winkel mit ungleichen Schenkeln

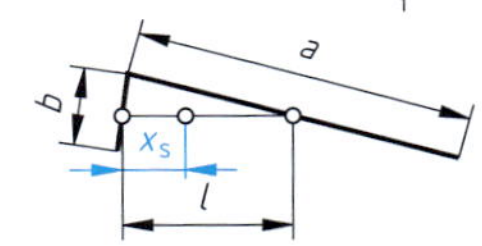

Schwerpunkt eines beliebigen Dreiecks

$$y_s = \frac{h}{2} \cdot \frac{a + b}{a + b + c}$$

beliebiges Dreieck

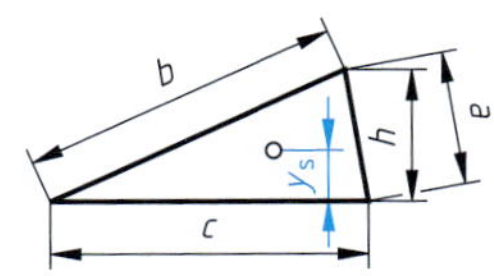

Lage des Einspannzapfens beim Einsatz von beliebigen Stempelformen

$$x = \frac{l_1 \cdot a_1 + l_2 \cdot a_2 + l_3 \cdot a_3 \ldots}{l_1 + l_2 + l_3 + \ldots}$$

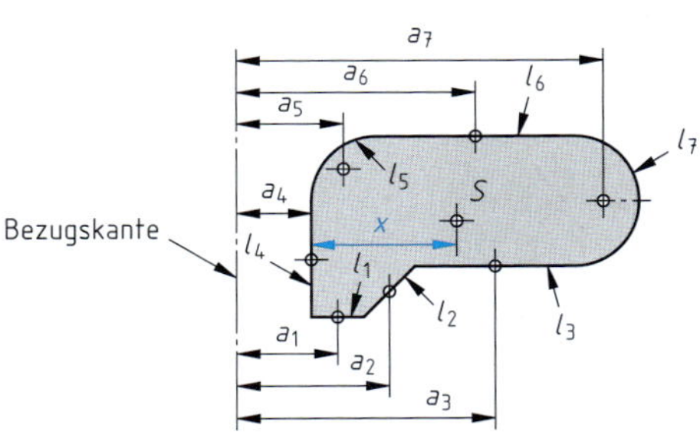

H 5.2.3 Schneidkraft und Schneidarbeit

Schneidkraft

$$F = A \cdot \tau_{aBmax}$$

$$\tau_{aBmax} \approx 0{,}8 \cdot R_m$$

$$A = (l_1 + l_2 + \ldots) \cdot s$$

$$W = F \cdot s \cdot \varkappa$$

x	Lage des Einspannzapfens in x-Richtung	mm
x_s, y_s	Schwerpunkt von Linien bzw. Linienzügen in x-und y-Richtung	mm
l_1, l_2, l_3	Teilschnittlinie des Stempels	mm
a_1, a_2, a_3	Abstand des Linienschwerpunktes des Einzelstempels von der Bezugskante	mm
F	Schneidkraft	N
A	Scherfläche	mm^2
τ_{aBmax}	maximale Scherfestigkeit	N/mm^2
R_m	Zugfestigkeit	N/mm^2
s	Blechdicke	mm
W	Schneidarbeit	Nm
$\varkappa$	Beiwert ($\varkappa$ = 0,3 ... 0,6)	1

H

H 6 Trennen durch Bohren

H 6.1 Schnittgrößen am Spiralbohrer beim Bohren ins Volle

→ C 1.16; C 1.18

Das Bohren ins Volle erfolgt in der Praxis hauptsächlich mit einem Spiralbohrer. Hierbei wird üblicherweise ein zweischneidiger Spiralbohrer verwendet.

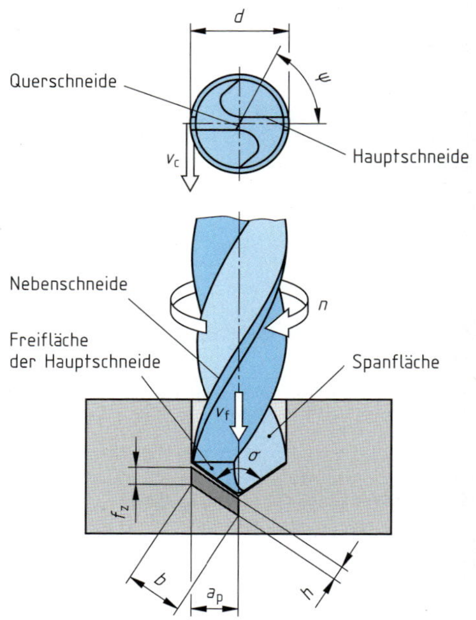

Spanungsquerschnitt pro Schneide

$$A = a_p \cdot f_z = b \cdot h$$

Schnitttiefe

$$a_p = \frac{d}{2}$$

Vorschub pro Schneide

$$f_z = \frac{f}{z}$$

Vorschub pro Schneide beim zweischneidigen Spiralbohrer

$$f_z = \frac{f}{2}$$

Spanungsdicke

$$h = f_z \cdot \sin\frac{\sigma}{2}$$

Spanungsdicke beim zweischneidigen Spiralbohrer

$$h = \frac{f}{2} \cdot \sin\frac{\sigma}{2}$$

Vorschubgeschwindigkeit

$$v_f = f \cdot n = f_z \cdot z \cdot n$$

Drehzahl

$$n = \frac{v_c}{\pi \cdot d}$$

A	Spanungsquerschnitt pro Schneide	mm^2
a_p	Schnitttiefe	mm
b	Spanungsbreite	mm
h	Spanungsdicke	mm
d	Bohrerdurchmesser	m, mm
z	Anzahl der Schneiden	mm
f_z	Vorschub pro Schneide	mm
f	Gesamter Vorschub des Bohrers	mm
v_f	Vorschubgeschwindigkeit	mm/min
n	Drehzahl des Bohrers	min^{-1}
v_c	Schnittgeschwindigkeit des Bohrers	m/min
σ	Spitzenwinkel des Bohrers	°
ψ	Querschneidenwinkel des Bohrers (bei $\psi = 55°$ wird die geringste Vorschubkraft benötigt)	°

H

H 6.2 Kräfte und Momente beim Bohren ins Volle

→ C 1.18

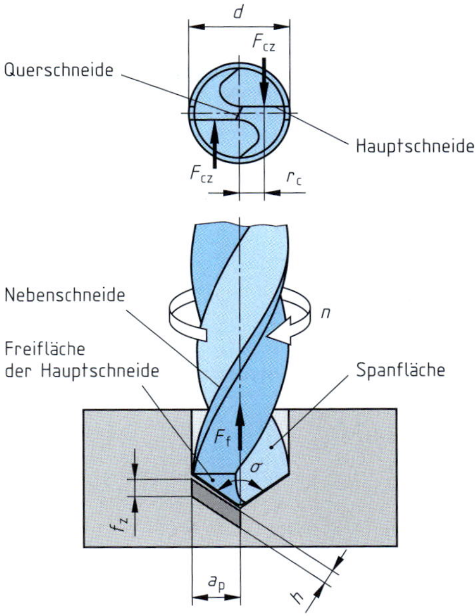

Schnittkraft pro Schneide

$$F_{cz} = A \cdot k_c = \frac{d}{2} \cdot f_z \cdot k_c$$

Schnittkraft pro Schneide beim zweischneidigen Spiralbohrer

$$F_{cz} = \frac{d \cdot f}{4} \cdot k_c$$

Gesamte Schnittkraft

$$F_c = 2 \cdot F_{cz} \cdot C_1 \cdot C_2$$

Gesamte Schnittkraft beim zweischneidigen Spiralbohrer

$$F_c = \frac{d}{2} \cdot f \cdot k_c$$

Spezifische Schnittkraft

$$k_c = \frac{k_{c1.1}}{h^{m_c}}$$

Gesamtes Schnittmoment

$$M_c = F_{cz} \cdot r_c \cdot z = F_{cz} \cdot \frac{d}{4} \cdot z$$

Gesamtes Schnittmoment beim zweischneidigen Spiralbohrer

$$M_c = F_c \cdot \frac{d}{4}$$

$$M_c = \frac{d^2}{8} \cdot f \cdot k_c$$

F_{cz}	Schnittkraft pro Schneide	N
F_c	gesamte Schnittkraft	N
A	Spanungsquerschnitt einer Scheide	mm^2
d	Bohrerdurchmesser	m, mm
f_z	Vorschub pro Schneide	mm
f	gesamter Vorschub	mm
r_c	Hebelarm der Schnittkraft pro Schneide	mm
z	Anzahl der Schneiden	1
k_c	spezifische Schnittkraft	N/mm^2
$k_{c1\cdot1}$	spezifische Schnittkraft bei h = 1mm und b = 1 mm (vgl. H 7.2)	N/mm^2
C_1	Korrekturfaktor Schneidstoff Schnellarbeitsstrahl: $C_1 = 1{,}2$ Hartmetall: $C_1 = 1$	1
C_2	Korrekturfaktor Schneidenverschleiß Mit Abstumpfung: $C_2 = 1{,}3$ Ohne Abstumpfung: $C_2 = 1$	1
M_c	gesamtes Schnittmoment	Nm

Umrechnungsfaktor für das Schnittmoment:

1 Nmm = 10^{-3} Nm

H

H 6.3 Schnitt- und Maschinenleistung beim Bohren ins Volle

→ C 1.18

Die aufzubringende Schnittleistung wird durch die eingestellte Schnittgeschwindigkeit bestimmt. Bei der Ermittlung der Schnittkraft wird beim Bohren ins Volle die Schneidenmitte zugrunde gelegt (vgl. H 6.2). Entsprechend hat der Spiralbohrer an dieser Stelle nur die Hälfte der Schnittgeschwindigkeit.

Schnittleistung

$$P_c = F_c \cdot \frac{v_c}{2}$$

$$P_c = M_c \cdot \omega$$

Schnittleistung beim zweischneidigen Spiralbohrer

$$P_c = \frac{d}{2} \cdot f \cdot k_c \cdot \frac{v_c}{2}$$

$$P_c = \frac{d^2}{4} \cdot f \cdot k_c \cdot n \cdot \pi$$

Maschinenleistung

$$P_{zu} = \frac{P_c}{\eta}$$

P_c	Schnittleistung	kW

Umrechnungsfaktor für die Schnittleistung in kW:

$$1\ \frac{\text{Nm}}{\text{min}} = \frac{10^{-3}}{60} \cdot \frac{\text{kNm}}{\text{s}} = \frac{10^{-3}}{60}\ \text{kW}$$

F_c	gesamte Schnittkraft	N
M_c	gesamtes Schnittmoment	Nm
ω	Winkelgeschwindigkeit	min^{-1}
d	Bohrerdurchmesser	mm
f	gesamter Vorschub	mm
k_c	spezifische Schnittkraft (vgl. H 6.2)	N/mm^2
v_c	Schnittgeschwindigkeit	m/min
n	Drehzahl	min^{-1}
P_{zu}	zugeführte Motorleistung	kW
η	Wirkungsgrad der Maschine Wirkungsgrad der Bohrmaschine: $\eta = 0{,}7 \ldots 0{,}85$	1

H 6.4 Schnittgrößen beim Tiefbohren mit einem Spiralbohrer

Bohrungen mit einer Tiefe vom 3fachen des Durchmessers werden als Tiefbohrungen bezeichnet. Die Bohrung kann bis zu einer Tiefe vom etwa 20fachen des Durchmessers mit einem Spiralbohrer gefertigt werden.

Schnittgeschwindigkeit beim Tiefbohren

$$v_{c\,tief} = v_{c\,Tabelle} \cdot \left(1 - \frac{l}{50 \cdot d}\right)$$

Vorschub beim Tiefbohren

$$f_{tief} = f_{Tabelle} \cdot \left(1 - \frac{l}{40 \cdot d}\right)$$

$v_{c\,tief}$	Schnittgeschwindigkeit für den Spiralbohrer zum Tiefbohren	m/min
$v_{c\,Tabelle}$	Schnittgeschwindigkeit für den Spiralbohrer lt. Tabellenbuch	m/min
f_{tief}	Vorschub für den Spiralbohrer zum Tiefbohren	mm
$f_{Tabelle}$	Vorschub für den Spiralbohrer lt. Tabellenbuch	m/min
d	Bohrerdurchmesser	mm
l	Bohrungstiefe	mm

H 6.5 Aufbohren und Senken

Beim Aufbohren werden vorgebohrte Löcher vergrößert. Zum Einsatz kommen Spiralbohrer mit zwei oder drei Schneiden sowie Aufsteck-Aufbohrer und Bohrstangen mit Senkmesser. Während beim Aufbohren Durchgangsbohrungen hergestellt werden, wird beim Senken nicht vollständig durchgebohrt. Werkzeuge zum Senken haben je nach Bearbeitungsaufgabe einen Spitzenwinkel von 30° bis 180°.

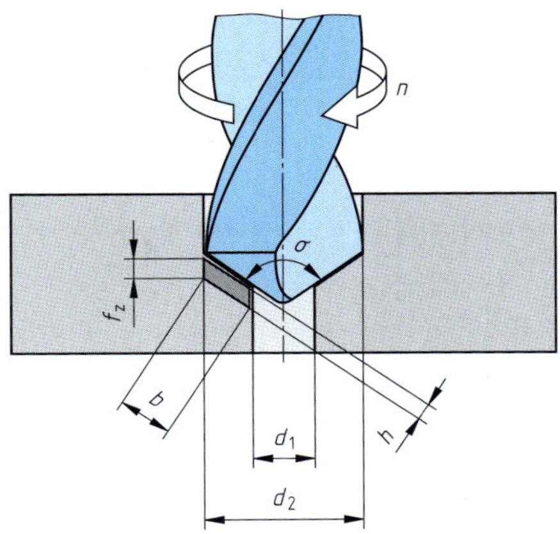

Vorschub

$$f = f_z \cdot z$$

Spanungsdicke

$$h = \frac{f}{z} \cdot \sin\frac{\sigma}{2}$$

Spanungsbreite

$$b = \frac{d_2 - d_1}{2 \cdot \sin\sigma/2}$$

Schnittkraft

$$F_c = z \cdot h \cdot b \cdot k_c \cdot C_1 \cdot C_2$$

$$F_c = f \cdot \frac{d_2 - d_1}{2} \cdot k_c \cdot C_1 \cdot C_2$$

Schnittmoment

$$M_c = \frac{d_2^2 - d_1^2}{8} \cdot f \cdot k_c \cdot 1{,}1$$

Schnittleistung

$$P_c = \frac{d_2^2 - d_1^2}{4} \cdot f \cdot k_c \cdot 1{,}1 \cdot n \cdot \pi$$

Maschinenleistung

$$P_{zu} = \frac{P_c}{\eta}$$

f	gesamter Vorschub	mm
f_z	Vorschub pro Schneide	mm
z	Anzahl der Schneiden	1
h	Spanungsdicke	mm
b	Spanungsbreite	mm
d_1	Bohrungsdurchmesser	mm
d_2	Nenndurchmesser des Aufbohrers oder Senkers	mm
σ	Spitzenwinkel des Bohrers oder Senkers	°
F_c	gesamte Schnittkraft	N
C_1, C_2	Korrekturfaktoren (vgl. H 6.2)	
k_c	spezifische Schnittkraft (vgl. H 6.2)	N/mm^2
M_c	gesamte Schnittmoment	Nm

Umrechnungsfaktor für das Schnittmoment:

$1\ Nmm = 10^{-3} Nm$

P_c	Schnittleistung	kW

Umrechnungsfaktor für die Schnittleistung in kW:

$$1\ \frac{Nm}{min} = \frac{10^{-3}}{60} \cdot \frac{kNm}{s} = \frac{10^{-3}}{60}\ kW$$

P_{zu}	zugeführte Motorleistung	kW
η	Wirkungsgrad der Maschine	1
	Wirkungsgrad der Bohrmaschine:	
	$\eta = 0{,}7 \ldots 0{,}85$	1

H

H 6.6 Hauptnutzungszeit beim Bohren, Senken und Reiben

Hauptnutzungszeit bei *stufenloser* Drehzahleinstellung

$$t_h = \frac{\pi \cdot d}{v_c \cdot f} \cdot L \cdot i$$

Hauptnutzungszeit bei *gestufter* Drehzahleinstellung

$$t_h = \frac{L \cdot i}{n \cdot f}$$

Vorschubgeschwindigkeit

$$v_f = f \cdot n$$

Vorschubweg beim Durchgangsloch für das Bohren, Reiben und Gewindebohren

$$L = l + l_s + l_a + l_ü$$

Vorschubweg beim Grundloch für das Bohren, Reiben und Gewindebohren

$$L = l + l_s + l_a$$

Vorschubweg beim Senken

$$L = l + l_a$$

Anschnittweg beim Bohren und Senken

$$l_s = \frac{d}{2 \cdot \tan\sigma/2}$$

Anschnittweg beim Gewindebohren

$$l_s = (2 \ldots 3) \cdot P$$

Anschnittweg beim Reiben

$$l_s = \frac{d}{2 \cdot \tan\varkappa_r}$$

Drehzahl beim Bohren, Senken und Reiben

$$n = \frac{v_c}{\pi \cdot d}$$

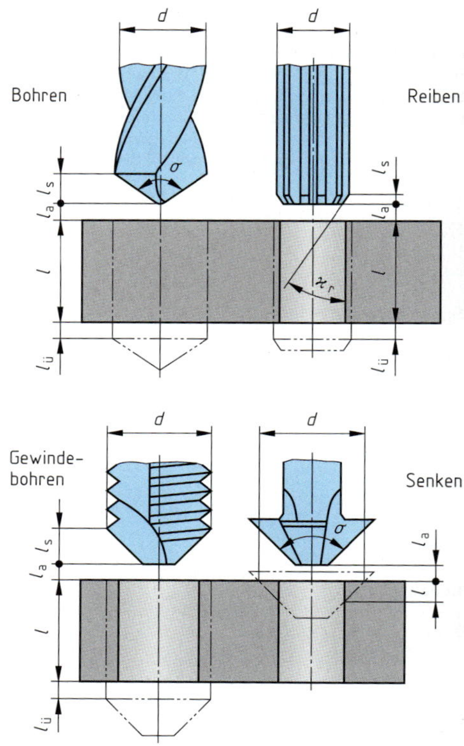

t_h	Hauptnutzungszeit	min
L	Vorschubweg	mm
i	Anzahl der Bohrungen	1
n	Drehzahl (Umdrehungsfrequenz)	min^{-1}
f	Vorschub	mm
v_f	Vorschubgeschwindigkeit	mm/min
l	Bohrungstiefe	mm
l_s	Anschnittweg	mm
l_a	Anlaufweg	mm
$l_ü$	Überlaufweg (ohne weitere Angabe: $l_a = l_ü = 2$ mm)	mm
d	Werkzeugdurchmesser	m, mm
P	Gewindesteigung	mm
σ	Spitzenwinkel	°
$\varkappa_r$	Einstellwinkel der Reibahle ($\varkappa_r = 0° \ldots 45°$)	°

H

H 7 Trennen durch Drehen

H 7.1 Schnittgrößen beim Drehen

→ C 1.18

Spanungsquerschnitt pro Schneide

$$A = a_p \cdot f$$

$$A = b \cdot h$$

Spanungsdicke

$$h = f \cdot \sin\varkappa$$

Spanungsbreite

$$b = \frac{a_p}{\sin\varkappa}$$

Anzahl der Schnitte beim Längsrunddrehen

$$i \geq \frac{d - d_1}{2 \cdot a_p}$$

Drehzahl (Umdrehungsfrequenz)

$$n = \frac{v_c}{\pi \cdot d}$$

Schnittgeschwindigkeit

$$v_c = \pi \cdot d \cdot n$$

Vorschubgeschwindigkeit

$$v_f = f \cdot n$$

Winkel am Schneidkeil

$$\alpha + \beta + \gamma = 90°$$

Längsrunddrehen

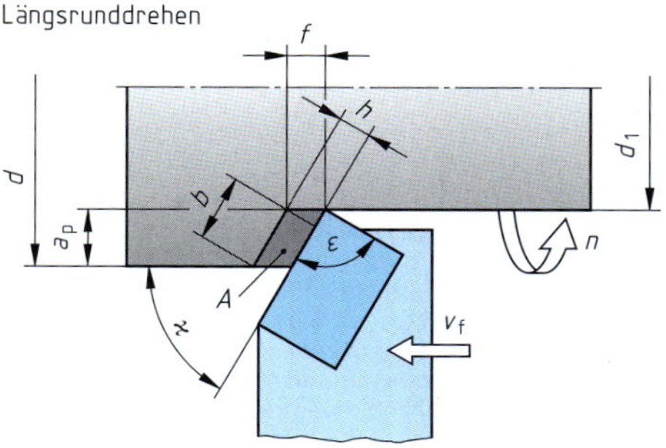

Planen

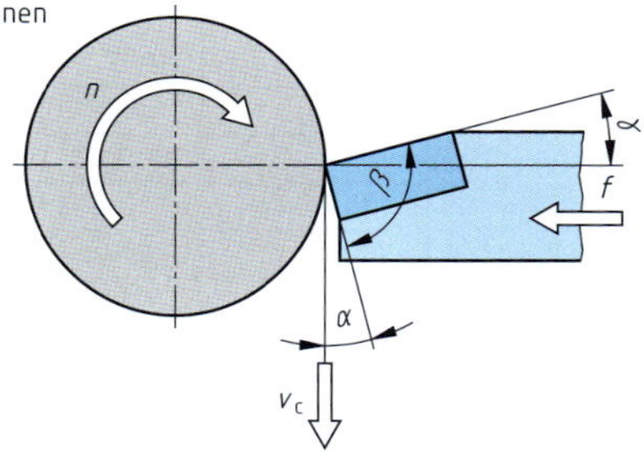

A	Spanungsquerschnitt	mm^2
a_p	Schnitttiefe	mm
b	Spanungsbreite	mm
h	Spanungsdicke	mm
d	Durchmesser vor der Bearbeitung	m,mm
d_1	Durchmesser nach der Bearbeitung	mm
f	Vorschub	mm
i	Anzahl der Schnitte (Ganzzahlig)	1
v_f	Vorschubgeschwindigkeit	mm/min
v_c	Schnittgeschwindigkeit	m/min
n	Drehzahl (Umdrehungsfrequenz)	min^{-1}
$\varkappa$	Einstellwinkel	°
ε	Eckenwinkel	°
α	Freiwinkel	°
β	Keilwinkel	°
γ	Spanwinkel	°

H

H 7.2 Kräfte und Momente beim Drehen

Schnittkraft

$$F_c = A \cdot k_c \cdot C_1 \cdot C_2$$

Spezifische Schnittkraft

$$k_c = \frac{k_{c1.1}}{h^{m_c}}$$

Richtwerte für die spezifische Schnittkraft
Die Richtwerte gelten für Werkzeuge aus Hartmetall mit $\gamma_0 = 6°$ für alle angegebenen Stähle, $\gamma_0 = 2°$ für alle angegebenen Gusseisenwerkstoffe und $\gamma_0 = 8°$ für alle angegebenen Nichteisenmetalle sowie $\lambda_s = -4°$.

Werkstoffgruppe	Werkstoff	$k_{c1.1}$ in $\frac{N}{mm^2}$	m_c
Baustahl	S235JR	1780	0,17
	E295	1990	0,26
	E335	2110	0,17
	E360	2260	0,3
Automatenstahl	11SMnPb30	1200	0,18
Einsatzstahl	C15	1820	0,22
	16MnCr5	2100	0,26
	20MnCr5	2100	0,25
	18CrMo4	2290	0,17
Vergütungsstahl	C45	1680	0,26
	42CrMo4	2500	0,26
	50CrV4	2220	0,26
Nichtrostender Stahl	X5CrNi18-10	2350	0,21
	X30Cr13	1820	0,26
	X46Cr13	1820	0,26
Gusseisen	GJL-200	1020	0,25
	GJS-400	1005	0,25
	GJS-600	1480	0,17
Aluminiumlegierung	AW-AlMg3	780	0,23
	AC-AlMg5	544	0,24
Kupferlegierung	CuZn40Pb2	780	0,18
	CuSn7ZnPb	640	0,25

Schnittmoment

$$M_c = F_c \cdot \frac{d}{2}$$

Zeitspanungsvolumen

$$Q_c = A \cdot v_c = a_p \cdot f \cdot v_c$$

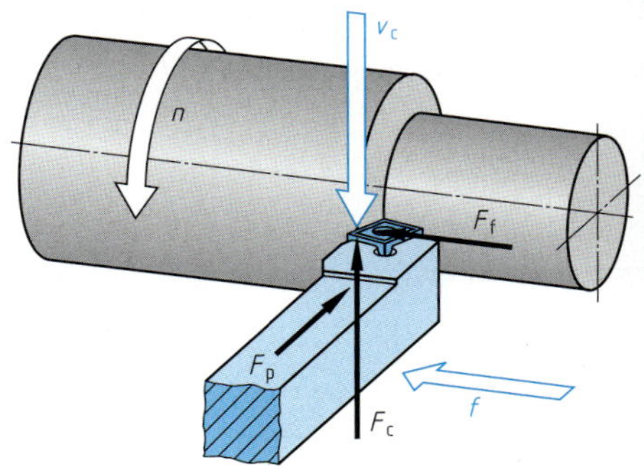

F_c	Schnittkraft	N
F_f	Vorschubkraft	N
F_p	Passivkraft	N
A	Spanungsquerschnitt (vgl. H 7.1)	mm^2
k_c	spezifische Schnittkraft	N/mm^2
$k_{c1\cdot1}$	spezifische Schnittkraft bei $h = 1$ mm und $b = 1$ mm	N/mm^2
C_1	Korrekturfaktor Schneidstoff Schnellarbeitsstahl: $C_1 = 1{,}2$ Hartmetall: $C_1 = 1$ Schneidkeramik: $C_1 = 0{,}9$	1
C_2	Korrekturfaktor Schneidenverschleiß Mit Abstumpfung: $C_2 = 1{,}3$ Ohne Abstumpfung: $C_2 = 1$	1
h	Spanungsdicke	mm
m_c	Werkstoffkonstante	1
γ_0	Spanwinkel	°
λ_s	Neigungswinkel	°
M_c	gesamtes Schnittmoment	Nm

Umrechnungsfaktor für das Schnittmoment:

1 Nmm = 10^{-3} Nm

Q_c	Zeitspanungsvolumen	$\frac{mm^3}{min}$
d	Durchmesser vor der Bearbeitung	m, mm
a_p	Schnitttiefe	mm
f	Vorschub	mm
v_c	Schnittgeschwindigkeit (bei Q muss v_c in mm/min umgerechnet werden)	m/min

H

H 7.3 Schnitt- und Maschinenleistung beim Drehen

Schnittleistung bei *stufenloser* Drehzahleinsteilung

$$P_c = F_c \cdot v_c$$

$$P_c = a_p \cdot f \cdot k_c \cdot v_c$$

Schnittleistung bei *gestufter* Drehzahleinstellung

$$P_c = M_c \cdot \omega$$

$$P_c = F_c \cdot d \cdot \pi \cdot n$$

Maschinenleistung

$$P_{zu} = \frac{P_c}{\eta}$$

P_c	Schnittleistung	kW

Umrechnungsfaktorfür die Schnittleistung in kW:

$$1\ \frac{\text{Nm}}{\text{min}} = \frac{10^{-3}}{60} \cdot \frac{\text{kNm}}{\text{s}} = \frac{10^{-3}}{60}\ \text{kW}$$

F_c	Schnittkraft	N
M_c	Schnittmoment	Nm
ω	Winkelgeschwindigkeit	min^{-1}
d	Durchmesser vor der Bearbeitung	mm
f	Vorschub	mm
k_c	Spezifische Schnittkraft (vgl. H 7.2)	N/mm^2
v_c	Schnittgeschwindigkeit	m/min
n	Drehzahl (Umdrehungsfrequenz)	min^{-1}
P_{zu}	zugeführte Motorleistung	kW
η	Wirkungsgrad der Maschine	1

Wirkungsgrad der Drehmaschine: $\eta = 0{,}7 \ldots 0{,}85$

H 7.4 Gewindedrehen

Schnittgeschwindigkeit beim Gewindedrehen mit Hartmetall-Wendeschneidplatten

$$v_{c\ \text{Gewinde}} \approx (0{,}3 \ldots 0{,}5) \cdot v_{c\ \text{Längsdrehen}}$$

Schnittaufteilung beim Gewindedrehen

$$i \geq \frac{h}{a_p}$$

$$a_{p\max} = \frac{\sqrt{d}}{40}$$

Hauptnutzungszeit beim Gewindedrehen

$$t_h = \frac{L \cdot i \cdot g}{P \cdot n}$$

$$L = l + l_a + l_ü$$

$$f = P$$

v_c	Schnittgeschwindigkeit	m/min
i	Anzahl der Schnitte	1
h	Gewindetiefe	mm
a_p	Schnitttiefe pro Schnitt	mm
a_{pmax}	maximale Schnitttiefe pro Schnitt (Schnitttiefe des ersten Schnitts kann vergrößert werden)	mm
d	Nenndurchmesser des Gewindes	mm
t_h	Hauptnutzungszeit	min
L	Vorschubweg	mm
l_a	Anlaufweg ($l_a = 2 \cdot P$)	mm
$l_ü$	Überlaufweg ($l_ü = 2 \cdot P$)	mm
g	Gangzahl	1
P	Steigung	mm
f	Vorschub	mm
n	Drehzahl (Umdrehungsfrequenz)	min^{-1}

H 7.5 Kegeldrehen durch Einstellen des Oberschlittens

An einer CMC-Drehmaschine wird die Fertigung eines Kegels durch die Bahnsteuerung der Maschine erreicht. Mit der Streckensteuerung einer konventionellen Maschine können nur Zylinderkonturen gedreht werden. Kurze Kegel mit verhältnismäßig großem Kegelwinkel können bei der konventionellen Maschine nur durch das Verdrehen des Oberschlittens mit dem entsprechenden Einstellwinkel gefertigt werden. Der Vorschub kann in diesem Bearbeitungsfall nur mit der Hand ausgeführt werden.

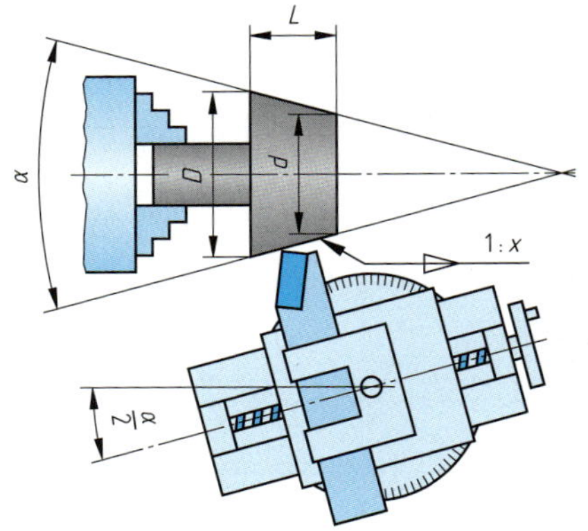

Einstellwinkel des Oberschlittens

$$\tan\frac{\alpha}{2} = \frac{C}{2}$$

$$\tan\frac{\alpha}{2} = \frac{D-d}{2 \cdot L}$$

Kegelverjüngung

$$C = \frac{D-d}{L} = 2 \cdot \tan\frac{\alpha}{2}$$

D	großer Kegeldurchmesser	mm
d	kleiner Kegeldurchmesser	mm
L	Kegellänge	mm
α	Kegelwinkel	°
$\alpha/2$	Einstellwinkel des Oberschlittens	°
C	Kegelverjüngung $C = 1 : x$	1

Auf einer Länge von x mm ändert sich der Kegeldurchmesser um 1 mm.

H 7.6 Kegeldrehen durch Verstellen des Reitstocks

Lange Kegel mit kleinem Kegelwinkel können durch das Verdrehen des Oberschlittens nicht hergestellt werden. Als Alternative steht das Verstellen des Reitstocks zu Verfügung. Hierbei können lange Kegel (z. B. Morsekegel) mit der Streckensteuerung gefertigt werden.

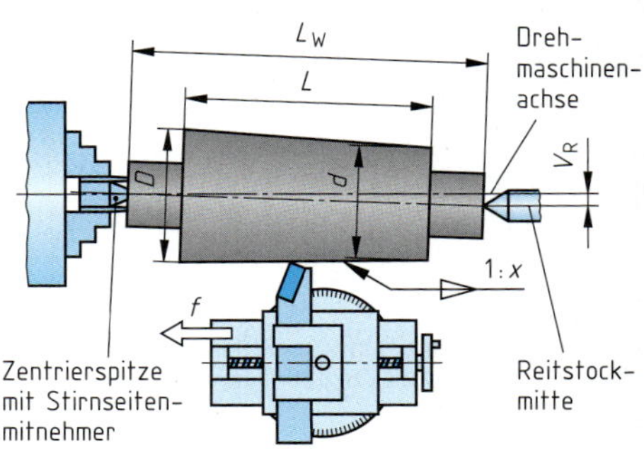

Reitstockverstellung

$$V_R = \frac{C}{2} \cdot L_W$$

$$V_R = \frac{D-d}{2} \cdot \frac{L_W}{L}$$

Maximale Reitstockverstellung

$$V_{R\,max} \leq \frac{L_W}{50}$$

V_R	Reitstockverstellung	mm
C	Kegelverjüngung	1
L	Kegellänge	mm
L_W	Werkstücklänge	mm
D	großer Kegeldurchmesser	mm
d	kleiner Kegeldurchmesser	mm

H

H 7.7 Hauptnutzungszeit beim Drehen

H 7.7.1 Hauptnutzungszeit beim Drehen mit stufenloser Drehzahleinstellung

Hauptnutzungszeit beim Querplandrehen

$$t_h = \frac{\pi \cdot (d + d_i)}{2 \cdot v_c \cdot f} \cdot L \cdot i$$

Vorschubweg beim Querplandrehen

$$L = \frac{d - d_i}{2} + l_a + l_ü$$

Hauptnutzungszeit beim Längsrunddrehem (Schruppen)

$$t_h = \frac{\pi \cdot d_m}{v_c \cdot f} \cdot (L_1 \cdot i_1 + L_2 \cdot i_2 + \ldots)$$

Mittlerer Durchmesser (Schruppen)

$$d_m = \frac{d + \cdot (d_2 + 2 \cdot t)}{2}$$

Vorschubweg beim Längsrunddrehen

$$L_1 = l_1 + l_a + l_ü$$
$$L_2 = l_2 + l_a + l_ü$$

Anzahl der Schnitte beim Längsrunddrehen

$$i_1 \geq \frac{d - (d_1 + 2 \cdot t)}{2 \cdot a_p}$$

$$i_2 \geq \frac{d_1 - d_2}{2 \cdot a_p}$$

Hauptnutzungszeit beim Konturdrehen (Schlichten)

$$t_h = \frac{\pi \cdot d}{v_c \cdot f} \cdot L_{ges}$$

Mittlerer Durchmesser (Schlichten)

$$d_m = \frac{d + d_2}{2}$$

Vorschubweg beim Konturdrehen

$$L_{ges} = l_a + l_{K1} + l_{K2} + l_{K3} + \ldots + l_ü$$

Längsrunddrehen (Schruppen)

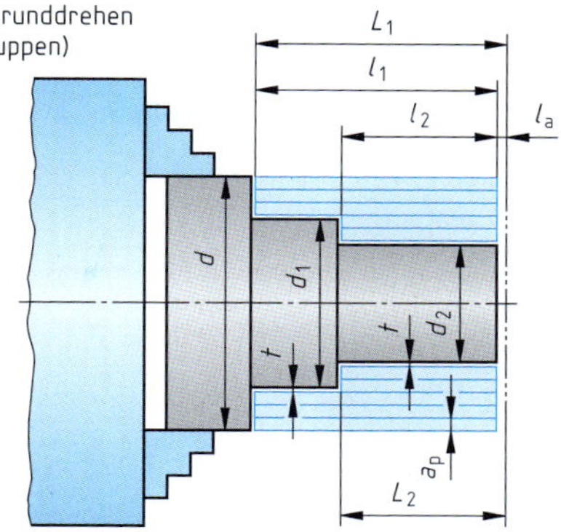

t_h	Hauptnutzungszeit	min
f	Vorschub	mm
v_c	Schnittgeschwindigkeit	m/min
d	Werkstückdurchmesser vor der Bearbeitung	mm
d_i	innerer Werkstückdurchmesser	m, mm
d_1, d_2	Werkstückdurchmesser des Absatzes	mm
d_m	mittlerer Durchmesser	mm
L	Vorschubweg	mm
L_1, L_2	Vorschubweg des Absatzes	mm
l_1, l_2	Werkstücklänge des Absatzes	mm
l_a	Anlaufweg	mm
$l_ü$	Überlaufweg Längsrunddrehen eines Absatzes: $l_ü = 0$ (ohne weitere Angabe: $l_a = l_ü = 2$ mm)	mm
i	Anzahl der Schnitte (ganzzahlig)	1
t	Schlichtaufmaß	mm
a_p	Schnitttiefe	mm
L_{ges}	Vorschubweg beim Konturdrehen	mm
i_1, i_2	Anzahl der Schnitte jeweiligen Absatzes	1
l_{K1}, l_{K2}	jeweilige Konturlänge des Werkstücks	mm

Konturdrehen (Schlichten)

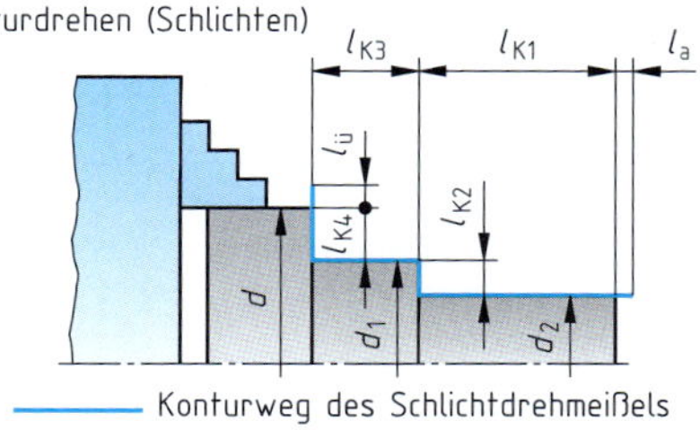

H

H 7.7.2 Hauptnutzungszeit beim Drehen mit gestufter Drehzahleinstellung

Hauptnutzungszeit beim Querplandrehen

$$t_h = \frac{L \cdot i}{n \cdot f} \qquad d_m = \frac{d}{2}$$

Vorschubweg und mittlerer Durchmesser beim Querplandrehen eines Vollzylinders *ohne* Zapfen

$$L = \frac{d}{2} + l_a$$

Vorschubweg und mittlerer Durchmesser beim Querplandrehen eines Vollzylinders *mit* Zapfen

$$L = \frac{d - d_i}{2} + l_a \qquad d_m = \frac{d + d_i}{2}$$

Vorschubweg und mittlerer Durchmesser beim Querplandrehen eines Hohlzylinders

$$L = \frac{d - d_i}{2} + l_a + l_ü \qquad d_m = \frac{d + d_i}{2}$$

Drehzahl beim Querplandrehen

$$n = \frac{v_c}{\pi \cdot d_m}$$

Hauptnutzungszeit beim Längsrunddrehen

$$t_h = \frac{L_1 \cdot i_1 + L_2 \cdot i_2 + \ldots}{n \cdot f}$$

Vorschubweg beim Längsrunddrehen ohne Absatz

$$L = l + l_a + l_ü$$

Vorschubweg beim Längsrunddrehen mit Absatz

$$L = l + l_a$$

Drehzahl beim Längsrunddrehen

$$n = \frac{v_c}{\pi \cdot d}$$

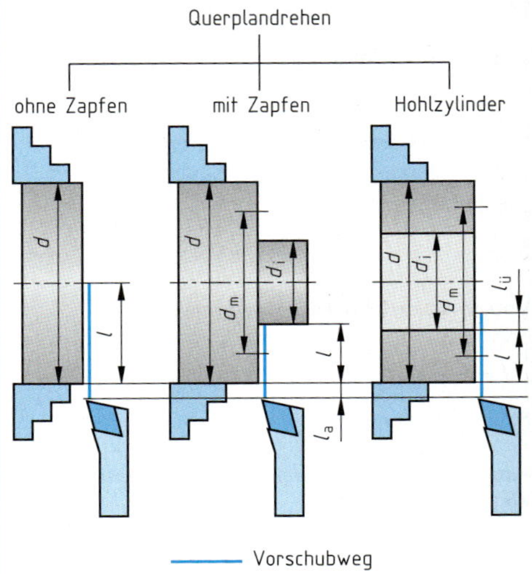

t_h	Hauptnutzungszeit	min
i	Anzahl der Schnitte (Ganzzahlig)	1
n	Drehzahl (Umdrehungsfrequenz)	min^{-1}
f	Vorschub	mm
L	Vorschubweg	mm
d	Außendurchmesser	m, mm
d_i	innerer Werkstückdurchmesser	m, mm
l_a	Anlaufweg	mm
$l_ü$	Überlaufweg (ohne weitere Angabe: $l_a = l_ü = 2$ mm)	mm
L_1, L_2	Vorschubweg des Absatzes	mm
l	Werkstücklänge	mm
v_c	Schnittgeschwindigkeit	m/min
d_m	mittlerer Werkstückdurchmesser	mm

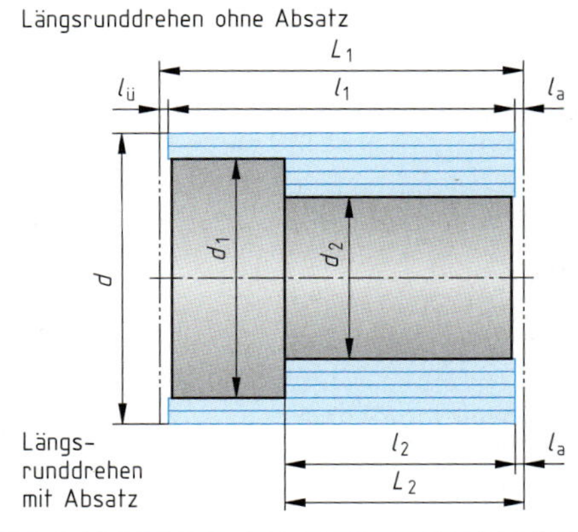

H 8 Trennen durch Fräsen

H 8.1 Umfangsfräsen

H 8.1.1 Schnittgrößen beim Umfangsfräsen

Spanungsquerschnitt pro Schneide

$$A = b \cdot h \cdot z_e$$

Spanungsbreite

$$b = a_p$$

Spanungsdicke

$$h = \frac{a_e}{d} \cdot \frac{360°}{\pi \cdot \varphi_s} \cdot f_z$$

Spanungsdicke bei $a_e/d < 0{,}25$

$$h = f_z \cdot \sqrt{\frac{a_e}{d}}$$

Mindestschnittbreite beim wendelverzahnten Walzenfräser

$$a_{p\,min} = \frac{1}{\tan \lambda_s} \cdot \frac{\pi \cdot d}{z}$$

Eingriffswinkel

$$\cos \varphi_s = 1 - \frac{2 \cdot a_e}{d}$$

Zahl der Schneiden im Eingriff

$$z_e = \frac{\varphi_s \cdot z}{360°}$$

Drehzahl (Umdrehungsfrequenz)

$$n = \frac{v_c}{\pi \cdot d}$$

Vorschubgeschwindigkeit

$$v_f = f \cdot n = f_z \cdot z \cdot n$$

Gleichlauffräsen mit wendelverzahntem Walzenfräser

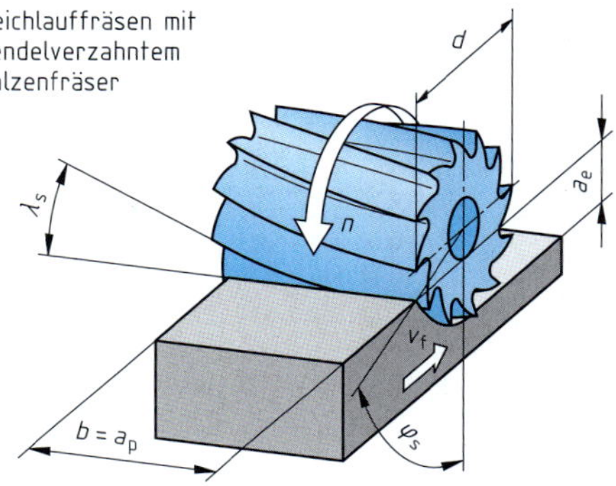

Gegenlauffräsen mit geradverzahntem Walzenfräser

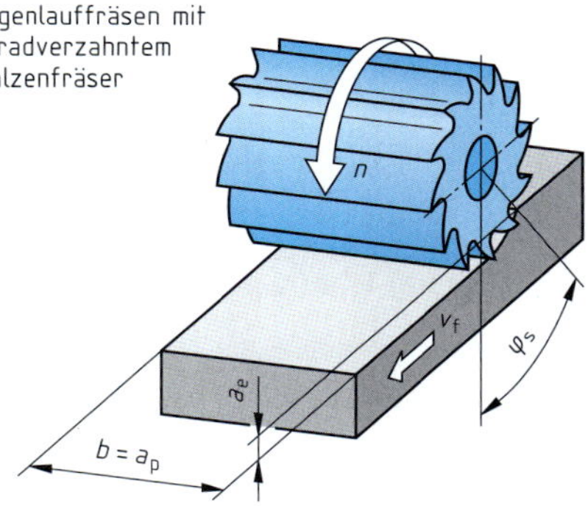

A	Spanungsquerschnitt	mm^2
b	Spanungsbreite	mm
a_p	Schnittbreite (= Werkstückbreite)	mm
h	Spanungsdicke	mm
z_e	Zahl der Schneiden im Eingriff	1
a_e	Arbeitseingriff	mm
d	Durchmesser vor der Bearbeitung	m, mm
f_z	Vorschub je Schneide	mm
λ_s	Neigungswinkel (Drallwinkel)	°
φ_s	Eingriffswinkel	°
n	Drehzahl des Fräsers	min^{-1}
v_c	Schnittgeschwindigkeit des Fräsers	m/min
f	Vorschub	mm
z	Anzahl der Schneiden des Fräsers	1
v_f	Vorschubgeschwindigkeit	mm/min

H

H 8.1.2 Hauptnutzungszeit beim Umfang-Planfräsen

Werkzeug: Walzenfräser

Hauptnutzungszeit

$$t_h = \frac{L \cdot i}{v_f}$$

$$t_h = \frac{L \cdot i}{n \cdot f}$$

Vorschubweg beim Schruppen und Schlichten

$$L = l + l_s + l_a + l_ü$$

Anschnittweg beim Schruppen und Schlichten

$$l_s = \sqrt{d \cdot a_e - a_e^2}$$

Umfangs-Planfräsen
- Schruppen und Schlichten

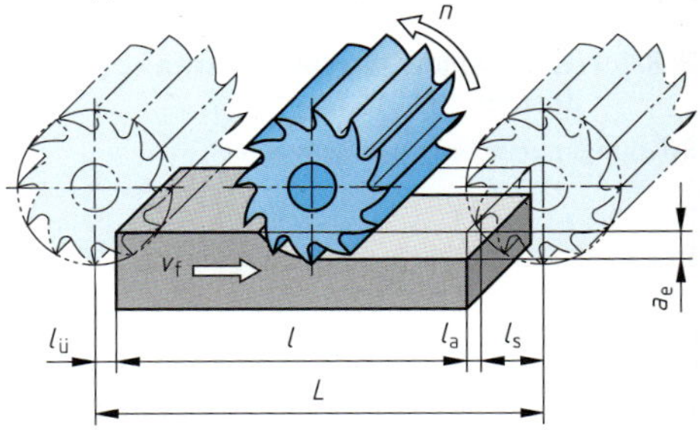

t_h	Hauptnutzungszeit	min
i	Anzahl der Schnitte	1
v_f	Vorschubgeschwindigkeit	mm/min
n	Drehzahl (Umdrehungsfrequenz)	min^{-1}
f	Vorschub	mm
L	Vorschubweg	mm
l	Werkstücklänge	mm
l_s	Anschnittweg	mm
l_a	Anlaufweg	mm
$l_ü$	Überlaufweg (ohne weitere Angabe: $l_a = l_ü = 2$ mm)	mm
d	Außendurchmesser	mm
a_e	Arbeitseingriff	mm

H 8.1.3 Hauptnutzungszeit beim Stirn-Umfang-Planfräsen

Werkzeug: Walzenstirnfräser, Scheibenfräser

Hauptnutzungszeit

$$t_h = \frac{L \cdot i}{v_f}$$

Vorschubweg beim Schruppen

$$L = l + l_s + l_a + l_ü$$

Vorschubweg beim Schlichten

$$L = l + 2 \cdot l_s + l_a + l_ü$$

Anschnittweg beim Schruppen und Schlichten

$$l_s = \sqrt{d \cdot a_e - a_e^2}$$

Anschnittweg beim Schlichten (Faustformel)

$$l_s \approx \frac{d}{2}$$

Stirn-Umfangs-Planfräsen
- Schruppen

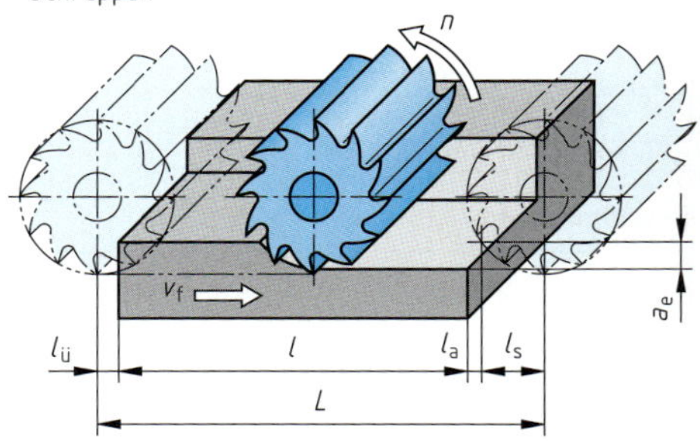

- Schlichten

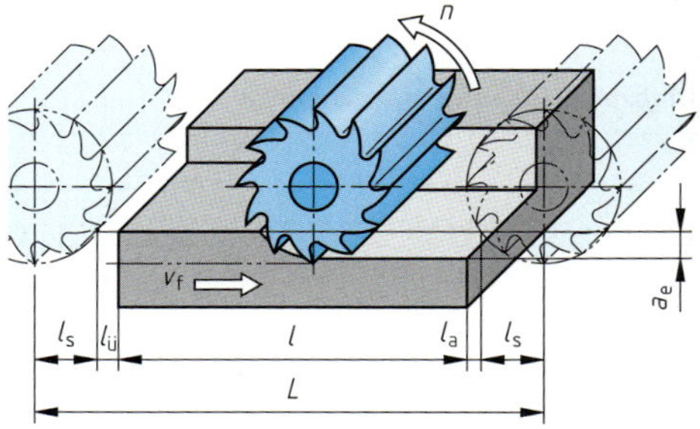

H

H 8.2 Stirnfräsen

H 8.2.1 Schnittgrößen beim Stirnfräsen

Spanungsquerschnitt pro Schneide

$$A = b \cdot h \cdot z_e$$

Spanungsbreite

$$b = \frac{a_p}{\sin \varkappa_r}$$

Spanungsdicke

$$h = \frac{a_e}{d} \cdot \frac{360°}{\pi \cdot \varphi_s} \cdot f_z \cdot \sin \varkappa_r$$

Spanungsdicke beim symmetrischen Stirnfräsen und $a_e/d = 0{,}6 \ldots 0{,}75$

$$h \approx 0{,}88 \cdot f_z \cdot \sin \varkappa_r$$

Eingriffswinkel

$$\sin \frac{\varphi_s}{2} = \frac{a_e}{d}$$

Zahl der Schneiden im Eingriff

$$z_e = \frac{\varphi_s \cdot z}{360°}$$

Drehzahl (Umdrehungsfrequenz)

$$n = \frac{v_c}{\pi \cdot d}$$

Vorschub

$$f = f_z \cdot z$$

Vorschubgeschwindigkeit

$$v_f = f \cdot n = f_z \cdot z \cdot n$$

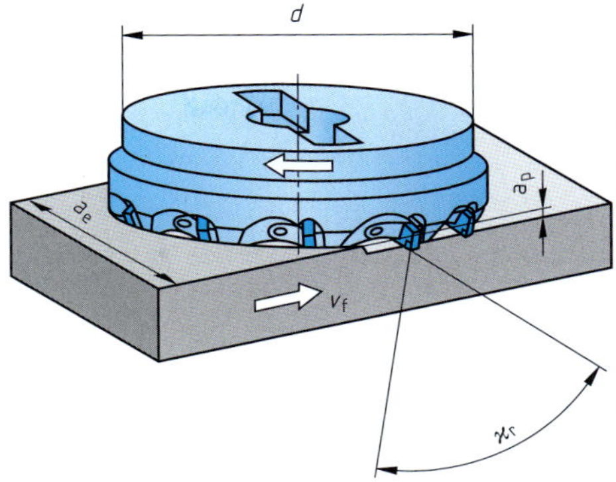

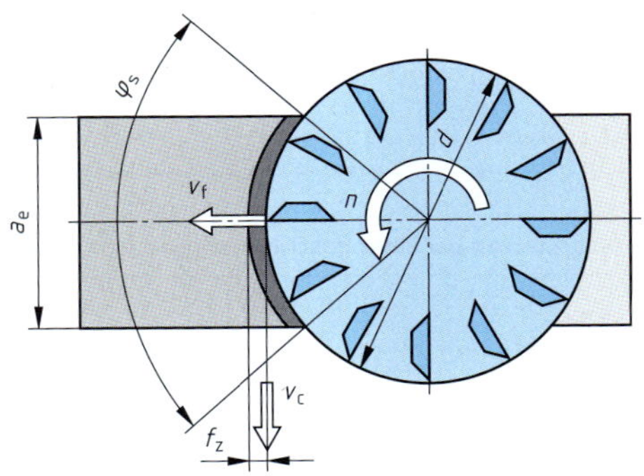

A	Spanungsquerschnitt	mm^2
b	Spanungsbreite	mm
a_p	Schnitttiefe	mm
h	Spanungsdicke	mm
z_e	Zahl der Schneiden im Eingriff	1
a_e	Arbeitseingriff	mm
d	Durchmesser des Fräsers	mm
f_z	Vorschub je Schneide	mm
$\varkappa_r$	Einstellwinkel	°
φ_s	Eingriffswinkel	°
n	Drehzahl des Fräsers	min^{-1}
v_c	Schnittgeschwindigkeit des Fräsers	m/min
f	Vorschub	mm
z	Anzahl der Schneiden des Fräsers	1
v_f	Vorschubgeschwindigkeit	mm/min

H

H 8.2.2 Hauptnutzungszeit beim Stirnfräsen

Werkzeug: Messerkopf, Walzenstirnfräser, Schaftfräser

Hauptnutzungszeit

$$t_h = \frac{L \cdot i}{v_f}$$

$$t_h = \frac{L \cdot i}{n \cdot f}$$

Vorschubweg beim Stirn-Planfräsen (Schruppen)

$$L = l + \frac{d}{2} - l_s + l_a + l_ü$$

Vorschubweg beim Stirn-Planfräsen (Schlichten)

$$L = l + d + l_a + l_ü$$

Vorschubweg bei einer geschlossenen Nut

$$L = l - d$$

Vorschubweg bei einer einseitig offenen Nut

$$L = l - \frac{d}{2} + l_ü$$

Anschnittweg beim symmetrischen Stirn-Planfräsen (Schruppen)

$$l_s = \frac{1}{2} \cdot \sqrt{d^2 - a_e^2}$$

Anschnittweg beim außermittigen Stirn-Planfräsen (Schruppen)

$$l_s = \frac{1}{2} \cdot \sqrt{\frac{d^2}{4} - \left(\frac{a_e}{2} + x\right)^2}$$

Anzahl der Schnitte beim Nutenfräsen

$$i = \frac{t \cdot l_a}{a_p}$$

Vorschubweg

- Stirn-Planfräsen (Schruppen)

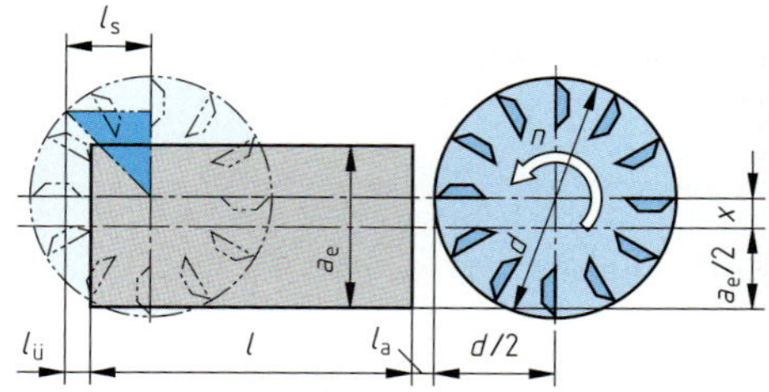

- Stirn-Planfräsen (Schlichten)

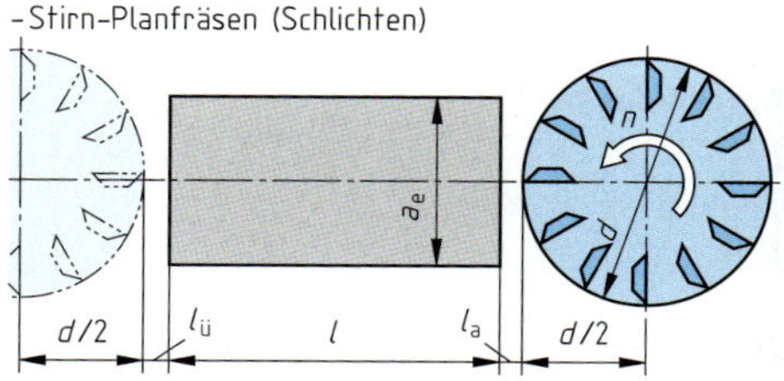

- Nutenfräsen

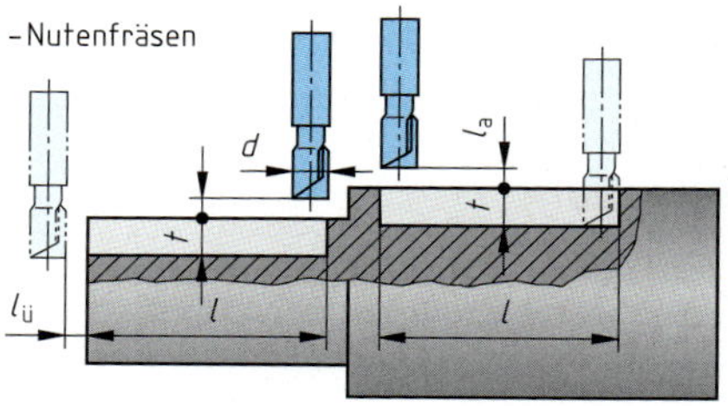

t_h	Hauptnutzungszeit	min
i	Anzahl der Schnitte	1
v_f	Vorschubgeschwindigkeit	mm/min
n	Drehzahl (Umdrehungsfrequenz)	min^{-1}
f	Vorschub	mm
L	Vorschubweg	mm
l	Werkstücklänge	mm
l_s	Anschnittweg	mm
l_a	Anlaufweg	mm
$l_ü$	Überlaufweg	mm
	(ohne weitere Angabe: $l_a = l_ü = 2$ mm)	
d	Durchmesser des Fräsers	mm
a_e	Arbeitseingriff	mm
x	Mittenversatz Fräser zum Werkstück	mm
t	Nuttiefe	mm
a_p	Schnitttiefe	mm

H

H 8.3 Schnitt- und Maschinenleistung beim Fräsen

→ C 1.18

Die nachfolgenden Formeln zur Ermittlung der Schnitt- und Maschinenleistung beziehen sich sowohl auf das Umfangsfräsen, als auch auf das Stirnfräsen.

Schnittleistung

$$P_c = F_c \cdot v_c$$

$$P_c = Q \cdot k_c$$

$$P_c = b \cdot h \cdot z_e \cdot k_c \cdot v_c$$

$$P_c = a_p \cdot a_e \cdot v_f \cdot k_c$$

Schnittkraft

$$F_c = A \cdot k_c \cdot C_1 \cdot C_2$$

Spezifische Schnittkraft

$$k_c = \frac{k_{c1.1}}{h^{m_c}}$$

Maschinenleistung

$$P_{zu} = \frac{P_c}{\eta}$$

Schnittmoment

$$M_c = F_c \cdot \frac{d}{2}$$

Zeitspanungsvolumen

$$Q = A \cdot v_c$$

$$Q = a_p \cdot a_e \cdot v_f$$

P_c Schnittleistung kW

Umrechnungsfaktor für die Schnittleistung in kW:

$$1\ \frac{\text{Nm}}{\text{min}} = \frac{10^{-3}}{60} \cdot \frac{\text{kNm}}{\text{s}} = \frac{10^{-3}}{60}\ \text{kW}$$

F_c	Schnittkraft	N
Q	Zeitspanungsvolumen	$\frac{\text{mm}^3}{\text{min}}$
k_c	spezifische Schnittkraft	N/mm²
$k_{c1.1}$	spezifische Schnittkraft bei h = 1 mm und b = 1 mm (vgl. H 7.2)	N/mm²
m_c	Werkstoffkonstante (vgl. H 7.2)	
C_1	Korrekturfaktor Schneidstoff Schnellarbeitsstahl: C_1 = 1,2 Hartmetall: C_1 = 1,0 Schneidkeramik: C_1 = 0,9	1
C_2	Korrekturfaktor Schneidenverschleiß mit Abstumpfung: C_2 = 1,3 ohne Abstumpfung: C_2 = 1	1
A	Spanungsquerschnitt	mm²
b	Spanungsbreite	mm
h	Spanungsdicke	mm
z_e	Zahl der Schneiden im Eingriff	1
a_p	Schnittbreite bzw. Schnitttiefe	mm
a_e	Arbeitseingriff	mm
v_c	Schnittgeschwindigkeit (bei Q muss v_c in mm/min umgerechnet werden)	m/min
v_f	Vorschubgeschwindigkeit	mm/min
P_{zu}	zugeführte Motorleistung	kW
η	Wirkungsgrad der Maschine	1

Wirkungsgrad der Fräsmaschine:
η = 0,7 … 0,85

M_c Schnittmoment Nm

Umrechnungsfaktor für das Schnittmoment:
1 Nmm = 10^{-3} Nm

d Fräserdurchmesser mm

H

H 8.4 Fräsen mit dem Teilkopf

Zum manuellen Positionieren eines Werkstücks um einen gewünschten Verdrehwinkel wird ein Teileapparat eingesetzt. Mit dem Universal-Teileapparat kann ein direktes und indirektes Teilen durchgeführt werden. Beim direkten Teilen wird die Verdrehung des Werkstücks nur durch die Raster-Teilscheibe erreicht. Das indirekte Teilen wird über ein Schneckengetriebe und einer Lochscheibe ausgeführt.

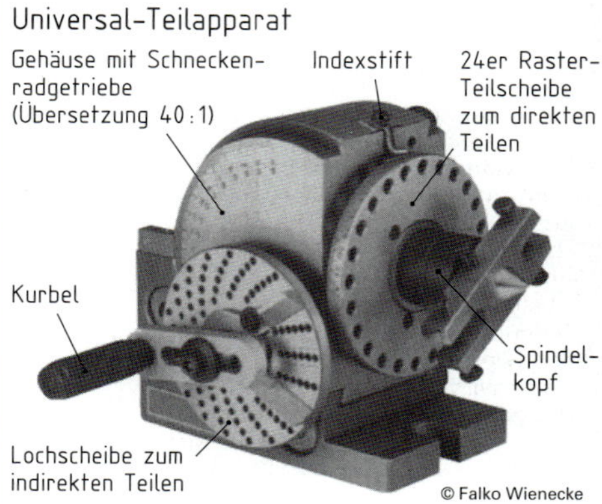

© Falko Wienecke

H 8.4.1 Direktes Teilen

Das direkte Teilen erfolgt über eine Teilkopfspindel und einer Raster-Teilscheibe. Auf der Teilscheibe sind in der Regel 24 Löcher um den Umfang verteilt. Zum Drehen des Werkstücks um den gewünschten Teilschritt rastet ein Indexstift in das entsprechende Loch der Raster-Teilscheibe ein. Die Anzahl der weiter zu drehenden Löcher ergibt sich aus dem geforderten Verdrehwinkel.

Anzahl der weiter zu drehenden Löcher der Teilscheibe

$$n_i = \frac{n_L}{T}$$

$$n_i = \frac{\alpha \cdot n_L}{360°}$$

H 8.4.2 Indirektes Teilen

Beim indirekten Teilen ist die Raster-Teilscheibe ohne Funktion, da der Indexstift nicht eingerastet ist. Das Werkstück wird durch eine Kurbel bewegt. Die Kurbel treibt ein Schneckengetriebe an. Durch das Übersetzungsverhältnis des Getriebes sind in der Regel 40 Kurbelumdrehungen für eine komplette Werkstückumdrehung notwendig. Hierdurch lassen sich sehr kleine Winkelbewegungen realisieren. Die am Gehäuse arretierte Lochscheibe ermöglicht die weitere Unterteilung einer Kurbelumdrehung. Der gewünschte Verdrehwinkel wird durch die Anzahl der Kurbelumdrehungen und dem Einrasten eines Indexstiftes in die Lochscheibe erreicht.

Anzahl der Kurbelumdrehungen bei einem Übersetzungsverhältnis von 40 : 1

$$n_K = \frac{40}{T}$$

$$n_K = \frac{\alpha \cdot n_{LA}}{9° \cdot n_{LK}}$$

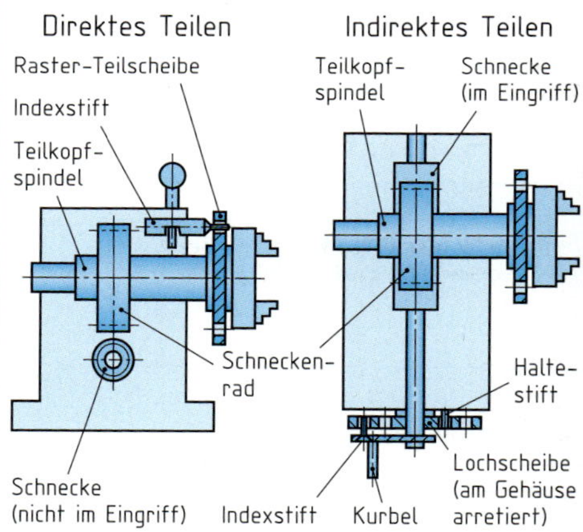

n_i	Anzahl der weiter zu drehenden Löcher	1
n_L	Anzahl der Löcher der Teilscheibe	1
T	Teilzahl (gewünschte Zahl der Teile auf dem Kreisumfang)	1
α	Verdrehwinkel des Werkstücks für eine Teilung	°
n_K	Anzahl der Kurbelumdrehungen für eine Teilung	1
n_{LA}	Anzahl der weiter zu drehenden Lochabstände	1
n_{LK}	Anzahl der Löcher auf dem Kreis der Lochscheibe	1

Anzahl der Löcher der jeweiligen Lochkreise:

15-16-17-18-19-20-21-23-27-29-31-33-37-39-41-43-47-49 oder

17-19-23-24-26-27-28-29-30-31-33-37-39-41-42-43-47-49-51-53-57-59-61-63

H

H 8.4.3 Differentialteilen (Ausgleichsteilen)

Beim Differentialteilen wird die Verdrehung des Werkstücks mit jedem beliebigem Winkel erreicht. Alternativ wird dieses Verfahren zum indirekten Teilen eingesetzt, falls die geeignete Lochscheibe nicht vorhanden ist.
Beim Differentialteilen wird wie beim indirekten Teilen das Werkstück über ein Schneckengetriebe verdreht. Da die Arretierung der Lochscheibe am Gehäuse gelöst wurde, erfolgt eine gleichzeitige Verdrehung der Lochscheibe mit oder gegen die Kurbelumdrehung (man spricht hierbei von einer Differentialbewegung). Es wird somit das Einstellen jeden Winkels zugelassen. Die Verdrehung der Lochscheibe wird über einem 1- oder 2-stufigem Wechselradgetriebe und einem nachgeschalteten Kegelradgetriebe erreicht. Angetrieben wird das Wechselradgetriebe durch die Teilkopfspindel.

Anzahl der Kurbelumdrehungen bei einem Übersetzungsverhältnis des Schneckengetriebes von 40:1

$$n_K = \frac{40}{T'}$$

Verhältnis der Wechselräder bei einem Übersetzungsverhältnis des Schneckengetriebes von 40:1

$$\frac{z_t}{z_g} = \frac{40}{T'} \cdot (T' - T)$$

$$\frac{z_t}{z_g} = 40 \cdot \left(1 - \frac{T}{T'}\right)$$

Verhältnis der Wechselräder bei einem 2-stufigen Wechselradgetriebe

$$\frac{z_t}{z_g} = \frac{z_1 \cdot z_3}{z_2 \cdot z_4}$$

Die Hilfsteilzahl T' ist ein gewählter Wert zur Ermittlung der Zähnezahl der Wechselräder. Die Größe der Hilfsteilzahl T' sollte nur geringfügig von der einzustellenden Teilzahl T abweichen. Je nachdem, ob die Hilfsteilzahl T' größer oder kleiner zur einzustellenden Teilzahl T gewählt wird, ergibt sich die Drehrichtung der Kurbel zur Lochscheibe. Ist eine Umkehrung der Drehrichtung erforderlich, so muss ein Zwischenrad in das Wechselradgetriebe eingebaut werden.

Differentialteilen (Ausgleichsteilen)

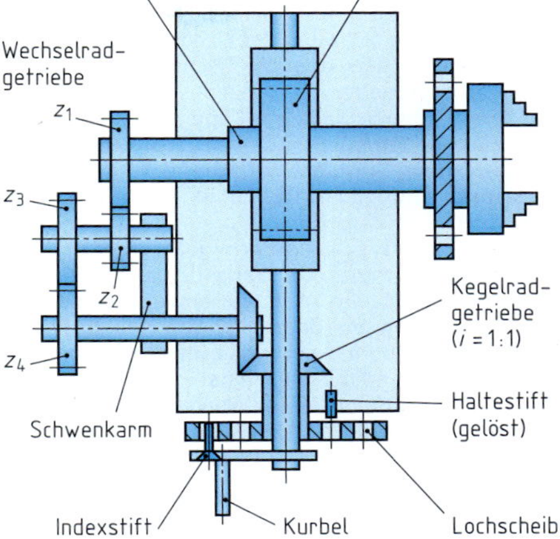

n_K	Anzahl der Kurbelumdrehungen für eine Teilung	1
T	Teilzahl (gewünschte Zahl der Teile auf dem Kreisumfang)	1
T'	Hilfsteilzahl (gewählte Zahl zur Ermittlung der Zähnezahlen der Wechselräder)	1
z_t	Zähnezahl der treibenden Wechselräder (z_1 bzw. z_3)	1
z_g	Zähnezahl der getriebenen Wechselräder (z_2 bzw. z_4)	1
$T' > T$:	Kurbel und Lochscheibe müssen gleiche Drehrichtung haben.	
$T' < T$:	Kurbel und Lochscheibe müssen entgegengesetzte Drehrichtung einnehmen.	

Zähnezahl der Wechselräder:

24-26-28-32-36-40-44-48-56-64-68-72-76-78-80-84-86-90-96-100-112

Beispiel:

Gefordert wird $T = 97$. Gewählt wird $T' = 100$. Dabei ergibt sich Anzahl der Kurbelumdrehungen mit:

$n_K = 40/T' = 40/100 = 8/20$

Die 20er Lochscheibe wird um 8 Löcher verdreht.

$$\frac{z_t}{z_g} = \frac{40}{T'} \cdot (T' - T) = \frac{40}{100} \cdot 3 = \frac{2}{5} \cdot 3 = \frac{6}{5} = \frac{48}{40}$$

H

H 8.4.4 Schraubfräsen (Wendelnutfräsen)

Beim Schraubfräsen werden Schraubengewinde mit großen Steigungen (Wendelnuten) gefertigt. Zum Einsatz kommt hierbei ein auf der Fräsmaschine aufgesetzter Teilkopf. Das Wechselradgetriebe des Teilkopfs wird beim Schraubfräsen nicht über der Teilkopfspindel, sondern über die Tischspindel der Fräsmaschine angetrieben.
Mit dem nachgeschalteten Kegelradgetriebe und Schneckenradgetriebe wird eine zur geradlinigen Tischbewegung umgesetzte Drehbewegung des Werkstücks ermöglicht. Hierfür ist der Indexstift in der Lochscheibe eingerastet.
Beim Einsatz von scheibenförmigen Fräsern (Langgewindefräsen) muss das Werkstück mit dem Frästisch um den Einstellwinkel β geschwenkt werden.
Ist ein mehrgängiges Schraubengewinde zu fräsen (d.h. zwei oder mehrere Wendelnuten liegen parallel nebeneinander), so muss nach der Fertigstellung der jeweiligen Wendelnut das Werkstück durch das indirekte Teilen (vgl. H 8.4.2) weitergedreht werden.

Gewindesteigung

$$P = \pi \cdot d \cdot \tan\alpha$$

Steigungswinkel

$$\tan\alpha = \frac{P}{\pi \cdot d}$$

Einstellwinkel

$$\tan\beta = \frac{\pi \cdot d}{P}$$

$$\tan\beta = 90° - \alpha$$

Verhältnis der Wechselräder bei einem Übersetzungsverhältnis des Schneckengetriebes von 40:1

$$\frac{z_t}{z_g} = \frac{40 \cdot P_T}{P}$$

Schraubfräsen (Wendelnutfräsen)

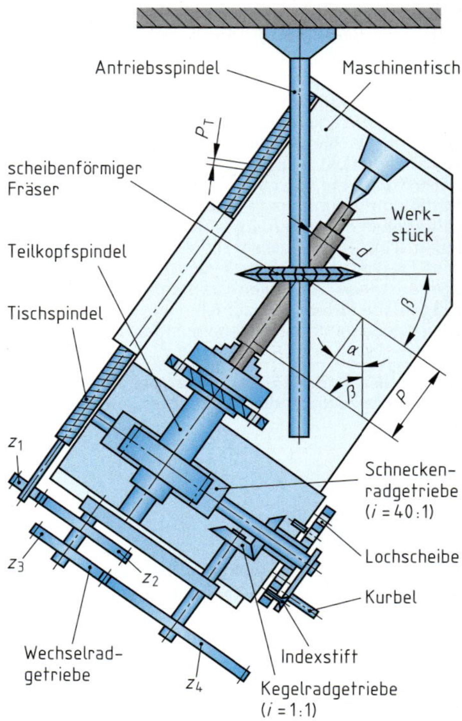

P	Gewindesteigung	mm
P_T	Steigung der Tischspindel	mm
d	Werkstückdurchmesser	mm
α	Steigungswinkel	°
β	Einstellwinkel	°
z_t	Zähnezahl der treibenden Wechselräder (z_1 bzw. z_3)	1
z_g	Zähnezahl der getriebenen Wechselräder (z_2 bzw. z_4)	1

Anzahl der Löcher der jeweiligen Lochkreise:

15-16-17-18-19-20-21-23-27-29-31-33-37-39-41-43-47-49 oder

17-19-23-24-26-27-28-29-30-31-33-37-39-41-42-43-47-49-51-53-57-59-61-63

Zähnezahl der Wechselräder:

24-26-28-32-36-40-44-48-56-64-68-72-76-78-80-84-86-90-96-100-112

H 9 Trennen durch Hobeln, Stoßen und Räumen

H 9.1 Hobeln und Stoßen

Anzahl der Doppelhübe

$$n = \frac{v_c}{2 \cdot L}$$

Vorschubgeschwindigkeit

$$v_f = n \cdot f$$

Hauptnutzungszeit

$$t_h = \frac{B \cdot i}{n \cdot f} = \frac{2 \cdot L \cdot B \cdot i}{v_c \cdot f}$$

Hublänge

$$L = l + l_a + l_ü$$

Hobel- bzw. Stoßbreite

$$B = b + b_a + b_ü$$

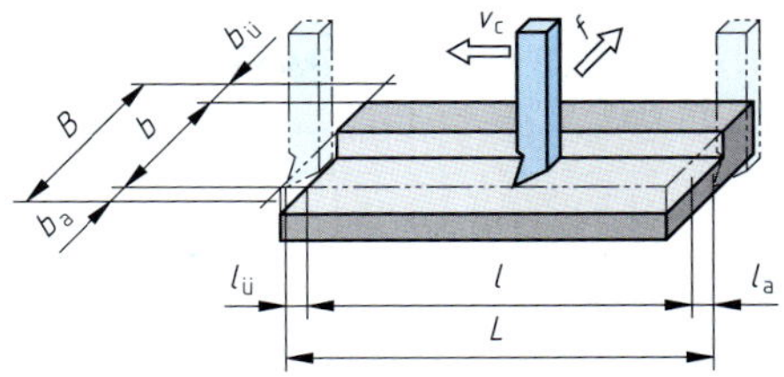

n	Anzahl der Doppelhübe je Minute	min^{-1}
v_c	Schnittgeschwindigkeit	m/min
v_f	Vorschubgeschwindigkeit	mm/min
f	Seitenvorschub je Doppelhub	mm
t_h	Hauptnutzungszeit	min
i	Anzahl der Flächenschnitte	1
L	Hublänge	m, mm
l	Werkstücklänge	mm
$l_ä$	Hubanlaufweg	mm
$l_ü$	Hubüberlaufweg	mm
B	Hobel- bzw. Stoßbreite	mm
b_a, $b_ü$	Anlauf bzw. Überlauf in der Breite	mm

H 9.2 Räumen

Hauptnutzungszeit

$$t_h = \frac{2 \cdot L \cdot i}{v_{cm}}$$

Mittlere Schnittgeschwindigkeit

$$v_{cm} = 2 \cdot \frac{v_c \cdot v_r}{v_c + v_r} = 2 \cdot \frac{v_c}{1 + k}$$

Geschwindigkeitsverhältnis

$$k = \frac{v_c}{v_r}$$

Räumlänge

$$L = l + l_s + l_a + l_ü$$

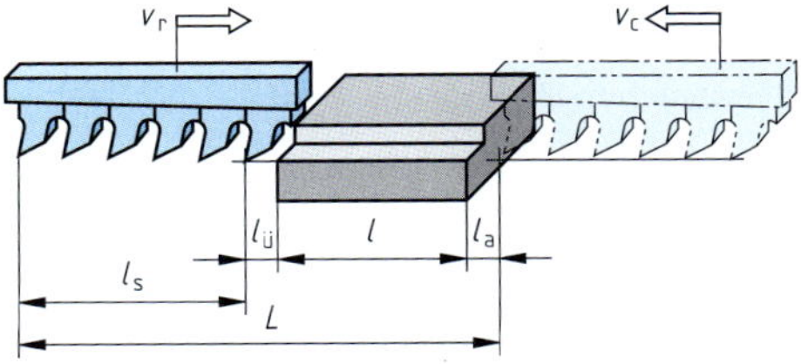

t_h	Hauptnutzungszeit	min
v_{cm}	mittlere Schnittgeschwindigkeit	m/min
v_c	Schnitt- bzw. Vorlaufgeschwindigkeit	m/min
v_r	Rücklaufgeschwindigkeit	m/min
i	Anzahl der Schnitte	1
k	Geschwindigkeitsverhältnis	1
L	Hublänge	m, mm
l	Werkstücklänge	mm
l_s	Länge des Räumwerkzeugs	mm
l_a, $l_ü$	Hubanlauf- bzw. Überlaufweg	mm

H

H 10 Trennen durch Schleifen

H 10.1 Längs-Rundschleifen

H 10.1.1 Schnittgrößen beim Rundschleifen

Drehzahl (Umdrehungsfrequenz) des Werkstücks

$$n = \frac{v_f}{\pi \cdot d_1}$$

Schnittgeschwindigkeit

$$v_c = \pi \cdot d_s \cdot n_s$$

Geschwindigkeitsverhältnis

$$q = \frac{v_c}{v_f} \cdot 60 \frac{\text{s}}{\text{min}} = \frac{d_s \cdot n_s}{d_1 \cdot n} \cdot 60 \frac{\text{s}}{\text{min}}$$

	Außenrundschleifen		Innenrundschleifen	
	v_c	q	v_c	q
Stahl	32	125	25	80
Gusseisen	25	100	25	65
Hartmetall	8	100	8	60
Al-Legierung	18	50	16	30
Cu-Legierung	3	80	25	50

Vorschub zum Schruppen

$$f = \left(\frac{2}{3} \dots \frac{3}{4}\right) \cdot b_s$$

Vorschub zum Schlichten

$$f = \left(\frac{1}{4} \dots \frac{1}{2}\right) \cdot b_s$$

Schleifaufmaß beim Außenrundschleifen

$$t = d_1 - d$$

Schleifaufmaß beim Innenrundschleifen

$$t = d - d_1$$

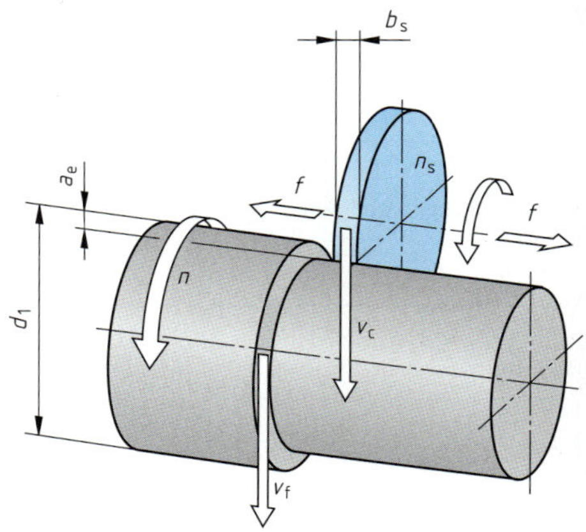

v_f	Vorschubgeschwindigkeit	m/min
v_c	Schnittgeschwindigkeit	m/s
q	Geschwindigkeitsverhältnis	1
n	Drehzahl des Werkstücks	min^{-1}
n_s	Drehzahl der Schleifscheibe	s^{-1}
d	Werkstückdurchmesser nach der Schleifbearbeitung	mm
d_1	Werkstückdurchmesser mit Schleifaufmaß	m, mm
d_s	Schleifscheibendurchmesser	m
f	Vorschub je Umdrehung	mm
b_s	Schleifscheibenbreite	mm
t	Schleifaufmaß	mm
a_p	Schnitttiefe ($a_p = f$)	mm
a_e	Zustellung je Schnitt	mm

	t	a_e
Vorschleifen	0,2 bis 0,5	0,02 bis 0,1
Fertigschleifen	0,02 bis 0,1	0,005 bis 0,05
Feinschleifen	0,005 bis 0,02	0,002 bis 0,008

H

H 10.1.2 Hauptnutzungszeit beim Längs-Rundschleifen

Hauptnutzungszeit

$$t_h = \frac{L \cdot i}{n \cdot f}$$

Vorschubweg beim Werkstück ohne Absatz

$$L = l - \frac{1}{3} \cdot b_s$$

Anschnittweg beim Werkstück mit Absatz

$$L = l - \frac{2}{3} \cdot b_s$$

Anzahl der Schnitte

$$i = \frac{t}{2 \cdot a_e} + 8$$

Es werden 8 Schnitte zum Ausfeuern berücksichtigt.

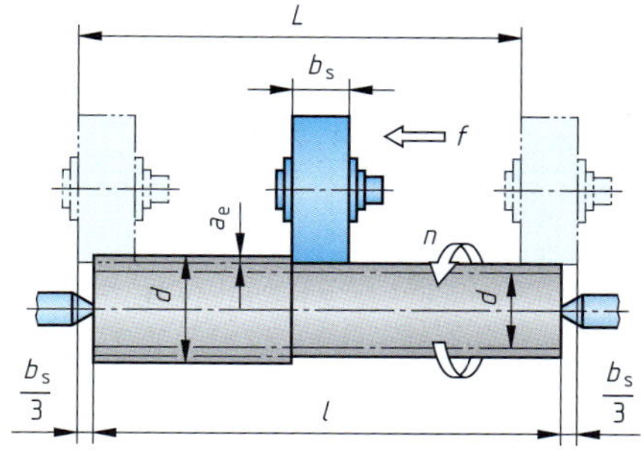

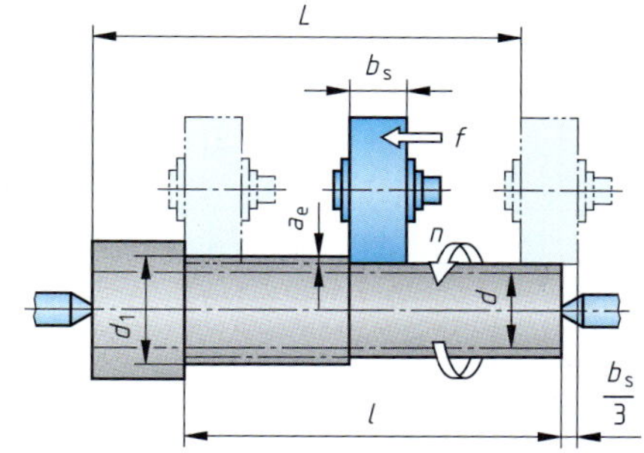

H 10.1.3 Schnittkraft und Leistung beim Längs-Rundschleifen

Schnittkraft (vereinfachte Berechnungsgleichung)

$$F_c = \frac{a_e \cdot f \cdot v_f}{v_c} \cdot k_c \cdot \frac{\text{min}}{60\ \text{s}}$$

Spezifische Schnittkraft (Erfahrungswert)

$$k_c \approx 30000\ \text{N/mm}^2$$

Schnittleistung

$$P_c = F_c \cdot v_c$$

$$P_c = a_e \cdot f \cdot v_f \cdot k_c \cdot \frac{\text{min}}{60\ \text{s}}$$

Standvolumen

$$V_z = a_e \cdot v_f \cdot b_s \cdot T_s \cdot 1000 \frac{\text{mm}}{\text{m}}$$

t_h	Hauptnutzungszeit	min
L	Vorschubweg	mm
i	Anzahl der Schnitte	1
n	Drehzahl (Umdrehungsfrequenz)	min^{-1}
f	Vorschub	mm
l	Werkstücklänge	mm
b_s	Schleifscheibenbreite	mm
t	Schleifaufmaß	mm
a_e	Zustellung je Schnitt	mm
a_p	Schnitttiefe ($a_p = f$)	mm
F_c	Schnittkraft	N
k_c	spezifische Schnittkraft	N/mm^2
P_c	Schnittleistung	W
v_f	Vorschubgeschwindigkeit	m/min
v_c	Schnittgeschwindigkeit	m/s
V_z	Standvolumen (Werkstoffmenge, die sich zwischen zwei Abrichtvorgängen abnehmen lässt.)	mm^3
T_s	Standzeit	min

H 10.2 Längs-Planschleifen (Flachschleifen)

H 10.2.1 Schnittgrößen beim Umfangs-Plan- und Seiten-Planschleifen

Hubzahl

$$n_H = \frac{v_f}{L}$$

Schnittgeschwindigkeit

$$v_c = \pi \cdot d_s \cdot n_s$$

Geschwindigkeitsverhältnis

$$q = \frac{v_c}{v_f} \cdot \frac{60\ s}{min} = \frac{\pi \cdot d_s \cdot n_s}{L \cdot n_H} \cdot \frac{60\ s}{min}$$

	Umfangs-Planschleifen		Seiten-Planschleifen	
	v_c	q	v_c	q
Stahl	30	80	25	50
Gusseisen	30	65	25	40
Hartmetall	10	115	8	115
Al-Legierung	18	30	18	20
Cu-Legierung	25	50	18	30

Quervorschub zum Schruppen

$$f = \left(\frac{2}{3} \ldots \frac{4}{5}\right) \cdot b_s$$

Quervorschub zum Schlichten

$$f = \left(\frac{1}{2} \ldots \frac{2}{3}\right) \cdot b_s$$

Schleifaufmaß beim Umfangs-Planschleifen

$$t = s_1 - s$$

Schnitttiefe

$$a_p = f$$

Umfangs-Planschleifen

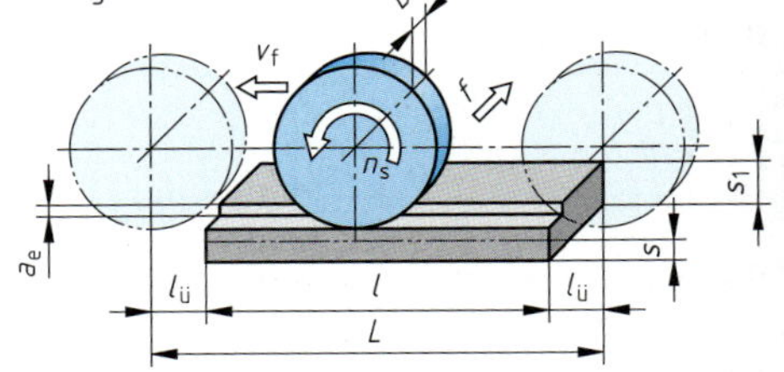

Seiten-Planschleifen

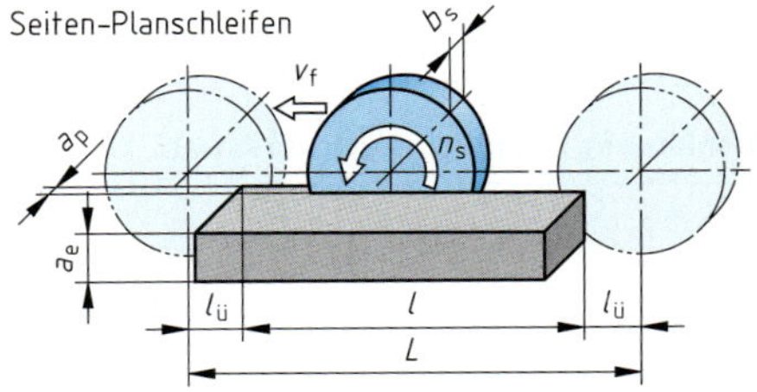

v_f	Vorschubgeschwindigkeit	m/min
v_c	Schnittgeschwindigkeit	m/s
q	Geschwindigkeitsverhältnis	1
n_H	Hubzahl des Werkstücks	min^{-1}
n_s	Drehzahl der Schleifscheibe	s^{-1}
L	Vorschubweg	m, mm
l	Werkstücklänge	mm
$l_ü$	Überlaufweg	mm
d_s	Schleifscheibendurchmesser	m
f	Quervorschub je Hub	mm
b_s	Schleifscheibenbreite	mm
t	Schleifaufmaß	mm
a_p	Schnitttiefe ($a_p = f$)	mm
a_e	Zustellung je Schnitt	mm
s_1	Werkstückdicke mit Schleifaufmaß	mm
s	Werkstückdicke nach dem Schleifen	mm

Schleifaufmaß und Zustellung beim Umfangs-Planschleifen

	t	a_e
Vorschleifen	0,2 bis 0,5	0,02 bis 0,1
Fertigschleifen	0,02 bis 0,1	0,005 bis 0,05
Feinschleifen	0,005 bis 0,02	0,002 bis 0,008

H

H 10.2.2 Hauptnutzungszeit beim Umfangs-Planschleifen

Hauptnutzungszeit

$$t_h = \frac{B \cdot i}{n_H \cdot f}$$

Schleifbreite beim Werkstück ohne Absatz

$$B = b - \frac{1}{3} \cdot b_s$$

Anschnittweg beim Werkstück mit Absatz

$$B = b - \frac{2}{3} \cdot b_s$$

Vorschubweg

$$L = l + 2 \cdot l_ü$$

Anzahl der Schnitte

$$i = \frac{t}{a_e} + 8$$

Es werden 8 Schnitte zum Ausfeuern berücksichtigt.

H 10.2.3 Schnittkraft und Leistung beim Längs-Planschleifen

Schnittkraft (vereinfachte Berechnungsgleichung)

$$F_c = \frac{a_e \cdot f \cdot L \cdot n_H}{v_c} \cdot k_c \cdot \frac{\text{min}}{60\ \text{s}}$$

Spezifische Schnittkraft (Erfahrungswert)

$$k_c \approx 30\,000\ \text{N/mm}^2$$

Schnittleistung

$$P_c = F_c \cdot v_c$$

$$P_c = a_e \cdot f \cdot L \cdot n_H \cdot k_c \cdot \frac{\text{min}}{60\ \text{s}}$$

Werkstück ohne Absatz

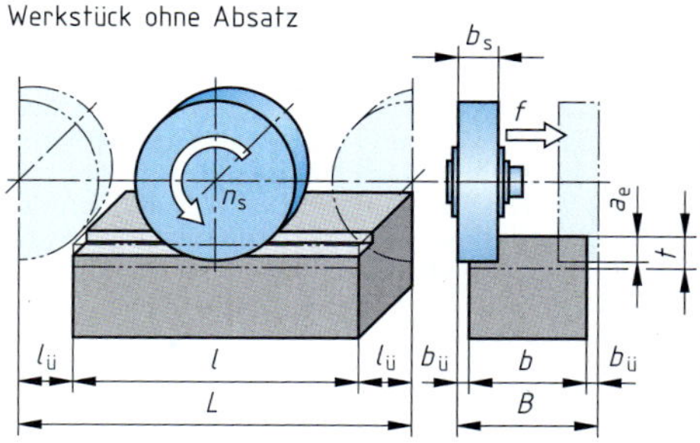

Werkstück mit Absatz

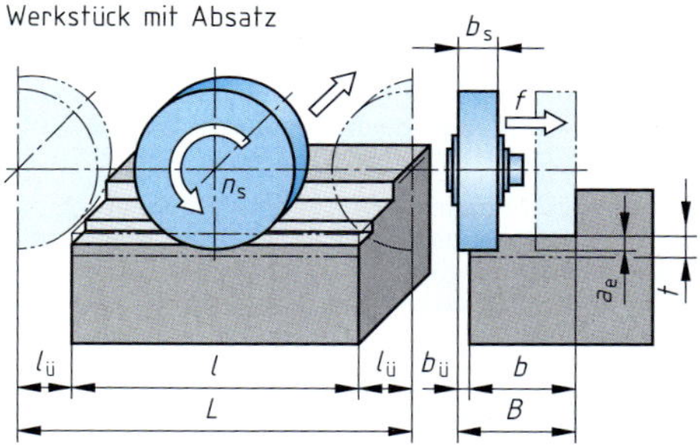

t_h	Hauptnutzungszeit	min
B	Schleifbreite	mm
i	Anzahl der Schnitte	1
n_H	Hubzahl	min^{-1}
f	Vorschub	mm
b_s	Schleifscheibenbreite	mm
L	Vorschubweg	mm
l	Werkstücklänge	mm
$l_ü$	Überlaufweg	mm
t	Schleifaufmaß	mm
a_e	Zustellung je Schnitt	mm
a_p	Schnitttiefe ($a_p = f$)	mm
F_c	Schnittkraft	N
k_c	spezifische Schnittkraft	N/mm^2
P_c	Schnittleistung	W
v_f	Vorschubgeschwindigkeit	m/min
v_c	Schnittgeschwindigkeit	m/s

H 11 Trennen durch Honen

Honen ist ein Feinbearbeitungsverfahren mittels eines Honsteins. Die Schnittbewegung wird in zwei Richtungen ausgeführt. Die Werkstückoberfläche wird in erster Linie durch Anpressen und Verschieben des Werkstoffs geglättet. Der Werkstoff an der Oberfläche des Werkstücks ermüdet durch die Schnittbewegung und wird durch die Schneidkörner abgetragen. Zum Spülen der abgetragten Teilchen kann ein Honöl eingesetzt werden. Je nach Feinheit des Honsteins, Größe des Flächendrucks und Höhe der Schnittgeschwindigkeit lassen sich Rautiefen bis $R_z = 0{,}2\ \mu m$ erzielen.

Das Kurzhubhonen wird vorwiegend für zylindrische Außenflächen eingesetzt. Während die erste Schnittbewegung durch die Drehbewegung des Werkstücks ausgeführt wird, erfolgt die zweite Schnittbewegung durch eine auf wenige Millimeter begrenzte Hubbewegung des Honsteins.

Das Langhubhonen wird bei der Feinbearbeitung von Bohrungen eingesetzt. Die Schnittbewegung entsteht durch die hin- und hergehende Hubbewegung und eine gleichzeitige Drehbewegung der Honahle.

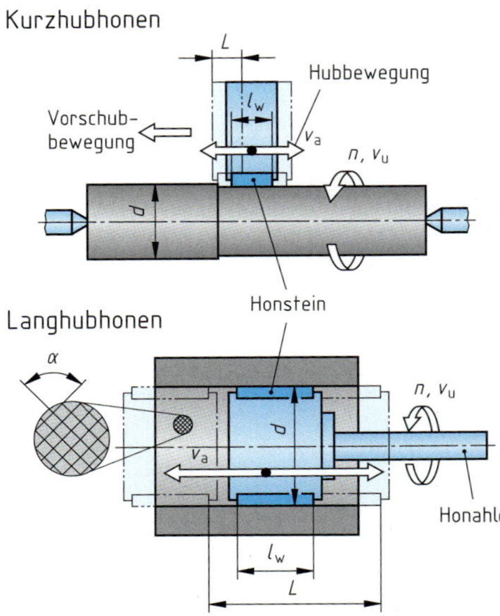

Schnittgeschwindigkeit

$$v_c = \sqrt{v_a^2 + v_u^2}$$

Überschneidungswinkel

$$\tan \frac{\alpha}{2} = \frac{v_a}{v_u} = C$$

Drehzahl des Werkstücks bzw. des Honsteins

$$n = \frac{v_u}{d \cdot \pi}$$

Zahl der Doppelhübe pro Minute (Hubfrequenz)

$$f_H = \frac{v_a}{2 \cdot L}$$

Hubweg beim Honen einer Durchgangsbohrung

$$L = l - 1/3 \cdot l_w$$

Hubweg beim Honen einer Grundlochbohrung

$$L = l - 2/3 \cdot l_w$$

v_c	Schnittgeschwindigkeit	m/min
v_a	Axial- bzw. Hubgeschwindigkeit	m/min
v_u	Umfangsgeschwindigkeit	m/min
α	Überschneidungswinkel der Bearbeitungsspuren	°
C	Geschwindigkeitsverhältnis	1
n	Drehzahl des Werkstücks bzw. des Honsteins	min^{-1}
d	Werkstück- bzw. Honahlendurchmesser	m, mm
f_H	Zahl der Doppelhübe (Hubfrequenz)	min^{-1}
L	Hublänge	m, mm
l	Werkstücklänge	mm
l_w	Honsteinlänge	mm

	v_u Vorschleifen	v_u Fertigschleifen	C
Stahl, ungehärtet	18 bis 22	20 bis 25	0,50
Stahl, gehärtet	14 bis 22	15 bis 24	0,36
legierte Stähle	23 bis 25	25 bis 28	0,43
Gusseisen	23 bis 28	25 bis 30	0,42
Al-Legierungen	22 bis 24	24 bis 26	0,41

H 12 Fügen durch Schweißen

H 12.1 Gasschmelzschweißen

Beim Gasschmelzschweißen wird die Verbindungsstelle mit einem Schweißbrenner erwärmt. Die für das Schmelzen des Werkstoffs benötigte Wärme wird durch Verbrennen eines Acetylen-Sauerstoff-Gemisches erzeugt. Es wird eine Flammentemperatur bis 3200 °C erreicht.

Der Sauerstoff wird als ungelöstes Gas auf einen Druck von 150 bar komprimiert aus Stahlflaschen entnommen. Die Normflasche nach hat einen Rauminhalt von 40 l und enthält damit ca. 6 m^3 Sauerstoff.

Die Normflasche mit 50 l Rauminhalt wird mit einem Druck von 200 bar gefüllt und enthält 10 m^3 Sauerstoff.

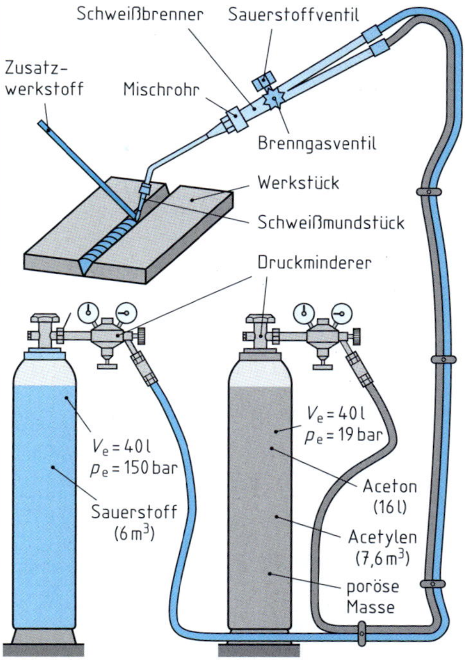

Nutzbares Gasvolumen bei ungelösten Gasen

$$V_{amb} = \frac{V_e \cdot p_e}{p_{amb}}$$

Gasverbrauch bei ungelösten Gasen

$$\Delta V_{amb} = \frac{V_e \cdot (p_{e1} - p_{e2})}{p_{amb}}$$

Das Acetylen als Brenngas ist als ungelöstes Gas schon bei einem Druck von 2 bar explosiv. Daher wird es in flüssigem Aceton gelöst. 1 l Aceton löst beim Druck von 1 bar 25 l gasförmiges Acetylen. Die Acetylen-Aceton-Lösung wird von einer porösen schwammig wirkenden Masse, die sich in einer Stahlflasche befindet, aufgesogen.

Die Normflasche mit 40 l Rauminhalt enthält 16 l Aceton. Die Acetylen-Aceton-Lösung kann mit einem Druck bis zu 19 bar komprimiert werden. Der Stahlflasche kann somit ca. 7,6 m^3. Acetylen entnommen werden.

Der Normflasche mit 50 l Rauminhalt kann bei einer Füllmenge von 20 l Aceton ca. 9,5 m^3 Acetylen aufnehmen.

Nutzbares Gasvolumen bei gelösten Gasen

$$V_{amb} = L_{Ac/Az} \cdot V_{Az} \cdot p_e$$

Gasverbrauch bei gelösten Gasen

$$\Delta V_{amb} = L_{Ac/Az} \cdot V_{Az} \cdot (p_{e1} - p_{e2})$$

V_{amp}	Gasvolumen bei Luftdruck	m^3
p_{amb}	Luftdruck ($p_{amb} \approx 1$ bar)	bar
V_e	Volumen der Gasflasche (1 l = 0,001 m^3)	m^3
p_e	Gasflaschenüberdruck	bar
p_{e1}	Gasflaschenüberdruck bei Arbeitsbeginn	bar
p_{e2}	Gasflaschenüberdruck bei Arbeitsende	bar
ΔV_{amp}	Gasverbrauch	m^3
$L_{AC/AZ}$	Lösungsmenge von Azetylen je bar in 1 l Aceton ($L_{Ac/Az} = 25$ bar^{-1})	bar^{-1}
V_{AZ}	Acetonvolumen in der Acetylenflasche	m^3

40 l-Gasflasche: $V_{Az} \approx 16$ l
50 l-Gasflasche: $V_{Az} \approx 20$ l

H

H 12.2 Lichtbogenschweißen

Beim Lichtbogenschweißen wird ein Lichtbogen, der als Wärmequelle dient, zwischen einer Elektrode und dem Werkstück gezündet. Je nach Verfahren wird die Elektrode als Zusatzwerkstoff abgeschmolzen (z.B. Lichtbogenhandschweißen, Schutzgasschweißen-MAG) oder die Elektrode dient nur zum Zünden des Lichtbogens (Schutzgasschweißen – WIG). Bei dieser Variante wird der Zusatzwerkstoff von außen zugeführt. Die Schweißschmelze muss bei jeder Variante vor der Luftzufuhr geschützt werden. Während beim Lichtbogenhandschweißen die abbrennende Elektrodenumhüllung ein Schutzgas um die Schweißstelle bildet, wird beim Schutzgasschweißen ein Schutzgas an das Schweißschmelzbad zugeführt.

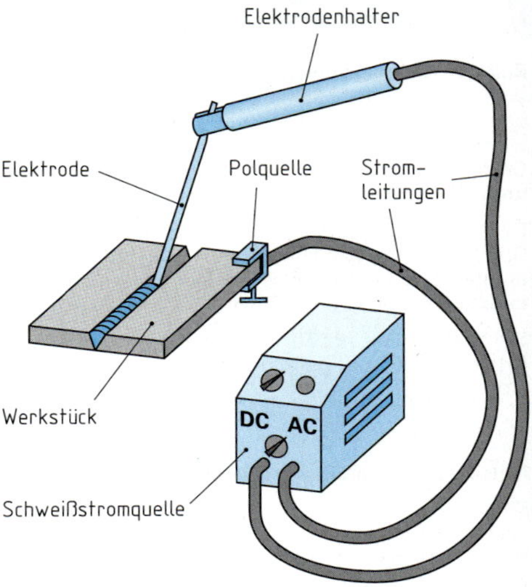

Schweißgutmasse

$$m = A \cdot l \cdot \rho \cdot (1 + x)$$

Nutzbare Elektrodenabschmelzmasse

$$m_E = \frac{\pi \cdot d^2}{4} \cdot l_E \cdot \rho \cdot \frac{K_E}{100\,\%}$$

Zahl der benötigten Elektroden

$$n = \frac{m}{m_E}$$

Hauptnutzungszeit

$$t_h = \frac{m}{m_s}$$

m	Schweißgutmasse	g
A	Schweißnahtquerschnitt	cm^2
l	Schweißnahtlänge	cm
ρ	Dichte des Schweißgutes (Stahl: ρ =7,85 g/cm³)	g/cm^3
x	Zuschlag für Nahtüberhöhung I-Naht, 3 mm Blech: x = 0,7 I-Naht, 6 mm Blech: x = 0,4 I-Naht, 10 mm Blech: x = 0,2 Kehlnaht, a = 4 mm: x = 0,3 Kehlnaht, a = 8 mm: x = 0,2	1
m_E	nutzbare Elektrodenabschmelzmasse	g
d	Elektrodendurchmesser	cm
l_E	Elektrodenlänge (5 cm Abfall abziehen)	cm
K_E	Korrekturwert aufgrund der Ausbringung K_E = 90%...95%	%
n	Zahl der benötigten Elektroden	1
t_h	Hauptnutzungszeit	min
m_s	Abschmelzleistung	g/min

Abschmelzleistung beim Lichtbogenhandschweißen in g/min

Elektrodentyp	Elektrodendurchmesser in mm		
	3,2	4,0	5,0
E42 0 RC	20	25	32
E42 0 RR	21	29	38
E38 2 RA	27	39	44
E38 2 RB	19	26	36
E42 0 RR	22	29	38
E42 6 B	23	32	43
E42 4 B	23	32	43
E38 0 RR	32	46	72

Abschmelzleistung beim Schutzgasschweißen in g/min

Drahtdurchmesser in mm	1,2	1,6	2,4
MAG	100	130	160
WIG	60	75	100

H

H 13 Drehen mit CNC-Maschinen

H 13.1 Koordinatensysteme bei CNC-Drehmaschinen

H 13.1.1 Koordinatenachsen beim Drehen

Die Ausrichtung der Koordinatenachsen bei einer CNC-Drehmaschine hängt von der Position des Werkzeugs ab. Es wird zwischen Werkzeuge vor und hinter der Drehmitte unterschieden.

Auf der **X-Achse** führt das Werkzeug eine Bewegung entlang des Durchmessers des Werkstücks durch.

Mit der Angabe der **Z-Achse** bewegt sich das Werkzeug entlang der Symmetrielinie der Hauptspindel.

Die **C-Achse** wird bei Drehmaschinen mit angetriebenem Werkzeug benötigt. Bei der Angabe dieser Achse wird eine Winkelbewegung des Werkzeugs, das sich außerhalb der Drehmitte befindet, ausgeführt.

H 13.1.2 Steuerungsarten beim Drehen

Konventionelle Drehmaschinen mit einer numerischen Steuerung besitzen in der Regel eine **Streckensteuerung**. Es können nur achsparallele Bewegungen des Werkzeugs ausgeführt werden. Die Eingabe der durchzuführenden Werkzeugbewegung kann nur schrittweise erfolgen, d.h. nach jeder Bewegung muss eine erneute Eingabe erfolgen.

CNC-Drehmaschinen sind mit einer **2-D-Bahnsteuerung** ausgestattet. Das gleichzeitige Verfahren des Werkzeugs in der X-Achse und der Z-Achse ermöglicht die Fertigung von Schrägen und Radien am Werkstück.

H 13.1.3 Bezugspunkte beim Drehen

Der **Maschinennullpunkt** befindet sich bei CNC-Drehmaschinen mittig auf der Planfläche der Arbeitsspindel. Dieser Nullpunkt wurde vom Maschinenhersteller festgelegt.

CNC-Drehmaschinen besitzen in der Regel ein inkrementales Wegmesssystem. Zur Eichung dieses Wegmesssystems muss der **Referenzpunkt** nach dem Einschalten der Maschine mit dem Werkzeug angefahren werden. Der Referenzpunkt befindet sich zur Vermeidung einer Kollision in einem größeren Abstand zum Maschinennullpunkt. Alternativ zu einem festen Referenzpunkt kann der Maschinenhersteller abstandscodierte Referenzpunkte festlegen mit denen eine kürzere Anfahrzeit ermöglicht wird.

Der **Werkzeugträger-Bezugspunkt** liegt mittig auf der Anschlagfläche der Werkzeugshalters am Revolver. Beim Anfahren des Referenzpunktes wird mit dem Werkzeugträger-Bezugspunkt der Abstand des Werkzeugs zum Maschinennullpunkt geeicht.

Der **Werkstücknullpunkt** wird vom Maschinenbediener nach fertigungstechnischen Gesichtspunkten festgelegt und befindet sich beim Drehen in der Regel mittig auf der Planfläche des Werkstücks.

Alle nachfolgenden Längen werden in mm angegeben.

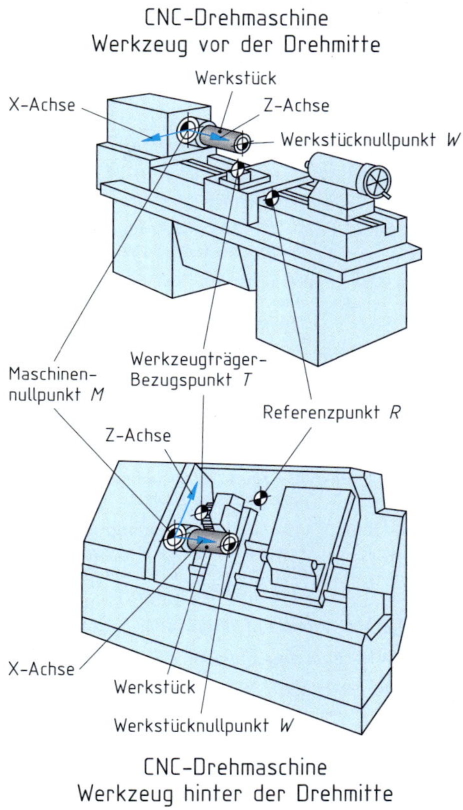

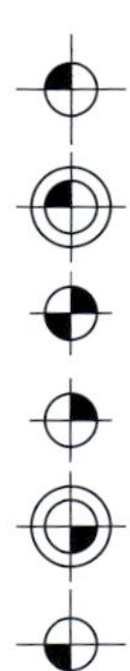

P0	Programmnullpunkt
M	Maschinennullpunkt
R	Referenzpunkt
T	Werkzeugträger-Bezugspunkt
W	Werkstücknullpunkt
WWP	Werkzeugwechselpunkt

Der **Werkzeugwechselpunkt** wird vom Maschinenbediener zum Wechseln der Werkzeuge festgelegt.

Der **Programmnullpunkt** gibt die Koordinaten des Werkzeugs vor Beginn des Programmstarts an.

H

H 13.2 CNC-Drehern nach DIN

Ein CNC-Programm besitzt eine genormte Struktur nach DIN 66025-1:1983-01. Es setzt sich aus dem Programmanfang, einer Folge von Sätzen und dem Programmende zusammen. Jeder Satz beginnt mit einer Satznummer und enthält genormte Wörter in einer Zeile. Am nebenstehenden Beispiel wird die Struktur eines CNC-Programms zum Drehen erläutert.

%55100 *(Programmanfang und -name)*

N10 G0 X150 Z50 *(Fahren des Werkzeugs im Eilgang zum Werkzeugwechselpunkt)*

N20 G96 F0,1 S180 T02 M04 *(Technologische Informationen für das Werkzeug T02)*

N30 G0 X50 Z2 M08 *(Positionieren des Werkzeuges zum Werkstück, Einschalten des Kühlschmiermittels)*

N40 G42 G1 X50 Z0 *(Anfahren des Werkzeugs zum Werkstück mit Einschaltung der Werkzeugbahnkorrektur)*

N50 G1 X70 Z-40 *(Werkzeug fährt eine Gerade zum angegebenen Punkt)*

N60 G1 Z-95 *(Werkzeug fährt achsparallel zum angegebenen Punkt)*

N70 G2 X100 Z110 115 K0 *(Werkzeug fährt eine Kreisbahn mit dem vorgegebenen Mittelpunkt zum angegebenen Endpunkt des Kreises)*

N80 G1 Z-150 *(Werkzeug fährt jeweils achsparallel*

N90 G1 X150 *zum angegebenen Punkt)*

N100 G40 G01 X154 *(Werkzeug fährt mit programmierten Vorschub aus dem Werkstück, dabei wird die Werkzeugbahnkorrektur abgeschaltet)*

N110 G0 X150 Z50 M09 *(Fahren des Werkzeugs im Eilgang zum Werkzeugwechselpunkt, Ausschalten des Kühlschmiermittels)*

N120 M30 *(Programmende mit Rücksetzen)*

Adressbuchstabe zur Maßangabe

G90 absolute Maßangabe bezogen auf den Werkstücknullpunkt, X-Achse wird mit dem Durchmesser angegeben; Einschaltzustand bei Drehmaschinen;

G91 inkrementale Maßangabe, auf der X-Achse wird der Radius angegeben;

Adressbuchstabe für Vorschub/-geschwindigkeit

G94 Vorschub in mm; Einschaltzustand bei Drehmaschinen;

G95 Vorschubgeschwindigkeit in mm/min

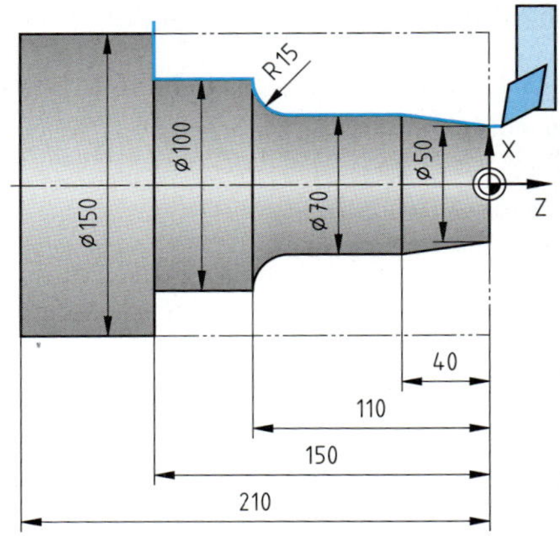

Erläuterung der Werkzeugbewegungen beim Drehen

G0 X... Z... Positionieren im Eilgang

G1 X... Z...
Geraden-Interpolation:
X und Z sind Koordinaten des Zielpunktes

G2 X... Z... I... K...
Kreisbewegung im Uhrzeigersinn:
X und Z sind Koordinaten des Kreisendpunktes
I: Abstand vom Kreisanfangspunkt zum Kreismittelpunkt in X-Richtung
K: Abstand vom Kreisanfangspunkt zum Kreismittelpunkt in Z-Richtung

G3 X... Z... I... K...
Kreisbewegung gegen den Uhrzeigersinn:
X und Z sind Koordinaten des Kreisendpunktes
I: Abstand vom Kreisanfangspunkt zum Kreismittelpunkt in X-Richtung
K: Abstand vom Kreisanfangspunkt zum Kreismittelpunkt in Z-Richtung

Zusatzfunktionen (Auswahl)

M02 Programmende
M03 Spindel dreht im Uhrzeigersinn
M04 Spindel dreht gegen den Uhrzeigersinn
M05 Spindel Halt
M06 Werkzeugwechsel
M08 Kühlschmiermittel ein
M09 Kühlschmiermittel aus
M30 Programmende mit Rücksetzen

H

Adressbuchstabe für Drehzahl und Schnittgeschwindigkeit

G96 konstante Schnittgeschwindigkeit in m/min, die Größe der Schnittgeschwindigkeit wird im gleichen Satz mit dem Buchstaben S... angegeben (z.B. S 180 entspricht v_c = 180 m/min);

G97 konstante Drehzahl in min^{-1}

Adressbuchstabe für die Werkzeugbahnkorrektur

Mit der Werkzeugbahnkorrektur wird der Eckenradius der Schneide verrechnet. Sie darf nur für die Wegbewegungen G01, G02 und G03 aktiviert werden.

G41 Werkzeugbahnkorrektur links; wird das Werkzeug in Vorschubrichtung betrachtet, so befindet es sich links vom Werkstück;

G42 Werkzeugbahnkorrektur rechts; wird das Werkzeug in Vorschubrichtung betrachtet, so befindet es sich rechts vom Werkstück;

G40 Aufheben der Werkzeugbahnkorrektur.

Nach dem Ein- bzw. Ausschalten der Werkzeugbahnkorrektur muss das Werkzeug zum Verrechnen der Werkzeugradiusgrößen mit der Wegbedingung G01 ein bis zwei Millimeter bewegt werden.

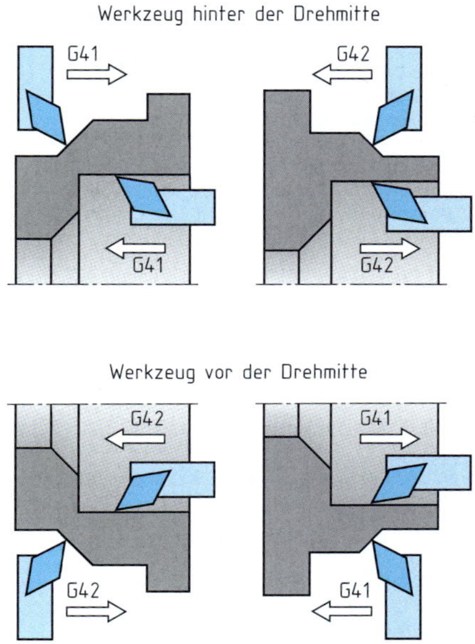

H 13.3 PAL-Zyklen für CNC-Drehmaschinen

Für Werkstücke, die aus abgelängtem Rundstahl gedreht werden, muss die herzustellende Kontur vorgedreht werden. Je nach Steuerung der CNC-Maschine werden zum Vordrehen unterschiedliche Abspanzyklen angeboten. Nachfolgend werden exemplarisch Abspanzyklen nach PAL (Prüfungs-Aufgaben- und Lehrmittelentwicklungsstelle) für das nebenstehende Werkstück vorgestellt. Die Struktur für das CNC-Programm zum Vordrehen des Werkstücks sieht folgendermaßen aus:

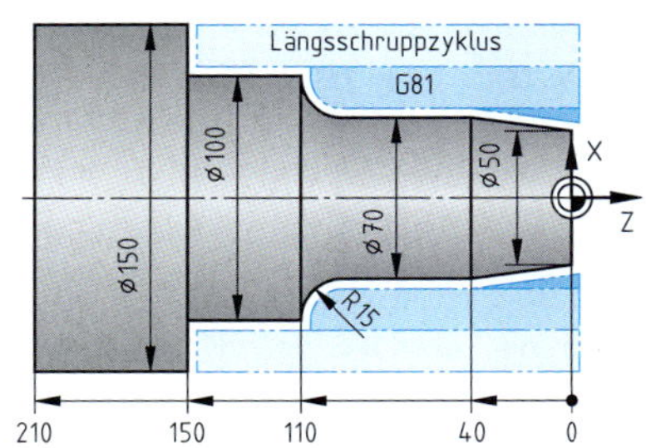

%55000 *(Programmanfang und -name)*

(Programmteil 1: Schruppen des Werkstücks)

N1 G54 *(Nullpunktverschiebung)*

N2 G92 S5000 *(Drehzahlbegrenzung auf 5000 1/min)*

N3 G14 H0 *(Diagonales Fahren des Werkzeugs im Eilgang zum Werkzeugwechselpunkt)*

N4 G96 F0.5S240 T01 M04 *(Technologische Informationen für das Werkzeug T01)*

N5 G0 X154 Z2 M08 *(Positionieren des Werkzeuges zum Werkstück, Einschalten des Kühlschmiermittels)*

N6 G81 D3 AX0.5 AZ0.1 *(Längsschruppzyklus, D = Schnitttiefe, AX = Aufmaß in X-Richtung, AZ = Aufmaß in Z-Richtung)*

N7 G22 L55020 *(Aufruf des Unterprogramms mit der Konturbeschreibung)*

N8 G80 *(Ende vom Konturschruppzyklus)*

(Programmteil 2: Schlichten des Werkstücks)

N9 G14 H0 *(vgl. N3)*

N10 G96F0,5 S350 T02 M04 *(Technologische Informationen für das Werkzeug T02)*

N11 G0 X50 Z2 *(Positionieren des Werkzeuges zum Werkstück)*

N12 G22 55020 *(Aufruf des Unterprogramms zum Schlichten)*

N13 G14 H0 M9 *(vgl. N10 und Ausschalten des Kühlschmiermittels)*

N14 M30 *(Programmende mit Rücksetzen)*

Das Unterprogramm %55200 entspricht dem Programm %55100 mit den Sätzen N40 bis N100 (vgl. H13.2) Das Programm schließt mit dem Satz:

N... M17 *(Unterprogramm Ende)*

H

H 13.3.1 Längsschruppzyklus (G81)

Der PAL-Zyklus G81 ermöglicht das Vordrehen eines Werkstücks mit einer **steigenden** Kontur. Das Schruppen der Kontur wird mit mind. 4 Sätzen beschrieben. Mit dem Befehl G81 erfolgt der eigentliche Zyklusaufruf. Die Kontur wird mit dem Unterprogrammaufruf G22 sowie dem Buchstaben L und der Programmnummer aufgerufen. Der Zyklus muss mit dem Befehl G80 abschließen.

Wörter für den **Längsschruppzyklus** (Auswahl):

G81 D... H... AX... AZ...
G22 L...
G80

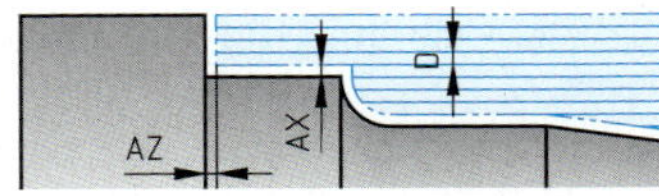

D	maximale Spantiefe a_p, pro Schnitt
H	Bearbeitungsart: H1: nur schruppen H3: Konturschnitt am Ende
L	Aufruf des Unterprogramms

H 13.3.2 Planschruppzyklus (G82)

Der PAL-Zyklus G82 ermöglicht das Vordrehen einer Planfläche am Werkstück.

Wörter für den **Planschruppzyklus** (Auswahl):

G82 D... H... AZ...

D	maximale Spantiefe pro Schnitt
H	Bearbeitungsart: H1 Schruppen, unter 45 abheben H2 stufenweise Auswinkeln entlang der Kontur H3 wie H1 mit abschließendem Konturschnitt H4 Kontur Schlichten H24 Schruppen mit H2 und dann Schlichten
L	Aufruf des Unterprogramms
AX	Aufmaß in X-Richtung
AZ	Aufmaß in Z-Richtung

H 13.3.3 Freistichzyklus (G85)

Der Freistichzyklus G85 ermöglicht das automatische Drehen der Freistiche nach DIN 76-1:2016-08 und DIN 509:2006-12.

Wörter für den **Freistichzyklus**:

G85 XA... ZA... I... K... SX... E... H...

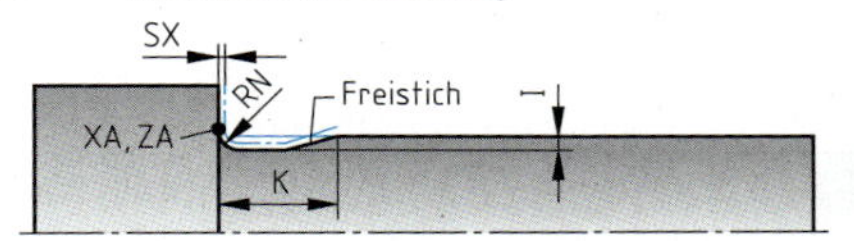

XA, ZA	Endpunkt des zu schlichtenden Absatzes mit Freistich in X- und Z-Richtung (absolut G90)
I	Freistichtiefe **K** Freistichbreite
SX	Schleifaufmaß
E	Eintauchvorschub
H	Bearbeitungsart: H1: Gewindefreistich DIN 76 H2: Freistich DIN 509 Form E H3: Freistich DIN 509 Form F

H 13.3.4 Gewindezyklus (G31)

Durch den Einsatz des Gewindezyklus erfolgt die Fertigung eines Gewindes mit der Angabe eines Satzes. Die Schnitttiefe für jeden Schnitt wird durch das Verhältnis der Gewindetiefe zu der Anzahl der Schnitte von der Maschine ermittelt. Die Anfahrt zum Startpunkt muss im vorangegangenen Satz angegeben werden. Nach Ablauf des Zyklus befindet sich der Drehmeißel wiederum auf dem Startpunkt.

Wörter für den **Gewindezyklus** (Auswahl):

G31 XA... ZA... F... D... XS... Q... O... H14

Die Größe des Anlaufwegs l_a ist von der Steigung abhängig. Als Richtwert gilt:

Anlaufweg beim Gewindezyklus

$$l_a = 3 \cdot P$$

l_a	Anlaufweg	mm
P	Steigung	mm

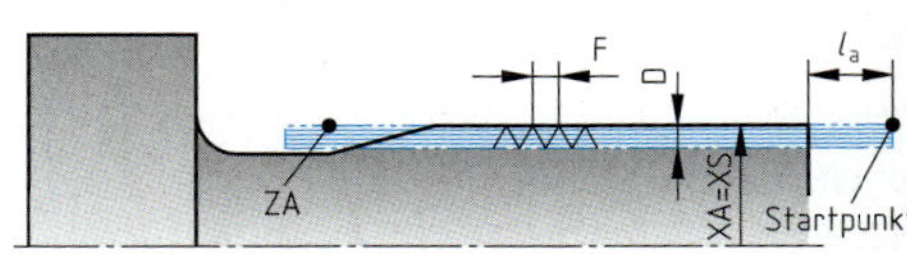

XA	Nenndurchmesser des Gewindes (absolut G90)
ZA	Gewindeendpunkt in Z-Richtung (absolut G90)
F	Vorschub f = Gewindesteigung
D	Gewindetiefe – Außengewinde: H = 0,6134 · P – Innengewinde: H = 0,5413 · P
XS	Gewindestartpunkt in X-Richtung
ZS	Gewindestartpunkt in Z-Richtung
Q	Anzahl der Schnitte
O	Anzahl der Lehrdurchläufe
H14	Zustellung wechselseitig, Restschnitte ein

H

H 13.4 Stützpunktberechnung für das CNC-Drehen

Lage des Mittelpunkte seines beliebigen Kreisbogens

Die Fertigung eines beliebigen Kreisbogens erfordert häufig die Berechnung des Mittelpunktes, der in der Fertigungszeichnung nicht angegeben ist, aber für die Erstellung des CNC-Programms benötigt wird.

$$\Delta X_1 = \frac{X_{P2}}{2} - \frac{X_{P1}}{2}$$

$$\Delta Z = Z_{P2} - Z_{P1}$$

$$|K| = \frac{\Delta Z}{2} - C$$

$$C = \Delta X_1 \cdot \sqrt{\frac{R^2}{\Delta X_1^2 + \Delta Z^2} - \frac{1}{4}}$$

$$|I| = \sqrt{R^2 - K^2}$$

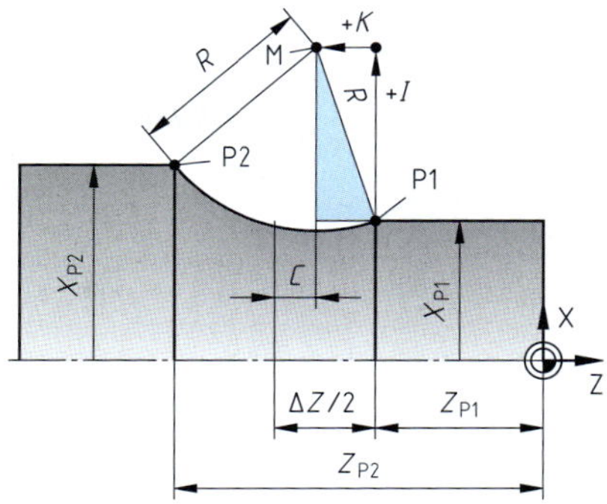

X_{P1}, Z_{P1}	Koordinaten des Kreisanfangspunktes
X_{P2}, Z_{P2} X_{P3}, Z_{P3}	Koordinaten des Kreisendpunktes
ΔX_1	Abstand zwischen Kreisend- und Kreisanfangspunkt in X-Richtung
ΔZ	Abstand zwischen Kreisend- und Kreisanfangspunkt in Z-Richtung
R	Radius des zu fertigenden Kreises
C	Korrekturwert in Z-Richtung
I	Abstand des Kreisanfangspunktes zum Kreismittelpunkt in X-Richtung
K	Abstand des Kreisanfangspunktes zum Kreismittelpunkt in Z-Richtung
X_P	Durchmesser-Koordinaten der Stützpunkte in X-Richtung
Z_P	Koordinaten der Stützpunkte in Z-Richtung
ΔX_2	Abstand zwischen Endpunkt der Schräge und Kreisanfangspunkt in X-Richtung
α	Winkel der Schräge °

Radius mit auslaufender Schräge

An einem gegebenen Radius schließt sich eine Schräge mit einem gegebenen Winkel an. Der Endpunkt der Schräge ist bekannt. Für die Programmierung werden der Anfangs- und Endpunkt des Radius, sowie der Mittelpunkt benötigt.

gegeben: X_{P1}, X_{P3}, Z_{P3}, R, α

$$\Delta X_2 = \frac{X_{P3}}{2} - \frac{X_{P1}}{2}$$

$$Z_{P1} = Z_{P3} - \frac{\Delta X_2}{\tan\alpha} - R \cdot \tan\frac{\alpha}{2}$$

$$X_{P2} = X_{P1} + 2 \cdot R \cdot (1 - \cos\alpha)$$

$$Z_{P2} = Z_{P1} + R \cdot \tan\alpha$$

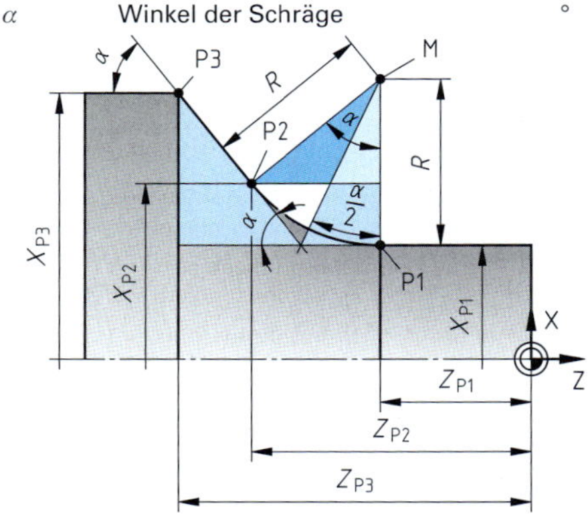

Verfahrbewegung von P1 nach P2: $I = R$ und $K = 0$
Verfahrbewegung von P2 nach P1: $I = R \cdot \cos\alpha$ und $K = -R \cdot \sin\alpha$

Maße in mm

H

H 14 Fräsen mit CNC-Maschinen

H 14.1 Koordinatensysteme bei CNC-Fräsmaschinen

H 14.1.1 Koordinatenachsen beim Fräsen

Die Programmierung von Werkstücken auf einer CNC-Fräsmaschine wird in einem Arbeitsraum mit einem kartesischen Koordinatensystem durchgeführt. Die Richtung der senkrecht aufeinander stehenden Achsen wird mit der „Rechte-Hand-Regel" festgelegt. Jeder Achse kann eine Drehbewegung zugewiesen werden. Die positive Drehbewegung erfolgt von X- zur Y-Achse, der Y- zur Z-Achse sowie der Z- zur X-Achse.

Mit der Angabe der **Z-Achse** bewegt sich das Werkzeug entlang der verlängerten Symmetrielinie der Hauptspindel. Je nach Maschinenart liegt die Z-Achse entsprechend horizontal oder vertikal. Bei der Senkrecht-Fräsmaschine befindet sich die Hauptspindel und somit die Z-Achse in vertikaler Lage. Die Waagerecht-Fräsmaschine besitzt eine Hauptspindel in horizontaler Lage. Die positive Richtung der Z-Achse weist immer zur Hauptspindel hin. Bei einer Verkleinerung des Arbeitsraumes in Z-Richtung müssen somit negative Koordinatenangaben durchgeführt werden.

Mit der Programmierung der **X-Achse** wird in der Regel der Längsschlitten der Maschine bewegt.

Mit der **Y-Achse** wird die Bewegung des Querschlittens bzw. die Hubbewegung der Fräsmaschine gesteuert.

Bearbeitungsebenen im Koordinatensystem

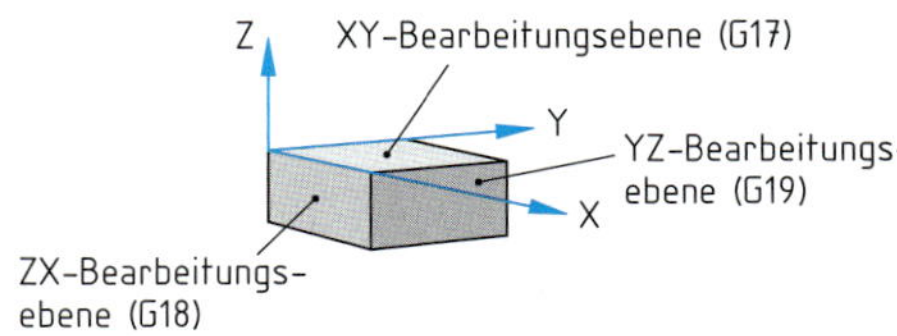

Senkrecht-Fräsmaschine

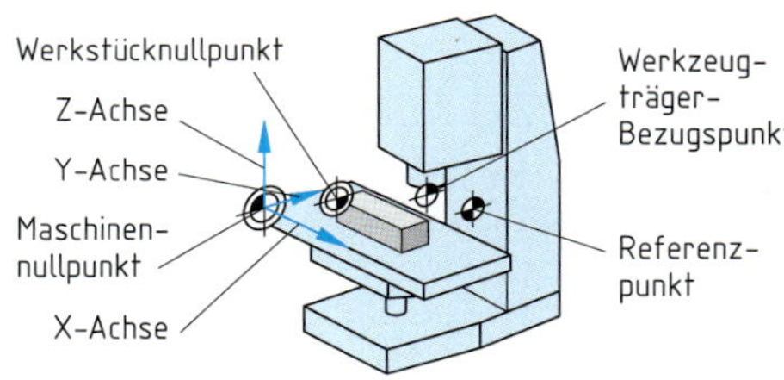

Waagerecht-Fräsmaschine

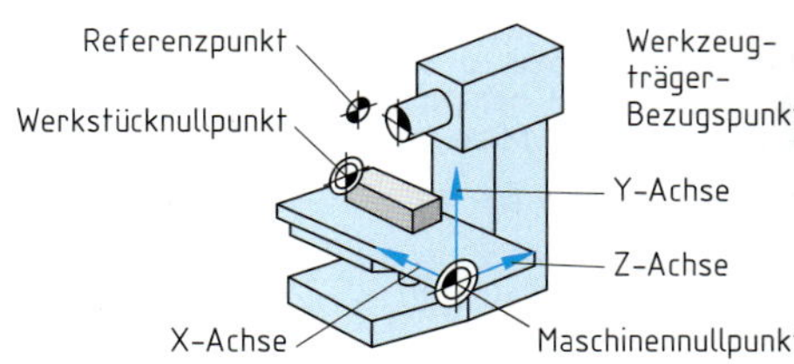

H 14.1.2 Steuerungsarten beim Fräsen

Konventionelle Fräsmaschinen mit einer numerischen Steuerung werden mit einer **Streckensteuerung** ausgeführt. Es können nur achsparallele Bewegungen des Werkzeugs ausgeführt werden.

Zur Steuerung von CNC-Fräsmaschinen wird die **Bahnsteuerung** eingesetzt. Es wird zwischen folgenden Steuerungen unterschieden:

2D-Bahnsteuerung: Bei dieser Steuerung werden die Verfahrbewegungen in der X-Y-Ebene ausgeführt. In dieser Ebene können beliebige Schrägen und Kreise programmiert werden. Die Z-Achse kann nur separat angegeben werden. Auf dieser Achse werden die Zustellbewegungen durchgeführt.

$2^1/_2$D-Bahnsteuerung: Diese Steuerung wird bei Universalfräsmaschinen eingesetzt. Sie ermöglicht die Bearbeitung des Werkstücks in unterschiedliche Bearbeitungsebenen. Nach der Anwahl der Bearbeitungsebene kann das Werkzeug wie bei der 2D-Bahnsteuerung nur in der gewählten Ebene verfahren werden.

3D-Bahnsteuerung: Diese Steuerung ermöglicht die gleichzeitige Verfahrbewegung des Werkzeugs auf allen Achsen. Es können somit beliebige räumliche Konturen am Werkstück gefertigt werden.

Alle nachfolgenden Längen werden in mm angegeben.

H 14.1.3 Bezugspunkte beim Fräsen

Beim Fräsen werden die gleichen Bezugspunkte wie beim Drehen verwendet (vgl. 13.1.3). Die Positionen der Bezugspunkte sind im obigen Bild an den Fräsmaschinen angegeben.

 *M* Maschinennullpunkt

 *R* Referenzpunkt

 *T* Werkzeugträger-Bezugspunkt

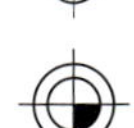 *W* Werkstücknullpunkt

H

H 14.2 CNC-Fräsen nach DIN

Ein CNC-Programm besitzt eine genormte Struktur nach DIN 66025:1983-01. Es setzt sich aus dem Programmanfang, einer Folge von Sätzen und dem Programmende zusammen. Jeder Satz beginnt mit einer Satznummer und enthält genormte Wörter in einer Zeile. Am nebenstehenden Beispiel wird die Struktur eines CNC-Programms zum Fräsen erläutert.

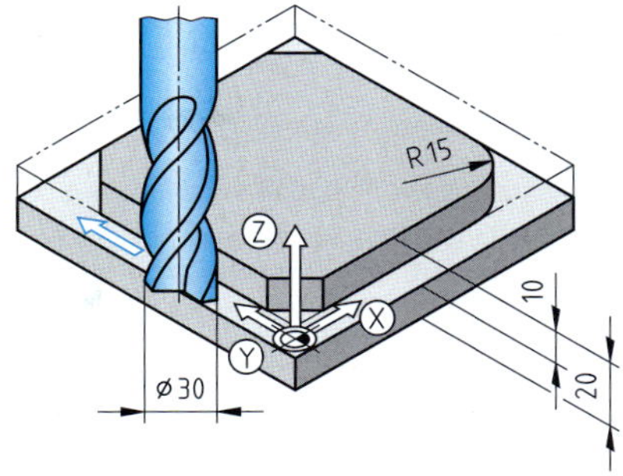

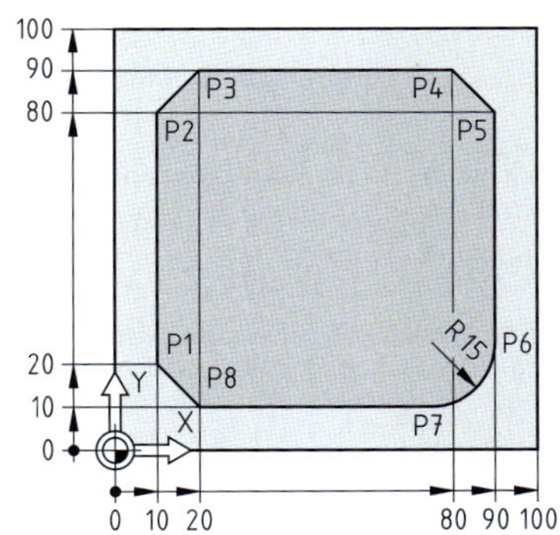

%55200 *(Programmanfang und -name)*

N10 G17 *(Wahl der Bearbeitungsebene)*

N20 G54 *(Nullpunktverschiebung)*

N30 G0 Z100 *(Fahren des Werkzeugs im Eilgang)*

N40 G0 X150 Y150 M06 *zum Werkzeugwechselpunkt, Halt zum Werkzeugwechsel)*

N50 G97 F810 S2000 T01 M03 *(Technologische Informationen für das Werkzeug T01)*

N60 G0 X-5 Y-17 *(Positionieren des Werkzeuges vor das Werkstück)*

N70 G0 Z-10 M09 *(Positionieren in Z-Richtung, Einschalten des Kühlschmiermittels)*

N80 G41 *(Einschaltung der Werkzeugbahnkorrektur)*

N90 G1 X10 Y20 *(Anfahren des Punktes P1 mit gleichzeitiger Bahnkorrektur)*

N100 G1 Y80 *(Anfahren des Punktes P2)*

N110 G1 X20 Y90 *(Anfahren des Punktes P3)*

N120 G1 X80 *(Anfahren des Punktes P4)*

N130 G1 X90 Y80 *(Anfahren des Punktes P5)*

N140 G1 Y25 *(Anfahren des Punktes P6)*

N150 G2 X75 Y10 I-15 J0 *(Werkzeug fährt eine Kreisbahn mit dem vorgegebenen Mittelpunkt zum Punkt P7)*

N160 G1 X20 *(Anfahren des Punktes P8)*

N170 G1 X10 Y20 *(Anfahren des Punktes P1)*

N180 G40 *(Ausschalten der Werkzeugbahnkorrektur)*

N190 G1 X-17 M09 *(Herausfahren aus dem Werkstück, Ausschalten des Kühlmittels)*

N200 G0 Z100 *(Positionieren in Z-Richtung)*

N210 G0 X150 Z50 *(Eilgang zum Werkzeugwechselpunkt)*

N220 M30 *(Programmende mit Rücksetzen)*

Adressbuchstabe für Drehzahl und Schnittgeschwindigkeit

G96 konstante Schnittgeschwindigkeit in m/min

G97 konstante Drehzahl in min^{-1}; die Größe der Drehzahl wird im gleichen Satz mit dem Buchstaben S... angegeben (z.B. S2000 entspricht $n = 2000\ min^{-1}$);

Erläuterung der Werkzeugbewegungen beim Fräsen

G0 X... Y... Positionieren im Eilgang

G0 Z... In der Bearbeitungsebene G17 wird die Z-Richtung separat angesteuert.

G1 X... Y...

Geraden-Interpolation:

X und Y sind Koordinaten des Zielpunktes

G2 X... Y... I... J...

Kreisbewegung im Uhrzeigersinn:

X und Y sind Koordinaten des Kreisendpunktes

I: Abstand vom Kreisanfangspunkt zum Kreismittelpunkt in X-Richtung

J: Abstand vom Kreisanfangspunkt zum Kreismittelpunkt in Y-Richtung

G3 X... Y... I... J...

Kreisbewegung gegen den Uhrzeigersinn:

X und Y sind Koordinaten des Kreisendpunktes

I: Abstand vom Kreisanfangspunkt zum Kreismittelpunkt in X-Richtung

J: Abstand vom Kreisanfangspunkt zum Kreismittelpunkt in Y-Richtung

Adressbuchstabe zur Maßangabe

G90 absolute Maßangabe bezogen auf den Werkstücknullpunkt, Einschaltzustand bei Fräsmaschinen;

G91 inkrementale Maßangabe

Adressbuchstabe zur Nullpunktverschiebung

G54 Nullpunkt wird in allen Achsen verschoben (bei vielen Steuerungen wird der Werkstück-Nullpunkt beim Einrichten der Maschine gesetzt – die Angabe im Programm ist daher bei diesen Steuerungen nicht erforderlich)

G55 2. Nullpunktverschiebung in allen Achsen

G56 3. Nullpunktverschiebung in allen Achsen

G57 4. Nullpunktverschiebung in allen Achsen

G53 Nullpunktverschiebung wird aufgehoben

Adressbuchstabe für die Werkzeugbahnkorrektur

Mit der Werkzeugbahnkorrektur wird der Fräserradius verrechnet. Sie darf nur für die Wegbewegungen G1, G2 und G3 aktiviert werden.

G41 Werkzeugbahnkorrektur links; wird das Werkzeug in Vorschubrichtung betrachtet, so befindet es sich links vom Werkstück

G42 Werkzeugbahnkorrektur rechts; wird das Werkzeug in Vorschubrichtung betrachtet, so befindet es sich rechts vom Werkstück

G40 Aufheben der Werkzeugbahnkorrektur

Nach dem Ein- bzw. Ausschalten der Werkzeugbahnkorrektur muss das Werkzeug zum Verrechnen des Fräserradius mit der Wegbedingung G1 ein bis zwei Millimeter bewegt werden.

Adressbuchstabe zur Wahl der Bearbeitungsebene

G16 inkrementale Drehung der aktuellen Bearbeitungsebene

G17 Ebenenwahl mit maschinenfesten Raumwinkeln

Zusatzfunktionen (Auswahl)

M2 Programmende

M3 Spindel dreht im Uhrzeigersinn

M4 Spindel dreht gegen den Uhrzeigersinn

M5 Spindel Halt

M6 Werkzeugwechsel

M8 Kühlschmiermittel ein

M9 Kühlschmiermittel aus

M30 Programmende mit Rücksetzen

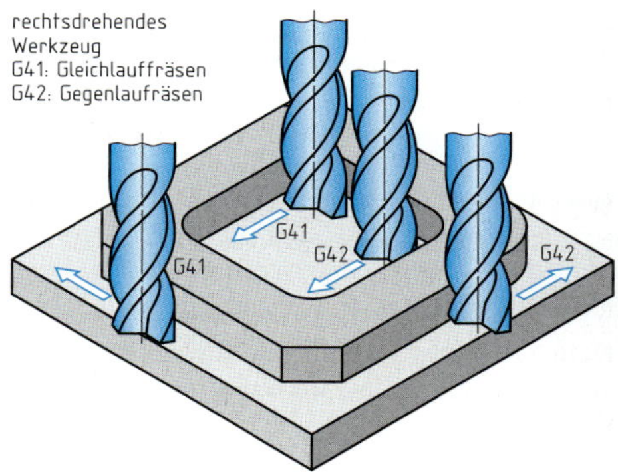

H 14.3 PAL-Zyklen für CNC-Fräsmaschinen

H 14.3.1 Bohrzyklus mit Spanbruch (G82)

Mit dem PAL-Zyklus G82 werden Bohrungen, die tiefer als das zwei bis dreifache des Bohrerdurchmessers sind, gefertigt. Der Bohrer fährt nach einer festgelegten Bohrtiefe zur Spanentleerung aus dem Werkstück heraus. Für die erste Zustellung gilt als Richtwert:

$$D = 2 \cdot d$$

Falls die 1. Zustelltiefe von den weiteren Anbohrtiefen abweicht, wird diese optional mit dem Adressbuchstaben DA angegeben.

Wörter für den **Tiefbohrzyklus mit Spanbruch:** (Auswahl):

G82 ZA... (ZI)... D... V... W... E...

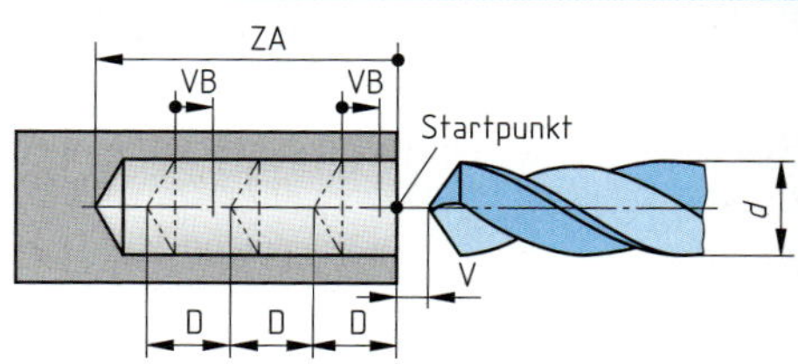

ZA Bohrtiefe absolut oder

ZI Tiefe der Bohrung (inkremental ab Oberfläche)

D Zustelltiefe

V Sicherheitsabstand über der Oberfläche

W erhöhter Abstand beim Rückzug im Eilgang

H

H 14.3.2 Gewindebohrzyklus (G84) und Reibzyklus (G85)

Beim Gewindebohrzyklus wird die Gewindetiefe von der Oberfläche angegeben. Die Gewindesteigung wird als Vorschubsgröße angegeben. Gewindesteigung und Drehrichtung können optimal angegeben werden.

Richtwert für den Sicherheitsabstand:

$V \geq 3 \cdot P$

Wörter für den **Gewindebohrzyklus** (Auswahl):

G84 ZA... (ZI)... V... W... F... M...

Der Reibzyklus ermöglicht die Einstellung unterschiedlicher Vorschubgeschwindigkeiten für die Tiefenzustellung und dem Rückzug der Reibahle.

Wörter für den **Reibzyklus** (Auswahl):

G85 ZA... (ZI)... V... W... E...

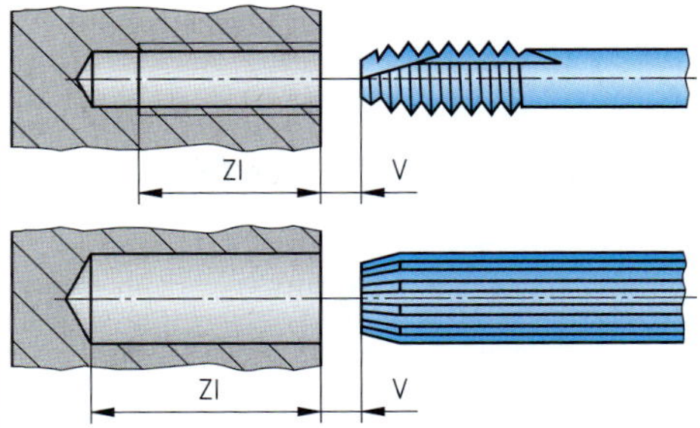

ZA Bohrtiefe absolut oder
ZI Gewindetiefe (inkremental ab Oberfläche)
V Sicherheitsabstand über der Oberfläche
W erhöhter Abstand beim Rückzug im Eilgang
F Vorschub ($F = P$) P = Steigung in mm
M3 Rechtgewinde **M4** Linksgewinde
V Sicherheitsabstand über der Oberfläche)
W erhöhter Abstand beim Rückzug im Eilgang
E Vorschubgeschwindigkeit Rückzug

H 14.3.3 Rechtecktaschenfräszyklus (G72), Kreistaschenzyklus (G73) und Nutenfräszyklus (G74)

Beim Rechtecktaschenfräszyklus G72 muss der Radius des Fräsers kleiner sein, als der Radius der abgerundeten Ecke. Der Startpunkt liegt in der Mitte der Tasche, falls nicht anders angegeben.

Wörter für den **Rechtecktaschenfräszyklus** (Auswahl):

G72 ZA... (ZI)... LP... BP... D... V... W... RN... AK... AL... H...

Beim Kreistaschenfräszyklus ist der Start- und Endpunkt der Kreistasche der Mittelpunkt des Kreises.

Wörter für den **Kreistaschenfräszyklus** (Auswahl):

G73 ZA... (ZI)... R... D... V... AK... AL... W... H...

Beim Nutenfräszyklus G74 gilt als Richtwert für den Fräserdurchmesser:

$d = (0{,}55 \ldots 0{,}9) \cdot \text{Nutbreite}$

Der Startpunkt liegt, falls nicht anders angegeben, am Anfang der Nut.

Wörter für den **Nutenfräszyklus**(Auswahl):

G74 ZA... (ZI)... BP... D... V... W... AK... AL... H...

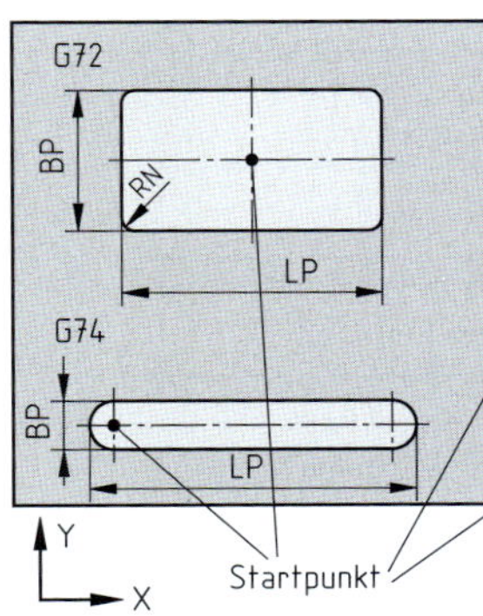

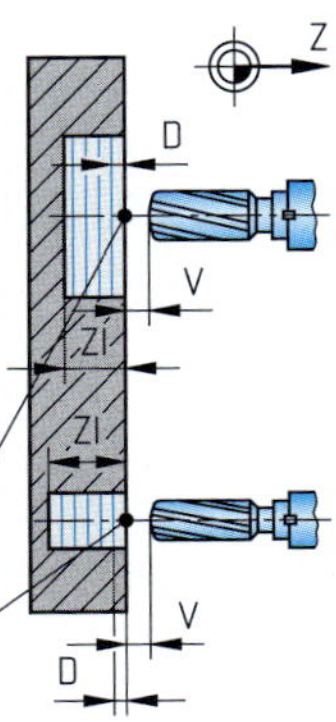

ZA Tiefe der Tasche bzw. Nut (absolut oder
ZI inkremental ab Oberfläche)
LP Länge der Taschen bzw. Nut
BP Breite der Taschen bzw. Nut
R Radius der Kreistasche
D maximale Zustelltiefe
V Sicherheitsabstand über der Oberfläche
W erhöhter Abstand beim Rückzug im Eilgang
AK Aufmaß auf den Taschenrand bzw. Nutrand
AL Aufmaß auf den Taschenboden bzw. Nutboden
H Bearbeitungsart:
H1: Schruppen
H4: Schlichten
H14 Schruppen und Schlichten mit gleichem Werkzeug

H

H 14.3.4 Zyklusaufruf mit kartesischen Koordinaten (G79)

Alle bisher dargestellten PAL-Zyklen zum CNC-Fräsen müssen für die Bearbeitung aufgerufen werden. Die aufgeführten Zyklen definieren nur die Art und Größe der Beohrung, Taschen oder Nut. Mit dem Zyklusaufruf G79 wird die Position vom Zyklus im kartesischen Koordinatensystems angegeben. Hierbei startet der Zyklus dann. Er kann beliebig oft aufgerufen werden.

Wörter für den **Zyklusaufruf** (Auswahl):

G79 X... Y... Z... AR... W...

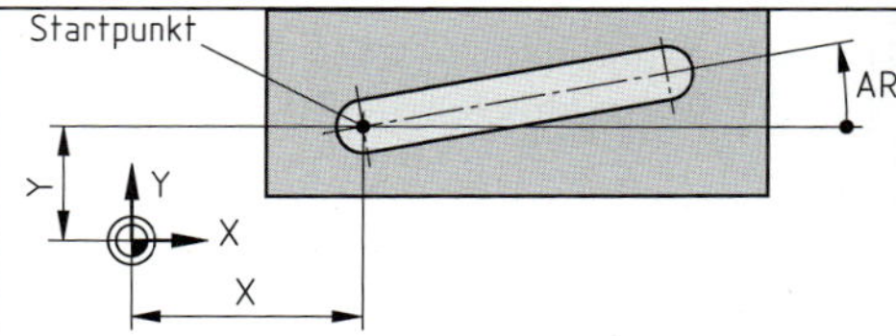

X X-Koordinate des Startpunktes
Y Y-Koordinate des Startpunktes
Z Z-Koordinate des Startpunktes
AR Drehwinkel des Objektes bezogen auf die X-Achse
W Rückzugsebene absolut in Werkstückkoordinaten

H 14.4 Stützpunktberechnung für das CNC-Fräsen

Kreisbogen mit unbekannten Anfangs- und Endpunkt

Für einen Kreisbogen mit einer gegebenen Breite, einem bekannten Mittelpunkt und einem gegebenen Radius wird zur Programmierung der Anfangs- und Endpunkt benötigt.

gegeben: X_{p1}, X_{P2}, X_M, Y_M, R

$$Y_{P1} = Y_M + \sqrt{R^2 + (X_M - X_{P1})^2}$$

$$Y_{P2} = Y_M + \sqrt{R^2 + (X_{P2} - X_M)^2}$$

$$I = X_M - X_{P1} \qquad J = -(Y_{P1} - Y_M)$$

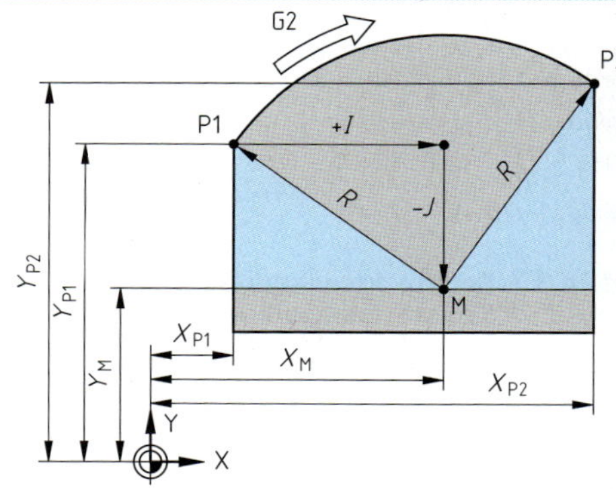

X_P, X_M Koordinaten der Stützpunkte in X-Richtung
Y_p, Y_M Koordinaten der Stützpunkte in Y-Richtung
R Radius des Kreisbogens mm
α Winkel der Schräge °
I, J Abstand vom Kreisanfangs- zum Mittelpunkt mm

Radius mit auslaufender Schräge

An einem gegebenen Radius schließt sich eine Schräge mit einem gegebenen Winkel an. Für die Programmierung werden der Anfangs- und Endpunkt des Radius, sowie der Abstand vom Kreisanfangs- zum Mittelpunkt benötigt.

gegeben: Y_{P1}, X_{P3}, Y_{P3}, R, α

$$X_{P1} = X_{P3} - \frac{Y_{P3} - Y_{P1}}{\tan\alpha} + R \cdot \tan\frac{\alpha}{2}$$

$$X_{P2} = X_{P1} - R \cdot \sin\alpha$$

$$Y_{P2} = Y_{P1} + R \cdot (1 - \cos\alpha)$$

Verfahrbewegung von P2 nach P1:

$$I = R \cdot \sin\alpha \qquad J = R \cdot \cos\alpha$$

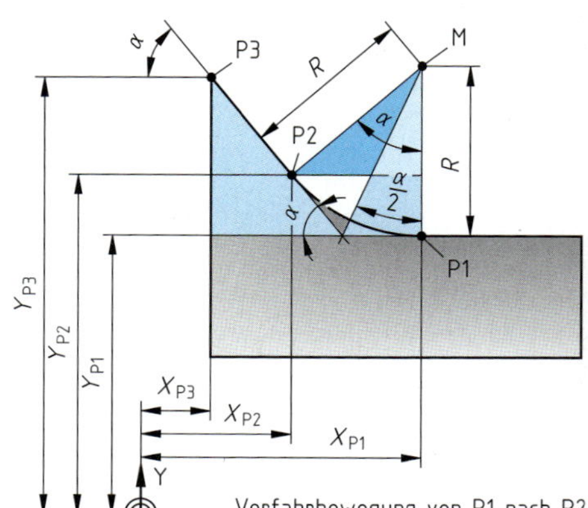

Verfahrbewegung von P1 nach P2:
$I = 0$ und $J = R$

H

H 15 Werkstoffprüfung

H 15.1 Härteprüfung

H 15.1.1 Härteprüfung nach Brinell

Anwendung:

Für alle Werkstoffe, die weicher sind als ungehärteter Stahl. Das Verfahren wird für schroffe Betriebsbedingungen eingesetzt und dient zur Ermittlung von Durchschnittswerten bei groben und uneinheitlichen Gefügen.

Durchführung:

Eine gehärtete Stahlkugel (HBS) oder Hartmetallkugel (HBW) mit einem Kugeldurchmesser D wird 10 bis 15 Sekunden mit einer genormten Prüfkraft F in eine Werkstückprobe mit der Probendicke s gedrückt. Längere Einwirkzeiten müssen angegeben werden. Der Kugeldurchmesser ist abhängig von der Probendicke. Der Eindruckdurchmesser wird gemessen und gemittelt. Die Brinellhärte HBS bzw. HBW wird mit der nachfolgenden Formel berechnet.

Mindestdicke der Probe

$$s \geq 8 \cdot h$$

Gemittelter Eindurckdurchmesser

$$d = \frac{d_1 + d_2}{2}$$

Für den Eindruckdurchmesser ist folgende Bedingung einzuhalten:

$$d = 0{,}24 \ldots 0{,}6 \cdot D$$

Brinellhärte HBS bzw. HBW

$$\frac{\text{HBS}}{\text{HBW}} = 0{,}102 \cdot \frac{2 \cdot F}{\pi \cdot D \cdot (D - \sqrt{D^2 - d^2})}$$

Beim Einsatz einer Stahlkugel darf der Wert HBS 350 nicht überschritten werden.

Die Hartmetallkugel darf den Härtewert HBW 650 nicht überschreiten.

Beispiel zur Angabe der Brinellhärte:

220 HBS 5/250/30

Brinellhärte 220
Gehärtete Stahlkugel mit $D = 5$ mm
Prüfkraft $F = 250 \cdot 9{,}81$ N = 2452 N
Einwirkdauer $t = 30$ s
(ohne Angabe: Einwirkdauer 10…15 s)

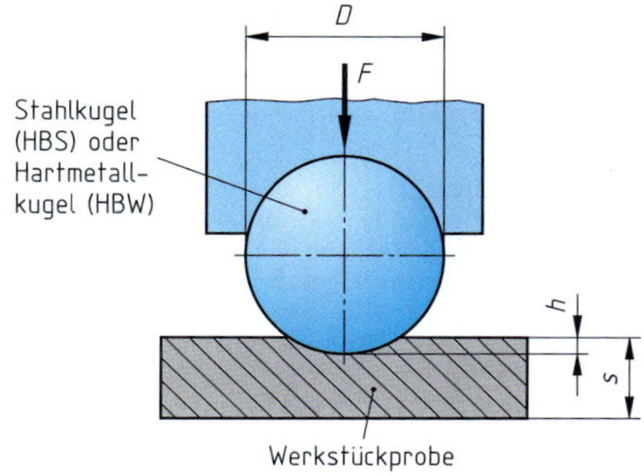

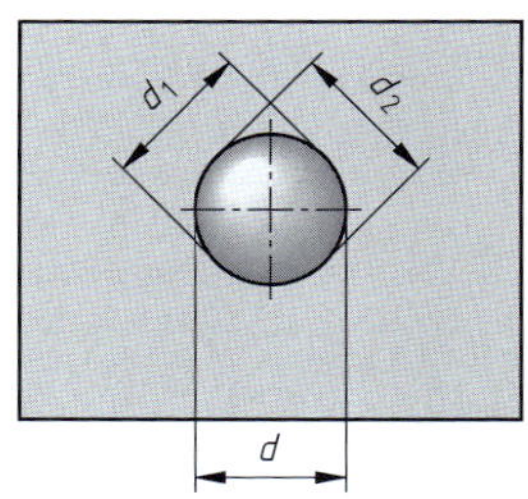

s	Mindestdicke der Werkstückprobe	mm
h	Eindrucktiefe	mm
d	gemittelter Eindruckdurchmesser	mm
d_1, d_2	gemessener Eindruckdurchmesser	mm
D	Kugeldurchmesser	mm
F	Prüfkraft	N
HBS	Brinellhärte mit Stahlkugel	
HBW	Brinellhärte mit Hartmetallkugel	

Prüfkräfte für die Härteprüfung nach Brinell

Probendicke s	Kugeldurchmesser D	Prüfkraft F			
		Stahl	Cu, Al Leg. > 35 HB	Cu-Leg. < 35 HB	Pb, Sn
< 1,5	1	294	98	49	9,8
1,5 – 3	2,5	1839	613	306,5	61,3
2 – 6	5	7355	2452	1226	245
> 6	10	29420	9807	4903	981

H

H 15.1.2 Härteprüfung nach Vickers

Anwendung:

Die Härteprüfung nach Vickers ist für alle homogenen Werkstoffe geeignet. Die Werkstoffe können weich bis sehr hart sein. Im Mikrobereich können auch Folien geprüft werden. Der Werkstoff Grauguss ist für die Härteprüfung nach Vickers ungeeignet.

Durchführung:

Eine Diamantpyramide mit quadratischer Grundfläche wird in das Probewerkstück eingedrückt. Je nach Prüfkraft wird zwischen dem Makro-, Kleinlast- und Mikrobereich unterschieden. Aus der gemittelten Diagonale des Eindrucks kann die Vickershärte HV bestimmt werden.

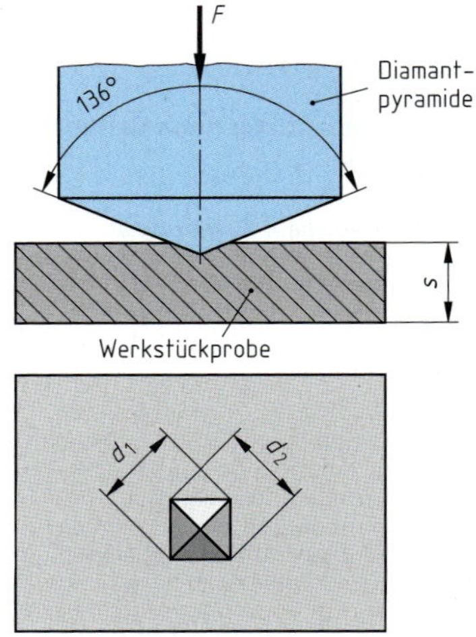

Mindestdicke der Probe

$$s \geq 1{,}5 \cdot d$$

Gemittelte Diagonale des Eindrucks

$$d = \frac{d_1 + d_2}{2}$$

Vickershärte HV

$$\mathrm{HV} = 0{,}1891 \cdot \frac{F}{d^2}$$

s	Mindestdicke der Werkstückprobe	mm
d	gemittelte Diagonale des Eindrucks	mm
d_1, d_2	gemessene Diagonale des Eindrucks	mm
F	Prüfkraft	N
HV	Vickershärte	

Beispiel zur Angabe der Vickershärte:
240 HV 20/30

Vickershärte 240
Prüfkraft $F = 20 \cdot 9{,}81$ N = 196 N
Einwirkdauer $t = 30$ s
(ohne Angabe: Einwirkdauer 10...15 s)

Bereichseinteilung für die Härteprüfung nach Vickers

Makrobereich					
HV 5	HV 10	HV 20	HV 30	HV 50	HV 100
Kleinlastbereich					
HV 0,2	HV 0,3	HV 0,5	HV 1	HV 2	HV 3
Mikrobereich					
HV 0,01	HV 0,015	HV 0,02	HV 0,025	HV 0,05	HV 0,1

H 15.1.3 Härteprüfung nach Rockwell

Anwendung:

Härteprüfung für alle gehärteten und ungehärteten Metalle.

Durchführung:

Ein Diamantkegel mit einem Kegelwinkel von 120° oder eine Hartmetall oder Stahlkugel wird in drei Schritten in eine Probe gedrückt.

1. Stufe: Der Eindringkörper wird mit einer Prüfvorkraft von $F_0 = 98$ N und einer Dauer von ca. $t = 4$ s in die Werkstückprobe gedrückt.

2. Stufe: Der Eindringkörper wird mit einer Dauer vor ca. t = 4 s durch eine weitere Prüfzusatzkraft F_1 belegt.

3. Stufe: Die Prüfzusatzkraft F_1 wird zurückgenommen. Es findet eine elastische Rückverformung statt. Aus der bleibenden Eindringtiefe h wird die Rockwellhärte abgeleitet.

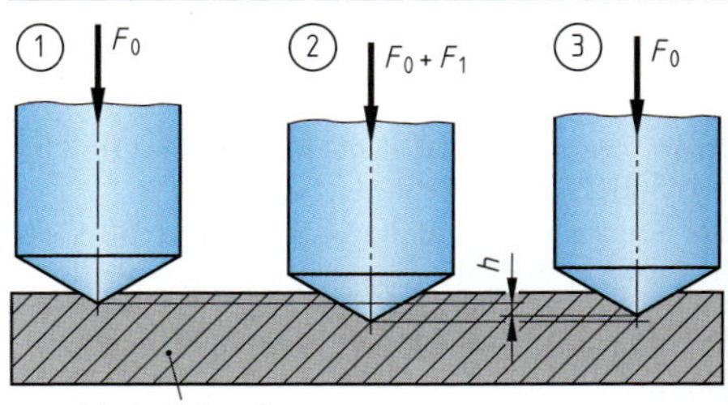

F_0	Prüfvorkraft	N
F_1	Prüfzusatzkraft	N
h	bleibende Eindringtiefe	mm

H

Mindestdicke der Probe

$$s \geq 20 \cdot h$$

Rockwellhärte HRA und HRC

$$\begin{matrix}\text{HRC}\\ \text{HRA}\end{matrix} = 100 - \frac{h}{0{,}002\ \text{mm}}$$

Rockwellhärte HRB und HRF

$$\begin{matrix}\text{HRB}\\ \text{HRF}\end{matrix} = 130 - \frac{h}{0{,}002\ \text{mm}}$$

Beispiel zur Angabe der Rockwellhärte:
65 HRC

Rockwellhärte 65
Skale C

s	Mindestdicke der Werkstückprobe	mm
h	bleibende Eindringtiefe	mm
F_0	Prüfvorkraft	N
F_1	Prüfzusatzkraft	N
HRC	Rockwellhärte für Skale A	
HRA	Rockwellhärte für Skale C	
HRB	Rockwellhärte für Skale B	
HRF	Rockwellhärte für Skale F	

Härte	HRA	HRC	HRB	HRF
Eindringkörper	Diamantkegel Kegelwinkel 120 °C		Stahlkugel ∅ 1,5785 mm	
F_0	98			
F_1	490,3	1373	882,6	490,3
Werkstoff	z. B. gehärteter Stahl		z. B. ungehärteter Stahl, Nichteisenmetalle	
Anwendungsbereich	20… 88 HRA	20… 70 HRC	20… 100 HRB	60… 100 HRF

H 15.2 Zugversuch

→ D 9.1; D 10.1; D 10.3

Anwendung:

Ermittlung des Werkstoffverhaltens bei einachsiger gleichmäßiger Zugbeanspruchung.

Durchführung:

Eine Zugprobe wird an seinen jeweiligen Enden in den unteren und oberen Spannkopf einer Prüfmaschine eingespannt. Die Zugprobe wird anschließend bis zum Bruch gedehnt. Die Änderung der Zugspannung und der Dehnung werden in einem Diagramm festgehalten.

Zugspannung

$$\sigma_z = \frac{F}{S_0}$$

Dehnung

$$\varepsilon = \frac{L_1 - L_0}{L_0} \cdot 100\%$$

R_m	Zugfestigkeit	N/mm²
R_{eH}	obere Streckgrenze	N/mm²
R_{eL}	untere Streckgrenze	N/mm²
$R_{p0,2}$	Dehngrenze bei 0,2% bleibender Dehnung (0,2-Grenze)	N/mm²

Spannungs-Dehnungsdiagramm

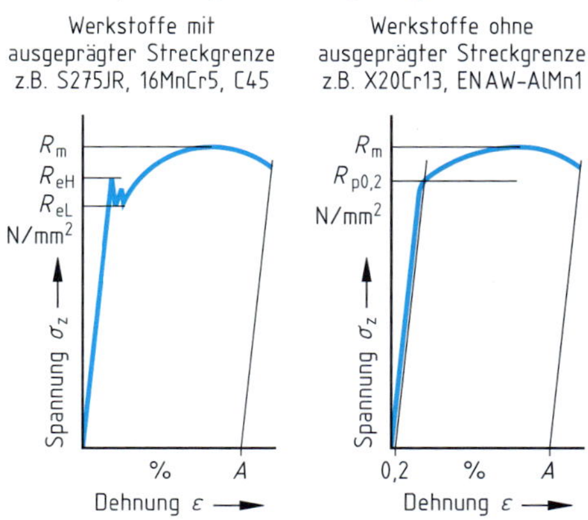

σ_z	Zugspannung	N/mm²
F	Zugkraft	N
S_0	Anfangsquerschnitt der Probe	mm²
ε	Dehnung	%
L_0	Anfangsmesslänge	mm
L_1	Messlänge nach Dehnung	mm
A	Bruchdehnung	%

H

Anfangsmesslänge

$$L_0 = 5 \cdot \sqrt{\frac{4 \cdot S_0}{\pi}} \approx 5{,}642 \cdot \sqrt{S_0}$$

Bruchdehnung

$$A = \frac{L_u - L_0}{L_0} \cdot 100\,\%$$

Brucheinschnürung

$$Z = \frac{S_0 - S_u}{S_0} \cdot 100\,\%$$

Elastizitätsmodul

$$E = \frac{\sigma_z}{\varepsilon} \cdot 100\,\%$$

A	Bruchdehnung	%
L_0	Anfangsmesslänge	mm
L_u	Messlänge nach Bruch	mm
Z	Brucheinschnürung	%
S_0	Anfangsquerschnitt der Probe	mm²
S_u	kleinster Querschnitt nach Bruch	mm²
E	Elastizitätsmodul	N/mm²
σ_z	Zugspannung	N/mm²
ε	Dehnung	%

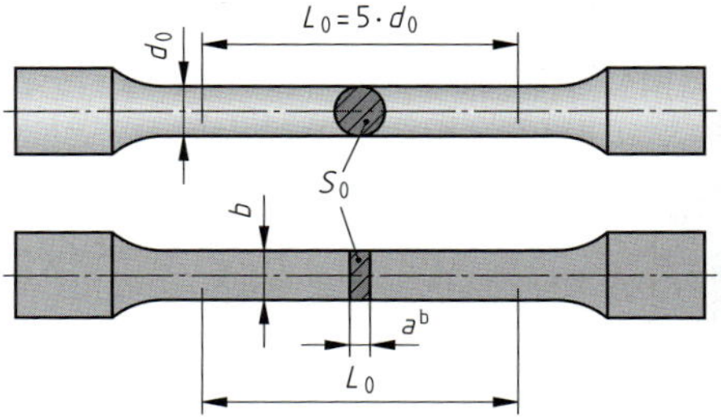

H 15.3 Druckversuch

→ D 9.1

Anwendung:

Ermittlung des Werkstoffverhaltens bei gleichmäßig zunehmender Druckbeanspruchung.

Durchführung:

Eine Druckprobe wird mit einer langsam zunehmenden Druckkraft bis zum Bruch oder Anriss belastet. Die zu diesem Zeitpunkt ermittelte Druckspannung in der Druckprobe wird als Druckfestigkeit σ_{dB} bezeichnet. Die Änderung der Druckspannung und der Stauchung wird in einem Diagramm festgehalten.

Druckfestigkeit

$$\sigma_{dB} = \frac{F_B}{S_0}$$

Stauchung

$$\varepsilon_d = \frac{L_0 - L_1}{L_0} \cdot 100\,\%$$

Die Quetsch- bzw. Stauchgrenze kennzeichnet den Übergang von der elastischen zur plastischen Verformung.

σ_{df}	Quetschgrenze	N/mm²
$\sigma_{d0,2}$	Stauchgrenze einer bleibenden Stauchung von 0,2%	N/mm²

Druckversuch mit einer zylindrischen Probe

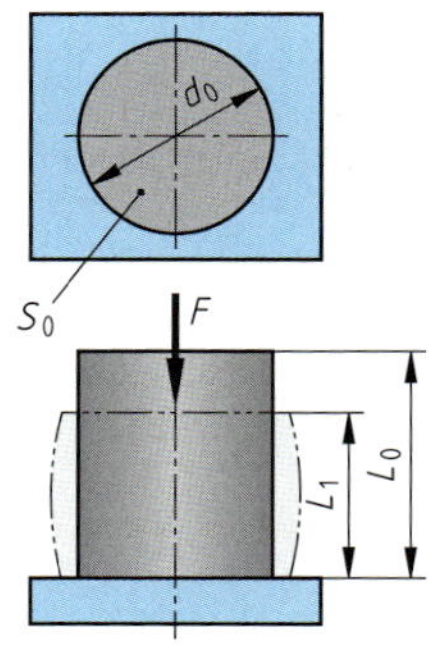

Druckspannungs-Stauchungs-Diagramm

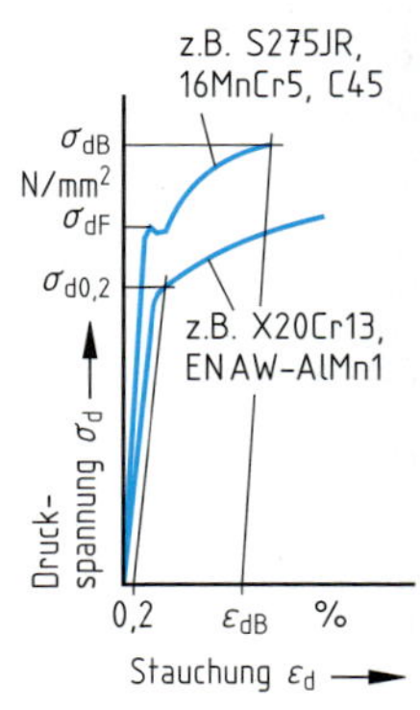

σ_d	Druckspannung	N/mm²
ε_d	Stauchung	%
σ_{db}	Druckfestigkeit	N/mm²
F_B	Druckkraft beim Auftreten eines Risses oder eines Bruchs	N
S_0	Anfangsquerschnitt der Probe	mm²
L_0	Anfangsmesslänge	mm
L_1	Messlänge nach Stauchung	mm

H

H 15.4 Scherversuch

→ D 9.3; D 10.5

Anwendung:

Ermittlung der Scherfestigkeit

Durchführung:

Eine zylindrische Probe wird an zwei Querschnitten beim Erreichen der Höchstscherkraft abgeschert. Die Scherfestigkeit wird berechnet.

Scherfestigkeit

$$\tau_{aB} = \frac{F_B}{2 \cdot S_0}$$

Probenquerschnitt

$$S_0 = \pi \cdot d_0^2/4$$

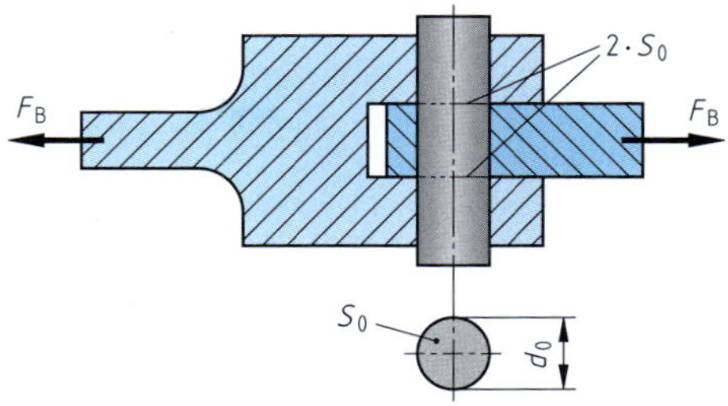

τ_{aB}	Scherfestigkeit	N/mm²
F_B	Höchstscherkraft	N
S_0	Probenquerschnitt	mm²
d_0	Probendurchmesser	mm

H 15.5 Kerbschlagbiegeversuch nach Charpy

→ C 1.15

Anwendung:

Ermittlung der Zähigkeit metallischer Werkstoffe gegen schlagartige Beanspruchung.

Durchführung:

Eine genormte Probe mit einer U- oder V-förmigen Kerbe wird von einem herunterfallenden Pendelhammer getroffen. Hierbei wird die Probe verformt oder durchschlagen.

1. Die Probe wird in die Auflager des Pendelschlagwerkes gelegt. Die Kerbe befindet sich zur abkehrenden Seite des Pendelhammers.
2. Der Pendelhammer wird nach oben gedreht und speichert somit potentielle Energie.
3. Der Pendelhammer schwingt nach unten und zieht die Probe verformt durch die Auflager des Schlagwerks bzw. durchschlägt die Probe. Der Pendelhammer hat seinen tiefsten Punkt erreicht.
4. Der Pendelhammer schwingt weiter hoch bis zum Umkehrpunkt. Dieser Punkt wird durch einen Schleppzeiger am Anzeigegerät festgehalten. Der Höhenunterschied von der Ausgangsstellung zum Umkehrpunkt ist ein Maß für die verbrauchte Kerbschlagarbeit.

Kerbschlagarbeit

$$\begin{matrix} KU \\ KV \end{matrix} = F_g \cdot (h_0 - h_1)$$

Beispiel zur Angabe der Kerbschlagarbeit:
KU = 60 J

Normalprobe mit U-Kerbe, Kerbschlagarbeit 60 J

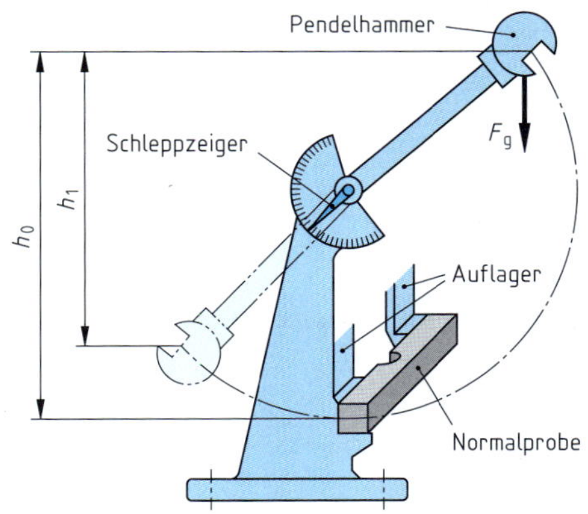

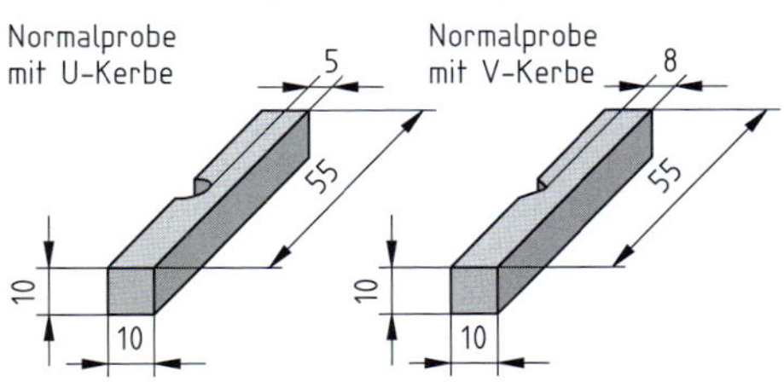

KU	Kerbschlagarbeit mit U-Kerbe	J
KV	Kerbschlagarbeit mit V-Kerbe	J
F_g	Gewichtskraft des Pendelhammers	N
h_0	Ausgangshöhe des Pendelhammers	mm
h_1	Endhöhe des Pendelhammers	mm

H

H 15.6 Dauerschwingversuch

Anwendung:

Ermittlung des Verhaltens von Werkstoffen bei dynamischer Belastung.

Durchführung:

Eine Rundprobe wird mit einer wechselnden Spannung (Zug-, Druckspannung) beaufschlagt bis die Probe bricht. Der Spannungsausschlag der Zug- und Druckspannung erfolgt um eine konstant gehaltene Mittelspannung. Festgehalten wird die Anzahl der Schwingungen (Schwingspiele) bis zum Bruch bei einem voreingestellten Spannungsausschlag. Es werden mehrere Versuche durchgeführt. Bei jedem Versuch wird der Spannungsausschlag reduziert. Alle Versuche werden in einem Diagramm eingetragen und ergeben die Wöhlerlinie.

Zeitfestigkeit nach 10^x Schwingspielen

$$\sigma_{D(10^x)} = \sigma_m \pm \sigma_A$$

Ab einem bestimmten Spannungsausschlag können die Schwingspiele beliebig erhöht werden, ohne dass es zum Bruch kommt. Bei diesem kleinsten Spannungsausschlag ist die **Dauerfestigkeit** erreicht.

Beispiel zur Angabe der Zeitfestigkeit:

$\sigma_{D(10^4)} = +70 \pm 140$ N/mm²

Bei einer Mittelspannung von +70 N/mm² und einem Spannungsausschlag von 140 N/mm² ist ein Bruch bei 10^4 Schwingspielen zu erwarten.

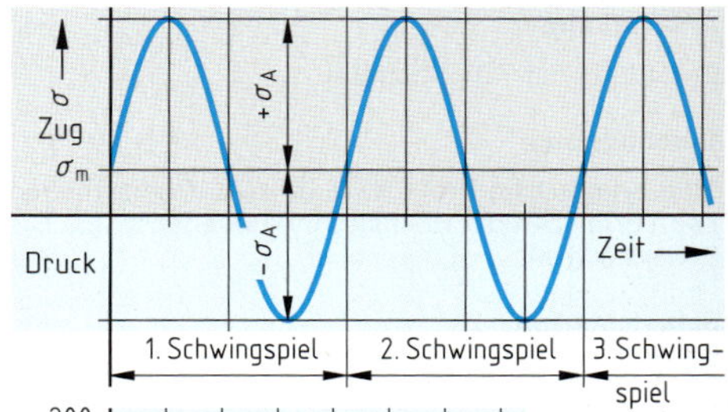

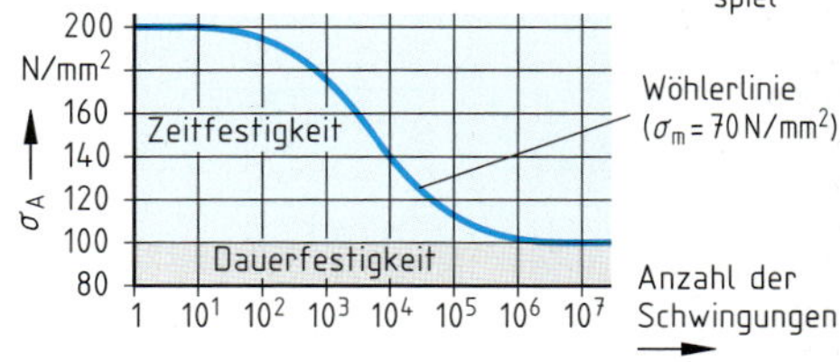

σ	Spannung	N/mm²
$\sigma_{D(10^X)}$	Zeitfestigkeit (Spannung, die nach 10^X Schwingspielen zum Bruch führt)	N/mm²
σ_D	Dauerfestigkeit	N/mm²
σ_A	Spannungsausschlag der Zug- bzw. Druckspannung gemessen von σ_m	N/mm²
σ_m	Mittelspannung	N/mm²

H 15.7 Tiefungsversuch nach Erichsen DIN EN ISO 20482:2014-03

Anwendung:

Ermittlung der Tiefziehfähigkeit von Blechen und Bändern mit 0,2 bis 3 mm Dicke.

Durchführung:

Ein kugelförmiger Stempel wird gegen eine Blech- oder Bandprobe gedrückt, bis ein Riss auftritt. Die Werkstückprobe wird dabei mit einer Niederhalterkraft von 10 KN festgehalten. Die im Augenblick des Einreißens ermittelte Eindringtiefe des kugelförmigen Stempels wird abgelesen und ist ein Maß für die Tiefziehfähigkeit des Blechs. Die Eindringtiefe wird als **Erichsentiefung IE** bezeichnet.

Beispiel zur Angabe der Erichsentiefung:
IE_{40} = 16 mm

Bei einem Kugeldurchmesser von 20 mm und einem Bohrungsdurchmesser der Matrize von 40 mm ist ein Riss nach 16 mm Stempeltiefe aufgetreten.

D	Bohrungsdurchmesser der Matrize	mm
d	Kugeldurchmesser des Stempels	mm
F_N	Niederhalterkraft	N
F_Z	Tiefziehkraft	N

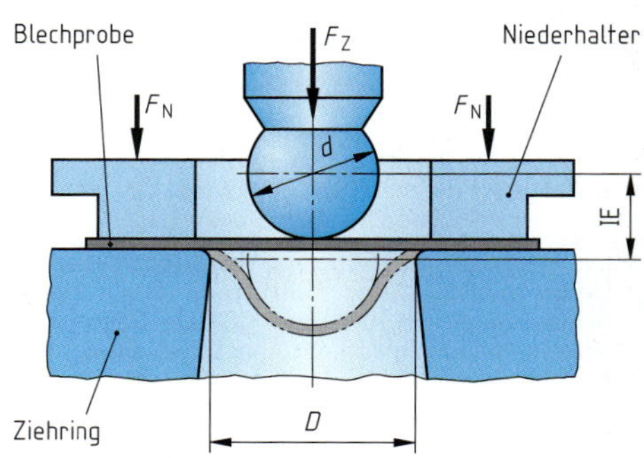

Erichsentiefung	DIN-Norm	D	d	s
IE	EN ISO 20482	27	20	0,2…2
IE_{40}	EN ISO 20482	40	20	2…3

IE	Erichsentiefung	mm

H

Sachwortverzeichnis

A

B

C

D

E

F

G

H

I

J

K

L

M

N

O

P

Q

R

S

T

U

V

W

XYZ